大千电工系列

实用电子及晶闸管电路速查速算手册

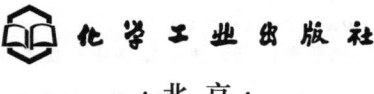

方大千　郑　鹏　等编著

化学工业出版社
·北京·

本书详细地介绍了电子电路及晶闸管电路的计算公式和计算方法。内容包括：电子元件的选用及测试；整流电路和滤波电路的计算；三极管及稳压电源的计算；交流放大器、直流放大器、运算放大器和功率放大器的计算；触发器、振荡器、变换器和延时电路的计算；自动控制理论基础、晶闸管及其基本电路和触发电路的计算；晶闸管变换装置的调试与检修；电子设备的抗干扰措施和接地防雷要求等9章。

本书公式准确、简明、实用，内容丰富，配有大量实用电路和计算实例，采用最新产品参数和技术数据。可供电气技术人员、电工，以及自动化控制设计人员、新产品开发人员使用，也可供大、中专院校师生参考。

图书在版编目（CIP）数据

实用电子及晶闸管电路速查速算手册/方大千，郑鹏等编著．—北京：化学工业出版社，2014.7
（大千电工系列）
ISBN 978-7-122-20260-4

Ⅰ.①实… Ⅱ.①方…②郑… Ⅲ.①电子电路-技术手册②晶闸管-电路-技术手册 Ⅳ.①TN710-62②TN34-62

中国版本图书馆CIP数据核字（2014）第066577号

责任编辑：高墨荣　　文字编辑：徐卿华
责任校对：宋　玮　李　爽　　装帧设计：刘丽华

出版发行：化学工业出版社（北京市东城区青年湖南街13号　邮政编码100011）
印　　刷：北京永鑫印刷有限责任公司
装　　订：三河市胜利装订厂
850mm×1168mm　1/32　印张 $23\frac{1}{2}$　字数640千字
2015年2月北京第1版第1次印刷

购书咨询：010-64518888（传真：010-64519686）　售后服务：010-64518899
网　　址：http://www.cip.com.cn
凡购买本书，如有缺损质量问题，本社销售中心负责调换。

定　　价：98.00元

前言

随着我国电气、电子技术的快速发展，新技术、新产品、新工艺不断涌现，电气化程度日益提高，各行各业从事电气工作的人员也迅速增加。电气工作者在日常工作中会经常涉及电气工程的设计与电气计算，能正确运用电工计算公式和掌握电工计算方法，对工程计算、指导安装、调试和技改、节能工作以及新产品开发有着非常重要的意义。为满足广大电气工作者学习的要求，我们组织编写了《大千电工系列》之《实用电工速查速算系列手册》，以期在实际工作中对读者有所帮助。

本系列手册包括：《实用输配电速查速算手册》、《实用变压器速查速算手册》、《实用电动机速查速算手册》、《实用高低压电器速查速算手册》、《实用继电器保护及二次回路速查速算手册》、《实用水泵、风机和起重机速查速算手册》、《实用电子及晶闸管电路速查速算手册》、《实用电工速查速算手册》共八种。

本系列手册有如下特点。

特点一：便捷。本系列手册结合编著者工作实践和体会，将长期收集的国内外电工计算公式和计算方法，经整理、归纳分类、简化、校对，并将符号、单位和公式形式做了统一。书中的公式没有冗长的推导过程和繁多的参数，开门见山，拿来即可使用，旨在解决实际问题，因此能大大地提高工作效率，节省时间，适应当今时代快节奏的要求。

特点二：全面。本系列手册内容丰富，取材新颖，且密切结合生产实际，实用性较强。书中不仅列举了大量计算实例，方便读者掌握和应用电工计算公式和计算方法，同时还介绍了变频器、软启动器、LOGO!、电力电子模块、集成触发电路、风能及太阳能发电、新型保护器等新技术，适合当今电气工程设计及电气计算的需要。

《实用电子及晶闸管电路速查速算手册》是本系列手册中的一种。本书重点介绍工业应用电子电路及晶闸管电路的计算公式和计算方法。内容包括：电子元件的选用及测试；单相、三相、多级倍压整流电路和电容降压整流电路的计算；各种滤波电路及滤波器的计算；三极管的基本接法及参数选择；稳压电源的计算、保护及调试；集成稳压电源、三端和多端固定及可调稳压电源的计算；交流放大器、直流放大器、运算放大器和功率放大器等计算；放大器的抗干扰、消除自激振荡和零点漂移的措施；功率开关集成电路、555/556时基集成电路、施密特电路等计算；单稳态、双稳态和无稳态触发器的计算；振荡器、晶体管变换器和延时电路的计算；逻辑门电路、触发器、寄存器、计数器、编码器、译码器和数字显示电路及计算；晶闸管的选用及测试；晶闸管保护计算及串、并联计算；晶闸管整流电路和交流开关电路的计算；晶闸管触发电路、集成触发器、零触发型集成触发器、光电耦合触发器的计算；电力电子模块和直流调速模块的选用；晶闸管整流装置、励磁装置、交流调压装置、变频调速装置、逆变器等计算及调试与检修；变频器的选用；电子设备、晶闸管变换装置、微机、PLC及计算机等抗干扰措施及接地防雷要求。

书中配有大量的实用电路和计算实例，电路元件参数具体、准确，计算翔实。书中介绍了编者长期从事工业自动化工作和新产品开发中涉及的调试和维修经验。这些对提高读者的实际工作能力会有较大帮助。

在本书的编写过程中，力求做到准确、简明、实用、先进和新颖。全书采用法定计量单位和国家绘图标准。

本书主要由方大千、郑鹏编写。参加和协助编写工作的还有朱征涛、方成、方立、方亚敏、张正昌、张荣亮、方亚平、方欣、许纪秋、那罗丽、方亚云、那宝奎、卢静、费珊珊、孙文燕、张慧霖、刘梅等。全书由方大中、朱丽宁审校。

限于编者的经验和水平，书中难免有疏漏和不妥之处，希望专家和读者批评指正。

编著者

目录

第1章 电子元件的选用及测试 /1

第2章 整流电路和滤波电路的计算 /109

第3章 三极管及稳压电源的计算 /146

第7章 晶闸管及其基本电路和触发电路的计算 /411

第8章 晶闸管变换装置的调试与检修 /560

第1章

电子元件的选用及测试

1.1 电阻和电容的选用及测试

1.1.1 电阻的选用及测试

(1) 电阻的识别

① 电阻型号命名方法见表1-1。

■ **表 1-1 电阻型号命名方法**

第一部分		第二部分		第三部分		第四部分
字母表示主称		字母表示材料		数字或字母表示特征		数字表示序号
符号	意义	符号	意义	符号	意义	意义
R	电阻器	T	碳膜	1,2	普通	包括：
W	电位器	H	合成膜	3	超高频	额定功率
		P	硼碳膜	4	高阻	阻值
		U	硅碳膜	5	高温	允许误差
		C	沉积膜	7	精密	精度等级等
		I	玻璃釉膜	8	电阻器—高压	
		J	金属膜		电位器—特种函数	
		Y	氧化膜	9	特殊	
		S	有机实心	G	高功率	
		N	无机实心	T	可调	
		X	线绕	X	小型	
		G	光敏	W	微调	
		M	压敏	D	多圈	
				B	温度补偿用	
				C	温度测量用	
		R	热敏	P	旁热式	
				W	稳压式	
				Z	正温度系数	

普通电阻常按以下标志：

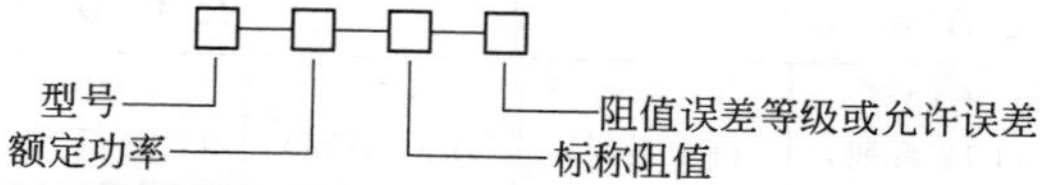

② 电位器的标志符号见表 1-2。

■ **表 1-2　电位器标志符号**

代　号	种　　类	代　号	种　　类	代　号	种　　类
WT	碳膜电位器	WH	合成碳膜电位器	WS	有机实心电位器
WN	无机实心电位器	WX	线绕电位器	WI	玻璃釉电位器

③ 电阻阻值单位文字符号见表 1-3。

■ **表 1-3　电阻阻值单位文字符号表示法**

符　号	阻值单位	符　号	阻值单位	符　号	阻值单位
Ω	欧	MΩ	兆欧	TΩ	太〔拉〕欧
kΩ	千欧	GΩ	吉〔咖〕欧		

④ 电阻额定功率（W）系列见表 1-4。

■ **表 1-4　电阻额定功率（W）系列表**

0.025	0.05	0.125	0.25	0.5	1	2	5	10	25	50	100	250

⑤ 电阻标称阻值系列见表 1-5。

■ **表 1-5　电阻标称阻值系列（或表中所列数值乘以 10^n，n 为正整数或负整数）**

允许误差			允许误差		
±5%（E24 系列）	±10%（E12 系列）	±20%（E6 系列）	±5%（E24 系列）	±10%（E12 系列）	±20%（E6 系列）
1	1	1	2		
1.1			2.2	2.2	2.2
1.2	1.2		2.4		
1.3			2.7	2.7	
1.5	1.5	1.5	3		
1.6			3.3	3.3	3.3
1.8	1.8		3.6		

续表

允许误差			允许误差		
±5%（E24系列）	±10%（E12系列）	±20%（E6系列）	±5%（E24系列）	±10%（E12系列）	±20%（E6系列）
3.9	3.9		6.2		
4.3			6.8	6.8	6.8
4.7	4.7	4.7	7.5		
5.1			8.2	8.2	
5.6			9.1		

⑥ 电阻最高工作温度见表1-6。

■ **表1-6　电阻最高工作温度**　　单位：℃

类　型	最高工作温度	最高环境温度（允许负载为额定功率）
碳膜电阻	+100	+40
金属膜电阻	+125	+70
氧化膜电阻	+125	+70
沉积膜电阻	+100	+70
合成膜电阻	+70～+85	+40
线绕电阻	+70～+100	+40

⑦ 电阻的文字标志如图1-1所示。

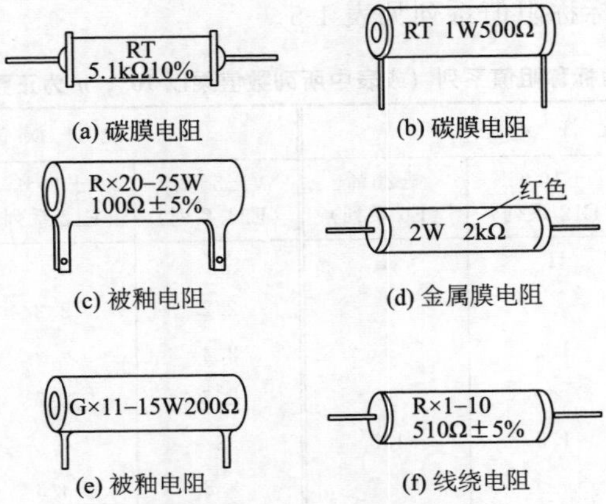

(a) 碳膜电阻　(b) 碳膜电阻
(c) 被釉电阻　(d) 金属膜电阻
(e) 被釉电阻　(f) 线绕电阻

图1-1　电阻的文字标志

⑧ 电阻色标的表示方法如图 1-2 所示。

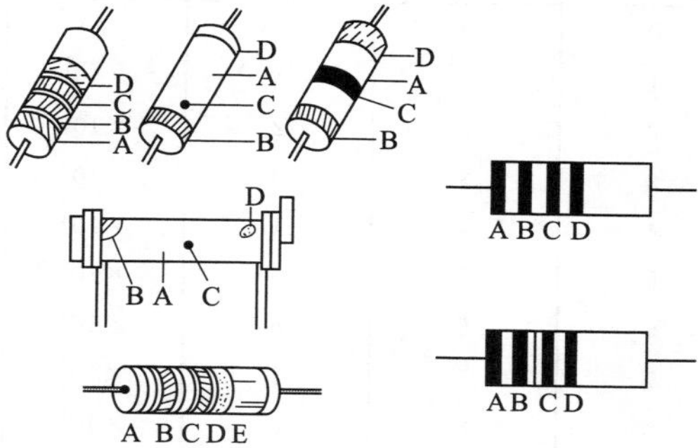

(a) 外形　　(b) 符号

图 1-2　电阻色环表示

电阻的四环色标见表 1-7；精密电阻的色环标志用五个色环表示，其色标见表 1-8。

■ **表 1-7　电阻的四环色标**

颜色	A 第 1 位数	B 第 2 位数	C 倍乘数	D 允许误差
黑	0	0	×1	—
棕	1	1	$\times 10^{1}$	—
红	2	2	$\times 10^{2}$	—
橙	3	3	$\times 10^{3}$	—
黄	4	4	$\times 10^{4}$	—
绿	5	5	$\times 10^{5}$	—
蓝	6	6	$\times 10^{6}$	—
紫	7	7	$\times 10^{7}$	—
灰	8	8	$\times 10^{8}$	—
白	9	9	$\times 10^{9}$	—
金	—	—	×0.1	±5%
银	—	—	×0.01	±10%
无色(体色)	—	—		±20%

■ 表 1-8　电阻的五环色标

颜色	A 第 1 位数	B 第 2 位数	C 倍率	D 倍乘数	E 允许误差
黑	0	0	0	×1	—
棕	1	1	1	$\times10^1$	±1%
红	2	2	2	$\times10^2$	±2%
橙	3	3	3	$\times10^3$	—
黄	4	4	4	$\times10^4$	—
绿	5	5	5	$\times10^5$	±0.5%
蓝	6	6	6	$\times10^6$	±0.2%
紫	7	7	7	$\times10^7$	±0.1%
灰	8	8	8	$\times10^8$	—
白	9	9	9	$\times10^9$	+50%～−20%
金	—	—	—	×0.1	±5%
银	—	—	—	×0.01	±10%

例：ABCD 分别为红红棕金，则电阻为 220Ω±5%；分别为黄紫橙银，则电阻为 47kΩ±10%；若 ABC 分别为黄紫红，则电阻为 4.7kΩ±20%。

又如：ABCDE 分别为橙棕红银红，则电阻为 3.12Ω，允许误差为±2%。

(2) 国外电阻的识别

① 国外电阻的标志代号含义如下：

□	□	□	□	□	□	□
种类	外形	特性	额定功率	电阻值	允许误差	其他

② 国外电阻种类与代号见表 1-9。

■ 表 1-9　国外电阻种类与代号

代　号	种　　类	代　号	种　　类
RD	碳膜电阻	RK	金属化电阻
RC	碳质电阻	RB	精密线绕电阻
RS	金属氧化膜电阻	RN	金属膜电阻
RW	线绕电阻		

③ 国外电阻形状代号见表 1-10。

■ 表 1-10 国外电阻形状代号

代 号	形 状
05	圆柱形,非金属套,引线方向相反,与轴平行
08	圆柱形,无包装,引线方向相反,与轴平行
13	圆柱形,无包装,引线方向相同,与轴垂直
14	圆柱形,非金属外装,引线方向相反,与轴平行
16	圆柱形,非金属外装,引线方向相同,与轴垂直
21	圆柱形,非金属套,接线片引出方向相反,与轴平行
23	圆柱形,非金属套,接线片引出方向相同,与轴垂直
24	圆柱形,无包装,接线片引出方向相同,与轴垂直
26	圆柱形,非金属外装,接线片引出方向相同,与轴垂直

④ 国外电阻特性代号见表 1-11。

■ 表 1-11 国外电阻特性代号

代号	特性	备 注	代号	特性	备 注
Y	一般型	适用于 RD、RS、RK 三种	H	高频率型	
GF	一般型	适用于 RC	P	耐脉冲型	
J	一般型	适用于 RW	N	防温型	
S	绝缘型		NL	低噪声型	

⑤ 国外电阻额定功率代号见表 1-12。

■ 表 1-12 国外电阻额定功率代号

代 号	2B	2E	2H	3A	3D
额定功率/W	0.125	0.25	0.5	1	2

⑥ 国外电阻值允许误差代号见表 1-13。

■ 表 1-13 国外电阻值允许误差代号

代 号	B	C	D	F	G	J	K	M
允许误差/%	±0.1	±0.25	±0.5	±1	±2	±5	±10	±20

⑦ 电阻值的数字表示如下：第一、二位数为有效数，第三位数为“0”的个数，R 表示小数点，单位为Ω。

例：2R4（2.4Ω），390（39Ω），511（510Ω），113（11kΩ），364（360kΩ）。

⑧ 国外电阻的色标，其色环的颜色意义与我国的完全相同。

(3) 电阻的测试

电阻的阻值可用万用表电阻挡进行测量，精密的电阻或阻值极小的电阻，可以用电桥测量。测量时应注意以下事项。

1）固定电阻的测量

① 测量前，先调整机械调零，使指针指在电阻无穷大（“∞”）的位置上，然后将测试表笔短接，调节零点调整电位器，使指针偏转到零。如果无法调节指针到零点，说明表内电池不足或内部接触不良。

② 测量时两手手指不可同时触及两表笔的金属部分，也不可同时触及被测电阻的引线上，否则人体电阻并联在被测电阻上，将造成测量结果错误。

③ 测试前需先清洁电阻的引线，除去上面的油污或氧化层。测试时表笔要紧靠引线，使两者接触良好。否则会因接触电阻原因影响测量结果。

④ 如果电阻是焊在电路板上，测试前需看清有无其他元件与它构成回路。若有，应将电阻的一个引线从电路板上焊下来再测量。

⑤ 对于允许偏差要求小于±5%的电阻，应使用电桥来测量。所选用电桥的准确度要求比被测电阻的允许偏差高3～5倍。如QJ23、QJ24型直流单臂电桥，准确度较低，在±0.1%～±1%之内，适合测量准确度要求不高的中值电阻；QJ19、QJ36型直流单双臂电桥，准确度在±0.05%以上，适合测量高准确度的及阻值较低的电阻；QJ27型是直流高阻电桥，专门用于测量高阻值、高准确度的电阻。

例如标称阻值500Ω的RJ精密金属膜电阻，其允许偏差为±1%，选用QJ23型单臂电桥，在100～9999Ω范围内其测量准确度为

±0.2%，可满足要求。

2）电位器的测量

① 先测量总电阻是否与标定值相符，是否有开路现象。

② 再测试其滑动臂工作情况，看滑动触头接触是否良好，阻值变化是否连续而均匀，阻值能否调到零。如果旋转电位器转轴，万用表指示的电阻值有跌落现象，说明滑动触头接触不良。

(4) 使用电阻的注意事项

① 电阻的额定功率必须大于电阻阻值与回路电流的平方之乘积。为了防止过热老化，一般应大于2～3倍；如果是配换电阻，其额定功率必须不小于原电阻的额定功率，以防烧坏。

② 配换电阻的标称阻值应尽量与原电阻的阻值相同或接近。在电子电路中，有的电阻阻值取得并不十分严格，代换时也可不必苛求。这需要修理者能分析该电阻在电路中起什么作用，一般规律是阻值越大的电阻越可以不必精确。如果没有把握，还是选阻值相等或接近的为好。

③ 配换直接影响仪器仪表测量准确度的电阻时，应特别仔细，不仅阻值偏差应在允许偏差范围内，而且电阻的类型也宜相同。配换电阻的准确度和稳定性指标宁可偏高而不应降低。

1.1.2 常用大容量电阻元件和变阻器的技术数据

大容量电阻器和变阻器主要用于电气、电子设备的降压、分压、分流、保护、调压、调速，电动机的启动、制动和调速，发电机的励磁调节、灭磁等。

(1) 被釉管形电阻的技术数据（见表1-14）

■ 表1-14 被釉管形电阻主要技术数据

型　号	ZG11-7.5	ZG11-10	ZG11-15	ZG11-20	ZG11-25
标称功率/W	7.5	10	15	20	25
阻值范围/kΩ	5～2	5～3	5～4	10～4.5	10～5

续表

型　号	ZG11-30	ZG11-50	ZG11-75	ZG11-100	ZG11-150	ZG11-200
标称功率/W	30	50	75	100	150	200
阻值范围/kΩ	10～3	20～12	51～15	51～20	51～27	51～35

(2) 有槽管形电阻的技术数据（见表 1-15）

■ **表 1-15　有槽管形电阻的技术数据**

型　号	电阻值/Ω	长期工作制允通电流/A	短时(9s)工作制允通电流/A
ZG3-345	345	0.55	3.2
ZG3-240	240	0.66	3.8
ZG3-156	156	0.82	4.7
ZG3-108	108	0.98	5.7
ZG3-61	61	1.31	7.6
ZG3-37	37	1.68	9.7
ZG3-22.5	22.5	2.15	12
ZG3-16.5	16.5	2.52	15
ZG3-9.1	9.1	3.42	20
ZG3-5.8	5.8	4.17	25
ZG3-4.0	4.0	5.12	30
ZG3-2.2	2.2	6.9	38
ZG3-1.7	1.7	7.9	44
ZG3-1.4	1.4	8.68	50
ZG3-1.1	1.1	9.78	56
ZG3-0.9	0.9	10.8	62
ZG3-0.73	0.73	12	69

(3) 板形电阻的技术数据（见表 1-16）

■ **表 1-16 板形电阻（ZB 型）主要技术数据**

ZB3、4 型号	电阻/Ω	ZB1、2 型号	电阻/Ω	长期工作制允通电流/A	短时(15s)允通电流/A
ZB4-330	330	ZB2-260	260	1.2	2.1
ZB4-178	178	ZB2-140	140	1.6	3.5
ZB4-122	122	ZB2-96	96	1.9	4.5
ZB4-86	86	ZB2-68	68	2.3	5.7
ZB4-60	60	ZB2-48	48	2.7	7.3
ZB4-47	47	ZB2-37	37	3.1	8.7
ZB4-35	35	ZB2-27.6	27.6	3.5	9.5
ZB4-23	23	ZB2-18	18	4.4	14
ZB4-15	15	ZB2-12	12	5.4	19
ZB4-10	10	ZB2-8	8	6.6	21
ZB4-7.5	7.5	ZB2-5.8	5.8	7.7	26
ZB4-5.6	5.6	ZB2-4.4	4.4	8.9	34
ZB4-4.5	4.5	ZB2-3.5	3.5	10	41
ZB4-3.5	3.5	ZB2-2.8	2.8	11	49
ZB4-2.5	2.5	ZB2-1.95	1.95	14	43
ZB4-1.85	1.85	ZB2-1.45	1.45	15	54
ZB4-1.4	1.4	ZB2-1.1	1.1	18	68
ZB4-1.14	1.14	ZB2-0.9	0.9	20	81
ZB3-0.8	0.8	ZB1-0.64	0.64	23	63
ZB3-0.6	0.6	ZB1-0.48	0.48	27	77
ZB3-0.5	0.5	ZB1-0.4	0.4	30	92
ZB3-0.4	0.4	ZB1-0.32	0.32	33	109
ZB3-0.35	0.35	ZB1-0.28	0.28	35	116
ZB3-0.32	0.32	ZB1-0.26	0.26	37	132
ZB3-0.25	0.25	ZB1-0.2	0.2	42	152

(4) ZD1 及 ZY 电阻元件的技术数据(见表 1-17)

■ **表 1-17 ZD1 及 ZY 电阻元件技术数据**

ZD1 电阻元件			ZY 电阻元件		
型　号	尺寸/mm	电阻值/Ω	型　号	尺寸/mm	电阻值/Ω
			ZY-0.08	2(1.6×15)	0.08
			ZY-0.112	2(1.6×15)	0.112
ZD1-1	1.5×32	0.0105	ZY-0.16	2(1.5×10)	0.16
ZD1-2	1.5×24	0.014	ZY-0.24	2(1.5×10)	0.24
ZD1-3	1×32	0.0158	ZY-0.32	1.6×15	0.32
ZD1-4	1×24	0.0212	ZY-0.42	2(1.1×10)	0.42
ZD1-5	1.5×11	0.0306	ZY-0.6	1.5×10	0.6
ZD1-6	1.5×8	0.0421	ZY-0.84	1.1×10	0.84
ZD1-7	1×9	0.056	ZY-1.12	0.8×8	1.12
ZD1-8	1×6.5	0.077	ZY-1.6	0.8×8	1.6
			ZY-2.2	0.8×6	2.2

(5) ZT 系列电阻元件阻值(见表 1-18)

■ **表 1-18 ZT 系列电阻元件阻值**

型　号	每片电阻值/Ω	型　号	每片电阻值/Ω
ZT1-5	0.005	ZT1-80	0.08
ZT1-7	0.007	ZT1-110	0.11
ZT1-10	0.01	ZT2-38	0.038
ZT1-14	0.014	ZT2-54	0.054
ZT1-20	0.02	ZT2-75	0.075
ZT1-28	0.028	ZT2-105	0.105
ZT1-40	0.04	ZT2-140	0.14
ZT1-55	0.055	ZT2-200	0.2

(6) **ZX9 系列电阻器的技术数据**（见表 1-19）

■ **表 1-19 ZX9 系列电阻器技术数据**

型号	额定电流/A	电阻值/Ω							电阻元件				质量/kg
		总电阻		每级电阻									
		标准值	计算值	1	2	3	4	5	型号	尺寸/mm	数量	接法	
ZX9-1/10	215	0.1	0.106	0.032	0.021	0.021	0.032		ZD1-1	1.5×32	40	2并	15
ZX9-2/14	181	0.14	0.14	0.042	0.028	0.028	0.042		ZD1-2	1.5×24	40	2并	15
ZX9-3/20	152	0.20	0.188	0.063	0.031	0.031	0.063		ZD1-3	1×32	48	2并	15
ZX9-4/28	128	0.28	0.254	0.085	0.042	0.042	0.085		ZD1-4	1×24	48	2并	15
ZX9-1/40	107	0.40	0.426	0.128	0.085	0.085	0.128		ZD1-1	1.5×32	40	串	15
ZX9-2/55	91	0.55	0.56	0.168	0.112	0.112	0.168		ZD1-2	1.5×24	40	串	15
ZX9-3/80	76	0.80	0.756	0.252	0.126	0.126	0.252		ZD1-3	1×32	48	串	15
ZX9-4/110	64	1.10	1.016	0.339	0.169	0.169	0.339		ZD1-4	1×24	48	串	15
ZX9-5/152	55	1.52	1.467	0.489	0.306	0.306	0.183	0.183	ZD1-5	1.5×11	48	串	10
ZX9-6/216	46	2.16	2.019	0.673	0.421	0.421	0.252	0.252	ZD1-6	1.5×8	48	串	10
ZX9-5/300	39	3.00	2.935	0.855	0.612	0.612	0.423	0.428	ZD1-5	1.5×11	96	串	15
ZX9-6/420	33	4.20	4.044	1.18	0.842	0.842	0.59	0.59	ZD1-6	1.5×8	96	串	15
ZX9-7/560	29	5.60	5.378	1.57	1.12	1.12	0.784	0.784	ZD1-7	1×9	96	串	16
ZX9-8/800	24	8.00	7.396	2.16	1.54	1.54	1.078	1.078	ZD1-8	1×6.5	96	串	16

(7) **ZX15 系列电阻器的技术数据**（见表 1-20）

■ **表 1-20 ZX15 系列电阻器技术数据**

型号	允许电流/A	总电阻/Ω	电阻元件		
			型号	尺寸/mm	质量/kg
ZX15-5	215	0.10	ZY-0.08	2(1.6×15)	1.1
ZX15-7	181	0.14	ZY-0.112	2(1.6×15)	1.5
ZX15-10	152	0.20	ZY-0.16	2(1.5×10)	0.9
ZX15-14	128	0.30	ZY-0.24	2(1.5×10)	1.25
ZX15-20	107	0.40	ZY-0.08	2(1.6×15)	1.1
ZX15-28	91	0.56	ZY-0.112	2(1.6×15)	1.5
ZX15-40	76	0.80	ZY-0.16	2(1.5×10)	0.9
ZX15-55	64	1.2	ZY-0.24	2(1.5×10)	1.25
ZX15-80	54	1.6	ZY-0.32	1.6×15	1.18
ZX15-110	46	2.1	ZY-0.42	2(1.1×10)	1.32
ZX15-75	39	3.0	ZY-0.60	1.5×10	0.8
ZX15-105	33	4.2	ZY-0.84	1.1×10	0.66
ZX15-140	29	5.6	ZY-1.12	0.8×8	0.255
ZX15-200	24	8.0	ZY-1.6	0.8×8	0.35
ZX15-280	20	11.0	ZY-2.2	0.8×6	0.3

(8) **新系列电阻器的技术数据**（见表 1-21）

■ **表 1-21 新系列电阻器技术数据**

新系列电阻器				配用电阻元件			
序号	产品型号	电阻值/Ω	允许负载电流（冷态值）/A	型号	铁铬铝带规格/mm	电阻值/Ω	接线方式
1	ZX□-0.1	0.1	215	ZJ1-1	2.54×25	0.033	2并6串
2	ZX□-0.14	0.14	181	ZJ1-2	1.75×24	0.046	2并6串
3	ZX□-0.2	0.2	152	ZJ1-3	1.2×24	0.067	2并6串

续表

新系列电阻器				配用电阻元件			
序号	产品型号	电阻值/Ω	允许负载电流（冷态值）/A	型号	铁铬铝带规格/mm	电阻值/Ω	接线方式
4	ZX□-0.28	0.28	128	ZJ1-4	1.85×15	0.0695	2并8串
5	ZX□-0.4	0.4	107	ZJ1-1	2.54×25	0.033	12串
6	ZX□-0.56	0.56	91	ZJ1-2	1.75×24	0.046	12串
7	ZX□-0.8	0.8	76	ZJ1-3	1.2×24	0.067	12串
8	ZX□-1.1	1.1	64	ZJ1-4	1.85×15	0.0695	16串
9	ZX□-1.6	1.6	54	ZJ1-5	1.3×15	0.099	16串
10	ZX□-2.2	2.2	46	ZJ1-6	0.95×15	0.135	16串
11	ZX□-3.0	3.0	39	ZJ1-7	2.0×8	0.124	24串
12	ZX□-4.2	4.2	33	ZJ1-8	1.45×8	0.172	24串
13	ZX□-5.6	5.6	29	ZJ1-9	1.1×8	0.226	24串
14	ZX□-8.0	8.0	24	ZJ1-10	0.8×8	0.332	24串

(9) 瓷盘变阻器的规格（见表1-22）

■ 表1-22 瓷盘变阻器规格

型　号	额定功率/W	阻值范围/Ω	最高温升/℃
BC1-25	25	1～5000	300
BC1-50	50	1～5000	300
BC1-100	100	1～5000	300
BC1-150	150	1～5000	300
BC1-300	300	1～5000	350
BC1-500	500	1～5000	350

注：瓷盘变阻器还可以根据需要装成两只或三只瓷盘同轴控制，亦可装入铁箱内制成防护式。

(10) BL91系列滑动触头式变阻器的技术数据（见表1-23）

■ **表1-23 BL91系列技术数据**

型号	极限电流/A	级数		容量/W
		不开路接线	开路接线	
BL91-300P	15	32	30	300
BL91-450P				450
BL91-650P		40	38	650
BL91-900P		60	58	900
BL91-1200P		64	62	1200
BL91-1800P				1800
BL91-2400P				2400
BL91-2500P	25	120	118	2500
BL91-3500P				3500
BL91-4500P				4500

(11) BL7系列滑动触头式变阻器的技术数据（见表1-24）

■ **表1-24 BL7系列技术数据**

产品型号	额定容量/kW	最多级数	
		20～60A	100A
BL7-15	15	60	30
BL7-21	21		
BL7-26	26		
BL7-31	31		

1.1.3 热敏电阻及自恢复熔断器

热敏电阻（即半导体热敏电阻）的电阻阻值对温度很敏感，其电阻温度系数大约是金属的10倍。热敏电阻温度系数与金属不同，可以是正的，也可以是负的，阻值能随温度升高而变大的称为正温度系数的热敏电阻（如 PTC 型），阻值能随温度升高而变小的称为负温度系数的热敏电阻（如 NTC 型）。此外，还有临界热敏电阻（CTR 型）和线性热敏电阻（LPTC 型）等。较为常用的是前两种。

热敏电阻的符号及外形如图 1-3 所示。其中，图（a）为热敏电阻的符号，图（b）～（e）为热敏电阻的外形。

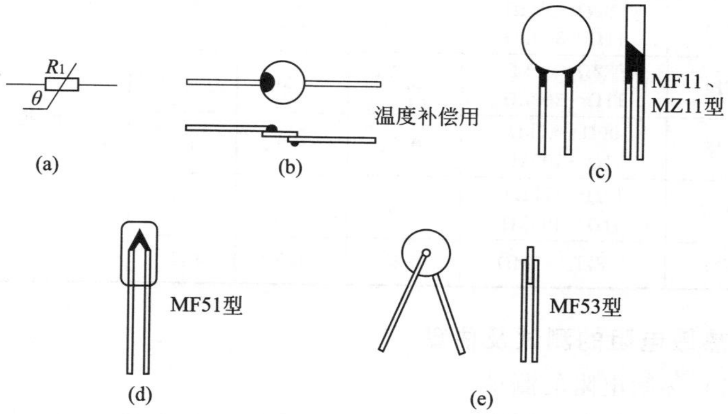

图 1-3 热敏电阻的符号及外形

(1) 热敏电阻的参数

几种 PTC 和 NTC 热敏电阻的参数见表 1-25 和表 1-26。

■ 表 1-25 几种 PTC 热敏电阻的参数

参数名称	单位	RZK-95℃	RRZW0-78℃	RZK-80℃	RZK-2-80℃
25℃阻值	Ω	18～220	≤240	50～80	≤360
T_r－20℃阻值	Ω	≤250	≤260	≤120	≤620
T_r－5℃阻值	Ω	≤450	≤380	≤500	—
T_r＋5℃阻值	Ω	≥1000	≥600	≥1100	≥1.9kΩ
T_r阻值	Ω	≥550	≥400	≥500	≥4kΩ

注：T_r 为热敏电阻的动作温度。

■ 表 1-26 几种 NTC 热敏电阻的参数

参数 型号	标称电阻值范围	额定功率/W	最高工作温度/℃	热时间常数/s	用途
MF11	10～100Ω/110Ω～4.7kΩ/5.1Ω～15kΩ	0.25	85	≤60	温试补偿、温度检测、温度控制
MF12-1	1Ω～430kΩ/470kΩ～1MΩ	1	125	≤60	
MF12-2	1Ω～100kΩ/110kΩ～1MΩ	0.5	125	≤60	
MF12-3	56～510Ω/560Ω～5.6kΩ	0.25	125	≤60	
MF13	0.82Ω～10kΩ/11Ω～300kΩ	0.25	125	≤30	温度控制、温度补偿
MF14	0.82Ω～10kΩ/11Ω～300kΩ	0.5	125	≤60	
MF15	100Ω～47kΩ/51Ω～100kΩ	0.5	155	≤30	
MF16	10Ω～47kΩ/51Ω～100kΩ	0.5	125	≤60	
MF17	6.8kΩ～1MΩ	0.25	155	≤20	

(2) 热敏电阻的测试及估算

1）热敏电阻的测试

① 先应在室温下测量热敏电阻的阻值。当阻值与标定值基本相符后，再测量其热态阻值。

② 测量热态电阻值时，可用手捏住热敏电阻，使其温度升高，也可用灯泡或电烙铁等热源靠近热敏电阻进行测量。对于正温度系数的热敏电阻，当温度升高时，阻值增大；对于负温度系数的热敏电阻，当温度升高时，阻值减小。

多数热敏电阻是负温度系数型，阻值随温度上升而减小的速度约为阻值的（2%～5%）/℃。一般室温（25℃左右）下测得的阻值，可用手指捏住电阻观察其阻值是否下降了20%～50%。

2）热敏电阻在某一温度时阻值的估算　热敏电阻的标称电阻值 R_{25}，是指在基准温度为25℃时的电阻值。以常用的具有负温度系数的热敏电阻为例，其随温度变化的阻值，可按温度每升高

1℃，其阻值减少4%估算，即可按下式估算：

$$R_t = R_{25} \times 0.96^{t-25}$$

式中　t——电阻的温度。

例如，某热敏电阻在25℃时的阻值为300Ω，则在30℃时的阻值为

$$R_{30} = 300 \times 0.96^{30-25} = 244.6\Omega$$

(3) 热敏电阻的代用

当现有的热敏电阻的规格不符合电路实际要求时，可以通过串、并联普通电阻的方法代用。例如，电路需要一个如下的热敏电阻 R_{1T}：在25℃时的阻值 $R_{1T25}=440\Omega$，在50℃时的阻值 $R_{1T50}=240\Omega$。现仅有热敏电阻 R_{2T}，其特性是：在25℃时 $R_{2T25}=600\Omega$，在50℃时 $R_{2T50}=210\Omega$。为了使 R_{2T} 接入电路后达到 R_{1T} 所要求的温度特性，可接成如图1-14所示的电路，只要合理选择 R_1 和 R_2 的阻值即可。

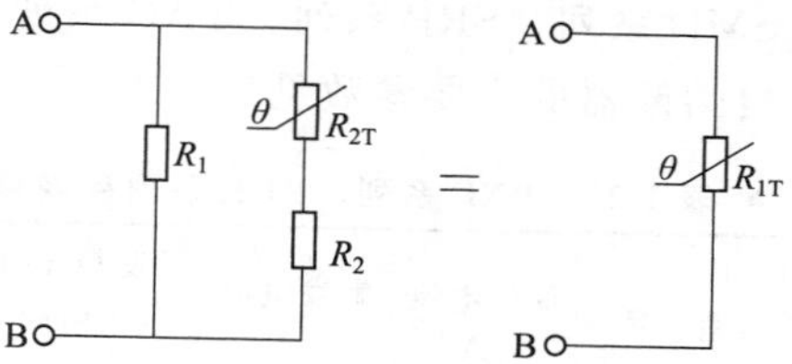

图1-4　热敏电阻的代用

R_1 和 R_2 可按下列公式计算：

$$R_{1T50} = \frac{(R_{2T50} + R_2)R_1}{R_{2T50} + R_2 + R_1}$$

$$R_{1T25} = \frac{(R_{2T25} + R_2)R_1}{R_{2T25} + R_2 + R_1}$$

将具体数值代入上式，可得

$$\begin{cases} 240 = \dfrac{(210 + R_2)R_1}{210 + R_2 + R_1} \\ 440 = \dfrac{(600 + R_2)R_1}{600 + R_2 + R_1} \end{cases}$$

解此方程组，得 $R_1 = 1218\Omega$，$R_2 = 89\Omega$。

按电阻标称值选择 $R_1 = 1200\Omega$，$R_2 = 91\Omega$。

(4) 自恢复熔断器——正温度系数的 PTC 热敏元件

自恢复熔断器是一种具有过流、过热保护功能的新型保险元件，可以多次重复使用。它实际上是个 PTC 热敏电阻，可以代替传统的熔断器。

当电路正常时，自恢复熔断器处于低阻导通状态。当电路发生故障时，电流增大，熔断器过热而呈高阻状态，从而切断电路中的电流，起到保护作用。当故障消除后，熔断器冷却后又呈低阻导通状态，自动接通电路。

常用的自恢复熔断器有 RGE 系列、RXE 系列、RUE 系列、SMD 系列、SRP 系列、TAC 系列等。RXE 系列、RUE 系列自恢复熔断器的主要参数见表 1-27。

■ **表 1-27　RXE 系列、RUE 系列自恢复熔断器的主要参数**

型　号	保持电流/A	触发电流/A	触发断开的最大时间/s	断开功率/W	原始阻抗		最高断开电阻/Ω
					最低电阻/Ω	最高电阻/Ω	
RXE010	0.10	0.20	4.0	0.38	2.50	4.50	7.50
RXE017	0.17	0.34	3.0	0.48	3.30	5.21	8.00
RXE020	0.20	0.40	2.2	0.41	1.83	2.84	4.40
RXE025	0.25	0.50	2.5	0.45	1.25	1.95	3.00
RXE030	0.30	0.60	3.0	0.49	0.88	1.36	2.10
RXE040	0.40	0.80	3.8	0.56	0.55	0.86	1.29
RXE050	0.50	1.00	4.0	0.77	0.50	0.77	1.17
RXE065	0.65	1.30	5.3	0.88	0.31	0.48	0.72
RXE075	0.75	1.50	6.3	0.92	0.25	0.40	0.60
RXE090	0.90	1.80	7.2	0.99	0.20	0.31	0.47
RXE110	1.10	2.20	8.2	1.50	0.15	0.25	0.38
RXE135	1.35	2.70	9.6	1.70	0.12	0.19	0.30
RXE160	1.60	3.20	11.4	1.90	0.09	0.14	0.22
RXE180	1.85	3.70	12.6	2.10	0.08	0.12	0.19
RXE250	2.50	5.00	15.6	2.50	0.05	0.08	0.13
RXE300	3.00	6.00	19.8	2.80	0.04	0.06	0.10

续表

型　号	保持电流/A	触发电流/A	触发断开的最大时间/s	断开功率/W	原始阻抗		最高断开电阻/Ω
					最低电阻/Ω	最高电阻/Ω	
RXE375	3.75	7.50	24.0	3.20	0.03	0.05	0.08
RUE090	0.90	1.80	5.9	0.6	0.07	0.12	0.22
RUE110	1.10	2.20	6.6	0.7	0.05	0.10	0.17
RUE135	1.35	2.70	7.3	0.8	0.04	0.08	0.13
RUE160	1.60	3.20	8.0	0.9	0.03	0.07	0.11
RUE185	1.85	3.70	8.7	1.0	0.03	0.06	0.09
RUE250	2.50	5.00	10.3	1.2	0.02	0.04	0.07
RUE300	3.00	6.00	10.8	2.0	0.02	0.05	0.08
RUE400	4.00	8.00	12.7	2.5	0.01	0.03	0.05
RUE500	5.00	10.00	14.5	3.0	0.01	0.03	0.05
RUE600	6.00	12.00	16.0	3.5	0.005	0.02	0.04
RUE700	7.00	14.00	17.5	3.8	0.005	0.02	0.03
RUE800	8.00	16.00	18.8	4.0	0.005	0.02	0.02
RUE900	9.00	18.00	20.0	4.2	0.005	0.01	0.02

1.1.4　湿敏电阻

湿敏电阻是一种对湿度敏感的元件，其阻值随着环境的相对湿度变化而变化。湿敏电阻广泛应用于洗衣机、空调器、微波炉等家用电器及工农业等方面作湿度检测、湿度控制用。湿敏电阻的符号及外形如图 1-5 所示。其中，图（a）为湿敏电阻的符号，图（b）～（g）为湿敏电阻的外形。

湿敏电阻根据感湿层使用的材料和配方不同，分为正电阻湿度特性（即湿度增大，阻值增大）和负电阻湿度特性（即湿度增大，阻值减小）。

(1) 湿敏电阻的参数

常见的湿敏电阻有 ZHC 型、MS01 型、MS04 型、SM-1 型、

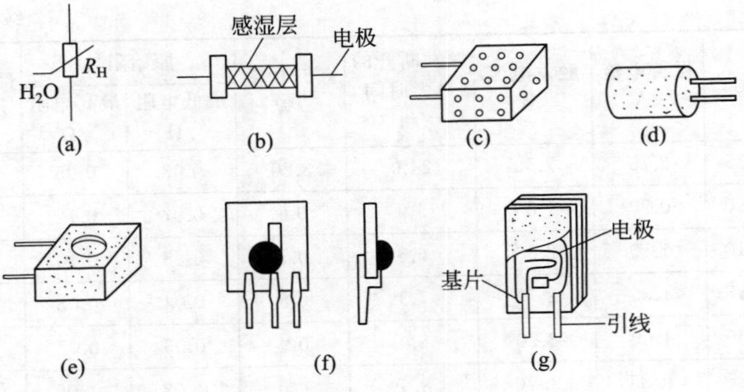

图 1-5 湿敏电阻的符号及外形

MSC3 型、YSH 型等。如 MS01 型湿敏电阻，由硅粉渗入少量碱金属氧化物烧结而成，其电阻值随周围大气相对湿度的增加而减小，是属于负特性的湿敏电阻。常用湿敏电阻的参数见表 1-28。

■ **表 1-28 常用湿敏电阻的参数**

型号	测湿范围 /%	20℃时标称阻值/kΩ			工作环境温度 /℃	湿度温度系数 /(%/℃)	响应时间 /s	工作电压 /V
		50% RH①	70% RH	90% RH				
ZHC-1 ZHC-2	5～99	650	170	44	－10～90	－0.1	＜5	1～6
MS01-A	20～98	340	40	5.1	0～40	－0.1	＜5	4～12
MS01-B1	20～98	200	25	3	0～40	－0.1	＜5	4～12
MS01-B2	20～98	300	35	4.4	0～40	－0.1	＜5	4～12
MS01-B3	20～98	400	50	6	0～40	－0.1	＜5	4～12
MS04	30～90	≤200	—	＜10	0～50	—	—	5～10
YSH	5～100	＜1000	—	＜2	－30～80	0.5	—	—

① 表示相对湿度。

MS01 型湿敏电阻具有以下特点。

① 体积小、重量轻、寿命长、价廉，且具有优良的机械强度。

② 抗水性好。可在湿度很大和很小（100%～0% RH）的环

境中重复使用。在 100%的水蒸气里可以照常工作，甚至短时间浸入水中也不致完全失效。

③ 响应时间短。如 20℃时，把电阻从 30% RH 环境移入 90% RH 环境中，当电阻值改变全量程的 63%时不大于 5s。

④ 抗污染能力强。在微量的碱、酸、盐及灰尘空气中可以照常工作，不会失效。

⑤ 阻值变化范围大（见图 1-6）。20℃时，相对湿度在 30%～90%变化时，电阻值在 10^6～10^3 数量级变化，常用阻值位于一个容易测量的范围内（70% RH 时电阻约 40kΩ）。因此用于检测空气相对湿度或用在粮仓内布点遥测粮堆湿度较为合适。

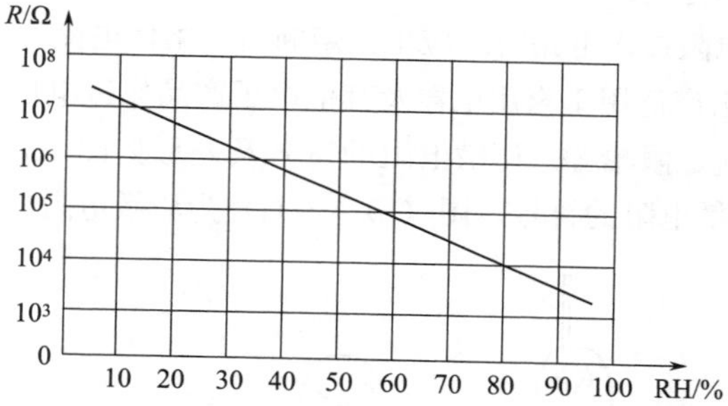

图 1-6　MS01 型湿敏电阻 RH-*R* 曲线

这种湿敏电阻器在工作时，必须用交流供电。它的湿敏电阻值就是在频率低于 10Hz 的条件下测得的。用它来作测湿仪器的探头，如果相距较远，为避免长导线电抗带来的影响，电源频率还需降低，可用 1～2Hz。

（2）湿敏电阻的测试

测试主要测量不同湿度下的湿敏电阻阻值。需配合湿度计，将湿敏电阻置于不同湿度环境下测出 50% RH、70% RH 和 90% RH 时的阻值，并与标称电阻值作比较。简单的判断，可测量其干燥时和受水湿时的阻值变化，良好的湿敏电阻其阻值变化十分明显。

1.1.5 压敏电阻

压敏电阻是一种对电压敏感的非线性过电压保护半导体元件。当压敏电阻两端所加电压低于标称额定电压值时，其阻值接近无穷大；当压敏电阻两端电压略高于标称额定电压时，压敏电阻即迅速击穿导通，工作电流急剧增大。当其两端电压低于标称额定电压时，压敏电阻又恢复为高阻状态。当压敏电阻两端电压超过其最大限制电压时，压敏电阻将完全击穿损坏，无法再自行恢复。

压敏电阻具有体积小、损耗少、耐冲击、能量（浪涌电流）大、快速响应性好等优点。缺点是平均持续功率较小（仅数瓦），如外加电压超过它的标称电压，就会使内部过热而爆裂，造成电源或线路短路。因此，压敏电阻接入电路时，应串接熔断器，熔体电流为5～20A。

压敏电阻广泛用于家用电器及其他电子产品作过电压保护、防雷、抑制浪涌电流、限幅等。压敏电阻的符号及外形如图1-7所示。其中，图（a）为压敏电阻的符号，图（b）～（f）为压敏电阻的外形。

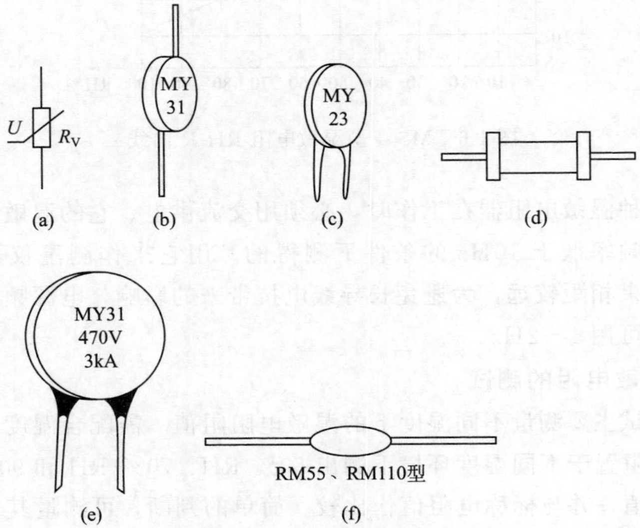

图1-7 压敏电阻的符号及外形

(1) 氧化锌压敏电阻的伏安特性

氧化锌压敏电阻具有对称的伏安特性，其伏安特性类似一对称型稳压二极管，如图 1-8 所示。

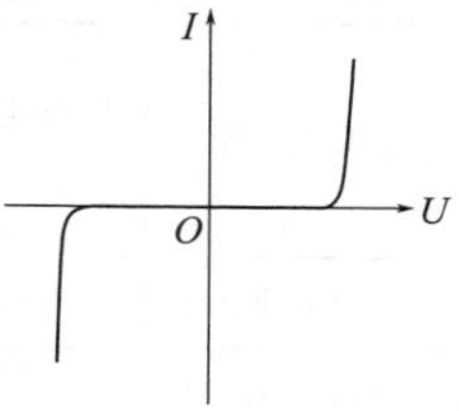

图 1-8　氧化锌压敏电阻的伏安特性

(2) 氧化锌压敏电阻的主要参数

① 标称电压 U_{1mA}：指漏电流达 1mA 时压敏电阻元件两端的电压。

② 通流容量：指以标准冲击电流波形，按规定的脉冲间隔时间和冲击次数经过冲击后，标称电压 U_{1mA} 的下降小于 10% 的最大冲击电流幅值。氧化锌压敏电阻的通流容量与脉冲波形及冲击次数有关，冲击次数增多，通流容量将降低。

③ 残压比 U_I ：U_{1mA}：指放电电流达到规定值 I 时的电压 U_I 与 U_{1mA} 之比值。

④ 响应时间：氧化锌压敏电阻的响应时间一般在 50ns 以下，所以能吸收极陡的冲击波。

⑤ 温度特性：氧化锌压敏电阻具有很小的负电压温度系数，在－40～＋70℃范围内，温度系数在－0.2%/℃以下，所以压敏电阻在通常使用条件下，不受温度影响。

⑥ 固有电容：氧化锌压敏电阻具有较大的固有电容，电容量一般为几百至几千皮法范围内，因而限制了压敏电阻的使用频率。

(3) 压敏电阻的参数

常用的压敏电阻有 MYD、MYJ、MYG20、MYH 系列等。MYD 系列压敏电阻的参数见表 1-29。

MY31 型氧化锌压敏电阻的参数见第 7 章表 7-34。压敏电阻的选择见第 7 章 7.4.4 项。

■ **表 1-29　MYD 系列压敏电阻的参数**

型　　号	标称电压/V	最大连续工作电压/V		最大限制电压/V	通流容量/kA	静态电容量/μF	最大静态功率/W
		AC	DC				
MYD05K271	270	175	225	475(5)	0.2	65	0.1
MYD07K271	270	175	225	455(10)	0.6	170	0.25
MYD10K271	270	175	225	455(25)	1.25	350	0.4
MYD14K271	270	175	225	455(50)	2.5	750	0.6
MYD05K361	360	230	300	595(5)	0.2	50	0.1
MYD07K361	360	230	300	595(10)	0.6	130	0.25
MYD10K361	360	230	300	595(25)	1.25	300	0.4
MYD14K361	360	230	300	595(50)	2.5	550	0.6
MYD05K431	430	275	385	745(5)	0.25	40	0.1
MYD07K431	430	275	385	710(10)	0.6	100	0.25
MYD10K431	430	275	385	710(25)	1.25	230	0.4
MYD14K431	430	275	385	710(50)	2.5	440	0.6

1.1.6 电容的选用及测试

(1) 电容的识别

① 电容的型号命名见表 1-30。

普通电容也按以下标志：

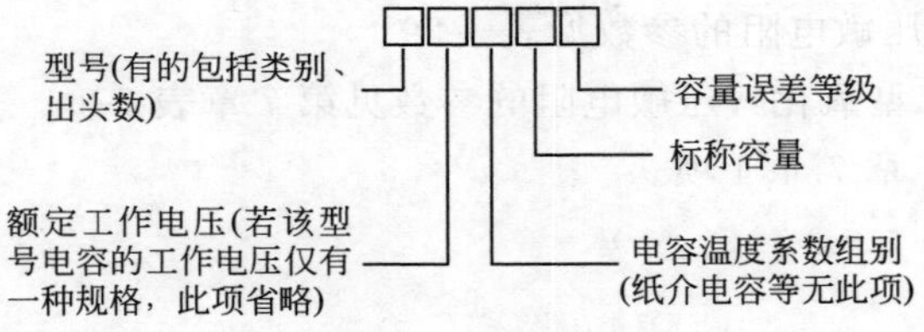

■ **表 1-30 电容的型号命名**

第一部分		第二部分		第三部分		第四部分
字母表示主称		字母表示材料		数字或字母表示特征		数字表示序号
符号	意义	符号	意义	符号	意义	意义
C	电容器	C	瓷介	T	铁电	包括品种、尺寸代号、温度特性、直流工作电压、标称值、允许误差、标准代号等。 对主称、材料特征相同，仅尺寸、性能略有差别，但基本上不影响互换的产品，给予同一序号。若尺寸、性能指标的差别已明显影响互换时，则在括号后面用大写字母作为区别代号予以区别
		I	玻璃釉	W	微调	
		O	玻璃膜	J	金属化	
		Y	云母	X	小型	
		V	云母纸	S	独石	
		Z	纸介	D	低压	
		J	金属化纸	M	密封	
		B	聚苯乙烯	Y	高压	
		F	聚四氟乙烯	C	穿心式	
		L	涤纶			
		S	聚碳酸酯			
		Q	漆膜			
		H	纸膜复合			
		D	铝电解			
		A	钽电解			
		G	金属电解			
		N	铌电解			
		T	钛电解			
		M	压敏			
		E	其他电解材料			

② 电容的分类见表 1-31。

■ **表 1-31 电容的分类**

分类	1	2	3	4	5	6	7	8	9
瓷介电容	圆片	管片	叠片	独石	穿心	支柱等		高压	
云母电容	非密封	非密封	密封	密封				高压	
有机电容	非密封	非密封	密封	密封	穿心			高压	特殊
电解电容	箔式	箔式	烧结粉液体	烧结粉固体			无极性		特殊

③ 电容器电容量的文字符号见表 1-32。

■ **表 1-32 电容器电容量的文字符号**

符号	电容量	符号	电容量
pF	皮法	mF	毫法
nF	纳法	F	法
μF	微法		

④ 电容器标准容量系列见表 1-33～表 1-35。

■ **表 1-33 无机介质（瓷介、云母、玻璃釉等）及高频有机薄膜电容系列**

允许误差	±5%	E24	1.0 3.3	1.1 3.6	1.2 3.9	1.3 4.3	1.5 4.7	1.6 5.1
	±10%	E12	1.0 3.3		1.2 3.9		1.5 4.7	
	±20%	E6	1.0 3.3				1.5 4.7	
	±5%	E24	1.8 5.6	2.0 6.2	2.2 6.8	2.4 7.5	2.7 8.2	3.0 9.1
	±10%	E12	1.8 5.6		2.2 6.8		2.7 8.2	
	±20%	E6			2.2 6.8			

注：1. 标称电容量小于 10pF 的无机介质电容允许误差为±0.2pF、±0.4pF、±1pF 三种；大于 10pF、小于 47pF 的采用 E12 系列；大于 47pF 的采用 E24 系列。

2. 允许误差为 $^{+80\%}_{-20\%}$、$^{+不规定}_{-20\%}$ 的电容采用 E6 系列。

■ **表 1-34 有机介质（纸介、金属化纸介、复合介质等）及低频有机薄膜电容系列**

允许误差	±5% ±10% ±20%					
电容量范围	100pF～1μF		1～100μF			
标称电容量系列	1.0	3.3	1	8	30	100
	1.5	4.7	2	10	50	
	2.2	6.8	4	15	60	
			6	20	80	

■ **表 1-35　电解电容系列（钽、铌、铝等）**

标称电容量/μF	1　1.5　(2)　2.2　(3)　3.3　4.7　(5)　6.8
允许误差	±10%　±20%　+50% −20%　+100% −10%

注：括号内的数值对新设计时不允许采用。

⑤ 电容的标称耐压值见表 1-36。

■ **表 1-36　电容标称耐压值**　　单位：V

电容类型	标称电压值
云母电容	100、250、500
玻璃釉电容	40、100、150、250、500
薄膜及金属化纸介电容	63、160、250、400、630
电解电容	低压　3、6、10、16、25、32、50 高压　150、300、450、500

⑥ 电容最高使用频率见表 1-37。

■ **表 1-37　电容最高使用频率范围**

电 容 类 型	最高使用频率/MHz	等效电感/$\times 10^{-3}$MHz
小型云母电容	150～250	4～6
圆片型瓷片电容	200～300	2～4
圆管型瓷片电容	150～200	3～10
圆盘型瓷片电容	2000～3000	1～1.5
小型纸介电容	50～80	6～11
中型纸介电容	5～8	30～60

⑦ 电容的文字标志和色标方法如图 1-9 所示。

其中，图（a）、（b）、（c）为文字标志，图（d）为色标方法。

文字标注时，有时电容器上不标注单位，其识读方法为：凡容量大于 1 的无极性电容，其容量单位为 pF，如 4700 表示 4700pF；凡容量小于 1 的无极性电容，其容量单位为 μF，如 0.33 表示 0.33μF。凡有极性的电容，容量单位是 μF，如 470 表示 470μF。

对于图 1-9（c）的文字标注，是将容量的整数部分标注在容量

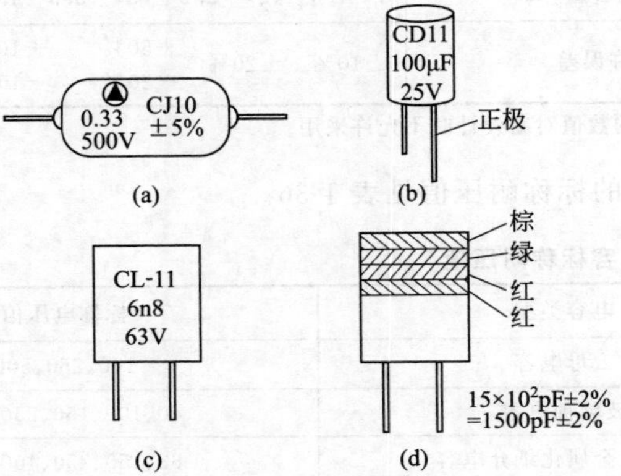

图 1-9　电容的文字标志和色标方法

单位标志符号前面，容量的小数部分标注在单位标志符号后面，容量单位符号所占位置即为小数点的位置。如 6n8 表示 6.8nF，即 6800pF。若在数字前标注有 R 字样，则容量为零点几微法。如 R47 即为 0.47μF。

电容的色标见表 1-38。其容量单位为 pF。

■ **表 1-38　电容色标颜色**

颜　色	第一、第二色标（有效数字）	第三色标（乘数）	第四色标（允许偏差）	工作电压 /V
黑	0	10^0	—	4
棕	1	10^1	±1%	6.3
红	2	10^2	±2%	10
橙	3	10^3	—	16
黄	4	10^4	—	25
绿	5	10^5	±0.5%	32
蓝	6	10^6	±0.25%	40
紫	7	10^7	±0.1%	50
灰	8	10^8	—	63

续表

颜　色	第一、第二色标（有效数字）	第三色标（乘数）	第四色标（允许偏差）	工作电压/V
白	9	10^{9}	+50% −20%	—
金	—	10^{-1}	±5%	—
银	—	10^{-2}	±10%	—
无色	—	—	>±20%	—

如图 1-9（d）棕绿红红色标，则电容为 1500pF±2%。

(2) 国外电容的识别

① 国外电容的标志代号含义如下：

□	□	□	□	□	□	□
种类	形状	温度特性	额定电压	电容量	允许误差	其他

② 国外电容的种类与代号见表 1-39。

■ 表 1-39　国外电容的种类与代号

代　号	电容种类	代　号	电容种类
CV、CE、NDS	电解电容	CH	金属化纸介电容
CK	瓷介电容(高介电常数)	CQ	塑料薄膜电容
CC	温度补偿瓷介电容	CPM	聚酯薄膜电容
CA、CP、CN	纸介电容	CS	固体钽电解电容
CB、CM、DM	云母电容	CL、CLR	非固体钽电解电容
CY、CYR	玻璃釉电容		

③ 国外电容外形代号见表 1-40。

■ 表 1-40　国外电容外形代号

代　号	形　状
01	圆柱形，金属封装，引线方向相反，与轴平行
02	圆柱形，金属封装，引线方向相反，与轴平行，有套管

续表

代号	形状
03	圆柱形,金属封装,引线方向相同,与轴平行
04	圆柱形,金属封装,引线方向相同,与轴平行,有套管
05	圆柱形,非金属套,引线方向相反,与轴平行
06	圆柱形,非金属套,引线方向相同,与轴平行
07	圆柱形,金属封装,引线方向相同,与轴平行
08	圆柱形,无包装,引线方向相反,与轴平行
09	圆柱形,无包装,引线方向相同,与轴平行
10	圆柱形,金属封装,引线方向相反,附安装机构
13	圆柱形,无包装,引线方向相同,与轴垂直
14	圆柱形,非金属外装,引线方向相反,与轴平行
15	圆柱形,非金属外装,引线方向相同,与轴平行
16	圆柱形,非金属外装,引线方向相同,与轴垂直
19	圆柱形,金属封装,引线为接线片,方向相反
20	圆柱形,金属封装,引线为接线片,方向相反,有套管
21	圆柱形,非金属套,引线为接线片,方向相反
22	圆柱形,非金属套,引线为接线片,方向相反,与轴平行
23	圆柱形,非金属套,引线为接线片,方向相同,与轴垂直
44	扁圆形,非金属外装,引线方向相反
45	扁圆形,非金属外装,引线方向相同
92	扁方形,非金属外装,引线方向相同
97	扁方形,无包装,引线方向相同
99	扁方形,非金属套,引线方向相同

注：1. 非金属套指元件上包有树脂膜。
2. 无包装指元件裸露或涂有涂料，但不保证绝缘。
3. 非金属外装指用绝缘物浸渍，涂漆或搪瓷包装。

④ 国外CC型电容温度特性见表1-41。

■ 表 1-41　国外 CC 型电容温度特性

代号	颜色	标称静电容量温度系数	代号	颜色	标称静电容量温度系数
A	金	+100	U	紫	−750
B	灰	+30	V		−1000
C	黑	0	W		−1500
H	棕	−30	X		−2200
D	红	−80	Y		−3300
P	橙	−150	Z		−4700
R	黄	−220	SL		+350～−1000
S	绿	−330	YN		−800～−5800
T	蓝	−470			

注：标称静电容量温度系数的单位为 10^{-6}℃$^{-1}$。

⑤ 国外 CC 型电容温度系数允许误差见表 1-42。

■ 表 1-42　国外 CC 型电容温度系数允许误差

代　号	静电容量温度系数允许误差	代　号	静电容量温度系数允许误差
G	±30	L	±500
H	±60	M	±1000
J	±120	N	±2500
K	±250		

⑥ 国外 CC 型电容温度系数及允许误差组合见表 1-43。

■ 表 1-43　国外 CC 型电容温度系数及允许误差组合

标称静电容量	A	B	C	H	L	P	R	S	T
2pF 以下	AK	BK	CK	HK	LK	PK	RK	SK	TK
3pF	AJ	BJ	CJ	HJ	LJ	PJ	RJ	SJ	TJ
4～9pF	AH	BH	CH	HH	LH	PH	RH	SH	TH
10pF 以上	AH	BH	CH	HH	LH	PH	RH	SH	TH
2pF 以下	UK	—	—	—	—	—	SL	—	
3pF	UJ	—	—	—	—	—	SL	—	
4～9pF	UJ	—	—	—	—	—	SL	—	
10pF 以上	UJ	VK	WK	XL	YL	ZM	SL	YN	

⑦ 国外电容额定耐压代号见表1-44。

■ **表1-44　国外电容额定耐压代号**

数字	字母										
	A	B	C	D	E	F	G	H	J	K	Z
	耐压值/V										
0	1.0	1.25	1.6	2.0	2.5	3.15	4.0	5.0	6.3	8.0	9.0
1	10	12.5	16	20	25	31.5	40	50	63	80	90
2	100	125	160	200	250	315	400	500	630	800	900
3	1000	1250	1600	2000	2500	3150	4000	5000	6300	8000	9000
4	10000	12500	16000	20000	25000	31500	40000	50000	63000	80000	90000

例：2E代表250V，3A代表1000V。

⑧ 国外电容的电容量允许误差代号，有两种表示法，见表1-45和表1-46。

■ **表1-45　国外电容电容量允许误差代号（一）**

静电容量≥10pF	代　号	静电容量≥10pF	代　号
±20%	M	±2pF	G
±10%	K	±1pF	F
±5%	J	±0.5pF	D
±2%	G	±0.25pF	C
±1%	F	±0.1pF	B

■ **表1-46　国外电容电容量允许误差代号（二）**

字母	D	F	G	J	K	M	N	P	S	Z
误差/%	±0.5	±1	±2	±5	±10	±20	±30	+100 −20	+50 −20	+80 −20

⑨ 电容的标称静电容量表示法有以下两种。

a. 直标法，见表1-47。

■ 表 1-47 直标法

符号	M	k	h	da	d	c	m	μ	n	p
名称	兆	千	百	十	分	厘	毫	微	纳	皮
表示数	10^6	10^3	10^2	10	10^{-1}	10^{-2}	10^{-3}	10^{-6}	10^{-9}	10^{-12}

b. 数字法：采用三个数字表示，前两个数字为电容标称电容量的有效值，第三个数字为倍率。电解电容的单位为 μF，其他电容以 pF 为单位；以 R（或 P）表示小数点的位置。

例：2R2（2.2pF）；100（10pF）；223（0.022μF）。电解电容：015（1.5μF）；100（10μF）；331（33μF）。

另外，还有如下标法：3μ3（3.3μF）；2m2（2.2mF = 2200μF）。

⑩ 国外电容其他代号内容见表 1-48。

■ 表 1-48 国外电容其他代号内容

代　号	内　　容
E	塑料薄膜电容中，使用聚酯作为介质
M	使用喷涂金属的聚酯作为介质
C	使用聚碳酸酯作为介质
P	使用聚丙烯作为介质
S	使用聚苯乙烯作为介质
F	引线为直线形
B	引线为定位弯脚

⑪ 国外电容的色标见表 1-49；电容色标的表示法如图 1-10 所示。

■ 表 1-49 国外电容的色标

颜　色	第 1 位或第 2 位数	倍乘数	误差范围	温度系数
黑	0	10^0	±20%	C
棕	1	10^1		H
红	2	10^2		D
橙	3	10^3		P

续表

颜　色	第1位或第2位数	倍乘数	误差范围	温度系数
黄	4	10^4		R
绿	5			S
蓝	6			T
紫	7			U
灰	8		±30%	B
白	9			SL
金		10^{-1}	±5%	A
银		10^{-2}	±10%	

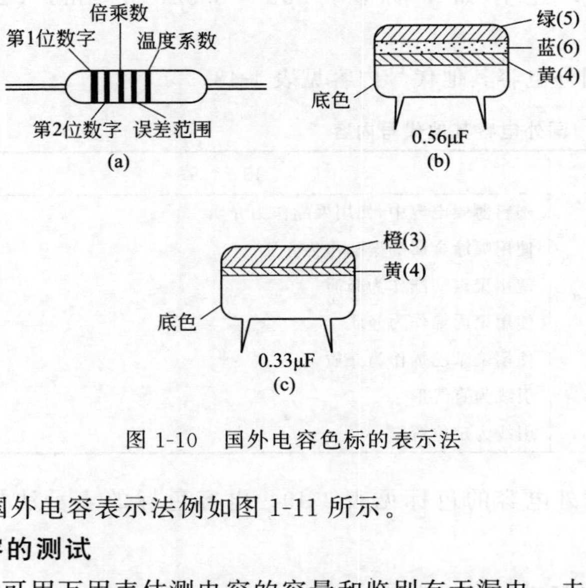

图 1-10　国外电容色标的表示法

⑫ 国外电容表示法例如图 1-11 所示。

(3) 电容的测试

一般可用万用表估测电容的容量和鉴别有无漏电、击穿损坏等情况。测试方法如下。

测量电解电容器时，先放电后（用导线或表笔导体短接电容器两接线端头）再测量，尤其是测量大容量的电容。测量时，量程开关应先打到小阻值挡（如 $R\times100$）测，如果指针摆幅太小（正向、反向都如此），再调整量程开关至合适的位置，如 $R\times1k$ 挡或 $R\times$

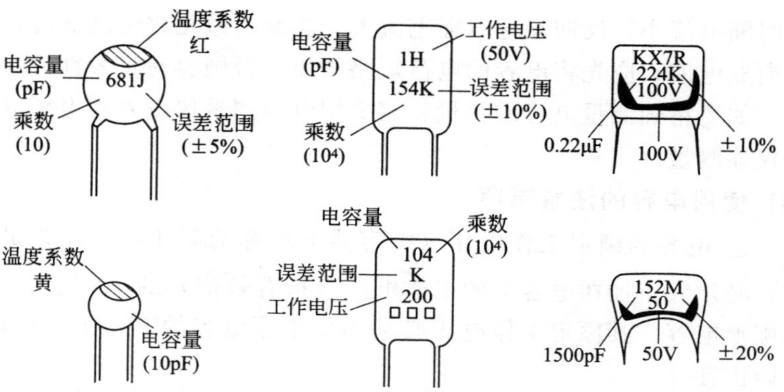

(a) 国外CC型瓷片电容　　(b) 国外CK型电容　　(c) 国外其他电容

图 1-11　国外电容表示法例

10k 挡。测试时，红表笔接电容器负极，黑表笔接电容器正极，让电容器正向充电，指针开始向阻值小的方向迅速摆动，然后慢慢地向无穷大方向移动。指针摆动的幅度越大，则电容量越大。放电至一定时间，指针停止不动，这时指针指示的阻值，即为电容器的绝缘电阻，也表示该电容漏电的大小。阻值越大，漏电越小，电容器质量越好；反之，阻值越小，漏电越大，电容器质量越差。如果指针偏转到零欧位置之后不再返回，将两表笔反接后仍不返回，则表示电容器内部短路；相反，如果指针根本不动，则表示电容器内部开路。

对于大于 4700pF 的非电解电容器也可按上述方法检查。需要注意的是，当电容器容量小于 1μF 时，万用表指针摆动很小；容量越小，越感觉不出充放电现象，这时不能误认为该电容断路了。对于容量小于 4700pF 的电容器，用此法测量很难观察指针摆幅，只能判断它是否短路，而不能判断其尚好还是已开路。

按上述方法测量无极性电容时，第一次测得电容器的绝缘电阻后，应将两表笔交换反接，重复上述测量过程。理想的电容器两次最大稳定绝缘电阻值应相差不多，两者差值越大，说明该电容的绝缘性能越差，漏电越大。

用上述方法还可测出电解电容器的极性。因为电解电容正向充电时漏电流小，反向充电时漏电流大。注意，做充放电测试时，在反向充电前，应先将电容的电荷短路放掉，否则容易将表针打弯。

如要精确测量电容的容量，需要用电容测量仪或万用电桥等专用仪器测量。

(4) 使用电容的注意事项

① 电容的额定工作电压（电容器上所标的耐压值，是指最大值）必须大于加在电容上的工作电压（指有效值）的 $\sqrt{2}$ 倍。如果是配换电容，其额定工作电压必须不低于原电容的额定工作电压，以防击穿。

② 配换电容器的标称容量应尽量与原电容的容量相同或接近。在电子电路中，有的电容的电容量取得并不十分严格，可以根据该电容在电路中的作用，分析出配换电容允许略大或略小于原电容的标称容量。例如，作为滤波或旁路用电容，其容量允许略大或略小一些。

③ 配换仪表中作为测量桥臂元件或振荡回路元件的电容，应特别仔细，不仅容量偏差应在允许偏差范围内，而且电容的类型也宜相同或更为高档的（如稳定性等更好）。并且配换后必须对仪表测量准确度进行校验。

④ 配换电解电容时必须注意正负极性不可接错。

1.2 半导体器件型号命名及分类

1.2.1 半导体器件的命名

国产半导体分立器件型号的命名法见表 1-50。

国际电子联合会半导体（分立）器件型号命名法见表 1-51。

国产半导体集成电路型号的命名法见表 1-52。

■ **表 1-50 国产半导体分立器件型号的命名法(GB/T 249—1989)**

第一部分		第二部分		第三部分				第四部分	第五部分
用数字表示器件的电极数目		用汉语拼音字母表示器件的材料和极性		用汉语拼音字母表示器件的类型				用数字表示器件序号	用汉语拼音字母表示规格号
符号	意义	符号	意义	符号	意义	符号	意义		
2	二极管	A	N 型,锗材料	P	普通管	D	低频大功率管		
		B	P 型,锗材料	V	微波管		(f_a<3MHz,P_c≥1W)		
		C	N 型,硅材料	W	稳压管	A	高频大功率管		
		D	P 型,硅材料	C	参量管		(f_a≥3MHz,P_c≥1W)		
3	三极管	A	PNP 型,锗材料	Z	整流管	T	半导体闸流管		
		B	NPN 型,锗材料	L	整流堆		(可控整流器)		
		C	PNP 型,硅材料	S	隧道管	Y	体效应器件		
		D	NPN 型,硅材料	N	阻尼管	B	雪崩管		
		E	化合物材料	U	光电器件	J	阶跃恢复管		
				K	开关管	CS	场效应器件		
				X	低频小功率管	BT	半导体特殊器件		
					(f_a<3MHz,P_c<1W)	FH	复合管		
				G	高频小功率管	PIN	PIN 管		
					(f_a≥3MHz,P_c<1W)	JG	激光器件		

■ 表 1-51 国际电子联合会半导体（分立）器件型号命名法

第一部分		第二部分				第三部分		第四部分	
用字母表示使用的材料		用字母表示类型及其主要特性				用数字或字母加数字表示登记号		用字母对同型号者分档	
符号	意义	符号	意义	符号	意义	符号	意义	符号	意义
A	锗材料	A	检波、开关和混频二极管	M	封闭磁路中的霍尔元件	三位数字	通用半导体器件的登记序号(同一类型器件使用同一登记号)	A B C D ⋮	同一型号器件按某一参数进行分档的标志
		B	变容二极管	P	光敏器件				
B	硅材料	C	低频小功率三极管	Q	发光器件				
		D	低频大功率三极管	R	小功率晶闸管				
C	砷化镓	E	隧道二极管	S	小功率开关管				
		F	高频小功率三极管	T	大功率晶闸管				
D	锑化铟	G	复合器件及其他器件	U	大功率开关管	一个字母加二位数字	专用半导体器件的登记号(同一类型器件使用同一登记号)		
		H	磁敏二极管	X	倍增二极管				
R	复合材料	K	开放磁路中的霍尔元件	Y	整流二极管				
		L	高频大功率三极管	Z	稳压二极管即齐纳二极管				

■ 表 1-52　国产半导体集成电路型号的命名法

第 0 部分		第 1 部分		第 2 部分		第 3 部分		第 4 部分	
字母表示器件符合国家标准		字母表示器件的类型		数字表示器件的系列和品种代号		字母表示器件的工作温度范围（℃）		字母表示器件的封装形式	
符号	意　义	符号	意　义	符号	意　义	符号	意　义	符号	意　义
C	中国制造	T	TTL 集成电路			C	0～+75	W	陶瓷扁平封装
		H	HTL 集成电路			E	−40～+85	B	塑料扁平封装
		E	ECL 集成电路			R	−55～+85	F	全密封扁平封装
		C	CMOS 集成电路			M	−55～+125	P	塑料直插封装
		F	线性集成电路					D	陶瓷直插封装
		D	音响、电视集成电路					T	金属壳圆形封装
		W	稳压集成电路						
		J	接口集成电路						
		B	非线性集成电路						
		M	存储器						
		μ	微处理器						

部分国外及我国台湾的集成电路标识方法见表1-53。

■ 表1-53 部分国外及我国台湾的集成电路标识方法

符号	生产国及公司名称	符号	生产国及公司名称	符号	生产国及公司名称
MB	日本富士通公司	LA、LB	日本三洋公司	TBA	德国德律风根公司、荷兰飞利浦公司及其欧洲共同市场各国有限公司产品
BA	日本东洋电气公司	μPC、μPD	日本电气公司(NEC)	TDA	
AN、MN	日本松下公司	CX	日本索尼公司	TCA	
IX	日本夏普公司	MC	美国摩托罗拉公司	VIA	中国台湾威盛公司
HA	日本日立公司	Ma	美国仙童公司	LG	韩国LG公司
TA、TB、TC	日本东芝公司	ULN	美国史普拉格公司	HY	韩国现代公司
M	日本三菱公司	INTEL	英国英特公司	KA	韩国三星公司
YSS	日本雅马哈公司	ESS	美国依雅公司		

1.2.2 国产电子元器件分类、型号及用途

国产电子元器件分类、代表型号及主要用途见表1-54。

■ 表1-54 国产电子元器件分类、代表型号及主要用途

类型	具体分类名称	代表系列型号	主要用途	元器件符号意义
晶体二极管	普通二极管	2AP1及2CP系列	用于一般整流电路	第1部分 2—二极管 3—三极管 第2部分 A—N型、锗材料 B—P型、锗材料 C—N型、硅材料
	整流二极管	ZP系列 2CZ11～2CZ27系列	用于不同功率的整流	
	开关二极管	2AK、2CK系列	用于电子计算机及开关电路	
	高频整流二极管	2CG、2DG系列	用于电视机高频部分整流	
	稳压二极管	2CW、2DW系列	用于各种稳压电路	

续表

类型	具体分类名称	代表系列型号	主要用途	元器件符号意义
晶体三极管	大功率晶体三极管	DD、3DD系列	国产电视机用	D—P型、硅材料 E—化合物材料 第3部分 P—普通管 V—微波管 W—稳压管 C—参量管 Z—整流器 L—整流堆 S—隧道管 U—光电器件 K—开关管 X—低频小功率管 C—高频小功率管 D—低频大功率管 A—高频大功率管 T—晶闸管 Y—场效应管 B—雪崩管
	高频小功率三极管	3DG系列	国产电视机用	
	高频中小功率三极管	3DK、3AK、TF系列	高速开关、功放、变频	
	超小型开关三极管	3DK01、3DK1～15	高速饱和及非饱和脉冲电路	
	低频中小型三极管	3AX系列、3BX系列	用于低频放大、振荡、前置电路	
晶闸管	普通硅晶闸管	KP系列	用于整流器、变频器、逆变器电路	
	快速硅晶闸管	KK系列	用于中频电源及超声波电源	
	双向硅晶闸管	KS系列	用于电子开关、调温器、调光器中	
单结晶体管	常用型单结晶体管	BT31、BT32、BT33、BT35系列	用于多种振荡电路及脉冲电路	
场效应管	结型场效应管	3DJ2、3、6、7型	用于高低频线性放大电路	
	绝缘栅型场效应管	3D01型、3C01型	用于开关、小信号放大等	
其他元件	电阻器			
	电容器			
	光电耦合器	GD210系列	代替变压器、继电器用于耦合电路	

1.3 二极管、稳压管和单结晶体管的基本参数及测试

1.3.1 二极管基本参数及测试

二极管和整流堆的图形和文字符号及外形如图 1-12 所示。

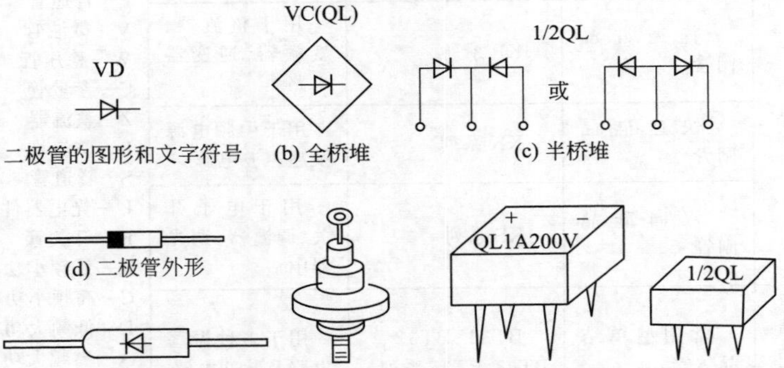

(a) 二极管的图形和文字符号 (b) 全桥堆 (c) 半桥堆 (d) 二极管外形 (e) 二极管外形 (f) 二极管外形 (g) 全桥堆外形 (h) 半桥堆外形

图 1-12 二极管及整流堆的图形和文字符号及外形

(1) 二极管的特性曲线

二极管两端电压和流过二极管电流之间的关系曲线称为二极管的伏安特性曲线。

锗二极管 2AP12 的伏安特性如图 1-13 所示；硅二极管 2CP33 的伏安特性如图 1-14 所示。

二极管伏安特性分为三个部分（以图 1-14 为例）。

① 正向特性　对应于图 1-14 的第①段为正向特性，此时加于

二极管的正向电压只有零点几伏，但相对来说流过管子的电流却很大，因此管子呈现的正向电阻很小。

但在正向特性的起始部分，因所加外电压较小，不足以克服PN结的内电场，因此二极管几乎不导通，好像有一个门坎。硅管的门坎电压（又称死区电压）约为0.5V，锗管的门坎电压约为0.1V。

② 反向特性　对应于图1-14的第②段为反向特性。在反向电压作用下，反向电流很小。一般硅管的反向电流比锗管小得多。反向电流随温度升高而急剧增加，尤其是锗管。

③ 反向击穿特性　对应于图1-14的第③段为反向击穿特性。当反向电压增加到一定值时，反向电流剧增，PN结击穿，即管子反向击穿损坏。

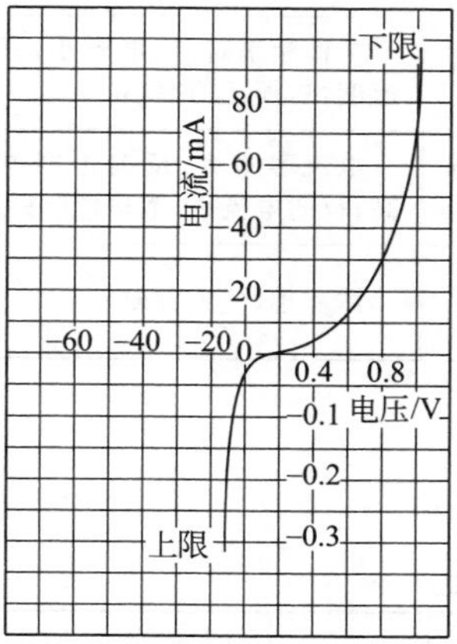

图1-13　锗二极管2AP12的伏安特性

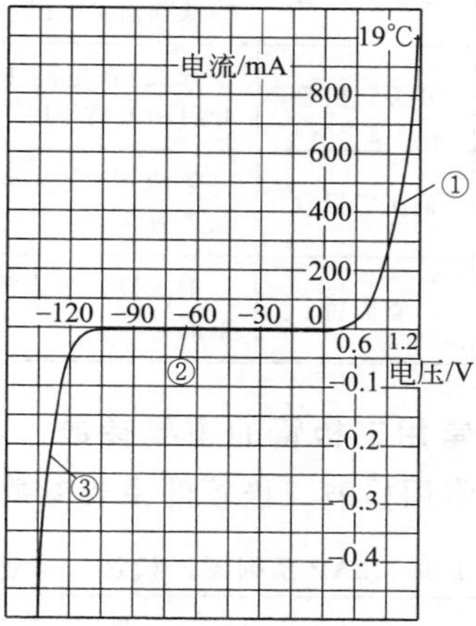

图1-14　硅二极管2CP33的伏安特性

（2）二极管主要参数

① 额定正向工作电流 I_F：也称最大整流电流，是二极管长期连续工作时允许通过的最大正向电流。

② 最高反向工作电压 U_{RM}：是二极管在工作中能承受的最大

反向电压，略低于二极管的反向击穿电压U_B。

③ 反向电流I_R：是在给定的反向偏压下，通过二极管的直流反向漏电流。此电流值越小，表明二极管的单向导电性能越好。

④ 正向电压降U_F：是最大整流电流时，二极管两端的电压降。二极管的正向电压降越小越好。锗管为0.2～0.4V，硅管为0.6～0.8V。

⑤ 最高工作频率f_M：是指二极管工作频率的最大值。

⑥ 二极管电容C：是二极管加上反向电压时，引出线间的电容。

(3) 二极管的类别及用途（见表1-55）

■ 表1-55　一般二极管类别及用途

分类		用途	要求
点接触二极管	检波二极管	检波：将调制高频载波中的低频信号检出	工作频率高，结电容小，损耗功率小
	开关二极管	开关：在电路中对电流起开启和关断作用	工作频率高，结电容小，开关速度快，损耗功率小
面接触二极管	整流二极管	整流：把交流市电变为脉动直流	电流容量大，反向击穿电压高，反向电流小，散热性能好
	整流桥	把二极管组成桥组作桥式整流	体积小，使用方便

(4) 常用二极管的主要参数

常用检波二极管的主要参数见表1-56。

■ 表1-56　2AP系列国产检波二极管主要参数

型号	反向击穿电压/V	最高反向工作电压/V	反向工作电压/V	正向电流/mA	反向电流/μA	最大整流电流/mA	最高工作效率/MHz
2AP1	≥40	20	10	2.5	≤250	16	150
2AP2	≥45	30	25	2.5	≤250	16	150
2AP3	≥45	30	25	7.5	≤250	25	150
2AP4	≥75	50	50	5	≤250	16	150

续表

型号	反向击穿电压/V	最高反向工作电压/V	反向工作电压/V	正向电流/mA	反向电流/μA	最大整流电流/mA	最高工作效率/MHz
2AP5	≥110	75	75	2.5	≤250	16	150
2AP6	≥150	100	100	1	≤250	12	150
2AP7	≥150	100	100	5	≤250	12	150
2AP8	≥20	10	10	2	≤100	35	150
2AP9	≥20	15	10	5	≤200	8	100
2AP10	≥35	30	10	5	≤40	8	100
2AP11	≥20	≤10	10	10	≤250	25	40
2AP12	≥20	≤10	10	90	≤250	40	40
2AP13	≥45	≤30	30	10	≤250	20	40
2AP14	≥45	≤30	30	20	≤250	30	40
2AP15	≥45	≤30	30	20	≤250	30	40
2AP16	≥75	≤50	50	10	≤250	20	40
2AP17	≥150	≤100	100	10	≤250	15	40
2AP21	<15	<10	7	>50	250	50	100
2AP22	<45	<30	10	5～10	100	16	100
2AP23	<60	<40	30	>10	250	25	100
2AP24	<100	<50	50	2～5	250	16	100
2AP25	<100	<50	50	5～10	250	16	100
2AP26	<150	<100	100	5～10	250	16	100
2AP27	<200	<150	150	2～10	250	8	100
2AP28	<150	<100	100	2～5	250	16	100

常用整流二极管的主要参数见表1-57。

常用进口1N4000系列和1N5400系列整流二极管的主要参数

见表 1-58 和表 1-59。

■ 表 1-57　常用国产低频整流二极管的主要参数

型　号	最大整流电流 /A	正向压降 /V	最高反向工作电压 /V	反向电流 /μA	截止频率 /kHz
2CP1/2CP2/2CP3/2CP4	0.5	≤1	100/200/300/400	≤500	3
2CP1D/E/F/G/H/I	0.5	≤1	500/600/700/800/900/1000	≤500	3
2CP21/2CP21A/2CP22/2CP23	0.3	≤1	50/100/200/300	≤250	3
2CP24/25/26/27/28	0.3	≤1	400/500/600/700/800	≤250	3
2CZ5/10/50/100	5/10/50/100	≤0.65	300～700	1.5/2/5/10	3
2CZ11K/A/B/C/D/E/F/G/H/I	1	≤1	50/100/200/300/400/500/600/700/800/1000	≤10	3
2CZ12/A/B/C/D/E/F/G/H/I	3	≤1		≤50	3
2CZ13/A/B/C/D/E/F/G/H/I	5	≤0.8		≤50	3
2DP3A/B/C/D/E/F/G/H/I/J	0.3	≤0.8	200/400/600/800/1000/1200/1400/1600/1800/2000	≤5	3
2DP4A/B/C/D/E/F/G/H/I/J	0.5	≤0.8		≤5	3
2DP5A/B/C/D/E/F/G/H/I/J	1	≤0.8		≤5	3
2CZ55A/B/C/D/E/F/G/H/I/J/K	1	≤0.8	25/50/100/200/300/400/500/600/700/800/1000	≤10	3
2CZ56A/B/C/D/E/F/G/H/I/J/K	3	≤0.8		≤10	3
2CZ57A/B/C/D/E/F/G/H/I/J/K	5	≤0.8		≤10	3
2CZ58A/B/C/D/E/F/G/H/I/J/K	10	≤0.8	25/50/100/200/300/400/500/600/700/800/1000	≤10	3
2CZ59A/B/C/D/E/F/G/H/I/J/K	20	≤0.8		≤10	3
2CZ60A/B/C/D/E/F/G/H/I/J/K	50	≤0.8		≤10	3
2CZ80A/B/C/D/E/F/G/H/I/J/K	0.03	≤1.2		≤10	3
2CZ81A/B/C/D/E/F/G/H/I/J/K	0.05	≤1.2		≤10	3
2CZ82A/B/C/D/E/F/G/H/I/J/K	0.1	≤1		≤10	3
2CZ83A/B/C/D/E/F/G/H/I/J/K	0.3	≤1		≤10	3
2CZ84A/B/C/D/E/F/G/H/I/J/K	0.5	≤1		≤10	3
2CZ85A/B/C/D/E/F/G/H/I/J/K	1	≤1		≤10	3
2CZ86A/B/C/D/E/F/G/H/I/J/K	1.5	≤1		≤10	3

■ **表 1-58　1N4001～1N4007 型硅整流二极管主要参数**

型　号	反向重复峰值电压 U_{RRM}/V	额定正向平均电流 I_F/A	正向峰值电压 U_{FM}/V	反向直流电流		正向浪涌电流 I_{FM}/A	反向恢复时间 t_{rr}/μs	最高结温 T_{jm}/℃
				I_{R1}/μA	I_{R2}/μA			
1N4001	50	1.0	1.1	5	50	30	30	175
1N4002	100							
1N4003	200							
1N4004	400							
1N4005	600							
1N4006	800							
1N4007	1000							

■ **表 1-59　1N5400～1N5408 型硅整流二极管主要参数**

型　号	反向重复峰值电压 U_{RRM}/V	正向平均电流 I_F/A	正向峰值电压 U_{FM}/V	反向峰值电流		正向浪涌电流 I_{FM}/A	典型结电容 C_J/pF	最高结温 T_{jm}/℃
				I_{RM1}/μA	I_{RM2}/μA			
1N5400	50	3.0	1.2	10	150	200	28	170
1N5401	100							
1N5402	200							
1N5403	300							
1N5404	400							
1N5405	500							
1N5406	600							
1N5407	800							
1N5408	1000							

(5) 二极管的测试

通常用万用表欧姆挡来判别二极管的极性和好坏。具体测试如下：对于最大整流电流较小（100mA 以下）的二极管，可将万用表欧姆挡打在 $R\times100$ 挡或 $R\times1$k 挡位置，测量正向电阻，即黑表笔接正极，红表笔接负极，阻值在 100Ω～1kΩ（锗二极管）或几百欧至几千欧左右（硅二极管）属正常；若正向电阻太大，则使用时效率不高。将表笔对调后测量其反向电阻，它应比正向电阻大数百倍以上。

应特别注意：最大整流电流小于 100mA 的二极管，切不可用 $R\times1$ 挡测量。因为使用 $R\times1$ 挡时，通过管子的电流在 100mA 左右，很容易烧坏管子。

对于最大整流电流较大的二极管，应使用 $R\times1$ 挡测量正向电阻（电源为 1.5V 的万用表），指针一般在刻度盘的中间区，属正常。反向电阻应用最高电阻挡测量，阻值约无穷大。如果所测值极小，说明管子已经击穿损坏。

另外，用万用表测量二极管正向电阻时，不同电阻挡测得的阻值是不一样的。且相差很大。如打在 $R\times10$ 挡时测得的电阻为 90Ω，打在 $R\times10$ 挡时为 850Ω，打在 $R\times1k$ 挡时为 4kΩ。这是由于二极管正向（或反向）电阻是个非线性电阻造成的，即二极管的电压和电流不是成正比关系。当使用不同欧姆挡时，加在二极管上的电压值不同，通过管子的电流也不相同。如用 $R\times1$ 挡测量时，通过管子的电流为 100mA 左右，而用 $R\times100$ 挡测量时，通过管子的电流只有 1mA 左右，由欧姆定律 $R=U/I$ 可知，两次测得的阻值 R 是不一样的。

(6) 使用二极管的注意事项

① 二极管种类繁多，应根据不同的使用场合选择合适的型号。如检波二极管适用于检波和限幅等；整流二极管适用于低频的小功率整流和大功率整流；开关二极管适用于脉冲电路和开关电路等。

② 配换二极管时切不可将极性接错。

③ 使用二极管时要求二极管所承受的反向峰值电压和正向电流均不得超过额定值。对于有电感元件的电路，反向额定峰值电压要选得比线路工作电压大 2 倍以上，以防击穿。配换二极管时，最高反向电压必须不低于原二极管的最高反向电压，最大整流电流不应低于原二极管的最大整流值。

④ 配换高频二极管时，其最高工作频率不应低于原二极管的

最高工作频率。

⑤ 功率整流二极管必须装设散热片或冷却器件，以防过热烧毁。

⑥ 在实际电路中，许多二极管是可以代换的，这应根据二极管在电路中的作用而定。

⑦ 焊接小功率二极管时，焊接要迅速，一般不超过 5s。电烙铁功率一般在 35W 以下为宜，管脚引线的弯折通常需距管壳 5mm 以上。

⑧ 二极管在整流电路中的串、并联，需采取保护措施。

1.3.2 稳压管基本参数及测试

稳压管在电子电路中起稳定电压的作用。通常用作稳压基准电压、保护、限幅和电平转换等。稳压管的图形和文字符号及外形如图 1-15 所示。

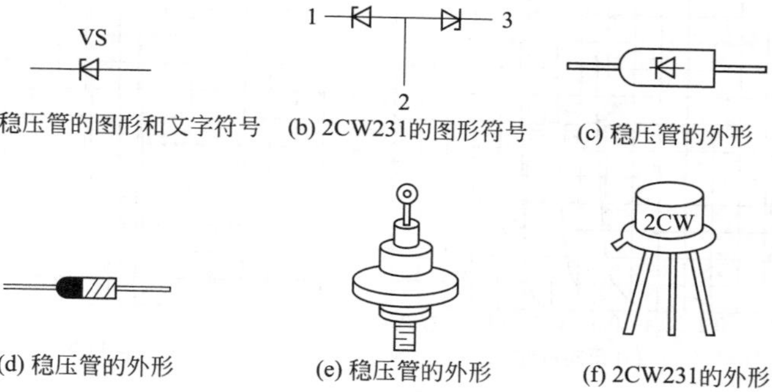

(a) 普通稳压管的图形和文字符号 (b) 2CW231的图形符号 (c) 稳压管的外形

(d) 稳压管的外形 (e) 稳压管的外形 (f) 2CW231的外形

图 1-15 稳压管的图形和文字符号及外形

(1) 稳压管的特性曲线

稳压管的伏安特性曲线如图 1-16 所示。2CW56 稳压管的正向和反向特性如图 1-17 所示。

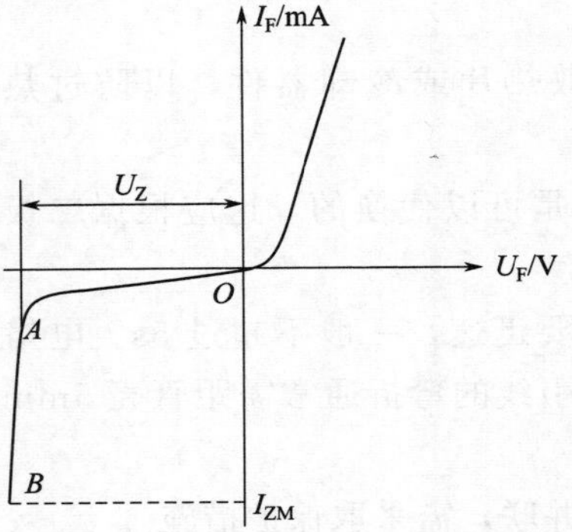

图 1-16　稳压管的伏安特性曲线

从特性曲线来看，和二极管基本相似，其正向特性和二极管一样。但二极管的反向电流随着反向电压的增加而逐渐增加。当达到击穿电压时，二极管将击穿损坏。而对于稳压管，当反向电压U_R小于击穿电压（又称稳压管的稳压值）U_Z时，反向电流I_R极小，但当反向电压增加到U_Z后，稳压管的反向电流急剧增加，此时稳压管处于反向击穿状态，对应于曲线的AB段。由于采用特殊的制造工艺，这种击穿是可逆的，管子不会损坏。只有当反向电流超过允许的最大值I_{ZM}，或者管子的功率损耗超过允许值，管子才会烧坏。

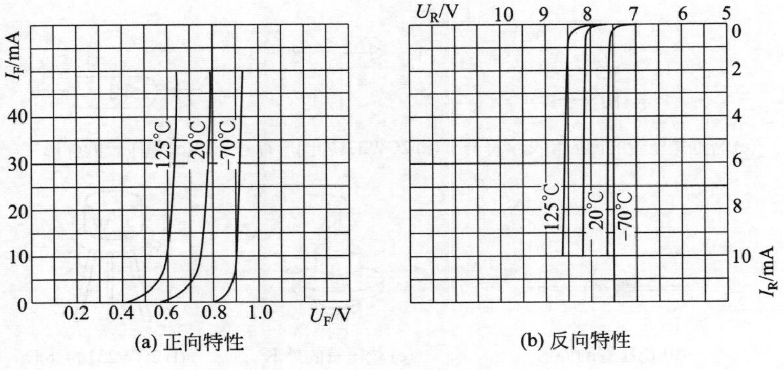

图 1-17　2CW56 稳压管特性

(2) 稳压管主要参数

① 稳定电压U_Z：是指稳压二极管的稳压值，即稳压二极管的反向击穿电压。

② 稳定电流 I_Z：是稳压范围内稳压二极管的电流。一般为其最大稳定电流 I_{ZM}的 1/2 左右。

③ 最大稳定电流 I_{ZM}：是能保证稳压二极管稳定电压（并不致损坏）的电流。

④ 额定功耗 P_Z：是稳压二极管在正常工作时产生的耗散功率。

⑤ 动态电阻 R_Z：是稳定状态下，稳压二极管上的电压微变量与通过稳压二极管的电流微变量之比值。

(3) 常用稳压管的主要参数

2CW 系列稳压管的主要参数见表 1-60。

■ 表 1-60　2CW 系列稳压管主要参数

原型号	稳定电压/V	最大稳定电流/mA	动态电阻/Ω	反向电流/μA	耗散功率/W	正向压降/V	新型号
2CW1	7～8.5	23	≤12	<10	0.28	≤1	—
2CW2	8～9.5	29	≤18	<10	0.28	≤1	—
2CW3	9～10.5	26	≤25	<10	0.28	≤1	—
2CW4	10～12	23	≤30	<10	0.28	≤1	—
2CW5	11.5～14	20	≤35	<10	0.28	≤1	—
2CW7	2.5～3.5	71	≤80	<10	0.25	≤1	2CW51
2CW7A	3.2～4.5	55	≤70	<10	0.25	≤1	2CW52
2CW7B	4～5.5	45	≤50	<10	0.25	≤1	2CW53
2CW7C	5～6.5	38	≤30	<10	0.25	≤1	2CW54
2CW7D	6～7.5	33	≤15	<10	0.25	≤1	2CW55
2CW7E	7～8.5	29	≤15	<10	0.25	≤1	2CW56
2CW7F	8～9.5	26	≤20	<10	0.25	≤1	2CW57
2CW7G	9～10.5	23	≤25	<10	0.25	≤1	2CW58
2CW7H	10～12	20	≤30	<10	0.25	≤1	2CW59
2CW7I	11.5～14	18	≤40	<10	0.25	≤1	2CW60、2CW61
2CW7J	13.5～17	14	≤50	<10	0.25	≤1	2CW62

续表

原型号	稳定电压/V	最大稳定电流/mA	动态电阻/Ω	反向电流/μA	耗散功率/W	正向压降/V	新型号
2CW7K	16.5～20	12.5	≤60	<10	0.25	≤1	2CW63
2CW7L	19.5～23	10.5	≤70	<10	0.25	≤1	2CW64
2CW7M	22.5～26	9.5	≤85	<10	0.25	≤1	2CW65
2CW7N	25.5～30	8	≤100	<10	0.25	≤1	2CW66
2CW9	1～2.5	100	≤30	<10	0.25	≤1	2CW50
2CW10	2～3.5	70	≤50	≤5	0.25	≤1	2CW51
2CW11	3.2～4.5	55	≤70	≤2	0.25	≤1	2CW52
2CW12	4～5.5	45	≤50	≤1	0.25	≤1	2CW53
2CW13	5～6.5	38	≤30	≤0.5	0.25	≤1	2CW54
2CW14	6～7.5	33	≤10	≤0.5	0.25	≤1	2CW55
2CW15	7～8.5	29	≤10	≤0.5	0.25	≤1	2CW56
2CW16	8～9.5	26	≤10	≤0.5	0.25	≤1	2CW57
2CW17	9～10.5	23	≤20	≤0.5	0.25	≤1	2CW58
2CW18	10～12	20	≤25	≤0.5	0.25	≤1	2CW59
2CW19	11.5～14	17	≤35	≤0.5	0.25	≤1	2CW60(11.5～12.5V)、2CW61(12.2～14V)
2CW20	13.5～17	14	≤45	≤0.5	0.25	≤1	2CW62
2CW20A	16.5～20.5	12	≤50	≤0.5	0.25	≤1	2CW63(16～19V)、2CW64(18～21V)
2CW20B	20～24.5	10	≤60	≤0.5	0.25	≤1	2CW65
2CW20C	23～28	9	≤70	≤1	0.25	≤1	2CW66(23～26V)、2CW67(25～28V)
2CW20D	27～30	8	≤80	≤1	0.25	≤1	2CW68
2CW21	3～4.5	220	≤40	≤1	1	≤1	2CW102
2CW21A	4～4.5	180	≤30	≤1	1	≤1	2CW103
2CW21B	5～6.5	150	≤15	≤0.5	1	≤1	2CW104
2CW21C	6～7.5	130	≤7	≤0.5	1	≤1	2CW105

续表

原型号	稳定电压/V	最大稳定电流/mA	动态电阻/Ω	反向电流/μA	耗散功率/W	正向压降/V	新型号
2CW21D	7～8.5	115	≤5	≤0.5	1	≤1	2CW106
2CW21E	8～9.5	105	≤7	≤0.5	1	≤1	2CW107
2CW21F	9～10.5	95	≤9	≤0.5	1	≤1	2CW108
2CW21G	10～12	80	≤12	≤0.5	1	≤1	2CW109
2CW21H	11.5～14	70	≤16	≤0.5	1	≤1	2CW110
2CW21I	13.5～17	55	≤20	≤0.5	1	≤1	2CW111
2CW21J	16～20.5	45	≤26	≤0.5	1	≤1	2CW112
2CW21K	19～24.5	40	≤32	≤0.5	1	≤1	2CW113
2CW21L	23～29.5	34	≤38	≤0.5	1	≤1	2CW114
2CW21M	27～34.5	29	≤48	≤0.5	1	≤1	2CW115
2CW21N	32～40	25	≤60	≤0.5	1	≤1	2CW116
2CW21P	1～2.5	400	≤15	≤10	1	≤1	2CW100
2CW21S	2～3.5	280	≤41	≤10	1	≤1	2CW101
2CW22	3.2～4.5	660	≤20	≤1	3	≤1	2CW130
2CW22A	4～5.5	540	≤15	≤0.5	3	≤1	2CW131
2CW22B	5～6.5	460	≤12	≤0.5	3	≤1	2CW132
2CW22C	6～7.5	400	≤6	≤0.5	3	≤1	2CW133
2CW22D	7～8.5	350	≤4	≤0.5	3	≤1	2CW134
2CW22E	8～9.5	315	≤5	≤0.5	3	≤1	2CW135
2CW22F	9～10.5	280	≤7	≤0.5	3	≤1	2CW136
2CW22G	10～12	250	≤10	≤0.5	3	≤1	2CW137
2CW22H	11.5～14	210	≤12	≤0.5	3	≤1	2CW138
2CW22I	13.5～17	175	≤16	≤0.5	3	≤1	2CW139
2CW22J	16～20.5	145	≤22	≤0.5	3	≤1	2CW140
2CW22K	19～24.5	120	≤26	≤0.5	3	≤1	2CW141

续表

原型号	稳定电压/V	最大稳定电流/mA	动态电阻/Ω	反向电流/μA	耗散功率/W	正向压降/V	新型号
2CW22L	23～29.5	100	≤32	≤0.5	3	≤1	2CW142
2CW22M	27～34.5	86	≤38	≤0.5	3	≤1	2CW143
2CW22N	32～40	75	≤48	≤0.5	3	≤1	2CW144

2DW 系列稳压管的主要参数见表 1-61。

■ 表 1-61　2DW 系列稳压管的主要参数

型　号	稳定电压/V	最大稳定电流/mA	动态电阻/Ω	反向电流/μA
2DW1	6.5～7.5	170	≤3.5	≤1
2DW1A	4.5～5.5	240	≤3	≤1
2DW1B	5.5～6.5	200	≤3	≤1
2DW2	7.5～8.5	150	≤3.5	≤1
2DW3	8.5～9.5	135	≤4	≤1
2DW4	9.5～10.5	120	≤4	≤1
2DW5	10.5～11.5	100	≤5	≤1
2DW6	11.5～12.5	90	≤5	≤1
2DW7	12.5～13.5	80	≤6	≤1
2DW8	13.5～14.5	75	≤6	≤1
2DW9	14.5～15.5	70	≤7	≤1
2DW10	15.5～16.5	65	≤7	≤1
2DW11	16.5～17.5	60	≤8	≤1
2DW12	17.5～18.5	55	≤8	≤1
2DW13	18.5～19.5	55	≤9	≤1
2DW14	19.5～20.5	50	≤9	≤1
2DW15	20.5～21.5	50	≤10	≤1
2DW16	21.5～22.5	45	≤10	≤1
2DW17	22.5～23.5	45	≤11	≤1
2DW18	23.5～24.5	40	≤11	≤1
2DW19	24.5～25.5	40	≤12	≤1

续表

型　　号	稳定电压 /V	最大稳定电流 /mA	动态电阻 /Ω	反向电流 /μA
2DW230	5.8～6.6	30	≤25	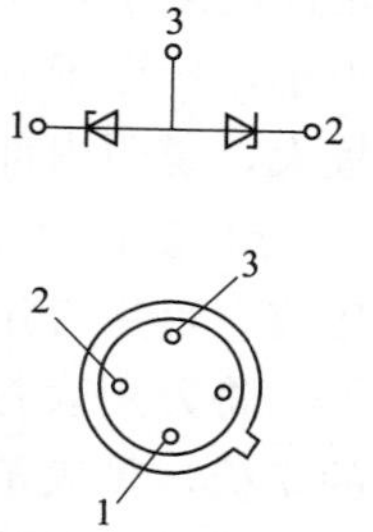
2DW231	5.8～6.6	30	≤15	
2DW232	6.0～6.5	30	≤10	
2DW233	6.0～6.5	30	≤10	
2DW234	6.0～6.5	30	≤10	
2DW235	6.0～6.5	30	≤10	
2DW236	6.0～6.5	30	≤10	

注：2DW230～2DW236 稳压管内部具有温度补偿，电压温度系数低，可用于精密稳压电路。其管脚 1、2 为正、负极，其中靠红点标志的管脚接电源“+”端，另一管脚接“－”端，管脚 3 是备用脚，通常情况下，管脚 3 不用。当管脚 1 或 2 损坏后，才把它作为单个稳压管的正极，此时只作一般的稳压管使用，管脚 3 应接电源“－”端。

1N 系列稳压管的主要参数见表 1-62。

■ 表 1-62　1N 系列稳压管的主要参数

型　　号	稳定电压 U_Z /V	工作稳定电流 I_Z /mA	动态电阻 R_Z /Ω	额定功耗 P_Z /W
1N748	3.8～4.0	20	100	0.5
1N752	5.2～5.7		35	
1N753	5.88～6.12		8	
1N754	6.3～7.3		15	
1N754	6.66～7.01		15	
1N755	7.07～7.25		6	
1N757	8.9～9.3		20	
1N962	9.5～11.9	10	25	
1N962	10.9～11.4		12	
1N963	11.9～12.4		35	
1N964	13.5～14.0		35	
1N964	12.4～14.1		10	
1N969	20.8～23.3	5.5	35	

注：工作稳定电流一般取最大稳定电流的 1/5～1/2 稳压效果较好。最大稳定电流可根据 $I_{ZM}=P_Z/U_Z$ 算出。

(4) 稳压管的测试

① 好坏的判别：用万用表 $R\times100$ 挡或 $R\times1\text{k}$ 挡测试，如果正向电阻小，反向电阻很大，说明稳压管好；如果正、反向电阻都很小，接近于 0Ω，则说明管子已击穿损坏；如果正、反向电阻都极大，说明内部断路。

② 测试“稳定电压”值：实际上是测定稳压管的反向击穿电压值，可用万用表高压电阻挡测试。具体方法如下。

将万用表打在高压电阻挡，调好零位，然后用红表笔接稳压管的正极，黑表笔接触负极，这时表针将偏转，根据表针的偏转百分数，按下式计算出稳压管的稳定电压值 U_Z：

$$U_Z=E_G(1-\alpha\%)$$

式中 E_G——万用表高压电池电压，V；

$\alpha\%$——表针偏转百分数。

例如，用 500 型万用表测试 2CW14 稳压管，已知表内高压电池电压为 10.5V，表针偏转百分数为 48%，则计算得稳压管的稳定值为 5.5V。

如果要更加准确地测定，可采用图 1-18 所示的方法。将稳压管串联一只可变电阻接到稳压电源上。稳压电源的电压值应取得比稳压管稳定电压值要高。测试时，将万用表打在直流电压挡，表笔如图搭接在稳压管两极，然后逐渐减少可变电阻值，使稳压管达到某一电压值，如果再减小可变电阻，此电压值仍然不变，则该电压值便是稳压管的稳定电压值 U_Z。

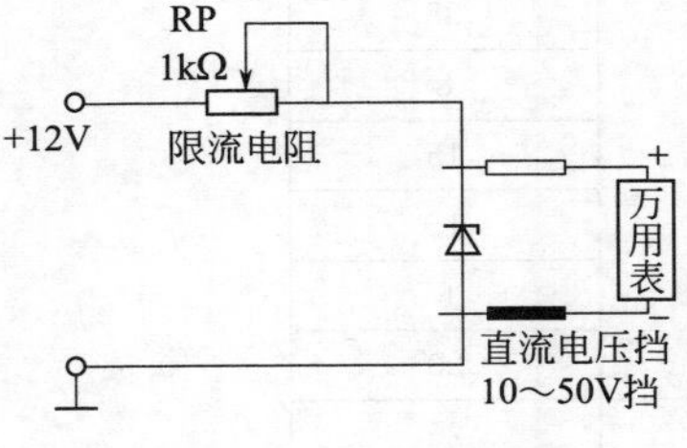

图 1-18 测试稳压管稳定电压值 U_Z

当然，也可设定串联电阻不变，而调节稳压电源输出电压来测试稳压管的稳定电压值。

(5) 使用稳压管的注意事项

① 使用稳压管时，主要是选定稳压值及考虑热稳定性。作稳压使用时，需选温度系数小和动态电阻小的管子。

② 使用或更换稳压管时，通过稳压管的电流与功率不允许超过稳压管的极限值，以免烧坏。

③ 更换稳压管时，其稳定电压值应与原稳压管的相同，若实际电路允许的话，也可选相近的，而最大稳定电流要相等或更大。

④ 安装时应尽量避开发热元件。

1.3.3 单结晶体管基本参数及测试

单结晶体管又称双基极二极管，主要作为触发器、振荡器而广泛应用于晶闸管变流装置的触发电路和延时电路中。单结晶体管的图形和文字符号及外形如图 1-19 所示。

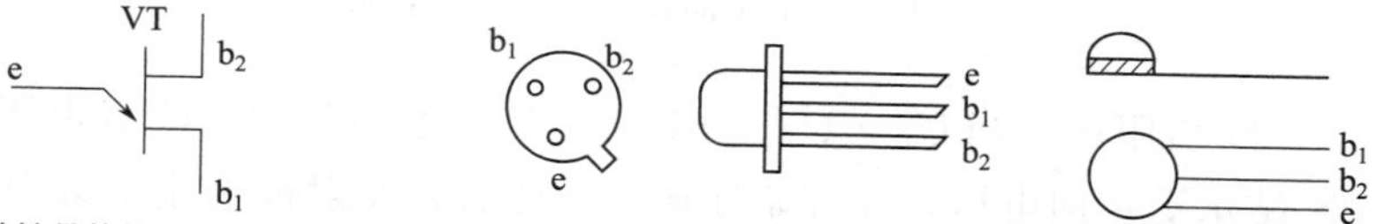

(a) 单结晶体管的图形和文字符号　(b) BT32、BT33、BT35型的外形　(c) BT31型的外形

图 1-19 单结晶体管的图形和文字符号及外形

(1) 单结晶体管的特性曲线

单结晶体管的伏安特性是指它的发射极特性，即在基极 b_2、b_1 间外加一恒定的正电压 U_{b1} 时（b_2 接正，b_1 接负），发射极电流 I_e 与 eb_1 之间电压 U_e 的关系曲线，如图 1-20 所示。

单结晶体管的发射极特性可分为三个部分。

① 截止区　当外加电压 $U_e < \eta U_{bb} + U_D$ 时（η 为管子的分压比，在 0.3～0.9 之间；U_D 为 PN 结正向压降），PN 结承受反向电压而截止，故发射极回路只有微安级的反向漏电流，eb_1 间呈现很大的电阻，管子处于截止状态。对应于图 1-20 中 OP 段特性称为截止区。

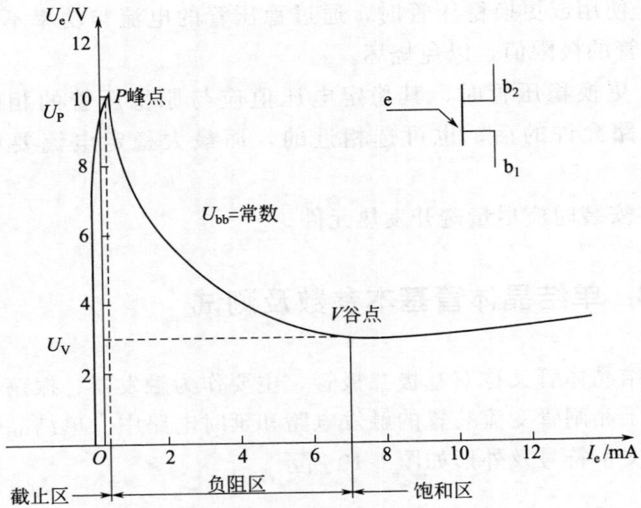

图 1-20 单结晶体管的发射极特性

② 负阻区 当 $U_e=U_P=\eta U_{bb}+U_D$ 时（U_P称为峰点电压），PN 结承受正向电压，并开始导通。导通后，发射极电流 I_e增加而电压 U_e下降，一直达到电压最低点 V。对应于图 1-20 中 PV 段特性称为负阻特性。因为这段特性表现出当电流增加时，电压减少，其动态电阻为负值，故称为负阻区。V 点的电压称为谷点电压 U_V。

③ 饱和区 对应于谷点 V 以右的特性，称为饱和区，U_e随 I_e的增加而逐渐增加，其动态电阻为正值。

(2) 单结晶体管主要参数

① 基极电阻 R_{bb}：是发射极开路状态下基极 1 和基极 2 之间的电阻，一般为 2～10kΩ。基极电阻随温度的增加而增大。

② 分压比 η：是发射极和基极 1 之间的电压与基极 2 和基极 1 之间的电压之比，一般为 0.3～0.8。

③ 发射极与基极 1 间反向电压 U_{eb1}：是基极 2 开路时，在额定的反向电流下基极 1 与发射极之间的反向耐压。

④ 发射极与基极 2 间反向电压 U_{eb2}：是基极 1 开路时，在额定的反向电流下，基极 2 与发射极之间的反向耐压。

⑤ 反向电流 I_{e0}：是基极 1 开路时，在额定的反向电压 U_{eb2} 下的反向电流。

⑥ 峰点电流 I_P：是发射极电压最大值时的发射极电流。该电流表示了使管子工作或使振荡电路工作时所需的最小电流。I_P 与基极电压成反比，并随温度增高而减小。

⑦ 峰点电压 U_P：能使发射极-基极 1 迅速导通的发射极所加的电压。

⑧ 谷点电压 U_V：发射极-基极 1 导通后发射极上的最低电压。

⑨ 谷点电流 I_V：与谷点电压相对应的发射极电流。

(3) 常用单结晶体管的主要参数

BT31～BT37 型单结晶体管的主要参数见表 1-63。

■ 表 1-63　BT31～BT37 型单结晶体管的参数

型　号	分压比 η	基极电阻 R_{bb}/kΩ	调制电流 I_{BZ}/mA	峰点电流 I_P/mA	谷点电流 I_V/mA	谷点电压 U_V/V	耗散功率 P_{BZM}/mV
BT31A	0.3～0.55	3～6	5～30	≤2	≥1.5	≤3.5	100
BT31B	0.3～0.55	5～12	≤30				
BT31C	0.45～0.75	3～6					
BT31D	0.45～0.75	5～12					
BT31E	0.65～0.9	3～6					
BT31F	0.65～0.9	5～12					
BT32A	0.3～0.55	3～6	8～35	≤2	≥1.5	≤3.5	250
BT32B		5～12	≤35				
BT32C	0.45～0.75	3～6					
BT32D		5～12					
BT32E	0.65～0.9	3～6					
BT32F		5～12					

续表

型　号	分压比 η	基极电阻 R_{bb}/kΩ	调制电流 I_{BZ}/mA	峰点电流 I_P/mA	谷点电流 I_V/mA	谷点电压 U_V/V	耗散功率 P_{BZM}/mV
BT33A	0.3～0.55	3～6	8～40	≤2	≥1.5	≤3.5	400
BT33B		5～12	≤40				
BT33C	0.45～0.75	3～6					
BT33D		5～12					
BT33E	0.65～0.9	3～6					
BT33F		5～12					
BT37A	0.3～0.55	3～6	3～40	≤2	≥1.5	≤3.5	700
BT37B		5～12	≤40				
BT37C	0.45～0.75	3～6					
BT37D		5～12					
BT37E	0.65～0.9	3～6					
BT37F		5～12					
测试条件	$U_{bb}=20V$	$U_{bb}=20V$ $I_e=0$	$U_{bb}=10V$	$U_{bb}=20V$	$U_{bb}=20V$	$U_{bb}=20V$	

(4) 单结晶体管的简易测试

用万用表欧姆挡可判别单结晶体管的管脚和管子的好坏。从单结晶体管的结构可知，发射极 e 与第一基极 b_1 及发射极 e 与第二基极 b_2 之间均呈二极管特性，b_1 与 b_2 之间呈电阻特性。

① 管脚的判别：将万用表打到 $R\times100$ 挡，测量 e 与 b_1 或 b_2 间的正、反向电阻，阻值应相差很大；而测量 b_1 与 b_2 间的正、反向电阻，阻值应相等（2～12kΩ）。据此可找出发射极 e。然后将黑表笔（即正表笔）接 e 极，用红表笔（即负表笔）分别去接触 b_1 和 b_2 极，测得的阻值稍小者，红表笔接触的是 b_2 极。

② 管子好坏的判别：如果测得的 e 和 b_1、b_2 间没有二极管特性，或 b_1、b_2 之间的电阻比 2～12kΩ 大很多或小很多，则说明管

子已损坏或不合格。

③ 分压比 η 的判别：先测出 e 和 b_1、e 和 b_2 的正向电阻，及 b_1 和 b_2 之间的电阻，然后按下式计算 A 值：

$$A=\frac{R_{eb_1}-R_{eb_2}}{R_{b_1b_2}}$$

A 值越大，说明分压比 η 也越大。

(5) 使用单结晶体管的注意事项

① 使用单结晶体管时，其发射极与基极 1 间的反向电压 U_{eb10} 必须大于外加电源电压（同步电压），以免击穿。

② 作为弛张振荡器使用时，必须正确选择 R_1、R_2、R 和 C，否则不能起振，见图 7-33。

③ 要正确选择管子的分压比 η、谷点电压 U_V 和谷点电流 I_V。在触发电路中，希望选用 η 稍大些，U_V 低些，I_V 大些的单结晶体管为好，这些会使输出脉冲幅度和相位调节范围都增大。

④ 安装时应尽量避开发热元件。

1.3.4 双向触发二极管基本参数及测试

双向触发二极管是两端交流器件，看两个对称的正反转折电压 U_{B0}，通常用作双向晶闸管的触发元件。

(1) 双向触发二极管主要参数

2CTS、PDA 型双向触发二极管的主要参数见表 1-64。

表 1-64 2CTS、PDA 型双向触发二极管的主要参数

型　号	峰值电流 I_P/A	转折电压 U_{B0}/V	转折电压偏差 ΔU_{B0}/V	弹回电压 ΔU/V	转折电流 I_{B0}/μA
2CTS2	2	26～40	3	5	50
PDA30	2	28～36	3	5	100
PDA40	2	35～45	3	5	100
PDA60	1.6	50～70	4	10	100

(2) 双向触发二极管的简易测试

先用万用表测量出市电电压U。然后将双向触发二极管串接在万用表的测量交流电压回路上，如图 1-21 所示。读出万用表上的电压值U_1，再读双向触发二极管的两极对换后的万用表读数U_2。

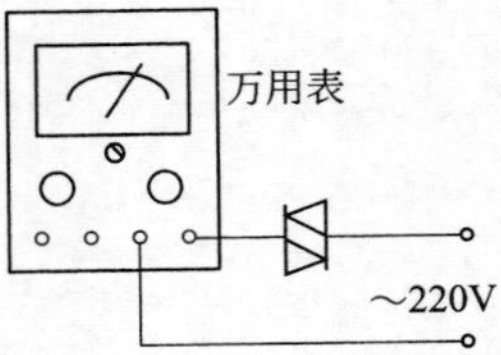

图 1-21　测试双向触发二极管

当$U_1=U_2\neq U$时，表示该管击穿性能对称完好。

当$U_1\neq U_2$时，表示该管击穿性能不对称。

当$U_1=U_2=U$时，表示该管内部已短路。

当$U_1=U_2=0$时，表示该管内部已开路。

1.4 三极管和场效应管的基本参数及测试

1.4.1 三极管基本参数及测试

三极管又称晶体管，是电子电路中应用最为广泛的电子器件，主要用于放大、变阻和开关电路。三极管的图形和文字符号及外形如图 1-22 所示。其中，图（a）、（b）为图形和文字符号，图（c）为管脚图，图（d）～（j）为各种三极管的外形。

(1) 三极管的特性曲线

输出特性是在基极电流I_b一定的情况下，三极管的输出回路中（此处指集电极回路），集电极与发射极之间的电压U_{ce}与集电极电流I_c之间的关系曲线。

锗三极管 3AX31 的输出特性如图 1-23 所示；硅三极管 3DG6

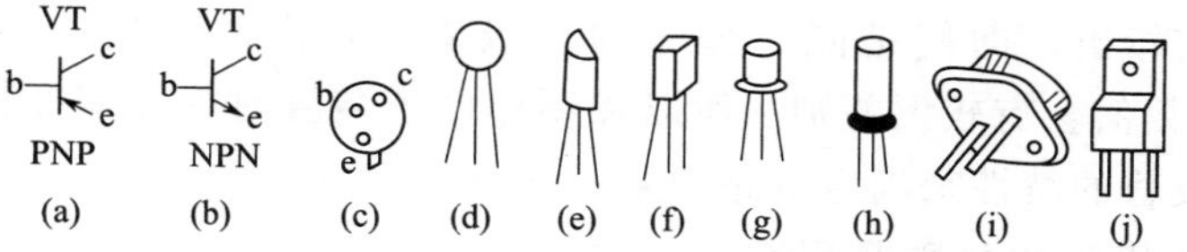

图 1-22　三极管的图形和文字符号及外形

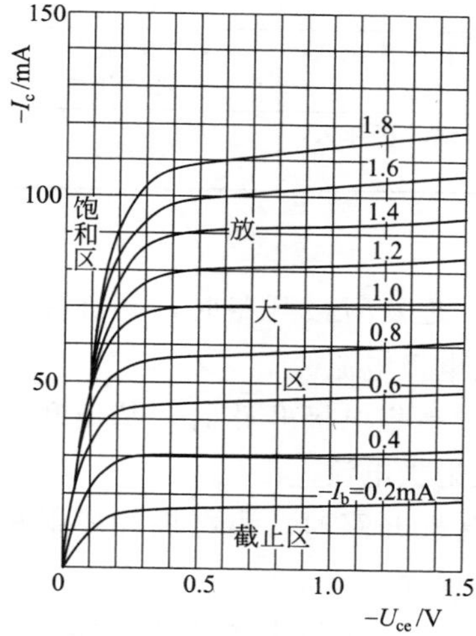

图 1-23　锗三极管 3AX31 的输出特性

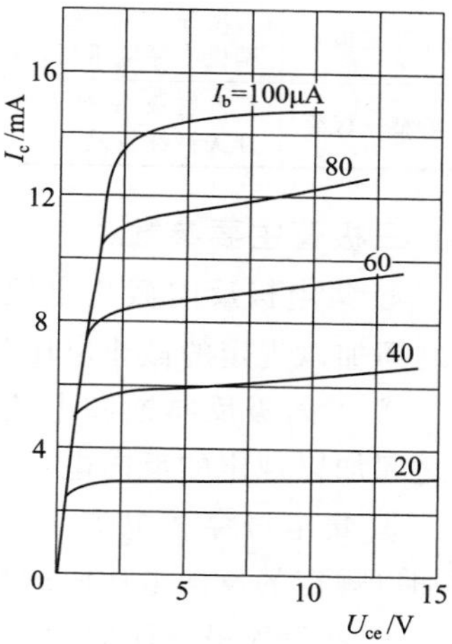

图 1-24　硅三极管 3DG6 输出特性

的输出特性如图 1-24 所示。

三极管输出特性分三部分，即截止状态，放大状态和饱和（导通）状态。各种状态的条件及特点见第 3 章 3.1.1 项。

作为放大用应工作在其特性曲线的放大区；三极管作为开关用应工作在其特性曲线的饱和区和截止区。

另外，从特性曲线看，各曲线并不是等距离的平行线，也就是说在不同的 U_{ce} 下，同样的 I_b 所对应的 I_c 是不相等的，即三极管的 β 值在不同工作情况下是不同的。但工作在正常的放大状态时，β 值的变化不大，可近似地认为 β 值是不变的。

需指出，即使是同一型号的三极管，它们的特性曲线及 β、I_{ceo} 等数值会有较大差别。所以在制作电子装置时往往需要根据具体三极管的特性来确定电路的某些参数。

(2) 三极管的类别及用途

三极管即晶体管。常见三极管的类别及用途见表 1-65。

■ 表 1-65 常见三极管的类别及用途

类别	特点	用途
合金型三极管	增益较高，集电极饱和压降小，发射极-基极击穿电压高，截止频率低	低频放大 低频开关
扩散型三极管	发射极-基极击穿电压低，饱和压降大，开关特性较差	低频放大

(3) 三极管主要参数

① 集电极反向截止电流 I_{cbo}：是发射极开路时，基极和集电极之间加以规定的截止电压时的集电极电流。

② 发射极反向饱和电流 I_{ebo}：是集电极开路时，基极和发射极之间加以规定的反向电压时的发射极电流。

③ 集电极穿透电流 I_{ceo}：是基极开路时，集电极和发射极之间加以规定的反向电压时的集电极电流。

④ 共发射极电流放大系数 h_{fe}（β）：是在共发射极电路中，集电极电流和基极电流的变化量之比。

⑤ 共基极电流放大系数 h_{fb}（α）：是在共基极电路中，集电极电流和发射极电流的变化量之比。

⑥ 共发射极截止频率 f_β：是 β 下降到低频的 0.707 倍时所对应的频率。

⑦ 共基极截止频率 f_α：是 α 下降到低频的 0.707 倍时所对应的频率。

⑧ 特征频率 f_T：是 β 下降到 1 时所对应的频率。当 $f \geqslant f_T$ 时，三极管便失去电流放大能力。

⑨ 最高振荡频率 f_M：是给定条件下，三极管能维持振荡的最高频率。它表示三极管功率增益下降到 1 时所对应的频率。

⑩ 集电极-基极反向击穿电压 BU_{cbo}：是发射极开路时，集电结的最大允许反向电压。

⑪ 集电极-发射极反向击穿电压 BU_{ceo}：是基极开路时，集电极和反射极之间的最大允许电压。

⑫ 发射极-基极反向击穿电压 BU_{ebo}：是集电极开路时，发射结最大允许反向电压。

⑬ 基极-发射极间并联电阻时的集电极-发射极反向击穿电压 BU_{ceR}：是基极-发射极间并联电阻 R_{be}时，集电极与发射极之间最大允许电压。

⑭ 集电极最大允许电流 I_{CM}：是三极管参数变化不超过规定允许值时，集电极的最大电流。

⑮ 集电极最大允许耗散功率 P_{CM}：是保证三极管参数变化在规定允许范围之内的集电极最大消耗功率。

⑯ 最高允许结温 T_{jm}：是保证三极管参数变化不超过规定允许范围的 PN 结最高温度。

⑰ 基极电阻 $r_{bb'}$：是输入电路交流开路时，发射极-基极间的电压变化与集电极电流变化之比值。

⑱ 热阻 R_T：是结的温度和环境温度之差与稳定状态下集电极耗散功率之比值。

(4) 常用三极管的主要参数

常用 3AX 低频小功率三极管主要参数见表 1-66。

■ **表 1-66 常用 3AX 低频小功率三极管主要参数**

型号	直流参数		极限参数			
	集电极-基极反向截止电流 $I_{cbo}/\mu A$	集电极-发射极反向截止电流 $I_{ceo}/\mu A$	集电极-基极反向击穿电压 $U_{(BR)cbo}/V$	集电极-发射极反向击穿电压 $U_{(BR)ceo}/V$	集电极最大允许电流 I_{CM}/mA	集电极最大允许耗散功率 P_{CM}/mW
3AX31A	≤20	≤1000	≥20	≥12	125	125
3AX31B	≤10	≤750	≥30	≥18	125	125
3AX31C	≤6	≤500	≥40	≥25	125	125
3AX31D	≤12	≤750	≥30	≥12	30	100
3AX31E	≤12	≤500	≥30	≥12	30	100

续表

型号	直流参数		极限参数			
	集电极-基极反向截止电流 $I_{cbo}/\mu A$	集电极-发射极反向截止电流 $I_{ceo}/\mu A$	集电极-基极反向击穿电压 $U_{(BR)cbo}/V$	集电极-发射极反向击穿电压 $U_{(BR)ceo}/V$	集电极最大允许电流 I_{CM}/mA	集电极最大允许耗散功率 P_{CM}/mW
3AX81A	≤30	≤1000	20	10	200	200
3AX81B	≤15	≤700	30	15	200	200
3AX81C	≤30	≤1000	20	10	200	200

常用 3DG、3CG 高频小功率三极管主要参数见表 1-67。

■ **表 1-67 常用 3DG、3CG 高频小功率三极管主要参数**

型号	极限参数			直流参数		交流参数		类型
	P_{CM} /mW	I_{CM} /mA	$U_{(BR)ceo}$ /V	I_{ceo} /μA	h_{FE}①	f_T /MHz	C_{ob} /pF	
3DG100 A	100	20	20	≤0.01	≥30	≥150	≤4	NPN
B			30					
C			20			≥300		
D			30					
3DG120 A	500	100	30	≤0.01	≥30	≥150	≤6	NPN
B			45					
C			30			≥300		
D			45					
3DG130 A	700	300	30	≤1	≥25	≥150	≤10	NPN
B			45					
C			30			≥300		
D			45					
测试条件			$I_C=0.1mA$	$U_{CE}=10V$	$U_{CE}=10V$ $I_C=3mA$ $I_C=30mA$ $I_C=50mA$			

续表

型号	极限参数			直流参数		交流参数		类型
	P_{CM} /mW	I_{CM} /mA	$U_{(BR)ceo}$ /V	I_{ceo} /μA	h_{FE}①	f_T /MHz	C_{ob} /pF	
3CG100 A	100	30	15	≤0.1	≥25	≥100	≤4.5	PNP
B			25					
C			40					
3CG120 A	500	100	15	≤0.2	≥25	≥200		PNP
B			30					
C			45					
3CG130 A	700	300	15	≤1	≥25	≥80		PNP
B			30					
C			45					

① h_{FE}分挡：橙 25～40、黄 40～55、绿 55～80、蓝 80～120、紫 120～180、灰 180～270。

常用 3AK、3CK、3DK 小功率开关三极管主要参数见表 1-68。

■ 表 1-68 常用 3AK、3CK、3DK 小功率开关三极管主要参数

型号	耗散功率 P_{CM}/mW	最高反向电压 U_{cbo}/V	最大集电极电流 I_{CM}/mA	开通时间 t_{ON}/ns	关断时间 t_{OFF}/ns	特征频率 f_T/MHz
3AK5A～3AK5G	50	30～35	35	≤30～90	≤30～200	≥20～100
3AK12～3AK14	120	30	60	≤80	≤150	≥50～200
3AK20A～3AK20C	20	≥25	20	≤40	≤150	≥150～210
3AK21～3AK27	100	25	30	≤60～80	≤60～140	≥100～150
3CK11A～3CK11C	100	≥30	20	≤80	≤50～150	≥150
CK74-1A～CK74-1F	300	≥15～40	50	≤40	≤60～100	≥200
CK74-2A～CK74-2F	500	≥15～40	100	≤40	≤150	≥150
CK74-3A～CK74-3F	1000	15～65	800	≤40	≤200	≥150
3DK1A～3DK1F	100	≥20	30	≤20～60	≤30～80	≥200
3DK2A～3DK2C	200	30	30	≤15～30	≤30～60	≥150

续表

型　号	耗散功率 P_{CM}/mW	最高反向电压 U_{cbo}/V	最大集电极电流 I_{CM}/mA	开通时间 t_{ON}/ns	关断时间 t_{OFF}/ns	特征频率 f_T/MHz
3DK3A、3DK3B	100	10～15	30	≤15～20	≤20～30	≥200
3DK4A～3DK4C	700	40～60	800	≤50	≤100	≥100
3DK5A～3DK5D	100	20～30	30	≤80	≤30～60	≥150
3DK6A～3DK6C	100	10～15	20	≤80	≤20～30	≥200
3DK12A、3DK12B	75	≥30	30	≤80	≤40～60	≥150
3DK13A、3DK13B	100	≥10～15	30	≤80	≤20～30	≥200
3DK15A、3DK15B	75	≥25	30	≤80	≤40～70	≥150
3DK22A～3DK22F	150	≥30	50	≤30～80	≤60～180	≥100
3DK23A～3DK23D	300	25～100	100	≤30～80	≤180	≥100
3DK41～3DK44	300	20～60	200	≤30～80	≤180	≥100
3DK51～3DK53	75	20～30	30	≤30～80	≤30～60	≥150

常用3AG高频小功率三极管主要参数见表1-69。

■ 表1-69　常用3AG高频小功率三极管主要参数

型　号	极限参数			直流参数		交流参数	最大允许结温	类　型
	P_{CM} /mW	I_{CM} /mA	$U_{(BR)ceo}$ /V	I_{ceo} /mA	h_{FE}	f_T /MHz	T_M /℃	
3AG1	50	10			≥20	≥20	75	
3AG3	50	10			≥30	≥60	75	
3AG9	60	10	≥10	≤100	≥30	≥20	75	
3AG12	30	10					85	
3AG29	150	50	≥15		>30	≥150	75	PNP
3AG61	500	150	≥20	≤500	>30	≥30	75	
3AG62	500	150	≥30	≤500	>30	≥60	75	
3AG63	500	150	≥35	≤200	>30	≥100	75	
3AG64	500	150	≥35	≤100	>30	≥100	75	

通用 9011～9018、8050、8550 三极管主要参数见表 1-70。

■ 表 1-70　通用 9011～9018、8050、8550 三极管主要参数

型号	极限参数			直流参数			交流参数		类型
	P_{CM} /mW	I_{CM} /mA	$U_{(BR)ceo}$ /V	I_{ceo} /mA	$U_{CE(sat)}$ /V	h_{FE}	f_T /MHz	C_{ob} /pF	
9011	300	100	18	0.05	0.3	28	150	3.5	NPN
E						39			
F						54			
G						72			
H						97			
I						132			
9012	600	500	25	0.5	0.6	64	150		PNP
E						78			
F						96			
G						118			
H						144			
9013	400	500	25	0.5	0.6	64	150		NPN
E						78			
F						96			
G						118			
H						144			
9014	300	100	18	0.05	0.3	60	150		NPN
A						60			
B						100			
C						200			
D						400			
9015	310 600	100	18	0.05	0.5	60	50	6	PNP
A						60	100		
B						100			
C						200			
D						400			

续表

型号	极限参数			直流参数			交流参数		类型
	P_{CM} /mW	I_{CM} /mA	$U_{(BR)ceo}$ /V	I_{ceo} /mA	$U_{CE(sat)}$ /V	h_{FE}	f_T /MHz	C_{ob} /pF	
9016		25	20		0.3	28～97	500		
9017	310	100	12	0.05	0.5	28～72	600	2	NPN
9018		100	12		0.5	28～72	700		
8050	1000	1500	25			85～300	100		NPN
8550									PNP

注：一般在塑封管 TO-92 上标有 E、B、C 或 D、S、G。

常用 3DD、3CD 低频大功率三极管主要参数见表 1-71。

■ 表 1-71　3DD、3CD 低频大功率三极管主要参数

型号		极限参数			直流参数			交流参数	最大允许结温 /℃	类型
		P_{CM} /W	I_{CM} /A	$U_{(BR)ceo}$ /V	I_{ceo} /mA	h_{FE}	U_{CES} /V	f_T /MHz		
3DD12	A			100						
	B			200						
	C	50	5	300	≤1	≥20	≤1.5	≥1	125	NPN
	D			400						
	E			500						
3DD21	A			80			≤1.5			
	B	100	15	100	≤1	≥20		≥2	125	NPN
	C			150			≤2			
	D			200						
3CD030	A			30						
	B		3	50						
	C			80						
	D			100						
	E	30	1.5	120	≤1.5	7～180	≤1.5	≥3	150	PNP
	F			150						
	G			200						
	H		0.75	300						
	I			400						

续表

型号	极限参数			直流参数			交流参数	最大允许结温	类型
	P_{CM} /W	I_{CM} /A	$U_{(BR)ceo}$ /V	I_{ceo} /mA	h_{FE}	U_{CES} /V	f_T /MHz	/℃	
3CD050 A	50	5	30		7～180	≤1.5	≥3	150	PNP
B			50						
C			80						
D		2.5	100						
E			120						
F			150						
G		1.2	200						
H			300						
I			400						
测试条件			$I_C=5mA$ $I_C=10mA$	$U_{CE}=50V$	$U_{CE}=5V$ $I_C=2A$ $I_C=5A$				

常用3AD低频锗大功率三极管主要参数见表1-72。

■ 表1-72　常用3AD低频锗大功率三极管主要参数

型号	极限参数			直流参数		交流参数	最大允许结温	类型
	P_{CM} /W	I_{CM} /A	$U_{(BR)ceo}$ /V	I_{ceo} /mA	h_{FE}	f_β /kHz	T_{jm} /℃	
3AD50 (3AD6) A B C	10①	3	18 24 30	≤2.5	≥12	4	90	PNP
3AD53 (3AD30) A B C	20②	6	12 18 24	≤12 ≤10	≥20	2	90	PNP
3AD56 (3AD18) A B C D	50③	15	40 20 60 60	≤15	≥20	3	90	PNP

续表

型号	极限参数			直流参数		交流参数	最大允许结温	类型
	P_{CM} /W	I_{CM} /A	$U_{(BR)ceo}$ /V	I_{ceo} /mA	h_{FE}	f_{β} /kHz	T_{jm} /℃	
测试条件			$I_C=10mA$ $I_C=20mA$ $I_C=100mA$	$U_{CE}=-10V$	$U_{CE}=-2V$ $I_C=2A$ $I_C=4A$ $I_C=5A$			

① 加 120mm×120mm×4mm 散热板。
② 加 200mm×200mm×4mm 散热板。
③ 加散热板。

通用硅大功率三极管主要参数见表 1-73。

■ **表 1-73 通用硅大功率三极管主要参数**

型号		极限参数			直流参数	交流参数
NPN	PNP	P_{CM} /W	I_{CM} /A	$U_{(BR)ceo}$ /V	h_{FE}	f_T /MHz
2N5758	2N6226	150	6	100	25～100	1
2N5759	2N6227			120	20～80	
2N5760	2N6228			140	15～60	
2N6058	2N8053	100	8	60	≥1k	4
2N8058	2N8054			80		
2N3713	2N3789	150	10	60	≥15	4
2N3714	2N3790			80	≥15	
2N5832	2N6228			100	25～100	1
2N5633	2N6230			120	20～80	
2N5634	2N6231			140	15～60	
2N6282	2N6285	60	20	60	750～18k	4
2N5303	2N5745	140		80	15～60	200
2N6284	2N6287	160		100	750～18k	4
2N5301	2N4398	200	30	40	15～60	2
2N5302	2N4399			60	15～60	
2N6327	2N6330			80	6～30	3
2N6328	2N6331			100	6～30	

(5) 三极管的测试

① 管脚的判别：小功率三极管管脚的判别见表 1-74。

■ 表 1-74 小功率三极管管脚的判别方法

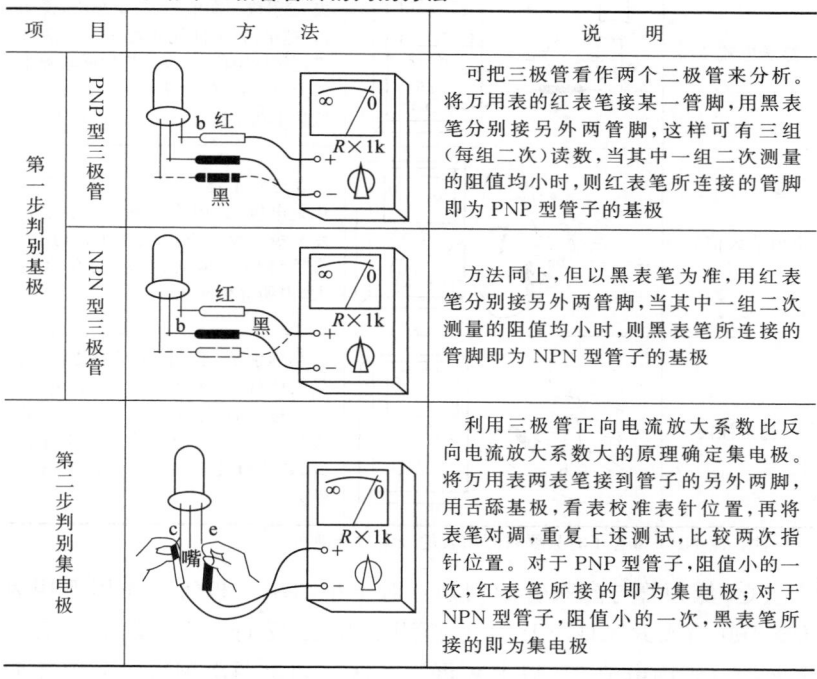

项目		方法	说明
第一步判别基极	PNP 型三极管	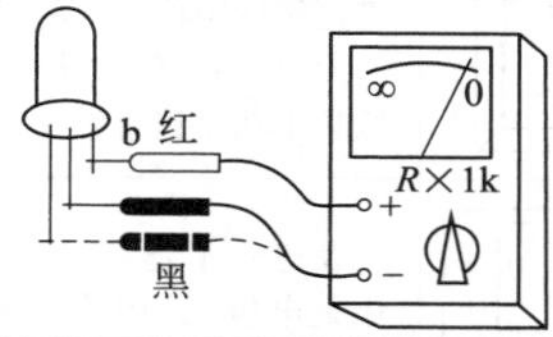	可把三极管看作两个二极管来分析。将万用表的红表笔接某一管脚，用黑表笔分别接另外两管脚，这样可有三组（每组二次）读数，当其中一组二次测量的阻值均小时，则红表笔所连接的管脚即为 PNP 型管子的基极
	NPN 型三极管	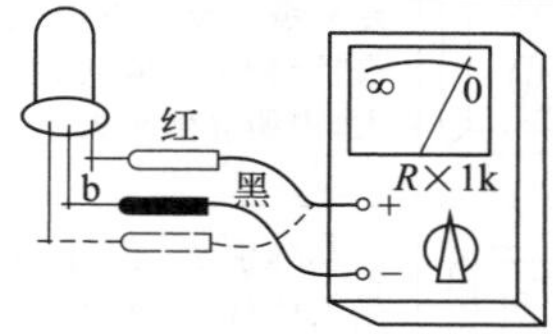	方法同上，但以黑表笔为准，用红表笔分别接另外两管脚，当其中一组二次测量的阻值均小时，则黑表笔所连接的管脚即为 NPN 型管子的基极
第二步判别集电极		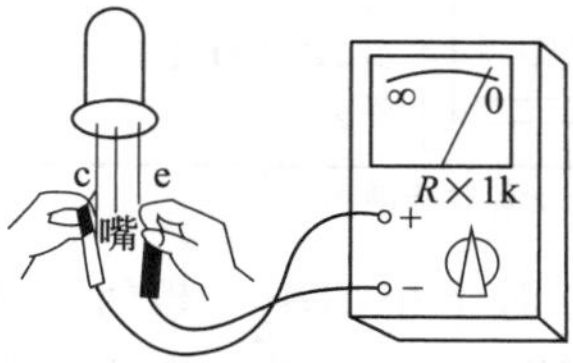	利用三极管正向电流放大系数比反向电流放大系数大的原理确定集电极。将万用表两表笔接到管子的另外两脚，用舌舔基极，看表校准表针位置，再将表笔对调，重复上述测试，比较两次指针位置。对于 PNP 型管子，阻值小的一次，红表笔所接的即为集电极；对于 NPN 型管子，阻值小的一次，黑表笔所接的即为集电极

对于大功率三极管，可用以下方法判别：先判断基极，判断方法与小功率管的相同，但万用表应打到 $R\times1$ 挡或 $R\times10$ 挡，否则测试锗管的正、反电阻都很小，很难比较。然后判断集电极和发射极：管壳为集电极，另一脚为发射极。

② 三极管特性的简易测试：小功率三极管的穿透电流、电流放大系数和热稳定性的简易测试见表 1-75。

大功率三极管电流放大系数的简易测试与小功率三极管测试方法相似。但测大功率管时，需要 I_b 大。在测试时，用上述方法指针摆动不明显，可在 b、c 两脚间接以几百欧电阻，这样便能观察到表针偏转现象。

■ **表 1-75　三极管特性的简易测试（PNP 型）**

项　目	方　法	说　明
穿透电流 I_{ceo}	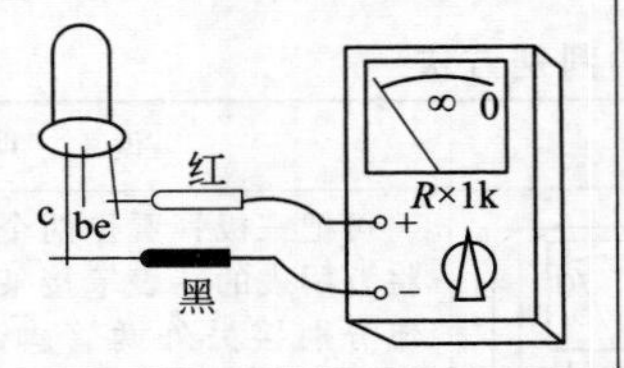	用 $R\times1k$ 挡或 $R\times100$ 挡测集电极-发射极反向电阻，阻值越大，说明 I_{ceo} 越小，管子性能越稳定。一般硅管比锗管阻值大；高频管比低频管阻值大；小功率管比大功率管阻值大。低频小功率锗管约在几千欧以上
电流放大倍数 β	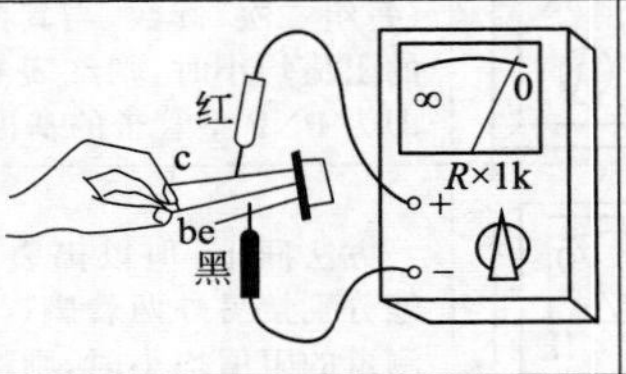	在进行上述测试时，如果用手捏住集电极，又用舌舔基极，集电极-发射极的反向电阻便减小，万用表表针将向右偏转，偏转的角度越大，说明 β 值越大
稳定性能	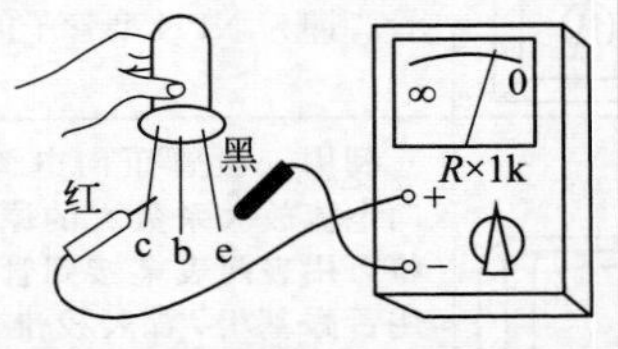	在判别 I_{ceo} 同时，用手捏住管子，受人体体温的影响，管子集电极-发射极反向电阻将有所减小。若表针变化不大，说明管子稳定性较好，若表针变化大，说明管子稳定性差

注：测 NPN 型管子时只要将万用表的表笔对调即可。

③ 低频管与高频管的判别：对于小功率三极管，先用万用表 $R\times100$ 挡或 $R\times1k$（1.5V）挡测出 be 结反向电阻，然后用 $R\times10k$ 挡（表内电池 9V 以上）再测一次。如果两次测得的阻值无明显变化，则被测的是低频管；如果用 $R\times10k$ 挡测时表针偏转角度明显变大，则被测的是高频管。当然个别型号高频管（如 3AG1 等合金扩散型三极管），其 be 结反向击穿电压值小于 1V，用此法测试很难区别。

对于大功率三极管，测试方法同上，但应使用 $R\times1$ 挡或 $R\times10$ 挡。

(6) 使用三极管的注意事项

① 三极管的型号规格非常多，应根据其在电路中的作用并抓住电路参数的主要特点来进行选择。高频电路应选用高频管（如 3DG 或 3AG 型），选用时，放大倍数不宜很高，过高易产

生自激，同时要求噪声系数小；脉冲电路应选用开关管（如 3CK 或 3DK 型）；低频及功放电路应选择低放管（如 3AX、3AD 或 3DD 型）。

② 选择时应考虑的晶体管主要参数有：特征频率 f_T、共发射极直流电流放大系数（简称电流放大倍数）h_{FE}（即 β）、集电极-发射极反向击穿电压 $U_{(BR)ceo}$、集电极-发射极反向截止电流（即穿透电流）I_{ceo}、集电极最大允许耗散功率 P_{CM} 等，选择原则见表 1-76。

■ 表 1-76　晶体管的选择

参数	f_T	β	P_{CM}	$U_{(BR)ceo}$	I_{ceo}
选择原则	$\geqslant 3f$	40～100	$\geqslant P_0$（输出功率）	$\geqslant E_C$（电源电压）	3AX：<1mA 3AD：<几毫安到十几毫安 3AG、3AK：<200μA 硅管是相同功率锗管的 0.1%～1%
说明	f 为工作频率	太高易引起自激振荡，稳定性差	对于甲类功放，$P_{CM} \geqslant 3P_0$； 对于甲乙类功放，$P_{CM} \geqslant \left(\frac{1}{5} \sim \frac{1}{3}\right) P_0$	若负载是电感性元件，$U_{(BR)ceo} \geqslant 2E_C$	I_{ceo} 是影响晶体管稳定性的主要因素，其值越小越好

③ 配换三极管时必须注意管子的结构形式，NPN 型管子只能用 NPN 型的代换，PNP 型管子只能用 PNP 型的代换。

④ 使用或配换三极管时，三极管的极限参数 BU_{ceo}、I_{CM} 和 P_{CM} 必须满足电路要求，否则会造成管子击穿或过热损坏。一般 BU_{ceo} 取电源电压的 2 倍及以上，I_{CM} 取集电极电流的 2 倍及以上。

⑤ 配换三极管时，管子的工作特性应与原三极管尽量相近，以免影响电路的性能。

⑥ 一般三极管的穿透电流愈小愈好，这样工作稳定性好。

⑦ 安装时应尽量远离发热元件。

1.4.2 场效应管基本参数及测试

场效应管由于具有输入电阻非常高（可达 $10^9 \sim 10^{15}\,\Omega$）、噪声低（0.5～1dB）、动态变化范围大和温度系数小等优点，以及与三极管的电流控制不同，是电压控制元件，因此应用也较为广泛。

场效应管分结型和绝缘栅（即 MOS）型两大类。

场效应管的图形和文字符号及外形如图 1-25 所示。

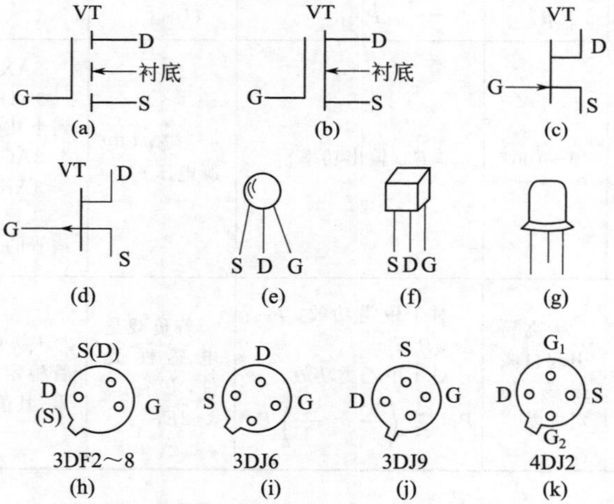

图 1-25 场效应管的图形和文字符号及外形

其中，图（a）为N沟道绝缘栅增强型晶体管图形和文字符号；图（b）为N沟道绝缘栅耗尽型晶体管图形和文字符号；图（c）为N沟道结型晶体管图形和文字符号；图（d）为P沟道结型晶体管图形和文字符号；图（e）～（g）为场效应晶体管的外形；图（h）～（k）为场效应晶体管的管脚。

(1) 场效应管的特点及用途

常用场效应管的特点及主要用途见表 1-77。

■ 表 1-77　常用场效应管的特点及主要用途

类别	结型管			MOS 管		增强型 MOS 型
	3DJ2	3DJ6	3DJ7	3DO1	3DO4	3CO1
特点及用途	用于高频、线性放大和斩波电路等	具有低噪声、稳定性高的优点，适用于低频低噪声线性放大器	具有高输入阻抗、高跨导、低噪声和稳定性高等优点	具有高输入阻抗、低噪声、动态范围大的特点，适用于直流放大、阻抗变换和斩波器	工作频率较高，大于 100MHz，可作电台、雷达中线性高频放大或混频放大	具有高输入阻抗，零栅压下接近截止状态，用于开关、小信号放大、工业及通信用

(2) 常用场效应管分类工作方式及特性曲线（见表 1-78）

N 沟道结型场效应管的输出特性如图 1-26 所示；N 沟道增强型绝缘栅场效应管的输出特性如图 1-27 所示。场效应管的工作情况可分为三个区域：Ⅰ区——可变电阻区；Ⅱ区——饱和区；Ⅲ区——击穿区。

以图 1-26 为例。

① 可变电阻区　是指漏源电压 $U_{DS}<|U_P|$ 的区域(U_P 为夹断电压)。在该区域内，漏极电流 I_D 随 U_{DS} 升高几乎成正比地增大。而这种特性又随栅源电压 U_{GS} 改变而改变，栅源电压愈负，则沟道电阻愈大，输出特性曲线愈倾斜。因此在Ⅰ区中，场效应管可看作一个受栅源电压 U_{GS} 控制的可变电阻，故Ⅰ区称为可变电阻区。

② 饱和区　当继续增加 U_{DS} 时，漏极电流 I_D 将基本趋于饱和，所以Ⅱ区称为饱和区。在饱和区内，如果栅源电压 U_{GS} 的绝对值增大，则导电沟道将变窄，使 I_D 变小，如图 1-26 的 $U_{GS}=-0.4V$ 曲线所示。场效应管用作放大器时，一般就工作在这个区域。所以Ⅱ区也称为线性放大区。

■ **表 1-78　常用场效应管分类工作方式及特性曲线**

参数及特性		结型		绝缘栅型			
		N 沟道	P 沟道	P 沟道		N 沟道	
工作方式		耗尽式	耗尽式	增强式	耗尽式	增强式	耗尽式
电压极性	U_{GS}	－	＋	－	＋、0 或－	＋	－、0 或＋
	U_{DS}	＋	－	－	－	＋	＋
管子符号		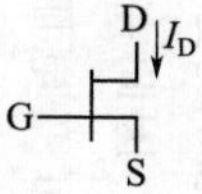		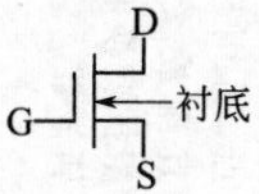			
特性曲线	漏极特性（I_{DS}-U_{DS}）	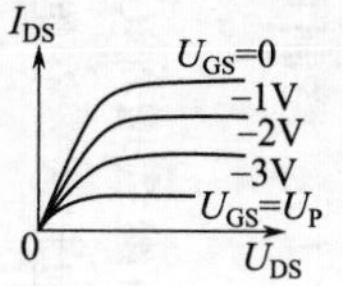	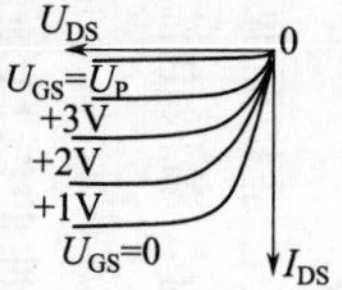	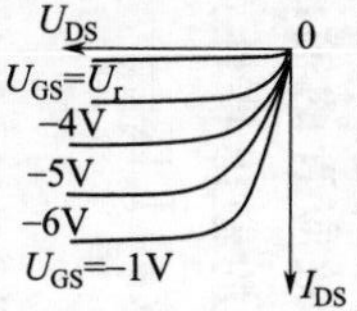	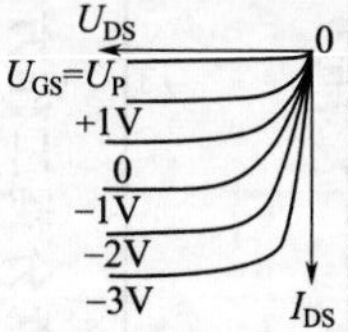	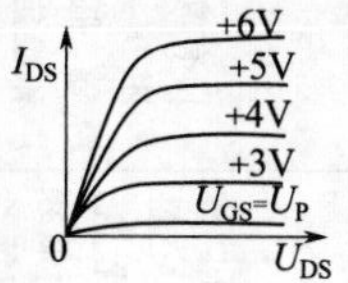	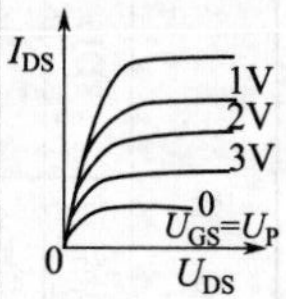
	转移特性（I_{DS}-U_{GS}）	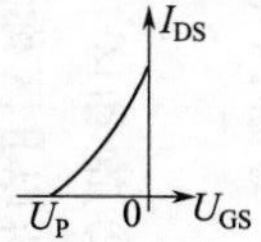	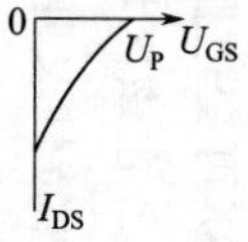	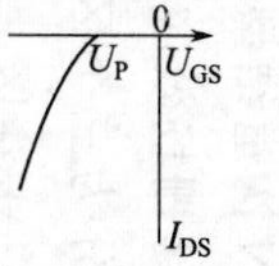	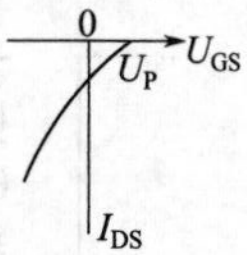	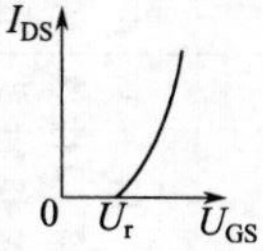	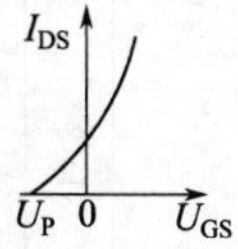

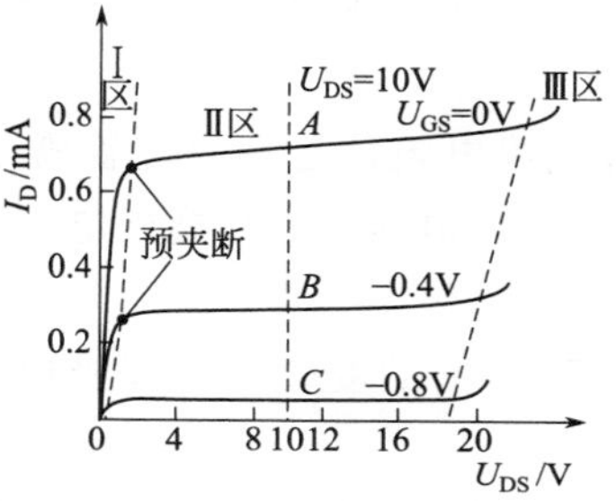

图 1-26　N 沟道结型场效应管的输出特性

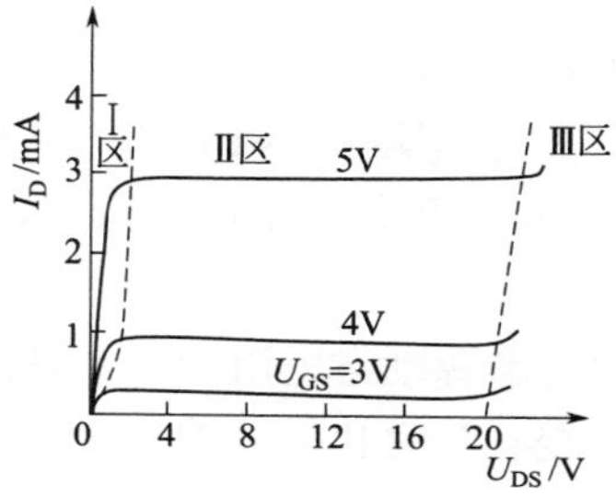

图 1-27　N 沟道增强型绝缘栅场效应管的输出特性

③ 击穿区　随着 U_{DS} 进一步增加，I_D 迅速上升，使栅漏间的 PN 结发生雪崩击穿，管子不能正常工作，甚至很快烧毁。Ⅲ区称为击穿区，场效应管不允许工作在这个区域。

(3) 场效应管主要参数

① 夹断电压 U_P：也称截止栅压 $U_{GS(OFF)}$，是在耗尽型结型场效应管或耗尽型绝缘栅型场效应管源极接地的情况下，能使其漏源输出电流减小到零时所需的栅源电压 U_{GS}。

② 开启电压 U_T：是增强型绝缘栅型场效应管在漏源电压 U_{DS} 为一定值时，能使其漏源极开始导通的最小栅源电压 U_{GS}。

③ 饱和漏电流 I_{DSS}：是耗尽型场效应管在零偏压(即栅源电压 U_{GS} 为零)、漏源电压 U_{DS} 大于夹断电压 U_P 时的漏极电流。

④ 击穿电压 BU_{DS}和 BU_{GS}：

a. 漏源击穿电压 BU_{DS}也称漏源耐压值，是当场效应管的漏源电压 U_{DS}增大到一定数值时，使漏极电流 I_D突然增大、且不受栅极电压控制时的最大漏源电压；

b. 栅源击穿电压 BU_{GS}是场效应管的栅、源极之间能承受的最大工作电压。

⑤ 耗散功率 P_D：也称漏极耗散功率，该值约等于漏源电压 U_{DS} 与漏极电流 I_D 的乘积。

⑥ 漏泄电流 I_{GSS}：是场效应管的栅-沟道结施加反向偏压时产生的反向电流。

⑦ 直流输入电阻 R_{GS}：也称栅源绝缘电阻，是场效应管栅-沟道在反偏电压作用下的电阻值，约等于栅源电压 U_{GS} 与栅极电流的比值。

⑧ 漏源动态电阻 R_{DS}：是漏源电压 U_{DS} 的变化量与漏极电流 I_D 的变化量之比，一般为数千欧以上。

⑨ 低频跨导 g_m：也称放大特性，是栅极电压 U_G 对漏极电流 I_D 的控制能力，类似于三极管的电流放大倍数 β 值。

⑩ 极间电容：是场效应管各极之间分布电容形成的杂散电容。栅源极电容（输入电容）C_{GS} 和栅漏极电容 C_{GD} 的电容量为 1～3pF，漏源极电容 C_{DS} 的电容量为 0.1～1pF。

(4) 常用场效应管的主要参数

部分结型场效应管的主要参数见表 1-79。

■ 表 1-79 部分国产结型场效应管的主要参数

型号	沟道类型	饱和漏电流 I_{DSS}/mA	夹断电压 U_P/V	栅源击穿电压 BU_{GS}/V	低频跨导 g_m	耗散功率 P_D/mW	极间电容/pF
3DJ1A～3DJ1C	N	0.03～0.6	−1.8～−6	−40	＞2000	100	≤3
3DJ2A～3DJ2H	N	0.3～10	≤−9	＞−20	＞2000	100	≤3
3DJ3A～3DJ3G	N	20～50	≤−9	−30	＞2000	100	≤3
3DJ4D～3DJ4H	N	0.3～10	≤−9	＞−20	＞2000	100	≤3
3DJ6D～3DJ6H	N	0.3～10	≤−9	＞−20	＞1000	100	≤5
3DJ7F～3DJ7J	N	1～35	≤−9	＞−20	＞3000	100	≤8
3DJ8F～3DJ8K	N	1～70	≤−9	＞−20	＞6000	100	≤6
3DJ9G～3DJ9J	N	1～18	≤−7	＞−20	＞4000	100	≤2.8
3DJ50D～3DJ50F	N	0.03～3.3	−5	−70～−100	＞2000	300	≤15
3DJ50G、3DJ50H	N	3～15	−15	−70～−100	＞2000	300	≤15
3DJ51D～3DJ51F	N	0.03～3.3	−5	−70～−150	＞2000	300	≤15
3DJ51G、3DJ51H	N	3～15	−15	−70～−150	＞2000	300	≤15

部分N沟道耗尽型MOS场效应管的主要参数见表1-80。

■ **表1-80 部分N沟道耗尽型MOS场效应管的主要参数**

型号	夹断电压 U_P/V	饱和漏电流 I_{DSS}/mA	低频跨导 g_m	极间电容 /pF	栅源击穿电压 BU_{GS}/V	耗散功率 P_D /mW	最高振荡频率 f_m /MHz
3D01D～3D01H	−9	0.3～10	>1000	≤5	40	100	≥90
3D02D～3D02H	−9	1～25	>4000	≤2.5	25	100	≥1000
3D04D～3D04I	−9	0.3～15	>2000	≤2.5	25	100	≥300

部分增强型MOS场效应管的主要参数见表1-81。

■ **表1-81 部分增强型MOS场效应管的主要参数**

型号	沟道类型	开启电压 U_T/V	饱和漏电流 I_{DSS}/mA	栅源击穿电压 BU_{GS}/V	耗散功率 P_D /mW	低频跨导 g_m
3C01A/3C01B	P	−2～−4/−4～−8	15	20	100	≤1000
3C03C/3C03E	P	−2～−4/−4～−8	10	15	150	≤1000
3D03C/3D03E	N	2～8	10	15	150	≤1000
3D06A/3D06B	N	2.5～5/<3	>10	20	100	>2000

部分进口结型场效应管的主要参数见表1-82。

■ **表1-82 部分进口结型场效应管的主要参数**

型号	沟道类型	饱和漏电流 I_{DSS}/mA	夹断电压 U_P/V	栅源击穿电压 BU_{GS}/V	耗散功率 P_D/mW
2SJ11、2SJ12	P	0.05～0.9	10	20	100
2SJ13/2SJ15/2SJ16	P	1～12	10/12/12	20/18/18	600/200/200
2SJ39/2SJ40/2SJ43	P	0.5～12	10	50	150/300/250
2SJ44、2SJ45	P	1～18	10	40	400
2SJ72、2SJ73	P	5～30	10	25	600
2SJ74、2SJ75	P	1～20	10	25	400

续表

型　　号	沟道类型	饱和漏电流 I_{DSS}/mA	夹断电压 U_P/V	栅源击穿电压 BU_{GS}/V	耗散功率 P_D/mW
2SJ84/2SJ90	P	0.5～12/2.6～20	10	15/30	200
2SJ108/2SJ109	P	2.6～20	10	25/30	200
2SJ103/2SJ105	P	1.2～14	10	50	300/200
2SJ104	P	2.6～20	10	25	400
2SJ110、2SJ111	P	5～30	10	25	400
2SJ129/2SJ144/2SJ145	P	0.5～14/1.2～14/1～12	10	50	300/100/150
2SK11/2SK12/2SK13	N	0.3～6.5	10	－20/－20/－12	100
2SK15/2SK17	N	0.45～5/0.3～6.5	－10	－20	100
2SK24/2SK30	N	0.6～24/0.3～6.5	－10	－40/－50	100
2SK34/2SK40	N	0.3～12/0.6～6.5	－10/－15	－50	150/100
2SK43/2SK44	N	0.9～14.3/0.06～3	－10	－30/－20	300/100
2SK47/2SK48	N	0.5～6/0.3～3	－15	－20/－30	200/300
2SK66/2SK84	N	0.3～6.5/0.5～12	－10	－55	100/250
2SK68/2SK69	N	0.5～12/1.8～48	－10/－5	－50/－140	250/800
2SK94/2SK97	N	0.5～12/0.9～14.3	－10	－50/－30	150/210
2SK104/2SK105	N	0.5～12	－5	－30/－50	250
2SK106/2SK108	N	0.5～12/1～12	－10	－50	300
2SK110/2SK111	N	2.5～35	－5	－30	200
2SK117/2SK121	N	1.2～14/0.9～14.3	－15/－10	－50/－30	300
2SK127/2SK128	N	0.5～12	－10	－50/－30	250
2SK130/2SK131	N	5～30	－5	－30	250
2SK136/2SK137	N	0.5～20/5～40	－10/－5	－30/－15	250/100
2SK146/2SK150	N	5～30/1～14	－10	－40/－50	600/200
2SK151/2SK155	N	6～50/0.3～30	10	－40/－20	800/400

(5) 场效应管新旧符号对照

场效应管新旧符号对照见表 1-83。

■ **表 1-83　场效应管新旧符号对照表**

名　　称	新　符　号	旧　符　号
N 型沟道结型场效应晶体管		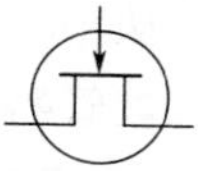
P 型沟道结型场效应晶体管	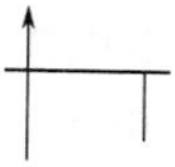	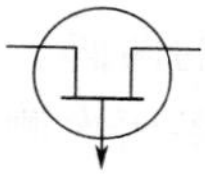
增强型单栅 P 沟道绝缘栅场效应晶体管(衬底无引出线)	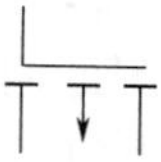	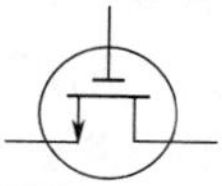
增强型单栅 N 沟道绝缘栅场效应晶体管(衬底无引出线)	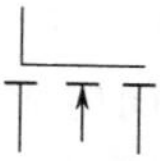	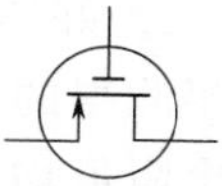
增强型单栅 P 沟道绝缘栅场效应晶体管(衬底有引出线)	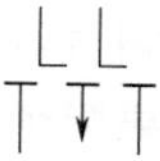	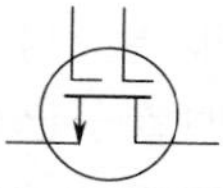
增强型单栅 N 沟道绝缘栅场效应晶体管(衬底与源极在内部连接)	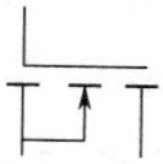	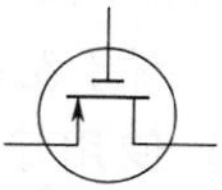
耗尽型单栅 N 沟道绝缘栅场效应晶体管(衬底无引出线)	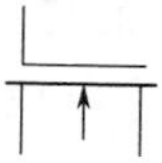	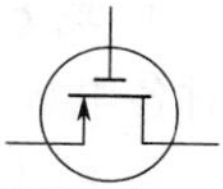
耗尽型单栅 P 沟道绝缘栅场效应晶体管(衬底无引出线)	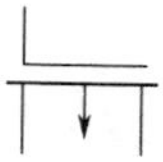	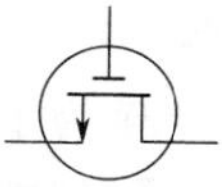
耗尽型双栅 N 沟道绝缘栅场效应晶体管(衬底有引出线)	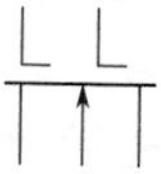	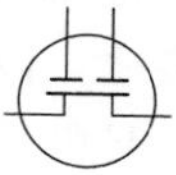
N 沟道结型场效应半导体晶体对管	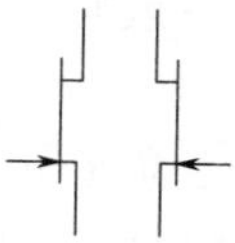	

(6) 场效应管的测试

用万用表欧姆挡可判别结型场效应管的管脚和管子的好坏。

从结型场效应管的结构可知，栅极 G 与源极 S 和漏极 D 之间呈二极管特性；源极 S 与漏极 D 之间呈电阻特性。

① 管脚的判别　将万用表打到 $R\times100$ 挡，红、黑表笔任接管子的两脚，测得一个电阻值，然后调换表笔，又测得一个电阻值。如果两次测得的电阻值大小很接近，则可判定被测的两脚为源极 S 和漏极 D，剩下的一脚为栅极 G；如果前后两次测得的电阻值相差很大，则可判定被测的两脚分别为栅极 G 和源极 S 或栅极 G 和漏极 D。测试值为小阻值时，黑表笔（正表笔）所接的脚为栅极 G。

② 好坏的判断　分别测试栅极 G 和源极 S、栅极 G 和漏极 D。如果测得的正、反向电阻值相差很大，则管子是好的；如果正、反向电阻值均小，则管子已击穿损坏；如果正向电阻很大，则管子性能很差。另外，再测试源极 S 和漏极 D。如果阻值为零或无穷大，说明管子已坏；如果阻值为一定值，测试时可用手触摸栅极 G，此时万用表的表针应有变化，表针摆动范围越大，管子性能越好。

对于绝缘栅场效应管，只能用测试仪测试。

(7) 使用场效应管的注意事项

① 场效应管，尤其是绝缘栅场效应管，输入电阻非常高，不用时各电极要短接，以免栅极感应电荷而损坏管子。

② 结型场效应管的栅源电压不能接反，但可在开路状态下保存。

③ 为了保持场效应管的高输入阻抗，管子应注意防潮。

④ 带电物体（如电烙铁、测试仪表）与场效应管接触时，均需接地，以免损坏管子。特别是焊接绝缘栅场效应管时，还要按源极—漏极—栅极的先后次序焊接，最好断电后再焊接。电烙铁功率不应超过 45W，一般以 15～30W 为宜，一次焊接时间应不超过 10s。

⑤ 绝缘栅场效应管切不可用万用表测试，只能用测试仪测试，而且要在接入测试仪后，才能去掉各电极短接线。取下时，则应先

短路后再取下，要避免栅极悬空。

⑥ 使用带有衬底引线的场效应管时，其衬底引线应正确连接。

⑦ 陶瓷封装的芝麻管有光敏特性，使用时注意避光。

1.4.3 达林顿管基本参数及测试

达林顿管也称复合三极管，由两只或多只三极管射-基极串联组成。它具有较大的电流放大系数，$\beta=\beta_1\beta_2$（即为两只三极管放大系数乘积）及较高的输入阻抗。它又分为普通达林顿管和大功率达林顿管。

（1）普通达林顿管

普通达林顿管由两只或多只三极管复合连接而成，内部不设保护，耗散功率在 2W 以下。其基本电路如图 1-28 所示。

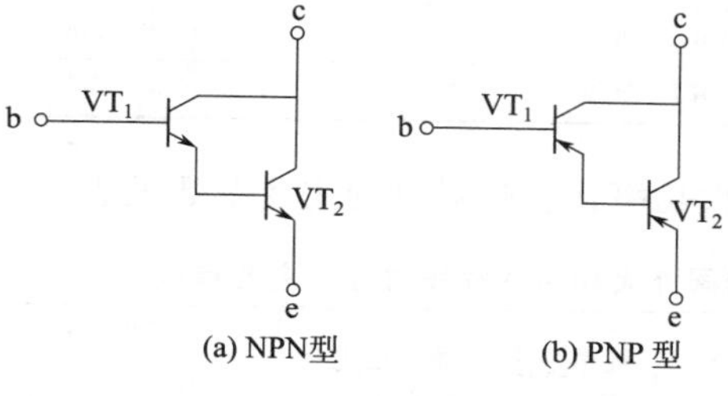

图 1-28 普通达林顿管的基本电路

普通达林顿管主要用于高增益放大电路、继电器驱动电路等。

（2）大功率达林顿管

大功率达林顿管内部设有泄放电阻和续流二极管组成的保护电路，稳定性能较好，驱动电流更大，耗散功率为数十瓦至数百瓦。其内部电路结构如图 1-29 所示。

（3）达林顿管的主要参数

常用国产大功率达林顿管的主要参数见表 1-84。

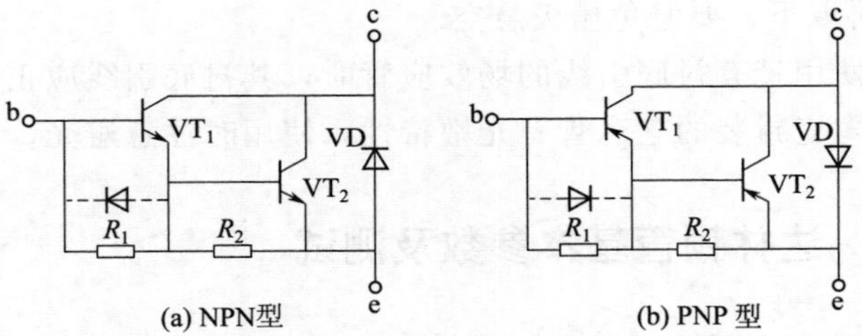

图 1-29 大功率达林顿管的内部电路结构

■ **表 1-84 常用国产大功率达林顿管的主要参数**

型号	耗散功率 P_{CM}/W	最大集电极电流 I_{CM}/A	最高反向电压 U_{CBO}/V	特征频率 f_T/MHz	电流放大系数 h_{FE}
3DD30LA～3DD30LE(DL30)	30	5	100～600	1	500～10000
3DD50LA～3DD50LE(DL50)	50	10	100～600	1	500～10000
3DD75LA～3DD75LE(DL75)	75	12.5	100～600	1	500～10000
3DD100LA～3DD100LE(DL100)	100	15	100～600	1	500～10000
3DD200LA～3DD200LE(DL200)	200	20	100～600	1	500～10000
3DD300LA～3DD300LE(DL300)	300	30	100～600	1	500～10000

常用国外大功率达林顿对管的主要参数见表 1-85。

■ **表 1-85 常用国外大功率达林顿对管的主要参数**

型号	耗散功率 P_{CM}/W	最大集电极电流 I_{CM}/A	最高反向电压 U_{CBO}/V	特征频率 f_T/MHz	电流放大系数 h_{FE}
TIP122、TIP127	65	5	100	>1	1000
TIP132、TIP137	70	8	100	>1	500
TIP142、TIP147	125	10	100	>1	—
TIP142T、TIP147T	80	10	100	>1	500
2SD628、2SB638	80	10	100	—	>500
2SD670、2SB650	100	15	100	—	>500
2SD1193、2SB883	70	15	70	20	>500
2SD1210、2SB897	80	10	100	—	>500
2SD1435、2SB1301	100	15	100	—	>500

续表

型　　号	耗散功率 P_{CM}/W	最大集电极电流 I_{CM}/A	最高反向电压 U_{CBO}/V	特征频率 f_T/MHz	电流放大系数 h_{FE}
2SD1436、2SB1302	80	10	120	—	>500
2SD1559、2SB1079	100	20	100	—	>500
2SD2256、2SB1494	125	25	160	—	>500
MJ11015、MJ11016	200	30	120	—	>500
MJ11017、MJ11018	150	20	400	—	>500
MJ11032、MJ11033	300	50	120	—	>500
MJ15024、MJ15025	250	16	400	—	>500

(4) 达林顿管的测试

达林顿管的测试方法类同于三极管。对于大功率达林顿管，c、e之间的阻值，用万用表 1kΩ 挡测量，具有二极管特性。

1.5 光电元件的基本参数及测试

1.5.1 光电元件的特点及主要参数

(1) 常用光电元件的特点（见表 1-86）

■ **表 1-86　常用光电元件的特点**

类型	光敏二极管	光敏三极管	光　电　池
符号			

续表

说明与特点	说明：无光照时有一反向饱和电流称为暗电流。有光照时反向饱和电流增加，称为光电流。有光照时反向电阻可以降到几百欧 特点：体积小，频率特性好，弱光下灵敏度低 用于光电转换及光控、测光等自动控制电路中	说明：光照电流相当于三极管的基极电流，因此集电极电流是其 β 倍，故光电三极管比光电二极管有更高的灵敏度 特点：与光敏二极管相比，其电流灵敏度大 用于光学测量、光电开关控制、光电变换放大器的器件	说明：当 PN 结受光照时，在 PN 结两端出现电动势，P 区为正极，N 区为负极 特点：体积小，不需外加电源；频率特性差，弱光下灵敏度低 用于光控、光电转换的器件
类型	光敏电阻	发光二极管	光电耦合器
符号	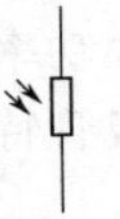		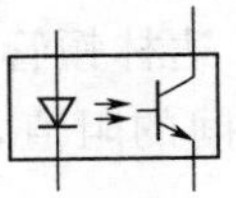
说明与特点	说明：当光照射到光敏层时，阻值变化，光线愈强，阻值愈小 特点：体积小，可工作在可见光至红外线区。弱光下工作其灵敏度比所列元件高很多，频率特性差，工作频率在 100Hz 时，衰减较大，光电特性为非线性，同时受温度影响大 用于光控等自动控制电路中	说明：能把电能直接快速地转换成光能。在电子仪器、仪表中用作显示器件、状态信息指示，光电开关和光辐射源等	说明：它是利用电-光-电耦合原理来传递信号的，输入输出电路在电气上是相互隔离的，抗干扰，响应速度较快 用于强-弱电接口和微机系统的输入和输出电路中

(2) 光电元件主要参数

① 光谱响应曲线：用单位辐射通量的不同波长的光分别照射光电元件，在光电元件上产生的饱和电流的大小不同，饱和电流相对值与光波波长的关系曲线称为光谱响应曲线。

② 光谱响应峰值 λ_m：即峰值波长，是光谱响应曲线峰值所对

应的波长即单位辐射通量的光照射元件中最大饱和电流所对应的光波波长。

③ 光谱范围：是光谱响应曲线所占据的波长范围。

④ 最大工作电压 U_M：是测试条件下，光电元件最大能承受的工作电压。

⑤ 暗电流 I_D：是光敏元件没有光照时流过的电流。

⑥ 光电流 I_L：是光敏元件在光照射下流过的电流。

⑦ 响应时间 t_r：即时间常数，是光敏元件自停止光照起到电流下降到光照时的63%所需要的时间，此时间越短表示光敏元件惰性越小。

⑧ 光调制截止频率：光敏三极管的工作频率为调制光频，三极管增益与调制光频的关系曲线为光敏三极管频率特性曲线，此特性曲线下降到0.707处所对应的调制光频为光调制截止频率。

1.5.2 光敏二极管基本参数及测试

光敏二极管的符号及外形如图1-30所示。其中，图（a）为光敏二极管的符号；图（b）～（e）为光敏二极管的外形。

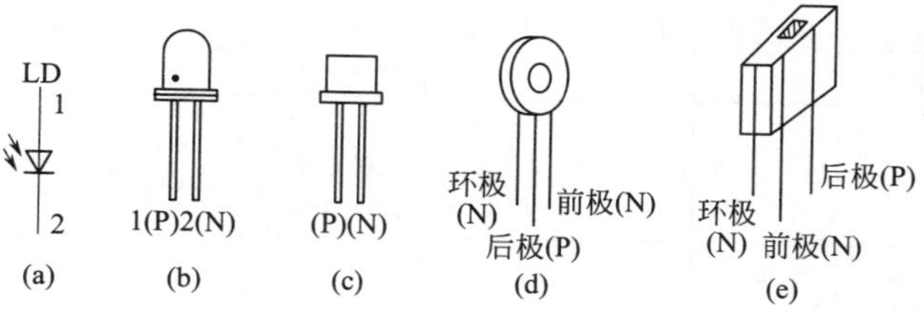

图1-30 光敏二极管符号及外形

(1) 光敏二极管主要参数

2CU型硅光敏二极管的主要参数见表1-87。

■ **表 1-87　2CU 型硅光敏二极管的主要参数**

型　　号	最高反向工作电压 U_{RM}/V	暗电流 $I_D/\mu A$	光电流 $I_L/\mu A$	峰值波长 $\lambda_P/\mu m$	响应时间 t_r/ns
2CU1A	10	≤0.2	≥80	0.9	≤5
2CU1B	20				
2CU1C	30				
2CU1D	40				
2CU1E	50				
2CU2A	10	≤0.1	≥30		
2CU2B	20				
2CU2C	30				
2CU2D	40				
2CU2E	50				
测试条件	$I_R = I_D$	无光照 $U = U_{RM}$	照度 $H = 1000lx$ $U = U_{RM}$		$R_L = 50\Omega$ $U = 10V$ $f = 300Hz$

2DU 型硅光敏二极管的主要参数见表 1-88。

■ **表 1-88　2DU 型硅光敏二极管的主要参数**

型号	最高工作电压 U_{max}/V	暗电流 $I_D/\mu A$	环电流 $I_H/\mu A$	光电流 $I_L/\mu A$	光电灵敏度 S_n /($\mu A/\mu W$)	响应时间 T_{resp}/s	结电容 C_i/pF	正向压降 U_F/V
		$U=-50V$	$U=-50V$	$U=-50V$ 在 1000lx 照度下	$U=-50V$ 入射光波长 0.9μm	$U=-50V$ $R_L=100\Omega$	$U=-50V$ 测试频率 $f_c=1kHz$	正向电流 $I_F=10mA$
2DUAG	50	≤0.05	≤3	>6	>0.4	$<10^{-7}$	2～3	≤3
2DU1A	50	≤0.1	≤5	>6	>0.4	$<10^{-7}$	2～3	≤5
2DU2A	50	0.1～0.3	5～10	>6	>0.4	$<10^{-7}$	2～3	≤5
2DU3A	50	0.3～1.0	10～30	>6	>0.4	$<10^{-7}$	2～3	≤5
2DUBG	50	≤0.05	≤3	>20	>0.4	$<10^{-7}$	3～8	≤3

续表

型号	最高工作电压 U_{max}/V	暗电流 $I_D/\mu A$	环电流 $I_H/\mu A$	光电流 $I_L/\mu A$	光电灵敏度 S_n /(μA/μW)	响应时间 T_{resp}/s	结电容 C_i/pF	正向压降 U_F/V
		$U=-50V$	$U=-50V$	$U=-50V$ 在1000lx照度下	$U=-50V$ 入射光波长0.9μm	$U=-50V$ $R_L=100\Omega$	$U=-50V$ 测试频率 $f_c=1kHz$	正向电流 $I_F=10mA$
2DU1B	50	≤0.1	≤5	>20	>0.4	$<10^{-7}$	3~8	≤5
2DU2B	50	0.1~0.3	5~10	>20	>0.4	$<10^{-7}$	3~8	≤5
2DU3B	50	0.3~1.0	10~30	>20	>0.4	$<10^{-7}$	3~8	≤5

2CU型Pin硅光敏二极管的主要参数见表1-89。

■ 表1-89 2CU型Pin硅光敏二极管的主要参数

型号	波长范围/μm	工作电压 U/V	暗电流 I_D/nA	灵敏度 S_n /(μA/μW)	响应时间 T_{resp}/μs	结电容 C_i/pF	光敏区 面积 A/mm²	光敏区 直径 D/mm	使用温度/℃
			$U=15V$	$U=15V$ 入射光波长0.9μm	$U=15V$	$U=15V$			
2CU101A	0.5~1.1	15	<10	>0.6	<5	0.4	0.06	0.23	−55~+125
2CU101B	0.5~1.1	15	<10	>0.6	<5	1.0	0.20	0.6	−55~+125
2CU101C	0.5~1.1	15	<10	>0.6	<5	2.0	0.78	1.0	−55~+125
2CU101D	0.5~1.1	15	<20	>0.6	<5	5.0	3.14	2.0	−55~+125
2CU201A	0.5~1.1	50	(U=50V) 5	(U=50V, λ_P=1.06) 0.35	(U=50V) ≤10	(U=50V) 1	0.19	0.5	−40~+80
2CU201B	0.5~1.1	50	10	0.35	≤10	1.6	0.78	1.0	−40~+80
2CU201C	0.5~1.1	50	20	0.35	≤10	3.6	3.14	2.0	−40~+80
2CU201D	0.5~1.1	50	40	0.35	≤10	13	12.6	4.0	−40~+80

(2) 光敏二极管的选用及测试

光敏二极管有2CU1、2CU2和2DUA、2DUB等系列，最高工作电压有 10～50V 不等，暗电流一般不大于 0.2～0.3μA（2CU1、2DUA、2DUB 系列）和不大于 0.1μA（2CU2 系列），光电流不小于 80μA（2CU1、2DUA 系列）和不小于 30μA（2CU2、2DUB 系列）。它们的响应时间约 0.1μs。

选用光敏二极管时主要考虑暗电流、光电流和响应时间等参数。所谓响应时间，就是从光敏二极管停止光照起，到电流下降至有光照时的 63% 所需的时间。光敏二极管的响应时间越短性能越好。

光敏二极管可用万用表类似测量普通二极管一样方法测量。良好的管子应该是：无光照时，其反向电阻可达几兆欧；有光照时，其反向电阻只有几百欧。

1.5.3 光敏三极管基本参数及测试

光敏三极管的符号及外形如图 1-31 所示。其中，图（a）、（b）为光敏三极管的符号；图（c）、（d）为光敏三极管的外形。

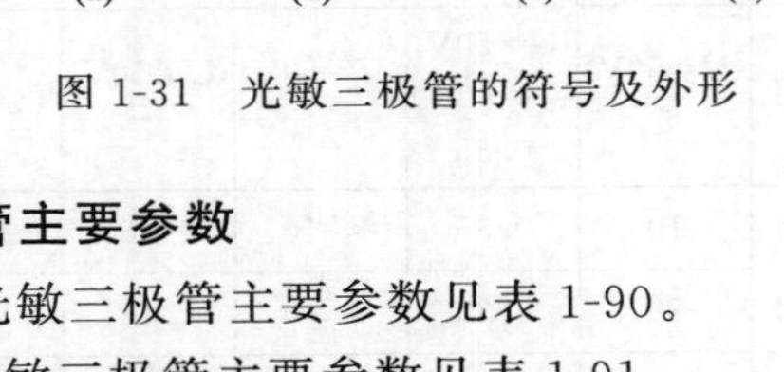

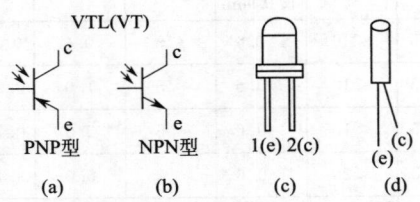

图 1-31　光敏三极管的符号及外形

(1) 光敏三极管主要参数

3DU 系列光敏三极管主要参数见表 1-90。

达林顿型光敏三极管主要参数见表 1-91。

(2) 光敏三极管的选用及测试

选用光敏三极管与选用光敏二极管类同，主要考虑暗电流、光电流和响应时间等参数。

■ **表 1-90　3DU 系列光敏三极管主要参数**

型　号	最大工作电流 I_{CM} /mA	最高工作电压 $U_{(RM)CE}$ /V	暗电流 I_D /μA	光电流 I_L /μA	上升时间 t_r /μs	峰值波长 λ_0 /nm	最大耗散功率 P_{CM} /mW
3DU55	5	45	0.5	2	10	850	30
3DU53	5	70	0.2	0.3	10	850	30
3DU100	20	6	0.05	0.5		850	50
3DU21		10	0.3	1	2	920	100
3DU31	50	20	0.3	2	10	900	150
3DUB13	20	70	0.1	0.5	0.5	850	200
3DUB23	20	70	0.1	1	1	850	200

■ **表 1-91　达林顿型光敏三极管主要参数**

型　号	击穿电压 $U_{(BR)CE}$ /V	暗电流 I_{CEO} /μA	光电流 I_L /mA	饱和压降 $U_{CE(sat)}$ /V	响应时间		峰值波长 λ_P /nm	光谱范围 /μm
					t_r /μs	t_f /μs		
3DU511D	≥20	≤0.5	≥10	≤1.5	≤100	≤100	880	0.4～1.1
3DU512D	≥20	≤0.5	≥15	≤1.5	≤100	≤100	880	0.4～1.1
3DU513D	≥20	≤0.5	≥20	≤1.5	≤100	≤100	880	0.4～1.1

判断光敏三极管的好坏，可用万用表电阻挡测量其 c、e 极之间的电阻，对于 PNP 型光敏三极管，红表笔接 c 极，黑表笔接 e 极。无光照时，其阻值可达几兆欧；有光照时，阻值只有几百欧。对于 NPN 型光敏三极管，只要把红、黑表笔对调即可。

1.5.4　光电池基本参数及测试

光电池的符号及外形如图 1-32 所示。其中，图（a）为光电池的符号；图（b）～（d）为光电池的外形。

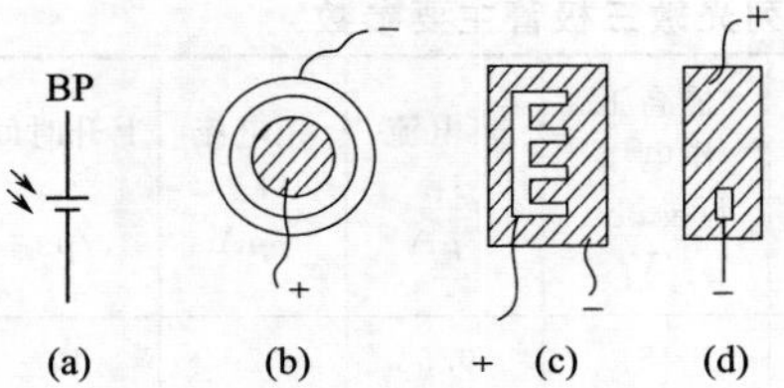

图 1-32　光电池的符号及外形

(1) 光电池主要参数

2CR 型硅光电池的主要参数见表 1-92。

■ 表 1-92　2CR 型硅光电池的主要参数

型　号	开路电压 U_{oc} /mV	短路电流 I_{sc} /mA	输出电流 I_{LS} /mA	转换效率 η /%	面　积 A /mm²
2CR11	450～600	2～4		>6	2.5×5
2CR21	450～600	4～8		>6	5×5
2CR31	450～600	9～15	6.5～8.5	6～8	5×10
2CR32	550～600	9～15	8.6～11.3	8～10	5×10
2CR33	550～600	12～15	11.4～15	10～12	5×10
2CR34	550～600	12～15	15～17.5	>12	5×10
2CR41	450～600	18～30	17.6～22.5	6～8	10×10
2CR42	500～600	18～30	22.5～27	8～10	10×10
2CR43	550～600	23～30	27～30	10～12	10×10
2CR44	550～600	27～30	27～35	>12	10×10
2CR51	450～600	36～60	35～45	6～8	10×20
2CR52	500～600	36～60	45～54	8～10	10×20
2CR53	550～600	45～60	54～60	10～12	10×20
2CR54	550～600	54～60	54～60	>12	10×20
2CR61	450～600	40～65	30～40	6～8	ϕ17
2CR62	500～600	40～65	40～51	8～10	ϕ17

续表

型　　号	开路电压 U_{oc} /mV	短路电流 I_{sc} /mA	输出电流 I_{LS} /mA	转换效率 η /%	面　积 A /mm^2
2CR63	550～600	51～65	51～61	10～12	ϕ17
2CR64	550～600	61～65	61～65	>12	ϕ17
2CR71	450～600	72～120	54～120	>6	20×20
2CR81	450～600	88～140	66～85	6～8	ϕ25
2CR82	500～600	88～140	86～110	8～10	ϕ25
2CR83	550～600	110～140	110～132	10～12	ϕ25
2CR84	550～600	132～140	132～140	>12	ϕ25
2CR91	450～600	18～30	13.5～30	>6	5×20
2CR101	450～600	173～288	130～288	>6	ϕ35

注：测试条件：在室温 30℃下，入射光强 100mW/cm^2，输出电流是在输出电压 100mV 下测得。生产厂：北京光电器件厂。

(2) 光电池的测试

光电池可用万用表毫伏挡测量，有光照时，有数百毫伏电压；无光照时，无电压。

1.5.5　光敏电阻基本参数及测试

光敏电阻的符号及外形如图 1-33 所示。其中，图（a）为光敏电阻的符号；图（b）～（d）为光敏电阻的外形。

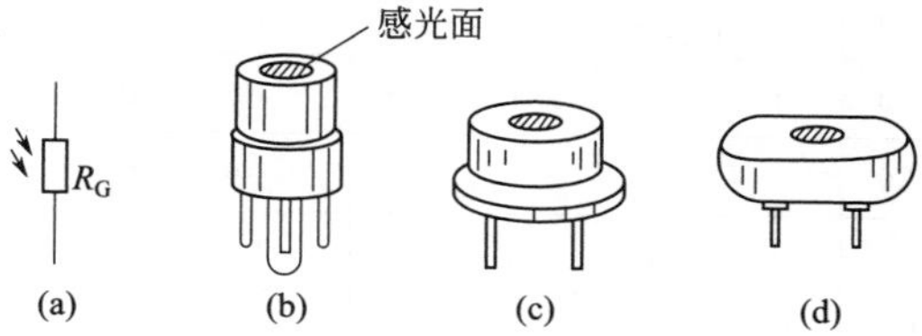

图 1-33　光敏电阻的符号及外形

(1) 光敏电阻主要参数

常用的光敏电阻有 MG41～MG45 系列。它们的技术参数见表 1-93。

■ 表 1-93　MG41～MG45 系列光敏电阻的主要参数

型　号	最高工作电压 /V	额定功率 /mW	亮电阻 /kΩ	暗电阻 /MΩ	时间常数 /s	温度范围 /℃	外径尺寸 /mm	封装形式
MG41-22	100	20	≤2	≥1	≤20	－40～＋70	9.2	金属玻璃全密封
MG41-23	100	20	≤5	≥5	≤20	－40～＋70	9.2	
MG41-24	100	20	≤10	≥10	≤20	－40～＋70	9.2	
MG41-47	150	100	≤100	≥50	≤20	－40～＋70	9.2	
MG41-48	150	100	≤200	≥100	≤20	－40～＋70	9.2	
MG42-1	50	10	≤50	≥10	≤20	－25～＋55	7	
MG42-2	20	5	≤2	≥0.1	≤50	－25～＋55	7	
MG42-3	20	5	≤5	≥0.5	≤50	－25～＋55	7	
MG42-4	20	5	≤10	≥1	≤50	－25～＋55	7	
MG42-5	20	5	≤20	≥2	≤50	－25～＋55	7	
MG42-16	50	10	≤50	≥10	≤20	－25～＋55	7	
MG42-17	50	10	≤100	≥20	≤20	－25～＋55	7	
MG43-52	250	200	≤2	≥1	≤20	－40～＋70	20	
MG43-53	250	200	≤5	≥5	≤20	－40～＋70	20	
MG43-54	250	200	≤10	≥10	≤20	－40～＋70	20	
MG44-2	10	5	≤2	≥0.2	≤20	－40～＋70	4.5	树脂封装
MG44-3	20	5	≤5	≥1	≤20	－40～＋70	4.5	
MG44-4	20	5	≤10	≥2	≤20	－40～＋70	4.5	
MG44-5	20	5	≤20	≥5	≤20	－40～＋70	4.5	
MG45-12	100	50	≤2	≥1	≤20	－40～＋70	5	
MG45-13	100	50	≤5	≥5	≤20	－40～＋70	5	

续表

型　　号	最高工作电压/V	额定功率/mW	亮电阻/kΩ	暗电阻/MΩ	时间常数/s	温度范围/℃	外径尺寸/mm	封装形式
MG45-14	100	50	≤10	≥10	≤20	－40～＋70	5	树脂封装
MG45-22	125	75	≤2	≥1	≤20	－40～＋70	7	
MG45-23	125	75	≤5	≥5	≤20	－40～＋70	7	
MG45-24	125	75	≤10	≥10	≤20	－40～＋70	7	
MG45-32	150	100	≤2	≥1	≤20	－40～＋70	9	
MG45-33	150	100	≤5	≥5	≤20	－40～＋70	9	
MG45-34	150	100	≤10	≥10	≤20	－40～＋70	9	
MG45-52	250	200	≤2	≥1	≤20	－40～＋70	16	
MG45-53	250	200	≤5	≥5	≤20	－40～＋70	16	
MG45-54	250	200	≤10	≥10	≤20	－40～＋70	16	

(2) 光敏电阻的测试

光敏电阻的测试主要是测量亮电阻和暗电阻。当光敏电阻被遮光时，用万用表 $R\times10\text{k}$ 挡或 $R\times100\text{k}$ 挡测出暗电阻，然后与该型号的暗电阻参数作比较；当光敏电阻受亮光照射时，用万用表 $R\times10$ 挡或 $R\times100$ 挡测出亮电阻，然后与该型号的亮电阻参数作比较。这样便可知道该光敏电阻是否符合要求及阻值变化范围。如果遮光时和受光照时阻值没变化或变化很小，或严重不符合该型号的电阻参数，说明该光敏电阻已不能使用。

1.5.6 发光二极管基本参数及测试

发光二极管的符号及外形如图 1-34 所示。

其中，图（a）为发光二极管的图形和文字符号；图（b）～（d）为发光二极管的外形；图（e）为三色发光二极管的图形符号；图（f）为三色发光二极管的外形。

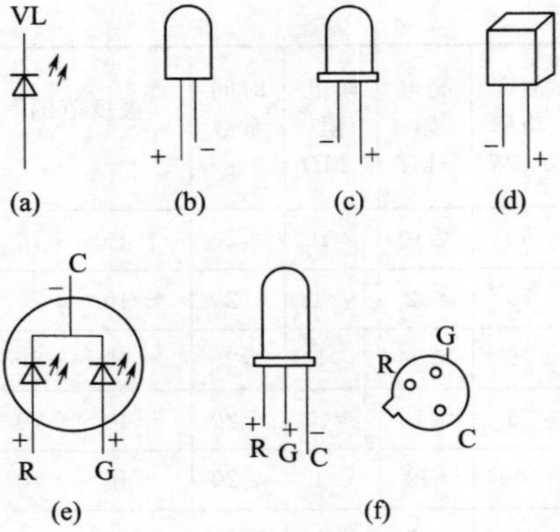

图 1-34　发光二极管的符号及外形

(1) 发光二极管的主要参数

发光二极管的种类很多，管体颜色有红色、黄色、绿色、橙色、白色、黑色、浅蓝色、透明无色等多种。

常用国产单色发光二极管有 BT 系列、FG系列和 2EF 系列，见表 1-94 和表 1-95。进口型号有 SLR 系列和 SLC 系列。

■ **表 1-94　BT 系列发光二极管的主要参数**

型　号	最大耗散功率/W	最大工作电流/mA	正向电压/V	反向电压/V	反向电流/μA	波长/nm	发光颜色	封装结构
BT101	0.05	20	≤2	≥5	≤50	650	红	ϕ3mm 陶瓷底座环氧树脂封装
BT102	0.05	20	≤2.5	≥5	≤50	700	红	
BT103	0.05	20	≤2.5	≥5	≤50	565	绿	
BT104/X	0.05	20	≤2.5	≥5	≤50	585	黄	
BT111/X	0.05/0.1	20	≤2/1.9	≥5	≤50	650	红	ϕ3mm 全塑封结构
BT112/X	0.05/0.1	20	≤2.5	≥5	≤50	700	红	
BT113/X	0.05/0.1	20	≤2.5	≥5	≤50	565	绿	
BT114/X	0.05/0.1	20	≤2.5	≥5	≤50	585	黄	
BT117/X	0.1	20	≤2.3	≥5	≤50	630	橙	—

续表

型号	最大耗散功率/W	最大工作电流/mA	正向电压/V	反向电压/V	反向电流/μA	波长/nm	发光颜色	封装结构
BT201	0.09	40	≤2	≥5	≤50	650	红	ϕ4.4mm金属底座环氧树脂封装
BT202	0.09	40	≤2.5	≥5	≤50	700	红	
BT203	0.09	40	≤2.5	≥5	≤50	656	绿	
BT204	0.09	40	≤2.5	≥5	≤50	585	绿	
BT211	0.09	40	≤2	≥5	≤50	650	红	ϕ4.4mm全塑封结构
BT212	0.09	40	≤2.5	≥5	≤50	700	红	
BT213	0.09	40	≤2.5	≥5	≤50	650	绿	
BT214	0.09	40	≤2.5	≥5	≤50	585	黄	
BT301	0.09	120	≤2	≥5	≤200	650	红	ϕ7.8mm金属底座环氧树脂封装
BT302	0.09	120	≤2.5	≥5	≤200	700	红	
BT303	0.09	120	≤2.5	≥5	≤200	565	绿	
BT304	0.09	120	≤2.5	≥5	≤200	585	黄	
BT311/X	0.09/0.1	40/20	≤2/1.9	≥5	≤50	650/655	红	ϕ5mm全塑封结构
BT312/X	0.09/0.1	40/20	≤2.5	≥5	≤50	700	红	
BT313/X	0.09/0.1	40/20	≤2.5	≥5	≤50	565	绿	
BT314/X	0.09/0.1	40/20	≤2.5	≥5	≤50	585	黄	
BT411	0.09	40	≤2	≥5	≤50	650	红	2mm×5mm×10mm全塑封结构
BT412/X	0.09/0.1	40/20	≤2.5	≥5	≤50	700	红	
BT413/X	0.09/0.1	40/20	≤2.5	≥5	≤50	565	绿	
BT414/X	0.09/0.1	40/20	≤2.5	≥5	≤50	585	黄	

■ **表 1-95　2EF 系列发光二极管的主要参数**

型号	正向电压/V	最大工作电流/mA	反向电流/μA	发光颜色	波长/nm	封装形式与外形
2EF102	2	50	≤50	红	700	全塑，圆形 ϕ5mm
2EF112	2	20	≤50	红	700	全塑，圆形 ϕ3mm

续表

型　号	正向电压/V	最大工作电流/mA	反向电流/μA	发光颜色	波长/nm	封装形式与外形
2EF122	2	30	≤50	红	700	全塑,2×5×8.5(mm)
2EF105	2.5	40	≤50	红	700	全塑,ϕ5mm
2EF115	2.5	20	≤50	红	700	全塑,ϕ3mm
2EF125	2.5	40	≤50	红	700	全塑,2×5×8.5(mm)
2EF125A	2.5	20	≤50	红	700	全塑,1×5×8.5(mm)
2EF135	2.5	20	≤50	红	700	全塑,2-2×2(mm)
2EF165	2.5	20	≤50	红	700	全塑,三角形 2.8×4.5(mm)
2EF171	2.5	40	≤50	红	700	全塑,ϕ5mm
2EF185	2.5	40	≤50	红	700	全塑,方形
2EF205	2.5	40	≤50	绿	656	全塑,ϕ5mm
2EF215	2.5	20	≤50	绿	656	全塑,ϕ3mm
2EF225	2.5	40	≤50	绿	656	全塑,2×5×8.5(mm)
2EF235	2.5	40	≤50	绿	656	全塑,2-2×2(mm)
2EF265	2.5	20	≤50	绿	656	全塑,2.8×4.5(mm)
2EF285	2.5	40	≤50	绿	656	全塑,2.8×4.5(mm)
2EF405	2.5	40	≤50	黄	585	全塑,ϕ5mm
2EF415	2.5	20	≤50	黄	585	ϕ3mm
2EF425	2.5	20	≤50	黄	585	2×5×8.5(mm)

常用双色发光二极管有 2EF 系列和 BT 系列，见表 1-96。

■ 表 1-96　常用变色发光二极管的主要参数

型　号	耗散功率/W	正向电压/V	反向电压/V	正向电流/mA	反向电流/μA	发光颜色	封装形式与外形
BT205(双色)	0.09	<2.5	>5	40	≤50	红、绿	ϕ4.4mm 金属底座乳白色环氧树脂封装,三端
BT315(双色)	0.09	<2.5	>5	40	≤50	红、绿	ϕ5mm 乳白色环氧树脂封装,三端

续表

型　号	耗散功率/W	正向电压/V	反向电压/V	正向电流/mA	反向电流/μA	发光颜色	封装形式与外形
BT315A(双色)	0.1	<2.5	>5	20	≤100	红、绿	—
BT815(双色)	0.1	<2.5	>5	20	≤100	红、绿	—
2EF301(双色)	0.1	<2.5	>5	40	≤50	红、绿	ϕ5mm B-1 金属底座
2EF303(双色)	0.1	<2.5	>5	40	≤50	红、绿	ϕ5mm 全塑封,二端
2EF313(双色)	0.1	<2.5	>5	40	≤50	红、绿	ϕ5mm 全塑封,三端
2EF321(双色)	0.1	<2.5	>5	30	≤50	红、绿	2×5×8.5(mm)全塑封,三端
2EF401(双色)	0.1	<2.5	>5	40	≤50	红、绿	ϕ5mm 金属底座,四端
2EF402(双色)	0.1	<2.5	>5	40	≤50	红、绿	ϕ5mm 金属底座,四端
2EF302(三色)	0.1	<2.5	>5	40	≤50	红、绿、橙	ϕ5mm B-1 金属底座
2EF312(三色)	0.1	<2.5	>5	40	≤50	红、绿、橙	ϕ5mm 全塑封,三端
2EF322(三色)	0.1	<2.5	>5	40	≤50	红、绿、橙	2×5×8.5(mm)全塑封,三端

常用闪烁发光二极管有 BTS 系列等，见表 1-97。

■ 表 1-97　常用闪烁发光二极管的主要参数

型　号	工作电压/V	正向电流/mA	反向电流/μA	闪烁频率/Hz	波长/nm	颜色
BTS314058	4.75～5.25	7～40	≤50	1.3～5.2	700	红
BTS324058	4.75～5.25	7～40	≤50	1.3～5.2	630	橙
BTS334058	4.75～5.25	7～40	≤50	1.3～5.2	585	黄
BTS344058	4.75～5.25	7～40	≤50	1.3～5.2	565	绿
F366HD	5	40	≤50	2	700	红

(2) 发光二极管的选用及测试

① 发光二极管的选用　发光二极管是一种在通过正向电流时能辐射出荧光的特殊二极管。主要用作光源、指示灯和显示。

发光二极管是非线性元件，在电路中是工作在反向状态。通常给出的发光二极管参数不是光阻和暗阻，而是在一定条件下的光电流和暗电流。光电流大说明光电阻小，暗电流小说明暗电阻大。一般的暗电流小于 0.1μA 至几微安，光电流大约为几十微安。锗材料的暗电流大，受温度影响较大；硅材料的暗电流小，受温度影响小。

发光二极管的特点是可在低电压（约 2V）、小电流（0 至几十毫安）下工作，损耗功率小，体积小，光输出响应速度快（达 10MHz)，可与三极管直接联用。

选用发光二极管应注意以下事项。

a. 选用时，主要考虑通过它的电流不能超过额定值。当用于长时间发光的场合，其额定电流应留有余量。通常发光二极管的电流可以由与它串联的电阻加以调节。该电阻的计算见第 4 章 4.4.5 项。

b. 发光二极管的最大工作电流 I_{FM} 与环境温度关系极大，如磷化镓管，温度低于 25℃ 时，I_{FM} 为 30mA，当温度高于 80℃ 时，I_{FM} 为零。用于室温下，一般取发光二极管的工作电流 $I_F \leqslant (1/5 \sim 1/3)I_{FM}$ 为宜。

c. 发光二极管的反向耐压低，一般为 6V 左右。为保护管子免受击穿，可与发光二极管并联一只反向保护二极管。

② 发光二极管的测试　发光二极管可用万用表欧姆挡类似普通二极管一样测量其正、反向电阻。如果正向电阻不大于 50kΩ，反向电阻大于 200kΩ，则说明发光二极管是好的；如果正、反向电阻为零或无穷大，则说明发光二极管已击穿短路或开路。

极性的判断：当测得正向电阻不大于 50kΩ 时，其黑表笔所连接的一端为正极，红表笔所连接的一端为负极。

1.5.7 光电耦合器基本参数及测试

光电耦合器实际上由发光二极管和光敏二极管或光敏晶体管组成。

光电耦合器主要用于晶闸管触发电路（接口电路）、晶体管、CMOS、TTL 等接口电路。光电耦合器的符号及外形如图 1-35 所示。其中，图（a）～（d）为四类光电耦合器的符号；图（e）～（h）为光电耦合器的外形。

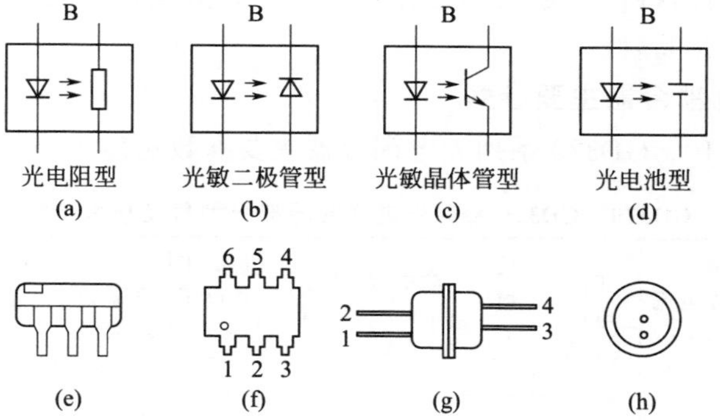

图 1-35　光电耦合器的符号及外形

(1) 光电耦合器的特性

光电耦合器的符号及特性曲线如图 1-36 所示。图中，1 为输入端的正极，2 为输入端的负极，3 为输出端的正极，4 为输出端的负极；I_F 为输入端正向电流，I_C 为输出端正向电流。

光电耦合器的特性主要有输入特性、输出特性和传输特性。现以二极管-三极管光电耦合器为例，说明如下。

① 输入特性　输入端是发光二极管，其输入特性可用发光二极管的伏安特性来表示。它与普通二极管的伏安特性基本相同，但有两点不同：一是正向死区较大，为 0.9～1.1V，外加电压大于这

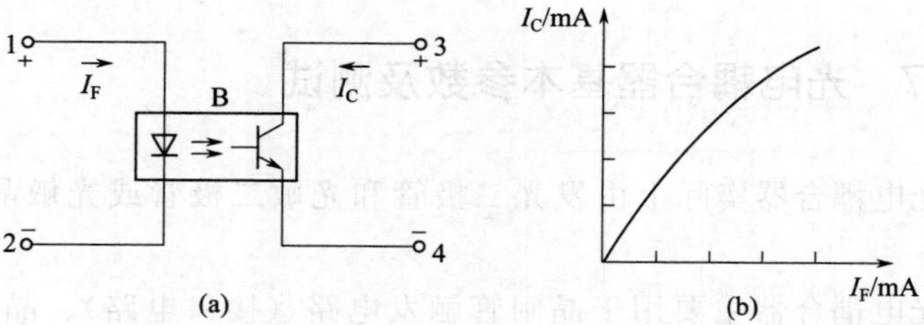

图 1-36　光电耦合器的符号及特性曲线

个数值时，二极管才发光；二是反向击穿电压很小，约为 6V，因此使用时必须注意，输入端的反向电压不能大于 6V。

② 输出特性　输出端是光敏晶体管，其输出特性即为光敏晶体管的输出特性。

(2) 光电耦合器主要参数

GD310、GD320 系列光电耦合器主要参数见表 1-98。

■ 表 1-98　GD310、GD320 系列光电耦合器部分型号及技术参数

型　号	最大工作电流 I_{FM} /mA	正向电压 U_F/V	反向耐压 U_R /V	暗电流 I_D /μA	光电流 I_L /μA	最高工作电压 U_L /V	传输比 CTR/%	隔离阻抗 R_g /Ω	极间电压 U_g /V
GD311 GD312 GD313 GD314 GD315 GD316 GD317 GD318	50	≤1.3	>5	≤0.1	1～2 2～4 4～6 6～8 8～10 10～12 12～15 15 以上	25	10～20 20～40 40～60 60～80 80～100 100～120 120～150 >150	10^{11}	500
GD321 GD322 GD323 GD324 GD325 GD326 GD327 GD328	50	≤1.3	>5	≤0.1	1～2 2～4 4～6 6～8 8～10 10～12 12～15 15 以上	25	10～20 20～40 40～60 60～80 80～100 100～120 120～150 >150	10^{11}	500

GD210、GO系列光电耦合器主要参数见表1-99。

■ 表1-99 GD210、GO系列光电耦合器部分型号及技术参数

型号	输入特性		输出特性				传输特性			
	正向压降/V	最大正向电流/mA	饱和压降/V	暗电流/μA	最高工作电压/V	最大功耗/mW	电流传输比/%	出入间耐压/V	上升时间/μs	下降时间/μs
GD211 GD212 GD213 GD214 GD215	≤1.3	50		≤0.1	≤50		0.5～0.75 0.75～1 1～2 1.5～2 2～3	500	1.5	1.5
GO101 GO102 GO103	≤1.3	50	≤0.4		≤30	50 75 75	10～30 30～60 ≤60	500	≤3	≤3
GO211 GO212 GO213	≤1.3	50	≤1.5		≤30	75	10～30 30～60 ≤60	1000	≤50	≤50

常用通用光电耦合器主要参数见表1-100。

■ 表1-100 常用通用光电耦合器主要参数

型号	结构	正向压降 U_F/V	反向击穿电压 $U_{(BR)ceo}$/V	饱和压降 $U_{CE(sat)}$/V	电流传输比 CTR/%	输入输出间绝缘电压 U_{ISO}/V	上升、下降时间 t_r、t_f/μs
TIL112 TIL114 TIL124 TIL116 TIL117 4N27 4N26 4N35	三极管输出单光电耦合器	1.5 1.4 1.4 1.5 1.4 1.5 1.5 1.5	20 30 30 30 30 30 30 30	0.5 0.4 0.4 0.4 0.4 0.5 0.5 0.3	2.0 8.0 10 20 50 10 20 100	1500 2500 5000 2500 2500 1500 1500 3500	2.0 5.0 2.0 5.0 5.0 2.0 0.8 4.0
TIL118	三极管输出（无基极引脚）	1.5	20	0.5	10	1500	2.0

续表

型　号	结　构	正向压降 U_F /V	反向击穿电压 $U_{(BR)ceo}$ /V	饱和压降 $U_{CE(sat)}$ /V	电流传输比 CTR /%	输入输出间绝缘电压 U_{ISO} /V	上升、下降时间 t_r、t_f /μs
TIL113	复合管输出	1.5	30	1.0	300	1500	300
TIL127		1.5	30	1.0	300	5000	300
TIL156		1.5	30	1.0	300	3535	300
4N31		1.5	30	1.0	50	1500	2.0
4N30		1.5	30	1.0	100	1500	2.0
4N33		1.5	30	1.0	500	1500	2.0
TIL119	复合管输出（无基极引脚）	1.5	30	1.0	300	1500	300
TIL128		1.5	30	1.0	300	5000	300
TIL157		1.5	30	1.0	300	3535	300
H11AA1	交流输入管输出单光电耦合器	1.5	30	0.4	20	2500	—
H11AA2		1.5	30	0.4	10	2500	—

(3) 光电耦合器的测试

光电耦合器中的发光二极管的测试同普通发光二极管。发光二极管未加电压时，用万用表测量光电耦合器中的光敏元件两端是不导通的（阻值无穷大）。当发光二极管两端加有几伏直流电压时(需串电阻限流，并注意电源极性)，光敏元件两端将导通（阻值很小)。在光敏元件两端加有几伏直流电压时（也需串电阻限流并注意电源极性)，光敏元件内将有电流通过（mA 级)。

第 2 章

整流电路和滤波电路的计算

2.1 整流电路及其计算

2.1.1 三种二极管基本整流电路及其计算

(1) 单相半波整流电路

单相半波整流电路如图 2-1（a）所示。图 2-1（b）给出了负载为电阻性负载时其上的电压及流过的电流波形。在 0～π 时间内，变压器的二次电压使二极管 VD 导通；在 π～2π 时间内，二极管 VD 加反向电压，不导通，负载上无电压。

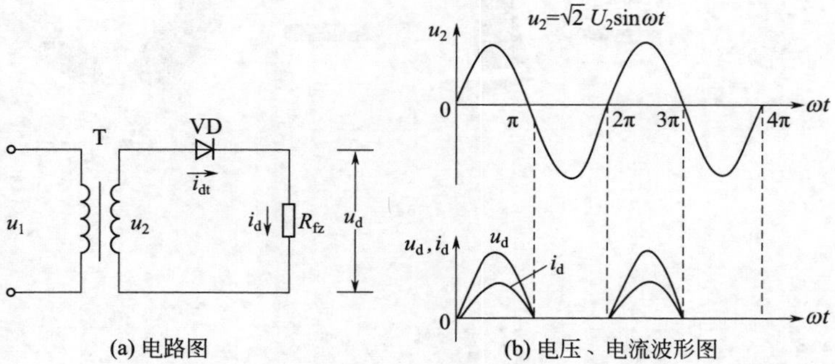

(a) 电路图　　(b) 电压、电流波形图

图 2-1　单相半波整流电路

① 空载直流输出电压为

$$U_d=\frac{1}{2\pi}\int_{Q}^{x}\sqrt{2}U_2\sin\omega t=\frac{\sqrt{2}}{\pi}U_2\approx 0.45U_2$$

说明：当有电容滤波时，$U_d=0.9U_2$。

式中　U_2——变压器二次电压，V。

流过负载R_{fz}的直流电流为

$$I_d=\frac{U_{sc}}{R_{fz}}=\frac{0.45U_2}{R_{fz}}$$

② 整流元件的选择。

流过整流元件的平均电流为

$$I_{dt}=I_d=\frac{0.45U_2}{R_{fz}}$$

整流元件承受的最大反向峰值电压U_m，即u_2的最大值为

$$U_m=\sqrt{2}U_2$$

根据I_{dt}、U_m的值，即可选择整流元件。

单相半波整流电路的主要缺点是：电压波动大，变压器利用率低。

③ 变压器参数计算。设

变压器一次电压为U_1。

变压器二次电压　$U_2=2.22U_d+0.7\approx 2.22U_d$

式中，0.7V为整流二极管管压降，一般可忽略不计。

变压器一次电流　$I_1=1.21kI_d=1.21\dfrac{U_2}{U_1}I_d$

变压器二次电流　$I_2=1.57I_d$

变压器容量（按二次侧容量算）　$S=3.49U_dI_d$

根据以上参数即可设计变压器（应考虑1.1～1.25的裕量系数）。

【例2-1】 某单相半波整流电路如图2-1（a）所示。已知变压器次级电压U_2为110V，负载电阻R_{fz}为7Ω，试求负载电流为多少？并选择二极管和变压器参数。

解　① 负载电流为

$$I_d=\frac{0.45U_2}{R_{fz}}=\frac{0.45\times 110}{7}=7.07\text{A}$$

② 二极管选择

流过二极管 VD 的平均电流为

$$I_{dt}=I_d=7.07A$$

二极管承受的最大反向峰值电压为

$$U_m=\sqrt{2}U_2=\sqrt{2}\times110=155.5V$$

故可选用 ZP 10A/200V 的整流二极管。

③ 变压器计算

变压器一次电压 U_1 为 220V，二次电压为 110V。

变压器一次电流 I_1 为

$$I_1=1.21\frac{U_2}{U_1}I_d=1.21\times\frac{110}{220}\times7.07=4.28A$$

变压器二次电流 I_2 为

$$I_2=1.57I_d=1.57\times7.07=11.1A$$

变压器容量（按二次侧容量算）S 为

$$S=3.49U_dI_d=U_2I_2=110\times11.1=1221V\cdot A$$

考虑变压器的裕量系数为 1.1～1.25，变压器实际容量可取 (1.1～1.25) $S=1.4\sim1.5kV\cdot A$。

这样，变压器一、二次绕组电流密度可相应取小一些，以有利于降温。

(2) 单相全波整流电路

单相全波整流电路如图 2-2（a）所示。图 2-2（b）给出了负载为电阻性负载时其上的电压及流过的电流波形。在 0～π 时间内，u_{2a} 为正，u_{2a} 经二极管 VD_1、负载 R_{fz}、变压器 T 中心抽头构成回路。二极管 VD_2 因加反向电压而不导通；在 π～2π 时间内，u_{2b} 为正，u_{2b} 经 VD_2、R_{fz}、变压器 T 中心抽头构成回路。VD_1 因加反向电压而不导通。

① 空载直流输出电压为：

$$U_d=0.9U_2$$

说明：当有电容滤波时，$U_d=1.2U_2$。

流过负载 R_{fz} 的直流电流为

$$I_d=\frac{U_d}{R_{fz}}=\frac{0.9U_2}{R_{fz}}$$

式中　U_2——变压器的二次电压，V。

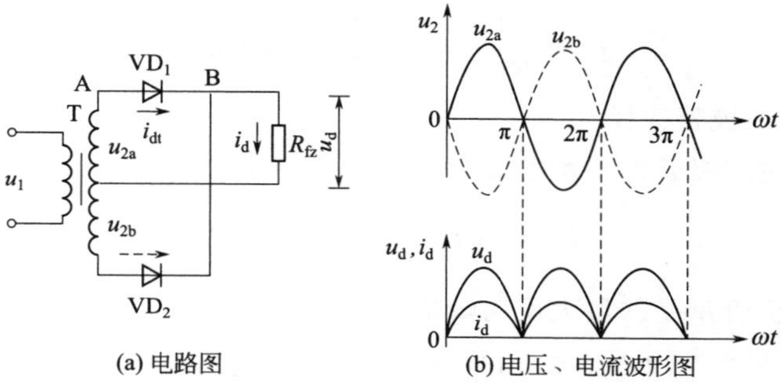

(a) 电路图　　(b) 电压、电流波形图

图 2-2　单相全波整流电路

② 整流元件的选择。

流过整流元件的平均电流为

$$I_{dt}=\frac{1}{2}I_d=\frac{0.45U_2}{R_{fz}}$$

整流元件承受的最大反向峰值电压U_m，即 A、B 两端的电压为

$$U_m=2\sqrt{2}U_2$$

单相全波整流电路克服了单相半波整流电路的缺点，但变压器需有中心抽头。另外，对整流元件耐压性要求较高。

③ 变压器计算。设

变压器一次电压为U_1。

变压器二次电压　$U_2=1.11U_d$

变压器一次电流　$I_1=1.11\dfrac{U_2}{U_1}I_d$

变压器二次电流　$I_2=0.875I_d$

变压器容量　$S=1.49U_dI_d$

变压器实际容量可取(1.1～1.5)S。

【例 2-2】 某单相全波整流电路如图 2-2（a）所示。已知变压

器次级电压 $U_{2a}=U_{2b}=36V$，负载电阻 R_{fz} 为 2Ω，试求负载电流为多少？并选择二极管和变压器参数。

解 ① 负载电流为

$$I_d=\frac{0.9U_2}{R_{fz}}=\frac{0.9\times 36}{2}=16.2A$$

② 二极管选择。

流过二极管的平均电流为

$$I_{dt}=\frac{1}{2}I_d=\frac{16.2}{2}=8.1A$$

二极管承受的最大反向峰值电压为

$$U_m=2\sqrt{2}U_2=2\sqrt{2}\times 36=101.8V$$

故可选用 ZP 10A/200V 的整流二极管。

③ 变压器计算。

变压器一次电压 U_1 为 220V。

变压器二次电压 $U_{2a}=U_{2b}=36V$

变压器一次电流 I_1 为

$$I_1=1.11\frac{U_2}{U_1}I_d=1.11\times\frac{36}{220}\times 16.2=2.94A$$

变压器二次电流 I_2 为

$$I_2=0.875I_d=0.875\times 16.2=14.2A$$

变压器容量 S 为

$$S=1.49U_dI_d=1.49\times(0.9\times 36)=16.2$$
$$=782V\cdot A$$

可选用 800V·A、220/2×36V 变压器。

(3) 单相桥式整流电路

单相桥式整流电路如图 2-3（a）所示。图 2-3（b）给出了负载为电阻性负载时其上的电压及流过的电流波形。当电源的极性为上正下负时，二极管 VD_1、VD_3 导通，电流从变压器 T 次级绕组上端经二极管 VD_1、负载 R_{fz}、二极管 VD_3 回到变压器次级绕组下端，在负载 R_{fz} 上得到一个半波整流电压；当电源极性为上负下正时，二极管 VD_2、VD_4 导通，电流通过 VD_2、R_{fz}、VD_4 和变压器次级绕组构成回路，同样在 R_{fz} 上得到一个半波整流电压。

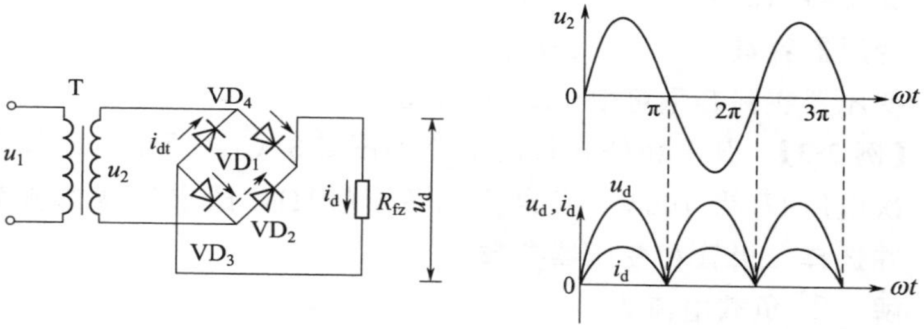

(a) 电路图　　(b) 电压、电流波形图

图 2-3　单相桥式整流电路

① 空载直流输出电压为

$$U_d = 0.9U_2$$

说明：当有电容滤波时，$U_d = 1.2U_2$。

式中　U_2——变压器二次电压，V。

流过负载 R_{fz} 的直流电流为

$$I_d = \frac{U_d}{R_{fz}} = \frac{0.9U_2}{R_{fz}}$$

② 整流元件的选择。

流过整流元件的平均电流为

$$I_{dt} = \frac{1}{2}I_d = \frac{0.45U_2}{R_{fz}}$$

整流元件承受的最大反向峰值电压 U_m，即 u_2 的最大值为

$$U_m = \sqrt{2}U_2$$

桥式整流电路无需变压器有中心抽头，变压器利用率高，对整流元件的耐压性要求不高，但元器件数量较多。

③ 变压器计算。设

变压器一次电压为U_1。

变压器二次电压 $U_2=1.11U_d$

变压器一次电流 $I_1=1.11\dfrac{U_2}{U_1}I_d$

变压器二次电流 $I_2=1.11I_d$

变压器容量 $S=1.23U_dI_d$

变压器实际容量可取$(1.1\sim1.5)S$。

【例 2-3】 某单相桥式整流电路如图 2-3（a）所示。已知变压器二次电压U_2为 160V，负载电阻R_{fz}为 1Ω，试求负载电流为多少？并选择二极管和变压器参数。

解 ① 负载电流为

$$I_d=\frac{0.9U_2}{R_{fz}}=\frac{0.9\times160}{1}=144A$$

② 二极管选择。

流过每只二极管的平均电流为

$$I_{dt}=\frac{1}{2}I_{fz}=\frac{1}{2}\times144=72A$$

每只二极管承受的最大反向峰值电压为

$$U_m=\sqrt{2}U_2=\sqrt{2}\times160=226.2V$$

故可选用 ZP 100A/300V 的二极管。

③ 变压器计算。设

变压器一次电压U_1为 220V。

变压器二次电压U_2为 160V。

变压器一次电流I_1为

$$I_1=1.11\frac{U_2}{U_1}I_d=1.11\times\frac{160}{220}\times144=116.2A$$

变压器二次电流I_2为

$$I_2=1.11I_d=1.11\times144=159.8A$$

变压器容量S为

$$S=1.23U_dI_d=1.23\times(0.9\times160)\times144$$

$$=25505.3\text{V}\cdot\text{A}$$

可选用 26kV·A、220/160V 的变压器。

2.1.2 三相半波整流和三相桥式整流电路及其计算

(1) 三相半波整流电路

三相半波整流电路如图 2-4（a）所示。图 2-4（b）给出了负载为电阻性负载时其上的电压及电流波形。

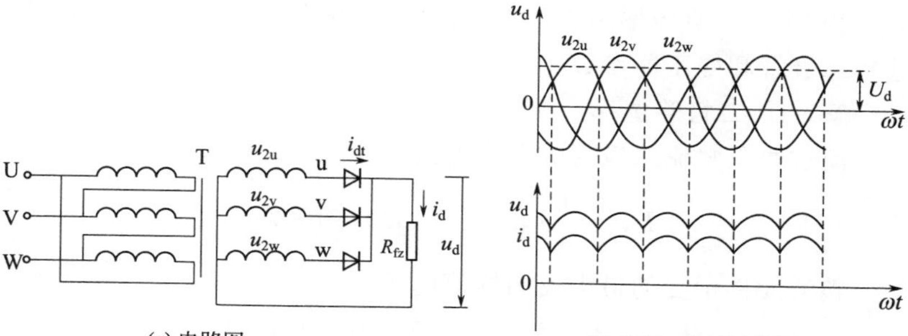

(a) 电路图　　(b) 电压、电流波形图

图 2-4　三相半波整流电路

① 空载直流输出电压为

$$U_d = 1.17U_2$$

流过负载 R_{fz} 的直流电流为

$$I_d = \frac{U_d}{R_{fz}} = \frac{1.17U_2}{R_{fz}}$$

式中　U_2——变压器二次相电压，V。

② 整流元件选择。

流过整流元件的平均电流为

$$I_{dt} = \frac{1}{3}I_d = \frac{0.39U_2}{R_{fz}}$$

整流元件承受的最大反向峰值电压为

$$U_m = \sqrt{3} \times \sqrt{2} U_2 = \sqrt{6} U_2 = 2.45 U_2$$

③ 变压器计算。设

变压器一次相电压为 U_1。

变压器二次相电压 $U_2 = 0.855 U_d$

变压器一次相电流 $I_1 = 0.47 \dfrac{U_2}{U_1} I_d$

变压器二次相电流 $I_2 = 0.58 I_d$

变压器容量（按二次侧容量算） $S = 1.49 U_d I_d$

【例 2-4】 某三相半波整流电路如图 2-4（a）所示。已知电源为三相 380V，直流输出电压 U_d 为 24V，负载电流 I_d 为 300A，试选择二极管和变压器参数。

解 ① 二极管选择。

流过每只整流二极管的平均电流为

$$I_{dt} = \frac{1}{3} I_d = \frac{1}{3} \times 300 = 100\text{A}$$

整流元件承受的最大反向峰值电压为

$$U_m = 2.45 U_2 = 2.45 \times (0.855 U_d)$$
$$= 2.45 \times 0.855 \times 24 = 50.3\text{V}$$

故可选用 ZP 200A/100V 的二极管。

② 变压器计算。

变压器一次相电压为 $U_1 = 220\text{V}$。

变压器二次相电压 $U_2 = 0.855 U_d = 0.855 \times 24 = 20.5\text{V}$

取 20V。

变压器一次相电流为

$$I_1 = 0.47 \frac{U_2}{U_1} I_d = 0.47 \times \frac{20}{220} \times 300 = 12.8\text{A}$$

变压器二次相电流为

$$I_2 = 0.58 I_d = 0.58 \times 300 = 174\text{A}$$

变压器容量为

$$S = 1.49 U_d I_d = 1.49 \times 24 \times 300 = 10728\text{V·A}$$

可选用 12kV•A，Dyn0，一、二次相电压为 220/20V 的变压器。

(2) 三相桥式整流电路

三相桥式整流电路如图 2-5（a）所示。图 2-5（b）给出了负载为电阻性负载时其上的电压及电流波形。

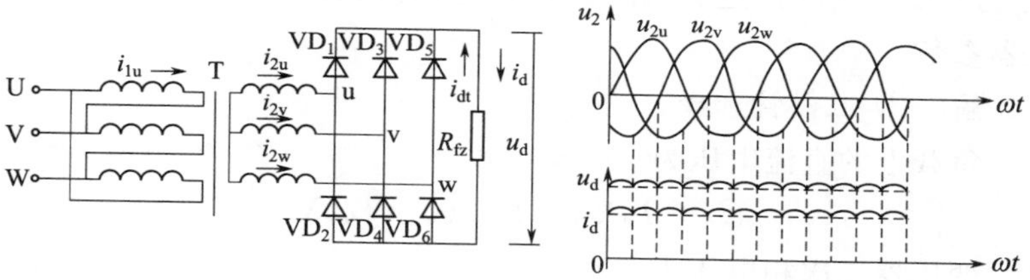

(a) 电路图　　(b) 电压、电流波形图

图 2-5　三相桥式整流电路

① 空载直流输出电压为

$$U_d = 2.34U_2$$

流过负载 R_{fz} 的直流电流为

$$I_d = \frac{U_d}{R_{fz}} = \frac{2.34U_2}{R_{fz}}$$

式中　U_2——变压器二次相电压，V。

② 整流元件选择。

流过整流元件的平均电流为

$$I_{dt} = \frac{1}{3}I_d = \frac{0.78U_2}{R_{fz}}$$

整流元件承受的最大反向峰值电压为

$$U_m = \sqrt{6}U_2 = 1.05U_d$$

③ 变压器计算。设

变压器一次相电压为 U_1。

变压器二次相电压　$U_2 = 0.428U_d$

变压器一次相电流　$I_1 = 0.817\frac{U_2}{U_1}I_d$

变压器二次相电流　$I_2 = 0.817I_d$

变压器容量（按二次侧容量算）　$S = 1.05U_dI_d$

【例 2-5】 某三相桥式整流电路如图 2-5（a）所示。已知负载 R_{fz} 为 60Ω，要求流过负载的直流电流 I_d 为 2A，试选择二极管和变压器参数。

解 ① 二极管选择。

负载上的直流电压为

$$U_d = I_dR_{fz} = 2 \times 60 = 120V$$

变压器二次相电压为

$$U_2 = 0.428U_d = 0.428 \times 120 = 51.4V$$

流过每只整流二极管的平均电流为

$$I_{dt} = \frac{1}{3}I_d = \frac{1}{3} \times 2 = 0.67A$$

整流元件承受的最大反向峰值电压为

$$U_m = \sqrt{6}U_2 = 2.45 \times 51.4 = 125.9V$$

故可选用 1N4004，1A/400V 的二极管。

② 变压器计算。

变压器一次相电压　$U_1 = 220V$

变压器二次相电压　$U_2 = 51.4V$，取 51V

变压器一次相电流为

$$I_1 = 0.817\frac{U_2}{U_1}I_d = 0.817 \times \frac{51}{220} \times 2 = 0.38A$$

变压器二次相电流为

$$I_2 = 0.817I_d = 0.817 \times 2 = 1.63A$$

变压器容量为

$$S = 1.05U_dI_d = 1.05 \times 120 \times 2 = 252V \cdot A$$

可选 300V·A，Dy，一、二次相电压为 220/51V 的变压器。

2.1.3 电容降压整流电路的计算

电容降压整流电路由于没有变压器而显得简单、经济，不足之处是整个电路带有220V交流电压（图2-7所示电路除外），所以在使用、维修时要注意安全，防止触电。

电容降压基本整流电路有半波型和全波型两种。

（1）半波型电容降压整流电路

该整流电路如图2-6所示。

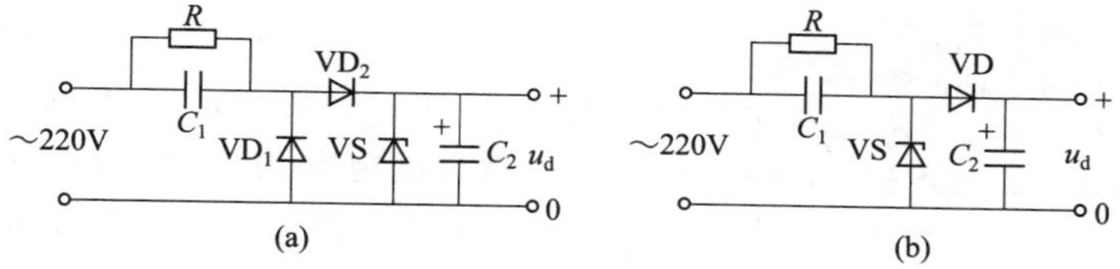

图2-6 半波型电容降压整流电路

在该电路中，C_1是降压电容，C_2是输出滤波电容，稳压管起输出电压的稳压作用。

① 工作原理［见图2-6（a）］ 当输入电源电压为正半周时，电容C_1经二极管VD_1、稳压管VS被充满左正右负的电荷，电容C_2也被充上上正下负的电荷，C_2两端的电压等于稳压管VS的稳压值。

② 元件选择 对于以上两种电路，电容C_1容量选取可按1μF等于30mA（输出电流）估算。二极管平均整流电流$I_F \geqslant$输出电流I_{fz}，I_{fz}按1μF等于30mA折算。二极管反向耐压因二极管VD_1在反向时均被VD_2或VS正向钳位，所以只要大于输出电压即可，可选用1N4001，1A/50V。VD_2和VD可选用1N4005，1A/600V。稳压管VS的稳压值一般选12～24V。电阻R可选用510kΩ～1MΩ、1/2W。

③ 调试 电路的输出电压决定于稳压管VS的稳压值U_Z，U_Z越大，输出电压越高。电路的输出电流与降压电容C_1的容量有关，

C_1增大，输出电流也会增大。为了使输出电压较为稳定，电容C_2的容量不可太小。

注意：负载过大，也会使输出电压降低。

由于装置元件都处在电网电压下，因此在安装、调试、使用时必须注意安全。

(2) 全波型电容降压整流电路

该整流电路如图 2-7 所示。

① 工作原理　当交流电源为正半周时，电容C_1经二极管VD_1、VD_3充电，并向电容C_2馈送上正下负的电荷，C_2两端电压受稳压管 VS 击穿电压钳位，C_1充上左正右负的电荷。当交流电源为负半周时，C_1经二极管VD_2、VD_4反向充电，也向C_2馈送上正下负的电荷，C_1充上右正左负的电荷，可见交流电源每一个周期内电容C_2都获得补充电能。

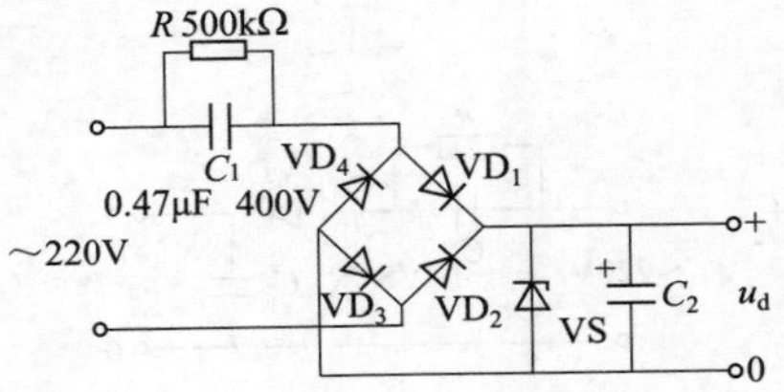

图 2-7　全波型电容降压整流电路

② 元件选择　电容C_1的容量可按 1μF 等于 60mA 估算。如果输出电流小于 30mA，则C_1的容量可相应减小，如采用 0.47μF。稳压管功率可根据其稳压值U_Z与输出电流I_d由下式估算：

$$P \geqslant U_Z I_d$$

二极管VD_1～VD_4选用平均整流电流$I_F \geqslant \frac{1}{2} I_d$、反向耐压大于输出电压即可。

【例 2-6】 某电容降压全波整流电路如图 2-7 所示。电路输出电流为 500mA、输出电压为 24V，试选择电路元件参数。

解　① 电容C_1的选择。

电容量　$C_1 \geqslant I_d/60 = 500/60 = 8.33\mu F$

耐压值　$U_{C_1} \geqslant \sqrt{2} U_{sr} = \sqrt{2} \times 220 = 310V$

因此可选用 CBB22 型或 CJ41 型 10μF、400V 的电容器。

② 电容 C_2 的选择。

可选择电容量为 220μF 的电解电容器。耐压为

$$U_{C_2} \geqslant 2U_d = 2 \times 24 = 48V$$

因此可选用 CD11 型 220μF、100V 的电解电容器。

③ 稳压管 VS 的选择。

稳压值 $U_Z = U_d = 24V$

最大反向电流 $I_{ZM} \geqslant 1.5I_d = 1.5 \times 500 = 750mA$

因此可选用 2DW183 型稳压管，其 U_Z 为 23～26V（挑选国家标准产品 24V），I_{ZM} 为 1900mA。

④ 二极管 VD_1～VD_4 的选择。

额定电流 $I_F \geqslant \frac{1}{2}I_d = \frac{1}{2} \times 500 = 240mA$

反向耐压 $U_{RM} \geqslant 2U_d = 2 \times 24 = 48V$

因此可选用 1N4002 型二极管，其额定电流为 1A，反向耐压为 100V。

⑤ 电阻器 R 阻值的选择。

R 可选用 510kΩ～1MΩ、1/2W。

2.1.4 多级倍压整流电路的计算

当整流电流很小（小于 5mA）时，可以采用多级倍压整流电路获得很高的直流电压。

多级倍压整流电路如图 2-8 所示（图中为 5 级）。

理论输出直流电压 U'_d 为

$$U'_d = nU_{2m} = n\sqrt{2}U_2$$

实际上，加上负载后的输出直流电压 U_d 约为

$$U_d = nU_2/0.85$$

电容器两端电压约为

$$U_{C_1} = U_d/n = U_2/0.85$$

$$U_{C_2} = U_{C_3} = \cdots = U_{C_n} = 2U_{C_1} = 2U_2/0.85$$

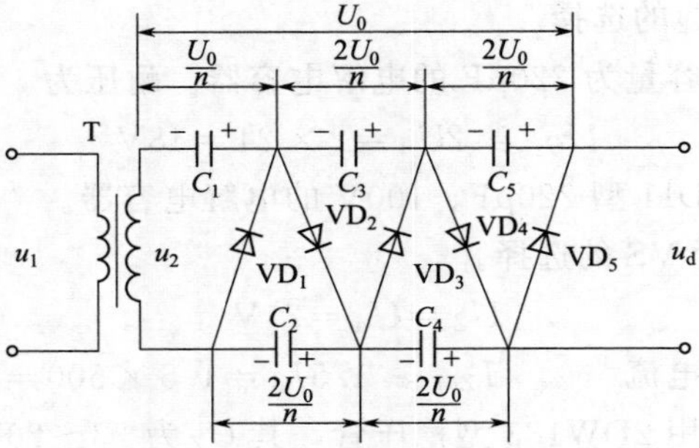

图 2-8　多级倍压整流电路

电容器直容量约为

$$C_1 = C_2 = C_3 = \cdots = 34I_0(n+2)/U_2$$

式中　U_2——变压器二次侧电压有效值，V；

n——倍压级数；

I_0——整流电流，mA。

整流二极管的最大反向电压为$U = 2\sqrt{2}U_2$。

注意：当加大负荷（负荷电阻减小）时，输出电压将严重下跌。倍压整流的级数不宜过多，如用于静电喷漆上的九级倍压输出电压可在 60～120kV 范围内调节（由调节高频振荡器输出的振荡电压来实现），输出的电压能够供给 6 支喷枪同时进行喷漆。

【例 2-7】 已知一个九级倍压整流器，U_2 为 7000V，I_0 为 1mA，试计算直流最高输出电压，并选择所需电容器。

解　直流最高输出电压（有负载时）

$$\begin{aligned} U_d &= nU_2/0.85 \\ &= 9 \times 7000/0.85 \\ &= 74118 \approx 75000\text{V} \end{aligned}$$

由于负荷等情况不同，最高输出电压计算值不是很严格。

第一只电容器上两端的电压约为

$$U_{C_1} = U_2/0.85 = 7000/0.85 \approx 8235\text{V}$$

其余各电容器上两端的电压约为

$$U_{C_2}=U_{C_3}=\cdots=U_{C_9}$$
$$=2\times 8235$$
$$=16470\text{V}$$

电容器电容量为

$$C_1=C_2=\cdots=C_9$$
$$=34I_0(n+2)/U_2$$
$$=34\times 1\times(9+2)/7000$$
$$=0.053\mu\text{F}$$

因此可采用耐压为 20kV、电容量为 0.05μF 的高压电容器。

2.1.5 各种整流电路参数及比较

(1) 各种整流电路的特点及适用范围（见表 2-1）

■ **表 2-1 各种整流电路的特点及适用范围**

比较项目		对元件的要求	整流变压器利用率	输出电压的脉动	对电网的影响	经济性	复杂性	适用范围
单相与三相	单相	数量少容量大	较差	脉动稍大	三相负载不平衡	小容量时较节省	较为简单	用于小容量负载
	三相	数量多容量小	较好	脉动小	三相平衡	大容量时较节省	较为复杂	用于大容量负载
半波与全波	半波	数量少耐压高电流大	较差	脉动大	有直流分量，产生损耗	元件少，但每个价格贵	简单	要求线路简单、方便时采用
	全波	数量多耐压小	较好	脉动小	无直流分量	元件多，但每个价格较便宜	复杂	要求工作效率高时采用

(2) 各种整流电路的基本电量关系比较（见表 2-2）

【例 2-8】 试设计一单相整流电路。已知负载为电阻性负载，要求输出直流电压 U_d 为 12V，输出直流电流 I_d 为 0.6A，纹波系数 $\gamma<0.5\%$。

■ **表 2-2　各种整流电路的基本电量关系比较**

整流电路名称	单相半波	单相全波（双半波）	单相桥式（全波）
电路图	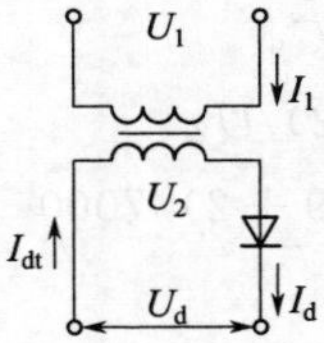	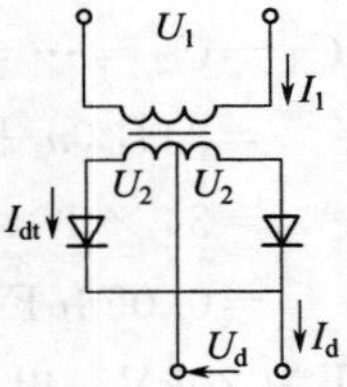	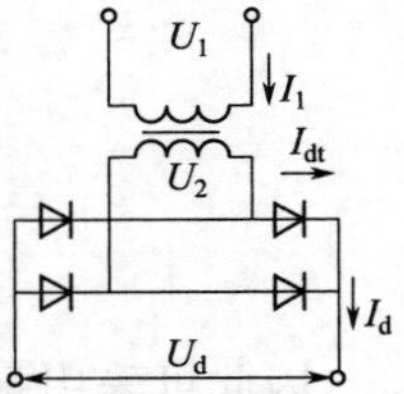
空载直流输出电压 U_{d0}	$0.45U_2$	$0.90U_2$	$0.90U_2$
元件最大正向和最大反向电压峰值 U_m	$1.41U_2$ $(3.14U_{d0})$	$2.83U_2$ $(3.14U_{d0})$	$1.41U_2$ $(1.57U_{d0})$
输出电压纹波系数 γ	1.21	0.484	0.484
流过元件的电流平均值 I_{dt}	I_d	$0.5I_d$	$0.5I_d$
变压器一次侧相电流 I_{x1}	$1.21kI_d$	$1.11kI_d$	$1.11kI_d$
变压器二次侧相电流（有效值）I_{x2}	$1.57I_d$	$0.785I_d$	$1.11I_d$
变压器二次侧相电压（有效值）U_{x2}	$2.22U_d+ne$	$1.11U_d+ne$	$1.11U_d+ne$
变压器一次侧容量 P_{s1}	$2.69U_dI_d$	$1.23U_dI_d$	$1.23U_dI_d$
变压器二次侧容量 P_{s2}	$3.49U_dI_d$	$1.74U_dI_d$	$1.23U_dI_d$
变压器平均计算容量 P_{pj}	$3.09U_dI_d$	$1.49U_dI_d$	$1.23U_dI_d$

注：1. e 为硅元件正向压降；n 为硅元件串联只数；$k=U_2/U_1$。

2. 实际上需加一定的小负载，才能测得表中的 U_{d0} 值。

三相半波（星形零点）	三相星形桥式	六相双反星形	六相星形半波
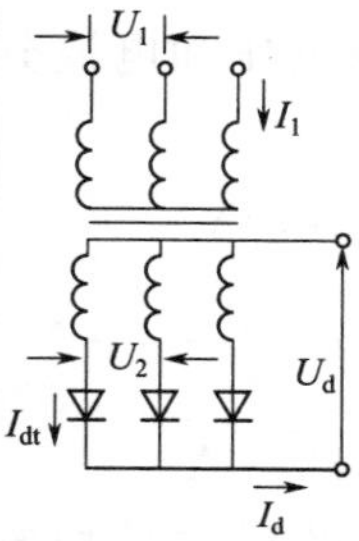	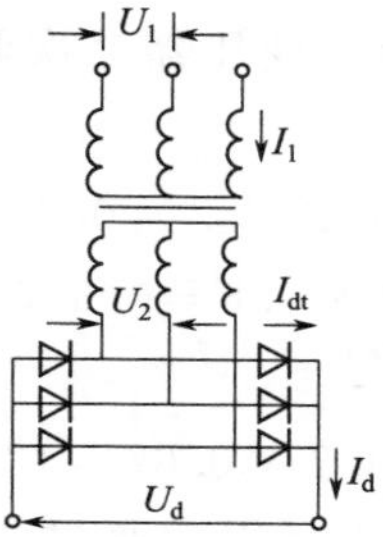	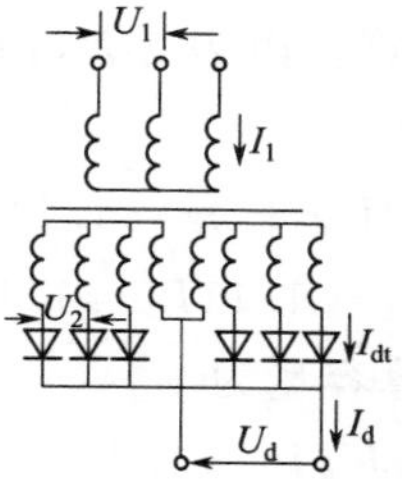	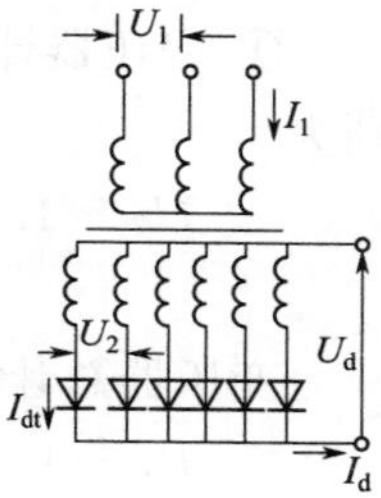
$0.68U_2$	$1.35U_2$	$0.78U_2$	$0.68U_2$
$1.41U_2$ ($2.09U_{d0}$)	$1.41U_2$ ($1.05U_{d0}$)	$1.63U_2$ ($2.09U_{d0}$)	$1.41U_2$ ($2.07U_{d0}$)
0.183	0.042	0.042	0.042
$0.333I_d$	$0.333I_d$	$0.167I_d$	$0.167I_d$
$0.47kI_d$	$0.817kI_d$	$0.407kI_d$	$0.576kI_d$
$0.58I_d$	$0.817I_d$	$0.289I_d$	$0.407I_d$
$0.855U_d+ne$	$0.428U_d+2ne$	$0.855U_d+ne$	$0.744U_d+ne$
$1.21U_dI_d$	$1.05U_dI_d$	$1.05U_dI_d$	$1.28U_dI_d$
$1.49U_dI_d$	$1.05U_dI_d$	$1.48U_dI_d$	$1.81U_dI_d$
$1.35U_dI_d$	$1.05U_dI_d$	$1.26U_dI_d$	$1.43U_dI_d$

解 为了提高变压器利用率并减少脉动，采用单相桥式整流电路。由于对纹波系数要求不高，故可采用简单的 R、C 滤波（滤波部分的计算见第 2.2 节滤波电路及其计算）。

① 变压器计算：由表 2-2 可得，变压器二次侧电压和电流分别为

$$U_2=1.11U_d+ne=1.11\times12+2\times0.7=14.7\text{V}$$

$$I_2=1.11I_d=1.11\times0.6=0.67\text{A}$$

变压器总计算容量为

$$P_s=1.23U_dI_d=1.23\times14.7\times0.67=12.1\text{V}\cdot\text{A}$$

② 整流二极管选择：查表 2-2 可得，通过二极管的平均电流为

$$I_{dt}=0.5I_d=0.5\times0.6=0.3\text{A}$$

二极管承受的反向峰值电压为

$$U_m=1.41U_2=1.41\times14.7=20.7\text{V}$$

查半导体手册，可选用 2CP33B，其最大整流电流为 500mA，最高反向工作电压为 100V。

2.1.6 整流元件串、并联计算

对于大电流、高电压的变流装置，需要将若干个整流元件或晶闸管串联或并联起来使用。由于每个元件静态和动态参数不一致，简单地把它们串联或并联起来，会使管子毁坏，必须采取相应的保护措施。

(1) 整流元件串联保护

整流元件串联保护如图 2-9 所示。

串联元件数按下式计算：

$$n=\frac{U_{zmf}}{0.9U_R}$$

式中 U_{zmf}——元件串联后承受总的反向峰值电压，V；

U_R——每个整流元件最高反向峰值电压，V。

串联保护措施如下。

① 尽可能选择特性一致的元件，如正反向漏电流、耐压、温度特性等。

② 加均压电阻：

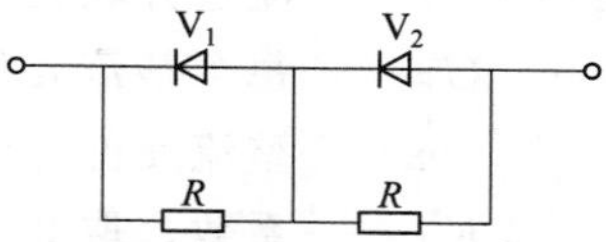

图 2-9　整流元件串联保护

均压电阻　　$R=\frac{U_{mf}}{K_1 I_R}\times 10^6$　（Ω）

均压电阻功率　$P_R=\frac{K_2}{R}\left(\frac{U_{zmf}}{n}\right)$　（W）

式中　U_{mf}——每个整流元件承受的反向峰值电压，V；

I_R——每个整流元件反向漏电流，μA；

K_1——系数，取 2～5；

K_2——系数，取 0.35～1；

n——整流元件串联只数，即元件个数。

（2）整流元件并联保护

整流元件并联保护如图 2-10 所示。

并联元件数按下式计算：

$$n=\frac{I}{0.8I_F}$$

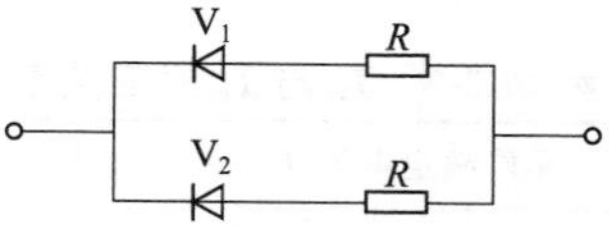

图 2-10　整流元件并联保护

式中　I——流过并联元件总的正向电流有效值，A；

I_F——每个整流元件的最大整流电流，A。

并联保护措施如下。

① 选取特性相近的管子，如挑选正向压降之差小于 0.1V 的管子。

② 对主回路应合理布线，同时在安装整流元件时，使并联的管子处于相同的散热条件之下。

③ 加均流电阻：

均流电阻　　$R=K_1 n U_F/I$　（Ω）

功率　　$P_R=K_2 R\left(\frac{I}{n}\right)^2$　（W）

式中 I——流过并联元件总的正向电流有效值，A；

U_F——每个整流元件的正向电压降，V；

n——整流元件并联支路数，即元件个数；

K_1——系数，取 3～4；

K_2——系数，取 1.5～2.5。

2.1.7 整流元件保护计算

(1) 阻容保护计算

整流元件的阻容保护同晶闸管元件的阻容保护，见第 7 章 7.3 节。

(2) 快熔保护计算

$$I_{er} \leqslant (1.2 \sim 1.5) I_e$$

式中 I_{er}——快熔额定电流，A；

I_e——整流元件的额定电流，A。

I_{er} 与 I_e 的对应关系，也可直接从表 2-3 中查出。

■ 表 2-3 I_{er} 与 I_e 对应关系

元件额定电流 I_e /A	1	5	10	20	30	50	100	200	300	400	500
熔体额定电流 I_{er} /A	3	10	15	30	50	80	150	300	500	600	800

2.2 滤波电路及其计算

2.2.1 常用滤波电路及适用场合

(1) 常用滤波电路的比较和参数（见表 2-4）

■ **表 2-4　常用滤波电路的比较和参数**

名　称	电容滤波	Γ型滤波	阻容滤波	Π型滤波
电路图	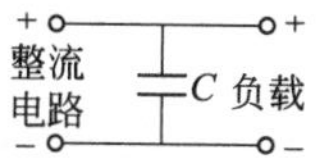	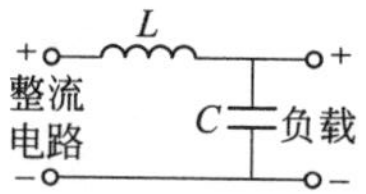	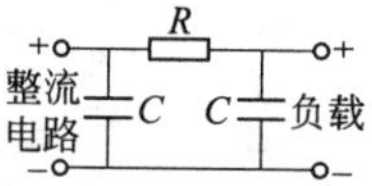	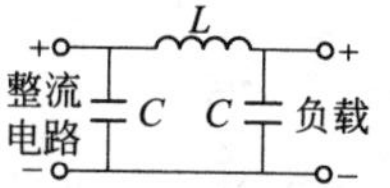
滤波效果	较差	较好	较好	好
输出电压	高	低	较高	高
输出电流	较小	大	小	较小
负载特性	差	较好	差	差
参数选择 ($f=50\text{Hz}$)	全波整流 $C=\dfrac{1.44\times10^3}{\gamma R_{fz}}$ 半波整流 $C=\dfrac{2.88\times10^3}{\gamma R_{fz}}$	全波整流 $LC=\dfrac{1.19}{\gamma}$ 取 $L\geqslant\dfrac{2R_{fz}}{942}$	全波整流 $RC^2=\dfrac{2.3\times10^6}{\gamma R_{fz}}$ 其中 R 一般取数十至数百欧	由于体积、重量都较大，所以在晶体管整流电路中较少使用

注：γ 为输出电压纹波系数，电容 C 的单位 μF。

(2) 常用滤波电路的适用场合

① 电容滤波　适用于负载电流较小的场合。如果负载变化很大，可在输出端并联一个泄放电阻以改善负载特性。泄放电阻可近似按 10 倍负载电阻来选取。此外，还应选用足够电流裕度的二极管，以防浪涌电流损坏管子。

② Γ 型滤波　适用于负载电流大，要求直流电流脉动很小的场合。

③ 阻容滤波　适用于负载电阻大，电流较小，要求直流电流脉动很小的场合。

④ Π 型滤波　适用于负载电流小，要求直流电流脉动很小的场合。

另外，还有电感滤波电路。如果电感量较大，在断开电源时，电感线圈两端会产生较大的电动势，可能使整流二极管过电压而击穿。为此，二极管耐压值应有一定的裕度。

2.2.2 各种滤波电路的计算

(1) 电容滤波电路（半波）

电路如图 2-11（a）所示，负载上的电压波形如图 2-11（b）所示。

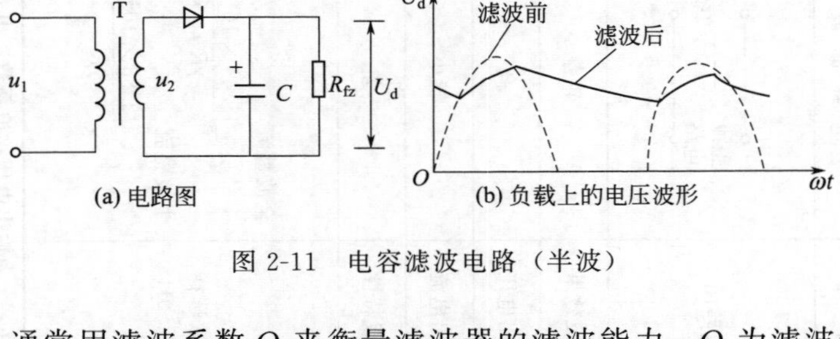

(a) 电路图　　(b) 负载上的电压波形

图 2-11　电容滤波电路（半波）

通常用滤波系数 Q 来衡量滤波器的滤波能力，Q 为滤波器输

入端的脉动系数 $S_{入}$ 与输出端的脉动系数 $S_{出}$ 之比，即

$$Q=\frac{S_{入}}{S_{出}}=\frac{S_{未滤}}{S_{滤}}$$

为了保证输出电压较高，滤波效果较好，设计时一般按下式选取滤波电容容量：

$$C\geqslant(10\sim15)=\frac{1}{\omega R_{fz}}$$

式中 C——电容容量，F；

ω——电源角频率，$\omega=2\pi f$；

f——电源频率，$f=50\text{Hz}$；

R_{fz}——负载电阻，Ω。

此时输出电压为

$$U_d=1.2U_2$$

当 $R_n/R_{fz}\approx5\%$ 时（R_n 为整流二极管内阻），输出电压可按下式估算：

$$U_d\approx U_2$$

二极管承受的最大反向电压为

$$U_{max}=2\sqrt{2}U_2$$

纹波系数 $$\gamma=\frac{1.82}{\omega CR_{fz}}$$

脉动系数 $$S=\frac{0.144}{fCR_{fz}}$$

滤波系数 $$Q=1.1fCR_{fz}$$

如果已知负载电阻 R_{fz} 和滤波系数 Q，便可由上式求得所需电容容量。

【例 2-9】 电容滤波（半波）电路如图 2-11（a）所示。已知负载电阻器 R_{fz} 为 250Ω，电源频率 f 为 50Hz，要求有较高的滤波系数。试求滤波电容容量，并计算滤波系数。

解 取系数为 12，计算滤波电容 C 的容量。

$$C=12\frac{1}{\omega R_{fz}}=12\times\frac{1}{2\pi\times 50\times 250}=1.53\times 10^{-4}\text{F}$$
$$=153\mu\text{F}$$

因此选用标称容量为 160μF 的电解电容器。

这时的滤波系数为

$$Q=1.1fCR_{fz}=1.1\times 50\times 160\times 10^{-6}\times 250$$
$$=2$$

(2) 电容滤波电路（全波）

电路如图 2-12（a）所示，负载上的电压波形如图 2-12（b）所示。

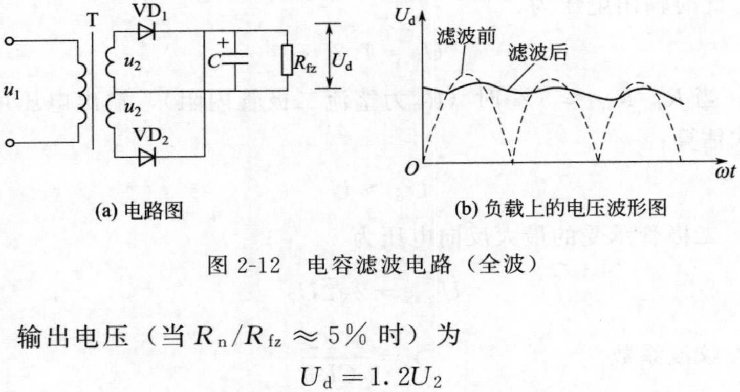

(a) 电路图　　(b) 负载上的电压波形图

图 2-12　电容滤波电路（全波）

输出电压（当 $R_n/R_{fz}\approx 5\%$ 时）为

$$U_d=1.2U_2$$

纹波系数　$$\gamma=\frac{0.91}{\omega CR_{fz}}$$

脉动系数　$$S=\frac{0.072}{fCR_{fz}}$$

滤波系数　$$Q=2.2fCR_{fz}$$

通常电容取数百微法到数千微法；电容耐压应取变压器次级电压 U_2（有效值）的 $\sqrt{2}$ 倍以上。

电容器电容量的一般经验数据见表 2-5。

常用小功率电容滤波电路的特性见表 2-6。

■ 表 2-5 电容器电容量的一般经验数据

输出电流	2A 左右	1A 左右	0.5～1A	0.1～0.5A	100mA 以下	50mA 以下
电容量/μF	4000	2000	1000	500	200～500	200

■ 表 2-6 常用小功率电容滤波电路的特性

电路形式	输入交流电压（有效值）	空载直流输出电压 U_{d0}	负载直流输出电压 U_d	元件最大反向电压峰值 U_m	流过元件的电流平均值 I_{dt}	需用二极管数
半波整流电容滤波	U_2	$\sqrt{2}U_2$	U_2	$2\sqrt{2}U_2$	I_d	1
全波整流电容滤波	U_2+U_2	$\sqrt{2}U_2$	$1.2U_2$	$2\sqrt{2}U_2$	$0.5I_d$	2
桥式整流电容滤波	U_2	$\sqrt{2}U_2$	$1.2U_2$	$\sqrt{2}U_2$	$0.5I_d$	4
桥式整流电感滤波	U_2	$0.9U_2$	$0.9U_2$	$\sqrt{2}U_2$	$0.5I_d$	4
二倍压	U_2	$2\sqrt{2}U_2$	$2U_2$	$2\sqrt{2}U_2$	I_d	2

【例 2-10】 电容滤波（全波）电路如图 2-12（a）所示。已知输出电流 I_{sc} 为 800mA，输出电压 U_{sc} 为 24V，电源频率 f 为 50Hz。试求滤波电容容量，并计算滤波系数。

解 已知输出电流为 800mA，查表 2-5，可选用电容的容量 $C=1000\mu F$。

这时的滤波系数为

$$Q=2.2fCR_{fz}=2.2fC\frac{U_{sc}}{I_{sc}}$$

$$=2.2\times 50\times 1000\times 10^{-6}\times\frac{24}{0.8}=3.3$$

(3) 电感型滤波电路

电路如图 2-13（a）所示，负载上的电压波形如图 2-13（b）所示。

输出直流电压为

$$U_d=0.9U_2$$

纹波系数 $$\gamma=\frac{0.48R_{fz}}{2\omega L}$$

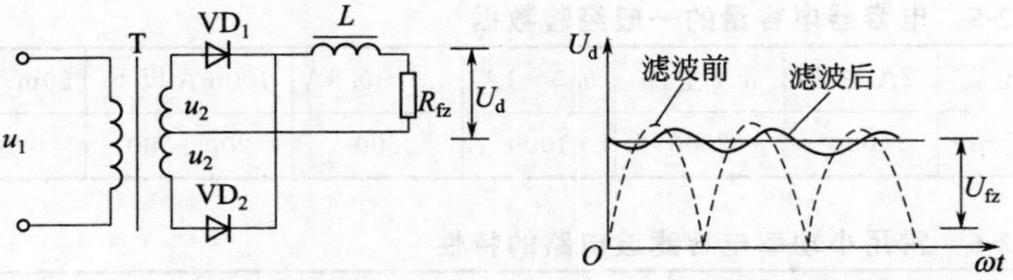

(a) 电路图　　　　　　(b) 负载上的电压波形

图 2-13　电感型滤波电路

脉动系数　　　　$S=\dfrac{0.67R_{fz}}{2\omega L}$

滤波系数　　　　$Q=\dfrac{2\omega L}{R_{fz}}$

式中　L——电感，H。

滤波电感 L 一般在几亨到几十亨的范围内。

【例 2-11】 有一全波整流电路，未加滤波前，输出电压脉动系数 $S_{未滤}$ 为 66.7%，采用 Γ 型滤波后，$S_{滤}$ 为 0.1%，负载电阻 R_{fz} 为 100Ω，试求滤波系数和滤波电感的电感量。

解　滤波系数为

$$Q=S_{未滤}/S_{滤}=0.667/0.001=667$$

而　　$Q=\dfrac{2\omega L}{R_{fz}}=\dfrac{2\times2\pi\times50L}{100}=667$

故电感量为

$$L=\frac{667\times100}{100\times2\pi}\approx106\text{H}$$

(4) Γ 型滤波电路

① 单节 Γ 型滤波电路（见图 2-14）。

临界电感　　　$L_{lj}=\dfrac{R_{fz}}{945}$

设计时，通常选取滤波电感为

$$L\geqslant2L_{lj}=\frac{2R_{fz}}{945}$$

输出电压为

$$U_d = 0.9U_2$$

纹波系数 $\gamma = \dfrac{0.48}{4\omega^2 LC}$

脉动系数 $S = \dfrac{0.67}{4\omega^2 LC}$

滤波系数 $Q = 4\omega^2 LC$

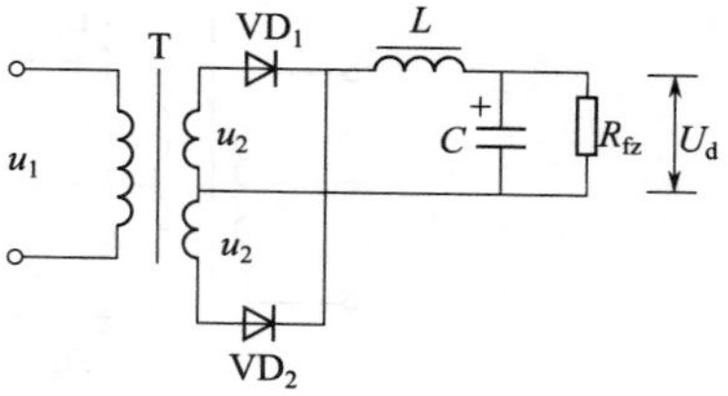

图 2-14 单节 Γ 型滤波电路

式中 L——滤波电感，H；

C——滤波电容，F；

ω——电源角频率，$\omega = 2\pi f$。

【例 2-12】 有一全波整流电路，输出电压 U_d 为 24V，负载电流 I_d 为 100mA，要求输出电压脉动系数 $S_{滤} \leqslant 0.001$，采用 Γ 型滤波电路，试求滤波系数和电感、电容量。

解 由于 $S_{全波(未滤)} = 0.667$，$S_{滤} = 0.001$

故滤波系数 $Q = \dfrac{S_{未滤}}{S_{滤}} = \dfrac{0.667}{0.001} = 667$

又 $Q = 4\omega^2 LC = 4 \times 314^2 LC = 667$

得 $LC = 1.7 \times 10^{-3}$

晶体管电路的电源电压较低而电流常为几百毫安以上，故电感量一般取 1～10H，而电容量一般取数百微法到数千微法。如果电感 L 取 10H、100mA，则电容量为

$$C = \frac{1.7 \times 10^{-3}}{L} = \frac{1.7 \times 10^{-3}}{10} = 1.7 \times 10^{-4} = 170\mu F$$

电容耐压可取 30V。

② 多节 Γ 型滤波电路（见图 2-15）。

纹波系数 $\gamma = \dfrac{0.48}{4\omega^2 L_1 C_1} \times \dfrac{1}{4\omega^2 L_2 C_2}$

脉动系数 $S = \dfrac{0.67}{4\omega^2 L_1 C_1} \times \dfrac{1}{4\omega^2 L_2 C_2}$

滤波系数 $Q = Q_1 Q_2 = 4\omega^2 L_1 C_1 \times 4\omega^2 L_2 C_2$

一般取 $L_1 = L_2 = L$，$C_1 = C_2 = C$，现仍以 $S_{滤}$ 为 0.001 的要求

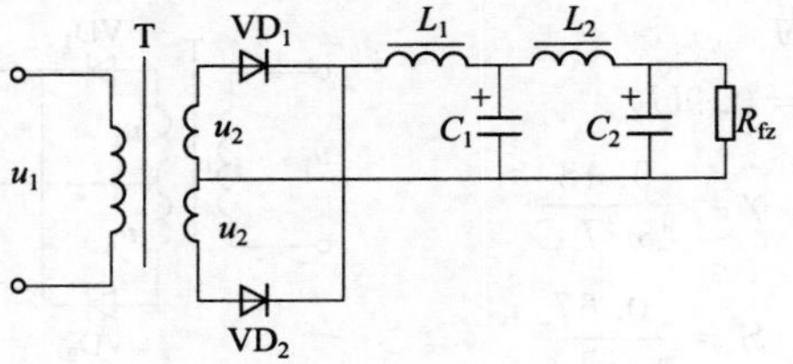

图 2-15　两节 Γ 型滤波电路

来设计，则有 $S_{滤}=0.67/(16\omega^4L^2C^2)=0.001$，得 $LC=6.55\times10^{-5}$，若取 $L=2\text{H}$、100mA，则电容量为

$$
\begin{aligned}
C&=6.55\times10^{-5}/L=6.55\times10^{-5}/2\\
&=3.28\times10^{-5}\text{F}\\
&=32.8\mu\text{F}
\end{aligned}
$$

(5) Π 型滤波电路

采用电容、电感的 Π 型滤波电路如图 2-16（a）所示；采用电容、电阻的 Π 型滤波电路如图 2-16（b）所示。

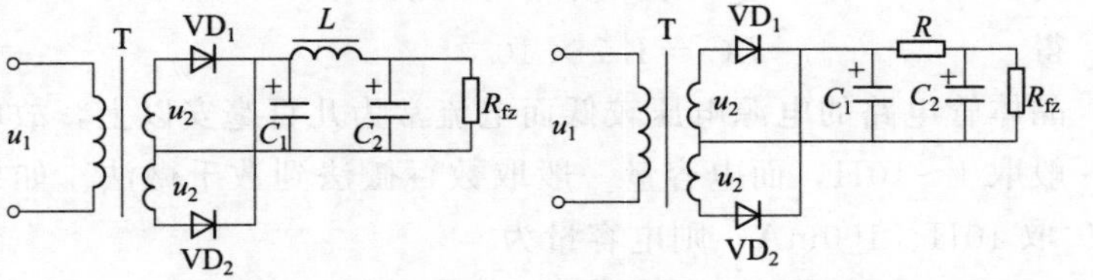

(a) *LC*电路　　(b) *RC*电路

图 2-16　Π 型滤波电路

如果整流电路电流不大（在几十毫安以下），为了减轻重量，降低成本，可以将 Π 型滤波电路中的电感 L 用电阻 R 代替。不过电阻上要降掉一部分直流电压，所以输到负载上的直流电压要降低些。

对于图 2-16（a）：

纹波系数　$\gamma=\dfrac{1}{4.4\omega^3C_1C_2LR_{fz}}$

滤波系数　$Q=Q_1Q_2$

式中　Q_1——电容滤波电路的滤波系数；

Q_2——Γ 型滤波电路的滤波系数。

对于图 2-16（b）：

输出直流电压为

$$U_d = 1.2U_2 \frac{R_{fz}}{R + R_{fz}}$$

纹波系数 $$\gamma = \frac{0.0114}{RC_1C_2f^2R_{fz}}$$

Π 型滤波电路，一般取 $C_1 = C_2$。

【例 2-13】 有一阻容式 Π 型滤波电路如图 2-16（b）所示。已知电源频率 f 为 50Hz，输出电压为 24V，负载电阻为 120Ω，变压器 T 的二次侧电压 U_2 为 30V，要求纹波系数 γ 为 0.01。试求电阻 R 的电阻值和电容 C_1、C_2 的电容量。

解 ① 电阻 R 的选择

$$R = \frac{1.2U_2R_{fz}}{U_d} - R_{fz}$$

$$= \frac{1.2 \times 30 \times 120}{24} - 120 = 60\Omega$$

选用标称阻值为 60Ω 的电阻器。

电阻的额定功率可按下式选择：

$$P = 2I_d^2R = 2\left(\frac{U_d}{R_{fz}}\right)^2 R$$

$$= 2 \times \left(\frac{24}{120}\right)^2 \times 62 = 4.96\text{W}$$

因此可选用 RJ 型 62Ω-5W 的电阻器。

② 电容 C 的选择

$$C = C_1 = C_2 = \sqrt{\frac{0.0114}{\gamma Rf^2R_{fz}}}$$

$$= \sqrt{\frac{0.0114}{0.01 \times 62 \times 50^2 \times 120}} = 2.48 \times 10^{-4}\text{F} = 248\mu\text{F}$$

可选用 CD11 型 330μF、50V 的电解电容器。

(6) 有源滤波电路

在 RC 的 Π 型滤波电路中，RC 值越大，滤波作用越强，但 R 过大，其压降也越大；另外，电容 C 过大，体积和重量都大。为了解决这个问题，可采用三极管组成的有源滤波电路，如图 2-17 所示。滤波电容 C 接在三极管 VT 的基极电路内，它的特点是利用三极管的电流放大作用，把通过射极的负载电流减小到 $I_e/(1+\beta)$ 后，在基极电路内加以滤波，由于偏流电阻 R_b 较大，时间常数 R_bC 很大，使三极管的基极纹波减小很多。这样一来，直流压降的损失将减小至 $1/(1+\beta)$。而把基极电路内的电容折合到发射极相当于在射极电路内负载 R_{fz} 两端并联一个 $(1+\beta)C$ 的电容，从而大大减小了电容的容量和体积。

(7) 信号检测环节中 *RC* 的 Π 型滤波电路参数的选择

信号检测环节中 RC 的 Π 型滤波电路如图 2-18 所示。

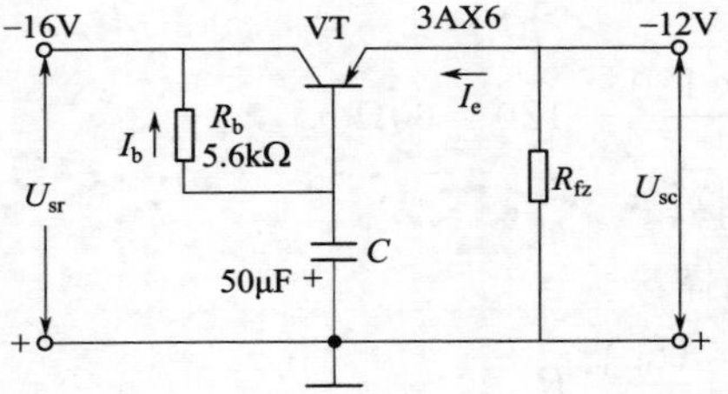

图 2-17　有源滤波电路

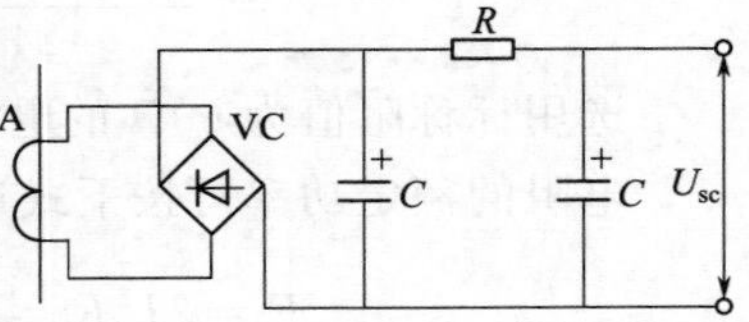

图 2-18　信号检测环节中 RC 的 Π 型滤波电路

来自信号检测环节（经电流互感器 TA）的交流信号一般根据不同情况进行半波整流或全波整流，经过 Γ 型或 Π 型 RC 滤波后送入比较电路。对于有返回系数要求的，滤波电容容量不能用得太大。为了能反映故障信号的峰值，该电容容量又不能用得太小。RC 的 Π 型滤波电路参数一般可按下式计算：

$$C=\frac{2.2\times10^{-3}}{\sqrt{SRR_{fz}}}$$

式中 C——滤波电容，μF；

S——脉动系数，取 5%～10%；

R——滤波电阻，取 0.5～5kΩ；

R_{fz}——负载电阻，Ω。

2.2.3 整流电路中滤波电抗器电感量的估算

(1) 维持电流连续的临界电感量的计算

这是从电流连续观点出发计算电抗器的电感。整流电流断续会使整流条件恶化，并引起电动机转速异常，因此必须使电动机在最小工作电流时，仍能维持电枢电流的连续。

为使电流连续，电抗器的临界电感量可按下式计算：

$$L_{lj}=K_{lj}\frac{U_2}{I_{z\cdot min}}-(L_d+L_b)$$

式中 L_{lj}——临界电感量，mH；

K_{lj}——系数，见表 2-7；

U_2——整流变压器二次侧相电压，V；

$I_{z\cdot min}$——最小负载电流，A；

L_d——负载（如电动机）的电感量，mH；

L_b——整流变压器的每相电感量，mH。

表 2-7 计算滤波电抗器系数表

输出端形式	系数	整流电路形式									
		单相半波	单相全波	单相半控桥	用一只晶闸管的单相桥	单相全控桥	三相半波	三相半控桥	三相全控桥	六相半波	双反星形带平衡电抗器
输出端有续流二极管	K_{lj}	2.7	1.67	1.67	1.67	1.67	1.03	1.78	0.655	0.378	0.325
	K_{md}	5.05	2.8	2.8	2.8	2.8	1.66	2.88	0.925	0.56	0.338
	K_b	6.37	6.37	3.18	3.18	3.18	6.75	3.9	3.9	5.51	7.8

续表

输出端形式	系数	整流电路形式									
		单相半波	单相全波	单相半控桥	用一只晶闸管的单相桥	单相全控桥	三相半波	三相半控桥	三相全控桥	六相半波	双反星形带平衡电抗器
输出端无续流二极管	K_{lj}			1.67		2.86	1.46	1.78	0.695	0.401	0.348
	K_{md}	—	—	2.8	—	4.5	2.25	2.88	1.05	0.605	0.523
	K_b	—	—	3.18		3.18	6.75	3.9	3.9	5.51	7.8

(2) 保证电流脉动不超过要求值的电感量的计算

这是从限制电流脉动观点出发计算电抗器的电感量。整流电流中的脉动分量会使直流电动机换向性能恶化，铜耗增加，电机发热等。

为限制电流脉动，电抗器的电感量可按下式计算：

$$L_{md}=K_{md}\frac{U_2}{SI_{ez}}-(L_d+L_b)$$

式中 L_{md}——电抗器电感量，mH；

K_{md}——系数，见表 2-7；

S——电流最大允许脉动系数，100kW 以下为三相半波整流时，取 8%～12%，三相桥式整流时，取 5%～10%；

I_{ez}——额定负载电流，A。

电流脉动系数按下式计算：

$$S=\frac{I_{max}-I_{min}}{I_{max}+I_{min}}\times 100\%$$

式中 I_{max}——电抗器流过的直流电流最大瞬时值，A；

I_{min}——电抗器流过的直流电流最小瞬时值，A。

(3) 电动机和变压器电感量的估算

① 电动机电感量按下式计算：

$$L_d=K_d\frac{U_e}{2pn_eI_e}\times 10^3$$

式中 L_d——电动机电感量，mH；

K_d——系数，与电动机种类有关，一般无补偿电动机取 8～12，快速无补偿电动机取 6～8，有补偿电动机取 5～6；

U_e——电动机额定电压，V；

p——电动机极对数；

n_e——电动机额定转速，r/min；

I_e——电动机额定电流，A。

② 变压器每相电感量按下式计算：

$$L_b = K_b \frac{U_d\% U_2}{100 I_z}$$

式中 L_b——变压器每相电感量，mH；

K_b——系数，见表 2-7；

$U_d\%$——变压器阻抗百分数，一般变压器取 4～5，整流变压器取 8～10；

I_z——负载电流，A。

2.2.4 交流电源滤波器的设计

(1) 交流电源产生噪声干扰的原因及大小

电网中的噪声产生的原因及浪涌电压大小见表 2-8。

■ **表 2-8 噪声产生原因及浪涌电压大小**

种　类	原　因	浪涌电压大小
雷电	雷击 雷电感应	1000kV 线间 6kV，对地 12kV
开关	分合变压器 突然切断线路 三相非同期投入	正常电压的 4 倍 正常电压的 3 倍 正常电压的 2～3.5 倍
接地	对地短路 断线接地	正常电压的 2 倍 正常电压的 4～5 倍

电网中的这些噪声，不仅幅度高、概率高，而且频率广。特别是尖峰脉冲，具有很陡的前沿，包含极高的频率成分。

国家对电源的性能指标规定中，有一项是尖峰脉冲抑制比，对于优等品和一等品，要求尖峰脉冲抑制比不小于 60dB。为此可设置适当的滤波器，将绝大多数的噪声谐波分量滤掉。

(2) 交流电源滤波器的设计

滤波器应对高于电源频率成分的噪声产生很大的衰减，而让电源频率附近的频率成分通过，特别对尖峰脉冲具有很强的抑制作用。这种滤波器可以接在电源电路的输入端，以阻止电网中的噪声进入电源；也可接在电源电路的输出端，以抑制电源电路中产生的噪声输出。

实用的低通滤波器见第 9 章 9.1.2 项。

下面介绍一种性能优良的电源滤波器，其电路如图 2-19 所示。

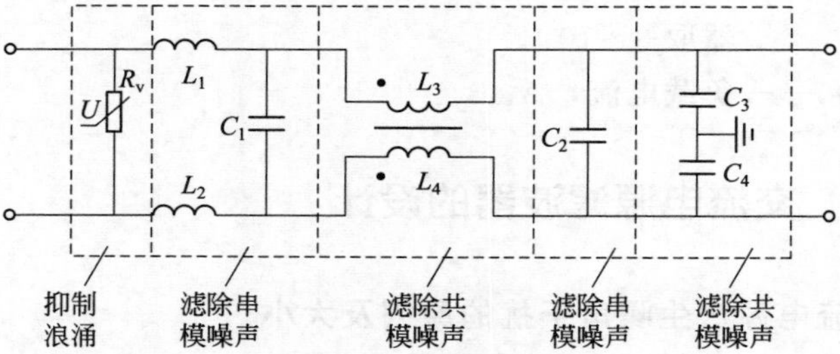

(a) 电路图

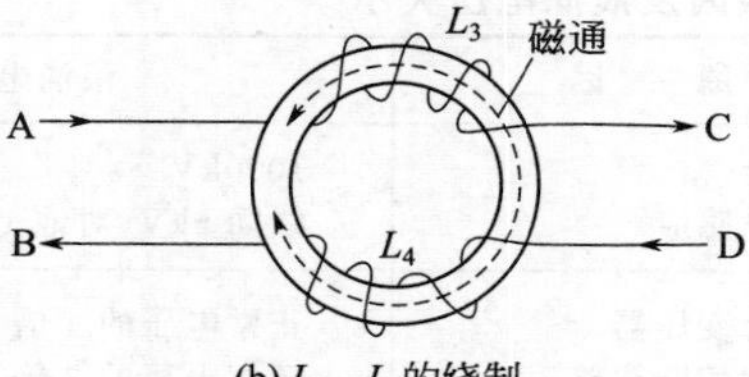

(b) L_3、L_4的绕制

图 2-19　性能优良的电源滤波器

图 2-19 中，R_V为压敏电阻，用于浪涌抑制。其击穿电压略高于电源正常工作时的最高电压，平时相当于开路。遇尖峰干扰（噪声）脉冲时被击穿，干扰电压被压敏电阻钳位。

电感L_3、L_4绕在同一个磁环上，如图 2-19（b）所示，它们的匝数相同，一般为 10～15 匝，线径视通过电流而定。由于电源线的往返电流所产生的磁通在磁芯中相互抵消，故L_3、L_4对串模噪声无电感作用，抗共模噪声则具有电感抑制作用。抗共模噪声扼流圈的制作应注意以下要求。

① 磁芯要选用特性曲线变化较缓慢而不易饱和的，绕制时要尽量减小匝间分布电容，线头与线尾不要靠近，更不能扎在一起，否则无抑制共模噪声的能力。

② 磁芯截面要视通过的电流大小而定，截面小或通过的电流过大，均会使磁芯磁饱和，扼流圈的效果急剧下降。

电容C_1、C_2及C_3、C_4应选用高频特性好的陶瓷式聚酯电容。电容的容量越大，滤除共模噪声的效果越好，但容量越大，漏电流也越大。而漏电流是有要求的。我国规定 220V、50Hz 的漏电流小于 1mA。

滤波器元件参数选择：

L_1、L_2—— 几至几十毫亨；

L_3、L_4—— 几百微亨至几毫亨；

$C_1 \sim C_4$——$0.047 \sim 1\mu F$；

R_v—— 标称电压U_{1mA}约为电源额定电压的 1.3～1.5 倍，通流容量可选 1～3kA。

一个好的交流滤波器，对在 20kHz～30MHz 频率范围内的噪声抑制应大于 60dB（优等品）或 40dB（合格品）。对于净化电源，在电源电路的输入与输出端分别设置电源滤波器。

安装滤波器应注意以下事项。

① 滤波器的输入与输出线要分开，以避免经滤波器已滤除的噪声又耦合到电源。

② 滤波器必须加屏蔽罩，屏蔽外壳与机壳大面积、低阻抗接触。

③ 滤波器的输出线到变压器的距离应尽可能短，最好用屏蔽线。

④ 电容器的引线尽可能短。

⑤ 全部导线要贴地敷设。

⑥ 滤波器尽量靠近控制装置。

第 3 章

三极管及稳压电源的计算

3.1 有关三极管的计算

3.1.1 三极管三种工作状态的比较

(1) 三极管三种工作状态的特点和条件

三极管即晶体管，作为放大用应工作在其特性曲线的放大区；三极管作为开关用应工作在其特性曲线的饱和区和截止区。三极管的放大区、饱和区和截止区如图 3-1 所示。

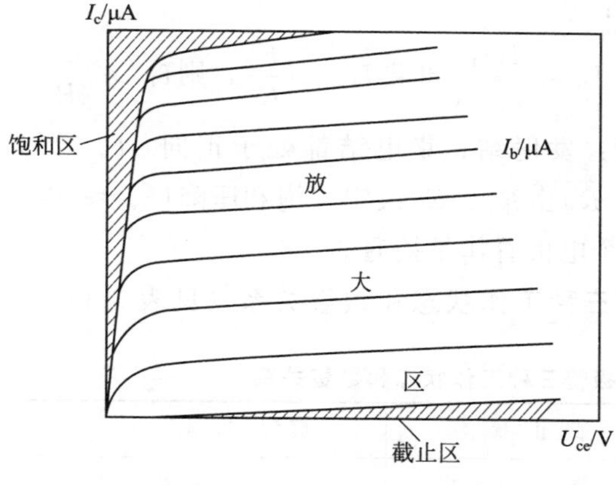

图 3-1　三极管的放大区、饱和区和截止区

① 截止状态　在截止区内，三极管所承受的电压较高，管子中流过的电流却很小，相当于一个开关的断开状态。

a. 条件：对 PNP 型管，$U_b \geqslant U_e$；对 NPN 型管，$U_b \leqslant U_e$。截止时的特点是两个 PN 结均为反向偏置。

b. 特点：

$$I_b \approx 0\text{A}，I_c \approx 0\text{A}，U_{ce} \approx E_c（E_c 为电源电压）$$

为了使三极管更好地截止，可采取下列措施：采用 I_{ceo} 较小的管子；在基极和发射极间加反向偏压。此时截止的条件为：对于 PNP 型管，$U_{bc} \geqslant 0\text{V}$；对于 NPN 型管，$U_{be} \leqslant 0\text{V}$。

② 放大状态　在放大区内，微弱的电信号能被放大到很大的数值。

a. 条件：发射结加正向电压，$U_b > U_e$；集电结反向，$U_c > U_b$。

b. 特点：$\Delta I_c = \beta \Delta I_b$，满足放大规律，$I_c$ 与 R_c、E_c 基本上无关。

③ 饱和（导通）状态　在饱和（导通）区内，三极管三个电极间的电压均很小，电流却很大，相当于一个开关的接通状态。

a. 条件：

$$I_b \geqslant \frac{I_{CM}}{\beta}\left(如果\ I_{CM} = \frac{E_c}{R_c}，则 I_b > \frac{E_c}{\beta R_c}\right)$$

b. 特点：发射结、集电结都处于正向，I_b 增加，I_c 不再增加，$I_c = E_c/R_c$ 由 R_c、E_c 决定，饱和压降 $U_{ces} \approx 0\text{V}$，这时可以把三极管的三个电极看作是接通的。

(2) 三极管三种工作状态和数量关系（见表 3-1）

■ **表 3-1　三极管三种工作状态和数量关系**

工作状态	截止状态	放大状态	饱和状态
PNP 型	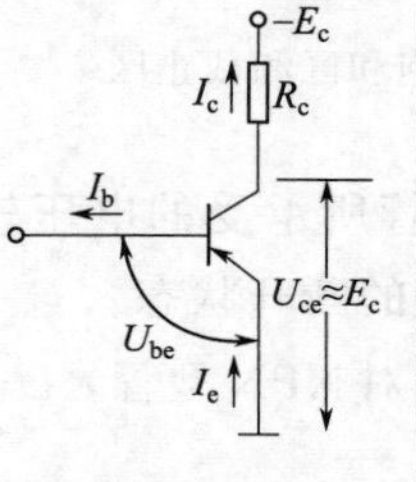	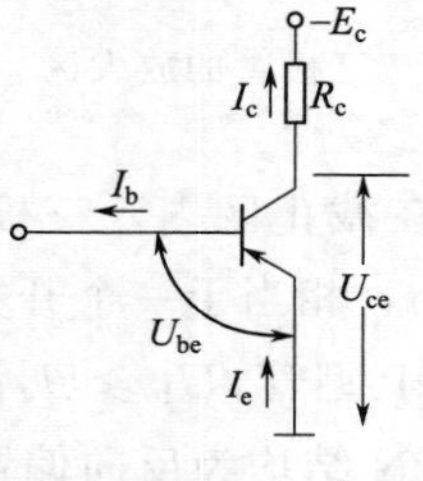	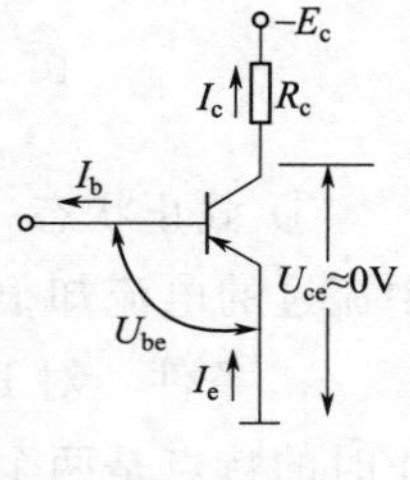

续表

工作状态	截止状态	放大状态	饱和状态
NPN 型	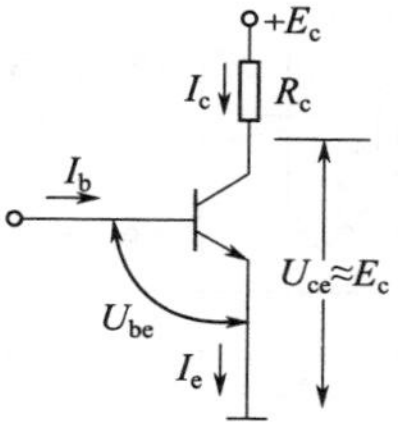	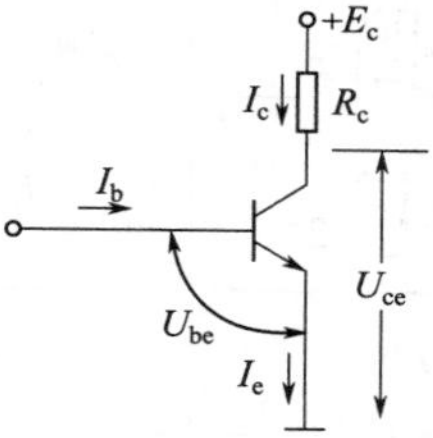	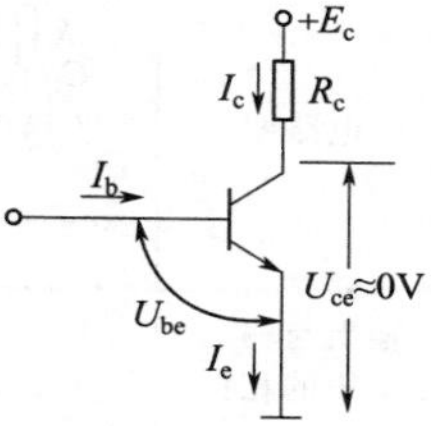
参数范围	$I_b \leqslant 0A$，I_b 为负值时，表示实际方向与图中所示相反	$I_b > 0A$，其实际方向如图所示	$I_b > E_c/(\beta R_c)$，为使三极管处于深度饱和工作区，$I_b = (2 \sim 3) E_c/(\beta R_c)$
	锗管 $U_{be} \approx +0.3 \sim -0.1V$ 硅管 $U_{be} \approx -0.3 \sim +0.5V$	锗管 $U_{be} \approx -0.1 \sim -0.2V$ 硅管 $U_{be} \approx +0.5 \sim +0.7V$	锗管 $U_{be} < -0.2V$ 硅管 $U_{be} > +0.7V$
	$I_c \leqslant I_{ceo}$	$I_c = \beta I_b + I_{ceo}$	$I_c = E_c/R_c$
	$U_{ce} \approx E_c$	$U_{ce} \approx E_c - I_c R_c$	（管子饱和压降） $U_{ce} \approx 0.2 \sim 0.3V$
工作状态的特点	当 $I_b \leqslant 0A$ 时，集电极电流很小，三极管相当于截止，电源电压 E_c 几乎全部加在管子两端	I_b 从 0 逐渐增大，集电极电流 I_c 也按一定比例增加。很小的 I_b 变化引起很大的 I_c 变化，三极管起放大作用	三极管饱和时，管子两端压降很小，电源电压 E_c 几乎全部加在集电极负载电阻 R_c 两端；β 越大，控制越灵敏

3.1.2 三极管三种基本接法的比较及参数选择

(1) 三极管三种基本接法的比较（见表 3-2）

■ **表 3-2　NPN 型三极管三种基本接法的比较**

名　称	共发射极电路	共集电极电路（射极输出器）	共基极电路
电路图	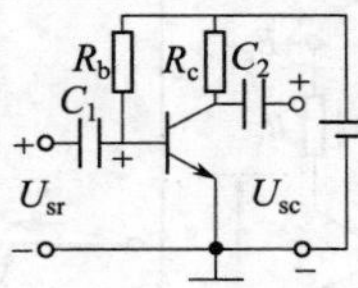	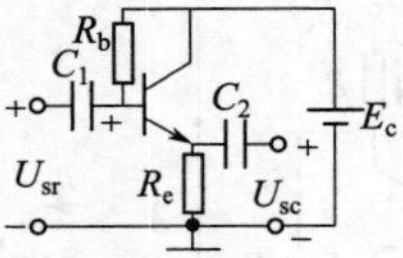	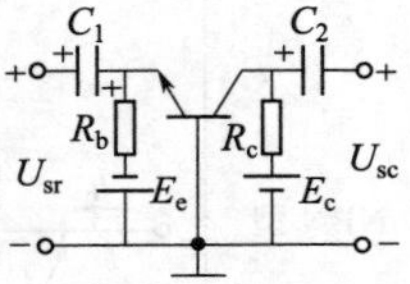
输出与输入电压的相位	反相	同相	同相
输入电阻	中（几百欧至几千欧）	大（几十千欧以上）	小（几欧至几十欧）
输出电阻	中（几千欧至几十千欧）	小（几欧至几十欧）	大（几十千欧至几百千欧）
电压放大倍数	大	小（小于 1 并接近于 1）	大
电流放大倍数	大（β 为几十）	大（$1+\beta$ 为几十）	小（α 小于 1 并接近于 1）
功率放大倍数	大（约为 30～40dB）	小（约为 10dB）	中（约为 15～20dB）
频率特性	高频差	好	好
稳定性	差	较好	较好
失真情况	较大	较小	较小
对电源要求	只需一个电源	只需一个电源	需两个独立电源
应用	多级放大器的中间级，低频放大	输入级、输出级或作阻抗匹配用	高频或宽频带电路及恒流电路

注：PNP 型三种接法的电源极性相反。

(2) 三极管主要参数的选择（见表 3-3）

■ **表 3-3　三极管主要参数的选择**

参　数	BU_{ceo}	I_{CM}	P_{CM}	β	f_T
选择原则	$\geqslant E_C$（电源电压）	$\geqslant (2\sim3)I_C$	$\geqslant P_0$（输出功率）	$40\sim100$	$\geqslant 3f$
说明	若是电感性负载：$BU_{ceo}\geqslant 2E_C$	I_C 为管子的工作电流	甲类功放：$P_{CM}\geqslant 3P_0$ 甲乙类功放：$P_{CM}\geqslant\left(\frac{1}{5}\sim\frac{1}{3}\right)P_0$	β 太高容易引起自激振荡，稳定性差	f 为工作频率

3.1.3 温度对三极管特性参数影响的计算

温度主要对三极管的 I_{cbo}、I_{ceo}、U_{be}、β 和 P_{CM} 的特性参数造成影响。

(1) 温度对反向饱和电流 I_{cbo} 的影响

三极管的集电极反向饱和电流 I_{cbo} 对温度十分敏感，I_{cbo} 随温度按指数规律上升，用公式表示为

$$I_{cbo}=I_{cbo(25℃)}\mathrm{e}^{k(t-25)}$$

式中 $I_{cbo(25℃)}$——室温（25℃）下的反向电流；

k——I_{cbo} 的温度系数，锗管 $k\approx 0.08℃^{-1}$，硅管 $k\approx 0.12℃^{-1}$；

t——三极管周围温度，℃。

尽管硅管的 I_{cbo} 随温度的变化更大，但由于硅管的 I_{cbo} 在数值上比锗管小得多，因此硅管的热稳定性比锗管好，在高温场合，应用硅管。

(2) 温度对穿透电流 I_{ceo} 影响

由于三极管的穿透电流 I_{ceo} 约为 I_{cbo} 的 β 倍，所以 I_{ceo} 也近似地随温度按指数规律上升。锗管因温度变化引起的 I_{ceo} 的变化要比硅管严重。

例如，3AX22，电流放大系数 $\beta=50$，25℃时 $I_{cbo}=5\mu A$，$I_{ceo}=(1+\beta)I_{cbo}=(1+50)\times 5\mu A=0.25mA$。当温度升到 45℃ 时，$I_{cbo}\approx 20\mu A$，$I_{cbo}\approx(1+50)\times 20\mu A=1mA$。

(3) 温度对发射结电压 U_{be} 的影响

对于同样的基极电流 I_b，当温度升高后，三极管发射结电压 U_{be} 将减小，即三极管发射结的正向特性具有负的温度系数，用公式表示为

$$U_{be}=U_{be(25℃)}-(t-25)\times 2.5\times 10^{-3}$$

式中 U_{be}——温度 t 时的发射结电压，V；

$U_{be(25℃)}$——25℃时的发射结电压，V；

-2.5×10^{-3}——大多数管子（包括硅管和锗管）的U_{be}的温度系数约为-2.5×10^{-3}V/℃。

对于锗管，U_{be}的数值很小，可不计它受温度的影响；而对于硅管，它的I_{cbo}很小，所以在硅管电路中由于温度变化对工作点的影响主要是由于U_{be}变化引起的。

(4) 温度对电流放大系数β的影响

三极管的电流放大系数β值随温度升高而增大。实验表明，β的温度系数分散性很大，即使是同一型号、β基本相同的管子，它们的β的温度系数也可能相差很远。一般温度每升高1℃，β要增加0.5%～1.0%。

当β变大时，三极管输出特性曲线族的间隔将变宽；当β变小时，输出特性曲线族的间隔将变窄。这些都会使三极管工作状态发生变化。

表3-4和表3-5分别表示硅管和锗管当温度改变时的I_{cbo}、β及U_{be}变化的典型数据。

■ **表3-4 硅管的参数随温度变化的典型数据**

t/℃	−65	+25	+175
I_{cbo}/nA	1.95×10^{-3}	1.0	32000
β	25	55	100
U_{be}/V	0.78	0.60	0.225

■ **表3-5 锗管的参数随温度变化的典型数据**

t/℃	−65	+25	+75
I_{cbo}/μA	1.95×10^{-3}	1.0	32
β	20	55	90
U_{be}/V	0.38	0.20	0.10

表中，硅管和锗管在25℃时所取的β值约为55。由表可见，锗管的I_{cbo}比硅管要大得多，而且每升高10℃，I_{cbo}约增加一倍，而U_{be}的温度系数约为−2mV/℃。

(5) 温度对集电极最大允许耗散功率P_{CM}的影响

集电极最大允许耗散功率P_{CM}随温度上升而降低，用公式表示为

$$P_{CM}=P_{CM(25℃)}\frac{T_{jm}-t}{T_{jm}-25}$$

式中　P_{CM}——温度 t 时的允许耗散功率，W；

$P_{CM(25℃)}$——25℃时允许耗散功率，可由手册查得，W；

T_{jm}——最高允许结温，可由手册查得，℃；

t——三极管周围温度，℃。

3.2 稳压电源计算

3.2.1 采用稳压管的稳压电源计算

用硅稳压管作调整管和负载并联所组成的稳压电源是最简单的并联式稳压电源，如图 3-2 所示。

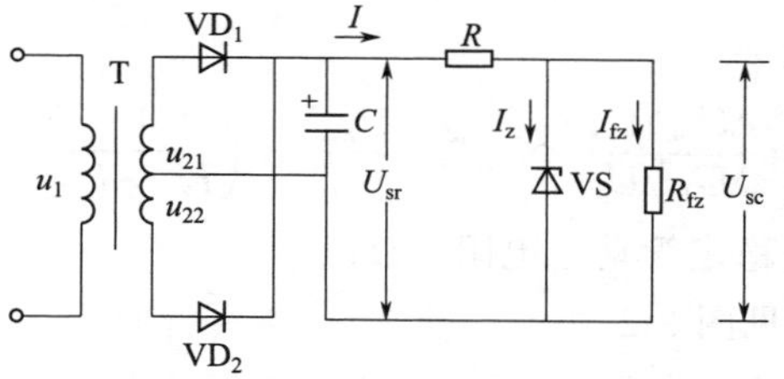

图 3-2　最简单的并联式稳压电源

(1) 工作原理

当输出电压 U_{sc} 增加（或减少）时，会引起硅稳压管反向电阻的减小（或增大），即流过硅稳压管的电流 I_z 的增大（或减小），从而升高（或降低）在降压电阻 R 两端的电压来抵偿 U_{sc} 的变化，使输出电压稳定。输入电压取 $U_{sr}=(2\sim3)U_{sc}$。

(2) 元件选择

① 按稳压管稳定值 $U_z = U_{sc}$，稳定电流 $I_z \approx I_{fz\cdot max}$ 或 $I_{z\cdot max} = (2 \sim 3) I_{fz\cdot max}$ 选择稳压管。

② 按 $\dfrac{U_{sr\cdot max} - U_{sc}}{I_{z\cdot max}} < R < \dfrac{U_{sr\cdot min} - U_{sc}}{I_z + I_{fz\cdot max}}$ 和 $P \geqslant \dfrac{(U_{sr\cdot max} - U_z)^2}{R}$ 选取降压电阻 R 的阻值和功率。

③ 按以下公式校验：

当输入电压最大而负载开路时，流过稳压管的电流不超过稳压管的最大稳定电流 I_{zm}，即

$$\frac{U_{sr\cdot max} - U_{sc}}{R} \leqslant I_{zm}$$

当输入电压最小而负载最大时，尚能起稳压作用，即

$$U_{sr\cdot min} - (I_z + I_{fz\cdot max})R \geqslant U_z$$

否则，稳压管不进入击穿区，不起稳压作用。式中，$I_{fz\cdot max}$ 为最大负载电流。

④ 计算稳定度 S 及输出电阻 r_{sc}：

稳定度 $$S = \frac{\Delta U_{sc}}{\Delta U_{sr}} \approx \frac{R_z}{R}$$

稳压系数

$$K = \frac{\Delta U_{sc}/U_{sc}}{\Delta U_{sr}/U_{sr}} \approx \left(1 - \frac{U_{sc}}{U_{sr}}\right) \times \left(\frac{1}{I_z + I_d}\right) \times \frac{U_{sc}}{R_z}$$

式中 R_z——稳定管动态电阻，Ω；

其他符号见图 3-2。

稳压电路输出电阻 r_{sc} 近似等于稳压管动态电阻，即

$$r_{sc} \approx R_z$$

如果包括整流滤波电路内阻 r，则总输出电阻为

$$r_{sc\Sigma} = R_z \,/\!/\, (R + r)$$

⑤ 计算电压调整率 K_v 为

$$K_v = \Delta U_{sc}/U_{sc}$$

硅稳压管稳压电路的优点是简单、经济。其缺点是：输出电压

不可调，稳定度较低，输出电流受稳压管允许电流限制，空载时还有较大的电流通过限流电阻和稳压管，故空载损耗大。因此通常只用于一般小功率、稳定度要求不高的场合。

硅稳压管稳压电路输出电压波动的原因有：a. 电源电压波动；b. 负载变动；c. 温度对稳压值的影响。抑制前两项的影响，主要靠限流电阻 R 和稳压管动态电阻 R_z 的适当配合。对于第 c 项，主要靠温度补偿。

【例 3-1】 设计一个硅稳压管稳压电源。要求：

① 输出电压 $U_{sc}=12V$；

② 负载电流 $I_{fz}=0\sim 20mA$；

③ 当电网电压波动±10%时，电压调整率 $K_v<2\%$。

解 ① 选择稳压管。

根据 $U_{sc}=U_z=12V$ 及 $I_{zm}=(2\sim 3)I_{fz}=(2\sim 3)\times 20=40\sim 60mA$，查手册，可选用 2CW110 硅稳压管，其参数如下：

$$U_z=11\sim 12.5V$$

$$I_z=30mA$$

$$R_z=20\Omega$$

$$P_{zm}=1W$$

可求得该稳压管的最大稳定电流为

$$I_{zm}=\frac{P_{zm}}{U_z}=\frac{1}{12}=0.083A=83mA$$

② 确定输入直流电压为

$$\begin{aligned}U_{sr}&=(2\sim 3)U_{sc}\\&=(2\sim 3)\times 12=24\sim 36V\end{aligned}$$

选 $U_{sr}=36V$。

根据 I_{zm} 和 U_{sr} 值，便可选择整流滤波电路的元件参数。滤波电容 C 可取耐压不小于 50V、容量为 $100\sim 220\mu F$ 的电解电容。

③ 计算限流电阻 R。

当电网电压波动±10%时，则

$$U_{sr\cdot max}=1.1U_{sr}=1.1\times 30=33\text{V}$$

$$U_{sr\cdot min}=0.9U_{sr}=0.9\times 30=27\text{V}$$

根据公式

$$\frac{U_{sr\cdot max}-U_{sc}}{I_{zm}}<R<\frac{U_{sr\cdot min}-U_{sc}}{I_z+I_{fz\cdot max}}$$

$$\frac{(33-12)\text{V}}{83\text{mA}}<R<\frac{(27-12)\text{V}}{(30+20)\text{mA}}$$

$$0.25\text{k}\Omega<R<0.3\text{k}\Omega$$

可选取 $R=270\Omega$。

电阻功率

$$P\geqslant\frac{(U_{sr\cdot max}-U_z)^2}{R}=\frac{(33-12)^2}{270}=1.6\text{W}$$

可取额定功率为 2W。

④ 验算稳定度。

当电网电压波动±10%时，则 $\Delta U_{sr}=U_{sr}\times 10\%=30\times 10\%=3\text{V}$，即在 27～33V 范围波动。

$$\Delta U_{sc}=\Delta U_{sr}\frac{R_z}{R}=3\times\frac{20}{270}=0.22\text{V}$$

$$K_v=\frac{\Delta U_{sc}}{U_{sc}}=\frac{0.22}{12}=0.0185=1.85\%<2\%$$

因此满足设计要求。

根据上述计算，绘出全波整流电容滤波的硅稳压管稳压电源如图 3-3 所示。

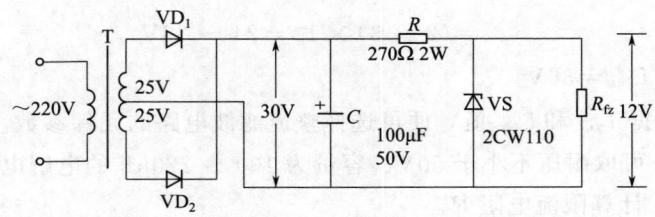

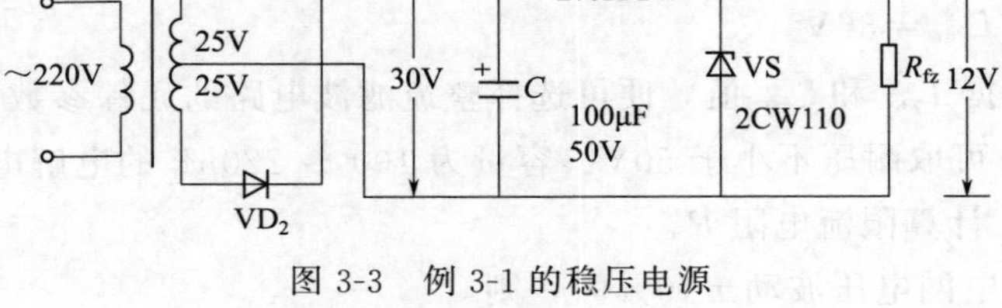

图 3-3　例 3-1 的稳压电源

3.2.2 稳压电源的温度补偿电路

(1) 采用具有正温度系数的电阻补偿

当稳压管具有正温度系数时，可采用图 3-4 电路。补偿电阻为

$$R_t = \frac{U_z \alpha_{vwt}}{I_{fz} \alpha_t}$$

式中 R_t ——补偿电阻，Ω；

α_{vwt} ——电压温度系数，可从手册中查得，℃$^{-1}$；

α_t ——补偿电阻的温度系数，℃$^{-1}$。

实际上，为了得到较好的温度补偿效果，还需进行温度试验，对 R_t 作调整。

当稳压管具有负温度系数时，可采用图 3-5 电路。

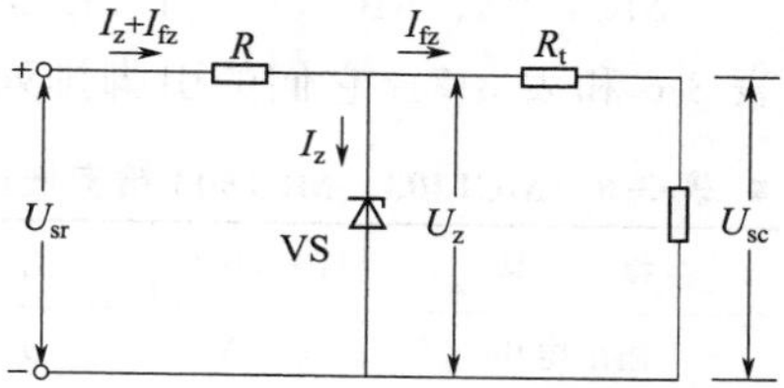

图 3-4 采用具有正温度系数的硅稳压管的温度补偿电路

(2) 采用稳压管或二极管补偿

当稳压管具有正温度系数时，可采用具有负温度系数的稳压管或正向工作的二极管与之互补，其电路如图 3-6 所示。

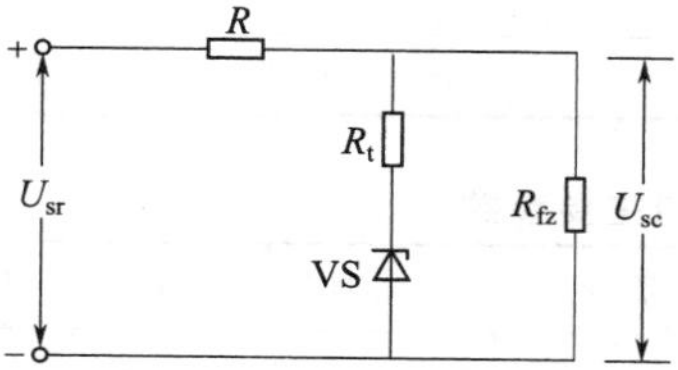

图 3-5 采用具有负温度系数的硅稳压管的温度补偿电路

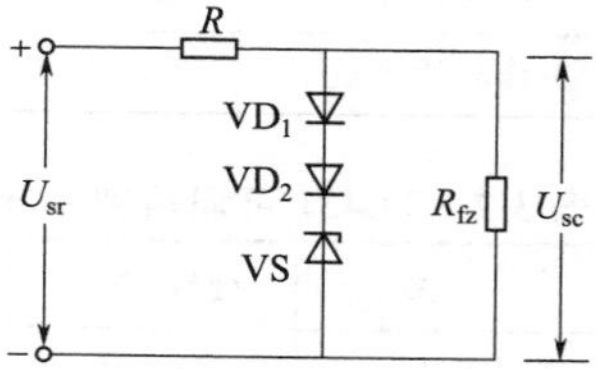

图 3-6 采用二极管作温度补偿电路

例如，2CW75 的稳定电压 $U_z = 12V$，其电压温度系数 $\alpha_{vwt} = 9 \times 10^{-4}$℃$^{-1}$，则温度变化 1℃稳定电压将变化 $\Delta U_z = 12 \times 9 \times 10^{-4} =$

10.8mV。正向二极管的电压温度系数为 $\alpha_{vwt}=3mV/℃$，所以串联二极管只数为

$$n=\frac{\Delta U_z}{|\alpha_{vwt}|}=\frac{10.8}{3}\approx 4(只)$$

3.2.3 基准电压源

(1) 精密基准电压源

精密基准电压源可供 A/D 和 D/A 转换器等作参数基准，也可作为高稳定性电源的基准。

MC1403、MC1503 和 TL431 精密基准电压源的主要参数见表 3-6 和表 3-7。它们的引脚排列如图 3-7 所示。

■ 表 3-6　MC1403、MC1503 精密低压基准电压源的主要参数

参　数	符号/单位	测试条件	MC1503	MC1403	MC1403A
输出电压	U_o/V	$I_o=0$	2.5±0.025		
输出电压变化（全温度范围内）	$\Delta U_o/mV$	$-55\sim+125℃$ 或 $0\sim+70℃$	25	7.0	4.4
输出电压对输入电压的变化	$\Delta U_o/mV$	$I_o=0$ $4.5V\leqslant U_i\leqslant 15V$	0.6		
输出电压对负载的变化	$\Delta U_o/mV$	$0mA\leqslant I_o\leqslant 10mA$	10		
静态电流	I_Q/mA	$I_o=0$	1.2		
工作环境温度	$T_A/℃$		$-55\sim+125$	$0\sim+70$	

■ 表 3-7　TL431 可调精密基准电压源的主要参数

参　数	符号/单位	测 试 条 件	TL431M	TL431I	TL431C
输出电压	U_o/V		$2.5\sim36V$		
基准输入电压	U_{ref}/V	$U_{KA}=U_{ref}$ $I_K=10mA$ $T_A=25℃$	$2.495^{+0.055}_{-0.045}$		
温度范围内基准输入电压的漂移	$\Delta U_{ref}/mV$	$U_{KA}=U_{ref}$ $I_K=10mA$	15	7.0	3.0

续表

参　　数	符号/单位	测 试 条 件	TL431M	TL431I	TL431C
基准输入电压对阴阳极电压的相对变化率	$\frac{\Delta U_{ref}}{\Delta U_{KA}}$/(mV/V)	$I_K=10mA$ $\Delta U_{KA}=10V-U_{ref}$	−1.4		
基准输入电流	$I_{ref}/\mu A$	$I_K=10mA$ $R_f=10k\Omega$ $R_2=\infty$	1.8		
最小阴极电流	I_{min}/mA	$U_{KA}=36V$	0.5		
动态阻抗	R_o/Ω	$f\leqslant 1.0kHz$ $U_{KA}=U_{ref}$ $\Delta I_K=1.0\sim 100mA$	0.22		
工作温度	T_A/℃		−55～+125	−40～+85	0～+70

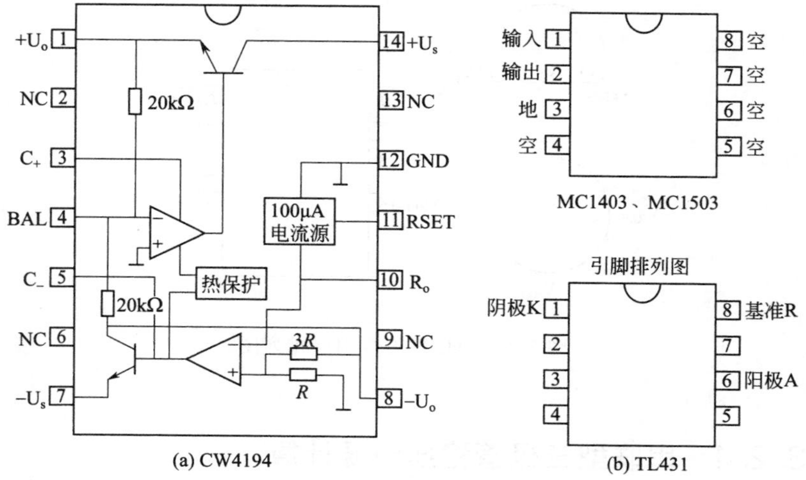

图 3-7　精密基准电压源引脚排列图

(2) 微功耗基准电压二极管

微功耗基准电压二极管工作电流很小，温度系数很小，适用于电子装置中作基准电压源。

LM285/385 系列基准电压二极管的主要参数见表 3-8。它们的引脚排列如图 3-8 所示。

■ **表 3-8　LM285/385 系列基准电压二极管的主要参数**

型　号	反向击穿电压	最小工作电流	反向动态电阻	最大反向电流	工作器温度范围	平均温度系数
	U_{BR}/V	$I_{Rmin}/\mu A$	R_z/Ω	I_{Rmax}/mA	T/℃	$(\Delta U_{BR}/\Delta T)/10^{-6}℃^{-1}$
LM285Z-1.2	1.235	2.5	0.2		−40～+85	
LM285Z-2.5	2.500	5.0	0.2		−40～+85	
LM385BZ-1.2	1.235	2.5	0.4	30	0～+70	20
LM385BZ-2.5	2.500	5.0	0.4		0～+70	
LM385Z-2.5	2.500	5.0	0.4		0～+70	

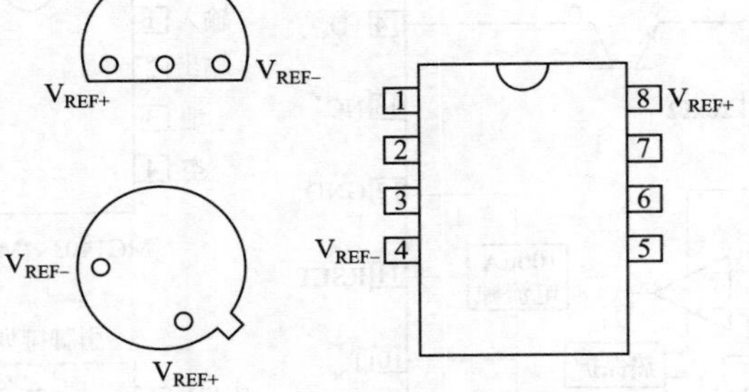

图 3-8　LM285/385 引脚排列图

3.2.4　串联型三极管稳压电源计算

串联型三极管稳压电源原理方框图如图 3-9 所示。

这种稳压电源的一般工作原理是：当电网电压或负载电流变化而引起输出电压 U_{sc} 波动时，由取样环节的取样电压与基准电压比较，其差值经比较放大器放大后，通过改变调整管两端的电压来抵偿 U_{sc} 的变化而稳压。

串联型稳压电源输出电压可以在很宽的范围内调节，稳定度好，轻载时效率较高。但在输出发生短路时容易损坏调整管，需加保护电路。这种电源广泛应用于负载变化大、稳压性能要求高、输出电压可调的场合。

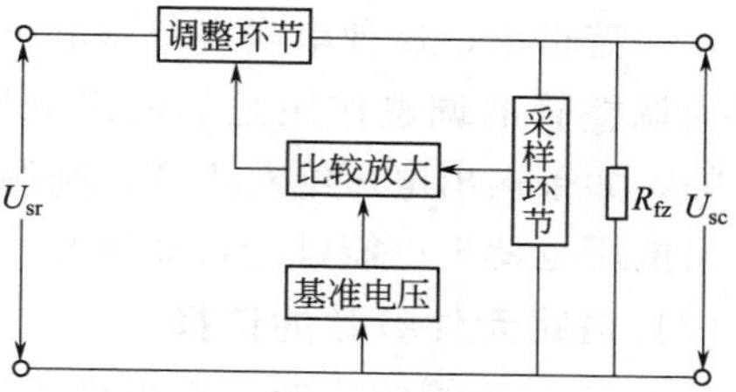

图 3-9　串联型三极管稳压电源原理方框图

3.2.4.1　简单的串联型稳压电源

简单的单管串联型三极管稳压电源如图 3-10 所示。

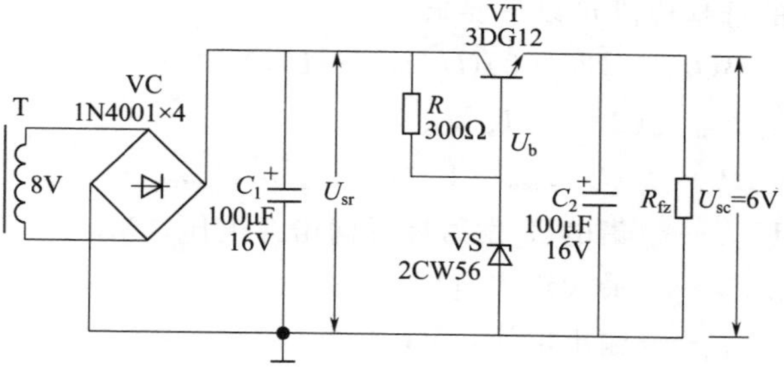

图 3-10　简单的单管串联型三极管稳压电源

(1) 工作原理

当负载变化引起输出电压 U_{sc} 降低时，调整管 VT 的基极-发射极电压为

$$U_{be}=U_b-U_c=U_b-U_{sc}$$

因为基极电压 U_b 是恒定的，U_{sc} 降低，则 U_{be} 增加，使基极电流 I_b 和集电极电流都增加，从而使 U_{sc} 上升，保持 U_{sc} 近似不变。这个调整过程可简化表示为

$$U_{sc}\downarrow \longrightarrow U_{be}\uparrow \longrightarrow I_c\uparrow \longrightarrow U_{sc}\uparrow$$

需指出，这种串联型稳压电源只能做到输出电压基本不变。因为调整管的调整作用是靠输出电压与基准电压的静态误差来维持的，如果输出电压绝对不变，则调整管的调整作用就无法维持，输出电压也就不可能进行自动调节。

(2) 电路元件参数的选择

① 三极管的选择　三极管 VT 起调整作用，必须工作在放大区，需要有一个合适的管压降 $U_{ce}=U_{sr}-U_{sc}=2\sim 8V$，此电压过小，管子易饱和；过大，管耗增大，不仅要选用更大功率的管子，还增加电耗。

调整管 VT 的 $\beta \geqslant 50$，尽可能大些，但由于一般大功率管的 β 较低，故常用复合管作调整管。另外，反向漏电流 I_{ceo} 要小。

VT 的选择应满足以下要求：

$$BU_{ceo}=(2\sim 3)(U_{sr\cdot max}-U_{sc})$$

$$I_{cm}=(2\sim 3)I_{sc\cdot max}$$

$$P_{cm}\geqslant (U_{sr\cdot min}-U_{sc})I_{sc\cdot max}=U_{ce\cdot min}I_{sc\cdot max}$$

式中　BU_{ceo}——集电极-发射极反向击穿电压，V；

$U_{sr\cdot max}$——最大输入电压，V；

U_{sc}——输出电压，V；

I_{cm}——集电极最大允许电流，A；

$I_{sc\cdot max}$——最大负载电流，A；

P_{cm}——集电极最大允许耗散功率，W；

$U_{sr\cdot min}$——最小输入电压，V；

$U_{ce\cdot min}$——集电极-发射极间最小压降，一般为 2～4V。

② 基准电压计算

$$U_z=U_{sc}+U_{be}$$

式中　U_z——基准电压，即稳压管稳定电压，应根据负载大小和电路输出电压来选择，V；

U_{be}——三极管 VT 发射结死区电压，锗管为 0.2～0.3V，硅管为 0.6～0.8V。

③ 限流电阻 R 的选择

$$R \leqslant \frac{U_{sr\cdot min} - U_z}{I_z + I_{b\cdot max}} = \frac{U_{sr\cdot min} - U_z}{I_z + \frac{I_{sc\cdot max}}{\beta}}$$

式中 R——限流电阻，Ω；

I_z——稳压管稳定电流，A；

$I_{b\cdot max}$——三极管基极最大电流，A；

β——三极管电流放大倍数。

④ 整流桥 VC 用 4 只 1N4001 二极管

(3) 调试

若输出电压及电流不符合要求，可适当选择稳压管 VS 的稳压值和调整电阻 R 的阻值试试，必要时更换调整管 VT。试验时要检查调整管 VT 是否过热，用万用表测量 VT 的集电极与发射极两端的电压是否合适，一般应有 2～3V。

【例 3-2】 有一简单的单管串联型三极管稳压电路如图 3-10 所示。已知输出电压 U_{sc} 为 12V，最大负载电流 $I_{sc\cdot max}$ 为 1A，输入电压变化范围为 16～20V。试选择电路元件参数。

解 ① 三极管 VT 的选择。

$$BU_{ceo} = 3(U_{sr\cdot max} - U_{sc}) = 3 \times (20 - 12) = 24V$$

$$I_{cm} = 3I_{sc\cdot max} = 3 \times 1 = 3A$$

$$P_{cm} \geqslant (U_{sr\cdot min} - U_{sc})I_{sc\cdot max} = (16 - 12) \times 1 = 4W$$

因此可选用 3DD6 低频大功率管。

② 稳压管 VS 的选择。设三极管的 $\beta=20$，则最大负载电流为 1A 时的基极电流 $I_b = 1/20 = 0.05A = 50mA$；又根据输出电压为 12V，因此可选用 2CW139 稳压管，其参数为 $U_z = 12.2 \sim 14V$，$I_z = 100mA$，$I_{z\cdot max} = 200mA$。

③ 限流电阻 R 的选择。

$$R \leqslant \frac{U_{sr\cdot min} - U_z}{I_z + \frac{I_{sc\cdot max}}{\beta}}$$

$$=\frac{16-12}{0.1+\frac{1}{20}}=26.7\Omega$$

因此可选择标称值为 30Ω、1/2W 的电阻。

3.2.4.2 带有放大环节的稳压电源

带有放大环节的稳压电源如图 3-11 所示。

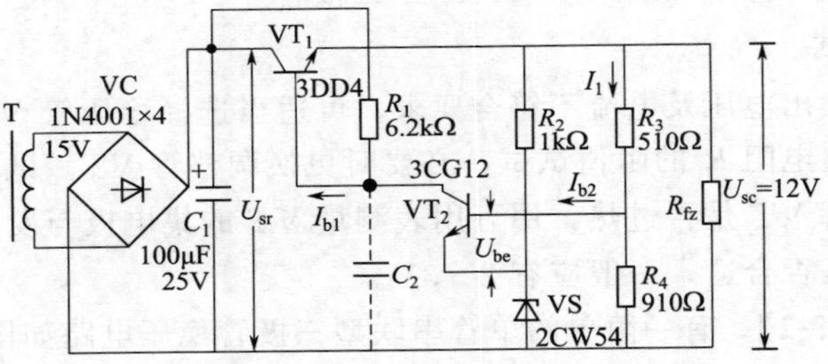

图 3-11 带有直流放大环节的稳压电源

(1) 工作原理

当电网电压降低或负载电流增大而使输出电压 U_{sc} 降低时，则通过 R_3、R_4 组成的分压器使三极管 VT_2 的基极电压 U_{b2} 下降。由于 VT_2 的发射极接到稳压管 VS 上，U_{e2} 基本不变，所以 VT_2 的基极-发射极电压 U_{be2} 就减小，于是 VT_2 集电极电流 I_{c2} 就减小，并使 U_{c2} 增加，VT_1 的基极电流 I_{b1} 增加，导致 I_{c1} 增加，从而使输出电压恢复到原来的数值附近。

这个稳压过程简化表示为：

$$U_{sc}\downarrow \longrightarrow U_{b2}\downarrow \longrightarrow I_{c2}\downarrow \longrightarrow U_{c2}\uparrow \longrightarrow U_{b1}\uparrow \longrightarrow I_{c1}\uparrow \longrightarrow U_{sc}\uparrow$$

同样的道理，当 U_{sc} 因某种原因而升高时，通过反馈作用又会使 U_{sc} 下降，使输出电压几乎保持不变。

调整电阻 R_3、R_4，即可改变分压比，也就可以调节输出电压

U_{sc}的大小。电容 C_2 可以减小输出电压的纹波值，防止稳压电源产生自激振荡。但此电容太大时，当输入电压或负载电流突变时，会延长恢复输出电压到额定值的时间。C_2 一般取 0.01～0.05μF。

(2) 电路元件参数的选择

① 调整管 VT_1 的选择。VT_1 的选择同图 3-10 的调整管 VT 的选择。

② 控制管 VT_2 的选择。控制管即为调整管提供控制信号。可采用热稳定性较好的 3CG 型三极管，$\beta=50\sim100$。

③ 稳压管 VS 的选择：

$$U_z \approx U_{sc}/2$$

$$I_z=\frac{U_{sc}-U_z}{R_z}$$

式中 U_z ——稳压管稳定电压，V；

I_z ——稳压管稳定电流，A；

U_{sc} ——输出电压，V；

R_z——限流电阻，Ω。

一般可先确定一个稳压管，然后根据上式选择限流电阻 R_2。

④ 分压电阻 R_3、R_4 的选择。当 $I_1 \gg I_{b2}$ 时，取样电压 $U_{b2}=U_{sc}\dfrac{R_4}{R_3+R_4}$。要使输出电压变化的大部分能通过 VT_2 放大以控制调整管，$R_4/(R_3+R_4)$ 的值不能太小，一般取 0.5～0.8。R_3+R_4 的值也不能太大，否则不能满足 $I_1 \gg I_{b2}$ 的要求。

3.2.5 稳压电源的调试

(1) 调试的基本要求

① 电源电压和负荷在规定范围内变化时，输出电压的变化 ΔU_{sc} 不超过允许值。

② 温度在规定范围内变化时，ΔU_{sc} 不超过允许值。

③ 输出直流中的交流部分（纹波电压）不超过允许值。

对于图 3-11 所示的稳压电源，当放大器的放大倍数足够大时，输出电压$U_{sc}=\frac{R_1+R_2}{R_2}U_{be}\approx\frac{R_1+R_2}{R_2}U_z$。影响$U_{sc}$稳定性的主要因素有：基准电压$U_z$，分压比$(R_1+R_2)/R_2$；放大器的放大倍数。因此，调试的任务就是在保证管子安全工作的前提下，使基准电压U_z足够稳定，使放大器的放大倍数尽可能地大。

(2) 调试步骤

① 调整晶体管的工作点，使管子在各种工作状况下均处于放大状态：合上电源，用万用表测量输出电压U_{sc}是否在定值附近，并改变分压比看U_{sc}是否随着变化。如果U_{sc}随调整而变化，则说明管子工作在放大区。接着调整管子的工作点，使它满足：在满负荷和电网电压最低时，调整管不饱和；空载和电网电压最高时，调整管不截止。

② 稳定度测试及调整：在规定范围内调节电源电压，并记下相应的输出电压值U_{sc}，要求输出电压的变化ΔU_{sc}不超过允许范围。如果稳定度不够，可适当增大通过稳压管的工作电流，减小其动态电阻，提高U_z的稳定性；或增大放大器的放大倍数。

另外，需做温度稳定性试验，要求在规定的温度范围内，ΔU_{sc}不应超过允许范围。

③ 输出纹波电压的测试与调整：输出纹波电压，可在稳压电源的输出端用电子管毫伏表测取（应在负荷电流最大时测量）。如果纹波电压太大，可加大滤波电容C_1试试，也可加接电容C_2试试。

3.2.6 由运算放大器构成的稳压电源计算

(1) 原理方框图

由集成运算放大器构成的稳压电源，其原理方框图如图 3-12 所示。它的工作原理与晶体管稳压电源相同。由于运算放大器将众多的电子元件制作在一块集成电路上，因此电路结构简单。运算放大器本身具有元件参数对称性好、温度漂移小等优点，因此性能很好。

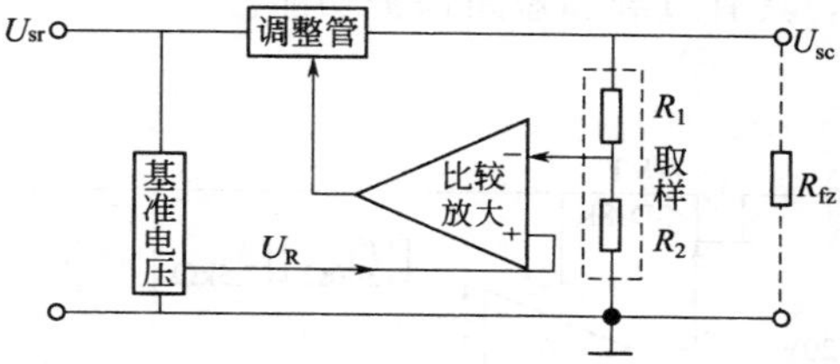

图 3-12　集成运算放大器稳压电源原理方框图

电路的技术参数可由下列公式表示：

最大输出电流　$I_{sc\cdot max} \leqslant \dfrac{P_{cm}}{U_{sr}-U_{sc\cdot min}}$

输出电压　$U_{sc}=\dfrac{R_1+R_2}{R_1}U_R$

内阻抗　$Z_{sc}=\dfrac{r_{sc0}}{1+\dfrac{R_1}{R_1+R_2}K_0}$

负载稳定性　$S_v=\dfrac{1}{\lambda K_0\ \dfrac{R_1}{R_1+R_2}}\times\dfrac{U_{sr}}{U_{sc}}$

式中　P_{cm}——调整管的最大允许功耗，W；

U_R——基准电压，V；

r_{sc0}——运算放大器开环输出电阻，Ω；

K_0——运算放大器的电压放大倍数；

λ——调整管的电压放大倍数；

U_{sr}，U_{sc}——输入电压和输出电压，V。

要仔细分析运算放大器的工作原理，需知道其内部电路结构。但作为应用，一般只要了解接线就行了。

(2) 9V、150mA稳压电源

其电路如图3-13所示。该电源在输入电压为10～20V时，输出电压为9V，输出电流为150mA，内阻为0.003Ω，电压稳定度小于0.002%，具有过载和短路保护功能。

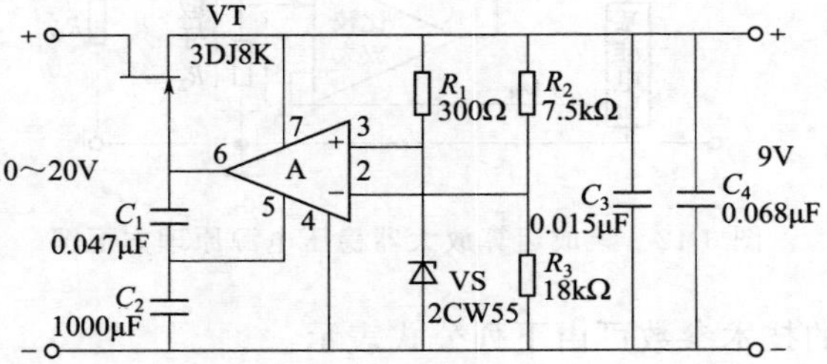

图3-13　9V、150mA稳压电源电路

① 工作原理：采用场效应管VT作为调整管，由电阻R_1和稳压管VS形成基准电压。接通电源和负载，负载电流逐渐增大，VT的栅极-源极的电压和漏极-源极通道间的电阻减小，同时运算放大器A输出电压达到最大值，该电压总是小于电源电压。当负载电流达到一定值时，VT的栅极-源极电压将达到稳定值，并等于稳压电源输出电压和运算放大器输出端饱和电压之差，稳压电源进入稳流状态。当输出端短路时，通过稳压电源的电流不会超过其本身的最大值。该值等于当栅极和源极之间电压为零时场效应管的漏极电流。

当稳压电源输出端长时间短路时，调整管耗散功率不应超过允许值。如果场效应管漏极最大电流为400mA，则功率为6W，相应的电压为15V。这就是输出端长时间短路时稳压电源的最大输入电压。当负载电流大于30mA时，调整管必须安装散热器。

电容C_1和C_2用于校正运算放大器的频率特性，电容C_3和C_4为运算放大器供电电路和负载回路旁路用。C_3应尽量接近运算放大器安装。

② 元件选择：运算放大器 A 选用 F007 或 LM324，注意稳压系数正比于运算放大器的放大倍数；场效应管 VT 要求最大漏源电流不小于 30mA；稳压管 VS 选用 2CW55，稳压值为 6.2～7.5V；电阻均为 1/4W 的电阻。

(3) 280V、25mA 运算放大器稳压电源

电路如图 3-14 所示。该电源在输入电压为 280～330V 时，输出电压为 280V，电流 25mA，稳定度<0.04%。输出电压由 $U_{sc}=U_1\left(\frac{R_1+R_2}{R_1}\right)$ 决定。

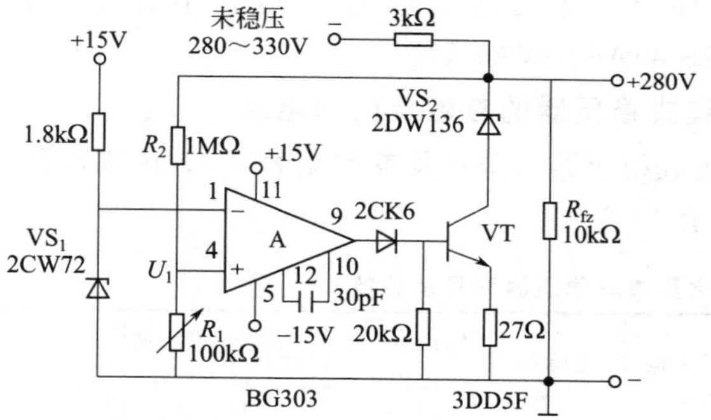

图 3-14　280V、25mA 运算放大器稳压电源电路

图中，三极管 VT 为调整管；运算放大器 A 作为比较放大电路；基准电压取自稳压管 VS_1。

① 工作原理　当输入电压波动或负载变化时，输出电压随之变化。假如输出电压增加，则变化信号经取样电阻 R_1、R_2 取样，送入运算放大器 A 的正端子，经与基准电压比较放大后由运算放大器输出端的电压增大，控制调整管 VT 的基极电流增大，从而使调整管的管压降 U_{ce} 减小，即并联在负载上的电压减小，达到输出电压稳定的目的。

② 元件选择　VT 应选用功率管，如 3DD5F 等，并要满足耐

压要求。稳压管 VS_1 选用 2CW72，稳压值为 7～8.8V；VS_2 选用 2DW136，稳压值为 100～120V。电阻均用 1/2W 的。适当选择元件，可使输出电压达 1000V。

3.2.7 集成稳压电源

集成稳压电源具有电路体积小、重量轻、接线调整方便、可靠性高等优点，因而被广泛使用。

集成稳压电源和分立元件稳压电源一样，也由基准电压、取样电路、比较放大和电压调整等部分组成。有些集成稳压电路还设有启动保护环节。常用的集成稳压器有 BG601、5G11、5G13、5G14、W2、WA6、WA7 等。

(1) 常用集成稳压器的参数及内部电路

常用集成稳压器的型号及参数见表 3-9，内部电路及端子图如图 3-15 所示。

表 3-9 常用集成稳压器型号及参数

型　号	最大输入电压 $U_{sr\cdot max}$/V	电压调整率 S_V/(%/V)	输出电压范围 $U_{sc\cdot min}$～$U_{sc\cdot max}$/V	电流调整率 S_I/%	最小输入输出电压差 $U_{sr}-U_{sc}$(min)/V	最大输出电流 $I_{sc\cdot max}$/A	最大静态功耗 P_{cm}/W
	参　数　值						
BG601	($U_{sr\cdot min}$)9	0.05	2～27	0.05	4	0.01	(电流)4mA
5G11A	15	≤0.5	3.5～6		4～5	0.2	2
5G11B	21	≤0.5	6～12		4～5	0.2	2
5G11C	27	≤0.5	6～18		4～5	0.2	2
5G11D	35	≤0.5	6～24		4～5	0.2	5(加散热板)
5G13A	15	≤0.5	3.5～6		4～5	0.03	0.7
5G13B	21	≤0.5	6～12		4～5	0.03	0.7
5G13C	27	≤0.5	6～18		4～5	0.03	0.7
5G13D	35	≤0.5	6～24		4～5	0.03	1.5(加散热板)

续表

型　号	最大输入电压 $U_{sr\cdot max}/V$	电压调整率 $S_v/(\%/V)$	输出电压范围 $U_{sc\cdot min} \sim U_{sc\cdot max}/V$	电流调整率 $S_I/\%$	最小输入输出电压差 $U_{sr}-U_{sc}$ (min)/V	最大输出电流 $I_{sc\cdot max}/A$	最大静态功耗 P_{cm}/W
	参　数　值						
5G14A	15	<0.1	4～6		4	0.02	0.3
5G14B	25	<0.1	4～15		4	0.02	0.3
5G14C	35	<0.1	4～25		4	0.02	0.3
5G14D	45	<0.1	4～35		4	0.02	0.3
5G14E	55	<0.1	4～45		4	0.02	0.3
W1-01	25	0.05	9～15		4	0.2	
W1-02	25	0.05	9		4	0.2	
W1-03	25	0.05	12		4	0.2	
W1-04	25	0.05	15		4	0.2	
W2-03A	30	≤0.04	9～15		4	0.4	2
W2-03B	30	≤0.03	9～15		4	0.4	2
W2-04A	45	≤0.04	15～24		4	0.4	2
W2-04B	45	≤0.03	15～24		4	0.4	2
W2-08	20	≤0.02	9		4	0.4	2
W2-09	25	≤0.03	12		4	0.4	2
W2-10	30	≤0.03	15		4	0.4	2
W2-11	35	≤0.03	18		4	0.4	2
W2-12	40	≤0.03	20		4	0.4	2
W2-13	45	≤0.03	24		4	0.4	2
WA6-110	15		2～5		4	0.5	
WA6-111	19	A≤1	2～9	红点	4	0.5	
WA6-112	25		2～15	≤1	4	0.5	
WA6-113	30		2～20		4	0.5	
WA6-114	34	B≤0.5	2～24	绿点	4	0.5	

续表

型号	最大输入电压 $U_{sr\cdot max}$/V	电压调整率 S_v/(%/V)	输出电压范围 $U_{sc\cdot min}$～$U_{sc\cdot max}$/V	电流调整率 S_I/%	最小输入输出电压差 $U_{sr}-U_{sc}$(min)/V	最大输出电流 $I_{sc\cdot max}$/A	最大静态功耗 P_{cm}/W
	参数值						
WA6-115	42		2～32	≤0.5	4	0.5	
WA6-120	19		2～9		4	0.5	
WA6-121	25	C≤0.1	5～15	黑点	4	0.5	
WA6-122	30		5～20	≤0.1	4	0.5	
WA6-123	34	D≤0.05	5～24	白点	4	0.5	
WA6-124	42		5～32	≤0.05	4	0.5	
WA7-110	15		2～5		4	1	
WA-111	19	A≤1	2～9	红点	4	1	
WA7-112	25		2～15	≤1	4	1	
WA7-113	30	B≤0.5	2～20		4	1	
WA7-114	34		2～24	绿点	4	1	
WA7-115	42		2～32	≤0.5	4	1	
WA7-120	19	C≤0.1	2～9		4	1	
WA7-121	25		2～15	黑点	4	1	
WA7-122	30		2～20	≤0.1	4	1	

(2) 集成稳压电源的工作原理

现以 5G11 型集成稳压器（图 3-16）为例介绍这类稳压电源的工作原理。

电路的基本结构和各元件的主要功能已用虚框标注在图中。工作原理如下。

① 启动电路　由于集成稳压电路中采用恒流源，当输入电压 U_{sr} 接通后，恒流源难以自己导通，以致输出电压 U_{sc} 升不起来，因此必须用启动电路向恒流源三极管供给基极电流，让电路正常工作。

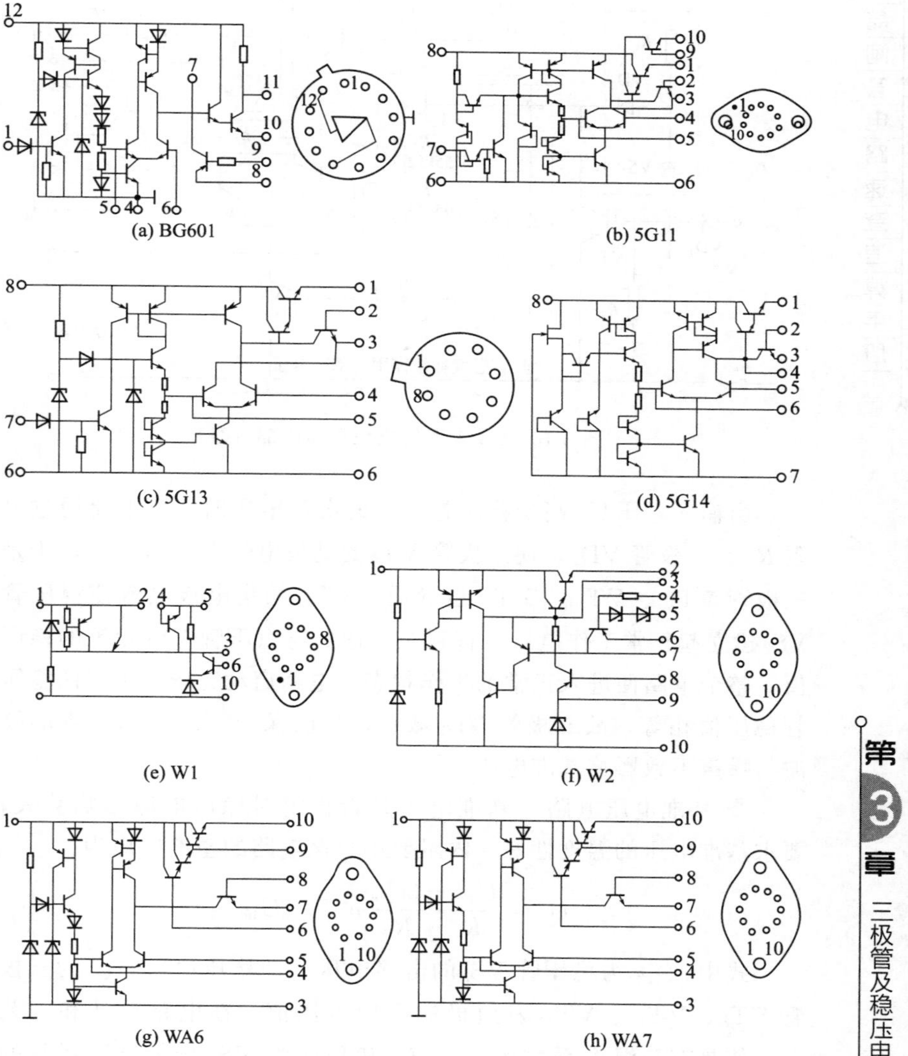

图 3-15　常用集成稳压器内部电路及端子图

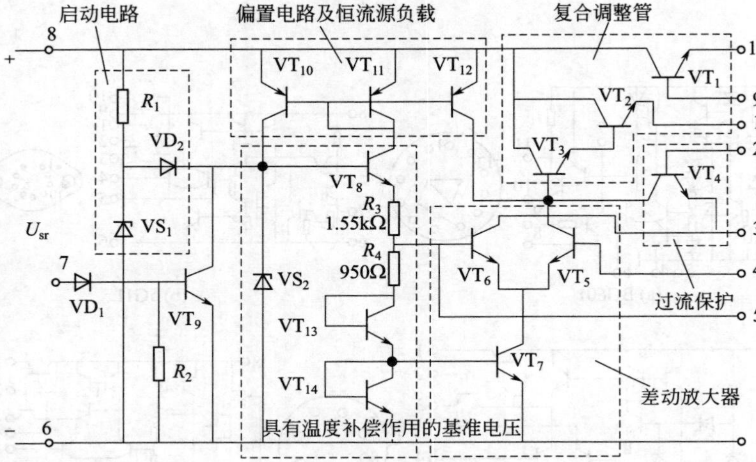

图 3-16　5G11 型集成稳压器内部电路

当输入电压 U_{sr} 高于稳压管 VS_1 的击穿电压时，有电流通过电阻 R_1、二极管 VD_2，使三极管 VT_8 的基极电位上升而导通，于是三极管 VT_{10}、VT_{11}、VT_{12} 也导通。VT_{10} 的集电极电流使稳压管 VS_2 建立起正常工作电压，直到 VS_2 达到与稳压管 VS_1 相等的稳压值，整个电路便进入正常的工作状态，电路启动完毕。由于两稳压管稳压值相等，故二极管 VD_2 截止，从而保证 VD_2 左边出现的纹波与噪声不致影响基准电压。

② 基准电压电路　基准电压是否稳定对稳压电源影响甚大，要求基准电压的温度性好，内阻要小。该电路的基准电压为

$$U_A = \frac{U_{z2} - 3U_{be}}{R_3 + R_4} R_4 + 2U_{be}$$

式中，U_{z2} 为稳压管 VS_2 的击穿电压（即稳压值）；U_{be} 为三极管 VT_8、VT_{13}、VT_{14} 发射极的正向电压值。在电路设计和工艺上，使具有正温度系数的 R_3、R_4 和稳压管 VS_2 与负温度系数的 VT_8、VT_{13}、VT_{14} 达到相互补偿，以保证基准电压 U_A 基本上不随温度而变化。

③ 取样、比较放大和调整电路　集成稳压器的取样、比较放大和调整（即调整管）电路与分立元件稳压器基本相似。集成稳压器的取样电路，通常采用外接温度系数小的金属膜电阻构成电阻分压式。图中，由三极管 VT_5、VT_6、VT_7 组成具有恒流源的单端输出差动式比较放大器；VT_{12} 为差动放大管的有源负载；VT_1、VT_2、VT_3 组成复合调整管。

④ 保护电路　三极管 VT_4 是过流保护管，当负载电流超过额定值时，此电流流过外接检测电阻（图中未画出）产生电压降，使 VT_4 导通。比较放大器的输出电流被 VT_4 分流一部分，从而限制了调整管的基极电流，也限制了输出电流。

图中，由二极管 VD_1、三极管 VT_9 和电阻 R_2 组成附加保护电路，由端子 7 与输出端串接一电阻（图中未画出），当输出过电压时，VD_1 和 VT_9 就会导通，稳压管 VS_2 被短路，于是基准电压 $U_A \approx 0$，使稳压电路截止而受到保护。

3.2.8 三端固定集成稳压电源

三端固定集成稳压器可直接用于各种电子设备作电压稳压器。由于芯片内部设置了过流保护、过热保护及调整管安全工作区保护电路，所以电路使用方便、安全可靠。典型的三端固定集成稳压器有 7800（正稳压）和 7900（负稳压）两大系列。

三端固定集成稳压器接线及外形如图 3-17 所示。

(1) 三端固安稳压器的典型电路

三端固定稳压器的典型电路如图 3-18 所示。

整流器输出的电压经电容 C_1 滤波后得到不稳定的直流电压。该电压加到三端固定集成稳压器的输入端和公共地之间，则在输出端和公共地之间可得到固定电压的稳定输出。

输入电压 U_i 必须满足：$U_i - U_o \geqslant 2 \sim 3V$。

在图 3-18 中，电容 C_1 为滤波电路，为尽可能地减小输出纹波，C_1 值应取得大些，一般可按每 0.5A 电流 1000μF 容量选取；

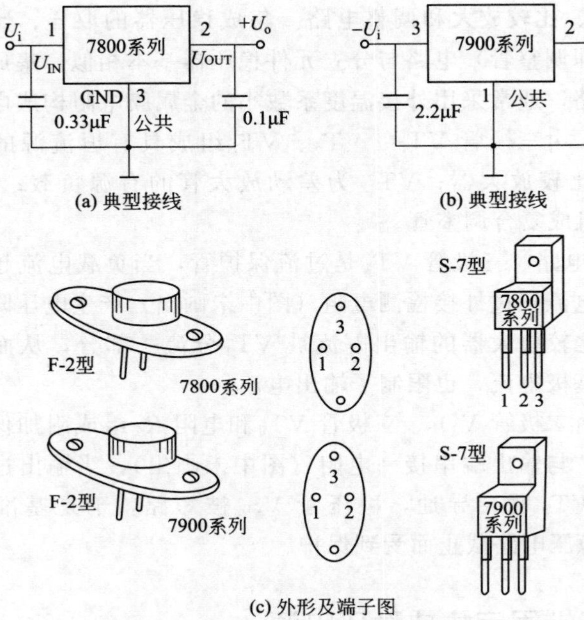

图 3-17 三端固定稳压器接线及外形

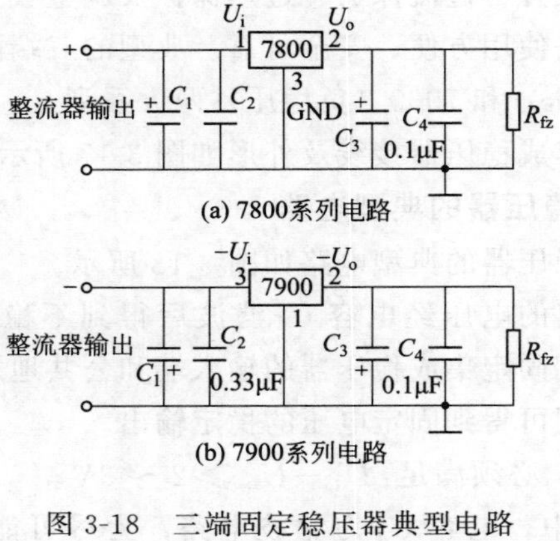

图 3-18 三端固定稳压器典型电路

电容 C_2 为输入电容，用于改善纹波特性，一般可取 0.33μF；电容 C_4 为输出电容，主要作用是改善负载的瞬态响应，一般可取 0.1μF。当电路要求大电流输出时，C_2、C_4 的容量应适当加大；电容 C_3 的作用是缓冲负载突变、改善瞬态响应，可在 100～470μF 之间取。R_{fz} 为稳压器内部负载，以使外部负载断开时稳压器能维持一定的电流，R_{fz} 的取值范围以通过它的电流为 5～10mA 为佳。

(2) 集成双极性稳压电源

利用 7800 和 7900 系列稳压块可以连成正负输出稳压电源。当变压器次级为一组绕组时，可采用如图 3-19 电路。

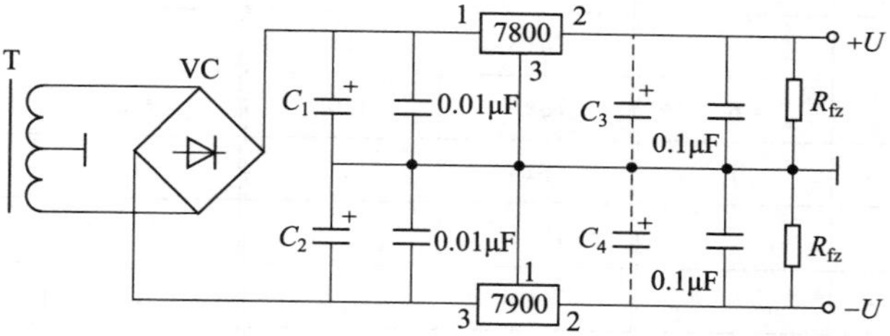

图 3-19 集成双极性稳压电源之一

图中电解电容及 R_{fz} 的选取同图 3-18。

当变压器次级有两组绕组时，可采用如图 3-20 的电路。

图中电解电容的选取同图 3-18。当变压器次级电压为两组 8V，集成稳压器采用 78M05 和 79M05 时，输出可得到±5V 稳定电压，最大输出电流为 500mA。电容 C_1、C_2 可取 470～1000μF。三端集成电路本身具有过载保护功能。

当变压器次级电压为两组 19V，集成稳压器采用两块 7815 和 7915 时，可得到±15V 稳定电压。

(3) 常用三端固定稳压器的性能参数

7800、7900 系列三端固定稳压器的性能参数见表 3-10 和表 3-11。

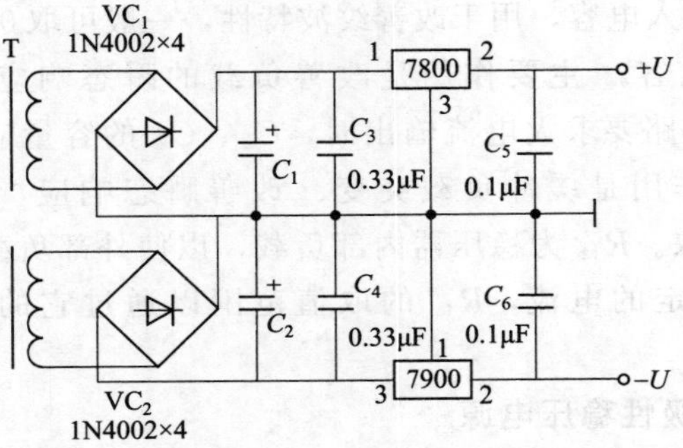

图 3-20 集成双极性稳压电源之二

■ **表 3-10 7800、7900 系列三端固定稳压器的输出电压**

器件型号	输出电压/V	器件型号	输出电压/V	器件型号	输出电压/V
7805	5	7818	18	7910	－10
7806	6	7820	20	7912	－12
7807	7	7824	24	7915	－15
7808	8	7905	－5	7918	－18
7809	9	7906	－6	7920	－20
7810	10	7907	－7	7924	－24
7812	12	7908	－8		
7815	15	7909	－9		

■ **表 3-11 7800、7900 系列三端固定稳压器的输出电流**

器件	7800 7900	78M00 79M00	78L00 79L00	78T00 79T00	78H00 79H00
输出电流/A	1.5	0.5	0.1	3	5

LM7800C、LM7900C 三端固定稳压器主要参数见表 3-12。

LM、μPC 系列低压差三端固定稳压器主要参数见表 3-13。

(4) 三端固定集成稳压器的测试

用万用表 $R\times1\text{k}$ 挡测量集成稳压器各引脚之间的电阻值，可大致判断出稳压器的好坏。

■ **表 3-12　LM7800C、LM7900C 系列集成稳压器主要参数**

$T_j = 25℃$

型　号	输出电压 U_o/V	输入输出电压差 $U_i - U_o$/V	电压调整率 $S_u(\Delta U_o)$ /mV	最　大输入电压 U_{imax} /V	最　小输入电压 U_{imin} /V	静态电流 I_B /mA	温度变化率 S_T /(mV/℃)
LM7805	4.8～5.2	2.0	50	35	7.3	8	0.6
LM7812	11.5～12.5	2.0	120	35	14.6	8	1.5
LM7815	14.4～15.6	2.0	150	35	17.7	8	1.2
LM7905	−4.8～−5.2	1.1	15	−35		1	0.4
LM7912	−11.5～−12.5	1.1	5	−40		1.5	−0.8
LM7915	−14.4～−15.6	1.1	5	−40		1.5	−1.0
测试条件	$5mA \leqslant I_o \leqslant 1A$	$I_o = 1.0A$ $T_j = 25℃$	$I_o \leqslant 1.0A$	—	$I_o \leqslant 1.0A$ 保证电压调整率时		

■ **表 3-13　LM、μPC 系列低压差三端固定稳压器主要参数**

型　　号	输出电压 U_o/V	最　大输出电流 I_{omax}/mA	最　大输入电压 U_{imax}/V	最小输入输出压差 $U_{imin} - U_o$ /V	电压调整率 $S_u(\Delta U_o)$ /mV	纹波抑制比 S_R/dB
LM2930-5	5	150	26	0.6	7	52
LM2930-8	8	150	26	0.6		
LM2936	5	5	40	0.4		
μPC2405	5	1000	20	1.0	6	64
μPC2418	18		33		22	54

78××系列集成稳压器的电阻值见表 3-14。79××系列集成稳压器的电阻值见表 3-15。

■ **表 3-14　78××系列集成稳压器各引脚间电阻值**

黑表笔所接引脚	红表笔所接引脚	正常电阻值/kΩ
电压输入端(U_I)	电压输出端(U_O)	28～50
电压输出端(U_O)	电压输入端(U_I)	4.5～5.5
接地端(GND)	电压输出端(U_O)	2.3～6.9
接地端(GND)	电压输入端(U_I)	4～6.2
电压输出端(U_O)	接地端(GND)	2.5～15
电压输入端(U_I)	接地端(GND)	23～46

■ **表 3-15　79××系列集成稳压器各引脚间电阻值**

黑表笔所接引脚	红表笔所接引脚	正常电阻值/kΩ
电压输入端(U_I)	电压输出端(U_O)	4～5.5
电压输出端(U_O)	电压输入端(U_I)	17～23
接地端(GND)	电压输出端(U_O)	2.5～4
接地端(GND)	电压输入端(U_I)	14～16.5
电压输出端(U_O)	接地端(GND)	2.5～4
电压输入端(U_I)	接地端(GND)	4～5.5

其他一些系列集成稳压器的电阻值见表 3-16～表 3-27。表中的正测是指黑表笔接稳压器的接地端，红表笔依次接触另外两个引脚；负测指红表笔接接地端，黑表笔依次接触另外两个引脚。

■ **表 3-16　μPC7805 的电阻值**

引　脚	功　能	正测/kΩ	负测/kΩ
1	电压输入端	6.1	23
2	接地端	0	0
3	电压输出端	6.5	8

■ 表 3-17　μPC7812 的电阻值

引　　脚	功　　能	正测/kΩ	负测/kΩ
1	电压输入端	5.5	35
2	接地端	0	0
3	电压输出端	6.9	15.6

■ 表 3-18　μPC7818 的电阻值

引　　脚	功　　能	正测/kΩ	负测/kΩ
1	电压输入端	5	34
2	接地端	0	0
3	电压输出端	5.5	8.3

■ 表 3-19　AN7805 的电阻值

引　　脚	功　　能	正测/kΩ	负测/kΩ
1	电压输入端	5	34
2	接地端	0	0
3	电压输出端	2.3	2.5

■ 表 3-20　AN7806 的电阻值

引　　脚	功　　能	正测/kΩ	负测/kΩ
1	电压输入端	4.8	27
2	接地端	0	0
3	电压输出端	5.4	7.8

■ 表 3-21　AN7809 的电阻值

引　　脚	功　　能	正测/kΩ	负测/kΩ
1	电压输入端	4.8	27.5
2	接地端	0	0
3	电压输出端	5.7	12.5

■ **表 3-22　AN7812 的电阻值**

引　脚	功　能	正测/kΩ	负测/kΩ
1	电压输入端	5	29
2	接地端	0	0
3	电压输出端	5.1	5.9

■ **表 3-23　AN7818 的电阻值**

引　脚	功　能	正测/kΩ	负测/kΩ
1	电压输入端	5	27
2	接地端	0	0
3	电压输出端	6.2	12.3

■ **表 3-24　78L05 的电阻值**

引　脚	功　能	正测/kΩ	负测/kΩ
1	电压输出端	5.5	26
2	接地端	0	0
3	电压输入端	5.8	7

■ **表 3-25　78L09 的电阻值**

引　脚	功　能	正测/kΩ	负测/kΩ
1	电压输入端	6.3	25.5
2	接地端	0	0
3	电压输出端	6.8	12

■ **表 3-26　AN78N12 的电阻值**

引　脚	功　能	正测/kΩ	负测/kΩ
1	电压输入端	5.1	23
2	接地端	0	0
3	电压输出端	6	17

■ **表 3-27　78M05 的电阻值**

引　　脚	功　　能	正测/kΩ	负测/kΩ
1	电压输入端	4.4	25
2	接地端	0	0
3	电压输出端	5	6.5

3.2.9　三端可调集成稳压电源

三端可调集成稳压器与三端固定集成稳压器一样，芯片内部设有保护电路。它具有外围元件少、使用方便灵活、输出电流大、调压范围宽、稳压精度高、纹波抑制性能好等特点，不仅可作输出电压可调的稳压器，而且还可作开关稳压器、可编程输出的稳压器和精密电流源。

三端可调集成稳压器可分为三端可调式正集成稳压器和三端可调式负集成稳压器两大系列。有 W117、W217、W317、LM317、LM337 和 LLM350、LLM380 等型号。它们能在 1.2～37V 的范围内连续可调，可输出 0.1A、0.5A、1.5A、3A、5A 的负载电流。其电压调整率和电流调整率指标均优于三端固定集成稳压器。使用时，只要外接两个电阻即可使输出电压可调。

(1) 三端可调集成稳压器的典型电路

三端可调集成稳压器的典型电路如图 3-21～图 3-24 所示。

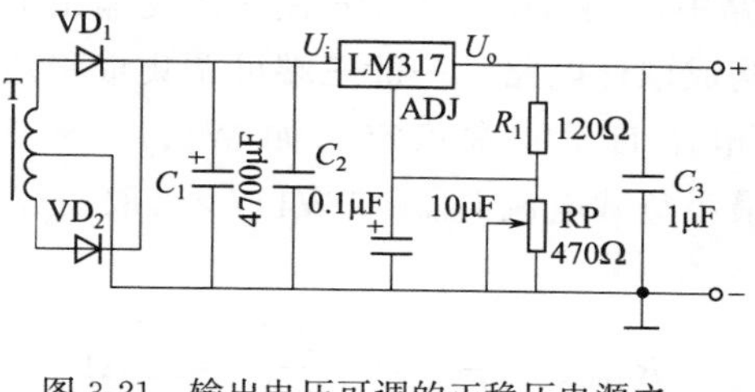

图 3-21　输出电压可调的正稳压电源之一

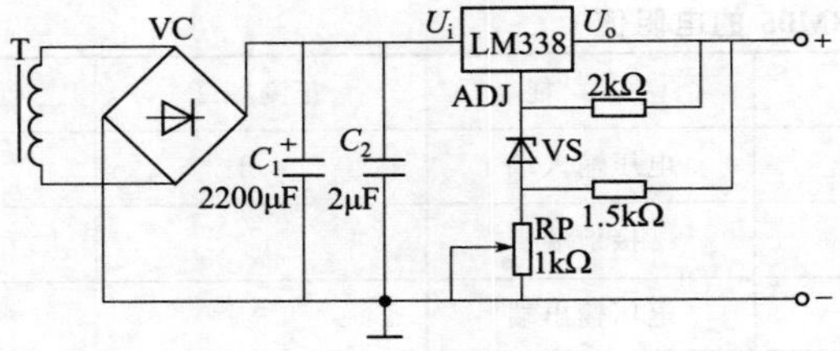

图 3-22　输出电压可调的正稳压电源之二

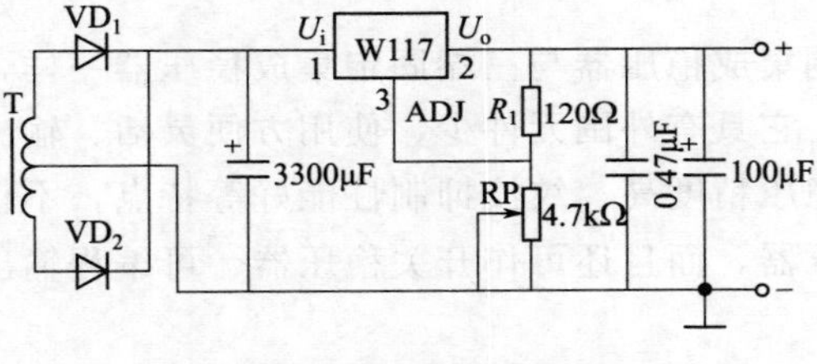

图 3-23　输出电压可调的正稳压电源之三

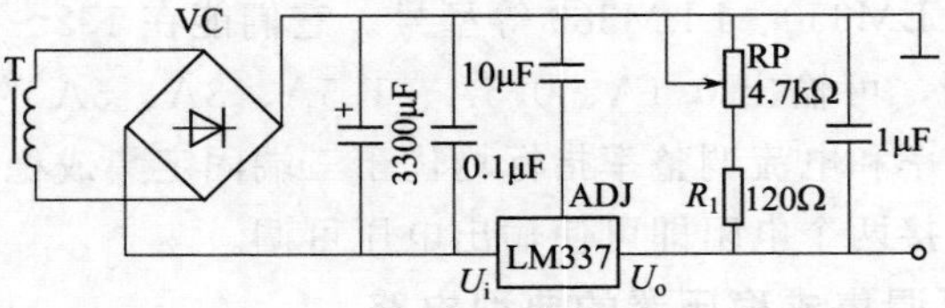

图 3-24　输出电压可调的负稳压电源

在上述电路中，调节电位器 RP 便能改变输出电压的大小。

R_1、RP 构成取样电路。一般三端可调集成稳压器的输出端和调整端之间的电压 U_{23} 非常稳定，如 W117××，其值为 $U_{23}=1.25\text{V}$，根据最小负载电流 $I_{\min}$（如 W117××取 5mA）来计算 R_1 的最大值。

$$R_{1\max}=\frac{U_{23}}{I_{\min}}=\frac{1.25\text{V}}{5\text{mA}}=250\Omega$$

实际取值可略小于 250Ω，如取 240Ω。

输出电压 U_o 可按下式计算：

$$U_o=\left(1+\frac{RP}{R_1}\right)U_{23}=\left(1+\frac{RP}{R_1}\right)\times1.25\quad(V)$$

以上各电路在使用时应注意以下事项。

① 应保证 $(U_{sr}-U_{sc})I_{fz}\leqslant P_{CM}$

式中 I_{fz}——负载电流，即输出电流，A；

P_{CM}——三端稳压器最大允许功耗，W。

② 输出电流大时，三端稳压器要装设散热器，散热器染黑，加硅脂，降低热阻。

③ 电阻 R_1 尽可能靠近三端稳压器输出端 OUT 与调节端 ADJ 安装；电容 C_2 尽可能焊在三端稳压器输入端 IN 与地之间。

④ 输出端到输入端可接一正向二极管，以防止输出端电压高于输入端电压而击穿稳压器内部的调整管。

【例 3-3】 由 W117 组成的输出电压可调稳压电路如图 3-23 所示。W117 输入端和输出端电压允许的范围为 3～40V，输出端和调整端之间的电压 $U_{23}=1.25V$，$U_i-U_o\geqslant 2V$，试求：当 R_1 为 270Ω，调节电位器 RP（0～4.7kΩ）时，稳压器输出电压的变化范围。

解 当 RP＝0Ω 时，稳压器最小输出电压为

$$U_{omin}=\left(1+\frac{RP}{R_1}\right)U_{23}=\left(1+\frac{0}{270}\right)\times1.25=1.25V$$

当 RP＝4.7kΩ 时，稳压器最大输出电压为

$$U_{omax}=\left(1+\frac{4700}{270}\right)\times1.25=23V$$

输出电压的变化范围为 1.25～23V。

(2) 常用三端可调集成稳压器的性能参数

LM117/217/317、LM137/237/337 三端可调集成稳压器的参数见表 3-28 和表 3-29。

LM196/396 10A 三端可调集成稳压器的主要参数见表 3-30。

■ **表 3-28　LM117/217/317 三端正向可调集成稳压器的输出电流**

型　　号	LM117L LM217L LM317L	LM317M	LM117 LM217 LM317
输出电流/A	0.1	0.5	1.5

■ **表 3-29　LM117/217/317 LM137/237/337 三端输出可调集成稳压器的主要参数**

型　　号	最大输入输出电压之差 $U_{imax}-U_o$ /V	输出电压可调范围 U_o/V	电压调整率 S_u/(%/V)	电流调整率 S_i/%	调整端电流 I_{adj} /μA	最小负载电流 I_{omin} /mA	外形
LM117/217	40	1.25～37	0.01	0.3	100	3.5	TO-3 TO-220
LM317	40	1.25～37	0.01	0.5	100	3.5	
LM137/237	40	－1.25～－37	0.01	0.3	65	2.5	
LM337	40	－1.25～－37	0.01	0.3	65	2.5	
测试条件			$3V\leqslant\|U_i-U_o\|\leqslant 40V$	$10mA\leqslant I_o\leqslant I_{max}$ $U_o>5V$		$U_i-U_o=40V$	

■ **表 3-30　LM196/396 10A 三端正向可调集成稳压器的主要参数**

参　　数	符号(单位)	测 试 条 件	LM196	LM396
电压调整率	S_u/%	$25V\leqslant U_i-U_o\leqslant 20V$	0.005	0.005
负载调整率	S_i/%	$10mA\leqslant I_o\leqslant 10A$	0.15	0.15
输出电压	U_o/V		1.25 ～ 15V	1.25 ～ 15V
输入输出最小压差	$U_{imin}-U_o$/V	$I_o=10A$	2.1	2.1
最小负载电流	I_{imin}/mA	$2.5V\leqslant U_i-U_o\leqslant 20V$	10	10
纹波抑制比	S_R/dB	$f=120Hz, C_{adj}=25\mu F$	74	74
调整端电流	I_{adj}/μA		50	50
调出电压温度参数	S_T/(%/℃)	$T_{jmin}\leqslant T_j\leqslant T_{jmax}$	0.003	0.003
工作结温	T_j/℃		－55～＋150	0～＋125

3.2.10 多端可调稳压电源

多端可调稳压电源由多端可调集成稳压器外加少数外围元件组成。

① W200 型五端可调正输出集成稳压器　它能在 2.85～36V 的范围内连续可调，可输出 2A 的负载电流。该稳压器芯片也同三端可调稳压器一样具有过流、过热和调整管安全工作区保护电路。另外，内部还增设一个过流比较器，因此它具有较灵敏的限流功能，利用这一功能，可以设计出具有许多特殊功能的电压源和电流源。

② CW3085 型八端可调正输出集成稳压器　电路如图 3-25 所示。该电源输出电压范围为 1.6～37V，电流为 100mA，电压调整率为 0.025%/V。

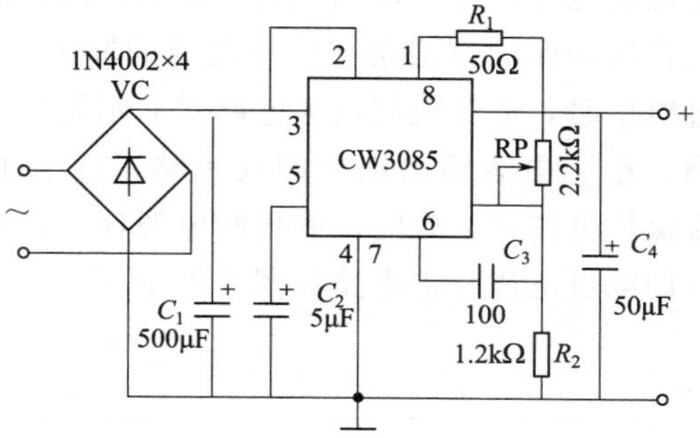

图 3-25　CW3085 型八端可调正输出稳压电源

图中，RP 和 R_2 为采样电阻，调节电位器 RP，可使输出电压在 1.6～37V 变化，R_1 为限流保护电阻；C_3 为消振电容；C_1、C_2、C_4 为滤波电容，可消除纹波和噪声，提高电压质量。

如把图中正端接地，则负端即可得到负可调电压。

③ CW104/204/304 型十端可调负输出集成稳压器　电路如图

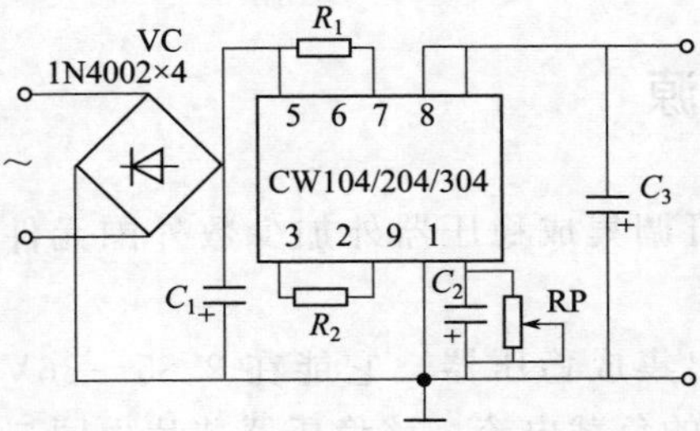

图 3-26　CW104/204/304 型十端可调负输出稳压电源

3-26 所示。该电源输出电压调节范围为 0～40V，电流为 20mA。集成稳压器本身静态工作电流为 3.5~5mA。

图中，R_1 为限流保护电阻；R_2 为恒流电阻；C_2、C_3 为滤波电容。调节电位器 RP 可改变输出电压。

如把图中负端接地，则正端即可得到正可调电压。

3.2.11　稳压电源常用的过电压、过电流保护电路及计算

(1) 稳压电源的过电压保护电路

若稳压电源过电压，会使负载损失或损坏，所以需要时可设过电压保护。最常用的保护方法是在稳压电源的输出端并联晶闸管。当输出电压过电压时，通过检测放大电路对晶闸管提供信号，使晶闸管迅速导通，稳压电源输出则立即被短路，过电压转换为过电流。当过电流保护电路也失效时，则熔断电源保险丝，切断稳压电源的输入。常用的过电压保护电路如图 3-27 所示。

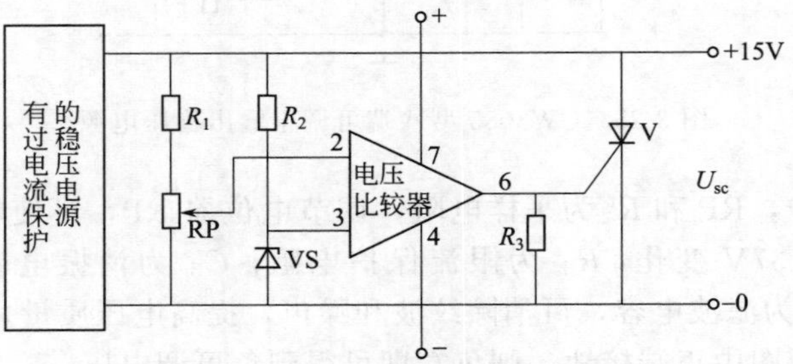

图 3-27　稳压电源过电压保护电路

(2) 稳压电源常用的过电流保护电路

稳压电源常用的过电流保护电路、作用原理及动作电流的整定计算，见表 3-31。

(3) 几种常用过电流保护电路的分析

为了进一步弄清表 3-31 中保护电路的作用原理，对序号 1、2、8 的保护电路作以下说明。

1）序号 1 的保护电路　电路如图 3-28 所示。表 3-31 中序号 1 的保护电路是采用二极管的，而这个电路是采用稳压管，但这两种电路的工作原理是相同的。

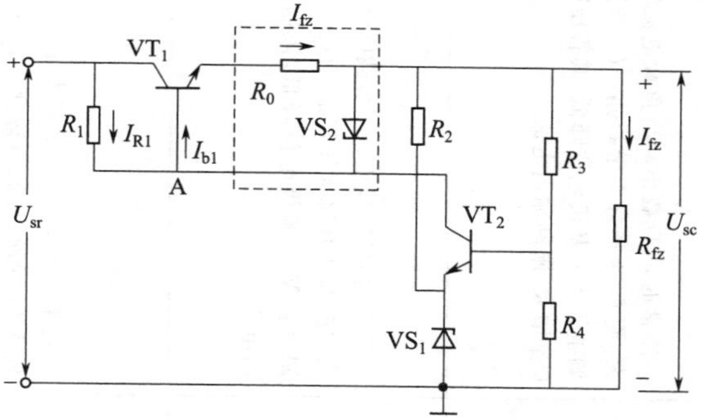

图 3-28　稳压管限流型保护电路

工作原理：正常时，流过检测电阻 R_0 上的电流所引起的压降小于稳压管 VS_2 的击穿电压，VS_2 处于截止状态，保护电路（虚框内）不起作用。

当过流时，流过 R_0 的电流增大，R_0 上的压降增大，并超过稳压管 VS_2 的击穿电压，使 VS_2 击穿。此时流过电阻 R_1 的电流 I_{R1} 立即增加，A 点电位下降，使调整管 VT_1 基极电流 I_{b1} 减小，因此输出电流减小，从而使输出电流限制在一定范围以内。

如果要求将输出电流限制在 I_{fzm} 值（即动作电流 I_{dz}），则检测电阻 R_0 可按下式选择：

■ 表 3-31　稳压电源常用的过电流保护电路、作用原理及动作电流的整定计算

类型	序号	电路图	作用原理	动作电流 I_{dz}	应用场合
限流型	1	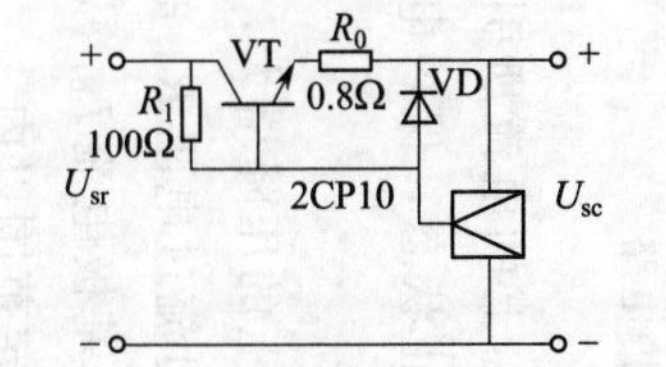	正常时，VD 截止。当负载电流增大，使 R_0 上压降大于 $U_{VD}-U_{be}$ 时，调整管 VT 基极电位降低，其管压降 U_{ce} 增大，限制输出电流	$\frac{U_{VD}-U_{be}}{R_0}$	调整管为射极输出式
	2	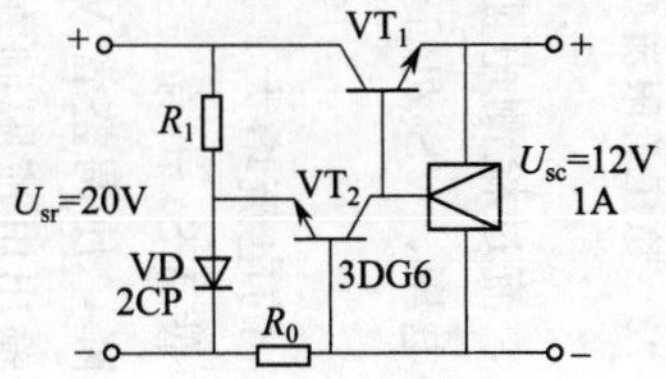	正常时，VT_2 截止。当负载电流增大，使 R_0 上压降大于 $U_{be2}+U_{VD}$ 时，调整管 VT_1 基极电位降低，限制输出电流	$\frac{U_{VD}+U_{be2}}{R_0}$	调整管为射极输出式
	3	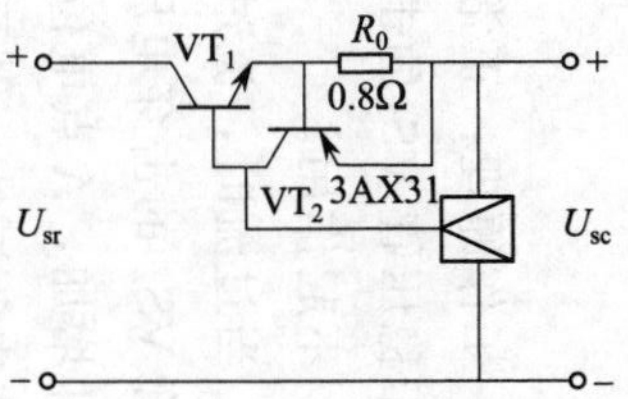	过电流时，R_0 上压降大于 U_{be2}，使 VT_2 导通，降低调整管 VT_1 基极电位而限流	$\frac{U_{be2}}{R_0}$	同上

续表

类型	序号	电路图	作用原理	动作电流 I_{dz}	应用场合
限流型	4	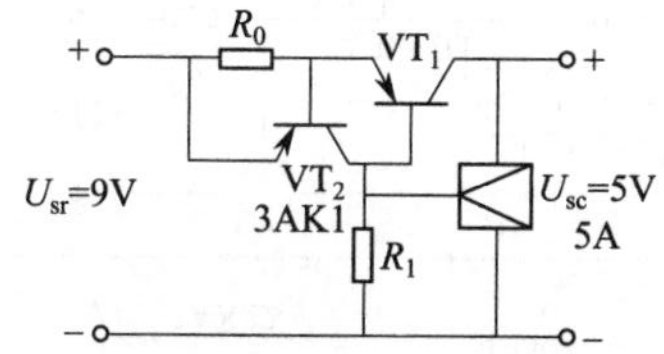	过电流时，R_0 上压降大于 U_{be2}，使 VT_2 导通，降低调整管 VT_1 基极电位而限流	$\dfrac{U_{be2}}{R_0}$	调整管为集电极输出式
	5	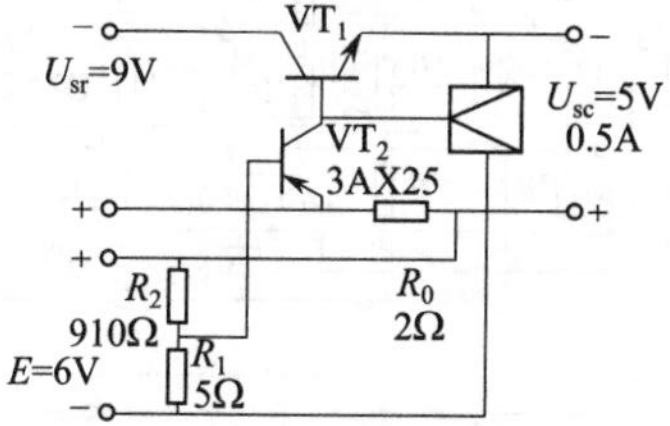	过电流时，R_0 上压降使 VT_2 发射极电位高于基极电位，减小调整管 VT_1 基极电流，限制调整管电流的增大	$\dfrac{ER_2+U_{be2}(R_1+R_2)}{R_0(R_1+R_2)}$	在输出接地点以下，加一辅助电源的稳压电源中
	6	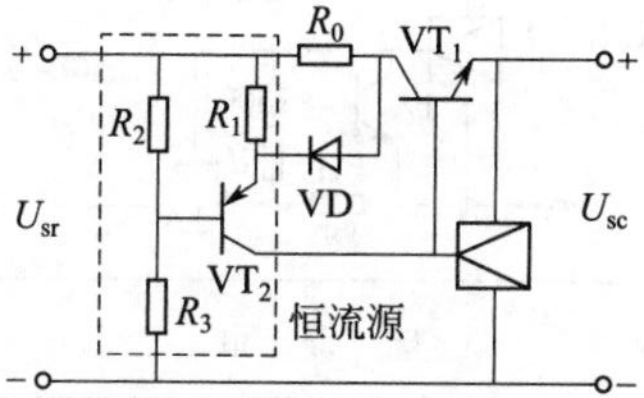	正常时，VD 反偏；过电流时，R_0 上压降增大，使 VD 正向导通，过电流的一部分由 VD 流过 R_1 使 VT_2 的集电极电流减小，从而使调整管 VT_1 偏流减小	$\dfrac{U_{R1}+U_{VD}}{R_0}$	用恒流源代替调整管偏流电阻的稳压电源中

续表

类型	序号	电路图	作用原理	动作电流 I_{dz}	应用场合
	7	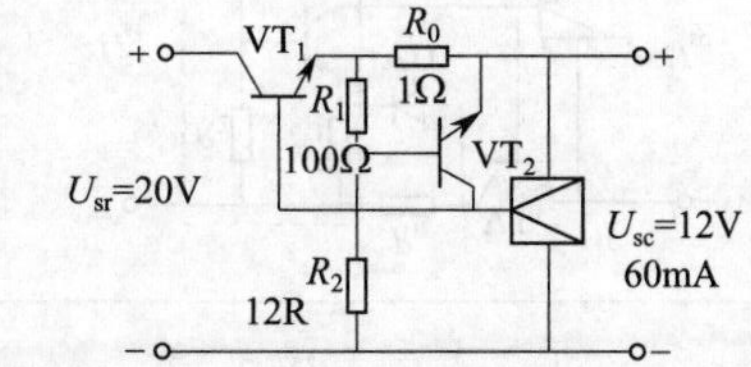	过电流时，R_0上压降增大，使VT_2导通，从而使调整管VT_1偏流减小	$\frac{(R_1+R_2)U_{be2}+R_1U_{sc}}{R_2R_0}$	
截流型	8	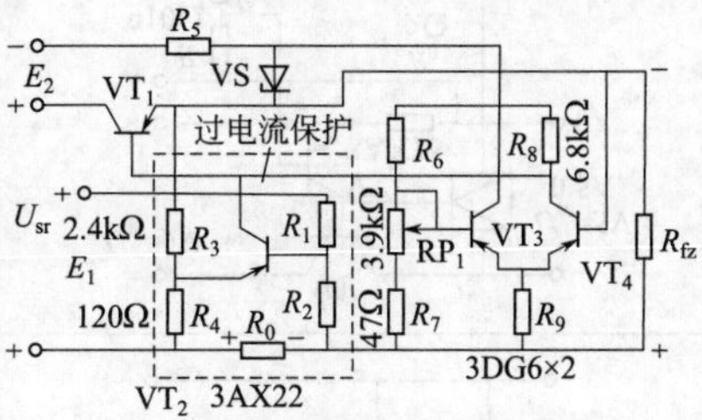	过电流时，R_0上压降增大，使VT_2导通，其集电极电压的绝对值减小，使调整管VT_1趋于截止	$\left(\frac{U_{sc}R_4}{R_3+R_4}-U_{be2}+\frac{ER_2}{R_1+R_2}\right)/R_0$	具有辅助基准电源的稳压电源中
	9	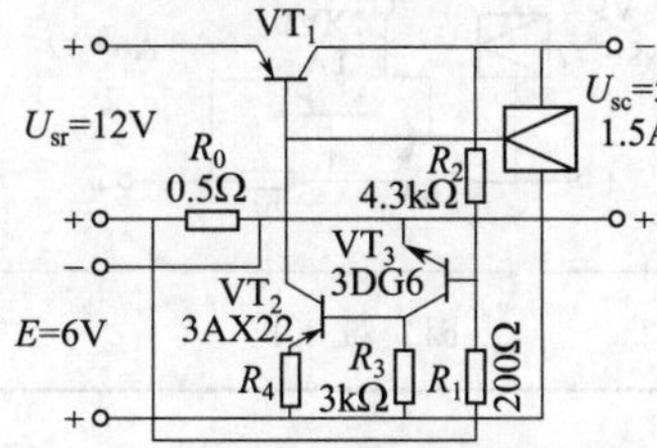	过电流时，R_0上压降增大，使VT_3集电极电流增加，VT_2集电极电流减小，从而减小调整管VT_1的基极电流，VT_2是一般电流放大器	$\frac{(R_1+R_2)U_{be3}+R_1U_{sc}}{R_2R_0}$	同上

续表

类型	序号	电路图	作用原理	动作电流 I_{dz}	应用场合
截流型	10	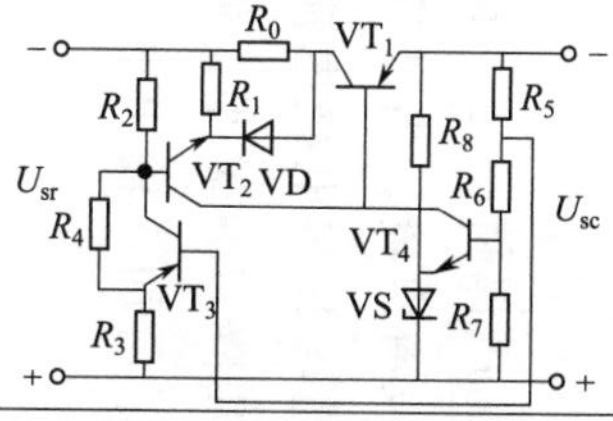	过电流时，R_0上压降增大，使VD导通，VT_3集电极电流增大，使调整管VT_1基极电位升高而截止。VT_3是恒流源，向R_2供给恒定电流，建立VT_2的基极电位，R_4是电源开启时用的电阻	$\left\{\left[\frac{U_{sc}(R_6+R_7)}{R_5+R_6+R_7}-U_{be2}\right]\frac{R_2}{R_3}-U_{be2}+U_{VD}\right\}\frac{1}{R_0}$	使用恒流源的稳压电源中
	11	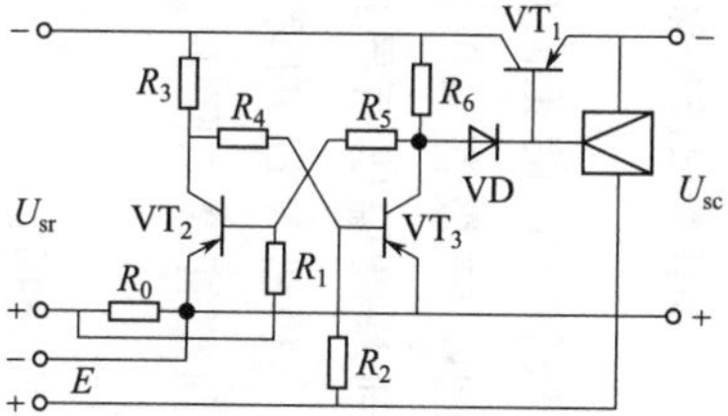	VT_2、VT_3组成不对称双稳态电路。正常时VT_2导通、VT_3截止，VD反偏。过电流时，R_0上压降增大，使VT_2基极电位升高而截止，VT_3导通，通过VD使调整管VT_1基极电位升高而截止	$\frac{U_{sc}+U_{be1}-U_{VD}}{R_0}$	需要辅助电源
	12	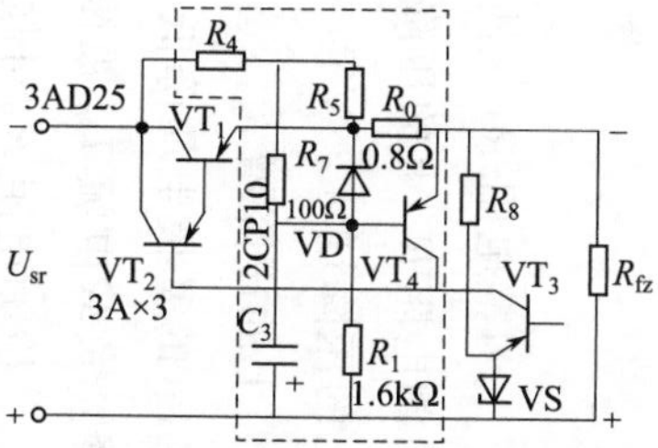	正常时，VD导通，VT_4截止。当过电流时，$U_{be4}=U_{VD}-R_0I_{fz}\approx0.2V$，$VT_4$开始导通，使调整管$VT_1$、$VT_2$截止。维持$VT_4$导通是靠电压$U_{ce1}$经$R_4$、$R_5$、$R_7$在$VT_4$的基-射极间产生的负电压(约为$-0.2V$)，此时VD截止。当负载去掉后能自动恢复是靠保护时调整管没有完全截止及电阻R_4、R_5向输出流有一定的电流。C_3可改善保护时的动特性，使保护动作较迅速	$\frac{U_{VD}-U_{be4}}{R_0}$	不需要辅助电源

$$R_0 = \frac{U_{VS2} - U_{be1}}{I_{fzm}} \quad (\Omega)$$

式中　U_{VS2}——稳压管 VS_2 的击穿电压，即稳压值，V；

U_{be1}——调整管 VT_1 发射结压降，如 0.6V，U_{be1} 不是固定值，且随温度而变化。

这种保护电路的优点是简单可靠，当过载解除后，可以自动恢复正常状态。缺点是过载时调整管上仍消耗较大的功率。

2）序号 2 的保护电路　电路如图 3-29 所示。

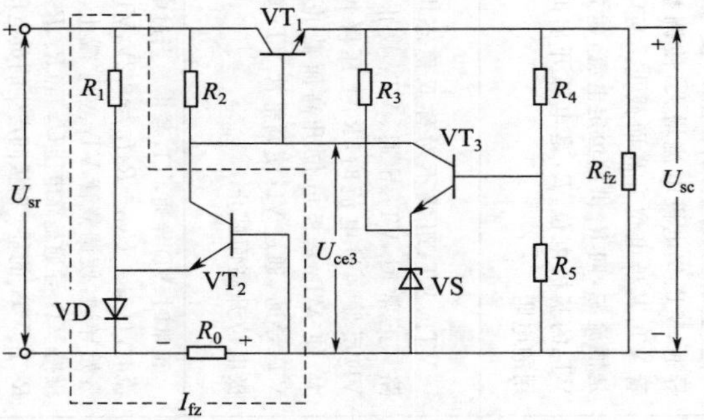

图 3-29　晶体管限流型保护电路

调整电阻 R_1，使二极管 VD 的正向电压保持一定。正常时，检测电阻 R_0 上的压降较小，三极管 VT_2 没有电流。当过载时，R_0 上的压降增大，VT_2 得到基极偏压而导通，其集电极电流使电阻 R_2 上的压降增大，造成三极管 VT_2 的管压降 U_{ce2} 减小，使调整管 VT_1 的基极电压降低，调整管管压降 U_{ce1} 增加，输出电压 U_{sc} 下降，负载电流 I_{fz} 被限制。

检测电阻 R_0 可按下式选择：

$$R_0 = \frac{U_{VD} - U_{be2}}{I_{fzm}} \quad (\Omega)$$

式中　U_{VD}——二极管 VD 的正向压降，如 0.7V；

U_{be2}——三极管 VT_2 发射结压降，如 0.6V。

该保护电路较图 3-28 保护电路效果更好。

3）序号 8 的保护电路　电路如图 3-30 所示。

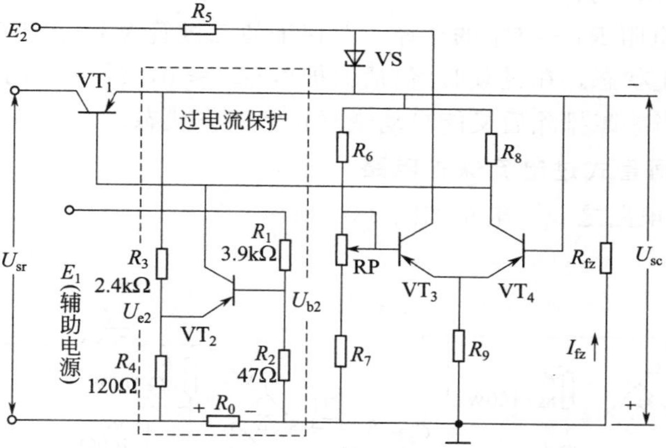

图 3-30　晶体管截流型保护电路

① 工作原理　辅助电源 E_1 经电阻 R_1、R_2 分压为三极管 VT_2 提供基极电压 U_{b2}，输出电压 U_{sc} 经电阻 R_3、R_4 分压供给 VT_2 的发射极电压 U_{e2}。当负载电流 I_{fz} 较小时，检测电阻 R_0 上的压降很小，VT_2 的 U_{be2} 为反向偏置，VT_2 处于截止状态，对稳压电路的工作没有什么影响。当过载时，R_0 上的压降增大，三极管 VT_2 基极变为正向偏置而导通，其集电极电压 U_{c2} 的绝对值减小，使调整管 VT_1 趋于截止，输出电压 U_{sc} 接近零。U_{sc} 的绝过值减小，通过电阻 R_3、R_4 反过来使 VT_2 进一步导通，于是 U_{sc} 迅速地接近于零。

调整元件参数，可使电路具有自动恢复功能。若使调整管在保护电路（虚框内）起作用后不完全截止，有一点电流，则去掉负载 R_{fz} 后，输出电压会自动上升，使电源恢复正常工作状态。

② 元件选择　保护电路元件参数可按以下原则选择。

a. 三极管 VT_2 为一般小功率管，经常处于截止状态，集-射极间承受的电压 $U_{ce2} \approx U_{sc}$。为了减少 VT_2 对电源稳定度的影响，要选 I_{ceo} 小的管子。

b. R_0 的选择一般使得 $I_{fz}R_0$ 有 1V 左右压降，足以控制保护管 VT_2 工作即可。

c. 电阻 $R_1 \sim R_4$ 的选择，要保证使三极管 VT_2 在正常工作时处于截止状态，在过载时(包括保护后 $U_{sc} \approx 0$，$I_{fz} \approx 0$ 时) VT_2 导通，而当故障排除后又能自动恢复正常工作状态。

(4) 晶闸管式过电流保护电路

1) 电路之一　电路如图 3-31 所示。

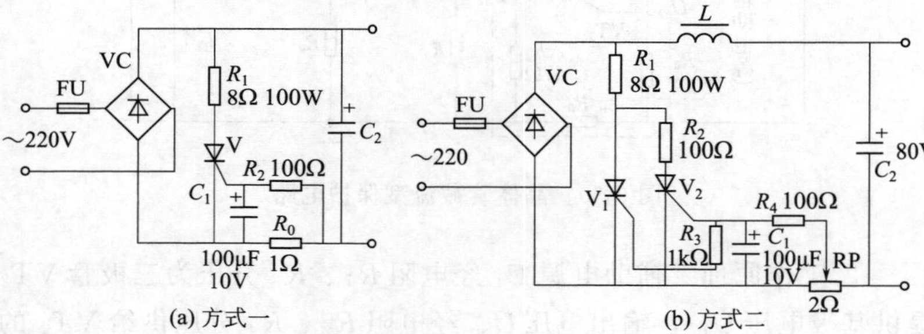

图 3-31　晶闸管式过电流保护电路之一

工作原理：见图 3-31（a)，调节电阻 R_0，使稳压电源正常工作时晶闸管 V 控制极没有足够的触发电压而截止。当过载或短路时，输出电流急速增大，在检测电阻 R_0 上产生较大压降，从而触发晶闸管 V 导通，使大电流直接流经 R_1 及 V 组成的保护电路，使电源保险丝 FU 熔断，起到迅速保护电源的作用。

图 3-31（b）电路与图（a）类似，只不过通过一只小晶闸管 V_2 再触发大晶闸管，以确保大过电流保护时大晶闸管能得到足够的触发功率而可靠动作。

动作电流 $$I_{dz}=\frac{U_g}{R_0}$$

式中　U_g——晶闸管控制极触发电压，2～4V（视晶闸管功率而定）。

2）电路之二　电路如图 3-32 所示。

① 工作原理　正常工作时，复合三极管（NPN 型）经指示灯 H 获得基极偏压而导通。因为正常工作电流在电阻 R_3 上的压降很小，从电位器 RP 上取得的分压远小于 0.7V，即三极管 VT_3（PNP 型）的基极偏压远小于 0.7V，VT_3 截止，电阻 R_2 上无压降，所以晶闸管 V 关闭，复合三极管（VT_2、VT_1）从指示灯 H 获得基极偏压。

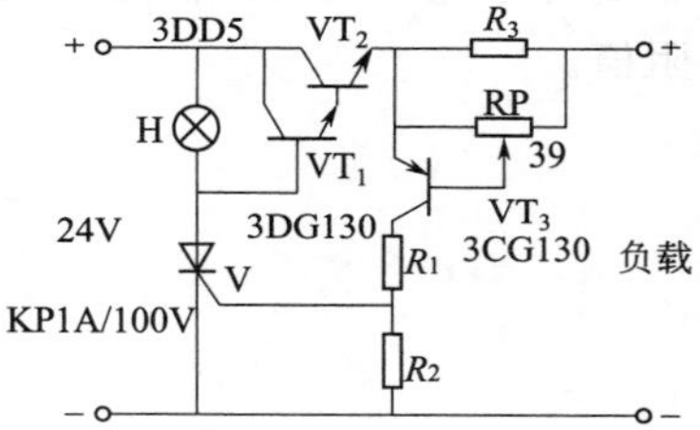

图 3-32　晶闸管式过电流保护电路之二

当电路负载过大或短路时，R_3 上的电压降突然增大，三极管 VT_3 得到足够大的基极偏压而导通，直流电源电压经 VT_3 的集-射极、电阻 R_1 和 R_2，在 R_2 上建立 3～4V 的压降，晶闸管 V 被触发导通，从而使复合三极管基极电位接近 0V，VT_1、VT_2 立即截止，切断电源，起到快速保护作用，同时指示灯 H 点亮。

R_3 的阻值很小，因此其损耗很小，当负载电流为 1A 时，R_3 上的功耗约为 0.5W。

② 元件选择　三极管 VT_1 选用 3DG130，要求 $\beta \geqslant 50$；VT_2 选用 3DD5、3DD6，要求 $\beta \geqslant 60$；VT_3 选用 3CG130，要求 $\beta \geqslant 80$。晶闸管 V 选用 KP1A/100V。小型指示灯 H 选用XZ 24V 0.15A。电位器 RP 选用 WS-0.5W 39Ω。

③ 调试　要使电路起到满意的快速保护作用，关键是要合理选择 $R_1 \sim R_3$、RP 和指示灯 H。

指示灯 H 的冷态电阻宜为 12～100Ω，XZ 24V 0.15A 的热态电阻为 24/0.15=160Ω，冷态电阻约为 20Ω，符合要求。

R_2的阻值选择，应在 VT_3 导通时，在 R_2 上的压降约为 3～4V（即晶闸管 V 的控制极触发电压，不可大于 10V，否则会损坏晶闸管）。

$$U_{R2} \approx \frac{(E_c - U_{ce})R_2}{R_1 + R_2} = \frac{(24 - 0.7) \times 150}{1150} = 3V$$

调节电位器 RP，使负载电流达到限定值时，三极管 VT_3 由截止变为导通（即 H 点亮）。若 H 不亮，可适当增大电阻 R_2 的阻值。

第 4 章

交流放大器、直流放大器、运算放大器和功率放大器的计算

4.1 交流放大器的计算

4.1.1 交流放大电路静态工作点的选择和直流负载线的确定

(1) 放大电路静态工作点的选择

放大电路的静态工作点是指在没有输入信号时三极管的工作状态。最简单的单管放大器电路如图 4-1（a）所示。

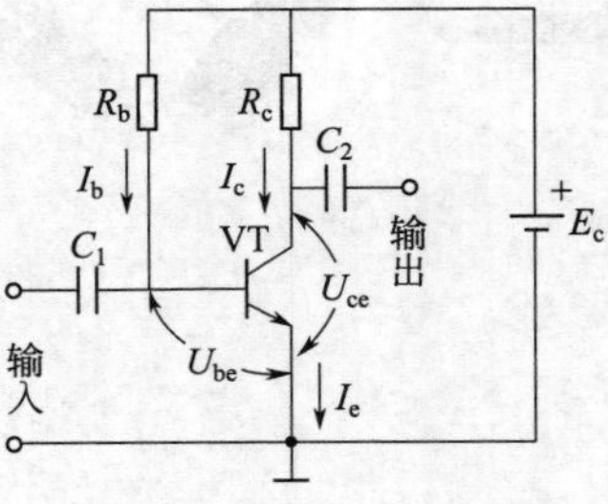

(a) 单管放大器

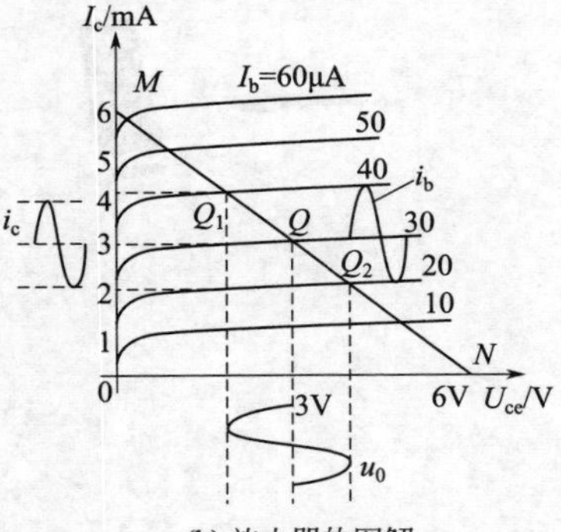

(b) 放大器的图解

图 4-1 最简单的单管放大器和放大器的图解

由于电容 C_1 和 C_2 的隔直作用，对于静态下的直流电路来说，它们就相当于开路，所以在计算静态工作点时，只需考虑图中的 E_c、R_b、R_c 及二极管 VT 所组成的直流通路就可以了。

静态工作点由下列各式决定：

$$I_b = \frac{E_c - U_{be}}{R_b} \approx \frac{E_c}{R_b}$$

$$I_c = \beta I_b + I_{ceo} \approx \beta I_b$$

$$U_{ce} = E_c - I_c R_c$$

U_{be}对于硅管约为0.5～0.7V，对于锗管约为0.1～0.2V，较电源电压E_c小很多，可以忽略不计；三极管的穿透电流I_{ceo}数值也很小，有时也可忽略不计。

R_b确定了，I_b也就确定了，从而可求出相应的I_c和U_{ce}的数值，把这一点标在图4-1(b)中，该点Q就是静态工作点。

(2) 放大器的直流负载线的确定

I_b的大小随R_b值的改变而变化，即静态工作点位置会发生变化，其变化规律是在某一直线上移动。该直线称为直流负载线。它由下列关系式确定：

当$U_{ce}=0$时，$I_c=E_c/R_c$[图4-1(b)上的M点]。

当$I_c=0$时，$U_{ce}=E_c$[图4-1(b)上的N点]。

(3) 图解法确定静态工作点

图解法确定静态工作点，即通过作图，在三极管输出特性曲线上找出放大器的静态工作点。例如，E_c为6V，R_c为1kΩ，R_b为180kΩ，则$I_b=(E_c-U_{be})/R_b=(6-0.6)/180\approx 30\mu A$，所以三极管必定工作在$I_b=30\mu A$的那一条特定输出特性曲线上。另外，三极管的工作点还必须在直流负载线MN上(M点在纵坐标上，距原点为$E_c/R_c=6mA$；N点在横坐标上，距原点为$E_c=6V$)。要同时满足这两个条件，在图4-1中只有一个特定点，即直流负载线MN与$I_b=30\mu A$的输出特性曲线的交点Q。因此Q点就是放大器的静态工作点。

确定好工作点Q后，可以从图上分析有交流信号输入时放大器的运行状态［图4-1（b）］。由图解可见，如果放大器工作在输出特性曲线的放大区，它不会产生明显的失真。但若Q点选择不当，而使放大器的工作点进入了饱和区或截止区，就会引起失真。

4.1.2 放大器的输入电阻、输出电阻、负载电阻及放大倍数的计算

交流放大器的典型电路如图 4-2 所示。

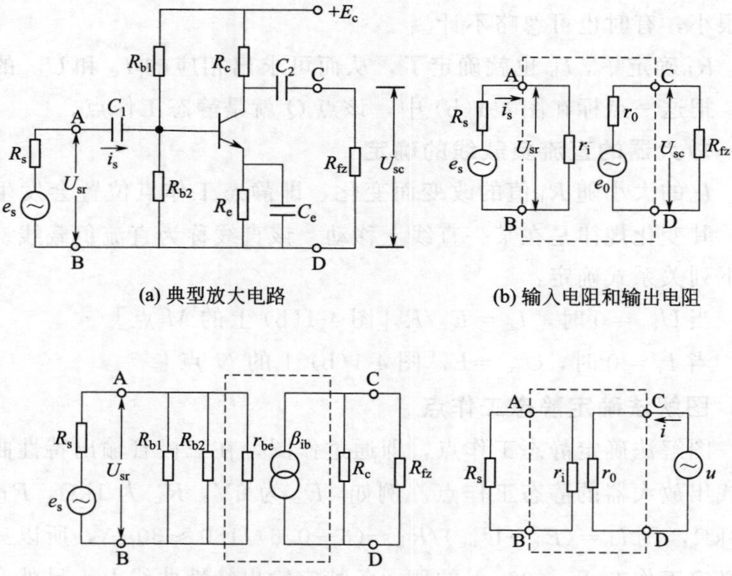

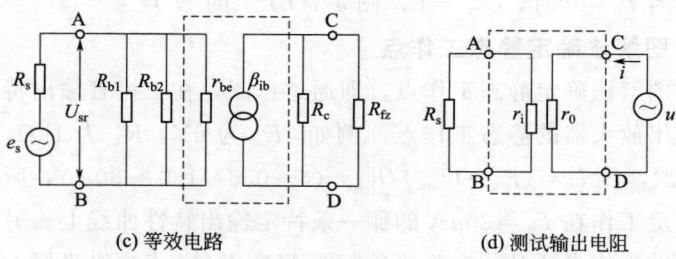

图 4-2 交流放大器的输入电阻和输出电阻

(1) 三极管输入电阻 r_{be}

三极管输入电阻可由下式计算［对于图 4-1（a）和图 4-2（a）］

$$r_{be}=\frac{\Delta U_{be}}{\Delta I_b}=r_b+(\beta+1)\frac{26\text{mV}}{I_e\text{mA}}$$

式中 r_{be}——三极管输入电阻，Ω；

β——三极管的电流放大倍数；

r_b——三极管的基区电阻，对一般小功率管在低频信号状

态时约为 300Ω；

I_e——发射极的静态工作电流，mA。

上式适用于 $0.1\text{mA} < I_e < 5\text{mA}$ 的范围内。

r_{be}在 300Ω 到几千欧之间变化。常用的小功率三极管，当 $I_e = 1 \sim 2\text{mA}$ 时，r_{be} 约为 1kΩ。

例如，有一个 3DG6 三极管，$\beta = 80$，$I_e = 3.2\text{mA}$，则它的输入电阻为 $r_{be} \approx 300 + (80+1) \times 26/3.2 \approx 958\Omega$。

(2) 放大器的输入电阻 r_{sr}

如图 4-2 所示，e_s为信号源电势，R_s为信号源内阻。放大器的输入电阻就是从放大器输入端 A、B 两点看进去的等效电阻，即

$$r_{sr} = U_{sr}/i_{sr} = R_{b1} \mathbin{/\!/} R_{b2} \mathbin{/\!/} r_{be} \approx r_{be}$$

由于在实际电路中，通常 $r_{be} \leqslant R_{b1}$、R_{b2}，所以有 $r_{sr} \approx r_{be}$，r_{be} 为三极管的输入电阻。

对于图 4-1 (a)，$r_{sr} = U_{sr}/i_{sr} = R_b \mathbin{/\!/} r_{be} \approx r_{be}$。

(3) 放大器的输出电阻 r_{sc} ［对于图 4-1 (a) 和图 4-2 (a)］

放大器的输出电阻就是从放大器输出端 C、D 两端看进去的等效电源的内阻，即

$$r_{sc} = \left(\frac{e_0}{U_{sc}} - 1\right) R_{fz}$$

式中 e_0——放大器的空载电压（由实测得），V；

U_{sc}——放大器的有载电压（由实测得），V。

实际上，此电路的输出电阻为 $r_{sc} = R_c$，并不需要进行上述测算。

通常希望放大器的输入电阻较高，以便较少地从信号源取出电流，使它对信号源的影响小一些，并希望放大器的输出电阻较低，以便能带动更大的负载。

(4) 放大器的放大倍数 K

放大器的放大倍数可按下式计算：

$$K = U_{sc}/U_{sr} = -\beta R'_{fz}/r_{be}$$

$$R'_{fz} = \frac{R_c R_{fz}}{R_c + R_{fz}}$$

式中　R'_{fz} ——放大器输出的总负载电阻，Ω。

【例 4-1】 某单管交流放大器电路如图 4-2（a）所示。已知 E_c 为 24V，R_{b1} 为 420kΩ，R_{b2} 为 130kΩ，R_c 为 5.1kΩ，R_e 为 2kΩ，R_{fz} 为 3kΩ，β 为 60，试求放大器的输入电阻值、输出电阻值和放大倍数。

解　① 计算放大器的静态工作点。

$$U_b \approx E_c \frac{R_{b2}}{R_{b2}+R_{b1}} = 24\text{V} \times \frac{130\text{k}\Omega}{130\text{k}\Omega + 420\text{k}\Omega} = 5.67\text{V}$$

$$I_c \approx I_e = \frac{U_b - U_{be}}{R_e} = \frac{U_b}{R_e} = \frac{5.67\text{V}}{2\text{k}\Omega} = 2.84\text{mA}$$

$$U_{ce} = E_c - I_c(R_c + R_e) = 24\text{V} - 2.84\text{mA} \times (5.1+2)\text{k}\Omega = 3.84\text{V}$$

$$I_b = \frac{I_c}{\beta} = \frac{2.84\text{mA}}{60} = 47\mu\text{A}$$

② 求不接负载电阻 R_{fz} 时的电压放大倍数。

对于交流通道，由于 R_{b1} 与 R_{b2} 并联的阻值远大于 r_{be}，故

输入电阻　$$r_{sr} \approx r_{be} = r_b + (\beta+1)\frac{26\text{mV}}{I_e}$$

$$= 300\Omega + (60+1) \times \frac{26\text{mV}}{2.91\text{mA}}$$

$$= 845\Omega$$

对于交流通道，由于 R_e 上有很大的旁路电容，可以视发射极直接接地，故

输出电阻　$r_{sc} = R_c = 5.1\text{k}\Omega$

当输入信号电压 U_{sr} 为 20mV 时，则基极电流 i_b 和集电极电流 i_c 分别为

$$i_b = U_{sr}/r_{be} = 20\text{mV}/845\Omega = 23.7\mu\text{A}$$

$$i_c = \beta i_b = 60 \times 23.7\mu\text{A} = 1.422\text{mA}$$

不接入负载电阻 R_{fz} 的情况下，输出电压为

$$U_{sc} = -i_c R_c = -1.422\text{mA} \times 5.1\text{k}\Omega = -7.25\text{V}$$

放大器的电压放大倍数为

$$K_u = U_{sc}/U_{sr} = -7.25\text{V}/20\text{mV} = -363$$

③ 求接入负载电阻 R_{fz} 后的电压放大倍数。

$$R'_{fz}=\frac{R_cR_{fz}}{R_c+R_{fz}}=\frac{3k\Omega\times5.1k\Omega}{3k\Omega+5.1k\Omega}=1.89k\Omega$$

电压放大倍数为

$$K_u=-\beta\frac{R'_{fz}}{r_{be}}=-60\times\frac{1.89k\Omega}{845\Omega}\approx-134$$

与不接负载电阻时相比，放大倍数下降了约 2.7 倍。

4.1.3 单管交流放大器的设计

单管交流放大器设计的重要原则之一，是使信号不失真，为此应遵守下列原则（见图 4-1）。

(1) 不截止的条件

$$I_b>I_{bm}$$

式中 I_b——三极管基极电流；

I_{bm}——输入交流信号 i_b 的峰值，$I_{bm}=U_{srm}/r_{be}$；

U_{srm}——输入交流电压峰值。

(2) 不饱和的条件

考虑到带负载的情况，应有

$$U_{ce\cdot min}=E_c-I_cR_c-I_{cm}R'_{fz}>0.5V$$

式中 $U_{ce\cdot min}$——三极管最小管压降，V；

E_c——电源电压，V；

I_c——集电极电流，A；

R_c——集电极电阻，Ω；

I_{cm}——集电极交流电流峰值，$I_{cm}=\beta I_{bm}$，A；

R'_{fz}——等效负载电阻，即放大器输出的总负载电阻，$R'_{fz}=R_c\,/\!/\,R_{fz}$，Ω；

R_{fz}——负载电阻，Ω。

此外，在校验放大器的电压放大倍数时，可以利用下面公式：

$$K_u=-\beta\frac{R'_{fz}}{r_{be}}$$

式中　r_{be} ——三极管输入电阻值，Ω。

为留有余地，上述条件宜适当地放宽。

【例 4-2】 试设计一个电压放大倍数 $|K_u| \geqslant 60$ 的单管放大器。已知负载电阻 R_{fz} 为 3kΩ，输入交流电压有效值 U_{sr} 为 30mV，三极管选用高频小功率硅管 3DG6，β 为 60，三极管输入电阻 r_{be} 约 800Ω，电源电压 E_c 为 12V。

解　① 选择电路：选定如图 4-2 所示的电路。

② 三极管基极电流 I_b 的选择：三极管基极电流需满足 $I_b > I_{bm}$，由于

$$I_{bm} = \frac{U_{srm}}{r_{be}} = \frac{\sqrt{2}U_{sr}}{r_{be}} = \frac{\sqrt{2} \times 30\text{mV}}{800\Omega} = 53\mu\text{A}$$

故选择
$$I_b = 60\mu\text{A}$$

$$R_b \approx E_c / I_b = 12\text{V}/60\mu\text{A} = 200\text{k}\Omega$$

集电极电流　$I_c = \beta I_b = 60 \times 60\mu\text{A} = 3.6\text{mA}$

③ 集电极电阻 R_c 的选择：为了保证输出回路不致饱和，要求

$$U_{ce \cdot min} = E_c - I_c R_c - I_{cm} R'_{fz} > 0.5\text{V}$$

由于 $R_c > R'_{fz}$，为了简化计算，令

$$E_c - (I_c + I_{cm}) R_c > 0.5\text{V}$$

取
$$E_c - (I_c + I_{cm}) R_c = 1\text{V}$$

$$I_{cm} = \beta I_{bm} = 60 \times 53\mu\text{A} = 3.18\text{mA}$$

$$R_c = \frac{E_c - 1\text{V}}{I_c + I_{cm}} = \frac{12\text{V} - 1\text{V}}{3.6\text{mA} + 3.18\text{mA}} \approx 1.62\text{k}\Omega$$

取 1.5kΩ。

④ 放大器的电压放大倍数 K_u 的计算：

$$R'_{fz} = \frac{R_c R_{fz}}{R_c + R_{fz}} = \frac{1.5\text{k}\Omega \times 3\text{k}\Omega}{1.5\text{k}\Omega + 3\text{k}\Omega} = 1\text{k}\Omega$$

$$K_u = -\beta \frac{R'_{fz}}{r_{be}} \approx -60 \times \frac{1\text{k}\Omega}{0.8\text{k}\Omega} = -75$$

满足 $|K_u| \geqslant 60$ 的设计要求。

4.1.4 工作点稳定的典型交流放大器的设计

工作点稳定的典型电路如图 4-3 所示。

为了保证工作点足够稳定，应满足下列条件：

$$I_1 \geqslant (5 \sim 10) I_b \text{（硅管可以更小）}$$

$$U_b \geqslant (5 \sim 10) U_{be} = \begin{cases} 3 \sim 5\text{V（硅管）} \\ 1 \sim 3\text{V（锗管，取绝对值）} \end{cases}$$

式中　I_1——流过 R_{b1} 和 R_{b2} 的电流（因 I_b 很小，可以认为流过 R_{b1} 和 R_{b2} 的电流相等）。

各量的计算公式如下：

$$U_b \approx E_c \frac{R_{b2}}{R_{b1} + R_{b2}}$$

$$I_c = I_e - I_b \approx I_e = \frac{U_b - U_{be}}{R_e} \approx \frac{U_b}{R_e}$$

$$I_b = I_c / \beta$$

$$I_1 = U_b / R_{b2}$$

引入反馈电阻 R_e 后，为了稳定直流分量，又不削弱交流分量，为此，在电阻 R_e 上并联一个电容 C_e（10～100μF），利用电容对直流电与交流电的容抗不同，使其对射极的交流电流起“短路”的作用。即让 R_e 对交流电流不起负反馈作用，从而使放大器的交流放大倍数不致下降。

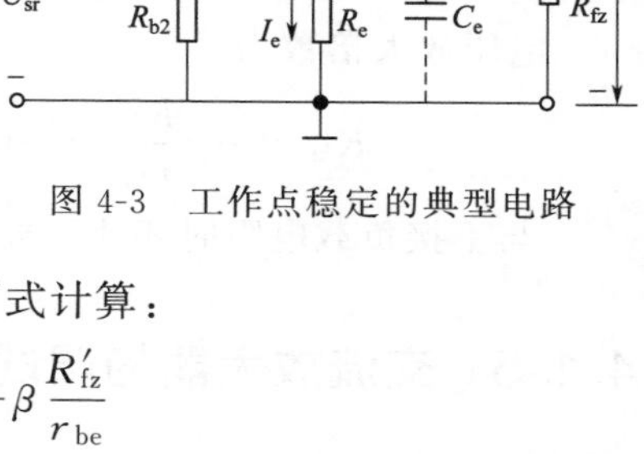

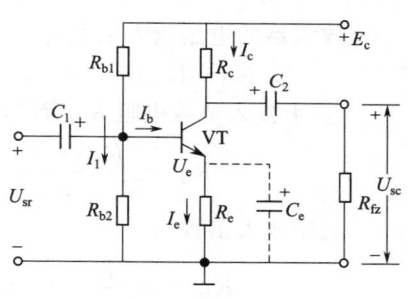

图 4-3　工作点稳定的典型电路

该电路的电压放大倍数仍按下式计算：

$$K_u = -\beta \frac{R'_{fz}}{r_{be}}$$

式中　R'_{fz}——R_c 与 R_{fz} 的并联电阻，$R'_{fz} = R_c \,//\, R_{fz}$，Ω。

【例 4-3】 如图 4-1，已知 E_c 为 20V，R_b 为 420kΩ，R_c 为 6kΩ，R_{fz} 为 3kΩ，β 为 60，试求放大器的输入电阻、输出电阻和放大倍数。

解 ① 计算放大器的静态工作点

$$I_b \approx (E_c - U_{be})/R_b = (20-0.7)\mathrm{V}/420\mathrm{k\Omega} = 41\mu\mathrm{A}$$

$$I_c \approx \beta I_b = 60 \times 41\mu\mathrm{A} = 2.46\mathrm{mA}$$

$$I_e = I_b + I_c \approx 2.87\mathrm{mA}$$

$$U_{ce} = E_c - I_c R_c = 20\mathrm{V} - 2.46\mathrm{mA} \times 6\mathrm{k\Omega} = 5.24\mathrm{V}$$

② 求不接负载电阻 R_{fz} 时的电压放大倍数

输入电阻 $r_{sr} \approx r_{be} = r_b + (\beta+1)\dfrac{26\mathrm{mV}}{I_e}$

$$= 300\Omega + (60+1) \times \frac{26\mathrm{mV}}{2.87\mathrm{mA}} = 934\Omega$$

输出电阻 $r_{sc} \approx R_c = 6\mathrm{k\Omega}$

当输入信号电压 U_{sr} 为 20mV 时，则基极电流和集电极电流为

$$i_b = U_{sr}/r_{be} = 20\mathrm{mV}/934\Omega = 21.4\mu\mathrm{A}$$

$$i_c = \beta i_b = 60 \times 21.4\mu\mathrm{A} = 1.285\mathrm{mA}$$

不接入负载电阻 R_{fz} 的情况下，输出电压为

$$U_{sc} = -i_c R_c = -1.285\mathrm{mA} \times 6\mathrm{k\Omega} = -7.71\mathrm{V}$$

放大器的电压放大倍数为

$$K_u = U_{sc}/U_{sr} = -7.71\mathrm{V}/20\mathrm{mV} = -385.5$$

③ 求接入负载电阻 R_{fz} 后的电压放大倍数

$$R'_{fz} = \frac{R_c R_{fz}}{R_c + R_{fz}} = \frac{3\mathrm{k\Omega} \times 6\mathrm{k\Omega}}{3\mathrm{k\Omega} + 6\mathrm{k\Omega}} = 2\mathrm{k\Omega}$$

电压放大倍数为

$$K_u = -\beta \frac{R'_{fz}}{r_{be}} = -60 \times \frac{2\mathrm{k\Omega}}{934\Omega} = -128.5$$

与不接负载电阻时相比，放大倍数下降了约 3 倍。

4.1.5 交流放大器的调试

首先应调整好放大器的静态工作点（不加输入信号），然后

在放大器输入端加入交流信号，观察放大器的输出有无失真，并测出输出电压值，算出它的放大倍数。如果达不到设计要求，则应进行相应的调整。调试中若发现有自激振荡、干扰噪声等情况，也应设法消除或抑制到允许限度之内。具体调试步骤如下。

(1) 静态工作点的调试

用万用表测出放大器各点的直流电压，如 E_c、U_b、U_c、U_e 或 U_{ce}、U_{be} 等，及集电极或发射极电流 I_c 或 I_e，看它们是否在设计值内。一般可改变偏流电阻 R_{b1} 来调整三极管的静态工作点。

对于多级放大器，需要逐级调整。前级的信号小，失真问题不突出，为了降低噪声和减小功耗，工作点可选得低一些；而后几级，信号较大，为了避免失真、增大信号输出幅度，静态工作点应选择得高一些，并力求使它处于放大器交流负载线的中部。

(2) 放大作用的调试

在放大器的输入端加上交流电压信号，然后用示波器逐级观察波形，检查各级放大器的工作情况。要求放大器在不发生失真的情况下，得到较高的放大倍数。

调试中会出现以下几种情况。

① 出现饱和失真。这时应适当降低工作点（增大 R_b，使 I_b 减小一些），或减小集电极电阻 R_c，使放大器脱离饱和区。

② 出现截止失真。可增加 I_b，将工作点上移。

③ 出现既饱和又截止。可减小输入电压或增大电源电压，以改善波形。

④ 三极管固有失真。应更换三极管。

放大器的失真消除后，就可以用电压表测量放大器的放大倍数 K 了。

$$K = U_{sc}/U_{sr}$$

如果放大倍数达不到要求，可进行以下调整。

① 适当加大 R_c，可提高放大器的放大倍数，但 R_c 过大易引起失真。

② 适当减小 R_c，可降低放大器的放大倍数，但 R_c 过小，易使三极管过载烧毁。

③ 适当提高放大器的静态工作点，也能提高放大器的放大倍数。

④ 若经以上调整，放大倍数仍不能满足要求，就应更换 β 更大的管子。

4.1.6 阻容耦合放大器的计算

阻容耦合放大器的典型电路如图 4-4 所示。

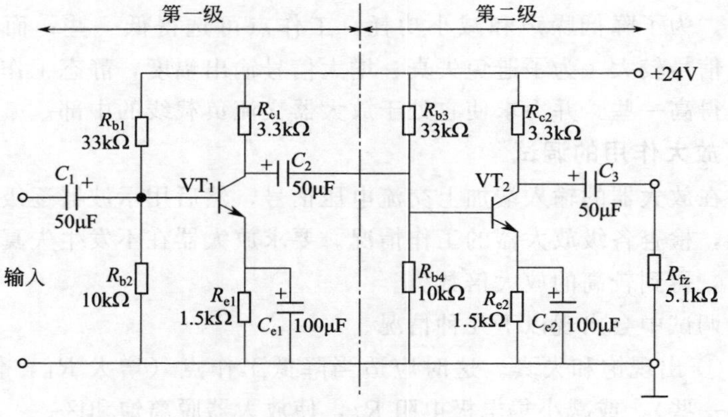

图 4-4 典型的阻容耦合放大器电路

(1) 电压放大倍数的计算

① 分解成两个单级放大器 先将以上两级放大器分成两个单级放大器，如图 4-5 所示。

② 第一级放大器计算 第一级放大器的负载电阻 r_{sr2} 为

$$r_{sr2}=R_{b3} /\!/ R_{b4} /\!/ r_{be2}$$

式中 r_{be2}——三极管 VT_2 的输入电阻 (Ω)，计算方法同单管放大器。

第一级放大器的总负载电阻 R'_{fz1} 为

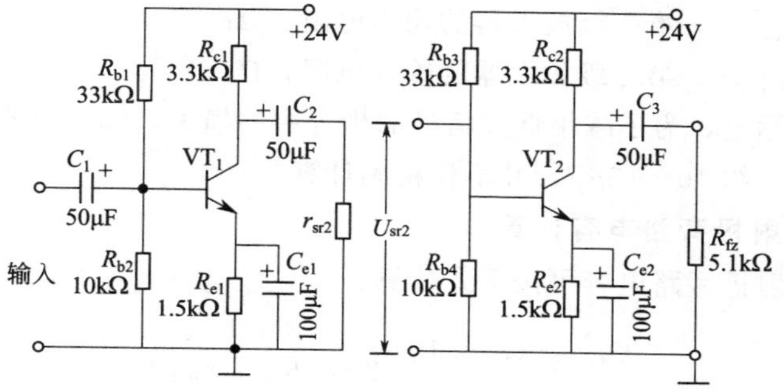

图 4-5　分级放大器的分解

$$R'_{fz1} = R_{c1} \,/\!/\, r_{sr2} = R_{c1} \,/\!/\, R_{b3} \,/\!/\, R_{b4} \,/\!/\, r_{be2}$$

如果 VT_1 和 VT_2 的电流放大倍数为 $\beta_1 = \beta_2 = 60$，输入电阻 $r_{be1} = r_{be2} = 1.4\text{k}\Omega$，则

$$R'_{fz1} = 3.3 \,/\!/\, 33 \,/\!/\, 10 \,/\!/\, 1.4 = 0.87\text{k}\Omega$$

第一级放大器的电压放大倍数 K_{u1} 为

$$K_{u1} = -\beta_1 \frac{R'_{fz1}}{r_{be1}} = -60 \times \frac{0.87}{1.4} = -37.3$$

③ 第二级放大器计算　第二级放大器的总负载电阻 R'_{fz2} 为

$$R'_{fz2} = R_{c2} \,/\!/\, R_{fz} = 3.3 \,/\!/\, 5.1 \approx 2\text{k}\Omega$$

第二级放大器的电压放大倍数 K_{u2} 为

$$K_{u2} = -\beta_2 \frac{R'_{fz2}}{r_{be2}} = -60 \times \frac{2}{1.4} = -85.7$$

④ 两级电压放大器的总电压放大倍数计算

$$K_u = K_{u1} K_{u2} = (-37.3) \times (-85.7) = 3197$$

(2) 耦合电容计算

耦合电容可按下式估算：

$$C_2 \geqslant (3 \sim 5) \frac{1}{2\pi f (r_{sc1} + r_{sr2})}$$

式中　C_2——耦合电容的电容量，μF；

r_{sc1} ——第一级放大器的输出电阻，Ω；

r_{sr2} ——第二级放大器的输入电阻，Ω。

实际上，为了减小低频信号的耦合中的损失，耦合电容往往选得较大，约 10～15μF，并不作精确计算。

(3) 发射极旁路电容计算

发射极旁路电容可按下式估算：

$$C_{e2} \geqslant (3 \sim 10)\frac{\beta + 1}{2\pi f(R_s + r_{be2})}$$

式中 C_{e2}——发射极旁路电容的电容量，μF；

R_s——信号源内阻，Ω；

r_{be2}——第二级放大器输入电阻，Ω。

通常 C_{e2} 的容量选择得比耦合电容 C_2 大。

(4) *n* 级共射极放大器总放大倍数的估算

$$K_u = K_{u1}K_{u2}\cdots K_{un}$$
$$\approx (-1)^n\beta_1\beta_2\cdots\beta_n\frac{R'_{zn}}{r_{be1}}$$

式中 β_1，β_2，…，β_n—— 各级三极管的电流放大倍数；

R'_{zn}——第 n 级（末级）的总负载电阻；

r_{be1} ——第一级三极管的输入电阻。

当级数愈多，估算值的误差也愈大。

$(-1)^n$ 是为了考虑共射极电路每级的倒相关系。当 n 为奇数时，放大器末级的输出电压与第一级的输入电压相位相反；当 n 为偶数级时，末级的输出电压与第一级的输入电压同相。

4.1.7 射极输出器的计算

射极输出器（即共集电极电路）具有输入阻抗大、输出阻抗小的特点，它在放大电路中广泛用作阻抗变换器。在多级放大器中，当要求输入信号衰减较小和增大带负载的能力时，往往用它作输入级和输出级。

射极输出器的典型电路如图 4-6 所示。

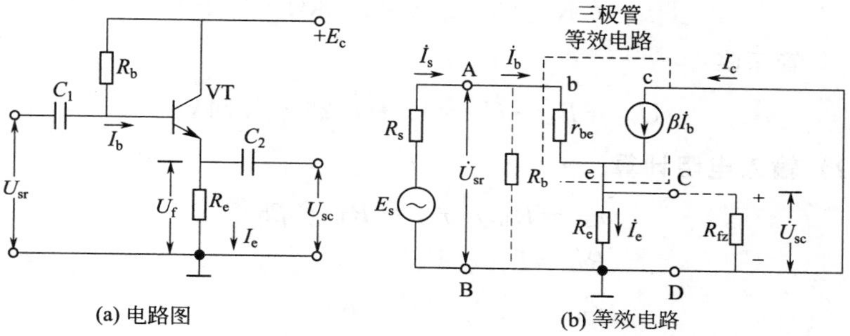

图 4-6　射极输出器的典型电路

(1) 静态工作点计算

基极静态电流为

$$I_b = \frac{E_c - U_{be}}{R_b + (\beta + 1)R_e} \approx \frac{E_c}{R_b + (\beta + 1)R_e}$$

当 $E_c >> U_{be}$ 时，可用近似式计算。

管压降为

$$U_{ce} \approx E_c - I_e R_e (I_e = I_c \approx \beta I_b)$$

【例 4-4】 如图 4-6，已知 E_c 为 12V，R_b 为 120kΩ，R_e 为 2.2kΩ，β 为 80，假设 $U_{be} \approx 0$，试求三极管各极的电流和电压值。

解 基极静态电流

$$I_b \approx \frac{E_c}{R_b + (\beta + 1)R_e} = \frac{12\text{V}}{120\text{k}\Omega + (80 + 1) \times 2.2\text{k}\Omega} = 40.2\mu\text{A}$$

发射极电流

$$I_e=(\beta+1)I_b=(80+1)\times 40.2\mu A=3.3mA$$

发射极电压

$$U_e=I_eR_e=3.3mA\times 2.2k\Omega=7.26V$$

管压降

$$U_{ce}=E_e-U_e=12-7.26=4.74V$$

(2) 输入电阻计算

$$r_{sr}=R_b /\!/ r'_{sr}\approx R_b /\!/ \beta R'_{fz}$$

$$R'_{fz}=R_e /\!/ R_{fz}$$

$$r'_{sr}=r_{be}+(\beta+1)R_e$$

式中 r_{sr}——输入电阻，Ω；

R'_{fz}——射极输出器输出端的等效负载，Ω；

r'_{sr}——不考虑 R_b 时射极输出器的输入电阻，Ω。

射极输出器的输入电阻一般可达几十千欧到几百千欧，比起集电极输出电路（即共发射极电路）的输入电阻提高几十倍到几百倍。

(3) 输出电阻计算

$$r_{sc}=R_e /\!/ \left(\frac{R'_b+r_{be}}{\beta+1}\right)\approx\frac{R'_b+r_{be}}{\beta}$$

式中 r_{sc}——输出电阻，Ω；

R'_b——等效电阻，$R'_b=R_b /\!/ R_s$，Ω；

R_s——信号源内阻，Ω。

当 $\frac{R'_b+r_{be}}{\beta+1}\ll R_e$ 时，可用近似式计算。

由以上公式可见，三极管的 β 愈大，r_{sc} 就愈小。为了获得特别低的输出电阻，应选用 β 大的管子。

射极输出器的输出电阻大约在几十欧到几百欧的范围内，比共发射极电路的输出电阻低得多。

【例 4-5】 如图 4-6，已知 R_b 为 120kΩ，R_e 为 2.2kΩ，$\beta=80$，r_{be} 约 0.9kΩ，设信号源内阻 R_s 为 700Ω，试求射极输出器的输出电阻。

解 等效电阻 $R'_b = R_b /\!/ R_s \approx R_s = 0.7\text{k}\Omega$

$$\frac{R'_b + r_{be}}{\beta + 1} = \frac{0.7\text{k}\Omega + 0.9\text{k}\Omega}{80 + 1} = 19.7\Omega \ll R_e$$

因此可用近似式计算：

$$r_{sc} = \frac{R'_b + r_{be}}{\beta} = \frac{0.7\text{k}\Omega + 0.9\text{k}\Omega}{80} = 20\Omega$$

(4) 求放大倍数

射极输出器的电压放大倍数 K_u 可按下式计算：

$$K_u = \frac{U_{sc}}{U_{sr}} = \frac{(\beta + 1)R'_{fz}}{r_{be} + (\beta + 1)R'_{fz}} \leqslant 1$$

式中 R'_{fz} ——射极输出器输出端的等效负载（Ω），$R'_{fz} = R_e /\!/ R_{fz}$。

通常总有 $r_{be} \ll (\beta + 1)R'_{fz}$，所以 $K_u \approx 1$。实际上，只要 R'_{fz} 在几百欧以上，就可认为电压放大倍数是 1。

射极输出器作输出级时的工作点计算如下。

射极输出器在作输出级使用时，一般要求有一定的输出幅度即跟随范围，所以在计算电压输出范围时要留有裕量。为使射极输出器的跟随范围尽可能大，必须使静态工作点大致在交流负载线中央，为此可按以下经验公式计算：

$$I_c \approx I_e = (1.5 \sim 2) I_{fz \cdot max}$$

$$R_e = (1 \sim 2) R_{fz}$$

$$E_c \approx (3 \sim 4) U_{sc \cdot max}$$

式中 $I_{fz \cdot max}$ ——通过负载的最大电流；

$U_{sc \cdot max}$ ——最大输出电压。

4.1.8 共基极放大电路的计算

共基极放大电路具有较好的高频响应，且输入电阻很低、输出电阻很高，广泛用于宽频带放大电路中，其典型电路如图 4-7 所示。

(1) 放大电路静态工作点的选择

共基极放大电路的静态工作点由下列各式决定：

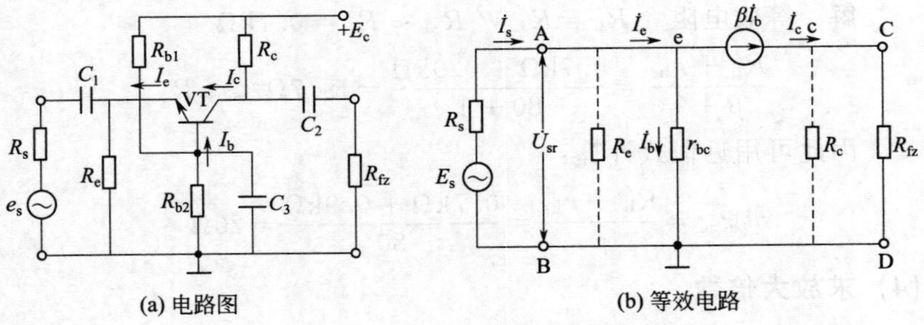

图 4-7　共基极放大电路典型电路

$$U_b = \frac{R_{b2}}{R_{b1} + R_{b2}} E_c$$

$$I_c \approx I_e = \frac{U_b - U_{be}}{R_e}$$

$$I_b = \frac{I_c}{\beta}$$

$$U_{ce} = E_c - I_c R_c - (U_b - U_{be})$$

式中，U_{be} 对于硅管为 0.5～0.7V，对于锗管为 0.1～0.2V。

(2) 放大器的输入电阻计算

$$r_{sr} = \frac{R_e r_{be}}{(1+\beta)R_e + r_{be}}$$

式中　r_{be} ——三极管的输入电阻，Ω。

(3) 放大器的输出电阻计算

$$r_{sc} = R_c$$

式中　R_c——集电极电阻，Ω。

(4) 放大器的电压放大倍数 K 的计算

$$K = \frac{\beta R'_{fz}}{r_{be}}$$

式中　R'_{fz} ——输出的总负载电阻，$R'_{fz} = \dfrac{R_c R_{fz}}{R_c + R_{fz}}$，Ω；

　　R_{fz} ——负载电阻，Ω。

4.1.9 负反馈电路的计算

(1) 电压串联负反馈

射极输出器（图 4-6）就是电压串联负反馈的一个突出例子。它的反馈电压等于输出电压，即 $U_f = I_e R_e = U_{sc}$。

电压串联负反馈放大电路能稳定输出电压（提高了电压放大倍数的稳定性及减少了电路的输出电阻）和提高输入电阻。

(2) 电流串联负反馈

单级电流串联负反馈电路如图 4-8 所示。

① 输入电阻为

$$r_{sr} = R_b \,/\!/\, R_i，R_i = r_{be} + (\beta + 1) R_e$$

② 输出电阻为

$$r_{sc} \approx R_c$$

③ 电压放大倍数为

$$K_u \approx -R_c'/R_e，R_c' = R_c \,/\!/\, R_{fz}$$

由以上公式可见，电流负反馈放大电路的主要特点是电压放大倍数稳定，输入电阻比较高。

(3) 电压并联负反馈

单级电压并联负反馈电路如图 4-9 所示。

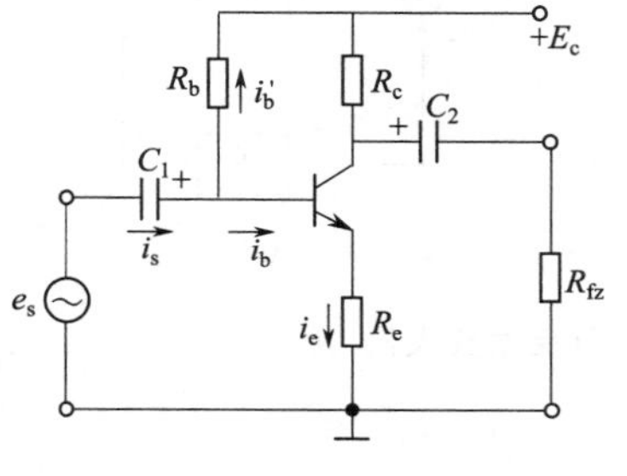

图 4-8　单级电流串联负反馈放大器

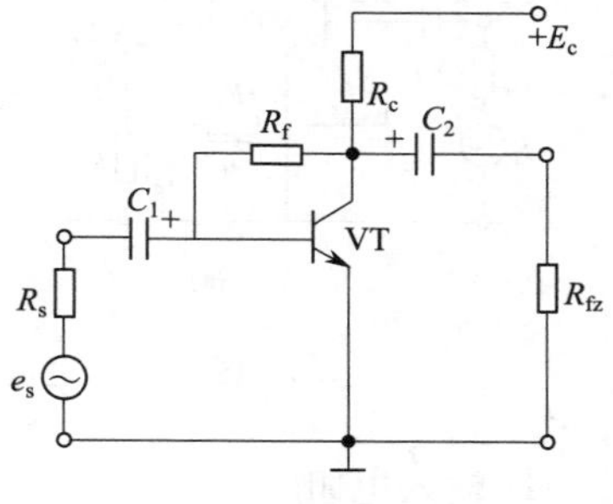

图 4-9　单级电压并联负反馈放大器

① 输入电阻为

$$r_{sr} \approx \frac{r_{be}}{1+\dfrac{K_0(R_s+r_{be})}{R_f}}$$

式中 R_s——信号源内阻，Ω；

K_0——没有反馈时的放大倍数，$K_0=\dfrac{-\beta R'_c}{R_s+r_{be}}$

$$R'_c=R_c \,/\!/\, R_{fz}$$

② 输出电阻

$$r_{sc} \approx \frac{R'_c}{1+K_0F_i}$$

式中 F_i——电压并联负反馈电路的反馈系数，$F_i=R_s/R_f$。

③ 放大器的电压放大倍数

$$K_u \approx \frac{K_0}{1+K_0F_i}$$

由以上公式可见，电压并联负反馈放大电路能减小输入电阻，对高频放大电路来说能改善频率特性，提高放大器的稳定性。

(4) 电流并联负反馈

电流并联负反馈电路如图 4-10 所示。

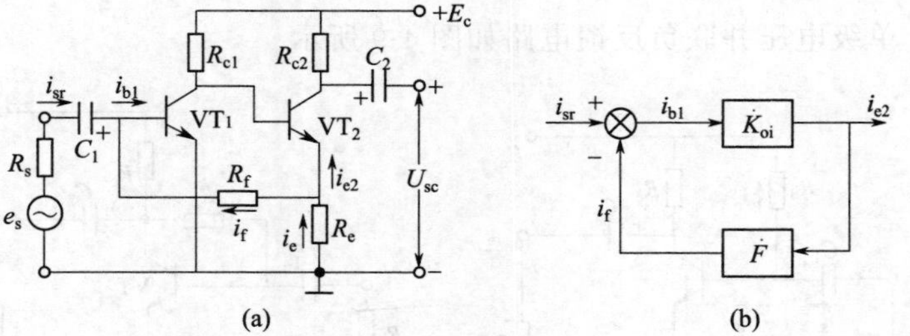

图 4-10 电流并联负反馈放大器

① 输入电阻

$$r_{sr} \approx r_{be1} \quad (r_{be1} \ll R_f)$$

② 输出电阻

$$r_{sc} \approx R_{c2}$$

③ 放大器的电流放大倍数

$$K_i \approx 1 + R_f / R_e$$

可见，电流并联负反馈放大电路能稳定电流放大倍数，因为放大倍数仅与R_f和R_e有关，而与三极管的具体参数几乎无关。

以上四种负反馈电路的参数特性，列于表 4-1。

■ 表 4-1　四种负反馈连接形式的参数特性

负反馈的连接形式		稳定的输出量	电压放大倍数	电流放大倍数	输入电阻	输出电阻
反馈信号取自的输出量	输入端连接方式					
电压	串联	U_{sc}	减小	不变	提高	减小
电流	串联	I_{sc}(或 I_e)	不变	减小	提高	提高(或近似不变)
电压	并联	U_{sc}	不变	减小	减小	减小
电流	并联	I_{sc}(或 I_e)	减小	不变	减小	提高(或近似不变)

4.1.10　各类交流放大器的特点及比较

交流放大器的基本单元电路及特点见表 4-2。

4.1.11　交流放大器偏置电路的计算

交流放大器必须正确地选择静态工作点。若工作点选择不当，会使放大器产生非线性失真，甚至有可能使放大器失去放大作用。

静态工作点还必须保持稳定。所谓稳定的静态工作点是指在信号电压作用下，三极管各极电压和电流都以工作点为中心上下摆动而不进入截止区和饱和区。静态工作点的稳定需要有偏置电路加以保证。

常用的偏置电路及其静态工作点的计算列于表 4-3 中。其中共基极双电源偏置电路主要用于共基极放大电路。定基流偏置电路多用于硅管放大电路。电流负反馈偏置电路用于共发射极和共集电极

■ 表 4-2(a) 交流放大器的基本单元电路及特点

电路图	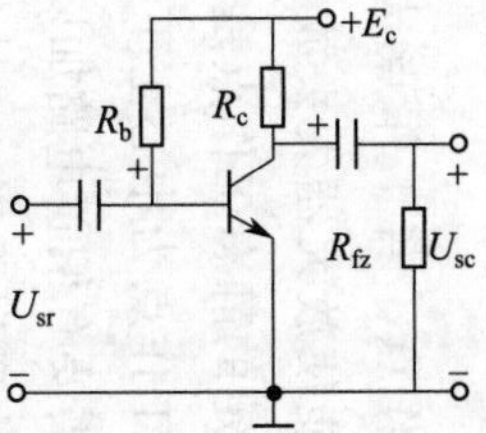	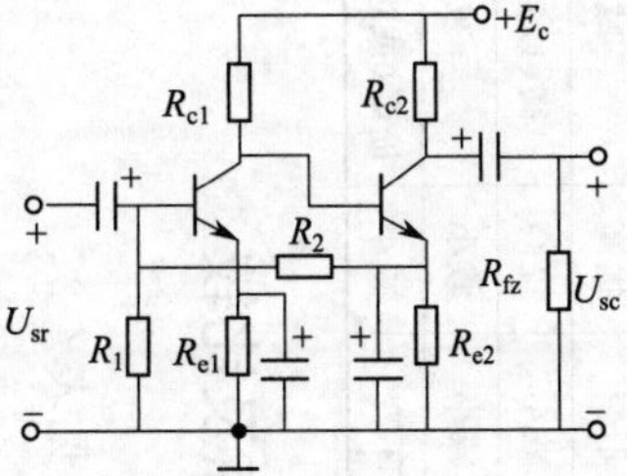	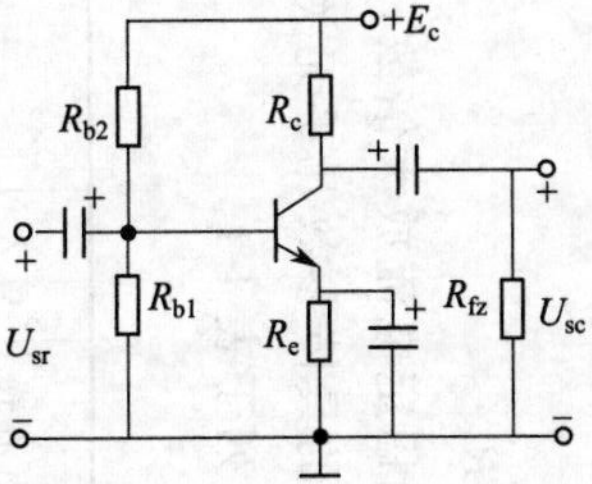
图解法	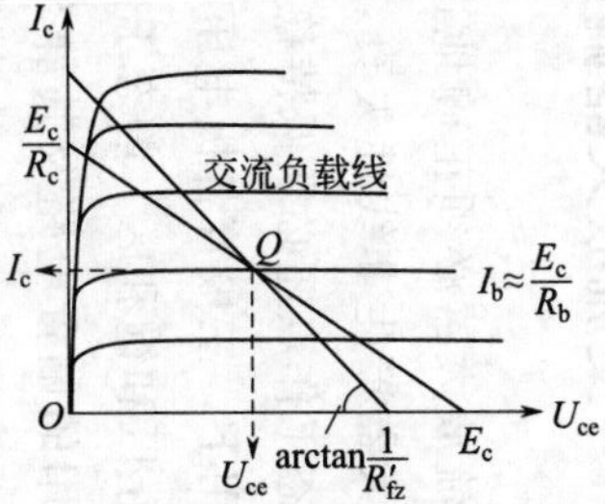	方法同右图	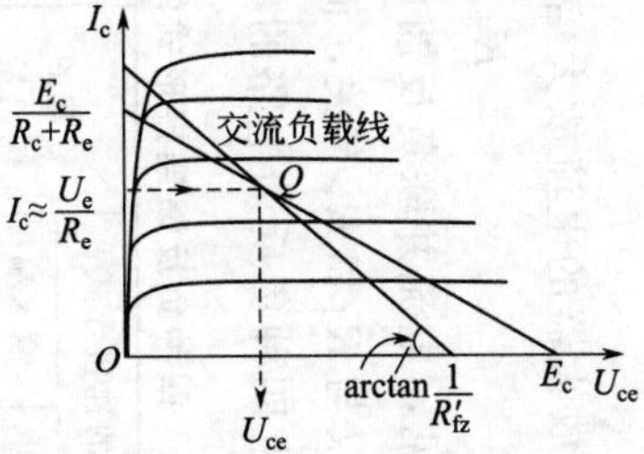

续表

静态工作点	$I_b \approx \frac{E_c}{R_b}, I_c = \beta I_b$ $U_{ce} = E_c - I_c R_c$	由 $\left(\frac{U_{e2}R_1}{R_1+R_2} - U_{be1}\right)\frac{1}{R_{e1}}$ $\approx \frac{E_c - (U_{e2}+U_{be2})}{R_{c1}}$ 解得 U_{e2} 等	$U_b \approx \frac{E_c R_{b1}}{R_{b1}+R_{b2}}$, $U_e = U_b - U_{be}$ $I_e = \frac{U_e}{R_e}$, $U_{ce} \approx E_c - I_c(R_e + R_c)$
输入电阻	$r_{sr} \approx r_{be}$ $(r_{be} \ll R_b)$	$r_{sr} \approx r_{be1}$ $(r_{be1} \ll R_1//R_2)$	$r_{sr} \approx r_{be}$ $(r_{be} \ll R_{b1}//R_{b2})$
输出电阻	$r_{sc} \approx R_c$	$r_{sc} \approx R_{c2}$	$r_{sc} \approx R_c$
放大倍数	$K = \frac{-\beta R'_{fz}}{r_{be}}$	$K = \frac{U_{sc}}{U_{sr}} \approx \beta_1\beta_2 \frac{R'_{fz}}{r_{be1}}$ $(R_{c1} \gg r_{be2})$	$K = \frac{-\beta R'_{fz}}{r_{be}}$
特点	放大倍数大,工作点不稳定	放大倍数大,工作点稳定	工作点稳定
用途	不要求工作点稳定的简单放大电路	工作点要求稳定的放大电路,多用于多级放大器的中间级	

■ 表 4-2(b)　交流放大器的基本电路及特点

电路图	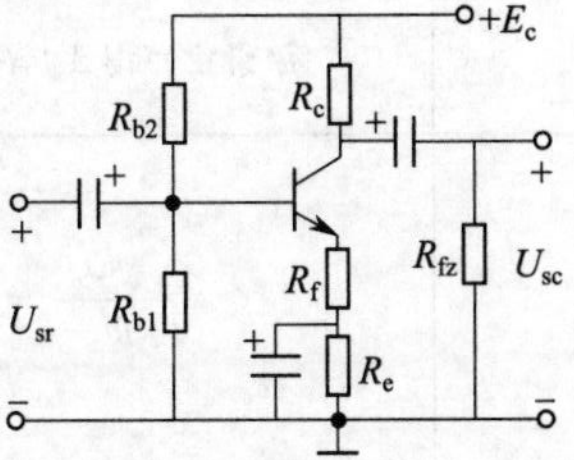	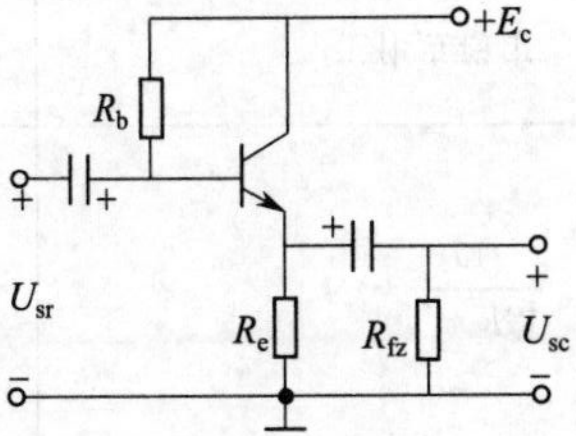
图解法	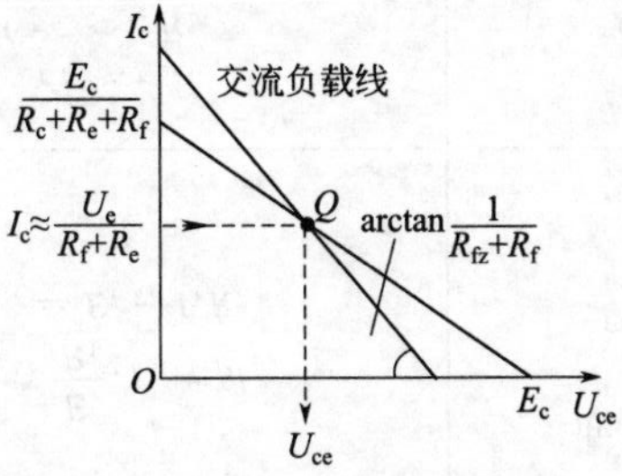	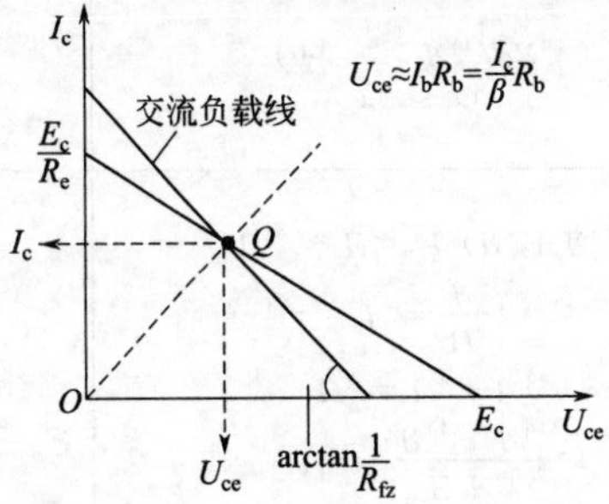

续表

静态工作点	U_b，U_e 同前，但 $I_e=\dfrac{U_e}{R_e+R_f}$，$U_{ce}\approx E_c-I_c(R_c+R_e+R_f)$	$I_b\approx\dfrac{E_c}{R_b+\beta R_e}$，$I_e\approx\beta I_b$，$U_{ce}=E_c-I_eR_e$
输入电阻	$r_{sr}\approx R_{b1}//R_{b2}//(\beta R_f+r_{be})$	$r_{sr}\approx R_b//(r_{be}+\beta R'_{fz})$
输出电阻	$r_{sc}\approx R_c$	$r_{sc}\approx\dfrac{R_b+r_{be}}{\beta}$ $\left(\dfrac{R_b+r_{be}}{\beta}\ll R_e\right)$
放大倍数	$K\approx\dfrac{-R'_{fz}}{R_f}$ $(\beta R_{fz}\gg r_{be})$	$K=\dfrac{(\beta+1)R'_{fz}}{r_{be}+(\beta+1)R'_{fz}}$
特点	r_{sr} 较大，$\lvert K\rvert>1$ 且与三极管参数几乎无关，工作点稳定	r_{sr} 大，r_{sc} 小，$\lvert K\rvert\leqslant 1$，工作点稳定
用途	放大器的输入级或为了改善波形和提高 K 的稳定性	放大器的输入级或输出级

放大电路，它和电压负反馈偏置电路一样，均具有受温度和电源变化的影响较小、工作点稳定的优点。

■ **表 4-3　常用的偏置电路及其静态工作点的计算**

名称	电　　路	静态工作点
共基极双电源偏置电路	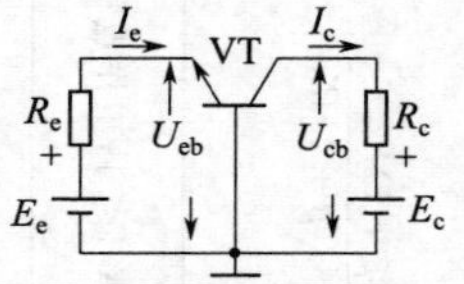	$I_c \approx (E_e - U_{be})/R_e$ $U_{cb} \approx E_c - R_c(E_c - U_{be})/R_e$
定基流偏置电路	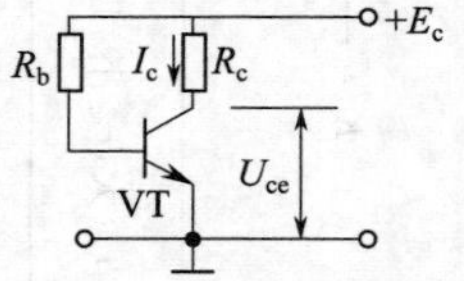	$I_c \approx \beta(E_c - U_{be})/R_b$ $U_{ce} \approx E_c - \dfrac{R_c\beta(E_c - U_{be})}{R_b}$
电流负反馈偏置电路	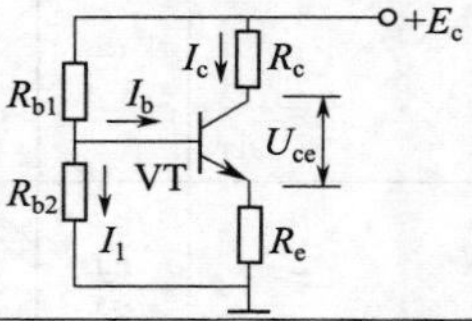	$I_c \approx \left(\dfrac{R_{b2}}{R_{b1}+R_{b2}}E_c - U_{be}\right)\dfrac{1}{R_e}$ $U_{ce} \approx E_c - \left(\dfrac{R_{b1}}{R_{b1}+R_{b2}}E_c - U_{be}\right)\dfrac{R_c}{R_e}$
电压负反馈偏置电路	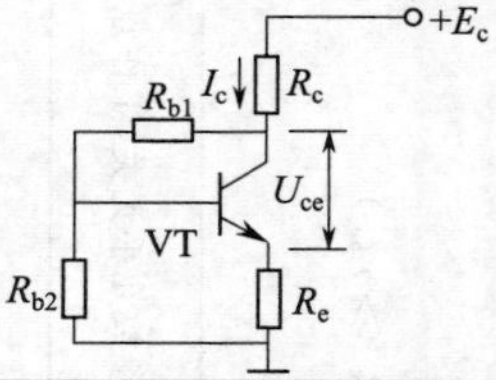	$I_c \approx \dfrac{R_{b2}E_c - (R_c + R_{b1} + R_{b2})U_{be}}{R_e\left[R_c\left(1+\dfrac{R_{b2}}{R_e}\right) + R_{b1} + R_{b2}\right]}$ $U_{ce} \approx \dfrac{R_{b1}E_c + U_{be}\left[R_c + R_{b1} + R_{b2} + \dfrac{(R_{b1}+R_{b2})R_c}{R_e}\right]}{R_c\left(1+\dfrac{R_{b2}}{R_e}\right) + R_{b1} + R_{b2}}$

注：1. U_{be} 为三极管基极 - 发射极正向压降，在 25℃ 时对于锗管 $U_{be} = -0.1 \sim -0.3\text{V}$，硅管 $U_{be} = 0.5 \sim 0.7\text{V}$。

2. U_e 为发射极电压，对于锗管 $U_e = 1 \sim 3\text{V}$，硅管 $U_e = 3 \sim 5\text{V}$。

4.1.12　场效应管放大电路的计算

场效应管的输入阻抗非常高，可达 $10^9 \sim 10^{15}\,\Omega$，输入电路和输出电路基本独立，电路结构较简单，并具有噪声低、动态范围广和抗干扰、抗辐射能力强等特点。

常用的场效应管基本放大电路及特点，列于表 4-4。

■ 表 4-4　常用场效应管基本放大电路及特点

电路类型	电路图	静态工作点	输入电阻	电压放大倍数	输出电阻
共源放大器	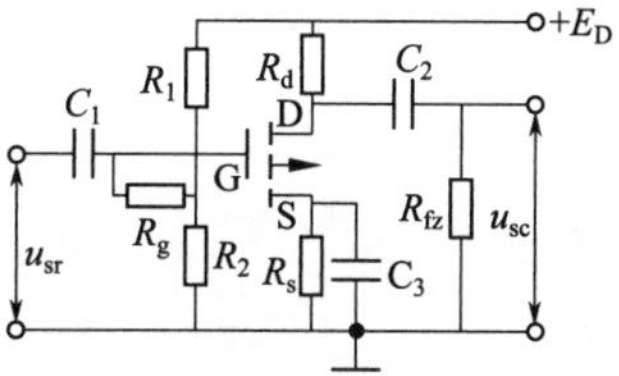	$U_G=U_{R2}=\frac{E_DR_2}{R_1+R_2}$ $I_D=\frac{U_G}{R_s}$ $(U_G\gg U_{GS})$ $U_{DS}=E_D-I_DR_d-I_DR_s$	$r_{sr}=R_g+R_1//R_2$	$K_u=-g_m(R_d//R_{fz})$	$r_{sc}\approx R_d$
源极输出器	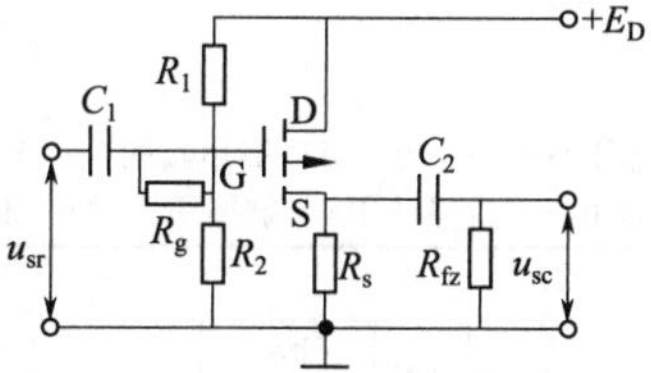	$U_G=U_{R2}=\frac{E_DR_2}{R_1+R_2}$ $I_D=\frac{U_G}{R_s}$ $U_{DS}=E_D-I_DR_s$	$r_{sr}=R_g+R_1//R_2$	$K_u=\frac{g_m(R_s//R_{fz})}{1+g_m(R_s//R_{fz})}$	$r_{sc}\approx\frac{1}{\frac{1}{R_s}+g_m}$
混合跟随器	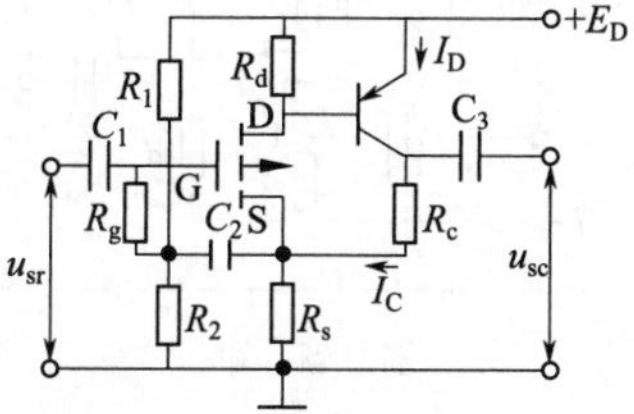	$U_G=U_{R2}=\frac{E_DR_2}{R_1+R_2}$ $I_D+I_C=\frac{U_G}{R_s}$ $U_{DS}=E_D-I_DR_d-(I_D+I_C)R_s$	$r_{sr}=[1+(1+\beta')g_mR_s']R_s$ $\beta'=\beta\frac{R_d}{h_{ip}+R_d}$ $R_s'=R_s//R_1//R_2$	$K_u=\frac{\beta' g_mR_c+(1+\beta')g_mR_s'}{1+(1+\beta')}$	$r_{sc}=\frac{R_d+(1+g_mR_d)R_s'}{1+(\beta'+1)g_mR_s'}$

续表

电路类型	电路图	静态工作点	输入电阻	电压放大倍数	输出电阻
电流负反馈放大器	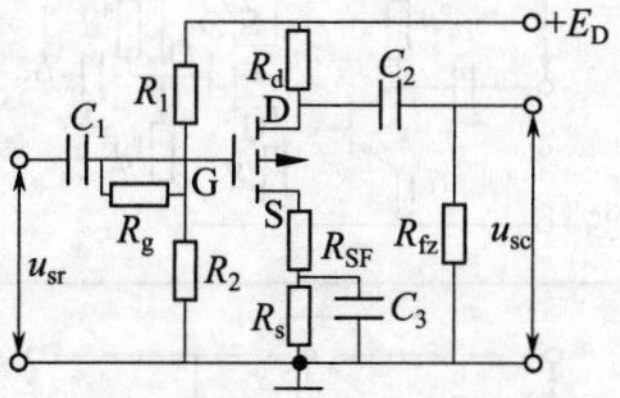	$U_G=U_{R2}=\frac{E_D R_2}{R_1+R_2}$ $I_D=\frac{U_G}{R_s+R_{SF}}$ $U_{DS}=E_D-I_D R_d$ $-I_D(R_{SF}+R_s)$	$r_{sr}=R_g+\frac{R_1 R_2}{R_1+R_2}$	$K_u=\frac{-g_m R'_{fz}}{1+g_m R_{SF}}$ $R'_{fz}=R_d//R_{fz}$	$r_{sc}\approx R_d$

注：g_m— 正向跨导(mS)；E_D— 电源电压(V)；U_G— 栅极电压(V)；U_{DS}— 漏源极电压(V)；R_s— 源极电阻(Ω)；R_d— 漏极电阻(Ω)；R_g— 偏置电阻(Ω)；R_{fz}— 负载电阻(Ω)。

4.2 交流放大器等电子设备的干扰、噪声、自激及消除方法

在检修和调试放大器等电子设备时，经常会遇到这种情况：当放大器没有输入信号时，却有一定的输出电压，即使将放大器的输入端短路，放大器仍有一定的输出电压。这个电压是由于外界干扰和电子元件内部的噪声引起的。

另外，还会经常碰到电路自激现象。轻者使放大器不能稳定可靠地工作，重者将导致电子元件的损坏。如果出现自激振荡，必须彻底消除，放大器才能正常工作，才能进行调试。

4.2.1 干扰的来源及消除方法

外界电磁干扰系由于干扰源产生的各种瞬变脉冲通过一定途径（例如信号传输导线等），侵入放大器或逻辑控制装置，使得放大器或控制系统无法正常工作。在所有外界的电磁干扰中，以电网来的干扰最严重，其干扰电压的频率为50Hz或其倍频。

(1) 电源电压滤波不良

电源电压滤波不良会使整流器输出电压中含有交流成分。这个干扰的交流电压经耦合电路逐级放大，就会引起很大的噪声电压。

消除方法：采用多级滤波器或采用稳压电源供电。对于放大器的前几级（特别是第一级），尤其要求供电电源电压脉动尽可能小。

(2) 放大器的接地点不合理

多级放大器的接地点不合理，会引起严重的干扰和自激振荡。例如，没有在滤波电容处接地，而是在前级放大器处接地，这样滤波电容上的滤波电流经过很长的接地线后才接地，同时各级集电极交流电流也要经此接地线接地，于是在这段接地线上产生一定的交

流电压，而该电压又将作用在前级放大器的输入回路内，引起严重的干扰。

消除方法如下。

① 应将多级放大器的接地点设在滤波电容处，将滤波电流直接入地。

② 在电路布置上，应尽量使各级的集电极交流电流由前向后经过地线入地。在电路安装上，应注意元件排列合理、紧凑，特别在高频时信号回路引线要尽量短，元件焊接要牢靠。

③ 将每级放大器输入回路元件的接地单独集中连接后，再接在总的接地线上。放大器的总接地线应采用较粗的裸铜线，并在一点接地。

④ 不要用仪器的底盘当作接地线使用。

⑤ 对于多台电子设备共同使用时，应将它们的接地线（接外壳）连在一起。

(3) 杂散电磁场干扰

当电力线、电源变压器、滤波电感等元件距放大器等电子设备过近或布置不当时，这些元件在周围产生的交变电磁场会对放大器等产生干扰。作者曾调试一台数控设备，这台设备有五十余米长，当车尾按动联络电铃时，会引起车前逻辑控制电路误动作。因为电铃是个电感元件，当接通电源再断开时，便会在电感线圈上产生一个突变的高电压。该高电压引起的冲击浪涌便通过导线的相互串扰，对电子设备产生干扰。

消除方法如下。

① 尽量使电源变压器、滤波电感等元件远离放大器和逻辑控制电路，尤其要远离第一级输入电路。这些元件的安装位置应考虑不易对放大器等产生干扰。

② 放大器等的输入线、输出线应与电源线、动力线分开走，不要平行敷设，两者应尽量远离。当无法远离时，应相互垂直敷设。

③ 采取屏蔽措施。可采用屏蔽罩或屏蔽线，并将屏蔽罩和

屏蔽线外套可靠接地。一般放大器的引入线及电子设备的输入线、探测头引线等应采用屏蔽线。电源变压器的原边和副边要加屏蔽层，屏蔽层再接地。必要时可用金属罩将电源变压器屏蔽隔离，金属罩接地。对于生产车间的电子设备，易受干扰的引线可穿钢管敷设，钢管可靠接地。屏蔽材料以铜效果较好，铝较差。

④ 在三极管基极-发射极之间并联一只 0.1～1μF 的电容（对延迟不作要求时可用更大的电容，如几十微法至 100μF），或在集电极-基极之间并联一只 0.1μF 以下的电容。

⑤ 对于生产车间的电子设备，包括电子控制器、操纵台、机身控制柜等，它们之间的距离应靠近，以免生产车间的交、直流电机、晶闸管变流装置、电焊机、风机等产生的电磁场干扰电子设备的正常工作。

⑥ 对前面所说的数控等电子设备的电铃干扰，可以在电铃回路中并联一阻容吸收回路即可消除。一般电容选 0.22μF/400V，电阻选 20Ω/1W。

4.2.2 噪声的来源及减小方法

放大器中的噪声来源，除由电源电压滤波不良引起外，主要是由三极管本身热噪声和管内噪声引起。此外，还有焊接不良造成焊点处电阻无规则变化，增大了放大器的噪声。

减小方法如下。

① 选用噪声小的三极管，尤其对第一级管子更为重要。一般来说，面结合型三极管的噪声比点结合型的小。

② 提高放大器的输入电阻、减小三极管的工作电流。

③ 正确选择三极管的直流工作点。一般对锗管来讲，其集电极电流宜在 1mA 以下，而硅管集电极电流应取得高些。管子集电极电压对噪声略有影响，电压低时噪声略有所下降。

④ 焊接必须牢靠，防止虚焊。

4.2.3 自激振荡及消除方法

自激振荡现象在分立元件电路中比集成电路中更为普遍。它是由于放大器中的正反馈造成的。正反馈不是有意识地加上去的，而是由于安装、布线不合理等因素造成的。

(1) 自激振荡的判断

自激振荡有强、中、弱之分。强自激振荡能使元件烧毁；中等程度的自激振荡，使放大器的输出幅度发生明显变化；弱自激振荡，会使输出信号周期性地出现抖动，而对输出信号的幅度和波形无明显变化。

放大器发生自激振荡，静态工作点发生变化，在电路中接入直流电表，表头指针将发生摆动，忽大忽小不能静止。通常用以下方法判断自激振荡和自激频率。

① 瞬时短路法和氖泡法　用此两方法不但能判断放大器有无自激振荡，还可确定产生自激振荡的部位。

对于小信号多级放大电路，可先从放大器的后级往前级或从前级往后级逐级对地瞬时短路，若短路某部位静态工作点稳定、振荡消失，则该部位即与产生自激振荡有关。

对于大功率放大器，可利用氖泡有无发亮和发亮程度来判断电路有无自激振荡及其产生的部位。

② 示波器法　即在放大器的输入端短路的情况下，用示波器观察信号波形来判断。使用示波器上具有时间定度的扫描开关，就可以测量出信号频率和自激振荡频率。两者进行幅度比较，就可以测出自激振荡的强弱。使用示波器逐级测量，就能测出自激振荡的位置。

若在放大电路输入端加入方波脉冲，可以判断出有无自激振荡及是属于低频振荡还是高频振荡。

用示波器判断放大器的自激振荡应与干扰、噪声加以区别。两者之间的区别在于以下几点。

a. 自激振荡的波形是比较规则的，振幅往往很大，甚至导致三极管的饱和与截止，而干扰与噪声引起的输出电压一般还是比较小的。

b. 振荡的频率大都比较高，而且会随放大器中元件的参数改变而改变，而干扰的频率多为电网的频率（50Hz）或倍频（100Hz）。

c. 自激振荡的输出通过一定措施可以完全消除，而干扰、噪声是很难完全消除的。

(2) 产生自激振荡的原因及消除方法

① 布线紊乱，输入信号线与输出信号线、电源线纠缠在一起，各种分布电容增大，容易产生信号的正反馈。

消除方法如下。

a. 合理布线。在布线和元件排列时应排成直线，让输出级远离输入级，输入线不要靠近输出线。在增益大的高频放大级和易于产生正反馈的级与级之间采用屏蔽隔离技术，输入、输出线可采用高频同轴电缆或用带屏蔽层的导线。

b. 在放大器中有可能产生自激振荡，一级的基极对地及基极对集电极间并接一个小电容（称中和电容），以消除高频自激和抑制高频干扰。电容量的数值要根据振荡频率来决定，振荡的频率愈高，消振电容可选得愈小，具体数值可在调整时试验确定。

② 各级放大器共用一个电源，有时也会引起低频自激。

消除方法如下。

a. 改善电源。

b. 在放大器各级之间加上“去耦电路”，以消除后级通过电源与前级之间的耦合形成正反馈。去耦电路实际上是一级至几级阻容滤波器，通过滤波可以使放大器各级电源在一定程度上独立起来。

③ 通过地线形成自激振荡：如果地线布置不合理，地线过细，接地点不妥当等，都有可能引起自激振荡。

消除方法如下。

a. 元件排列要紧凑，尽可能缩短各接地线之间的距离；焊点要牢靠，防止虚焊引起接触电阻增大。

b. 总接地线要采用较粗的裸铜线。在高频放大器和脉冲电路中，为了减小引线的电感，接地线需要用导电性能优良的镀银或镀金宽扁线或宽铜箔。

④ 通过三极管内部反馈形成的自激振荡：放大器在高频工作时容易引起这类自激振荡。尤其对于三极管组成的高频调谐放大器，集电极以 LC 谐振回路为负载阻抗，寄生反馈引起的自激振荡就更为严重。

消除方法如下。

a. 严格挑选管子参数。

b. 调试时适当限制放大器的增益。

c. 加中和电容或 RC 中和网络。

4.2.4 电子元件的老化处理

电子元件经过老化处理以后，性能较稳定，用于电子设备及变流装置中受环境温度影响较小。

老化处理就是把电阻、电位器、二极管、稳压管、三极管等元件放在烘箱里烘烤一定时间，或者使元件通过一定大小的电流使之特性稳定下来。

下面介绍几种老化处理的方法。

(1) 高温储存

对于电阻元件可在 120℃烘箱内烘 10h。对于半导体元件，储存温度视管壳结构组装的密封工艺而定，对金-铝系统可选 150℃，铝-铝系统为 200℃，金-金系统为 300℃，烘 24h。

(2) 温度循环试验

一般硅元件在－55～＋125℃、锗元件在－55～＋85℃之间交替进行 3～5 次，在相应极端温度停留 30min，室温停留 1min。

(3) 热冲击试验

将元件放在液体介质（如 100℃沸水和 0℃冰水）中，以小于 10s 时间间隔转移 3～5 次循环。此法条件苛刻，更能暴露元件对温度的适应能力。

(4) 潮湿试验

可用高温高湿（温度＋40℃、相对湿度 95％）或变温高湿试验（温度＋25～＋40℃或＋35～＋60℃，相对湿度 80%～98%），两种方法均以 12h 为 1 个循环，周期分 3 天、7 天等。

(5) 功率老化

对于集成电路，常常在额定功耗下同时提高环境温度进行老化处理。此法较为复杂。

(6) 简易处理

如果受条件限制，可采取以下简易处理：锗管用 70℃烘 24h，硅管用 100℃烘 24h。

经老化处理后的元件需进行重新测试，把不合格品、经不起考验的元件淘汰掉。

4.3 直流放大器和运算放大器的计算

4.3.1 三极管直流放大器的计算

直流放大器和交流放大器的主要区别在于，直流放大器是放大变化缓慢的微弱信号（通称为直流信号）用的。图 4-11 是最简单的直流放大器。该放大器是利用调整后级发射极电位，使前级输出端电位和后级输入端电位相配合，以使各级管子工作点处于线性区。

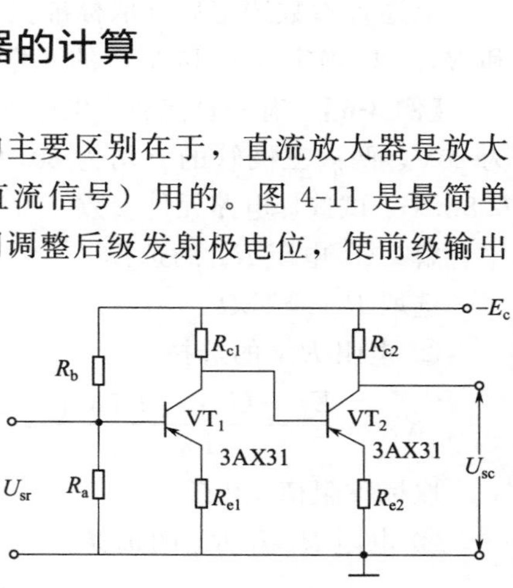

图 4-11　最简单的直流放大器

各元件参数的估算如下。

已知条件：电源电压 E_c、三极管 VT_1 和 VT_2 的工作点（即已知各管的 U_{ce} 和 I_e）及电流放大倍数 β（各管相同）。

(1) 选取 R_{e1}

R_{e1}根据稳定性要求选取，对小信号放大器可取几百欧到几千欧。

(2) 确定 R_{c1}

$$R_{c1}=\frac{E_c-U_{ce1}-I_{e1}R_{e1}}{I_{c1}}$$

(3) 确定 R_e和 R_b

$$R_e=\frac{\beta}{10}R_{e1}$$

$$R_b=\frac{\beta}{10}\left(\frac{E_c}{I_{c1}}-R_{e1}\right)$$

(4) 确定 R_{e2}

$$R_{e2}=\frac{E_{ce1}+I_{e1}R_{e1}-U_{eb2}}{I_{c2}}\approx\frac{U_{ce1}+I_{e1}R_{e1}}{I_{c2}}$$

(5) 确定 R_{c2}

$$R_{c2}=\frac{E_c-U_{ce2}-I_{e2}R_{e2}}{I_{c2}}$$

上述各参数选定后（取标准值电阻），再根据实际情况调整 R_b 和 R_{e2}，以确定 VT_1和 VT_2的工作点。

【例 4-6】 有一直流放大电路如图 4-11 所示。已知电源电压 E_c 为 20V，两只三极管的 β 均为 80，$U_{ce1}=U_{ce2}=5V$，$I_{c1}=I_{c2}=0.8mA$，试选择电路元件参数。可以认为 $I_{c1}=I_{e1}$、$I_{c2}=I_{e2}$。

解 ① 电阻 R_{e1} 的选择

选取 $R_{e1}=1k\Omega$。

② 电阻 R_{c1} 的选择

$$R_{c1}=\frac{E_c-U_{ce1}-I_{e1}R_{e1}}{I_{c1}}=\frac{20-5-0.8\times1}{0.8}=17.8k\Omega$$

取标称阻值 18kΩ。

③ 电阻 R_a 和 R_b 的选择

$$R_a=\frac{\beta}{10}R_{e1}=\frac{80}{10}\times1=8k\Omega$$

取标称阻值 8.2kΩ。

$$R_b = \frac{\beta}{10}\left(\frac{E_c}{I_{c1}} - R_{e1}\right) = \frac{80}{10} \times \left(\frac{20}{0.8} - 1\right) = 192\text{k}\Omega$$

取标称阻值 200kΩ。

④ 电阻 R_{e2} 的选择

$$R_{e2} \approx \frac{U_{ce1} + I_{e1}R_{e1}}{I_{e2}} = \frac{5 + 0.8 \times 1}{0.8} = 7.25\text{k}\Omega$$

取标称阻值 7.5kΩ。

⑤ 电阻 R_{c2} 的选择

$$R_{c2} = \frac{E_c - U_{ce2} - I_{e2}R_{e2}}{I_{c2}} = \frac{20 - 5 - 0.8 \times 7.5}{0.8} = 11.3\text{k}\Omega$$

取标称阻值 11kΩ。

以上所有电阻均用 1/2W。

实际电路如图 4-12 所示。

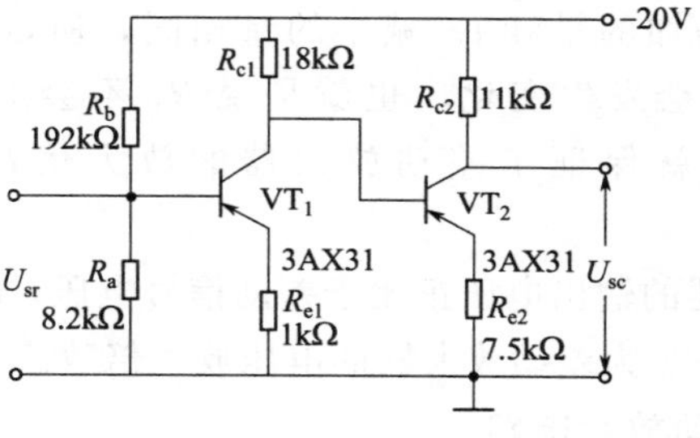

图 4-12　例 4-6 电路

4.3.2　差动直流放大器的计算

(1) 差动放大器的基本电路

差动放大器即差动直流放大器，其基本电路如图 4-13 所示。

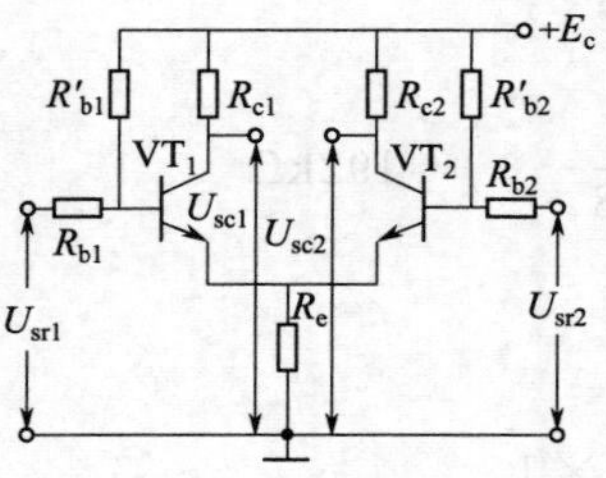

图 4-13　差动放大器基本电路

工作原理：当输入信号为零时（$U_{sr1}=U_{sr2}=0$），由于两边完全对称，所以即使有零点漂移，U_{sc1} 怎么变动，U_{sr2} 也同样变动。这两个电压相互抵消，形成了相对平衡，所以在输出端没有输出电压。进一步说，只要 $U_{sr1}=U_{sr2}$，两个三极管输出端电压 U_{sc1} 和 U_{sc2} 的变化量也应相等，因此，输出端上的电压变化也为零。故差动放大器能很好地抑制零点漂移。

当输入端加上极性相反的电压（$U_{sr1}=-U_{sr2}$）时，输出端上的电压与两个输入电压之差成正比，因此这种放大器被称为“差动放大器”。

共用的发射极电阻 R_e 对因温度变化而引起的两个三极管集电极电流的变化能起反馈作用，因此可以使放大器的零点漂移现象进一步得到改善。但输入端加上 $U_{sr1}=-U_{sr2}$ 的输入信号时，由于 I_{c1} 增加的量和 I_{c2} 减小的量相同，所以流过电阻 R_e 上的总电流 I_e 不会发生变化，也就是说 R_e 不会对相同的信号产生负反馈，这就保证了差动放大器的放大倍数不会因 R_e 而减小。

差动放大器的输出电压正比于差动信号电压，$U_{sc}=K_d(U_{sr1}-U_{sr2})$。式中，$K_d$ 为差动放大器的电压放大倍数。

(2) 典型的差动放大电路

典型的差动放大电路如图 4-14 所示。

该电路不仅可以抑制总输出的漂移，而且能抑制每个管子的输出漂移。图中，R_w 为调零电位器，当无信号输入时，调节它使输出电压为零。R_w 对信号有负反馈作用，其取值不能过大，一般为几百欧以内。R_e 对共模信号产生很强的负反馈，以抑制零点漂移，但对差模信号不产生负反馈。R_e 的取值一般为几千欧至几十千欧。发射极电源 $-E_e$ 与 R_e 相互配合，决定放大器的工作点。

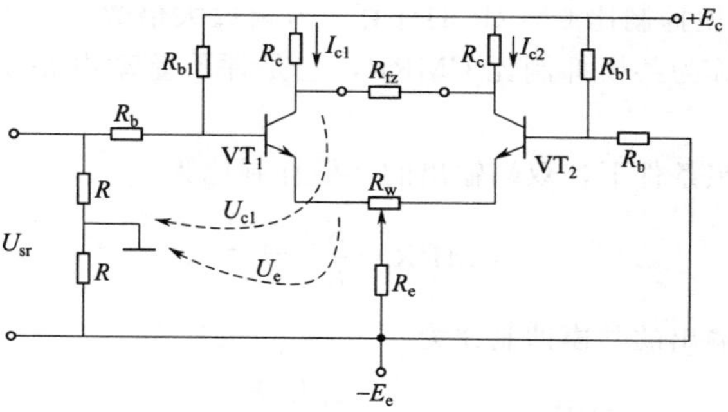

图 4-14　典型的差动放大电路

① 放大电路静态工作点的选择　静态工作点由下列各式决定，即

$$I_{c1}=I_{c2}\approx\frac{E_e}{2R_e}$$

$$U_{c1}=U_{c2}=E_c-I_{c1}R_c$$

$$U_{ce}=U_{c1}-U_e$$

② 差模电压放大倍数 K_d 的计算　差动电路的差模放大倍数，与对应的差模单管电路的放大倍数相等，即

$$K_d=K_{d1}=K_{d2}=\frac{-\beta R_c'}{R_b+h_{ie}+(1+\beta)\dfrac{R_w}{2}}$$

式中　$R_c'=R_c\ /\!/\ \dfrac{R_{fz}}{2}$；

h_{ie}——输入阻抗。

③ 共模电压放大倍数 K_c 的计算　在理想条件下，共模放大倍数为

$$K_c=0$$

共模单管电路的放大倍数为

$$K_{c1}=K_{c2}\approx-\frac{R_c}{2R_e}$$

④ 共模抑制比 CMRR 的计算　差模放大倍数与共模放大倍数的比值，称为共模抑制比 CMRR，它是评价差动电路质量的重要指标之一。

在理想条件下，双端输出的共模抑制比为

$$\mathrm{CMRR}=\frac{K_{\mathrm{d}}}{K_{\mathrm{c}}}=\infty$$

单端输出的共模抑制比为

$$\mathrm{CMRR}=\frac{2\beta R_{\mathrm{c}}' R_{\mathrm{e}}}{R_{\mathrm{c}}\left[R_{\mathrm{b}}+h_{\mathrm{ie}}+(1+\beta)\frac{R_{\mathrm{w}}}{2}\right]}$$

通常共模抑制比的大小用分贝数表示，即

$$\mathrm{CMRR}=20\lg\frac{K_{\mathrm{d}}}{R_{\mathrm{c}}}$$

⑤ 输入电阻的计算　差模单管电路的输入电阻为

$$r_{\mathrm{sr\cdot d1}}=r_{\mathrm{sr\cdot d2}}=R_{\mathrm{b}}+h_{\mathrm{ie}}+(1+\beta)\frac{R_{\mathrm{w}}}{2}$$

差动电路总的差模输入电阻为

$$r_{\mathrm{sr\cdot d}}=r_{\mathrm{sr\cdot d1}}+r_{\mathrm{sr\cdot d2}}=2\left[R_{\mathrm{b}}+h_{\mathrm{ie}}+(1+\beta)\frac{R_{\mathrm{w}}}{2}\right]$$

共模单管电路的输入电阻为

$$r_{\mathrm{sr\cdot c1}}=r_{\mathrm{sr\cdot c2}}=R_{\mathrm{b}}+h_{\mathrm{ie}}+(1+\beta)\left(\frac{1}{2}R_{\mathrm{w}}+2R_{\mathrm{e}}\right)\approx 2\beta R_{\mathrm{e}}$$

差动电路总的共模输入电阻为

$$r_{\mathrm{sr\cdot c}}=r_{\mathrm{sr\cdot c1}}\ /\!/\ r_{\mathrm{sr\cdot c2}}\approx\beta R_{\mathrm{e}}$$

⑥ 输出电阻的计算　差模单管电路的输出电阻为

$$r_{\mathrm{sc\cdot d1}}=r_{\mathrm{sc\cdot d2}}\approx R_{\mathrm{c}}$$

差动电路总的差模输出电阻为

$$r_{\mathrm{sc\cdot d}}=r_{\mathrm{sc\cdot d1}}+r_{\mathrm{sc\cdot d2}}\approx 2R_{\mathrm{c}}$$

共模单管电路的输出电阻为

$$r_{sc \cdot c1}=r_{sc \cdot c2} \approx R_c$$

差动电路总的共模输出电阻为

$$r_{sc \cdot c}=r_{sc \cdot c1} /\!/ r_{sc \cdot c2} \approx \frac{1}{2}R_c$$

(3) 不对称差动放大电路

在一些实际系统中，输入信号和负载往往以“地”为基准。这时就不能采用对称差动电路，而要用不对称差动电路。

当只有输入一端接“地”时，可采用图 4-15（a）所示的“单端输入-双端输出”的差动电路；当只有输出端接“地”时，可采用图 4-15（b）所示的“双端输入-单端输出”的差动电路；当输入和输出均有一端接“地”时，可采用图 4-15（c）所示的“单端输入-单端输出”的差动电路；当输入一端接“地”，且需要输出两个大小相等、极性相反的信号时，可采用图 4-15（d）所示的“射极耦合倒相”电路。

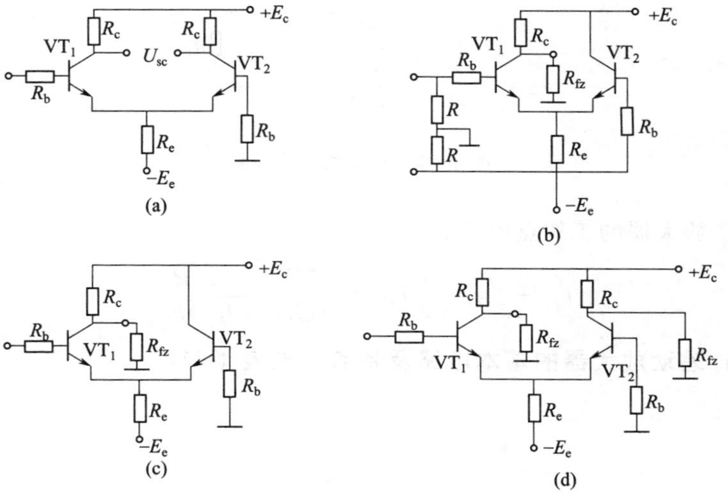

图 4-15 不对称差动放大电路

(4) 恒流源差动电路

在差动电路中，采用较大的 R_e 来提高共模抑制比。但 R_e 的增大受到 E_e 和工作电流的限制，其共模抑制比不超过 60dB。利用三极管恒流源代替 R_e，可以在 E_e 不高的情况下将共模抑制比提高 1 ～2 个数量级，一般能达到 80dB。

带恒流源的差动电路如图 4-16 所示。图中，三极管 VT_3 为恒流管，其基极电位由电阻 R_1、R_2 分压固定，发射极接入 R_{e3}，可进一步稳定 VT_3 的工作电流。如果采用稳压电路来稳定 VT_3 的基极电位，则效果更好。

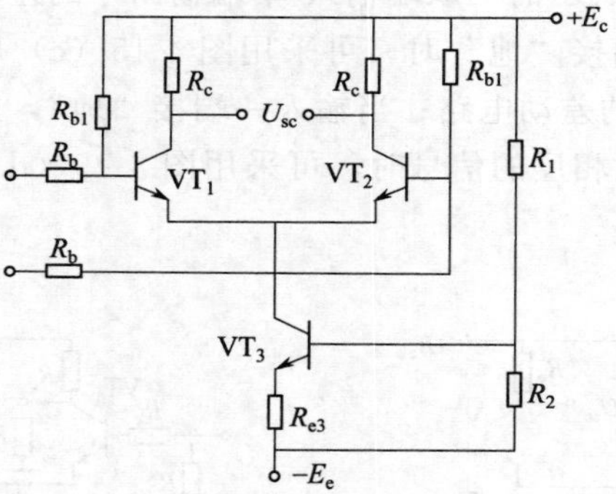

图 4-16 恒流源差动电路

放大器的工作点电流为

$$I_{c1}=I_{c2}=\frac{1}{2}I_{c3}\approx\frac{(E_c+E_e)R_2}{2(R_1+R_2)R_{e3}}$$

(5) 差动放大器的基本电路及特点（见表 4-5）

■ **表 4-5　差动放大器的基本电路及特点**

电路形式	差模放大倍数	共模放大倍数与 CMRR	输入、输出电阻	特点及用途
双端输入双端输出(见图 4-14)	$K_d = \dfrac{-\beta R_c'}{R_b + h_{ie} + (1+\beta)\dfrac{R_w}{2}}$ $R_c' = R_c \mathbin{/\mkern-6mu/} \dfrac{R_{fz}}{2}$	在理想条件下 $K_c = 0$ $CMRR = \infty$	$r_{sr \cdot d} = 2\left[R_b + h_{ie} + (1+\beta)\dfrac{R_w}{2}\right]$ $r_{sc \cdot d} = 2R_c$	放大倍数与单管放大器相同，用在输入、输出不需接地的场合
单端输入双端输出[见图 4-15(a)]	$K_d = \dfrac{-\beta R_c'}{R_b + h_{ie}}$ $R_c' = R_c \mathbin{/\mkern-6mu/} \dfrac{R_{fz}}{2}$	$K_c = 0$ $CMRR = \infty$	$r_{sr \cdot d} = 2(R_b + h_{ie})$ $r_{sc \cdot d} = 2R_c$	放大倍数与单管放大器相同，用在需要把单端信号变双端信号的场合
双端输入单端输出[见图 4-15(b)]	$K_d = \dfrac{-\beta R_c'}{2(R_b + h_{ie})}$ $R_c' = R_c \mathbin{/\mkern-6mu/} R_{fz}$	$K_c = -\dfrac{R_c'}{2R_e}$ $CMRR = \dfrac{\beta R_e}{R_b + h_{ie}}$	$r_{sr \cdot d} = 2(R_b + h_{ie})$ $r_{sc \cdot d} = R_c$	放大倍数为单管放大器的一半，靠 R_e 抑制共模信号，用在需要把双端信号变单端信号的场合
单端输入单端输出[见图 4-15(c)]	$K_d = \dfrac{-\beta R_c'}{2(R_b + h_{ie})}$ $R_c' = R_c \mathbin{/\mkern-6mu/} R_{fz}$	$K_c = -\dfrac{R_c'}{2R_e}$ $CMRR = \dfrac{\beta R_e}{R_b + h_{ie}}$	$r_{sr \cdot d} = 2(R_b + h_{ie})$ $r_{sc \cdot d} = R_c$	用在输入、输出均需一端接地的场合
射极耦合倒相器[见图 4-15(d)]	$K_{d1} = \dfrac{-\beta R_c'}{2(R_b + h_{ie})}$ $K_{d2} = \dfrac{\beta R_c'}{2(R_b + h_{ie})}$ $R_c' = R_c \mathbin{/\mkern-6mu/} R_{fz}$	$\lvert K_{c1} \rvert = \lvert K_{c2} \rvert = \dfrac{R_c'}{2R_e}$ $CMRR = \dfrac{\beta R_e}{R_b + h_{ie}}$	$r_{sr \cdot d} = 2(R_b + h_{ie})$ $r_{sc \cdot d1} = r_{sc \cdot d2} = R_c$	用在需要把一个信号放大为两个等值反相信号的场合

续表

电路形式	差模放大倍数	共模放大倍数与CMRR	输入、输出电阻	特点及用途
具有恒流管的差动放大器（见图4-16）	$K_d=\frac{-\beta R_c'}{R_b+h_{ie}}$ $R_c'=R_c \mathbin{/\mkern-6mu/} \frac{R_{fz}}{2}$	双端输出时 $K_c=0$ $CMRR=\infty$ 单端输出时 $K_c=\frac{-R_c'}{2R_{o3}}$ $CMRR=\frac{\beta R_{o3}}{R_b+h_{ie}}$ $R_{o3}=r_{d3}+\frac{\beta R_{e3}r_{d3}}{R_{e3}+h_{ie}+R_1 \mathbin{/\mkern-6mu/} R_2}$ r_{d3}为VT_3的输出电阻	$r_{sr\cdot d}=2(R_b+h_{ie})$ $r_{sc\cdot d}=2R_c$	采用恒流管可以增强共模负反馈，提高共模抑制比

4.3.3 直流放大器的零点漂移及抑制方法

零点漂移就是当放大器的输入端短路时，输出端还有缓慢变化的电压，即输出电压偏离原来的起始点而有上下漂动。

在交流放大器中有个静态工作点稳定问题，其实也是一个零点漂移问题。只是在交流放大器，零点漂移不能通过隔直的耦合电容和变压器传送到下一级去逐级放大，因此它不会有多大的影响。而在直接耦合的直流放大器中，第一级产生的零点漂移将和被放大的信号一起传递到下一级去，经逐级放大，在输出端产生较大的漂移电压。放大器级数愈多，放大倍数愈高，前一级直流电位的变化所引起的漂移影响也就愈大。

(1) 零点漂移产生的原因

① 三极管的参数 I_{cbo}、U_{be} 和 β 都随着温度的变化而改变，使三极管的静态工作点也跟着发生改变而产生零点漂移。对一般小功率硅管而言，U_{be} 的温度影响是主要的；对于锗管，I_{cbo} 的温度影响是主要的。因此，硅管电路引起零点漂移的主要因素是 U_{be} 随温度的增加而下降；而锗管电路引起零点漂移的主要因素则是 I_{cbo} 随温度的增加而增加。一般来说，温度每变化1℃所造成的影响，相当于在放大管的b、e两端接入几毫伏的信号电压。

② 电源电压 E_c 的波动引起三极管静态工作点的变化，造成零点漂移。

③ 电路元件（三极管及电阻等）老化，其参数随使用时间的延长而改变，引起零点漂移。

其中，温度变化的影响是产生零点漂移的主要原因。

(2) 零点漂移的抑制方法

① 选用高质量的三极管　应选用受温度影响比较小的硅管，不宜选用锗管。一般硅管的反向饱和电流 I_{cbo} 比锗管要小几百倍，所以硅管比锗管的温度稳定性要好得多。另外，应选用噪声系数小的三极管（手册中噪声系数用 N_F 表示），以提高放大器工

作的稳定性。此外，还可以调整三极管的工作点来改善噪声影响。通常噪声随集电极电流的减小而减小，并且在 $I_c = 0.2mA$ 左右时最小。

②采用温度补偿电路　即在电路中接入温度敏感元件（如二极管、三极管、热敏电阻等），用它们的温度特性来抵消温度对放大电路中三极管参数的影响，从而减小输出电压的零点漂移。如图4-17（a）中的二极管VD便是这一作用。其补偿原理是：当温度升高时，三极管的 U_{be} 减小，而二极管VD是用与三极管 VT_1 同类材料制成的，二极管的正向压降 U_{VD} 也随温度的升高而减小，如果 U_{be} 和 U_{VD} 的温度特性一致，就可获得较好的补偿效果。在线性集成电路中，常采用将三极管的集电极与基极短接，用发射结代替二极管，如图 4-17(b) 所示。

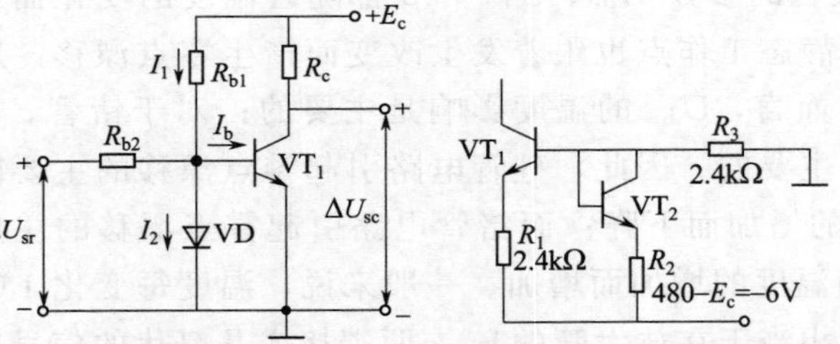

(a) 二极管补偿电路　(b) 用三极管发射结代替二极管的补偿电路

图 4-17　温度补偿电路

图 4-18 是利用三极管达到温度补偿目的的电路。三极管 VT_3 不仅可以起到消除 R_{e2} 对信号的负反馈作用，而且也可以起到温度补偿作用。其补偿原理如下：当温度升高时，VT_2、VT_3 的反向饱和电流 I_{cbo2} 和 I_{cbo3} 增大，I_{cbo2} 增大将引起 I_{c2} 的增加。但是 I_{cbo3} 增大会引起穿透电流 I_{cbo3} 增大，因而使 R_{e2} 上的电压降也增加，从而使 VT_2 的基极电流减小，使 I_{c2} 减小。可见利用三极管 VT_3 能迫使 VT_2 的集电极电流基本维持不变，达到温度补偿的目的。

③ 采用调制方式　这种方案是先将直流信号通过某种方式转换成频率较高的信号（称为调制），经过不产生零点漂移的阻容耦合或变压器耦合的交流放大器放大后，再把放大后的信号还原成原来的信号（称为解调）。

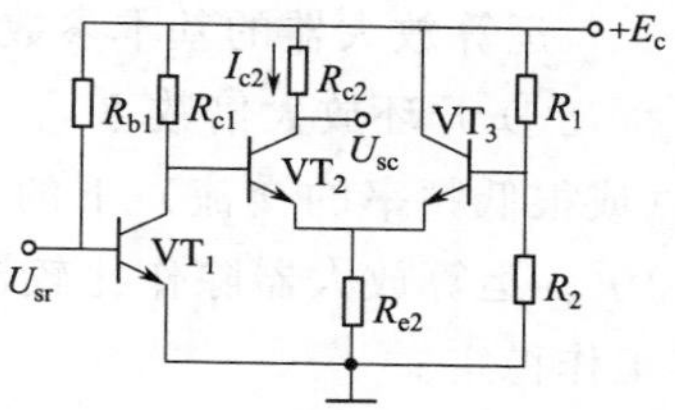

图 4-18　利用 VT_3 消除 R_{e2} 负反馈作用及温度补偿的电路

④ 利用差动放大器　差动放大器是利用两只同型号、特性相同的三极管进行温度补偿。由于两只管子都有放大作用，且输入输出方式可灵活选择，这种电路在直耦放大器中应用十分广泛，成为集成运放的主要组成单元。

当然，差动放大器由于实际制造工艺的限制，也不可能将零点漂移完全补偿掉。为了获得更好的补偿效果，应严格选择差动对管，尤其是第一级差动对管，参数应尽可能相同；严格选配电阻，电阻需要经过老化处理和电桥挑选；差动对管应采取均热措施，以保证两只管子温度相同等。

4.3.4 运算放大器的计算

集成运算放大器简称为运算放大器，是具有高放大倍数和深度负反馈的直流放大器，可用来实现信号的组合和运算。它的输出-输入关系仅简单地决定于反馈电路和输入电路的参数，与放大器本身的参数没有很大关系。

运算放大器通过外接电阻、电容的不同接线，能对输入信号进行加、减、乘、除、微分、积分、比例及对数等运算。

(1) 运算放大器的型号及基本参数

运算放大器的种类很多，有通用型、特殊功能型（高输入阻抗、宽带、高压、低功耗等）等；有圆形封装型、双列直插型等。

运算放大器的基本参数如下。

① 开环放大倍数 K_0：指元件加反馈环路、放大器工作在直流（或很低频率的交流）下的电压放大倍数，一般为 $1\times10^3\sim1\times10^7$。运算放大器除作比较器外，通常都接成闭环使用，以保证其工作稳定。

② 输入特性：输入电阻计算如下（见图 4-19）。

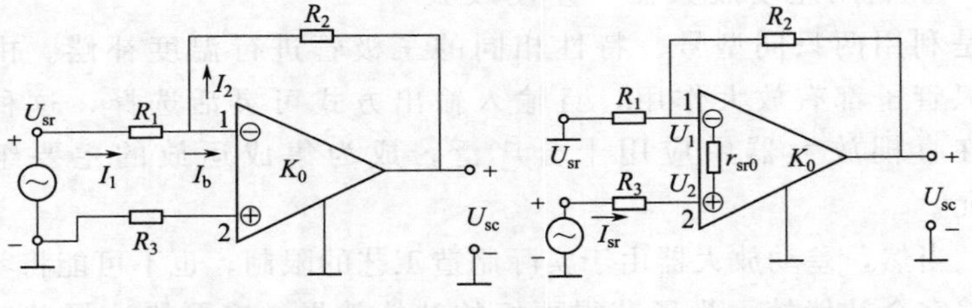

图 4-19 运算放大器的两种基本接法

当反相输入时，属于电压并联负反馈。

$$r_{sr}\approx R_1$$

当同相输入时，属于电压串联负反馈。

$$r_{sr}=(1+K_0F)r_{sr0}+R_3 \quad F=\frac{r_{sr0}/\!/R_1}{(r_{sr0}/\!/R_1)+R_2}$$

式中 r_{sr0}——放大器开环输入电阻，一般数值较大，如几十千欧至几百千欧；

K_0——开环电压放大倍数，此值很大，如积分用的运算放大器为 $1\times10^6\sim1\times10^7$；

F——电压反馈系数。

输入电流 I_b 在数皮安至数微安之间。

③ 输出特性 U_{pp}-R_z：R_z 代表输出端接有负载时能输出的最大电压值，它标志一个放大器的负载能力。开环输出电阻 r_{sc0} 约为几

百欧；闭环输出电阻 $r_{sc} \approx \dfrac{r_{sr0}}{1+K_0F} \approx 0$。

④ 失调电压 U_{0g}、失调电流 I_{0s}：集成运算放大器通常都采用差分输入级，由于输入差分管的不对称，即使输入端电压、电流为零，放大器的输出电压、电流也不为零。使放大器输出电压为零、在输入端所加的信号电压称为失调电压。

⑤ 单位增益带宽 f_c：当开环差模增益下降到 $K=1$ 时的频率称为放大器的单位增益带宽，即放大器使用频率上限。

(2) 运算放大器的管脚图

常用运算放大器的管脚图如图 4-20 所示。

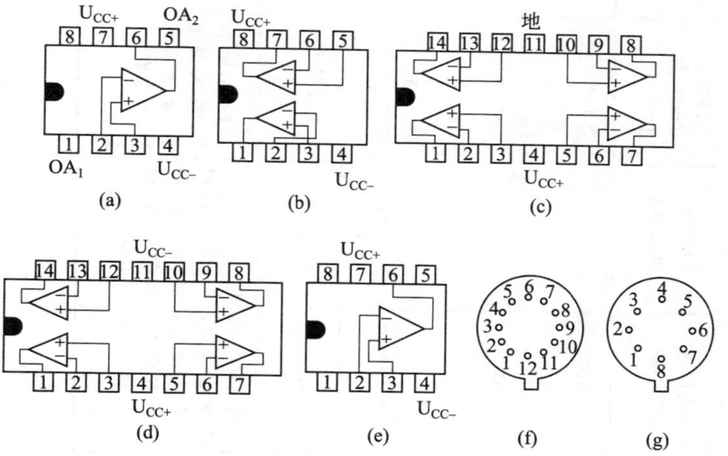

图 4-20 常用运算放大器管脚图

图 4-20（a）～（e）分别与表 4-6 中的各运算放大器相对应；图 4-20（f）对应于 8FC1（5G922、BG301）、8FC21、BG305、FC52、FC54 等；图 4-20（g）对应于 5G23、5G24 等。图中，OA_1、OA_2为接调零元件管脚。

(3) 运算放大器的主要参数

① 常用通用型运算放大器的主要参数及主要特点（见表 4-6）。

■ **表 4-6 常用通用型运放的主要参数及主要特点**

参数名称		μA741（单运放）	MC1458（双运放）	LM324（四运放）	LF351（单运放）BJT-FET	TL082（双运放）BJT-FET	TL084（四运放）BJT-FET	CA3140（单运放）BJT-MOS
输入失调电压/mV		2	2	2	(max)13	(max)5	(max)5	2
输入失调电流/nA		30	20	5	(max)4	(max)2	(max)3	0.5pA
输入偏置电流/nA		200	80	45	(max)8	(max)7	(max)7	10pA
输入电阻/MΩ		1	1	1	10^6	10^6	10^6	1.5×10^6
转换速度/(V/μs)		0.5	0.5	0.5	13	13	13	9
频率宽度	f_T/MHz	1	1	1	4	3	3	4.5
	f_p/MHz	10	10	5	上升时间 0.1μs	上升时间 0.1μs	上升时间 0.1μs	上升时间 0.08μs
主要特点		单片高增益，内有频率补偿，共模电压范围宽，电源电压范围宽	两组独立的高增益运放，驱动功耗低，既可双电源，又可单电源工作	四组运放封装在一起，静态功耗低，能单电源工作	输入阻抗高，输入偏流小，噪声电压低，频带宽，功耗低	含两组相同的运放，噪声低，输入失调电流小，输入阻抗高	含四组独立的低噪声运放，输入阻抗高，转换速率大	输入阻抗很高，输入失调电流小，输入偏流小，频带宽

续表

参数名称	μA741（单运放）	MC1458（双运放）	LM324（四运放）	LF351（单运放）BJT-FET	TL082（双运放）BJT-FET	TL084（四运放）BJT-FET	CA3140（单运放）BJT-MOS
代换同类品及类似品	LM741 MC1741 AD741 HA17741 CF741 类似品 F007，FC4 5G26 μA748 LM748 MC1748 BG308 4E322	μA1458 RC1458 LM1458 μPC1458 TA75458 HA17458 μPC1458 类似品 LM4558 MC3548 MC1747 AN358 LM358 LM747 MB3607 AN1358	μPC324 MB3514 μA324 SF324 类似品 MC3403 MB3515 NJM2058 LM348 μA348 μPC3403 LM2902 HA17902 NJM2902 TA75902	SF351 TL07 μA771 TL081 CF081 F073 5G28 BG313 TD05	NJM072 μPC4072 TL072 LF353 NJM535 μA772	μPC4084 HA17084 AN1084 μPC4074 LF347 μA774 TL074	CF3140 F072 FX3140 DG3140
管脚图（见图 4-20）	(a)	(b)	(c)	(a)	(b)	(d)	(e)

② LM324 运算放大器的主要参数　常用的 LM324 集成运算放大器是由四个独立的高增益、内部频率补偿运放组成，不但能在双电源下工作，也可在宽电压范围的单电源下工作，它具有输出电压振幅大、电源功耗小等特点。其主要参数见表 4-7。

■ 表 4-7　LM324 运算放大器的主要参数

名　　称	符号	单位	典型值	名　　称	符号	单位	典型值
输入失调电压	U_{os}	mV	2	双电源电压范围	U_s	V	±1.5～±15
输入失调电流	I_{os}	nA	5	静态电流(单电源)	I_Q	μA	500
输入偏置电流	I_{ib}	nA	45	差模电压增压	A_{UD}	V/V	10^5
单电源电压范围	U_s	V	3～30				

③ OP07 高精度运算放大器的管脚排列及主要参数　OP07(LM714) 高精度运算放大器是低输入失调电压型集成运放，具有低噪声、温漂和时漂都小等特点。其原理电路及管脚排列如图4-21 所示。其主要参数见表 4-8。

■ 表 4-8　OP07 集成运算放大器的主要参数

名　　称	符号	单位	典型值	名　　称	符号	单位	典型值
输入失调电压	U_{os}	μV	10	静态电流	I_Q	mA	2.5
输入失调电压温度系数	$\Delta U_{os}/\Delta T$	μV/℃	0.2	转换速率	S_R	V/μs	0.3
输入偏置电流	I_{ib}	nA	0.7	电源电压	U_s	V	±22

(4) 运算放大器的内部结构

如 μA741 通用型运算放大器，其内部结构如图 4-22 所示。内部具有频率补偿、输入、输出过载保护功能，并允许有较高的输入共模电压和差模电压，电源电压适应范围较宽。

BG301 运算放大器的内部结构如图 4-23 所示。

(5) 运算放大器的设计

现以 F008 为例介绍同相和反相放大器的设计和调试。F008 外引线排列见图 4-24 (a)，开环增益随频率变化曲线见图 4-24 (b)。表 4-9 列出了它的性能参数。

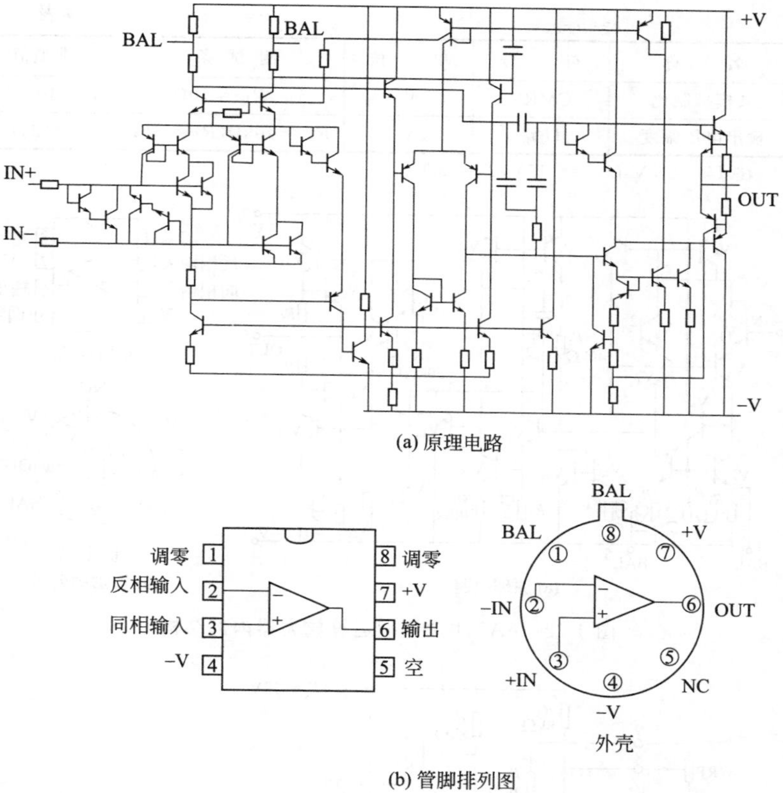

(a) 原理电路

(b) 管脚排列图

图 4-21　OP07 高精度运算放大器原理电路及管脚排列

■ **表 4-9　F008 性能参数**

名　　称	符　　号	单　　位	测 试 条 件	典型值
输入失调电压	U_{os}	mV	$R_b = 50\Omega$	5
输入失调电流	I_{os}	nA	$R_b = 50k\Omega$	50
输入基极电流	I_{ib}	nA	$R_b = 50k\Omega$	300
静态功耗电流	I_{cc}	mA	$R_f = \infty$	1.5
开环增益	G_{OL}	dB	$f = 4Hz, R_f = 10k\Omega$, $U_{opp} = 20V$	100
共模电压范围	U_{CM}	V		24

续表

名　称	符　号	单　位	测试条件	典型值
共模抑制比	CMRR	dB	$R_b=50\Omega$	100
输出电压幅度	U_{opp}	V	$R_f=10k\Omega(R_f=1k\Omega)$	24(20)

注：$U_+=15V$，$U_-=-15V$，$T_a=25℃$。

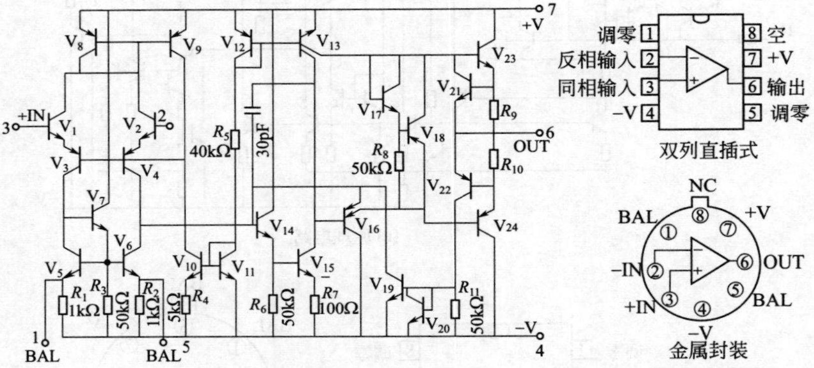

(a) 原理电路　　(b) 管脚排列图

图 4-22　μA741 通用型运算放大器内部结构

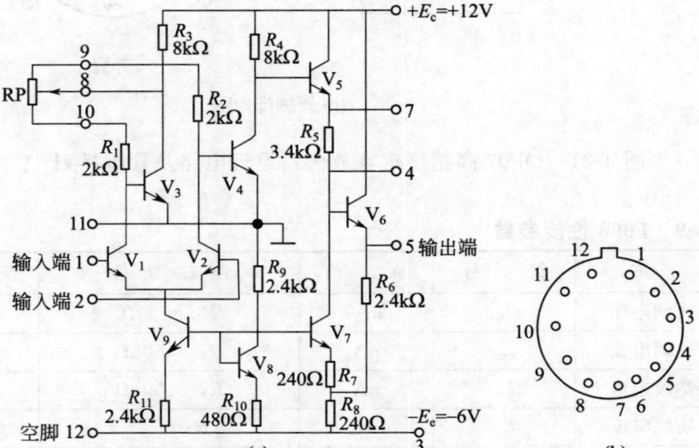

(a)　　(b)

图 4-23　BG301 运放的内部电路和管脚排列

4，7—外接消除电路寄生振荡元件；8～10—外接调零电位器

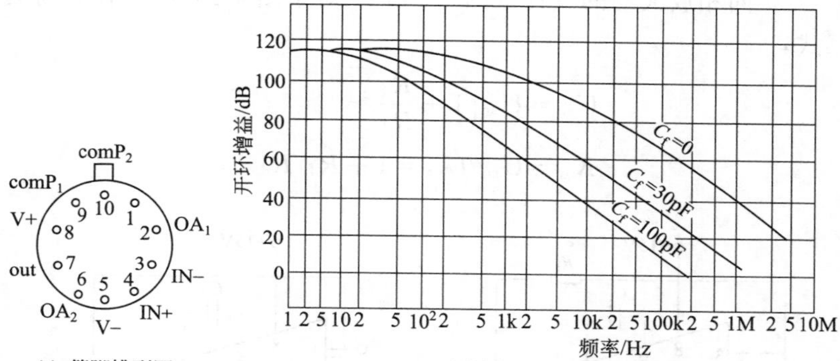

(a) 管脚排列图　　(b) 开环增益K_u随频率变化的曲线

图 4-24　F008 管脚图及开环增益变化曲线

① 反相比例放大器设计（图 4-25）　图中 R_f 为反馈电阻，R_1 与 R_f 共同决定放大器闭环增益。R_2 为 R_1 与 R_f 并联值，它可以减小失调电流的影响。C_f 为相位补偿电容，主要用来防止放大器产生自激振荡。C_f 一般在几皮法至 1000pF 之间。此电容量太大会使频带变窄，太小又使放大器不能稳定工作。

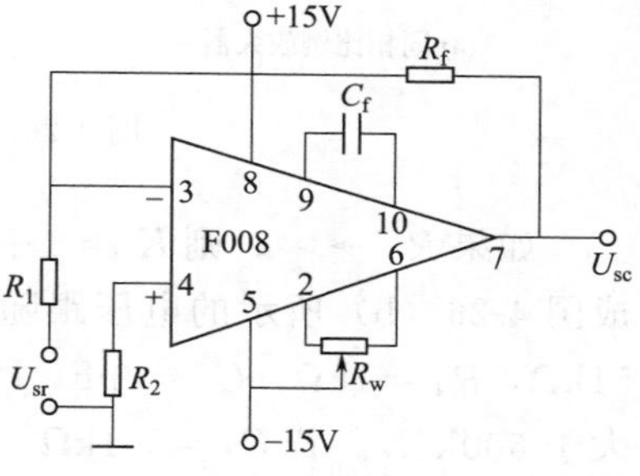

图 4-25　反相比例放大器

若信号源内阻很小，则输出电压 U_{sc} 为

$$U_{sc} = \frac{-R_f}{R_1} U_{sr}$$

电压放大倍数　$K_u = U_{sc}/U_{sr} = -R_f R_1$

式中负号表示反相。若 $R_f = 51\text{k}\Omega$，$R_1 = 1\text{k}\Omega$，则 $K_u = -51/1 = -51$。在小信号输入($U_{sr} = 50\text{mV}$)时，$C_f = 2\text{pF}$，测得放大器带宽大于 500kHz。若 $R_f = 5.1\text{k}\Omega$，$R_1 = 1\text{k}\Omega$，$K_u = -5$，$U_{sr} = 50\text{mV}$，$C_f = 50\text{pF}$，测得放大器带宽大于 1MHz。

② 同相放大器的设计（图 4-26） 对于图 4-26（a）有下列关系式：

$$U_{sc}=U_{sr}\left(1+\frac{R_f}{R_1}\right)$$

$$K_u=U_{sc}/U_{sr}=1+R_f/R_1$$

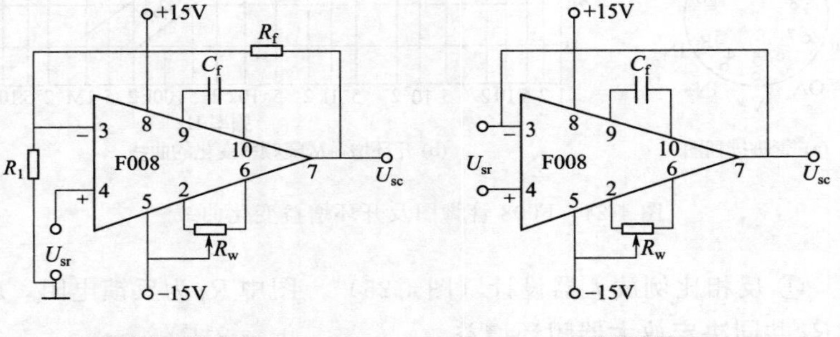

图 4-26 同相放大器

如果 $R_1 \to \infty$，则 $K_u=1+R_f/R_1=1$，于是图 4-26（a）就变成图 4-26（b）所示的电压跟随器电路。图 4-26（a）中，若 $R_f=51\text{k}\Omega$，$R_1=1\text{k}\Omega$，$C_f=2\text{pF}$，$U_{sr}=50\text{mV}$，$K_u=52$，则频率响应大于 600kHz。若 $R_f=5.1\text{k}\Omega$，$R_1=1\text{k}\Omega$，$U_{sr}=50\text{mV}$，$K_u=6$，则频率响应大于 1MHz。

③ 调试 上述两种电路调试方法简单。当要求输入电压为零时输出也要为零，可把 U_{sr} 对地短路，调整 R_w 使输出为零即可。

C_f 的调整：先不接 C_f，放大器可能振荡，若振荡则加上 C_f，由小逐渐增大，直到不振荡。固定输入电压，改变信号频率，使其从某一个频率开始增益单调下降，这时的 C_f 值称为最佳补偿值，可得到最大带宽。这里所述的带宽是指小信号带宽。若要放大器有较窄的带宽，可适当加大电容至数百皮法。

(6) 运算放大器的基本电路

各种运算放大器的基本电路及比较见表 4-10。

■ **表 4-10 各种运算放大器的基本电路及比较**

名 称	电 路 图	传 递 函 数	输入阻抗	输出阻抗	说 明
反相放大器	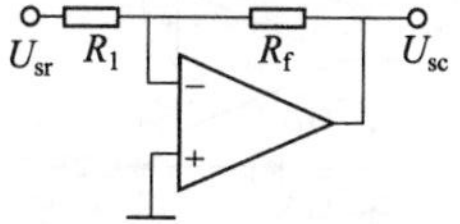	$\frac{U_{sc}}{U_{sr}}=-\frac{R_f}{R_1}$	R_1	$\frac{r_o}{1+\frac{KR_1}{R_1+R_f}}$	反相输入 电压并联负反馈 出现虚地
同相放大器	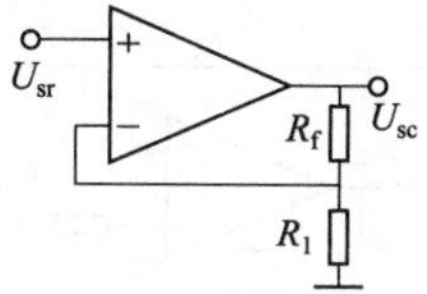	$\frac{U_{sc}}{U_{sr}}=1+\frac{R_f}{R_1}$	$\frac{Kr_i}{1+\frac{R_f}{R_1}}$	$\frac{r_o}{1+\frac{KR_1}{R_1+R_f}}$	同相输入 电压串联负反馈 出现共模电压
电压跟随器	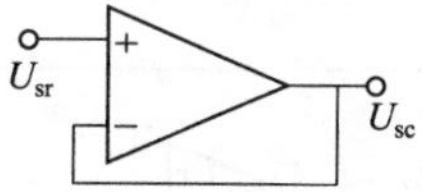	$\frac{U_{sc}}{U_{sr}}\approx 1$	很高	低	同相输入 电压串联负反馈 出现共模电压
加法器	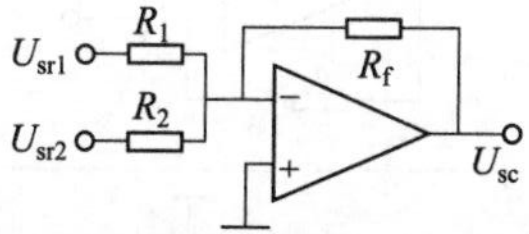	$U_{sc}=\frac{R_f}{R_1}U_{sr1}+\frac{R_f}{R_2}U_{sr2}$ 当 $R_f=R_1=R_2$ 时 $U_{sc}=-(U_{sr1}+U_{sr2})$	R_1 或 R_2	低	反相多端输入 电压并联负反馈 出现虚地 能求两个以上电压之和
减法器 差动式 放大器	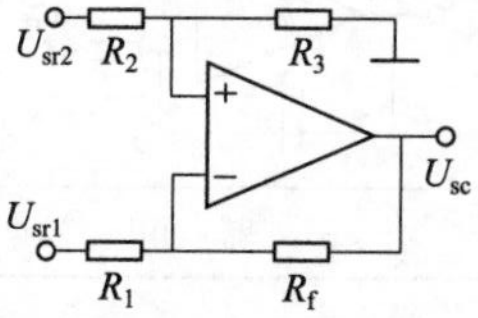	$U_{sc}=\frac{R_f}{R_1}(U_{sr2}-U_{sr1})$ （当 $R_f/R_1=R_3/R_2$ 时）		低	差动输入 出现共模电压 能求两个电压之差 输入阻抗因输入电压而变

续表

名称	电路图	传递函数	输入阻抗	输出阻抗	说明
积分器	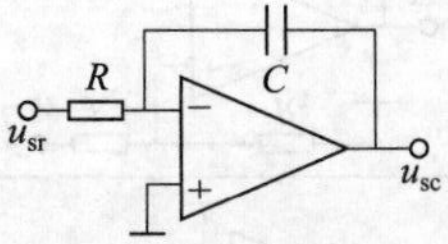	$U_{sc}=-\frac{1}{RC}\int u_{sr}\mathrm{d}t$ 或$\frac{U_{sc}(s)}{U_{sr}(s)}=-\frac{1}{sRC}$	R	低	反相输入 电压并联负反馈 出现虚地 能对时变电压积分
微分器	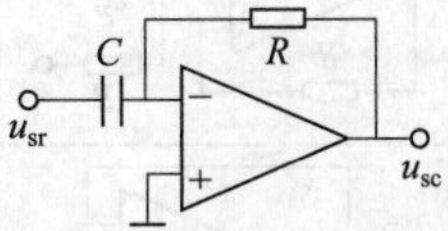	$U_{sc}=-RC\frac{\mathrm{d}u_{sr}}{\mathrm{d}t}$ 或$\frac{U_{sc}(s)}{U_{sr}(s)}=-sRC$	$\frac{1}{\mathrm{j}\omega C}$	低	反相输入 电压并联负反馈 出现虚地 能对时变电压微分 输入阻抗因频率而变
对数放大器	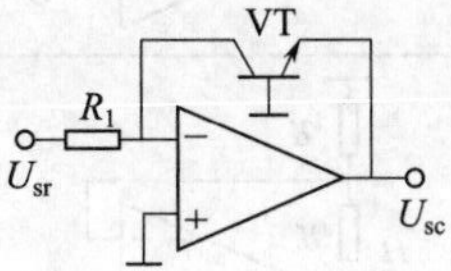	$U_{sc}=-U_T\ln\frac{U_{sr}}{I_{es}R_1}$ （室温时$U_T\approx 26\mathrm{mV}$）	R_1	低	反相输入 电压并联负反馈 出现虚地 在较宽范围内对输入正电压作对数运算
线性整流器	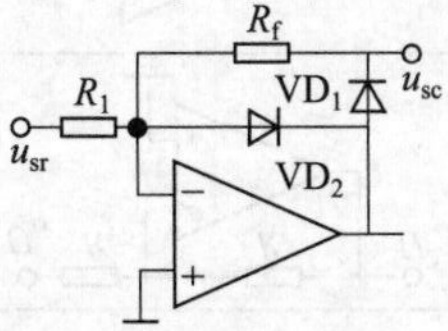	当$u_{sr}<0$时 $U_{sc}=-\frac{R_f}{R_1}u_{sr}$	R_1	低	反相输入 电压并联负反馈 出现虚地 能对低于二极管门坎电压的信号电压整流

续表

名　称	电　路　图	传　递　函　数	输入阻抗	输出阻抗	说　　明
有源低通滤波器	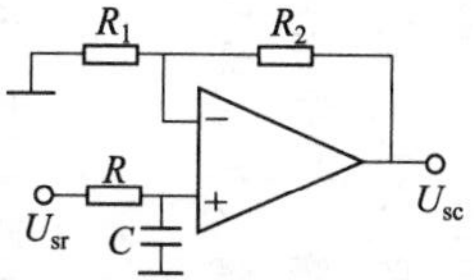	$\dfrac{U_{sc}(s)}{U_{sr}(s)}=\dfrac{R_1+R_2}{R_1}\times\dfrac{1}{1+sCR}$		低	同相输入 电压串联负反馈 出现共模电压 输入阻抗随信号频率而变
比较器	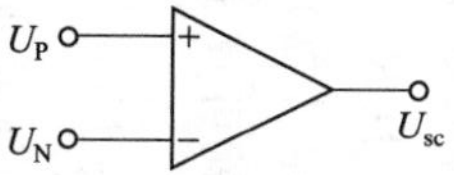	同集成运放的开环差模放大倍数	典型值 100kΩ	典型值 100Ω	开环比较器，用作电平检测
方波发生器	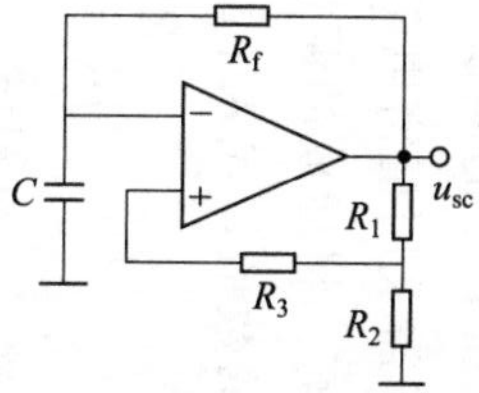				采用了带正反馈的比较器加快转换速度

注：K—运算放大器的电压放大倍数；r_i、r_o—运算放大器的输入电阻和输出电阻；s—运算子（拉氏算子）。

4.3.5 运算放大器的测试

(1) 用万用表判别运算放大器的好坏

万用表欧姆挡可判别运算放大器的好坏。现以测试 BG301 为例（见图 4-23）。先检查正负电源管脚 3 和 6 对地端子 11，以及对其他管脚都不应有短路现象；再检查运放中 PN 的电阻是否正确，如测量 1 对 10 和 2 对 9 的管脚，检查 V_1 和 V_2 集电结的电阻是否正常，有无故障［所测电阻值应为集电结电阻与 R_1（或 R_2）之和］；测量 10 对 11 和 9 对 11 管脚，以检查 V_3 和 V_4 发射结的电阻是否正常，有无短路故障［所测电阻值应为发射结与 R_1（或 R_2）之和］等。这主要是根据电路中 PN 结电阻值的大小来判别运算放大器电路是否正常。测试时，不要使用 $R\times1$ 挡，以免电流过大损坏管子，也不要用 $R\times10\text{k}$ 及以上挡，以免表内电池电压过高击穿管子。

以上检查只能大致看出运算放大器的好坏，不能确定其性能和指标。

(2) 运算放大器主要参数的测试

运算放大器的参数可根据其型号从手册中查找。手册中给出的一般都是典型值，由于运放参数的离散性，通常在安装前要对某些主要参数进行测量和筛选，以便按照它们的特点合理使用。

① 输入失调电压 U_{os} 的测试　测试电路如图 4-27(a) 所示。R_1、R_2、R_3 和 R_4 需采用精密电阻，且 $R_1=R_3$，$R_2=R_4$，以保证两输入端直流平衡。将运放的调零电位器短路，用高精度电压表测出输出电压 U_{sc} 的数值，代入下式就可算出输入失调电压值：

$$U_{os}=\frac{R_1}{R_1+R_2}U_{sc}$$

② 输入失调电流 I_{os} 的测试　测试电路如图 4-27（b）所示。闭合开关 QS，测得输出电压 U_{sc1}；断开开关 QS，测得输出电压 U_{sc2}。如果两个输入端的静态基极电流（I_{bn} 和 I_{bp}）不等，由于外

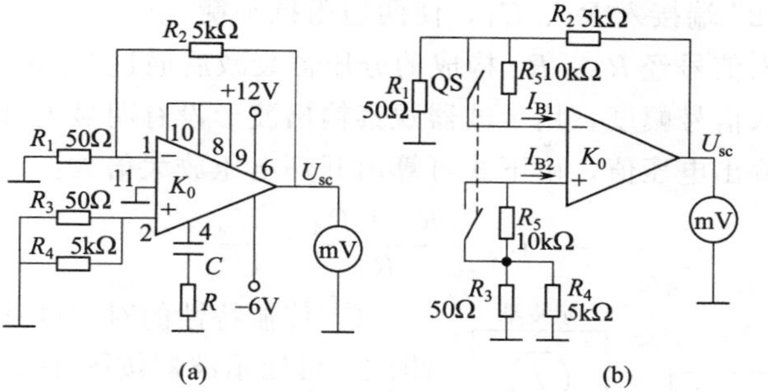

图 4-27　输入失调电压和输入失调电流的测试

电阻平衡，则两次测量的U_{sc1}和U_{sc2}不等，其增加部分$U_{cs2}-U_{sc1}$就是由失调电流产生的，由下式可算出输入失调电流：

$$I_{os}=\frac{U_{sc2}-U_{sc1}}{1+R_2/R_1}\times\frac{1}{R}$$

③ 输入偏置电流I_B的测量　测试电路如图 4-28（a）所示。用高灵敏度的微安表测得I_{BN}和I_{BP}之和，则输入偏置电流为

$$I_B=(I_{BN}+I_{BP})/2$$

④ 开环电压放大倍数K_0的测量　测试电路如图 4-28（b）所示。R_2、C_2引入直流负反馈，使静态工作点稳定，而它们对交流来说，相当于开环的。因为电容很大，交流信号在上面的压降几乎为零，即R_2相当于输出端的一个负载。为了保持两个输入端对

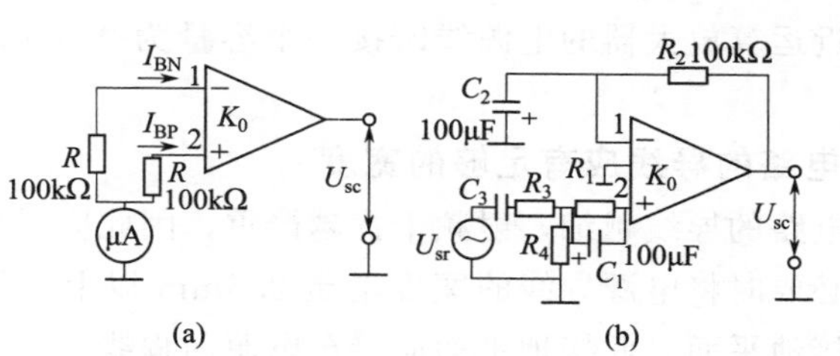

图 4-28　输入偏置电流和电压放大倍数的测量

称，在“2”端接入 R_1、C_1，使两边阻抗平衡。

输入信号经 R_3、R_4 构成的分压器衰减后通过 C_1 送入输入端。调节输入信号幅度，用示波器观察输出波形没有明显失真时，测出输入、输出电压值，由下式可算出开环电压放大倍数：

$$K_0=\frac{R_3+R_4}{R_4}\times\frac{U_{sc}}{U_{sr}}$$

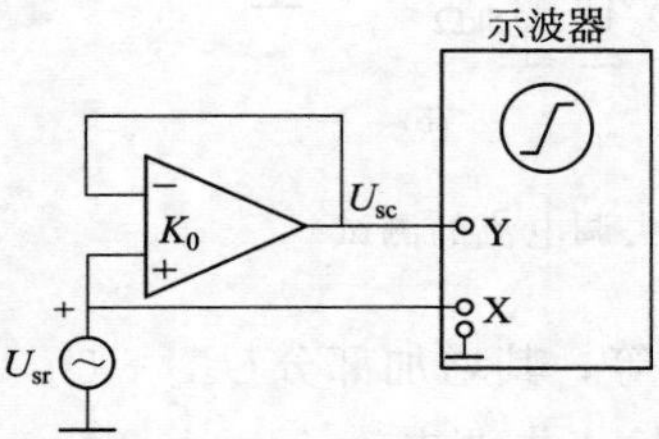

图 4-29 传输特性的测试

⑤ 传输特性的对称度和线性度的测试 可用示波器按图 4-29 所示的接线图进行测试。

即将运放接成电压跟随器的形式，并将输入电压 U_{sr} 和输出电压 U_{sc} 分别接到示波器的 X 轴和 Y 轴，调节 U_{sc} 的幅度，便可测得传输特性。

4.3.6 运算放大电路的抗干扰措施

运算放大电路具有高输入阻抗和低输出阻抗的特点，而没有数字电路所特有的保真电压工作区。噪声干扰信号可通过多种渠道（如电源线）进入高增益的运算放大器，从而造成工作异常。为此必须采取抗干扰措施，使噪声干扰降低到最低限度。具体措施如下。

(1) 采用旁路电容

对靠近运算放大器的电源线跨接一个容量为 0.01μF 的陶瓷电容器。

(2) 印刷电路的导线应有足够的宽度

印刷电路的导线越细，射频干扰越严重，因此应尽可能加宽导线宽度，必要时将电源导线的宽度增至 2.5mm 以上。只要有可能都应采用接地平面，此接地平面应接至电源回程线。

(3) 区别“接地点”和“公共点”

接地导线不可用来传送功率。系统中的“接地”和“公共”导线只能接在一点，否则，接地环路会把噪声引入该电路。

(4) 尽可能采用小阻值电阻

除非功耗或其他问题是首要考虑的因素，否则，均应如此。

(5) 不要采用上升时间过快的信号

信号上升时间越快，导线间的耦合就越大，越容易引起干扰。

(6) 要有稳定的高绝缘输入

应用运算放大器的高输入阻抗电路（微小电流检测电路、模拟存储电路等），特别容易耦合入各种噪声。因此在电路的装配工艺中应采用特别措施。

① 提高印刷电路板的绝缘性能。

② 对输入端采取隔离措施。如将高输入阻抗部分用铜箔线（板）围起来，并与电路的等电位的低阻抗部分相接。由于这样的隔离线和高输入阻抗部分的电位相等或相近，泄漏电流几乎为零，从而降低了对印刷电路板绝缘阻抗的要求。印刷板的正面围了之后，其对应的反面也要同样地围起来，正反面的隔离围线（板）要相连。

③ 采用空中布线的方法。即将绝缘性能极好的聚四氟乙烯（10^7MΩ）制成的接线底座，安装在印刷电路板上，凡高输入阻抗部分均在此接线柱上相连接。

(7) 电路装配时的注意事项

① 不要在反相输入端接过长的连接线和不必要的器件。

② 运放输入端加二极管作钳位限幅保护时，不要用外壳透明的二极管，不要让管壳黑漆层脱落。

③ 运放输入使用较长的屏蔽线时，应考虑牺牲响应速率而加10kΩ、4700pF 的补偿。

④ 屏蔽线应固定牢固。

⑤ 电位器滑动触点、继电器触点、接插件等均应接触良好，不使其成为干扰源。

4.3.7 运算放大器的输入、输出保护电路

(1) 输入保护电路

输入保护电路如图 4-30 所示。图 4-30（a）为输入钳位保护，在运算放大器的输入端接入电阻 R_1（一般电路中已有此电阻）和反向并联的二极管 VD_1、VD_2，使运算放大器输入电压的幅度限制在二极管的正向压降以下。该保护措施还可以避免在运算放大器中产生自锁现象（即运算放大器输入信号过大而引起输出电压过高，使输出级管子处于饱和或截止。这时运算放大器不能调零，甚至烧毁）。

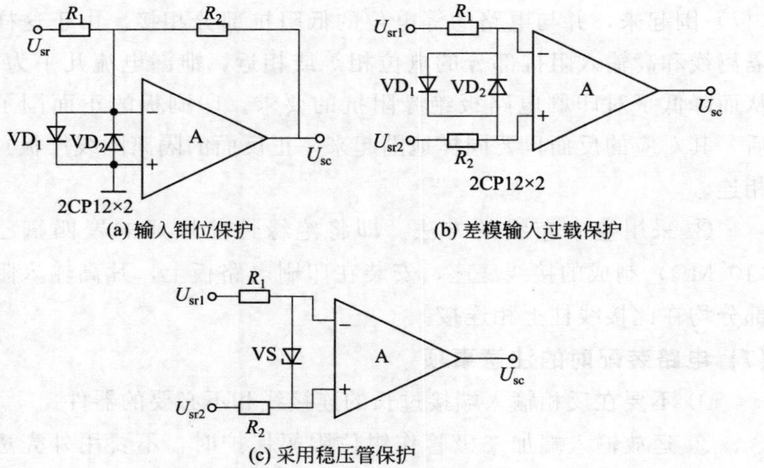

(a) 输入钳位保护　(b) 差模输入过载保护

(c) 采用稳压管保护

图 4-30　输入保护电路

图 4-30（b）是差模输入过载保护，其保护原理与图 4-30（a）相同。要求限流电流 R_1 与 R_2 相等。

图 4-30（a）和图 4-30（b），输入电压范围为±0.6～±0.7V，缺点是输入电阻降低了。

应注意，二极管所产生的温度漂移会使整个运算放大器的漂移增加，在要求高的场合要考虑这个问题。

图 4-30（c）采用稳压管保护。稳压管的稳压值可根据运算放大器允许输入的最大信号峰值来选择，这种输入保护电路的输入电压范围较宽，且输入电阻也较大，故在大信号输入时常用此法。

(2) 输出限幅保护电路

常见的输出限幅（钳位）电路如图 4-31 所示。图 4-31（a）是将

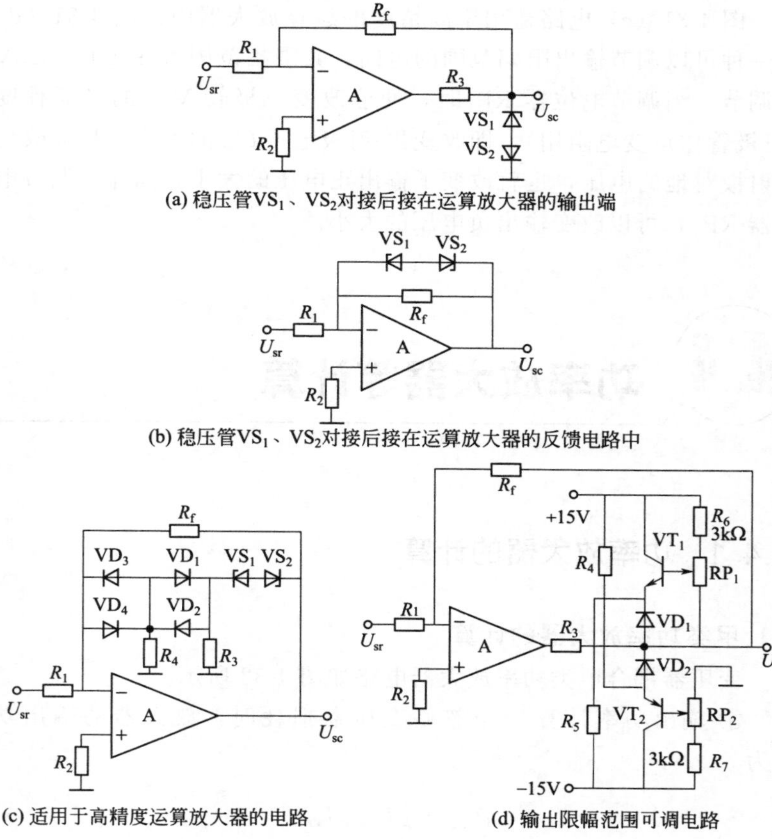

(a) 稳压管VS_1、VS_2对接后接在运算放大器的输出端

(b) 稳压管VS_1、VS_2对接后接在运算放大器的反馈电路中

(c) 适用于高精度运算放大器的电路

(d) 输出限幅范围可调电路

图 4-31　常见的输出限幅电路

稳压管 VS_1、VS_2 对接后再接在运算放大器的输出端；图 4-31（b）是将稳压管 VS_1、VS_2 对接后再连接在运算放大器的反馈电路中。这两种保护电路，在运算放大器正常工作时，输出电压 U_{sc} 小于稳压管的稳压值 U_z，该支路不起作用。当输出电压 $U_{sc} > U_z + 0.6V$ 时（0.6V 为 VS_1 或 VS_2 的正向导通压降），就有一只稳压管反向击穿，另一只正向导通，负反馈加强，从而把输出电压限制在 $-(U_z + 0.6V) \sim U_z + 0.6V$ 的范围内。注意，应尽量选择反向特性好、漏电流小的稳压管，否则将会使运算放大器传输特性的线性度变坏。

图 4-31（c）电路适用于高精度的运算放大器中；图 4-31（d）是一种可以调节输出限幅范围的电路，其限幅范围可在 ±1～±8V 内调节。当调节电位器 RP_1 时，便能改变三极管 VT_1 的导通程度（三极管作可变电阻用），即改变集-射极电压 U_{ce} 的大小，从而改变发射极对地的电压，也就改变了输出正电压的大小。同样，调节电位器 RP_2，可以改变输出负电压的大小。

4.4 功率放大器等计算

4.4.1 功率放大器的计算

(1) 甲类功率放大器的计算

变压器耦合甲类功率放大器电路如图 4-32 所示。

① 输出功率计算　当忽略变压器损耗时，放大器的输出功率为

$$P_{sc} = \frac{1}{2} U_{cem} I_{cm}$$

式中　P_{sc} ——输出功率，W；

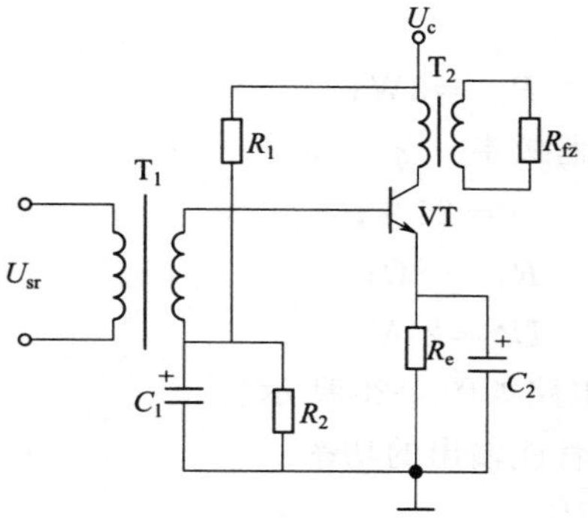

图 4-32　变压器耦合甲类功率放大器电路

U_{cem} ——三极管集电极电压的交流峰值，V；

I_{cm} ——三极管集电极电流的交流峰值，A。

在理想情况下，放大器的最大输出功率为

$$P_{scm}=\frac{1}{2}U_cI_c$$

式中　P_{scm} ——最大输出功率，W；

U_c ——电源电压，V；

I_c ——三极管静态工作电流，A。

② 效率计算　即

$$\eta=\frac{P_{sc}}{P_E}\times 100\%$$

式中　η ——效率；

P_E ——电源供给放大器的功率，$P_E=U_cI_c$，W。

在理想情况下，甲类功率放大器的最大效率为 50%，但实际效率要低得多，如只有 30%左右。

③ 管耗计算

$$P_{VT}=P_E-P_0$$

式中　P_{VT} ——三极管管耗，W。

【例 4-7】 试设计一个输出功率为 3W 的甲类功率放大器。

要求：

① 输出功率　$P_{sc}=3W$；

② 输出变压器效率　$\eta=75\%$；

③ 过载容量　$m=25\%$；

④ 负载阻抗　$R_{fz}=8\Omega$；

⑤ 电源电压　$U_c=24V$。

功率放大器电路如图 4-28 所示。

解 ① 三极管能输出的功率

$$P'_{sc}=\frac{P_{sc}}{\eta}(1+m)=\frac{3}{0.75}\times(1+0.25)=5W$$

由于甲类单管功率放大器的三极管集电极最大功耗出现在无讯号状态，其大小为输出功率的一倍，因此其集电极最大功率，即最大输出功率为

$$P_{scm}=2P'_{sc}=2\times5=10W$$

② 三极管静态工作电流（Q 点的工作电流）

$$I_Q=\frac{P_{scm}}{U_c}=\frac{10}{24}=0.417A$$

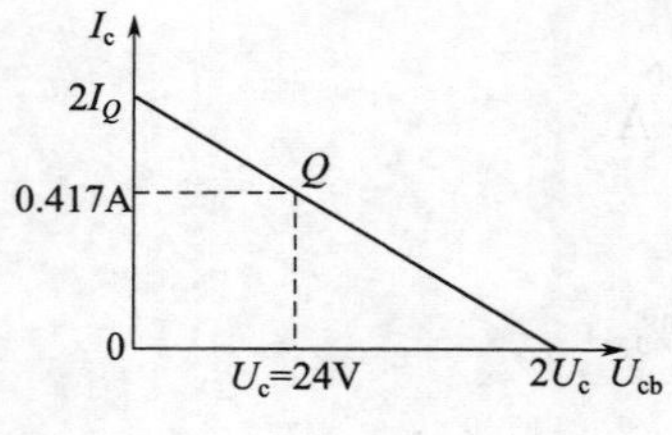

图 4-33 功率放大器的负载线

三极管等效动态负载为

$$R'_{fz}=\frac{U_c}{I_Q}=\frac{24}{0.417}=57.5\Omega$$

由此可作出该功率放大器的负载线，如图 4-33 所示。

③ 实际负载（喇叭）R_{fz} 为 8Ω，因此可按下式求出输出变压器 T_2 的匝数比 n。

$$n=\sqrt{\frac{\eta R'_{fz}}{R_{fz}}}$$

$$=\sqrt{\frac{0.75\times57.5}{8}}=2.3$$

④ 所选三极管应满足下列要求：

$$P_{cm} > P_{scm} = 10W$$

$$BU_{ceo} \geqslant 2U_c = 2 \times 24 = 48V$$

$$I_{cm} \geqslant 2I_Q = 2 \times 0.417 = 0.834A$$

因此可从手册中查得，选用 3DD4 为宜。

(2) 乙类功率放大器的计算

变压器耦合乙类推挽式功率放大器电路如图 4-34 所示。

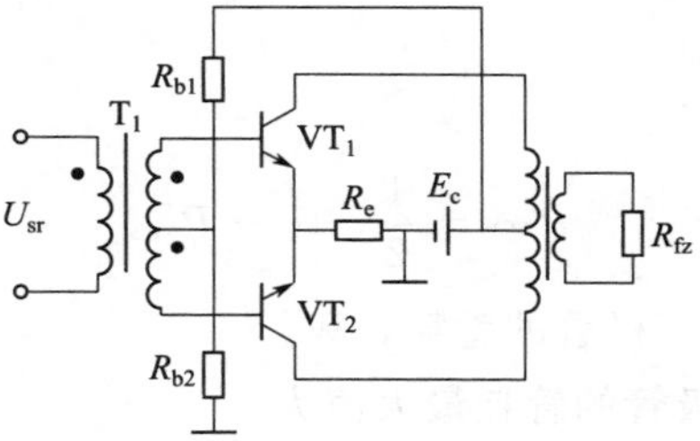

图 4-34 变压器耦合乙类推挽式功率放大器电路

① 输出功率计算 当忽略变压器损耗时，放大器的输出功率为

$$P_{sc} = \frac{1}{2}U_{cem}I_{cm}$$

式中符号同前。

在理想情况下，最大输出功率为

$$P_{scm} = \frac{1}{2} \times \frac{U_c^2}{R'_{fz}}$$

$$R'_{fz} = \left(\frac{W_1}{W_2}\right)^2 R_{fz}$$

式中 P_{scm} ——最大输出功率，W；

U_c ——电源电压，V；

R'_{fz} ——交流等效电阻，Ω；

R_{fz} ——负载电阻，Ω；

$\frac{W_1}{W_2}$——一、二次绕组的匝数比。

② 效率计算

$$\eta=\frac{P_{sc}}{P_E}\times 100\%$$

$$P_E=\frac{2U_c^2}{\pi R'_{fz}}$$

式中 P_E——电源供给放大器的功率，W。

在理想情况下，乙类功率放大器的最大效率为 78.5%，但实际效率约为 60%。

③ 管耗计算

$$P_{VT}=\frac{1}{2}(P_E-P_{sc})$$

式中 P_{VT}——三极管的管耗，W。

平均每只三极管的管耗最大值为

$$P_{VTm}\approx 0.2P_{scm}$$

式中 P_{VTm}——三极管的最大管耗，W。

(3) 乙类功率放大器输出变压器的设计

下面介绍推挽输出音频变压器的设计。

① 设计要求：额定输出功率 P_{2e}(V·A)；电源额定电压 U_c(V)；二次阻抗 R_y(Ω)；工作频率(指最低工作频率)f(Hz)；失真分贝数 S(dB)。

② 计算步骤：常用音频变压器电路如图 4-35 所示。

a. 计算一次阻抗为

$$Z_c=\frac{2(U_c-U_{ces})}{I_1}\qquad I_1=\frac{1.1P_{2e}}{(U_c-U_{ces})\eta_b\eta}$$

式中 Z_c——一次阻抗，Ω；

U_c——电源电压，V；

U_{ces}——三极管饱和压降，V；

I_1——一次绕组电流，A；

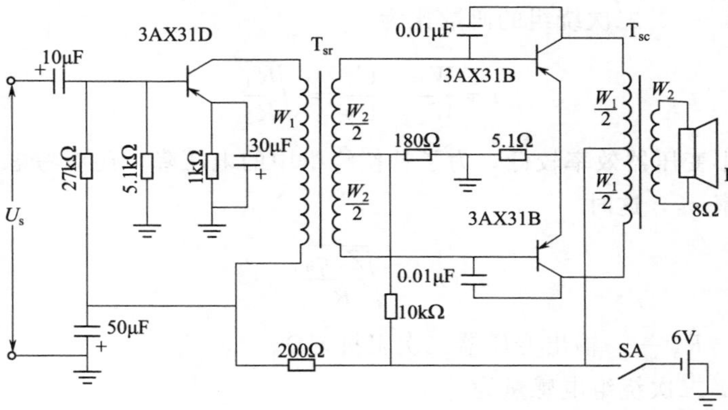

图 4-35　推挽式功率放大电路

T_{sr}—输入变压器（单端）；T_{sc}—输出变压器（推挽）

P_{2e} ——额定输出功率，W；

η_b ——变压器效率，1W 以下取 0.7；

η ——三极管乙类推挽放大效率，约为 0.65～0.75。

为了简化计算，一次阻抗 Z_c 也可直接从图 4-36 的曲线上查得。

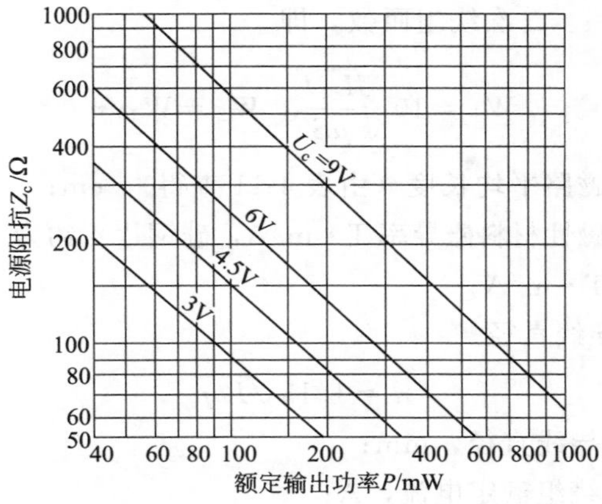

图 4-36　负载阻抗与输出功率的关系曲线

b. 一、二次绕组的匝数比为

$$n=\frac{W_1}{W_2}=\frac{U_1}{U_2}=\sqrt{\frac{R_1}{R_2}}$$

小变压器效率较低，为了补偿绕组中的电压降，还应考虑变压器效率 η_b，这时

$$n=\sqrt{\frac{Z_c\eta_b}{R_y}}$$

式中　R_y——输出变压器二次阻抗，Ω。

c. 二次绕组电感量为

$$L_1=\frac{Z_c}{2\pi f\sqrt{M^2-1}},\ M=10^{\frac{S}{20}}$$

式中　L_1——二次绕组电感量，H；

M——衰减 S(dB) 时的失真系数。

d. 选择铁芯截面。当选用表 4-11 的 XE 型铁芯系列时，则

$$S=\sqrt{P_{2e}}$$

式中　S——铁芯截面积，cm^2；

P_{2e}——额定输出功率，W。

e. 计算一、二次绕组匝数，即

$$W_1=10\sqrt{\frac{L_1 l}{\mu S}},\ W_2=W_1/n$$

式中　l——磁路平均长度（由表 4-11 查得），cm；

μ——磁性材料磁导率 T·m/A，硅钢片 μ 约为 1.2566×10^{-3} T·m/A。

f. 选择导线直径

$$d=1.13\sqrt{I/j}$$

式中　d——导线直径，mm；

I——绕组额定电流，A；

j——电流密度，一、二次取相同，取 $2\sim3A/mm^2$。

■ **表 4-11 XE 型变压器铁芯尺寸**

铁芯尺寸 $a\times B$	尺寸/mm							参考数据			
	a	c	A	H	h	标准化叠厚 B	磁路平均长度 l/cm	中间舌片净截面积 S/cm^2		铁芯净重 G_c/g	
								厚度		Ni46 合金片厚度	
								0.1mm	0.2mm	0.1mm	0.2mm
3×4	3	3.5	13	10.5	7.5	4	2.67	0.096	0.109	2.20	2.50
3×6.3						6.3		0.151	0.172	3.47	3.94
4×4	4	5	18	14	10	4	3.63	0.128	0.146	4.00	4.55
4×5						5		0.160	0.182	5.00	5.68
4×6.3						6.3		0.202	0.230	6.30	7.16
4×8						8		0.256	0.291	8.00	9.10
5×5	5	6	22	17.5	12.5	5	4.49	0.200	0.228	7.75	8.75
5×6.3						6.3		0.252	0.287	9.70	11.1
5×8						8		0.320	0.364	12.4	14.1
5×10						10		0.400	0.455	15.5	17.5
6×6.3	6	7	26	21	15	6.3	5.34	0.301	0.342	13.8	15.7
6×8						8		0.384	0.437	17.7	20.1
6×10						10		0.480	0.546	22.1	25.1
6×12.5						12.5		0.601	0.683	27.6	31.4
8×8	8	9	34	28	20	8	7.06	0.501	0.580	31.0	35.2
8×10						10		0.640	0.728	38.8	44.0
8×12.5						12.5		0.800	0.910	46.5	55.0
8×16						16		1.02	1.16	62.0	70.5

注：$S=K_d aB$，其中 K_d 为叠片系数，一般取 0.80～0.91。

【例 4-8】 设计一个额定输出功率P_{2e}为200mW的推挽输出变压器。已知电源电压U_c为6V，二次阻抗R_y为8Ω，最低工作频率f为300Hz，失真系数不大于1.5dB。

解 ① U_{ces}取0.5V，η_b和η均取0.7，则一次绕组电流为

$$I_1=\frac{1.1P_{2e}}{(U_c-U_{ces})\eta_b\eta}=\frac{1.1\times0.2}{(6-0.5)\times0.7\times0.7}$$
$$=0.082A$$

② 二次绕组电流为

$$I_2=\sqrt{P_{2e}/R_y}=\sqrt{0.2/8}=0.158A$$

③ 当$U_c=6V$、$P_{2e}=200mW$时，由图4-36曲线查得一次阻抗$Z_c=140\Omega$。

④ 一、二次绕组的匝数比为

$$n=\sqrt{\frac{Z_c\eta_b}{R_y}}=\sqrt{\frac{140\times0.7}{8}}=3.5$$

⑤ 由于$M=10^{\frac{1.5}{20}}=1.188$，故一次绕组电感量为

$$L_1=\frac{Z_c}{2\pi f\sqrt{M^2-1}}=\frac{140}{6.28\times300\sqrt{1.188^2-1}}$$
$$=0.12H$$

⑥ 采用XE型铁芯（见表4-11），则铁芯截面积为

$$S=\sqrt{P_{2e}}=\sqrt{0.2}=0.45cm^2$$

可选用XE6×8铁芯，该铁芯的净截面积为0.467cm²，$l=5.34cm$。

⑦ 一、二次绕组匝数的计算

$$W_1=10\sqrt{\frac{L_1l}{\mu S}}=10\sqrt{\frac{0.12\times5.34}{1.13\times10^{-3}\times0.467}}$$
$$=348(匝)，取350匝$$

可用双线并绕2×175匝，然后串联连接并引出中心抽头及两端线头，这样能使两半绕组的直流电阻平衡。

$$W_2 = W_1/n = 350/3.5 = 100 \text{ 匝}$$

⑧ 取 $j = 2.5\text{A/mm}^2$，则一、二次绕组导线直径为

$$d_1 = 1.13\sqrt{\frac{I_1}{j}} = 1.13\sqrt{\frac{0.082}{2.5}} = 0.2\text{mm}$$

$$d_2 = 1.13\sqrt{\frac{I_2}{j}} = 1.13\sqrt{\frac{0.158}{2.5}} = 0.28\text{mm}$$

(4) OTL 功率放大器的计算

OTL 功率放大器即无变压器功率放大器，常用在要求高传真的扩音设备中。其电路如图 4-37 所示。

① 输出功率计算

$$P_{sc} = U_{sc} I_{sc} = \frac{1}{2} U_{scm} I_{scm} = \frac{U_{scm}^2}{2R_{fz}}$$

式中　U_{sc}，U_{scm}——输出电压有效值和峰值，V；

I_{sc}，I_{scm}——输出电流有效值和峰值，A。

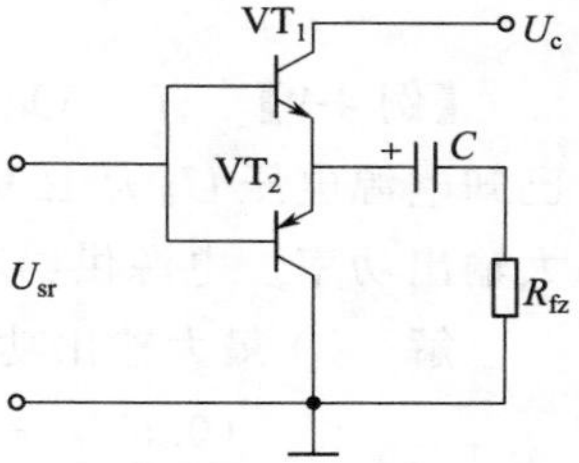

图 4-37　OTL 功率放大器电路

由于 VT_1、VT_2 为射极跟随器，所以电压放大倍数 $k_u \approx 1$，则有 $U_{sc} \approx U_{sr}$，且 $I_{sc} = U_{sc}/R_{fz}$。

当输入信号足够大，且忽略功放管的饱和压降时，有

$$U_{srm} = U_{scm} = 0.5U_c - U_{ces} \approx 0.5U_c$$

此时有最大输出功率为

$$P_{scm} = \frac{1}{2} \times \frac{(0.5U_c - U_{ces})^2}{R_{fz}}$$

$$= \frac{(0.5U_c)^2}{2R_{fz}} = \frac{U_c^2}{8R_{fz}}$$

② 效率计算

效率是负载得到的有用功率与直流电源供给的功率之比，即

$$\eta=\frac{P_{sc}}{P_E}\times 100\%$$

$$P_E=\frac{U_c(0.5U_c-U_{ces})}{\pi R_{fz}}\approx\frac{0.5U_c^2}{\pi R_{fz}}$$

式中　P_E——电源供给放大器的功率，W。

电路在输出最大功率时的效率为

$$\eta=\frac{P_{scm}}{P_E}\times 100\%=\left(\frac{U_c^2}{8R_{fz}}\middle/\frac{0.5U_c^2}{\pi R_{fz}}\right)\times 100\%=\frac{\pi}{4}\times 100\%=78.5\%$$

③ 管耗计算

$$P_{VT}=\frac{1}{2}(P_E-P_{sc})$$

平均每只三极管的管耗最大值为

$$P_{VTm}\approx 0.2P_{scm}$$

【例 4-9】 有一 OTL 功率放大器的输出电路如图 4-37 所示。已知电源电压U_c为 12V，负载（喇叭）阻抗 R_{fz}为 8Ω。试计算最大输出功率、电源供给功率、放大器效率和管耗。

解　① 最大输出功率为（设三极管饱和压降为$U_{ces}=0.7$V）

$$P_{scm}=\frac{1}{2}\times\frac{(0.5U_c-U_{ces})^2}{R_{fz}}=\frac{1}{2}\times\frac{(0.5\times 12-0.7)^2}{8}=1.76\text{W}$$

② 电源供给功率为

$$P_E=\frac{U_c(0.5U_c-U_{ces})}{\pi R_{fz}}=\frac{12\times(0.5\times 12-0.7)}{\pi\times 8}=2.53\text{W}$$

③ 放大器的最大效率为

$$\eta=\frac{P_{scm}}{P_E}\times 100\%=\frac{1.76}{2.53}\times 100\%=69.6\%$$

④ 最大输出功率时每只三极管的管耗为

$$P_{VTm}\approx 0.2P_{scm}=0.2\times 1.76=0.352\text{W}$$

4.4.2　晶体管电子继电器元件参数的选择

几种常用晶体管电子继电器原理电路如图 4-38 所示。图中触点 K，代表发信元件的触点。K 闭合，晶体管（三极管）VT 导通，继电器 KA 吸合；K 断开，VT 截止，KA 释放。为了防止误动作，VT 的基极可外加正偏压（对 PNP 管）或负偏压（对 NPN 管）。电子继电器元件的选择及计算如下。

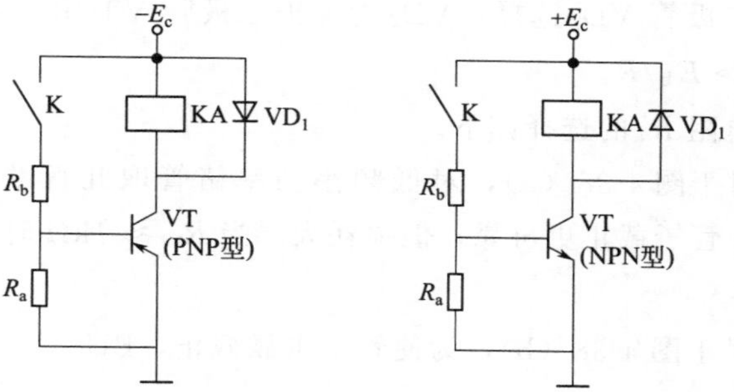

(a) 无外加偏压的电路

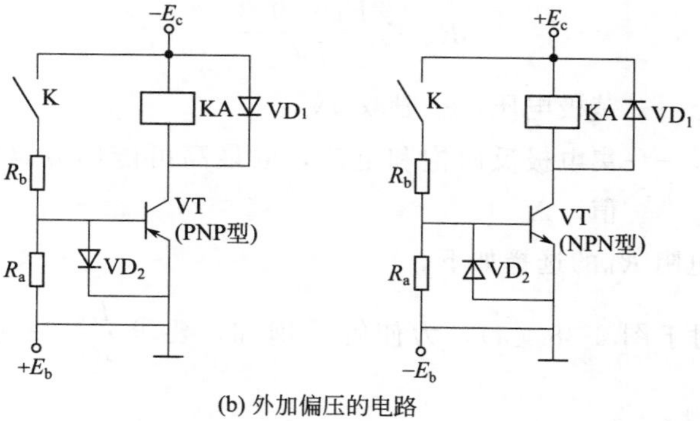

(b) 外加偏压的电路

图 4-38　晶体管电子继电器电路

① 继电器 KA 的选择：继电器 KA 可用直流电阻 R_z 为几百欧到几千欧，吸合电流 $I_吸$ 为几到几十毫安的小型继电器，如 JR 型、JRX 型、JQ 型和 JQX 型等。

② 电源电压 E_c 选择：$E_c \geqslant U_吸 = I_吸 R_z$。

③ 三极管 VT 选择：VT 一般采用小功率锗管或硅管。要求集

电极最大允许电流 $I_{cm} > I_{吸}$；集电极与发射极间的反向击穿电压 $BU_{ceR} > E_c$。

④ 二极管 VD_1 选择：VD_1 为保护三极管用，要求其最高反向工作电压 $U_{RM} > E_c$；额定正向工作电流 $I_F \geqslant I_{z\cdot max}$（$I_{z\cdot max}$ 为最大负载电流）。

⑤ 二极管 VD_2 选择：VD_2 为保护三极管 VT 用，要求其额定电流 $I_F > E_b/R_a$。

⑥ 电阻 R_a 的选择如下。

a. 对于图 4-38（a），对低频小功率锗管取几百欧到几千欧。R_a 小些，管子截止更可靠，但损耗大。当 $R_a \approx 1k\Omega$ 时，$BU_{ceR} \approx 1.5BU_{ceo}$。

b. 对于图 4-38（b），为使管子可靠截止，BU_{cbo} 不小于 0.3V，即要求

$$R_a \leqslant \frac{E_b - 0.3}{I_{cbo}}$$

式中 E_b——基极电压，一般取 6V；

I_{cbo}——集电极反向饱和电流，取最高可能环境温度下的数值，A。

⑦ 电阻 R_b 的选择如下。

a. 对于图 4-38（a），为使管子饱和，要求 $\frac{E_c}{R_b} \geqslant \frac{E_c}{\beta R_{吸}}$，即 $R_b \leqslant \beta R_{吸}$。

b. 对于图 4-38（b），可按下列公式计算 R_b，即

$$E_c - \left(I_b + \frac{E_b + 0.2}{R_a}\right) R_b \geqslant 0.2 \text{（锗管）}$$

$$E_c - \left(I_b + \frac{E_b + 0.7}{R_a}\right) R_b \geqslant 0.7 \text{（硅管）}$$

由于管子性能有差异，偏置电阻 R_b 尚需实际调整。R_b 值取得略小，能使管子得到充分饱和，但将使开关速度有所下降。

4.4.3 功率放大器保护元件的选择

在控制电路中，末级的功率放大器往往要推动接触器、继电器、电磁阀门等电感性负载。在切断这些电感负载时会产生感应过电压，因而可能击穿三极管，为此需采取保护措施。常用的保护元件有二极管、稳压管、电阻、电容等。图 4-39 为几种常用的过电压抑制线路和三极管导通、截止过程中集电极电流 I_c 与电压 U_{ce} 的变化曲线。图 4-39（e）对应于图 4-39（a）和图 4-39（b）的线路；图 4-39（f）对应于图 4-39（c）的线路；图 4-39（g）对应于图 4-39（d）的线路。抑制元件的选择原则如下。

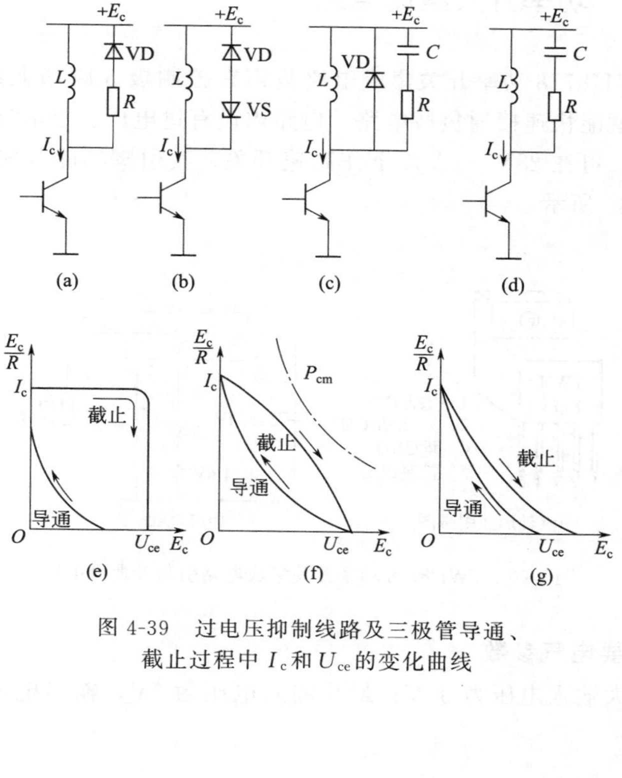

图 4-39　过电压抑制线路及三极管导通、截止过程中 I_c 和 U_{ce} 的变化曲线

① 对于图 4-39（a）：在上述“晶体管电子继电器元件参数的选择”内容中已叙述。

② 对于图 4-39（b）：二极管仍按上述原则选择；稳压管的功率应考虑流过的最大电流时必须低于其允许的耗散功率，稳压管的稳定电压 U_z 可按下式计算：

$$U_z = E_c(N-1)$$

式中 N——允许电压上升系数，等于 U_m/E_c；

U_z——稳压管稳定电压，其值应小于 BU_{ceo}。

③ 对于图 4-39（c）、（d）：电源合闸瞬间（电容相当于短路），充电电流应小于三极管集电极最大允许电流 I_{cm}，若不能满足，可串接一个限流电阻。同时还要考虑防止电容、电感可能产生自激振荡。

4.4.4 功率开关集成电路

TWH8778 功率开关集成电路只需在控制极 5 脚加上约 1.6V 电压，就能快速接通负载电路。电路内设有过电压、过电流、过热等保护，可在 28V、1A 以下作高速开关。其引脚功能及典型电路如图 4-40 所示。

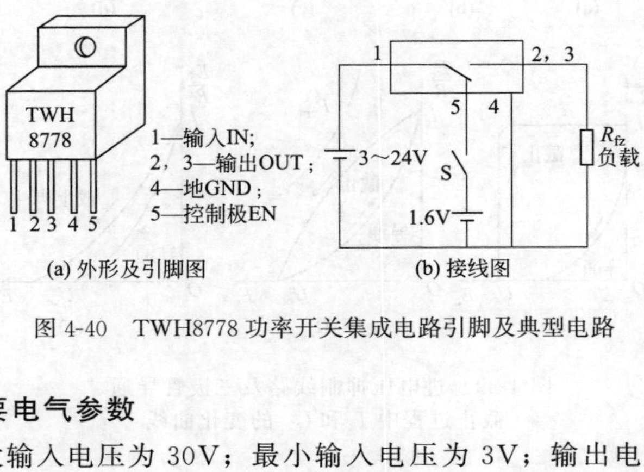

(a) 外形及引脚图　　(b) 接线图

图 4-40　TWH8778 功率开关集成电路引脚及典型电路

(1) 主要电气参数

最大输入电压为 30V；最小输入电压为 3V；输出电流为 1～

1.6A；开启电压≥16V；控制极输入电流为 50μA；控制极最大电压为 6V；延迟时间为 5～10μs；允许功耗为 2W（无散热器）及 25W（有散热器）。

（2）TWH8778 功率开关集成电路的应用电路

采用 TWH8778 功率开关集成电路控制的路灯自动光控开关如图 4-41 所示。它通过光敏电阻 RL 及晶闸管 V_1 和 V_2，根据自然环境的光线强弱自动开灯、关灯，其中，TWH8778 功率开关集成电路 A 作驱动开关。

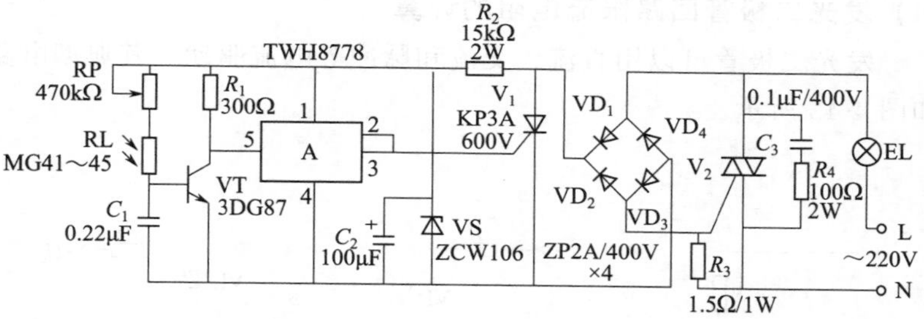

图 4-41　采用 TWH8778 功率开关集成电路控制的路灯自动光控开关

工作原理：接通电源，220V 交流电经路灯 EL、二极管 VD_1、电阻 R_2、稳压管 VS、二极管 VD_3 和电阻 R_3 构成回路，并在稳压管两端建立约 8V 直流电压。当环境光线较亮时，光敏电阻 RL 受光照，其电阻很小，晶体管 VT 得到足够的基极电流而导通，TWH8778 开关集成电路 A 的 5 脚电压小于 1.6V，即无触发电压而关断，A 的 3 脚输出低电平（0V），晶闸管 V_1 关断，双向晶闸管 V_2 无触发电压而关断，路灯 EL 不亮。当环境的光线变暗时，光敏电阻 RL 电阻变大，晶体管 VT 的基极电流变得很小，其集电极电位升高，当升高到大于 1.6V（即 A 的 5 脚电压）时，A 触发导通，其 3 脚输出高电平（约 8V），晶闸管 V_1 触发导通，全整流桥回路导通，有正、负交流脉冲触发双向晶闸管 V_2 的门极并使其导通，路灯 EL 点亮。

晶闸管 V_1 导通后，其阳极与阴极之间的电压降很小，使触发电路不能工作。电网电压过零点时 V_1 关断。等到下一个半周时，触发电路又工作，重复上述过程。

图中，C_1 为抗干扰电容，防止汽车灯光等瞬间光照造成装置误动作。

4.4.5 发光二极管限流电阻和降压电容的计算

常用发光二极管的主要参数见表 1-94～表 1-97。

(1) 发光二极管回路限流电阻的计算

发光二极管可以用直流、交流和脉冲等电流驱动，其典型电路如图 4-42 所示。

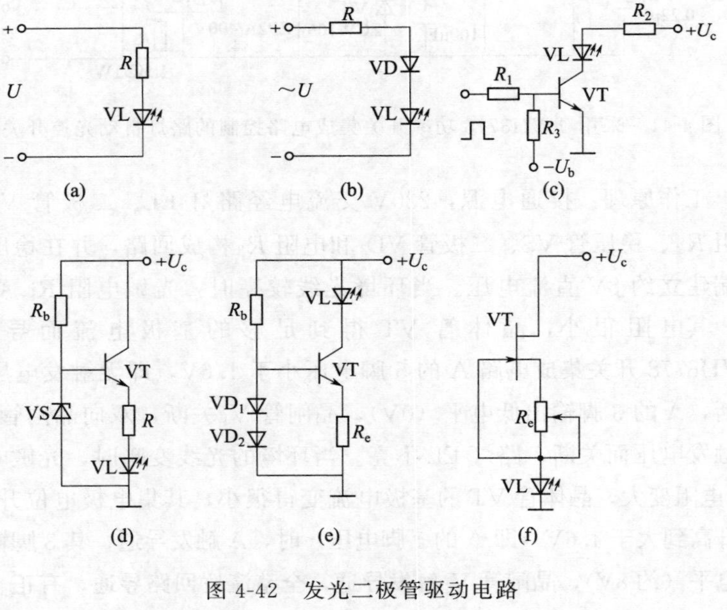

图 4-42 发光二极管驱动电路

其中，图（a)、(d)、(e)、(f）为直流驱动；图（b）为交流驱动；图（c）为脉冲驱动。

限流电阻计算：

① 直流驱动时［图 4-42（a）］有

$$R=\frac{U-U_F}{I_F}$$

式中 R——限流电阻，kΩ；

U——电源电压，V；

U_F——发光二极管正向压降（V)，一般为 1.2V；

I_F——发光二极管工作电流（mA)，一般取$(1/5\sim1/3)I_{Fm}$；

I_{Fm}——发光二极管最大工作电流，mA。

② 交流驱动时［图 4-42（b）］有

$$R=\frac{0.45U-U_F}{I_F}$$

图 4-42 中二极管 VD 是用来保护发光二极管在交流负半周时不被击穿。其管压降约 0.7V，计算时可忽略不计。

③ 脉冲驱动时［图 4-42（c）］有

$$R_2=\frac{U_c-U_{ces}-U_F}{I_{Fm}}$$

式中 U_c——电源电压，V；

U_{ces}——三极管 VT 饱和压降，V。

④ 直流驱动时［图 4-42（d）］有

$$R_e=\frac{U_b-U_{bc}-U_F}{I_F}$$

式中 U_b——三极管 VT 基极电位，V；

U_{bc}——三极管 VT 基极-发射极压降，V。

⑤ 直流驱动时［图 4-42（e）］有

$$R_e=\frac{U_b-U_{bc}}{I_F}$$

⑥ 直流驱动时［图 4-42（f）］有

$$I_F = I_{DSS}\left(1-\frac{U_{GS}}{U_P}\right)^2$$

式中 I_{DSS}——场效应管 VT 的饱和漏电流，mA；

U_{GS}——场效应管 VT 的源电压，V；

U_P——场效应管 VT 的夹断电压，V。

调节 R_e 使工作电流为 8～10mA。

【例 4-10】 如图 4-42（a）电路，已知直流电源电压为 12V，发光二极管 VL 选用 BT201A，试求限流电阻 R。

解 查表 1-94，BT201A 的正向工作电流 I_F 为 20mA，实际使用时，为了延长发光二极管寿命，可取 $I_F = 10 \sim 15$mA(其亮度也足够了)。又查得正向工作电压 U_F 为 1.5 ～ 2V，取 $U_F = 1.7$V。

限流电阻为（如取 $I_F = 15$mA）：

$$R=\frac{U-U_F}{I_F}=\frac{12-1.7}{15}=0.687\text{k}\Omega$$

可选用标称值为 680Ω 的电阻。

电阻功率为

$$P_R = I_F^2 R = 0.015^2 \times 680 = 0.15\text{W}$$

可选用 $\frac{1}{2}$W 的电阻。

【例 4-11】 如图 4-42（b）电路，已知交流电源电压为 220V，发光二极管 VL 选用 BT201C，二极管 VD 选用 1N4004，试求限流电阻。

解 查表 1-94，BT201C 型发光二极管的正向工作电压 $U_F = 2$V，工作电流 I_F 取 10mA，则限流电阻为

$$R=\frac{0.45U-U_F}{I_F}=\frac{0.45\times 220-2}{10}=9.7\text{k}\Omega$$

电阻功率为

$$P = I_F^2 R = 0.01^2 \times 9700 = 0.97\text{W}$$

可选用阻值为 10kΩ、功率为 2W 的标准电阻。

(2) 发光二极管回路降压电容的计算

在交流电路中，虽发光二极管功耗很小，但电阻功耗很大，在长期工作制下电阻容易烧坏。为此可采用如图 4-43 所示的电容降压的方法，从而使整个电路的功耗几乎接近发光二极管的功耗。

降压电容 C_1 选用 CJ41 型，耐压不小于 400V；电容 C_2 为双极性电容，作瞬间冲击电流的吸收支路，采用 BP 型；二极管 VD 用来保护发光二极管用（因发光二极管反向耐压低，一般约为 5V）；电阻 R 作电容 C_1 的泄放回路。

该电路当交流电压在 220V±20％变化时，通过发光二极管的电流在 11～16mA 范围内变化，均小于发光二极管的最大允许工作电流 30mA。

(3) 发光二极管监视补偿电容器回路的电路

电路如图 4-44 所示。

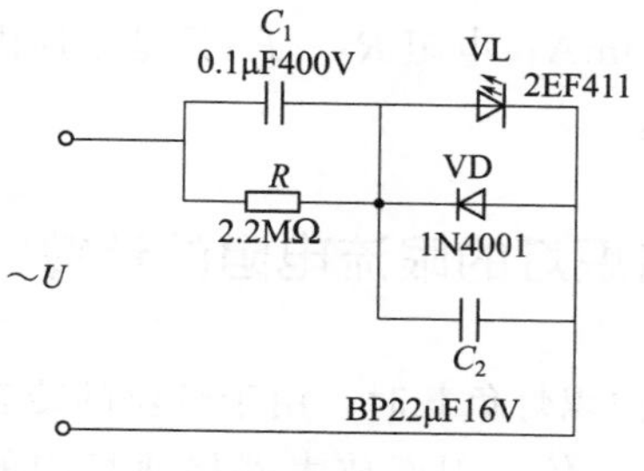

图 4-43　电容降压的发光二极管电路

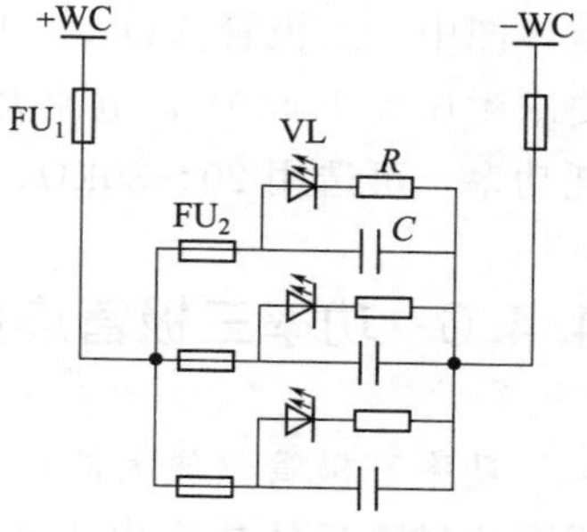

图 4-44　发光二极管监视补偿电容器回路的电路

工作原理：正常时，电容 C 两端工作电压为 380V，该电压经限流电阻 R 加到发光二极管 VL，VL 亮，指示回路工作正常。当电容 C 击穿，电容两端电压为零，发光二极管 VL 熄灭；当保险丝 FU 在冲击电流的作用下或其他原因而熔断时，电容 C 通过限流电阻和发光二极管放电，发光二极管很快熄灭。这样，值班人员就能及时发现故障。

发光二极管可选用 BT204-F 型；限流电阻 R 可选用 30kΩ。

(4) 变色发光管监视晶闸管工作状态的电路

变色发光管实际上是由两只发红、绿颜色的发光二极管组成。

为了监视两只反向并联的晶闸管或双向晶闸管触发导通情况，可采用如图 4-45 所示的监视电路，指示灯采用变色发光二极管。

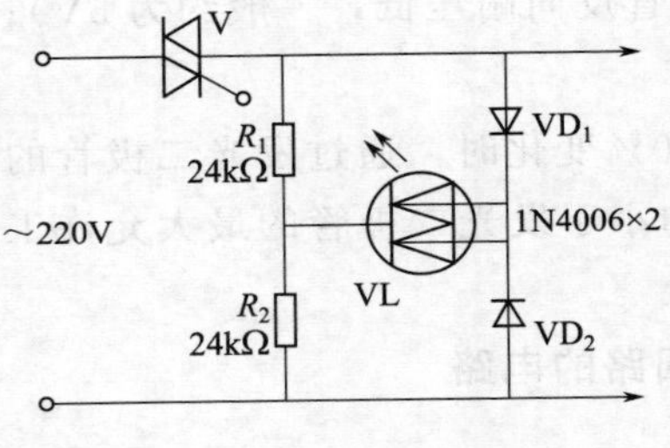

图 4-45　变色发光管监视晶闸管的电路

工作原理：如果经晶闸管 V 输出的是正负半周对称的电压，三变色发光管红、绿两管芯在正负半周轮换导通，发出橙色光。如果 V 输出的只有正或负半周的电压，则只有一只管芯能通过电流，发出红（或绿）色光。因此根据发光颜色，即可判断晶闸管的导通状况。

图中，二极管 VD_1、VD_2 是保护发光管免受反向击穿用的，要求耐压大于 400V，电流大于 20mA；电阻 R_1、R_2 只是半周内消耗功率，可选用 20～30kΩ、1W。

4.4.6　功率三极管连接白炽灯的限流电阻的计算

功率三极管（放大器）连接白炽灯负载时，由于灯丝的冷态电阻要比燃亮后的热态电阻小 8～10 倍，因而放大器接通灯泡的瞬间，其电流要比热态电流大 8～10 倍。如果根据灯泡的标称功率（热态功率）计算的热态电流选择三极管的工作电流，则在接通灯泡的瞬间，可能会损坏三极管，这时需采用限流电阻器等限流措施。

① 当输入信号较强时，采用单管放大电路，其接入限流电阻器的方法有串联、预热灯丝和混合三种，如图 4-46 所示。

限流电阻 R 的计算如下。

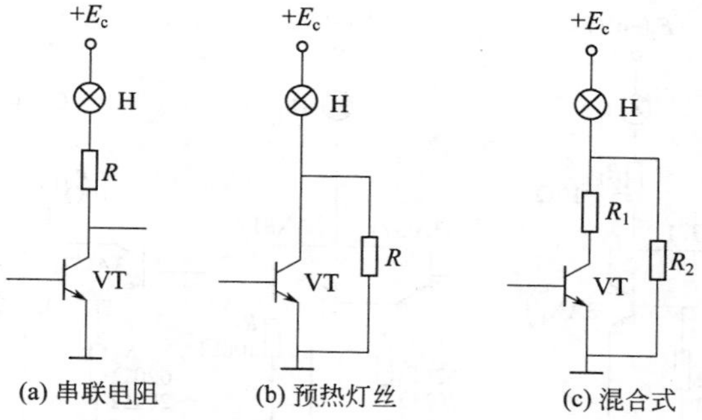

图 4-46 单管放大电路限流电阻接线

对于图 4-46（a）所示电路，采用额定电压比电源电压 E_c 低一级的灯泡，电阻 R 用于降低灯泡的工作电压，串联电阻压降按 $0.1E_c$ 来选择。该方法可提高灯泡的使用寿命。

对于图 4-46（b）所示电路，当三极管 VT 截止时，R 与灯泡串联，使灯泡上的电压降为 $(0.1\sim0.2)E_c$，灯泡中流过少量预热电流但又不燃亮。

对于图 4-46（c）所示电路，同时具有图 4-46（a）、（b）的优点，效果更好。

② 当输入信号较弱时，采用复合管放大电路，其限流电阻的接法也有串联、预热灯丝、混合三种，如图 4-47 所示。

若电源电压 E_c 为 6V，晶体管采用 3AG71 型和 3AX81 型时，其电阻值如图 4-47 所示。

对于图 4-47（a）所示电路，由于灯泡燃亮后灯丝电阻约为 40Ω（6V、150mA 灯泡），因此 R_1 串入后灯泡电压稍降低一些，但对亮度影响不大；对于图 4-47(b) 所示电路，当三极管截止时，灯泡中流过的电流近似等于 $E_c/R_2=6/200=30$mA，这样大小的电流是不会使灯丝发光的。

【例 4-12】 复合管放大电路限流电阻接法如图 4-48 所示。电源电压 E_c 为 6V，三极管 VT_1 采用 3AG71 型、VT_2 采用 3AX81A 型，灯泡额定电压为 6.3V、工作电流 I_H 为 150mA。设工作时两

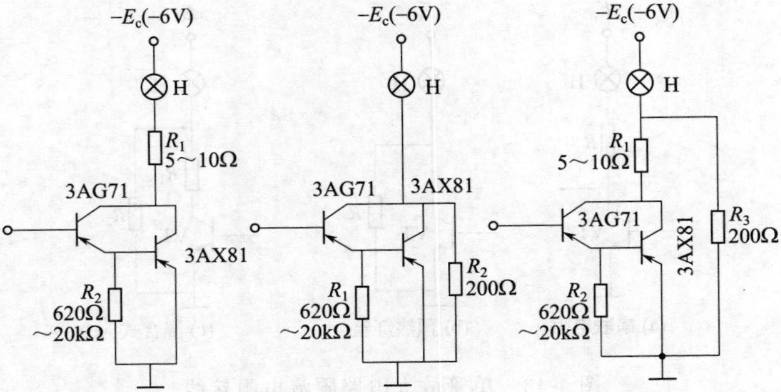

(a) 串联电阻　　(b) 预热灯丝　　(c) 混合式

图 4-47　复合管电路限制灯泡冷态电流的接线

只三极管的基-射极电压相等，即 $U_{be1}=U_{be2}=0.7$V。求接入限流电阻 R_1 和 R_2 的阻值。

解　查半导体器件手册，3AG71 的集电极电流 $I_{cm1}=10$mA、反向基极电流 $I_{cbo1}=10\mu$A；3AX81A 的 $I_{cm2}=200$mA、$I_{cbo2}=30\mu$A。

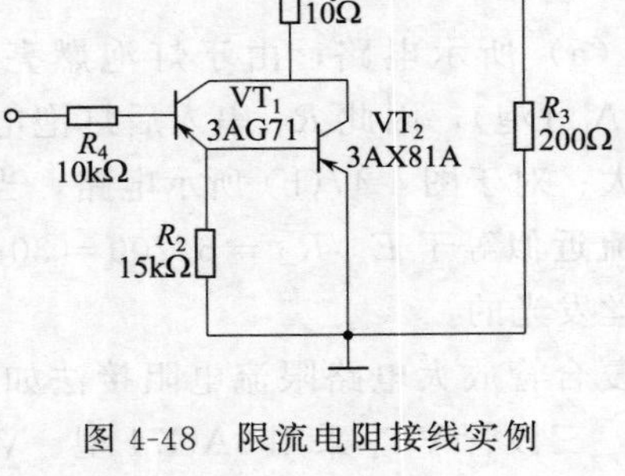

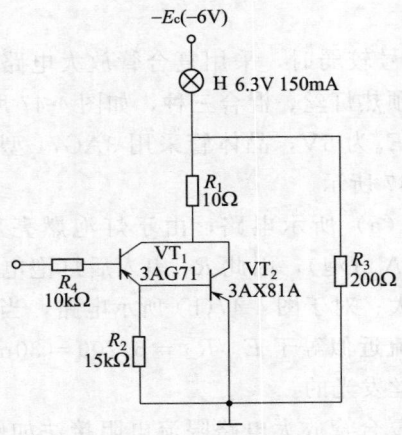

图 4-48　限流电阻接线实例

通常取流过泄放电阻 R_3 的电流为灯泡额定电流的 1/5，所以，$R_3=5E_c/I_H=5\times6/0.15=200\Omega$，取 200Ω。

限流电阻 R_1 用以限制点灯时负载电流，若想不超过三极管 VT_2 的最大集电极电流 I_{cm2}，其值应为

$$R_1\geqslant E_c/I_{cm2}=6/0.2=30\Omega$$

考虑到正常工作时流过电珠的电流不能过小（其热电阻为 6.3V/0.15A=42Ω），因此 R_1 的阻值不能过大。同时考虑到三极管有耐短时冲击电流的能力，故取 $R_1=10\Omega$。

这时，点灯时流过 VT_2 集电极的电流约为 $I_c=\dfrac{E_c}{R_1}=\dfrac{6}{10}=0.6\text{mA}$，即为 I_{cm2} 的 3 倍，但此冲击电流作用时间极短，三极管完全能承受。

R_2 的作用是当输入电压为零时，使之产生一反向基极电流 I_{cbo2}，以保证 VT_2 可靠截止，所以

$R_2<U_{be2}/I_{cbo2}=0.7\text{V}/30\mu\text{A}\approx23\text{k}\Omega$，取 15kΩ（实际上取 620Ω～20kΩ 均可）。

R_4 用于限制基极电流，若三极管 VT_1、VT_2 的 $\beta_1=\beta_2=30$，得

$$I_{b1}=I_H/\beta=I_H/(\beta_1\beta_2)=150/(30\times30)=0.167\text{mA}$$

若输入最高电压为 2.7V，则

$$R_4=\frac{U_{srm}-U_{be1}}{I_{b1}+(U_{be1}/R_2)}=\frac{2.7-0.7}{0.167\times10^{-3}+[0.7/(15\times10^3)]}\approx9359\Omega$$
$$=9.4\text{k}\Omega$$

取 $R_4=10\text{k}\Omega$。

第5章

触发器、振荡器、变换器和延时电路的计算

5.1 触发器的计算

5.1.1 单稳态触发器的计算

单稳态触发器主要用作定时、整形和延时等。

(1) 分立元件单稳态触发器的计算

分立元件单稳态触发器的典型电路如图 5-1 所示。它的一个耦合支路由电阻组成，另一个耦合支路是 RC 定时电路，所以它有一个稳态（即三极管 VT_1 截止、VT_2 饱和）和一个暂稳态。在外界触发脉冲作用下，电路从稳态转换为暂稳态（即 VT_1 饱和、VT_2 截止），经过一段延时后，又自动返回原状态。

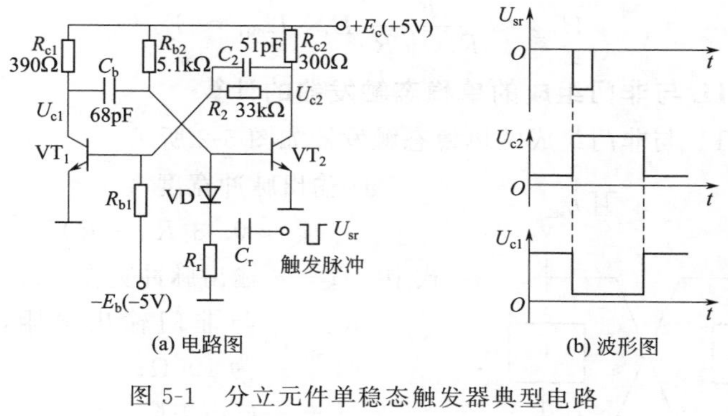

图 5-1　分立元件单稳态触发器典型电路

① 输出脉冲宽度（即暂稳态的维持时间）

$$t_k \approx 0.7\tau = 0.7R_{b2}C_b$$

式中　t_k——输出脉冲宽度，s；

　　τ——放电时间常数，s；

R_{b2}——三极管 VT_2 基极电阻，Ω；

C_b——充放电电容，F。

电阻 R_{b2} 的大小通常由三极管 VT_2 饱和时所需的基极电流 I_{b2} 确定（$R_{b2} < \beta_2 R_{c2}$），一般不超过几十千欧。

充放电电容 C_b 不能太小，否则不利于电路翻转，且 t_k 也不稳定；但也不能太大，否则会使脉冲后沿变坏，恢复时间过长（要求 t_k 小于 20～30s），一般应为 20pF 至几百微法。

② 电路恢复时间

$$t_n = (3 \sim 5) R_{c1} C_b$$

式中 t_n——恢复时间，s；

R_{c1}——三极管 VT_1 集电极电阻，Ω。

③ 分辨时间

$$t_d = t_k + t_n$$

式中 t_d——分辨时间，即保证单稳态能正常工作的触发脉冲最小时间间隔，s。

④ 输出脉冲幅度

$$U_{m2} \approx \frac{R_2}{R_{c2} + R_2} E_c, \quad U_{m1} \approx E_c$$

(2) TTL 与非门组成的单稳态触发器的计算

TTL 与非门组成的单稳态触发器如图 5-2 所示。

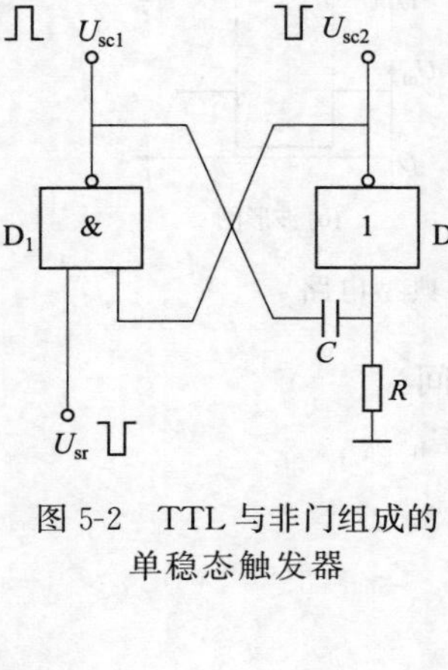

图 5-2　TTL 与非门组成的单稳态触发器

① 输出脉冲宽度

$$t_k \approx 0.8 (R_o + R) C$$

式中 t_k——输出脉冲宽度，s；

R_o——与非门输出电阻，一般为 100Ω；

R——放电电阻，Ω；

C——充放电电容，F。

② 恢复时间

$$t_n = (2 \sim 3) RC$$

式中 t_n——恢复时间，s。

③ 输出脉冲幅度

$$U_m = U_H - U_L$$

式中 U_m——输出脉冲幅度，V；

U_H——与非门的输出高电平，V；

U_L——与非门的输出低电平，V。

(3) 555 时基集成电路组成的单稳态触发器的计算

① 555 时基集成电路简介　555 时基集成电路是一种多功能集成电路，可用作定时、延时电路，也可构成多谐振荡器、脉冲调制器等多种电路。由于它具有较大的驱动能力（200mA），还可以直接驱动继电器、信号灯等大负载。

555 时基集成电路有两种类型，即双极型和 CMOS 型。它们的主要参数见表 5-1。

■ 表 5-1　两种 555 时基集成电路的主要参数

参　数	符　号	单　位	双极型	CMOS 型
电源电压	V_{CC}或V_{DD}	V	4.5～16	3～15
静态电流	I_{CC} 或 I_{DD}	mA	10	0.2
置位电流	I_S	μA 或 pA	1μA	1pA
主复位电流	I_{MR}	μA 或 pA	400μA	100pA
复位电流	I_R	μA 或 pA	1μA	100pA
驱动电流	I_V	mA	200	1～20 与 V_{CC} 大小有关
放电电流	I_{DIS}	mA	200	1～50 与 V_{CC} 大小有关
定时精度		%/V	1	1
最高工作频率	f_{max}	kHz	500	500

双极型 555 时基集成电路的冲击峰值电流大，在具体电路中应加电源滤波电容，且容量要大。由于双极型 555 时基集成电路的输入阻抗远比 CMOS 型的输入阻抗低，因此双极型的电压控制功能端应加一去耦电容（0.01～0.1μF），而 CMOS 型不必要。CMOS 型的输入阻抗高达 $10^{10}\Omega$ 数量级，可直接驱动高阻抗负载，很适合作长延时电路，RC 时间常数很大。双极型 555 时基集成电路可直接驱动低阻负载，如继电器、扬声器等。

② 555 时基集成电路的性能参数　NE555 和 SE555 时基集成电路的性能参数见表 5-2。

③ 双极型 555 时基集成电路的内部电路框图及管脚排列　如图 5-3 所示。

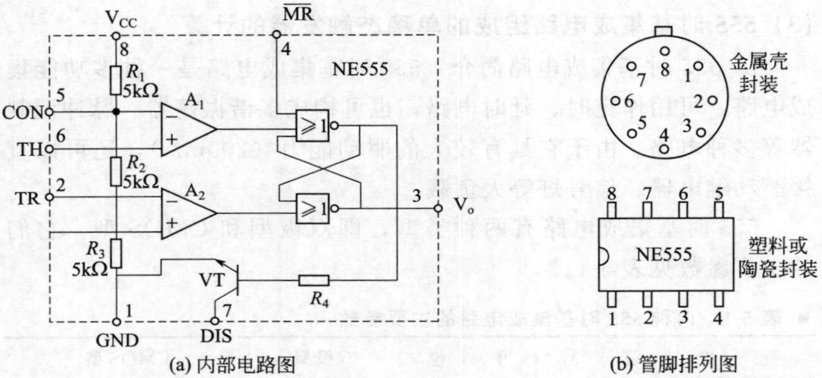

图 5-3　双极型 555 时基集成电路内部电路框图及管脚排列
1—接地端；2—低触发端；3—输出端；4—复位端；5—电压控制端；6—高触发端；7—放电端；8—电源端

在 555 时基集成电路内部，三个 5kΩ 电阻的阻值是严格相等的，它们组成分压网络，由这个分压网络分别提供比较器Ⅰ、Ⅱ的基准电压$\left(即\frac{2}{3}U_c 和\frac{U_c}{3}\right)$。VT 为放电管，它能承受 50mA 以上的电流。

④ 双极型 555 时基集成电路真值表　见表 5-3。

⑤ 由 555 时基集成电路组成的单稳态触发器（见图 5-4）

工作原理：接通电源，在无脉冲信号输入前，电路已处于稳定状态，此时电容 C 经 555 时基电路内部元件至地已放电完毕，555 时基集成电路的脚 3 输出低电平。当脚 2 输入一负脉冲信号时，电路翻转，脚 3 输出高电平（这一状态是不稳定的），当 C 上的电压达到一定值$\left(\geqslant\frac{2}{3}E_c\right)$时，电路又翻转到原来状态，电容 C 又经电路内部元件对地放电。待到下一个脉冲到来时，重复上述过程。

■ **表 5-2 NE555 和 SE555 时基集成电路的性能参数**（$T_A=25℃$）

参数名称		单位	测试条件	SE555			NE555		
				最小值	典型值	最大值	最小值	典型值	最大值
电源电压		V	$V_{SS}=0$	4.5		18	4.5		16
电源电流		mA	$V_{CC}=5V$,输出低,空载 $R_L=\infty$		3	5		3	6
			$V_{CC}=5V$,空载 $R_L=\infty$		10	12		10	15
定时误差	初始精度	%	R_A、$R_B=1\sim100k\Omega$, $C=0.1\mu F$,在 $V_{CC}=5\sim15V$ 情况下		0.5	2		1	
	温度漂移	ppm①/℃			30	100		50	
	电源漂移	%/V			0.005	0.02		0.01	
阈值电压		U_{TH}			2/3			$2V_{CC}/3$	
触发电压		V	$V_{CC}=15V$	4.8	5	5.2		5	
			$V_{CC}=5V$	1.45	1.67	1.9		1.67	
触发电流		μA			0.5			0.5	
复位电压		V		0.4	0.7	1.0	0.4	0.7	1.0
复位电流		mA			0.1			0.1	
阈值电流 I_{TH}②		μA	$V_{CC}=15V$		0.1	0.25		0.1	0.25
控制电压 U_C		V	$V_{CC}=15V$	9.6	10	10.4	9.0	10	11
			$V_{CC}=5V$	2.9	3.33	3.6	2.6	3.33	4

续表

参数名称	单位	测试条件		SE555			NE555		
				最小值	典型值	最大值	最小值	典型值	最大值
输出低电平	V	$V_{CC}=15V$	$I_{sink}=10mA$		0.1	0.15		0.1	0.25
			$I_{sink}=50mA$		0.4	0.5		0.4	0.75
			$I_{sink}=100mA$		2.0	2.2		2.0	2.5
		$V_{CC}=5V$	$I_{sink}=8mA$		0.1	0.25			
			$I_{sink}=5mA$					0.25	0.25
输出高电平	V	输出电流 $I_s=200mA$ $V_{CC}=15V$			12.5			12.5	
		输出电流 $I_s=100mA$	$V_{CC}=15V$	13.0	13.0		12.75	13.3	
			$V_{CC}=5V$	3.0	3.3		2.75	3.3	
输出上升时间	ns				100			100	
输出下降时间	ns				100			100	

① 1ppm=10^{-6}，下同。

② I_{TH}决定R_A+R_B的最大值，在$V_{CC}=15V$时最大总电阻$R=20M\Omega$。

■ **表 5-3 双极型 555 时基集成电路真值表**

输入			输出	
高触发端 TH（6 脚）	低触发端 TR（2 脚）	强制复位端 $\overline{\mathrm{MR}}$（4 脚）	放电端 DIS（7 脚）	输出端 V_o（3 脚）
任意	$\leqslant 1/3V_{CC}$	1	悬空	1
$\geqslant 2/3V_{CC}$	$>1/3V_{CC}$	1	0	0
$<2/3V_{CC}$	$>1/3V_{CC}$	1	与 3 脚相同	维持原电平不变
任意	任意	0	0	0

注：1—高电平（全电平值）；0—低电平（≤0.4V）。

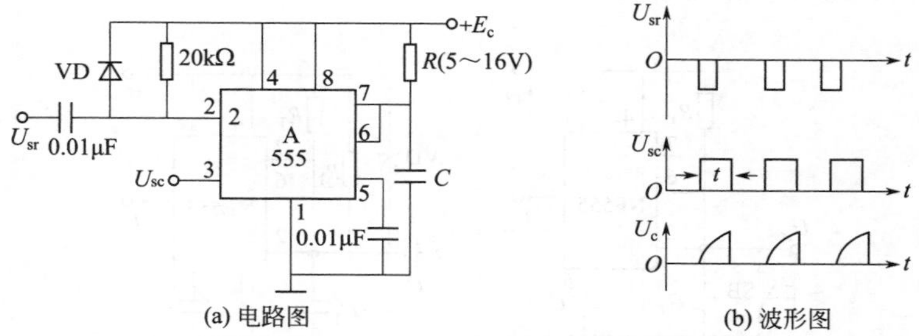

图 5-4 由 555 时基集成电路组成的单稳态触发器

输出脉冲宽度 $t=1.1RC$。R 通常可取 1kΩ～10MΩ，C 可取 5000pF～1000μF，因而可得到宽度为 5μs～15min 的方波信号。电容值不能过小，否则势必要加大电阻值。当电阻和电容内阻接近时，电容的电压只能充到电源的一半，达不到翻转时的 $\frac{2}{3}E_c$ 电压，电路将无法工作。

⑥ 几种 555 时基集成电路组成的单稳态触发电路

a. 人工启动单稳态触发电路。电路如图 5-5 所示。可用于延时、定时、脉冲整形与变换等。稳态时，输出低电平，即 $U_{sc}=0$，暂稳态时，输出高电平，即 $U_{sc}=1$。

b. 脉冲启动型单稳态触发电路。电路如图 5-6 所示。可用于

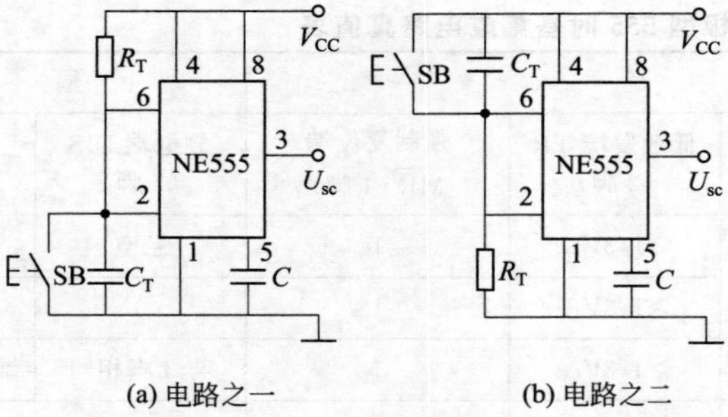

图 5-5　人工启动单稳态触发电路

定时、延时、脉冲输出、分频、倍频、消抖动等。

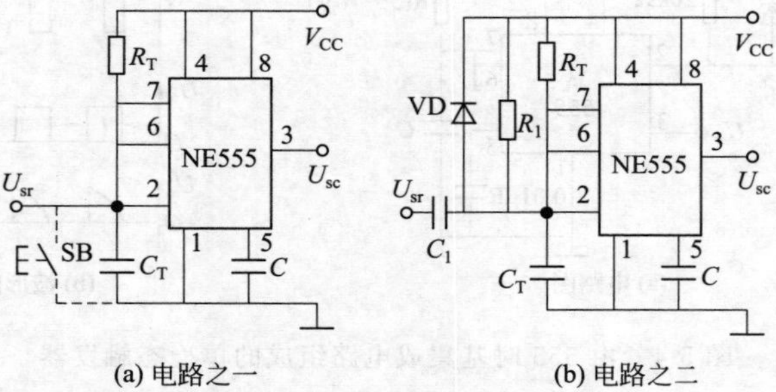

图 5-6　脉冲启动型单稳态触发电路

图 5-6（a）可人工启动或外加脉冲启动；图 5-6（b）为外加脉冲启动，输入端带 RC 微分电路。

两个电路的暂稳时间：$t_d = 1.1R_TC_T$。

(4) 556 时基集成电路

556 时基集成电路为双时基电路，即芯片内含有两个相同的 CMOS 型 555 时基集成电路，但两者是相互独立的，只有共用电源 V_{CC} 和地电位 V_{SS}。

① CMOS 型 555 时基集成电路的内部电路框图，如图 5-7 所示。

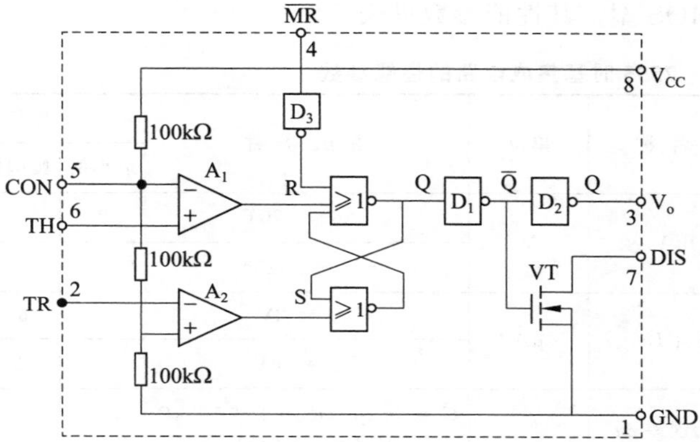

图 5-7　CMOS 型 555 时基集成电路内部电路

图中各管脚的含义同前。

工作原理：当阈值电平 $U_{TH}\geqslant 2/3V_{CC}$ 时，R-S 触发器中的 $R=1$，则 $Q=0$，输出电压 $U_o=0$，电路处于复位状态。当触发电平 $U_{TR}\leqslant 1/3V_{CC}$ 时，R-S 触发器中 $S=1$，触发器翻转为 $Q=1$，$U_o=1$，输出高电平。$\overline{MR}$ 是 R-S 触发器的优先复位端，$\overline{MR}=0$ 时，不论阈值端及触发端是高电平还是低电平，Q 总为 0，$U_o=0$。

② CMOS 型 555 时基集成电路真值表　见表 5-4。

表 5-4　CMOS 型 555 时基集成电路真值表

输　　入			输　　出	
高触发端 TH 6 脚(②、⑫)	低触发端 TR 2 脚(⑥、⑧)	强制复位端 $\overline{MR}$ 4 脚(④、⑩)	放电端 DIS 7 脚(①、⑬)	输出端 V_o 3 脚(⑤、⑨)
任意	任意	0	0	0
$\geqslant 2/3V_{CC}$	$>1/3V_{CC}$	1	0	0
$<2/3V_{CC}$	$>1/3V_{CC}$	1	1	1
任意	$\leqslant 1/3V_{CC}$	1	不确定	不确定

注：表中○中的数字为 556 时基集成电路的管脚号。

③ CMOS 型 555 时基集成电路的性能参数　7555 时基集成电

路为 CMOS 型，其性能参数见表 5-5。

■ 表 5-5　7555 时基集成电路的性能参数

参数名称	单位	测试条件	7555 型参数规范		
			最小值	典型值	最大值
电源电压 V_{CC}	V	−26～+70℃	2		18
		−55～+125℃	3		16
电源电流 I_{CC}	μA	$V_{CC}=2V$		60	200
		$V_{CC}=18V$		120	300
定时初始误差 Δt	%	$C=0.1\mu F, R=1\sim100k\Omega$ $V_{CC}=5\sim15V$		2	5
阈值电压 U_{TH}	V		0.63	0.66	0.67
触发电压 U_T	V		0.29	0.33	0.34
触发端输入电流 I_T	pA	$V_{CC}=18V$		50	
		$V_{CC}=5V$		10	
		$V_{CC}=2V$		1	
阈值端输入电流 I_{TH}	pA	$V_{CC}=18V$		50	
		$V_{CC}=5V$		10	
		$V_{CC}=2V$		1	
复位端输入电流 I_R	pA	$V_{CC}=18V$、$U_R=0V$		100	
		$V_{CC}=5V$、$U_R=0V$		20	
		$V_{CC}=2V$、$U_R=0V$		2	
控制电压 U_C	V		0.63	0.66	0.67
低电平输出电压峰值	V	$V_{CC}=18V$、吸 3.2mA		0.1	0.4
	V	$V_{CC}=5V$、吸 3.2mA		0.15	0.4
高电平输出电压峰值	V	$V_{CC}=18V$、放 1.0mA	17.25	17.8	
	V	$V_{CC}=5V$、放 1.0mA	4.0	4.5	
输出上升时间 T_R	ns	$V_{CC}=5V$、负荷 1MΩ、10pF	35	40	75
输出下降时间 T_F	ns	$V_{CC}=5V$、负荷 1MΩ、10pF	35	40	75

续表

参数名称	单位	测试条件	7555型参数规范		
			最小值	典型值	最大值
保证最高振荡频率	kHz		500		
复位电压U_R	V	$V_{CC}=2\sim18V$	0.4	0.7	1
定时温漂	$\times10^{-6}$/℃	$V_{CC}=5V$		50	200
	$\times10^{-6}$/℃	$V_{CC}=10V$			300
	$\times10^{-6}$/℃	$V_{CC}=15V$			600
定时的电源漂移	%/V	$V_{CC}=5V$		1	3

④ 556时基集成电路的引脚排列图　556时基集成电路的引脚与555时基集成电路的引脚的对应关系如图5-8所示。

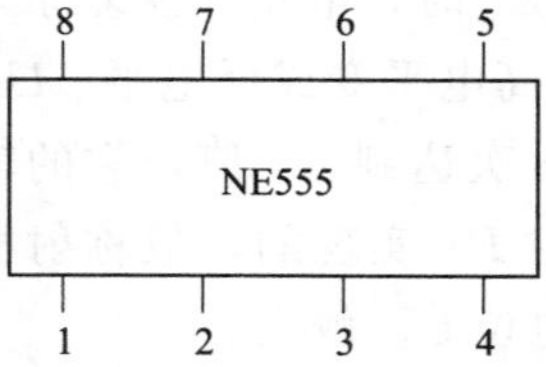

(a) 555电路的引脚排列

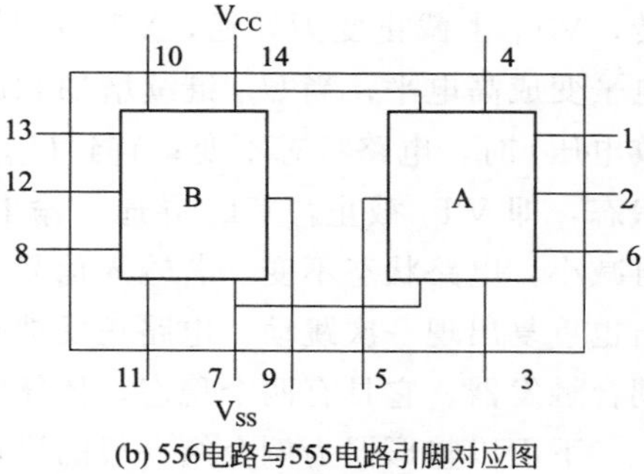

(b) 556电路与555电路引脚对应图

图5-8　556电路与555电路引脚排列的对应关系

5.1.2　射极耦合单稳态触发器的计算

射极耦合触发器又称施密特触发器、整形器，其典型电路如图5-9所示。它是由具有正反馈的两级反相器构成的电位触发器。

工作原理：当输入信号U_{sr}低于一定值E_1(E_1称启动电压)

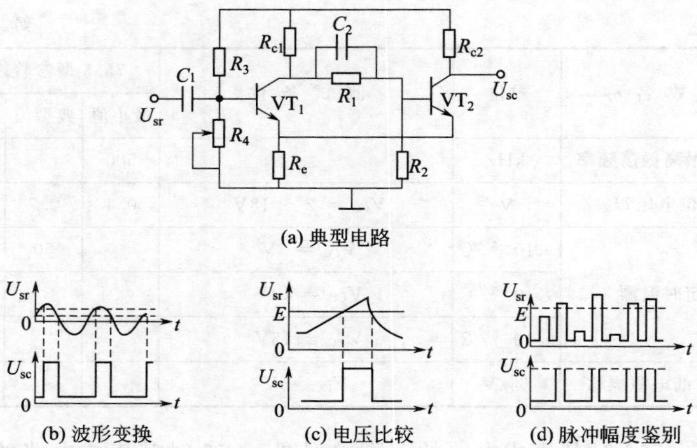

图 5-9 射极耦合触发器及应用

时，三极管 VT_1 截止，VT_2 导通；当 $U_{sr}=E_1$ 时，电路立刻翻转，VT_1 由截止变为导通，VT_2 由导通变为截止，输出突然从低电平变成高电平；当 U_{sr} 继续增加和减小，但大于 E_2 值(E_2 称释放电压)时，电路状态不变；直到 U_{sr} 小于 E_2 时，电路才恢复原来状态，即 VT_1 截止，VT_2 导通，输出又从高电平变成低电平。U_{sr} 再减小，电路状态不变。若输入信号 U_{sr} 再次达到 E_1 值，它的输出也重复出现一次跳动。电路正反馈是通过 R_e 实现的，故称射极耦合触发器。它具有两个稳态，依靠输入电位 U_{sr} 触发。

下面以整形器为例介绍一般的设计原则。

【例 5-1】 试设计一个将脉冲信号进行整形的射极耦合触发器。要求输出低电位不超过 3V、输出幅度 $U_m>4V$、最高工作频率 f 为 20kHz、输出波形的边沿小于 100ns，负载为射极输出器。

解 设计步骤如下。

① 电路选择：根据给定的技术指标，选用图 5-9 的电路。

② 电源电压的选择：根据设计要求，输出低电位不等于零，所以只用一个电源即可。

$$E_c>3+4=7V，选用 9V$$

输出低电位 $U_{scd}=2V$，输出幅度为 7V。

③ 三极管选择：考虑波形边沿要好，故选用 3DK2A，$BU_{ceo}\geqslant E_c$，$f_T\geqslant 50f=50\times 20=1000kHz$，$\beta_{min}=20$。

④ 确定电阻 R_{c1}、R_{c2}：作为整形器应具有一定的稳定性，为此，要求 VT_1、VT_2 分别在两种稳态下处于饱和状态。可选 $R_{c1}=R_{c2}$。

R_{c2} 一般根据负载情况来选择，由于负载是射极输出器，负载电流很小，负载对电路输出影响很小。可取 VT_2 的集电极电流为 $I_{c2}=(1/3\sim 1/2)\ I_{CM}$。3DK2A 的 I_{CM} 为 30mA，选 I_{c2} 为 10mA。

$$R_{c2}=\frac{E_c-U_{scd}}{I_{c2}}=\frac{9V-2V}{10mA}=0.7k\Omega=700\Omega$$

取
$$R_{c1}=R_{c2}=910\Omega$$

⑤ 确定电阻 R_e：忽略 I_{b2} 时

$$R_e\approx\frac{U_{scd}-U_{ces}}{I_{c2}}=\frac{2V-0.3V}{10mA}=0.17k\Omega$$
$$=170\Omega，取\ 200\Omega$$

⑥ 确定分压电阻 R_1 和 R_2：当 VT_1 饱和时，VT_2 定能截止，当 VT_1 截止时，要使 VT_2 可靠饱和，R_2 宜选得较大，例如选 $I_{R2}=(0.2\sim 1)I_{b2}$，由于 $I_{b2\cdot min}=I_{c2}/\beta_{min}=10/20=0.5mA$，取 I_{b2} 为临界值的 2.5 倍，则

$$I_{b2}=2.5\ I_{b2\cdot min}=2.5\times 0.5\approx 1.3mA$$

所以可选 $I_{R2}=0.3mA$，取 $U_{b2}=2.5V$。

$R_2=U_{b2}/I_{R2}=2.5V/0.3mA=8.3k\Omega$，取 $10k\Omega$（这时实际 $U_{b2}=3V$）。

而
$$R_{c1}+R_1=\frac{E_c-U_{b2}}{I_{b2}+I_{R2}}=\frac{9V-3V}{1.3mA+0.3mA}$$
$$=3.75k\Omega$$

所以 $R_1=3.75-0.91=2.84k\Omega$，取 $2.7k\Omega$。

⑦ 确定电阻 R_3、R_4：为了使接通电位连续可调，采取设置基极回路（即用分压电阻 R_3、R_4）的方法，使 VT_1 基极得到一个所

需要的起始电压。现选 R_3 为 2kΩ；R_4 采用阻值为 1kΩ 的电位器。

隔直电容 C_1 取 1μF。

⑧ 选择加速电容 C_2：电阻 R_1 上并联加速电容 C_2 的目的是加速翻转过程，改善输出波形边沿。对于开关管来说，C_2 可取几十皮法，此处选 C_2 为 82pF。

计算结果：电源电压 $E_c=9V$，VT_1、VT_2 采用 3DK2A，$R_1=2.7k\Omega$，$R_2=10k\Omega$，$R_3=2k\Omega$，$R_4=1k\Omega$ 电位器，$R_{c1}=R_{c2}=910\Omega$，$C_1=1\mu F$，$C_2=82pF$。

所设计的电路如图 5-10 所示。

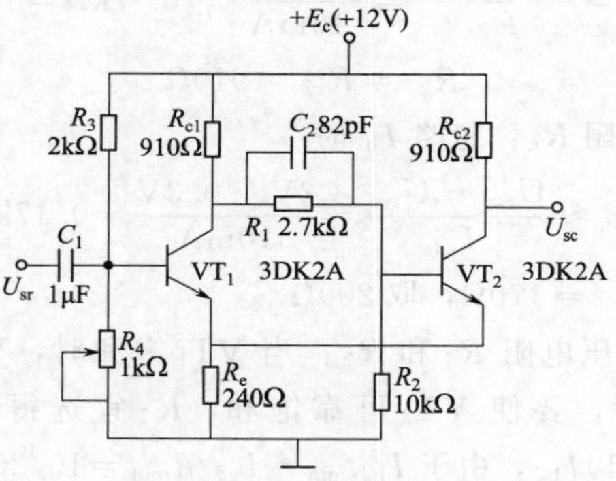

图 5-10 例 5-1 所设计的射极耦合触发器

5.1.3 双稳态触发器的计算

(1) 双稳态触发器的工作原理及计算

图 5-11 为双稳态触发器（又叫 R-S 触发器）电路。它具有记忆脉冲信号的功能。它有两个稳定的状态：三极管 VT_1 截止、VT_2 导通；或 VT_1 导通、VT_2 截止。在足够的外加信号的触发下，两个状态可以相互转换（通常称为翻转）。双稳态触发器可作为记忆元件、计数元件、无触点转换开关和分频元件。

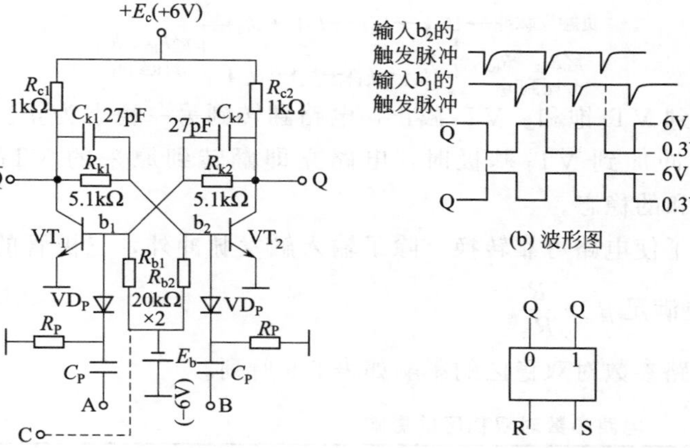

(a) 电路图　　(c) 符号

图 5-11　双稳态触发器电路

工作原理：当电源接通后，电路将稳定地处于 VT_1 饱和、VT_2 截止，或 VT_1 截止、VT_2 饱和（这与所选择电路参数有关）。通常取 $R_{k1}=R_{k2}=R$，$R_{c1}=R_{c2}=R_c$，$R_{b1}=R_{b2}=R_b$，若要 VT_1 饱和、VT_2 截止，则 R 与 R_b 应满足以下要求：

VT_1充分饱和的条件 $$R\leqslant\frac{E_c-U_{bes}}{\dfrac{E_b+U_{bes}}{R_b}+\dfrac{I_c}{\beta}}-R_c$$

VT_2可靠截止的条件 $$R\geqslant\frac{U_{ber}}{\dfrac{E_b-U_{ber}}{R_b}-I_{cbo}}$$

式中　U_{bes}——三极管饱和导通偏压，对于硅 NPN 管 $U_{bes}>+0.7V$，对于锗 PNP 管，$U_{bes}<-0.2V$；

U_{ber}——三极管截止偏压，对于硅 NPN 管，$U_{ber}\leqslant+0.5V$；对于锗 PNP 管，$U_{ber}>-0.1V$。

假设电路处于 VT_1 截止、VT_2 饱和的稳定状态，当 VT_2 基极加入一负脉冲时，电路中就发生如下的正反馈过程：

负触发脉冲 → $U_{b2}\downarrow$ → $I_{b2}\downarrow$ → $I_{c2}\downarrow$ → $U_{c2}\uparrow$ 经 R_{k2}、R_{b1} 分压到 b_1

→ $U_{b1}\uparrow$ → $I_{b1}\uparrow$ → $I_{c1}\uparrow$ → $U_{c1}\downarrow$ 经 R_{k1}、R_{b2} 分压到 b_2 → $U_{b2}\downarrow$

直到 VT_1 饱和、VT_2 截止，电路翻转到另一稳态为止。同样，当负脉冲加到 VT_1 基极时，电路立即翻转到原来的 VT_1 截止、VT_2 饱和的稳态。

为了使电路可靠转换，除了输入触发脉冲外，三极管的 β、R 和 R_c 应满足 $\beta > \dfrac{R}{R_c}$。

电路参数对双稳区的影响如表 5-6 所列。

■ **表 5-6 电路参数对双稳区的影响**

变 化 参 数	对饱和的影响	对截止的影响
β 增大	有利	无影响
R_c 增大	有利	无影响
E_c 增大	有利	无影响
E_b 增大	不利	有利
R_b 增大	有利	不利
R_k 增大	不利	有利
I_{cbo} 增大	无影响	不利

图 5-11 中，C_k 为加速电容，可以提高翻转的可靠性和翻转的速度，但降低了电路的抗干扰能力。C_k 的大小应通过调试确定；电阻 R_P、电容 C_P 和隔离二极管 VD_P 为触发电路，R_P、C_P 起微分作用，利用这些元件，可以把输入脉冲宽度和脉冲的极性按需要作出选择。

双稳态触发器元件选择如下。

① 三极管。三极管选择如表 5-7 所列。在高频运用时，三极管开关时间应满足：$t_{on}+t_{off} \leqslant 1/[(2\sim3)f_{max}]$，其中 f_{max} 为电路最高工作频率。两管参数应基本一致，相差不应超过 10%～20%。$\dfrac{P_{fz}}{P_{CM}} \leqslant 1/3$，其中 P_{fz} 为负载要求的功率。

■ 表 5-7　脉冲电路中三极管的选择

参数	工作频率			BU_{ceo}	β	U_{ces}	I_{CM}
	100kHz	1MHz	10MHz				
选择原则	$f_T > 10f$			$> 2E_c$	30～80	小	$I_{cs} = \left(\frac{1}{3} \sim \frac{1}{2}\right) I_{CM}$
说明	3AX72、3AX4等中、低频管	3AK7、3AK3、3AG11、3DG6、3AG1等高频管	3DK2、3DK3、3AK21和3AK15等高速开关管	在一些开关电路中还需考虑 BU_{ebo}	对温度稳定性要求较高时选用硅管	为了减少管耗和提高电路的抗干扰能力	

② 电源。一般取 $E_c = (1.2 \sim 1.3)U_m$，U_m 为输出脉冲的幅度。

$$E_b = (0.2 \sim 0.5)E_c$$

③ R_c。$R_c = (E_c - U_{ces})/I_{ce}$。

④ R 和 R_b。必须满足以下条件：

$$R_b \leqslant \frac{E_b}{I_{cbo}},\ R < \beta R_c$$

$$\frac{U_{ber}}{\frac{E_b - U_{ber}}{R_b} - I_{cbo}} \leqslant R \leqslant \frac{E_c - U_{bes}}{\frac{E_b + U_{bes}}{R_b} + \frac{I_c}{\beta}} - R_c$$

式中，β 应为 $I_c = I_{cs}$（I_{cs} 为集电极饱和电流）时的 β 值，I_{cbo} 用最高环境温度时的数值。

⑤ 加速电容 C_k。可按经验公式 $RC_k \approx 1.5/f$ 计算。对低频管可取 $C_k = 300 \sim 1000$pF；高频管取 $C_k = 100 \sim 300$pF；开关管取 $C_k = 20 \sim 200$pF。

⑥ 微分电路 R_P、C_P。一般要求 $3R_PC_P \leqslant t_k$（脉冲宽度），可取 $C_P = 20 \sim 1000$pF。

⑦ 隔离二极管 VD_P。在高速电路中选用开关管，如 2CK、2AK 系列、工作频率小于 1MHz 时，可选 2AP、2CP 系列。

【例 5-2】 试设计一个计数式双稳态触发器，要求输出脉冲幅度$U_m \geqslant 9V$，最高工作频率f为100kHz，在环境温度$-20 \sim 50℃$的范围内正常工作。

解 ① 电路选择：根据给定的技术指标，可选用最基本的计数式触发器，如图 5-12 所示。

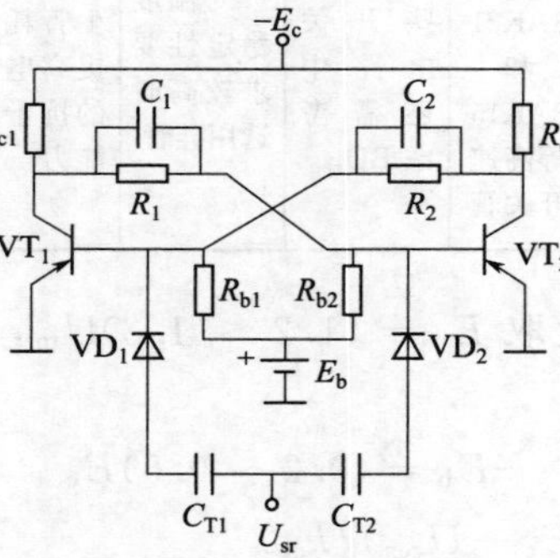

图 5-12 计数式双稳态触发器

② 电源电压的选择，即

$$E_c \geqslant 1.2U_m = 1.2 \times 9 = 10.8V，选用 E_c = 12V$$

$$E_b \geqslant 0.2E_c = 0.2 \times 12 = 2.4V，选用 E_b = 4V$$

③ 三极管选择：所选三极管要满足共基极截止频率$f_a > (2 \sim 4)f = 200 \sim 400kHz$的要求，低频管已能满足此要求，选用3AX4，$BU_{ceo} \geqslant E_c$，$P_{CM} \geqslant 3P_M$（$P_M$为负载要求的功率），$\beta_{min} = 20$。

④ 确定集电极电阻R_{c1}、R_{c2}，即

$$R_{c1} = R_{c2} \geqslant E_c / I_c = 12V/8mA = 1.5k\Omega$$

式中，I_c为三极管工作时的集电极饱和电流，$I_c < I_{CM}$，这里取$I_c = 8mA$；I_{CM}为三极管集电极最大允许电流。

⑤ 确定电阻R_{b1}、R_{b2}，即

$$R_{b1} = R_{b2} \leqslant E_b / I_{cbo} = 4V/43\mu A = 93k\Omega$$

取

$$R_{b1} = R_{b2} = 62k\Omega$$

I_{cbo}为最高温度时最大反向集电极电流。

$$I_{cbo}=I_{cbo25}\times 2^{\frac{t-25}{12}}=10\times 2^{2.1}=43\mu A$$

⑥ 确定电阻 R_1、R_2，即

$$R_1=R_2<\beta R_c$$

$$\frac{0.3}{\frac{E_b-0.3}{R_b}-I_{cbo}}\leqslant R_1\leqslant\frac{E_c-0.3}{\frac{E_b+0.3}{R_b}+\frac{I_c}{\beta}}-R_c$$

若为硅管，上式中的 0.3 改为 0.7。

将具体数值代入上列公式，得

$$R_1<20\times 1.5=30k\Omega$$

$$\frac{0.3}{\frac{4-0.3}{62}-0.043}\leqslant R_1\leqslant\frac{12-0.3}{\frac{4+0.3}{62}+\frac{8}{20}}-1.5$$

$$18.1k\Omega\leqslant R_1\leqslant 23.4k\Omega$$

取
$$R_1=R_2=20k\Omega$$

⑦ 选择加速电容 C：加速电容一般可按下列取值范围选取：低频小功率管，取 300～1000pF；高频小功率管，取 100～300pF；开关管，取 20～200pF。

本例是低频小功率管，取 $C=520$pF。

⑧ 选择触发电容 C_T，即

$$C_T=(1.5\sim 2)Q_g/U_{sr}=(1.5\sim 2)\times 3000/5$$
$$=900\sim 1200\text{pF，取 }1000\text{pF}$$

Q_g为三极管由饱和至截止所放出的电荷，可用电荷参数测试仪测得，此处 Q_g 为 3000μC；U_{sr}为触发脉冲电压幅度，取 U_{sr} 为 5V。

(2) 双稳态触发器的实用电路（见图 5-13）

(3) 几种 555 时基集成电路组成的双稳态触发电路

① R-S 触发器　又称双限比较器、锁存器。电路如图 5-14 所示。它有 R 和 S 两个输入端，但两个输入端的阈值电压不同。可用作电子开关、比较器、检测电路和控制电路等。

工作原理：接通电源，按下按钮 SB_1，555 时基集成电路 A 的

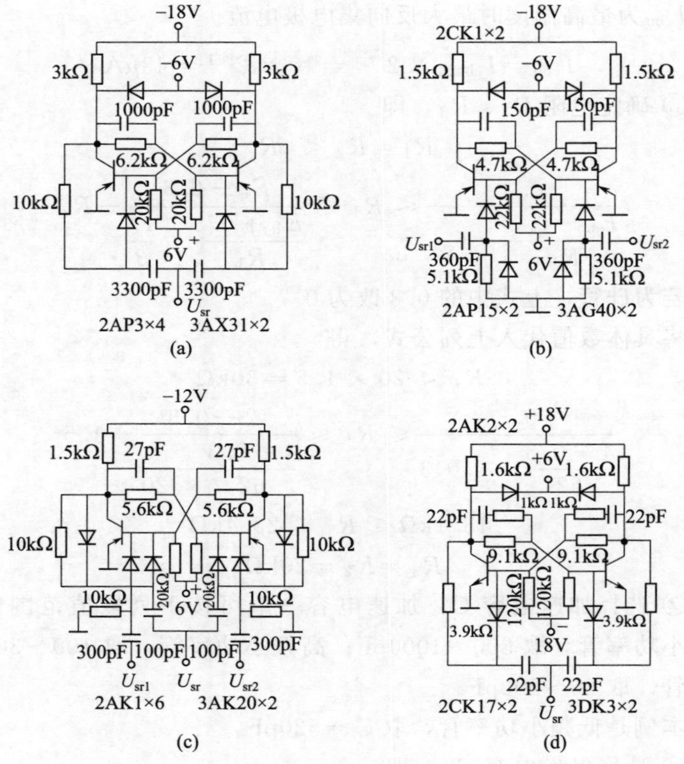

图 5-13 双稳态触发器的实用电路

2 脚得到一个负脉冲电压，A 的 3 脚输出高电平，只要不按动复位按钮 SB_2，3 脚一直保持高电平。当按下 SB_2 时，A 的 6 脚得到一个高电平（$\geqslant 2/3V_{CC}$）脉冲电压，电路翻转，A 的 3 脚回复到低电平。只要不按动 SB_2，3 脚一直保持低电平。

② 单端比较器　又称检测式比较器。电路如图 5-15 所示。其用途同 R-S 触发器。其特点是一端固定于电源或地，一端作输入端。

③ 施密特触发器　又称反相比较器。电路如图 5-16 所示。其特点是 2、6 脚短接作输入端。可用于电子开关、监测报警和脉冲整形等。

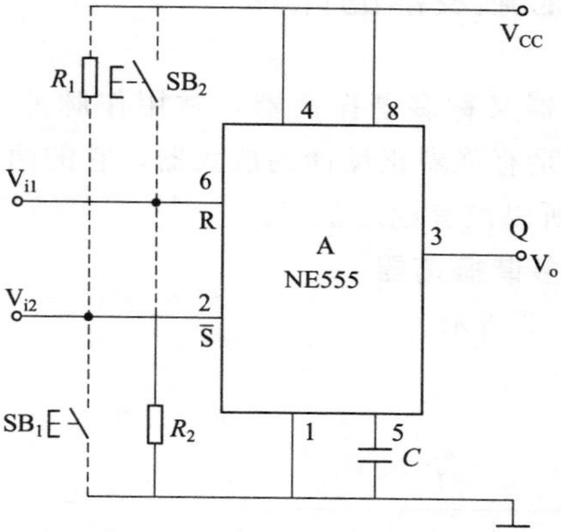

图 5-14　R-S 触发器

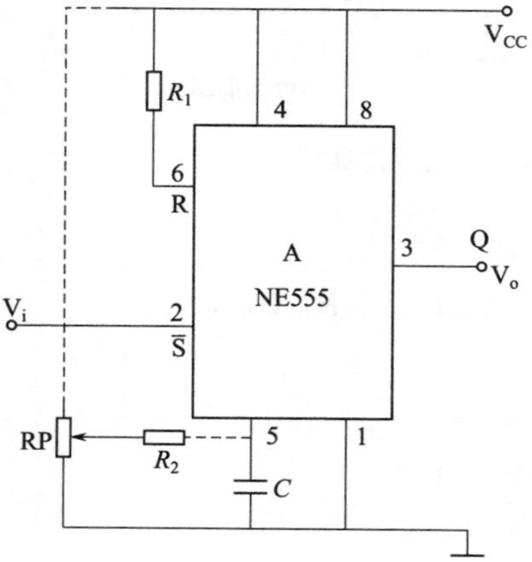

图 5-15　单端比较器

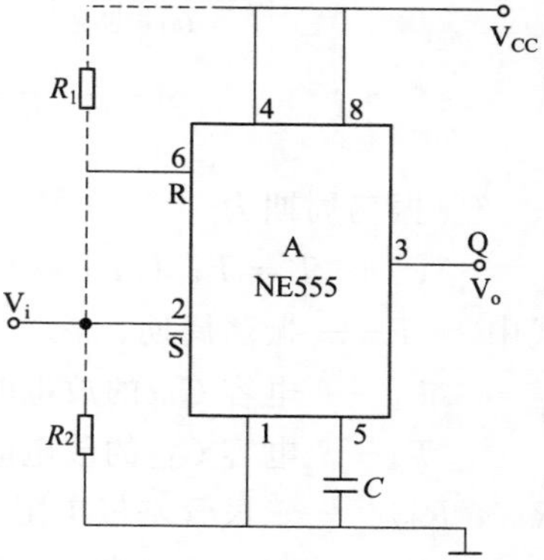

图 5-16　施密特触发器

5.1.4 无稳态触发器的计算

无稳态触发器又称多谐振荡器，常用作脉冲（方波）信号源等。多谐振荡器是有强烈正反馈的放大器，它的两个耦合支路均为 RC 定时电路，所以没有稳定状态。

(1) *RC* 耦合的多谐振荡器

电路如图 5-17 所示。

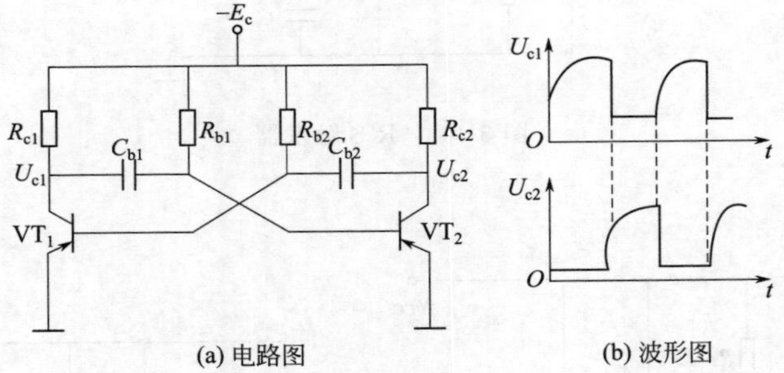

图 5-17 RC 耦合多谐振荡器

① 振荡周期为

$$T = T_1 + T_2 \approx 0.7(R_{b2}C_{b1} + R_{b1}C_{b2})$$

式中 T——振荡周期，s；

T_1——电容 C_{b1} 的放电时间，s；

T_2——电容 C_{b2} 的放电时间，s；

R_{b1}，R_{b2}——三极管基极电阻，Ω；

C_{b1}，C_{b2}——充、放电电容，F。

② 振荡幅度

$$U_m \approx E_c$$

③ 参数计算。确定电源电压：通常取 $E_c=(1.1\sim1.5)U_m$。根据电路工作频率 f 参照表 5-7 选择三极管。

由集电极饱和电流 $I_{cs}=E_c/R_c<I_{CM}$ 确定 R_c。

R_b 的选择应满足：$R_b<\beta R_c$；$T_1=0.7R_{b1}C_{b2}$；$T_2=0.7R_{b2}C_{b1}$。

C_{b1}、C_{b2} 的选取应满足：$T=T_1+T_2$；$R_{b1}C_{b2}\geqslant 5R_{c1}C_{b1}$；$R_{b2}C_{b1}\geqslant 5R_{c2}C_{b2}$。

最后，根据输出波形上升沿或下降沿时间为 $2.2R_{c1}C_{b1}$ 或 $2.2R_{c2}C_{b2}$，验算是否满足要求。

④ 检查是否满足饱和条件。管子饱和导通的条件是：

$$I_b>I_{bs}$$

由于

$$I_b=E_c/R_b$$

$$I_{bs}=I_{es}/\beta=E_c/(R_c\beta)$$

故导通条件可改写为

$$R_c\beta>R_b$$

若检查电路参数是否满足上式要求，可将一耦合电容断开，如果此时两只管子的 $U_e\approx 0$、$U_b\approx 0$，则说明满足 $R_c\beta>R_b$ 的条件。

⑤ 检查电路能否起振：将断开处连接，合上电源。若振荡器的两侧完全对称，则两管集电极电位应为 $U_{c1}=U_{c2}\approx E_c/2$ 如果测得 $U_{c1}=U_{c2}\approx 0$，则说明两管均处于饱和状态，不起振。这时应更换 β 值较小的管子，或者增大电阻 R_b 试试。注意，R_b 增大后，若要保持振荡频率不变，应调整耦合电容 C_b 的数值。

⑥ 检查输出电压的大小和对称性是否满足要求：输出电压 U_{c1} 和 U_{c2} 不对称的原因是两侧回路参数不对称，应着重检查耦合电容是否严重漏电。

输出电压值不符合要求的原因有：

a. 电源电压变化；

b. 波形畸变。

当三极管的 β 值太小时，集电极电压有可能出现畸变。

(2) 基极定时自激多谐振荡器的设计例

【例 5-3】 试设计一个多谐振荡器。要求输出脉冲幅度 $U_m\geqslant$

10V、振荡频率 f 为 70kHz，输出脉冲的上升沿 $t_s \leqslant 0.5\mu s$，输出脉冲的下降沿 $t_g = 0.6\mu s$、在环境温度 $-20 \sim 50$℃的范围内正常工作。

解 ① 电路选择：由于下降沿要求较高，电路中加有“校正”二极管，故选用图 5-18 电路。电路左、右两边元件对称，参数相同。

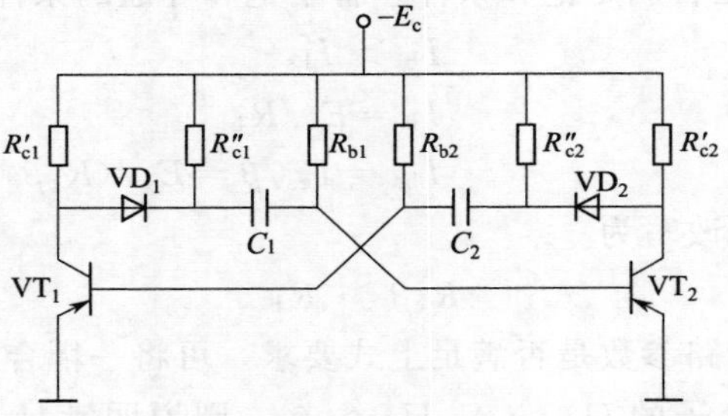

图 5-18 基极定时自激多谐振荡器

② 电源电压的选择：选择方法与双稳态触发器相同，选 $E_c = 12V$。

③ 三极管选择：由于振荡频率不高，可以选用低频管，如 3AX4。

④ 确定集电极电阻 R'_{c1}（R'_{c2}）和 R''_{c1}（R''_{c2}）：取 $R'_{c1} = R'_{c2} = R''_{c1} = R''_{c2} = 2k\Omega$。

⑤ 确定电阻 R_{b1}、R_{b2} 为

$$R_{c1} = R'_{c1} /\!/ R''_{c1} = 1k\Omega$$

$$R_{b1} = R_{b2} = \beta_{min} R_c = 20 \times 1 = 20k\Omega$$

⑥ 选择耦合电容 C_1、C_2

$$C_1 = C_2 = \frac{1}{1.4 f R_{b1}} = \frac{1}{1.4 \times 70 \times 10^3 \times 20 \times 10^3}$$

$$= 511pF$$

⑦ 确定振荡频率：多谐振荡器的振荡频率可按下式计算：

$$f=\frac{1}{T_1+T_2}=\frac{1}{0.693R_{b1}C_2+0.693R_{b2}C_1}\approx\frac{1}{0.7R_{b1}C_2+0.7R_{b2}C_1}$$

当 $R_{b1}=R_{b2}$、$C_1=C_2$ 时

$$f=\frac{1}{1.4R_{b1}C_2}$$

⑧ 检验耦合电容 C 是否满足不等式 $C>C_{min}$。按下式求出电容的最小值：

$$C_{min}=(1.5\sim2)Q_g/E_c=(1.5\sim2)\times3000/12$$
$$=375\sim500\text{pF}<C=511\text{pF}\quad 满足要求。$$

Q_g 为三极管由饱和至截止所放出的电荷，可用电荷参数测试仪测得，此处 Q_g 为 300μC。

⑨ 检验上升沿 t_s。上升沿按下式计算：

$$t_s=\frac{2C_{c1}R_{c1}}{1-n}+C_HR_{c1}$$

式中，C_{c1} 为集电结势垒电容，F；C_H 为电路的分布电容，F；n 为常数，对于突变结，$n=0.5$。

对三极管 3AX4，其 $C_{c1}=40$pF，设电路的 C_H 为 50pF，则

$$t_s=\frac{2\times40\times10^{-12}\times2\times10^3}{1-0.5}+50\times10^{-12}\times2\times10^3$$
$$\approx0.42\times10^{-6}\text{s}=0.42\mu\text{s}<0.5\mu\text{s}，满足要求。$$

⑩ 检验下降沿 t_g：由于采用了“校正”二极管，其下降沿与上升沿接近，也能满足要求。

(3) TTL 与非门组成的多谐振荡器

TTL 与非门组成的多谐振荡器如图 5-19 所示。

振荡周期为

$$T=2\frac{R_fR_1C}{R_f+R_1}$$

式中 T——振荡周期，s；

R_f——反馈电阻，Ω；

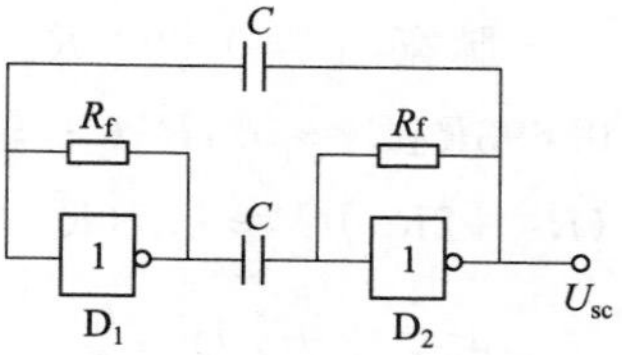

图 5-19 TTL 与非门组成的多谐振荡器

R_1——与非门输入端基极电阻，一般为3000Ω；

C——充放电电容，F。

(4) 555时基集成电路组成的多谐振荡器

555时基集成电路组成的多谐振荡器如图5-20所示。

工作原理：接通电源，由于电容C两端的电压为零，电源E_c在电阻R_3上产生的分压使555时基集成电路A的脚3输出高电平。同时E_c经电阻R_2、R_3向电容C充电。随着C上电压升高，在R_3上的分压也越来越小，当小到一定值时，时基电路翻转，脚3输出低电平。此时C通过时基电路内部元件向地放电。放电后，C两端电压又为零，电阻R_3上又出现大的分压，于是重复上述过程。

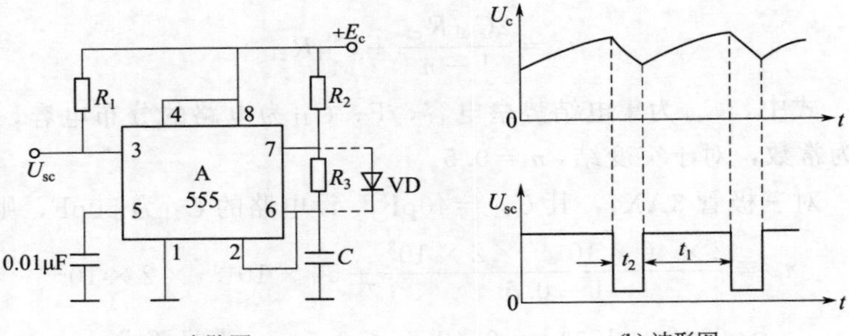

(a) 电路图　(b) 波形图

图5-20　555时基集成电路组成的多谐振荡器

脉宽$t_1=0.693(R_2+R_3)C\approx 0.7(R_2+R_3)C$；间歇$t_2=0.693R_3C\approx 0.7R_3C$；输出方波脉冲的周期$T=t_1+t_2=0.693(R_2+2R_3)C\approx 0.7(R_2+2R_3)C$。

占空比为：$D=\dfrac{t_1}{T}=\dfrac{R_2+R_3}{R_2+2R_3}$

若需要的占空比$D=t_1/T<40\%$时，可并联一只二极管[图5-20(a)中虚线所示]，这样，$t_1\approx 0.7R_2C$；$t_2\approx 0.7R_3C$；$T=t_1+t_2=0.7(R_2+R_3)C$。

改变 R_2、R_3 可以改变振荡频率和占空比，实际电路中的振荡频率可在 10^{-3} Hz～500kHz 间任意调节，占空比可在 0.01%～99.99%范围内调节。

当 $R_3 \gg R_2$ 时，占空比 $D \approx 50\%$，为理想的方波。

(5) 改进型多谐振荡器电路（见表 5-8）

■ 表 5-8 改进型多谐振荡器电路

电路图	特点
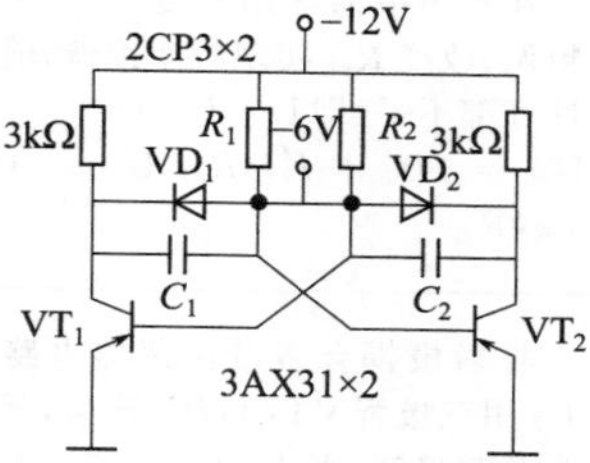	接入了钳位二极管，改善了输出波形，提高了负载能力，缩短了集电极电位上升的时间 R_1、R_2 为 18Ω～15kΩ C_1、C_2 为 0.01～10μF
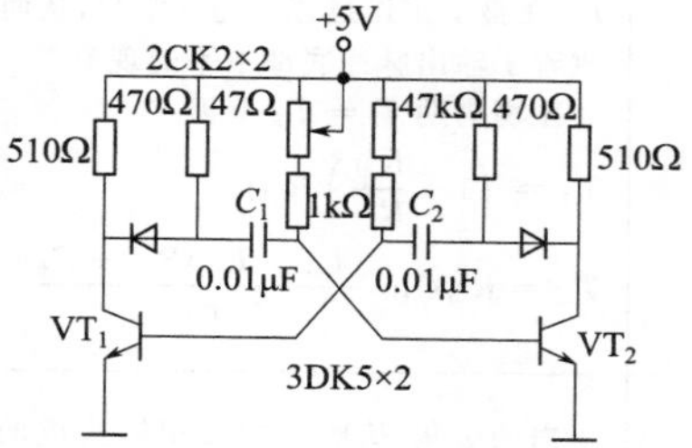	接有隔离二极管，将集电极输出端与电容 C_1、C_2 隔开来，改善输出波形上升沿 f 可达 2～5MHz，由 47kΩ 电位器调节输出脉冲宽度达 ns 级
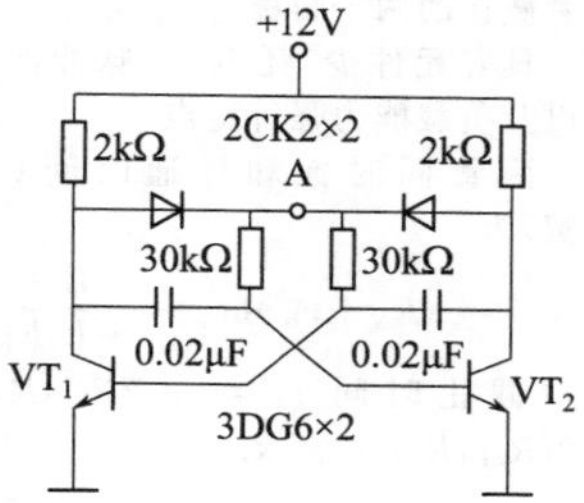	接入二极管，可防止两管同时饱和而停振

(6) 几种提高频率和负载能力的多谐振荡器电路（见表 5-9）

■ **表 5-9　提高频率和负载能力的多谐振荡器电路**

名　称	电　路　图	说　　明
射极耦合多谐振荡器	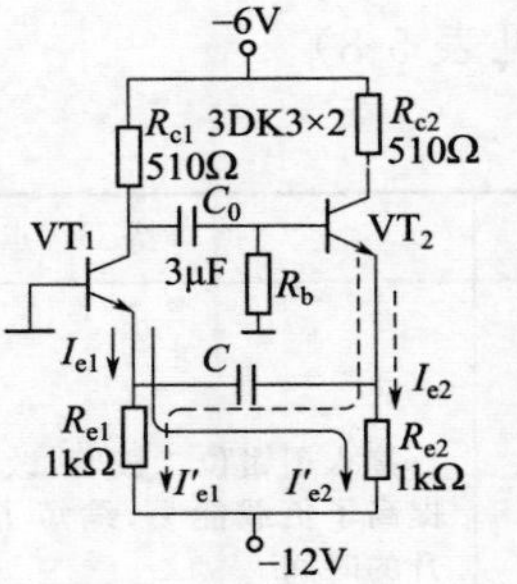	提高电路振荡频率的措施： 三极管工作在非饱和区，使工作频率不受管子存储时间的影响； 三极管不饱和，集电结电容减小，从而提高了管子本身的最高工作频率； 三极管采用共基极接法，$f_\alpha \gg f_\beta$； 在实用中通常用改变 C 实现频率粗调，改变 R_{c1} 实现频率细调，输出脉冲底部不平（即 U_{c1}，U_{c2}）； $U_{c1}=(I_{e1}+I'_{e2})R_{c1}$，$U_{c2}=(I'_{e2}+I_{e2})R_{c2}$
射极定时式多谐振荡器	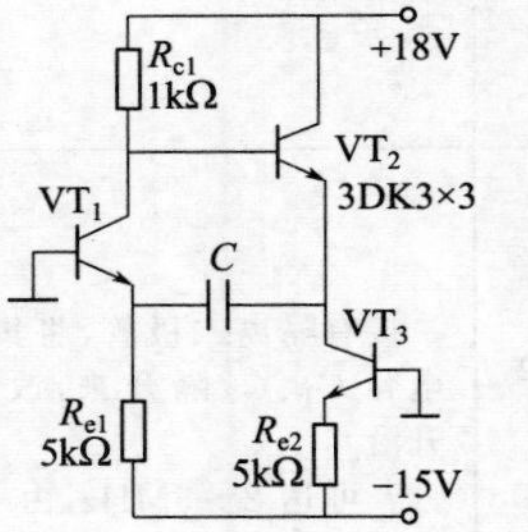	将射极耦合多谐振荡器电路中的 I_{e2} 用三极管 VT$_3$ 和 R_{e2} 产生，且 VT$_3$ 为共基接法，则 $I_{e2}\approx E_e/R_{e2}$ 为一常数，称为恒流源，即给 C 的充电电流 I_{e2} 在整个工作过程中为一常数，从而改善了输出脉冲底部不平的现象 振荡周期 $T=T_1+T_2$ $T_1=\left(1+\frac{R_{e1}}{R_{e2}}\right)R_{c1}C$ $T_2=R_{e1}C\ln\frac{(I_{e1}+I_{e2})R_{e1}+E_e}{E_e}$
互补管多谐振荡器	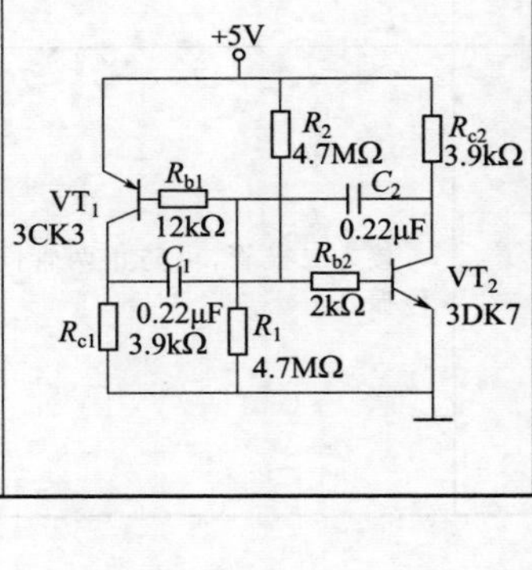	由两级集-基耦合的反相器构成的正反馈闭合环路，有两管同时饱和或者截止的两个暂稳态 具有元件少、耗电少、脉冲波形好以及负载能力强等特点 两管同时饱和导通时间（即脉宽）为 $t_1=C(R_b+r_{be})\ln\frac{E_c}{U_{bes}+E_cR_b/R_c}$ 截止时间 $t_2=0.7RC$，$R_{b1}<\beta_1R_{c1}$，$R_{b2}<\beta_2R_{c2}$

(7) 几种 555 时基集成电路组成的无稳态多谐振荡器电路

① 直接反馈型多谐振荡器电路　电路如图 5-21。可用作矩形波脉冲、时钟脉冲、音响告警和电源变换等。

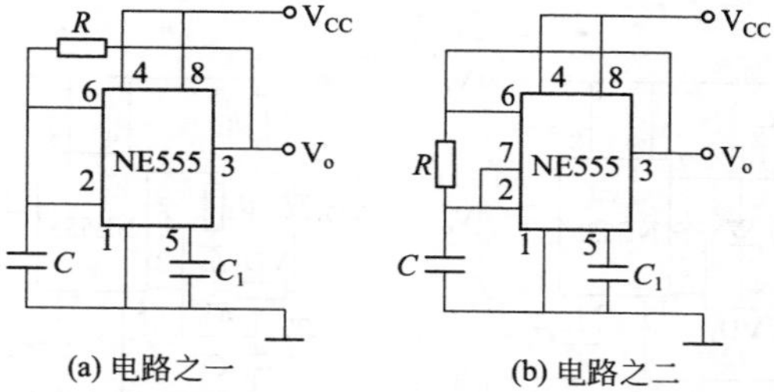

图 5-21　直接反馈型多谐振荡器电路

计算公式：

$$t_1 = t_2 = 0.693RC$$

$$f = 0.772/RC$$

② 间接反馈型多谐振荡器电路　电路如图 5-22 所示。可用作脉冲输出、定时控制、音响告警、电源变换和检测仪器等。

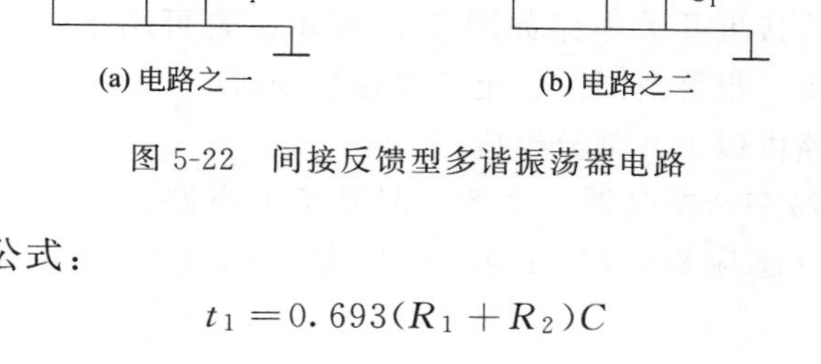

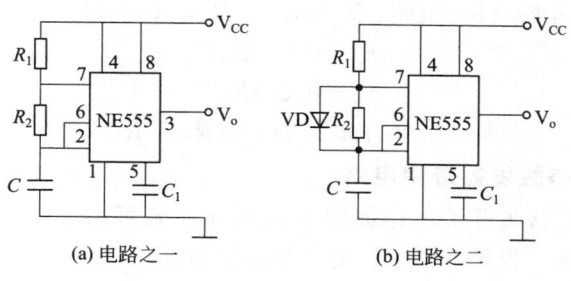

图 5-22　间接反馈型多谐振荡器电路

计算公式：

$$t_1 = 0.693(R_1 + R_2)C$$

$$t_2=0.693R_2C$$

$$f=1.443/[(R_1+R_2)C]$$

③ 占空比可调的多谐振荡器电路　电路如图 5-23 所示。用途同间接反馈型多谐振荡器电路。

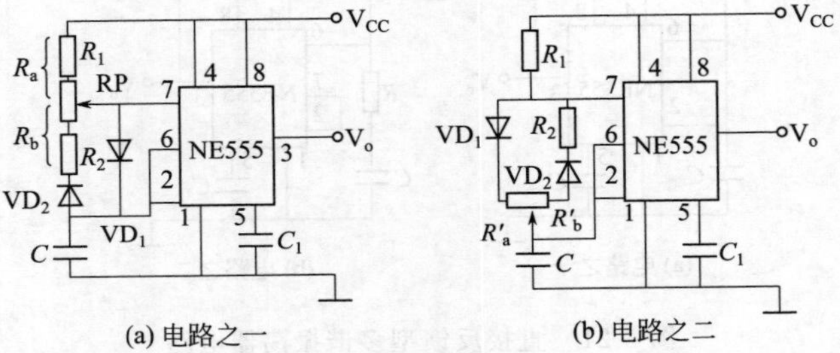

图 5-23　占空比可调的多谐振荡器电路

计算公式如下。

a. 图 5-23（a）电路：

$$t_1=0.693R_aC$$

$$t_2=0.693R_bC$$

$$f=1.443/[(R_a+R_b)C]$$

b. 图 5-23（b）电路：$R_a=R_1+R'_a$，$R_b=R_2+R'_b$

$$t_1=0.693R_aC$$

$$t_2=0.693R_bC$$

$$f=1.443/[(R_a+R_b)C]$$

(8) 无稳态触发器应用电路

电容式接近开关电路如图 5-24 所示。它可用于照明控制，也可用于防盗、报警及限位、定位等各种场所。

该电路由以下几部分组成。

a. 自激多谐振荡器。由 555 时基集成电路 A_1、电容 C_1、C_2 及金属板（感应板）M 与地之间的分布电容 C_0 和电阻 R_1、R_2 组成。

b. 三阶 RC 积分网络。由电阻 $R_3 \sim R_5$ 和电容 $C_3 \sim C_5$ 组成。

c. 比较器。由运算放大器 A_2、电阻 R_6、R_7 和电位器 RP_1、RP_2 组成。

d. 放大电路（由三极管 VT 和电阻 R_8、R_9 组成）和执行元件（继电器 KA）。

直流电源为 12V（E_c）。

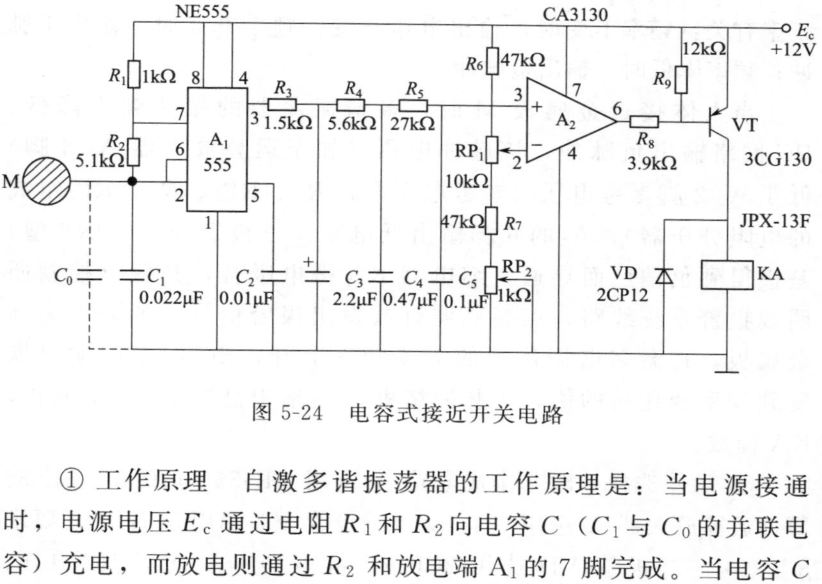

图 5-24　电容式接近开关电路

① 工作原理　自激多谐振荡器的工作原理是：当电源接通时，电源电压 E_c 通过电阻 R_1 和 R_2 向电容 C（C_1 与 C_0 的并联电容）充电，而放电则通过 R_2 和放电端 A_1 的 7 脚完成。当电容 C 刚充电时，A_1 的 2 脚处于低电平（约 0V），故 A_1 的 3 脚输出高电平（约 11V）。当电源经 R_1、R_2 向 C 充电的电压（即 A_1 的 2 脚电压）$U_c \geqslant 2/3E_c$（即 8V）时，输出由高电平变为低电平（约 0V），A_1 的内部放电管导通，电容 C 经 R_2 和放电端 7 脚放电，直到 $U_c \leqslant 1/3E_c$（即 4V）时，输出又由低电平变为高电平，电容 C 又再次充电。电容 C 就这样周而复始地充电、放电，形成振荡电路。其振荡频率为

$$f=\frac{1.443}{(R_1+2R_2)C}$$

按图 5-24 所示参数时，正常情况下的振荡频率为

$$f=\frac{1.443}{(1000+2\times5100)\times0.022\times10^{-6}}=5856\text{Hz}$$

通常 f 有几千赫即可。

当人体接近金属板 M 时，C_0 的电容量增大，也即上式中 C 的容量为 C_1 与 C_0 并联值，振荡频率 f 降低。

A_1 的 3 脚连接三阶 RC 积分网络，该网络的输出电压与振荡频率有关：频率不变时，输出电压不变；频率升高时，输出正脉冲；频率降低时，输出负脉冲。

当人体接近金属板 M 时，多谐振荡器的振荡频率降低，RC 网络输出负脉冲，该脉冲电压（加于运算放大器 A_2 3 脚）低于 A_2 2 脚参考电压（参考电压取自 R_6、RP_1、R_7、RP_2 组成的电阻分压器），A_2 的 6 脚输出低电平，三极管 VT（PNP 型）基极得到负偏压而导通，继电器 KA 得电吸合，其触点控制照明或报警系统线路，点亮照明灯或发出报警信号。如果人离开金属板，自激多谐振荡器的振荡频率上升，RC 网络的输出恢复到频率变化前的值，负脉冲结束，A_2 输出高电平，VT 截止，KA 释放。

② 元件选择　时基集成电路 A_1 选用 NE555、μA555、SL555 等。运算放大器 A_2 选用 CA3130。三极管 VT 选用 3CG130，要求 $\beta\geqslant50$。二极管 VD 选用 2CP12。继电器 KA 选用 JRX-13F、DC 12V。电位器 RP_1、RP_2 选用 WS-0.5W 型。电容 C_1、C_2、C_4、C_5 选用 CBB22 型。电阻均用 1/2W 的。

③ 调试　暂断开电阻 R_8，接通电源，测量电源电压为 12V 直流电压。用万用表监测运算放大器 A_2 的 6 脚电压（对负极），当人体离开金属板 M 时，6 脚为高电平；当人体接近 M 时，6 脚为低电平，如果此低电压不够低，可调节电位器 RP_1（粗调）和 RP_2（微调），最大可达到 −6V。如果没有上述现象，除可能运算放大

器 A_2本身有问题外（可用替换法试试），应检查 RC 积分网络和 555 时基集成电路。另外可增大金属板 M 的面积，以便增大感应电容 C_0的容量。若有条件，可用示波器观察 555 时基集成电路 A_1 的 3 脚振荡波形（频率），正常情况下，频率高；有人接近 M 时，频率显示降低。RC 积分网络元件参数切勿搞错，否则也不会使 A_2的 6 脚输出低电平。

以上试验正常后，恢复 R_8的接线。当人体接近 M 时，继电器 KA 应可靠吸合，若 KA 不吸合，可适当减小 R_8的阻值，增加三极管 VT 的基极电流而使其可靠导通。

调节电位器 RP_1、RP_2可改变装置的灵敏度，可根据实际需要确定。

5.2 振荡器的计算

5.2.1 RC 振荡器的计算

RC 振荡器是根据 RC 网络有移相作用的原理，把三节或四节 RC 网络串联起来，达到 180°相移，然后与反相放大器（有电流型和电压型）连接形成正反馈。只要满足振荡条件便能产生振荡。

三节 RC 网络连接在单级反相阻容耦合放大器上组成的振荡器如图 5-25 所示。

RC 振荡器有电流移相型和电压移相型，其等效电路分别如图 5-26（a）、（b）（电流移相型）和图 5-26（c）、（d）（电压移相型）所示。

RC 移相振荡器的振荡频率较低，为几赫至几十千赫。和 LC

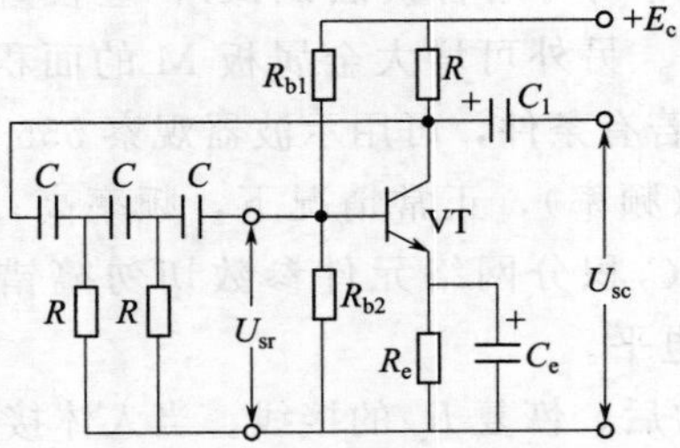

图 5-25　三节 RC 振荡器基本电路

振荡器相比，它具有结构简单、经济、便于携带、受外界干扰小等优点。缺点是波形差、频率稳定性差（仅能做到 $10^{-3}\sim10^{-2}$）、调频范围小且不方便。另外，为了起振，对三极管电流放大倍数有一定要求，β 太小不易起振；太大，会使波形失真。RC 振荡器仅用于单一频率的振荡器。

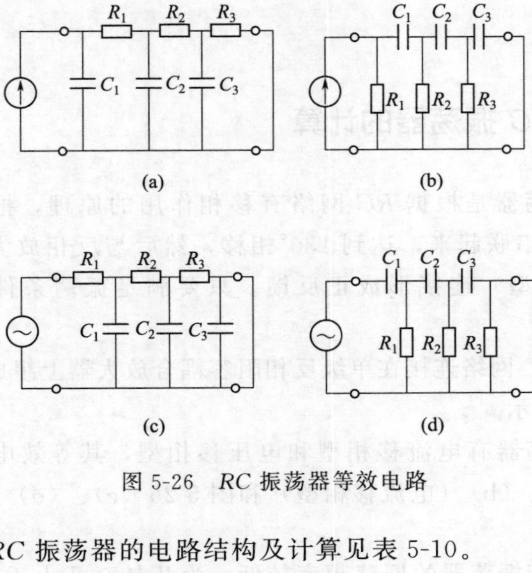

图 5-26　RC 振荡器等效电路

常用 RC 振荡器的电路结构及计算见表 5-10。

■ **表 5-10 常用 RC 振荡器的电路结构及计算**

电路名称		电路图	振荡频率	振荡条件
电流移相阻容振荡器	三节高通型	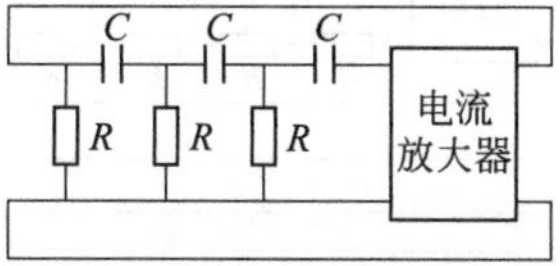	$f=\frac{1}{2\pi\sqrt{6}RC}$	$\beta\geqslant 29$
	四节高通型	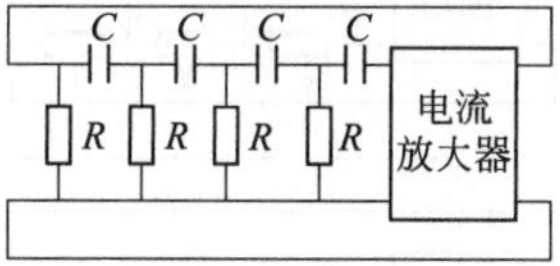	$f=\frac{\sqrt{7}}{2\pi\sqrt{10}RC}$	$\beta\geqslant 18.4$
	三节低通型	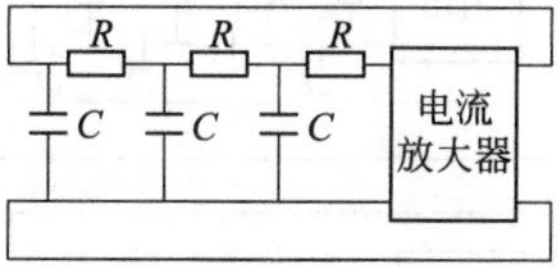	$f=\frac{\sqrt{6+(4RR_{fz})}}{2\pi RC}$	$\beta\geqslant 29+23\frac{R}{R_{sr}}+4\left(\frac{R}{R_{sr}}\right)^2$
	四节低通型	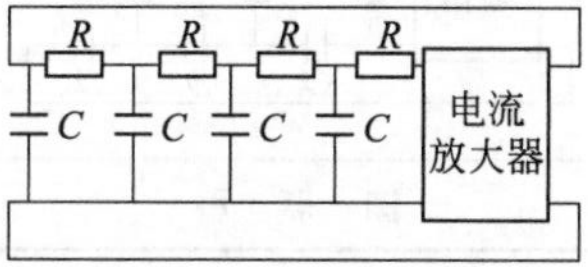	$f=\frac{\sqrt{10}}{2\pi\sqrt{7}RC}$	当 $R_{fz}\leqslant R$ 时 $\beta\geqslant 18.4$

续表

电路名称		电路图	振荡频率	振荡条件
电压移相阻容振荡器	三节高通型	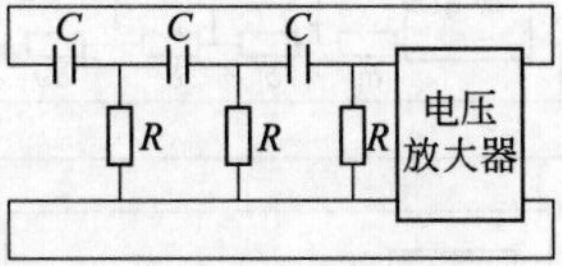	$f=\frac{1}{2\pi RC\sqrt{6-(4R_{sc}/R)}}$	$K_u \geqslant 29+23\frac{R_{sc}}{R}+4\left(\frac{R_{sc}}{R}\right)^2$
	四节高通型	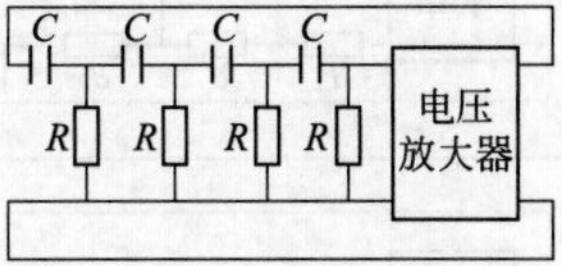	$f=\frac{\sqrt{7}}{2\pi\sqrt{10}RC}$	当$R_{sc} \ll R$时 $K_u \geqslant 18.4$
	三节低通型	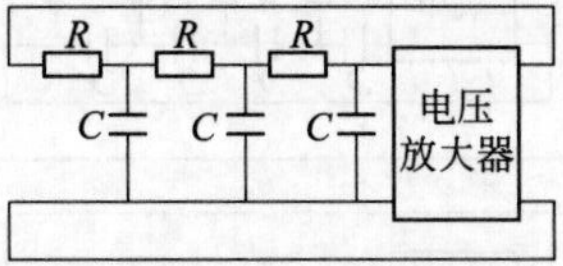	$f=\frac{\sqrt{6}}{2\pi RC}$	$K_u \geqslant 29$
	四节低通型	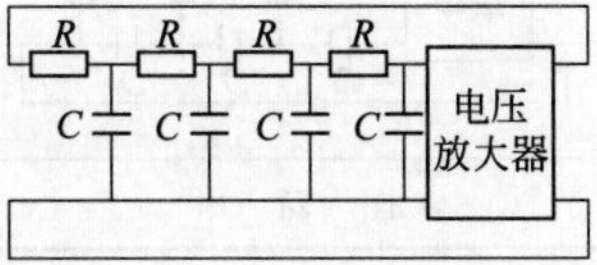	$f=\frac{\sqrt{6}}{2\pi\sqrt{7}RC}$	$K_u \geqslant 18.4$

续表

电路名称		电路图	振荡频率	振荡条件
文氏电桥振荡器	电压放大型	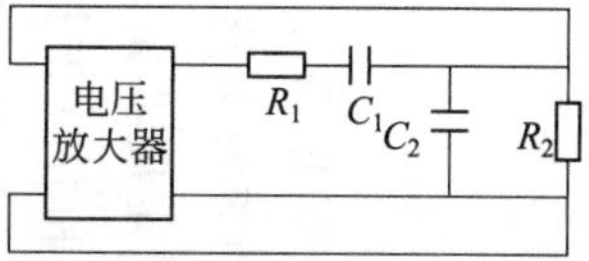	$f=\dfrac{1}{2\pi\sqrt{C_1R_1C_2R_2}}$	$K_u\geqslant 1+\dfrac{R_2}{R_1}+\dfrac{C_1}{C_2}$
	电流放大型	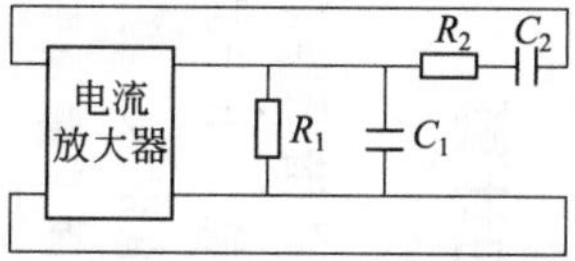	$f=\dfrac{1}{2\pi\sqrt{C_1R_1C_2R_2}}$	$K_u\geqslant 1+\dfrac{R_2}{R_1}+\dfrac{C_1}{C_2}$
	桥式	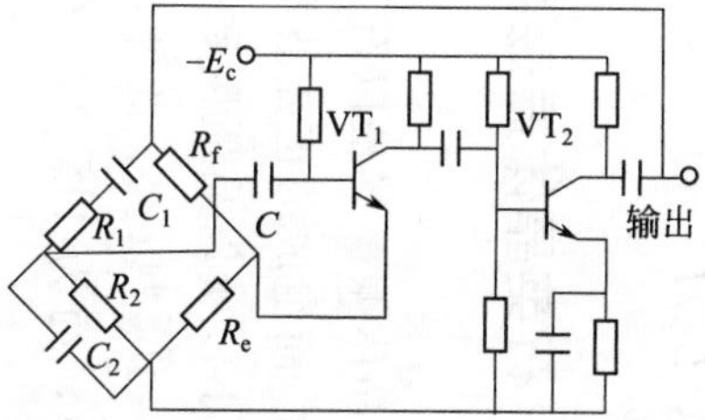	$f=\dfrac{1}{2\pi\sqrt{C_1C_2R_1R_2}}$	$K_u\geqslant 3$

注：移相振荡器中 R、C 均选用相等数值。

5.2.2 LC 振荡器的计算

LC 振荡器有电容三点式振荡器、电感三点式振荡器和变压器反馈式振荡器三种。这三种振荡器的电路、特点及计算见表 5-11。

LC 振荡器的计算步骤如下。

① 选定振荡频率。如用于接近开关的 LC 振荡器，振频一般在几十千赫至几百千赫。

② 由表 5-11 中的计算公式，求得 LC 乘积。

③ 按以下原则选定 C 和 L 值。

a. 品质因数 $Q=\frac{1}{R}\sqrt{\frac{L}{C}}$，L 大，Q 高，但 L 过大，则易引起寄生振荡，反而不好。

b. C 一般取 1000～4700pF；对于电容三点式振荡器，可取 $C_1/C_2=0.01\sim0.5$，线圈匝数一般取 100 匝左右；对于电感三点式振荡器，$L_2/L_1=1/7\sim1/3$。

5.2.3 石英晶体振荡器的计算

石英晶体振荡器是以石英晶体谐振器取代 LC 振荡器中的振荡元件 L、C 而组成的正弦波振荡器。由于晶体的等效电感很大、等效电容很小，所以品质因数 Q 值很大，频率稳定度非常高，一般在 $10^{-6}\sim10^{-9}$ 以上。此外，串联谐振频率 f_s 和并联谐振频率 f_p 之差很小，约为 1%，在 $f_s\sim f_p$ 范围内，谐振时的阻抗呈电感性。

(1) 石英晶体振荡器的基本电路及计算

石英晶体振荡器有串联型和并联型两种，其电路及计算见表 5-12。

■ 表 5-11 *LC* 振荡器的比较

电路种类	电容三点式振荡器	电感三点式振荡器	变压器反馈式振荡器
电路形式	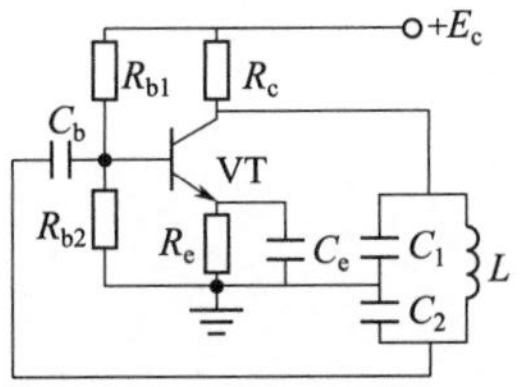	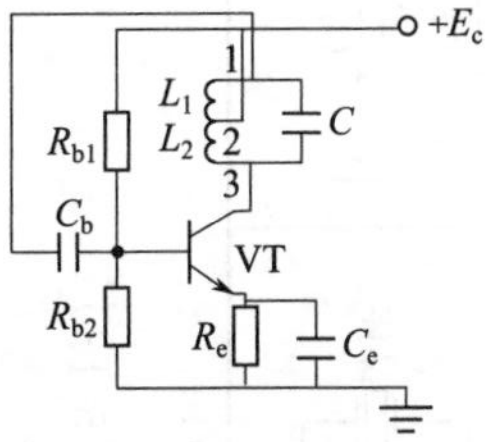	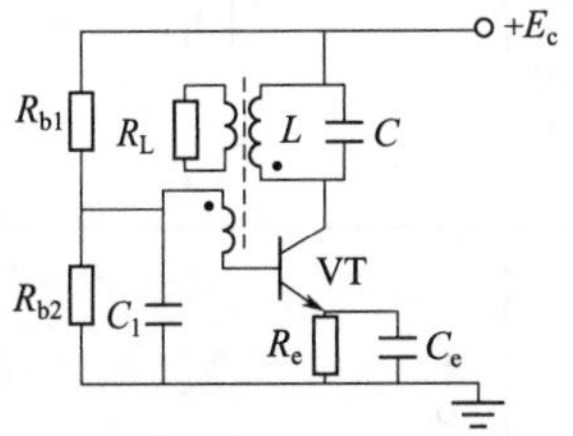
振荡频率	$f_0=\dfrac{1}{2\pi\sqrt{L\dfrac{C_1C_2}{C_1+C_2}}}$	$f_0=\dfrac{1}{2\pi\sqrt{(L_1+L_2+2M)C}}$	$f_0=\dfrac{1}{2\pi\sqrt{LC}}$
振荡条件	$\dfrac{C_2}{C_1}\leqslant\beta$	$\dfrac{L_1+M}{L_2+M}\leqslant\beta$ $\dfrac{W_1}{W_2}\leqslant\beta$(磁芯线圈)	$\beta F\geqslant 1$
特点	① 振荡波形好 ② 频率稳定性好 ③ 振荡频率高	① 容易起振 ② 高次谐波多 ③ 振荡波形差	特性一般(较少采用)

注:β—电流放大倍数;F—反馈系数;M—互感。

■ **表 5-12　石英晶体振荡器及其计算**

电路名称	电路图	振荡频率/Hz
串联晶体振荡器	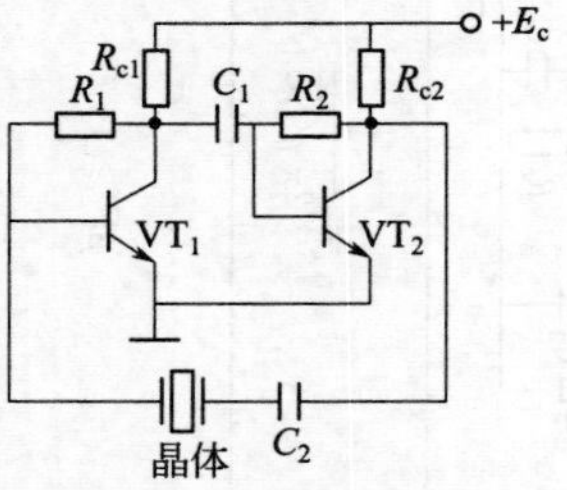	$f_s \approx \frac{1}{2\pi\sqrt{LC}}$
并联晶体振荡器	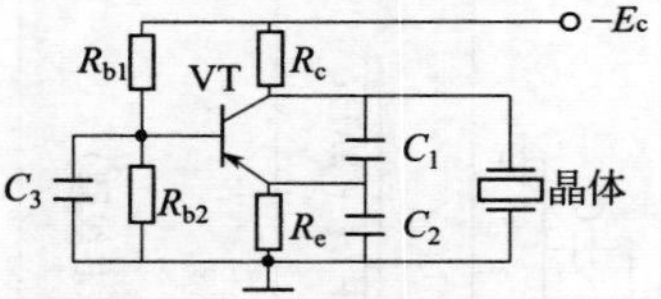	$f_p \approx \frac{1}{2\pi\sqrt{LC'}}$ $\left(C' = \frac{C_1C_2}{C_1+C_2}\right)$

注：L、C—石英晶体谐振器的等效电感(H)和电容(F)。

(2) 部分晶体振荡器的主要性能（见表 5-13）

(3) 石英晶体的主要性能

石英晶体的固有频率随着切片的位置不同而异。

x 切片　　$f_x \approx \frac{2860}{t}$　(kHz)

y 切片　　$f_y \approx \frac{2000}{t}$　(kHz)

z 切片　　$f_z \approx \frac{2500}{t}$　(kHz)

式中　t——石英切片的厚度，mm。

部分石英晶体的主要性能见表 5-14。

■ **表 5-13　部分晶体振荡器的主要性能**

参数	ZXB-1	ZXB-2	ZXB-4	ZUB-1	ZGU-5
振荡频率	50～130kHz	100kHz	1500kHz	1000kHz 或 1024kHz	5MHz

续表

参数	ZXB-1	ZXB-2	ZXB-4	ZUB-1	ZGU-5
频率稳定度	电源电压变化±10%时，频率变化$\Delta f/f<1.5\times10^{-6}$	频率偏移小于$\pm200\times10^{-6}$		5×10^{-6}（室温下$<3\times10^{-7}$）	连续工作一个月后优于$\pm2.5\times10^{-9}$/d，开机工作2h后优于$\pm1\times10^{-8}$/d
输出电压	≥0.5V（有效值）	≥1.5V（方波）	≥3V	≥0.5V	≥0.3V（有效值）
电源电压	12V	6V	10～15V	12V	12V，稳定度优于0.5%
负载电阻				1kΩ	100Ω
工作温度范围	室温频差$\Delta f/f=\pm50\times10^{-6}$		－40～＋70℃	－40～＋70℃	－10～＋45℃
消耗功率				0.1W	起振时≤3.5W，稳定时≤0.5W

■ **表 5-14　部分石英晶体的主要性能**

参　数	小型金属壳石英晶体		中频金属壳石英晶体	
	JA-23	JA-33	JA-10	JA-12
频率范围/MHz	0.85～2	15～100	0.465～0.5	0.2～0.5
频率误差	A类 $\leqslant\pm50\times10^{-6}$	$\leqslant50\times10^{-6}$	465kHz $\leqslant\pm200\times10^{-6}$	$\leqslant\pm200\times10^{-6}$
	B类 $\leqslant75\times10^{-6}$	$\leqslant75\times10^{-6}$	500kHz $\leqslant150\times10^{-6}$	
工作温度/℃	－55～＋85	－55～＋85	－40～＋70	－40～＋70
激励功率/mW	4	3	2	2

参　数	超小型金属壳石英晶体				低频金属壳石英晶体
	JA_7、JA_8	JA_{11}、JA_{12}	JB-22	JB-32	JA-45
频率范围/MHz	3～25	20～100	3～20	20～100	0.08～2

续表

参数	超小型金属壳石英晶体				低频金属壳石英晶体
	JA_7、JA_8	JA_{11}、JA_{12}	JB-22	JB-32	JA-45
频率误差	$\leqslant \pm 50\times10^{-6}$		$\leqslant 50\times10^{-6}$	$\leqslant \pm 50\times10^{-6}$	$\leqslant \pm 200\times10^{-6}$
		$\leqslant 75\times10^{-6}$	$\leqslant 75\times10^{-6}$	$\leqslant \pm 75\times10^{-6}$	
工作温度/℃			−55～+85	−55～+85	−40～+70
激励功率/mW	2～4	2	2～4	2	2

(4) 石英晶体振荡器的测试

将万用表打到 $R\times10k$ 挡，测量石英晶体振荡器的正、反向电阻值。正常时均应为∞（无穷大）。若测得石英晶体振荡器有一定的阻值或为 0，则说明该石英振荡器已漏电或击穿损坏。

5.2.4 陶瓷滤波控频振荡器的选用

陶瓷滤波控频振荡器是利用陶瓷压电材料（如钛酸铅和锆酸铅等）的压电效应产生的机械振动构成的振荡器，其等效电路和石英晶体一样。陶瓷滤波控频振荡器的基本电路如图 5-27 所示。它们的工作原理与石英晶体控频振荡器一样。图中，电位器 RP 用来调节反馈量，以获得不失真的正弦波。

部分陶瓷滤波器的主要性能参数见表 5-15。

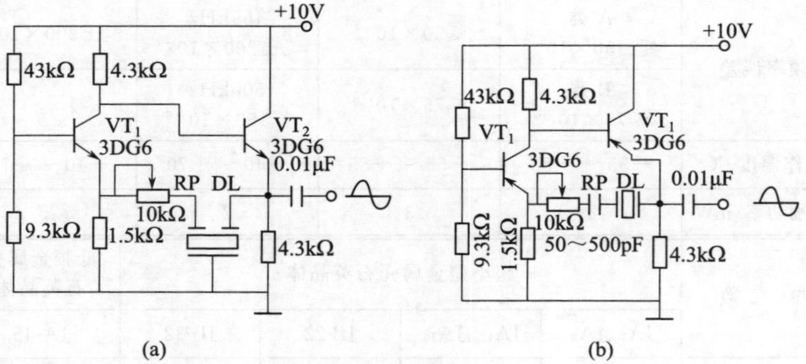

图 5-27 陶瓷滤波控频振荡器的基本电路

■ 表 5-15 部分陶瓷滤波器的主要性能参数

参数名称		中心频率	通带宽度		通带波动	选 择 性			输入阻抗	输出阻抗
符号		f_0	$\Delta f-3dB$	$\Delta f-6dB$	ΔB	$f_0\pm10kHz$	$f_0\pm400kHz$	$f_0\pm1MHz$	Z_{sr}	Z_{sc}
单位		kHz	kHz	kHz	dB	dB	dB	dB	Ω	Ω
型号	LTX1A	465±1①	≥7		≤0.5	≥6				
	LTX1B	465±2①	≥6		≤0.5	≥6				
	3I465	465±1.5①	≥4			≥10			2000	1000
	LT465H	465±1		≥10					1000	1000
	LTB10.7	②	≥240		≤1		≥30		300	300
	LT6.5A	6490±40	≥260		≤2			≥25	500	500
	LT6.5B	6420±30	≥260		≤2			≥25	510	510
	LT465M	465±2		30～35	≤2				1000	1000
	LT2.2	2200±2	30～35		≤2				1000	1000
	LTA10.7A	10700±2		≥25	≤1				1000	1000
	LTA10.7B	10700±3	40～50		≤1				1000	1000

① 最大输出频率 f_M(kHz)。

② 中心频率在(10.7±0.1)MHz 范围内,分 5 挡规格,以色点区分。

■ **表 5-16 常用非正弦振荡器电路、波形及频率计算**

类别	名称	电路图	波形图	振荡频率
方波振荡器	自激多谐振荡器	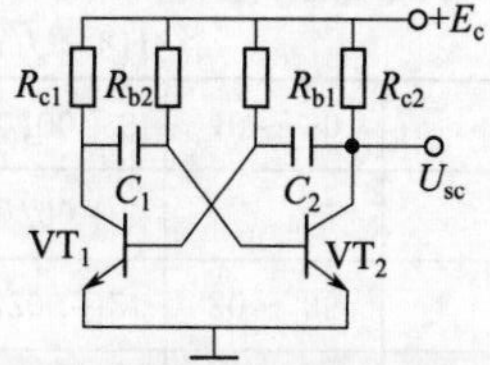	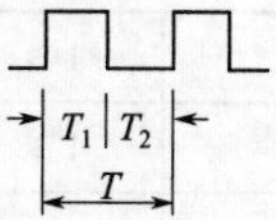	$f=\frac{1}{T}=\frac{1}{T_1+T_2}=\frac{1}{0.69(C_1R_{b2}+C_2R_{b1})}$ 若 $R_{b1}=R_{b2}=R, C_1=C_2=C$，则 $f=\frac{1}{1.38RC}$
脉冲波振荡器	变压器间歇振荡器	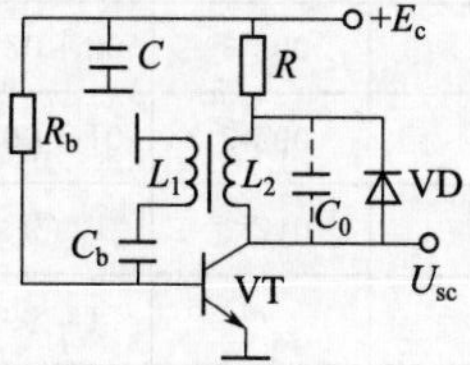	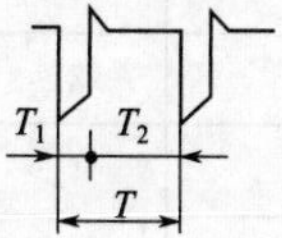	$f=\frac{1}{T}=\frac{1}{T_1+T_2}=\frac{1}{\pi\left(\sqrt{L_2C_0}R_bC_b\ln\left(1+\frac{L_1}{L_2}\right)\right)}$
	单结晶体管间歇振荡器	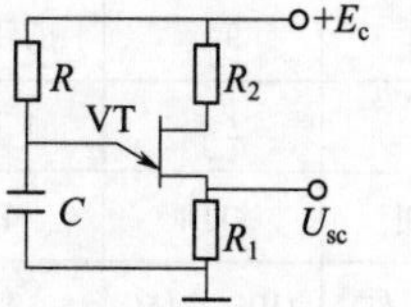	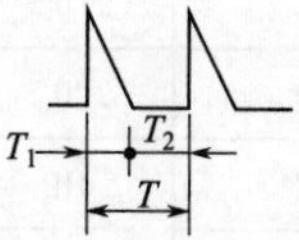	$f=\frac{1}{RC\ln\frac{1}{1-\eta}}$ η 为单结晶体管的分压比

续表

类别	名称	电路图	波形图	振荡频率
锯齿波振荡器	利用多谐振荡器的锯齿波振荡器	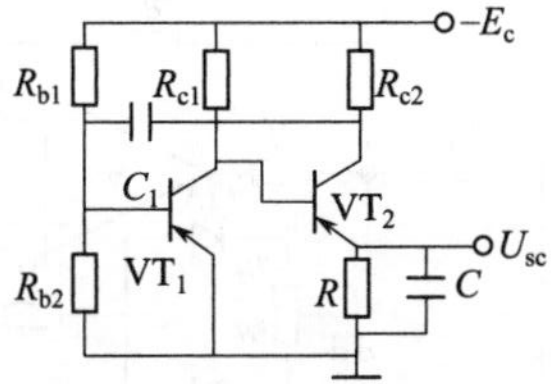	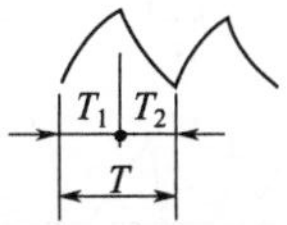	$f=\frac{1}{2RC}$
	利用间歇振荡器的锯齿波振荡器	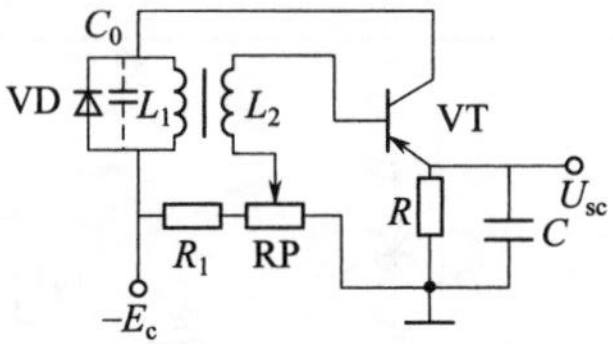	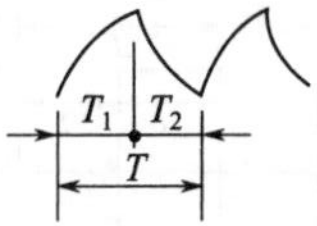	$f=\frac{1}{T}=\frac{1}{T_1+T_2}=\frac{1}{RC+\pi\sqrt{L_1C_0}}$

■ 表 5-17　方波、矩形波和三角波发生器电路、波形及计算

类　别	电　路　图	波　形　图	计算公式
方波发生器	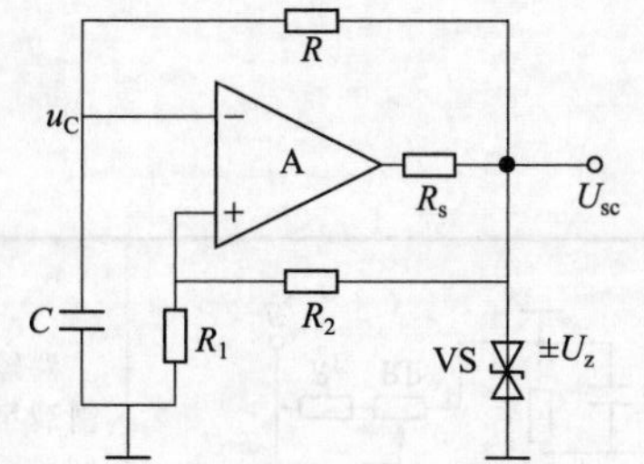	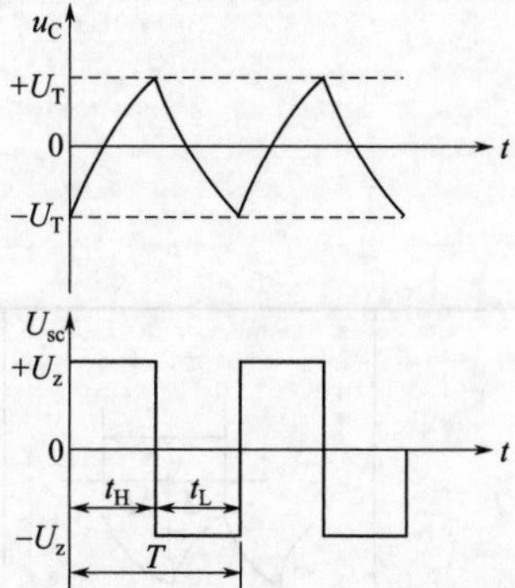	① 输出电压幅值 $U_{sc}=\pm U_z$ ② 阈值电压 $\pm U_T=\pm\frac{R_1}{R_1+R_2}U_z$ ③ 振荡周期 $T=2RC\ln\left(1+\frac{2R_1}{R_2}\right)$ 振荡频率 $f=1/T$ ④ 占空比 $q=\frac{t_H}{T}=50\%$
矩形波发生器（占空比可调）	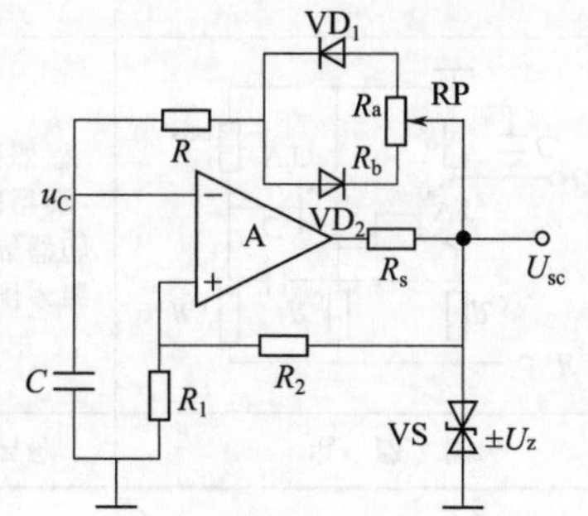	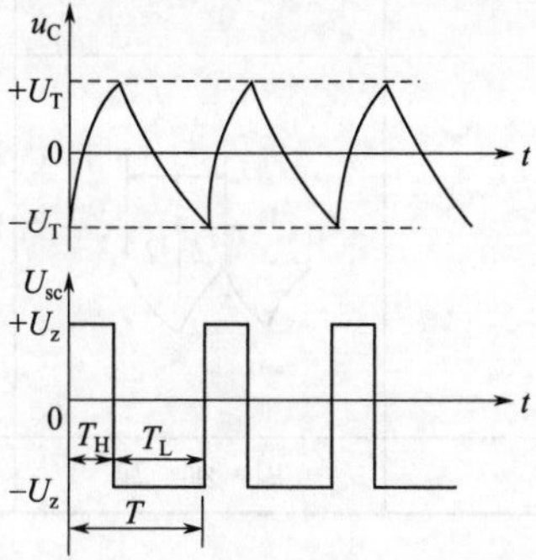	① 矩形波宽度 $T_H=(R_a+R)C\ln\left(1+\frac{2R_1}{R_2}\right)$ $T_L=(R_b+R)C\ln\left(1+\frac{2R_1}{R_2}\right)$ ② 振荡周期 $T=T_H+T_L=(RP+2R)C\ln\left(1+\frac{2R_1}{R_2}\right)$ 振荡频率 $f=1/T$ ③ 占空比 $q=\frac{T_H}{T}=\frac{R_a+R}{RP+2R}$

续表

类别	电路图	波形图	计算公式
三角波发生器	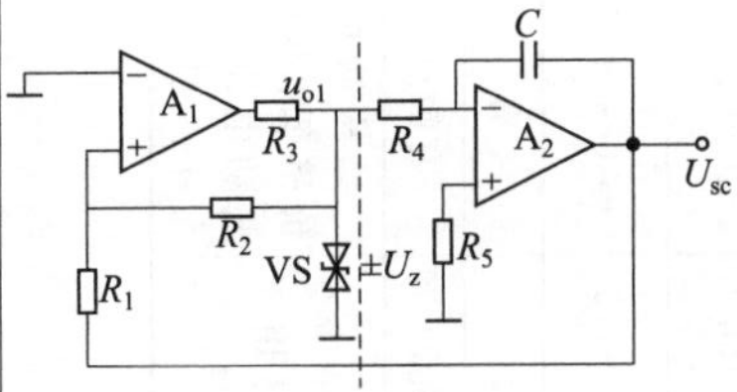	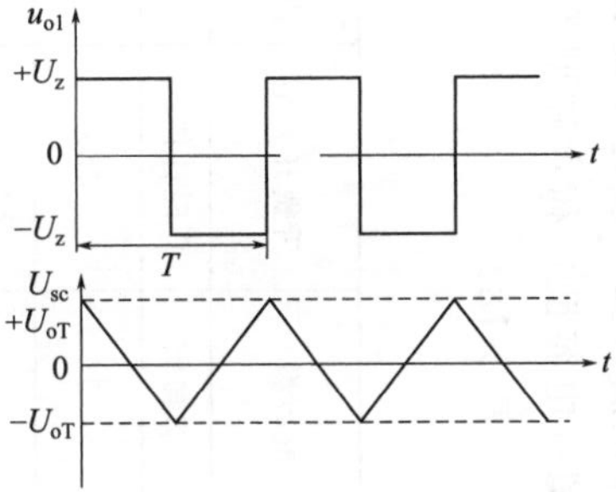	① 迟滞比较器输出电压幅值 $U_{sc1}=\pm U_z$ ② 三角波电压峰值 $U_{scm}=\pm U_{oT}=\pm\frac{R_1}{R_2}U_z$ ③ 振荡周期 $T=\frac{4R_1R_4C}{R_2}$ 振荡频率 $f=1/T$

注：U_z——稳压管 VS 的稳压值，V；U_{oT}——迟滞比较器的阈值电压，V。

5.2.5 常用非正弦振荡器、发生器及计算

(1) 常用非正弦振荡器电路、波形及频率计算（见表 5-16）

(2) 方波、矩形波和三角波发生器电路、波形及计算

采用运算放大器的方波、矩形波和三角波发生器电路、波形及计算见表 5-17。

5.2.6 接近开关的选用

接近开关是一种无接触式物体检测开关。接近开关根据检测原理可分为电磁感应型、静电感应型（电容型）和永磁型等。

(1) 各种接近开关的性能比较（见表 5-18）

■ **表 5-18 各种接近开关性能比较**

项目	高频振荡型	感应电桥型（差动变压器型）	电容型	舌簧开关型	霍尔元件型
检测体	金属	磁性体	一切物质	磁性体	永久磁铁
检测距离/mm	＜100	＜100	＜30	＜60	＜2
响应频率/Hz	10～5000	20～50	10～100	10～100	100k
环境温度/℃	－40～＋80	－20～＋70	－25～＋75	－50～＋65	－40～＋85
吸力	无	无	无	有	无
输出方式	无触点	有触点	无触点	有触点	无触点
特点	体积小、品种多、响应速度快、寿命长、价格低	只能检测磁性体、体积大、价格高	能检测所有物体，适用于物位检测	结构简单、价格低、不用驱动电流、寿命有一定限制	检测距离短、响应频率高、体积小

(2) 接近开关专用集成电路

我国生产有仿西门子公司 TCA205 和 TCA305 电路的 JK 系列接近开关专用集成电路。

TCA205 和 TCA305 的内部框图和外部接线如图 5-28 和图 5-29 所示。它们的主要技术数据见表 5-19 和表 5-20。

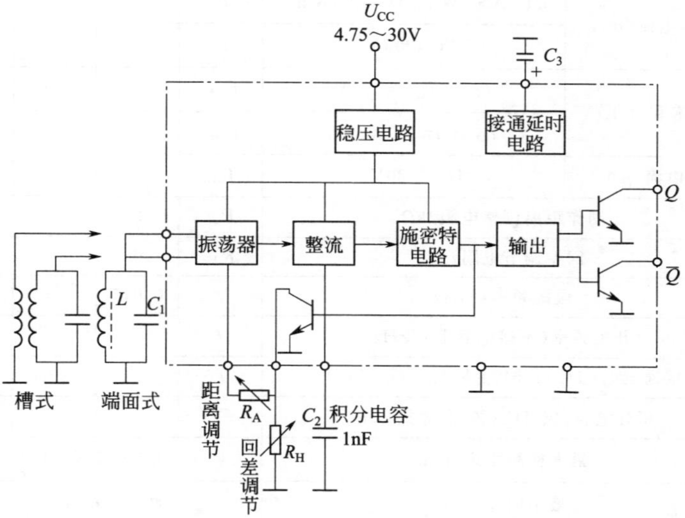

图 5-28　TCA205 内部框图和外部接线

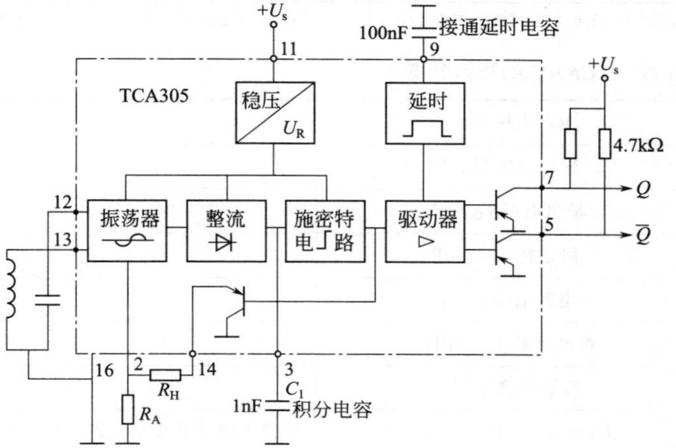

图 5-29　TCA305 内部框图和外部接线

■ **表 5-19 TCA205 集成电路主要技术数据**

特性值($U_s = 12V, T_a = 25℃$)		符号	最小值	典型值	最大值
工作电流/mA	TCA205WⅠ,TCA205WⅡ	I_s	—	1	2
	TCA205A	I_s	—	3	5
输出饱和电压/V	$I_Q = I_{\overline{Q}} = 5mA$	U_{oL}		0.8	1.0
	$I_Q = I_{\overline{Q}} = 50mA$	U_{oL}		1.25	1.5
漏电流/μA	$U_s = 30V$	I_{oH}			100
动作距离调整电阻/kΩ		R_A	3		
回差调节电阻/kΩ		R_H	0		
振荡频率/MHz		f_{osc}	0.015		1.5
开关频率(不接电容器)/kHz		f			5
接通延时(TCA205WⅡ除外)/(ms/μF)		t		200	
积分电容(仅 TCA205A 才接)/nF		C_2	0		10
最大检测距离/mm		0.5×线圈直径			
最小回差/mm		动作距离的 3%			
电源电压/V		U_{CC}	4.75～30		
环境温度/℃		T_a	−25～+85		

注:TCA205A 为 14 脚双列直插式;TCA205WⅠ和 TCA205WⅡ为 8 脚扁平封装。

■ **表 5-20 TCA305 的技术数据**

极限值	电源电压 U_s/V	30			
	输出电压 U_Q/V	30			
	输出电流 I_Q/mA	35			
	积分电容 C_1/μF	10			
工作范围	电源电压 U_s/V	5～30			
	振荡频率 f_{osc}/MHz	0.15～1.5			
	环境温度 T_a/℃	−25～+85			
特性	$U_s = 12V$、$T_a = 25℃$	试验条件	最小值	典型值	最大值
	开路时的电源电流 I_s/mA	各脚开路		0.6	1.0

续表

特性	输出端低电平电压 U_{QL}/V	$I_{QL}=5mA$ $I_{QL}=16mA$		0.15	0.25 0.4
	输出端高电平时的反向电流 $I_{QH}/\mu A$	$U_{QH}=30V$			10
	脚 3 上的门限电压 U_{s2}/V			2.1	
	脚 3 上的回差值/V		0.4	0.5	0.6
	动作距离调节电阻 $R_A/k\Omega$	$R_H\to\infty$	1		50
	回差调节电阻 $R_H/k\Omega$	$R_A\to\infty$	1		50
	接通延时 t_r/(ms/μF)		200	300	400
	开关频率(无 C_1时) f_s/kHz				5

根据 TCA205 和 TCA305 电路研制成的 JK 系列接近开关专用集成电路的主要参数见表 5-21。外部接线如图 5-30～ 图 5-33 所示。

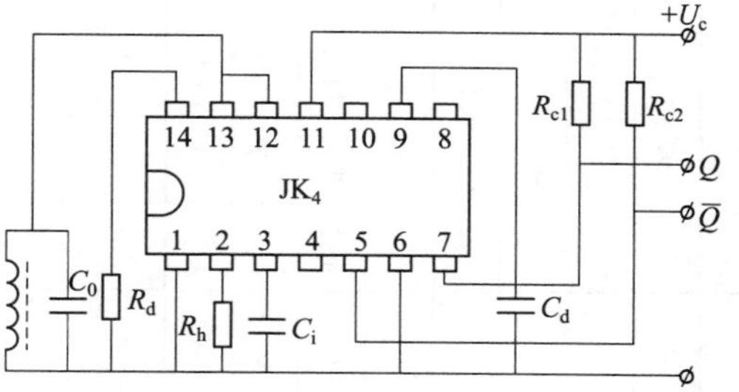

图 5-30 JK$_4$ 的外部电路图

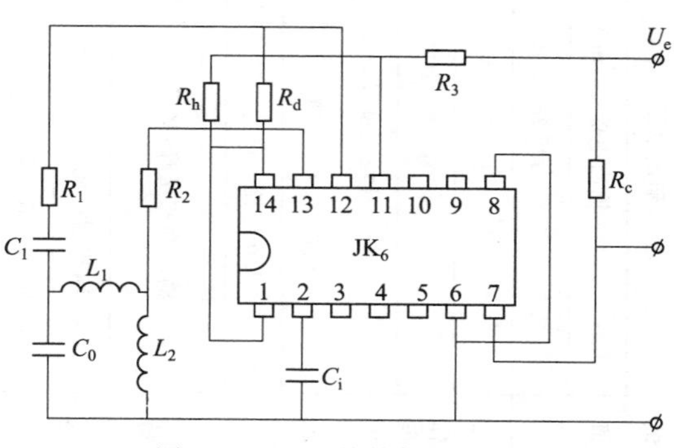

图 5-31 JK$_6$ 的外部电路图

■ 表 5-21　JK 系列接近开关专用集成电路的主要参数

	参数	测试条件	JK4			JK6			JK7			JK8		
最大值	电源电压 U_c/V			30			24			30			30	
最大值	输出电压 U_o/V			30			24			30			30	
最大值	输出电流 I_o/mA			100			100			50			50	
最大值	积分电容 C_i/μF			5			1			1			1	
工作范围	电源电压/V			5～30			12 或 24			5～30			5～30	
工作范围	振荡频率/MHz			0.015～1.5			0.015～1.5			0.015～1.5			0.015～1.5	
工作范围	环境温度 T_a/℃			−25～+85			−25～+85			−25～+85			−25～+85	
特性	$U_c=12V$、$T_a=+25℃$	测试条件	最小	典型	最大	最小	典型	最大	最小	典型	最大	最小	典型	最大
特性	工作电流/mA	$I_o=0$		0.8	1.5		3.5	5		0.8	1		0.8	1
特性	输出饱和压降/V	$I_o=5mA$		0.6	0.8		0.8	1		0.6	0.8		0.6	0.8
特性	输出饱和压降/V	$I_o=I_{o \cdot max}$			1.5			1.5			1.5			1.5
特性	输出漏电流/μA	$U_o=U_c$			100			100			10			10
特性	动作距离调节电阻 R_d/kΩ		0	30	100	0	30	100	0	30	100	0	30	100
特性	回差调节电阻 R_h/kΩ			5.1	68		5.1	68		5.1	68		5.1	68
特性	开关频率/kHz				5						5			5

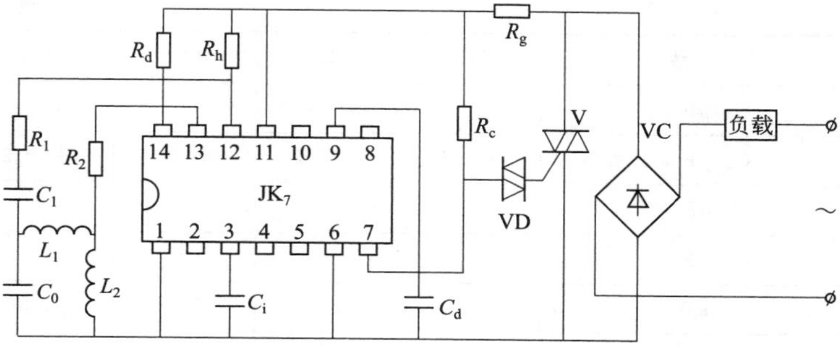

图 5-32　JK_7 的外部电路图

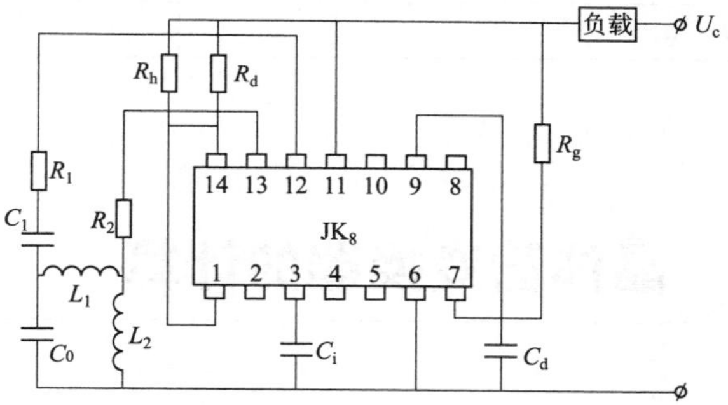

图 5-33　JK_8 的外部电路图

各电路元件参数的参考数据见表 5-22。

■ **表 5-22　JK 系列接近开关电路元件参数参考数据**

参　　数		JK_4	JK_6	JK_7	JK_8
磁芯尺寸/mm		$\phi 25\times 8.9$	$\phi 22\times 8$	$\phi 18\times 7.5$	$\phi 22\times 8$
线圈(匝)	L_0	100			
	L_1		7	7	7
	L_2		28	28	28
	线径(多股线)	10×0.1	28×0.07	15×0.07	28×0.07

续表

参　数	JK_4	JK_6	JK_7	JK_8
$C_1/\mu F$		0.01	0.01	0.01
$C_0/\mu F$	0.033	0.0022	0.0022	0.0022
$C_i/\mu F$	1	1	1	1
$C_d/\mu F$			10	
$R_1/k\Omega$		1.5	1.8	1.8
$R_2/k\Omega$		30	30	30
$R_d/k\Omega$	25	30	25	30
$R_h/k\Omega$	3.3	8.2	3.6	8.2
$R_g/k\Omega$			4.7	4.7

5.3 晶体管变换器的计算

5.3.1 晶体管直流变换器的计算

晶体管直流变换器是一种方波自激振荡器，它将低直流电压（如几伏）变换成几十、几百伏或上千伏的高直流电压输出。这种振荡器的输出功率，能比晶体管（三极管）允许耗散的功率大几倍，输出方波经整流后脉动很小。变换器的效率为0.65～0.9。

(1) 变换器的基本电路

晶体管直流变换器的电路很多，常用的有单管式和推挽式共射极变换电路，其电路如图5-34所示。

① 单管式直流变换器的工作原理［见图5-34（a）］　由三极

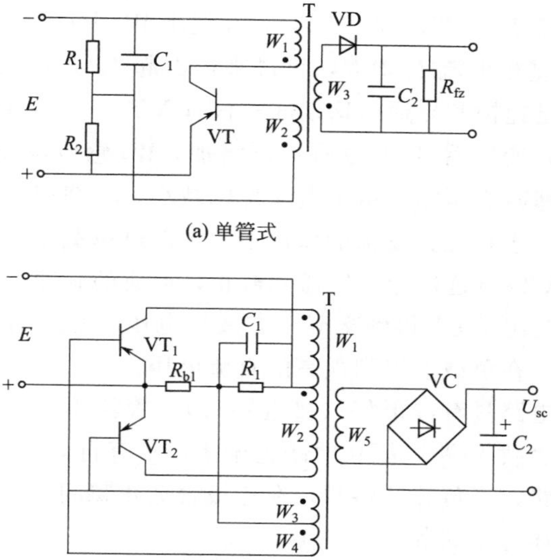

(a) 单管式

(b) 推挽式

图 5-34　晶体管直流变换器

管 VT、电容 C_1 和变压器 T 等组成 LC 自激间歇振荡器。接通直流电源，电源经电阻 R_2 向电容 C_1 充电，当 C_1 上的电压升高后，三极管 VT 开始导通。流过绕阻 W_1 的发射极电流 I_e 通过 W_1 与 W_2 耦合，其正反馈作用使注入基极的电流 I_b 增大，反过来再引起 I_e 增大。于是 VT 迅速饱和导通，I_e 达到最大值，变压器 T 中的磁通不再增加，绕阻 W_2 上感应电压迅速减小，I_b、I_e 也迅速减小至零，即 VT 截止。VT 截止后，直流电源又经 R_2 向电容 C_1 充电，当 C_1 上的电压上升到 VT 导通所需的电压时，VT 又进入下一个开关周期。如此周而复始，在变压器次级绕组 W_3 上得到交流（方波）电压。该电压经半波或全波整流和电容滤波，在负载 R_{fz} 上得到很高的直流电压。

② 推挽式直流变换器的工作原理［见图 5-34（b）］　接通直流电源，三极管 VT_1、VT_2 都得到工作电压，但由于它们不可能完全对称，总有一只管子（如 VT_1）先开始得到基极偏流而放大，

其集电极电流 I_c 经变压器 T 耦合，在绕组 W_4 上产生正反馈电流，使注入 VT_1 基极电流 I_b 增大，反过来再引起 I_c 增大。通过正反馈过程，VT_1 迅速饱和导通（这期间三极管 VT_2 一直是截止的），I_c 达到最大值，变压器 T 中磁通不再增加，W_3 感应电压迅速下降，I_b、I_c 也迅速减少至零。由于电流急剧减小，各绕组中引起相反极性的电动势。于是在正反馈的作用下，VT_1 迅速截止，VT_2 很快导通，VT_1、VT_2 就这样轮流导通和截止，形成的脉冲电流经变压器 T 耦合，在绕组 W_5 上得到交流（方波）电压。然后再经全波整流和电容滤波，在负载上得到很高的直流电压。

推挽式电路具有波形好（接近矩形）、管耗小、变换效率高等优点，而且负载 短路，能立即停止振荡，具有自动短路保护功能。而单管式电路，当负载开路时，在三极管截止瞬间产生较大的峰值电压，有损坏管子的危险。

(2) 晶体管直流变换器的计算

① 变换电路的选择　对于小功率的固定负载（几瓦以内）采用单管式，尤其是需以几伏电源获得几百或上千伏的高压更为合适。其他情况（如输出功率较大）可选用推挽式电路。

② 振荡频率的选择和计算

a. 振荡频率的选择。在一般情况下，变换器的频率可达几千赫至几十千赫。要减小变换器的体积，可将振荡频率提高，但提得太高，变压器损耗会增大。一般认为，当输出电压较高而输出功率不大时，可将振荡频率取得高些，如 15～40kHz；当输出功率较大，电压较低时，则可将振荡频率取得低些，如几千赫。当输出功率为几瓦或几十瓦时，频率可选 4～5kHz 或更高一些；当输出功率达 100W 时，频率可选 1～2kHz；当输出功率较大时，宜选 0.3～0.4kHz。

b. 振荡频率的计算。

$$f=\frac{1}{T}=\frac{1}{t_1+t_2}$$

$$t_1=L_1 I_{cm}/E_c$$

$$t_2 = L_1 I_{cm} \frac{W_3}{W_1 U_{sc}}（推挽式为 W_5）$$

式中 f——振荡频率，Hz；

T——振荡周期，s；

t_1，t_2——三极管的导通时间和截止时间，s；

L_1——变压器初级绕组 W_1 的电感，H；

I_{cm}——三极管集电极最大允许电流，A；

U_{sc}——负载两端的电压，V。

③ 三极管的选择 在半周期内，三极管集电极的平均电流为

$$I_{cp} \approx \frac{I_{fz}}{E_c \eta}$$

式中 I_{cp}——三极管集电极平均电流，A；

I_{fz}——负载电流，A；

E_c——电源电压，V；

η——变换器效率，大功率变换器 $\eta \approx 0.9$，低电压（2～4V）小功率变换器 $\eta \approx 0.65$，电源电压为 10～20V、功率为 10W 至几十瓦时，$\eta \approx 0.8$。

三极管按以下要求选择：

$$I_{cm} = (1.1 \sim 1.15) I_{cp}$$

$$BU_{ceo} \geqslant 2E_c$$

$$P_{cm} = (3 \sim 5) P_{fz}（单管式）$$

$$P_{cm} = (1 \sim 3) P_{fz}（推挽式）$$

$$f_T \geqslant 50 f$$

式中 I_{cm}——集电极最大允许电流，A；

BU_{ceo}——集电极-发射极反向击穿电压，V；

P_{cm}——集电极最大允许耗散功率，W；

f_T——三极管特征频率，kHz；

f——变换器振荡频率，kHz；

P_{fz}——负载要求功率，W。

另外，要求所选管子应有尽可能小的饱和压降，小的反向漏电

流及较大的电流放大倍数β。

④ 振荡启动元件R_1、R_2和C_1的选择

a. 电阻R_1、R_2的选择。

$$R_2=\frac{(0.45\sim0.55)}{I_b}\sqrt{E_c}$$

$$R_1=\frac{E_c}{0.2\sim0.3}R_2\text{（锗管）}$$

或
$$R_1=\frac{E_c}{0.5\sim0.7}R_2\text{（硅管）}$$

式中　R_1，R_2——电阻，Ω；

E_c——电源电压，V；

I_b——三极管基极电流（A），$I_b=I_{cm}/\beta$，β应大于10。

一般R_2为几百欧至几千欧，R_2取得太小，电源功耗会增大，电路工作效率会降低，甚至会烧坏管子。

b. 电容C_1的选择。

电容C_1可选几微法至几十微法；当电源电压E_c很小时，可选100μF，这样，当负载开路时，能使集电极的反向电压减小，有利于保护三极管。

电容C_1的具体数值可由实验决定，以获电路的最高效率。

⑤ 整流元件和滤波电容的选择　整流元件的选择与普通整流器电路相同。滤波电容可按以下公式选定：

当$U_{sc}<1000$V时，$C_1=(1\sim2)\dfrac{I_{fz}\times10^6}{fU_{sc}S}$

当$U_{sc}>1000$V时，$C_1=(5\sim10)\dfrac{I_{fz}\times10^6}{fU_{sc}S}$

式中　C_1——电容，μF；

S——输出电压的脉动系数。

⑥ 变压器设计　见本章5.3.3项。

5.3.2　晶体管逆变器及元件选择

如果把晶体管直流变换器的次级输出的整流元件和滤波电容取

掉，就成为晶体管逆变器。这是一种应用广泛的直流-交流变换电路，常用于应急照明灯或高压除虫灯等。

晶体管逆变器的工作原理与晶体管直流变换器相同，只不过输出是高压交流（方波）电压。

下面介绍几种应急照明灯的实用电路。

（1）单管式逆变器

单管式逆变器典型电路如图 5-35 所示。它们能将低压直流变换成 220V 交流电供荧光灯使用。

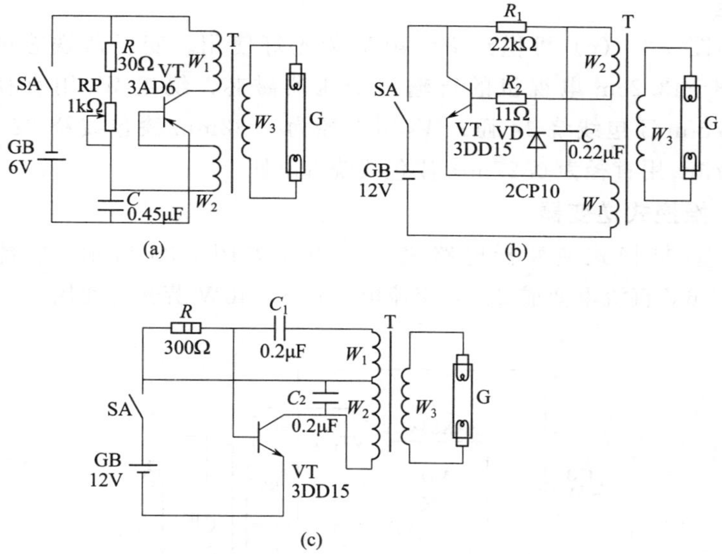

图 5-35　单管式逆变器典型电路

图 5-35（a）电路可供 8W 荧光灯使用。改变电容 C 的数值，可改变振荡频率。

变压器 T 铁芯可用 E12、E17 或 E34 铁氧体磁芯，绕组 W_1 和 W_2 均用直径为 0.27mm 漆包线分别绕 78 匝和 500 匝。

图 5-35（b）可供给 8～ 40W 荧光灯使用。当电源电压在±20%范围变化时，它能稳定地工作。

图中二极管 VD 的作用是，逆变器工作时，绕组 W_2上会感应较高电压，在三极管 VT 由导通变为截止时，VD 使 VT 的 be 结反压限制在 0.7V 左右，从而保护了 VT 不被击穿损坏；而且这个反压通过 VD 向电容 C 充电，为下一个导通周期做准备，减少了流过 R_1的电流，提高了振荡频率和工作的稳定性。

注意，变压器 T 的两块磁芯间应留有间隙，可垫上约 0.1mm 厚的薄纸片，否则会导致荧光灯启动困难。具体间隙应由试验决定。

图 5-35（c）可供给 8～40W 荧光灯使用。变压器铁芯可用 22.8～43.2cm 电视机的行输出变压器磁芯，绕组 W_1 用直径为 0.27mm 漆包线绕 14 匝；W_2 用直径为 0.82mm 漆包线绕 22 匝；次级 W_3用直径为 0.27mm 漆包线绕 350 匝。

(2) 推挽式逆变器

① 推挽式逆变器电路之一　电路如图 5-36 所示。它能将 4.5～6V 直流电变成 220V 交流电，供 8～40W 荧光灯使用。

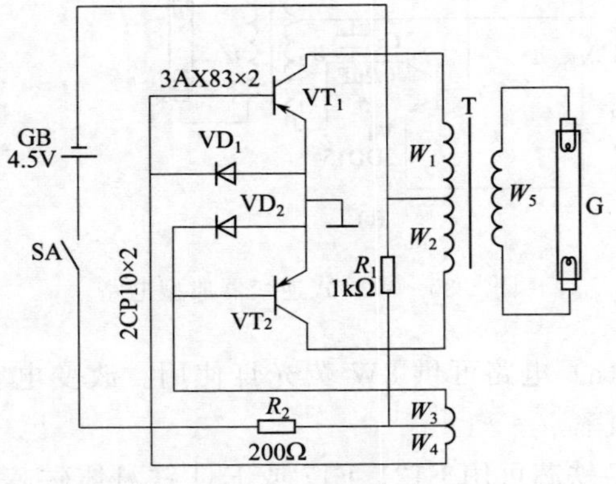

图 5-36　推挽式逆变器电路之一

图 5-36 中，二极管 VD_1、VD_2的作用是防止三极管 VT_1、VT_2的 be 结击穿而损坏。因为在灯管启动瞬间，三极管由导通变为截止，串接在三极管基极回路的绕组会产生一个比较高的反压加在 be 结之间。

该电路的特点：负载直接并联在振荡回路上，故在输出负载过重时电路会停振，从而可保护三极管不致损坏；缺点是效率低，输出电压和振荡频率受电源影响大。

变压器 T 铁芯采用 7mm×20mm 硅钢片，绕组 W_1、W_2用直径为 0.35mm 漆包线双线并绕 30 匝，W_3、W_4用直径为 0.21mm 漆包线双线并绕 30 匝，W_5用直径为 0.08mm 漆包线绕 2000 匝。

采用图示数值时，该逆变器可供 8W 荧光灯使用。

② 推挽式逆变器电路之二　电路如图 5-37 所示。它能将 4.5～6V直流电变成 220V 交流电，供 8～40W 荧光灯使用。

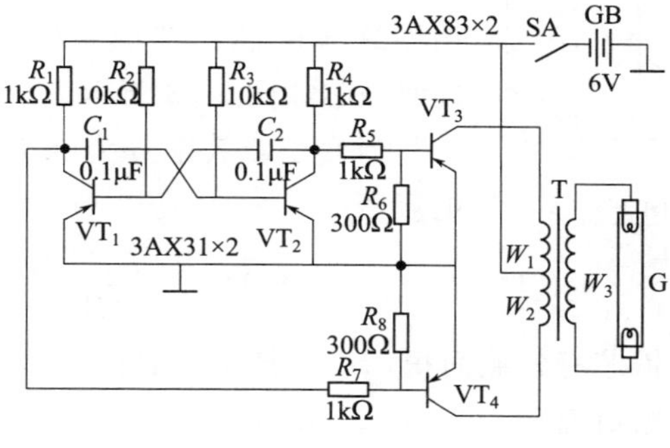

图 5-37　推挽式逆变器电路之二

图 5-37 中，由三极管 VT_1、VT_2和电容 C_1、C_2等组成自激多谐振荡器，为三极管 VT_3、VT_4提供激励电流。这种电路能克服图 5-36 电路的缺点，频率与信号幅度可以改变多谐振荡器的 R、C 参数加以调节。

图中，电阻 R_5、R_6与 R_7、R_8组成的分压器，控制了 VT_3、VT_4的输入信号幅度；R_6与 R_8还可改善输出管的稳定性，避免温度升高时管子穿透、电流剧增的恶性循环。

变压器 T 的铁芯可选用 7mm×20mm 硅钢片，绕组 W_1、W_2 用直径为 0.31mm 漆包线双线并绕 40 匝，W_3 用直径为 0.08mm 漆包线绕 1500 匝。

如采用图示数值时，该逆变器可供 8W 荧光灯使用。

5.3.3 变换器或逆变器的变压器设计

晶体管直流变换器或晶体管逆变器的变压器的设计是相同的。

(1) 变压器铁芯的选择

对于 f 在 1kHz 以下的变压器，可用硅钢片作铁芯，其饱和磁通密度 B_s 为 1.00～2.00T；对于 f 为几千赫时，可用坡莫合金作铁芯，其 B_s 为零点几特；对于更高频率的变压器时，可用铁氧体磁芯，其 B_s 为 0.10～0.20T。E 型磁芯如图 5-38 所示。

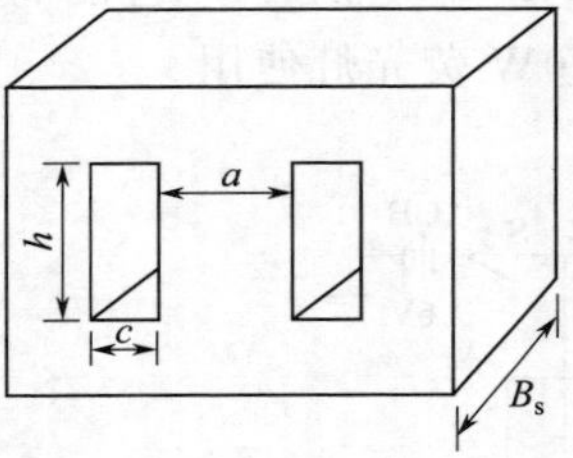

图 5-38 采用铁氧体的 E 型磁芯

当变压器效率 η 为 0.75～0.9、导线电流密度 j 为 2.5～3A/mm² 时，有

$$SQ=\frac{0.72\times10^2}{fB_s}P_s$$

式中 S——铁芯有效截面积，$S=aB_s$，cm²；

Q——窗口面积，$Q=hc$，cm²；

B_s——铁芯的饱和磁通密度，T；

P_s——变压器的标称功率，V·A。

变压器输出绕组上的负载为电阻或桥式整流（或倍压整流器）时，有

$$P_s\approx1.3I_{fz}U_2$$

如果输出绕组上的负载为全波整流时，有

$$P_s\approx2.1I_{fz}U_2$$

式中 I_{fz}——输出电流，A；

U_2——输出绕组（全波时为一半）的电压有效值，V。

(2) 变压器各绕组匝数的确定及导线选择

① 变压器初级绕组匝数 W_c

$$W_c = \frac{U_c \times 10^4}{4fB_mS} \approx \frac{E_c \times 10^4}{4fB_mS}$$

式中 U_c——集电极线圈上的交流电压峰值，V；

E_c——电源电压，V；

B_m——磁通密度（T），$B_m = (0.7 \sim 0.8)B_s$ 国产E型铁氧体磁芯，B_m 约为 0.2 ～ 0.6T。

上式对推挽电路较为合适，单管电路也可参考。

② 反馈绕组匝数 W_b

$$W_b = W_cU_b/U_c$$

式中 U_b——反馈电压峰值，一般取 $U_b \approx (1/4 \sim 1/2)E_c$。

③ 初级绕组匝数 W_L

$$W_L = W_cU_{0m}/U_c$$

式中 U_{0m}——次级绕组上峰值电压，V。

当考虑到绕组的直流电阻时，绕组匝数应适当增加。

④ 导线直径 d

$$d = 1.13\sqrt{I/j} \quad \text{mm}$$

式中 I——变压器绕组的电流有效值，A；

j——电流密度，A/mm^2。

当绕组上的电压超过 1000V 时，导线直径应不小于 0.06mm。导线可用油基漆包线，在高压变压器的次级绕组中需采用高强度漆包线。

(3) 变压器绕组的绕法

由于变换器的工作频率一般总在几千赫兹以上，因此绕制应特别注意。常用的绕法如下。

① 双线平绕法（图 5-39） 采用推挽电路时，初级绕组可采用图 5-39（b）绕法，而反馈绕组分绕在两端。

② 蜂房式绕法 该绕法能使绕组层间的分布电容减小，特别适用于高频高压电路中，但变压器铁芯的内芯柱需选用圆形。

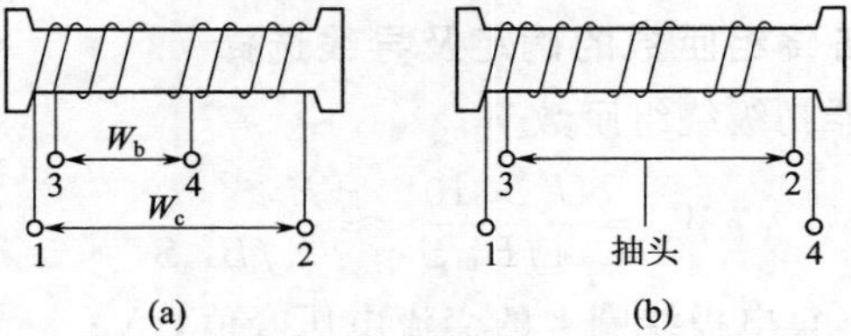

图 5-39　双线平绕法

各绕组位置的安排一般是将次级绕组最内层的引出线接输出电压的低电位端，最外层次级绕组引出处接输出电压的高电位端。

(4) 变压器的绝缘

在高频高压中，层间绝缘采用聚酯塑料薄膜纸，它具有耐压高(0.1mm 厚耐压达万伏)，吸湿性小的优点。绕组间绝缘，常用聚酯薄膜青壳纸，0.15～0.2mm 厚耐压为 1500～2000V，且强度高。

骨架及引出线的接线板可用厚度为 1.5mm 以上的环氧酚醛玻璃布板。

绕圈绕制后，在安装铁芯时要注意铁芯距次级绕组最外层绝缘纸之间应留有 1mm 以上的空隙，以免两者之间打火。变压器需经过浸渍处理，常用 3404 环氧树脂漆。为了进一步提高防潮性能，有时还可采用硅橡胶或环氧树脂灌注。

5.4 延时电路的计算

5.4.1 几种脱扣器上使用的延时电路及计算

(1) 简单的阻容延时电路

采用阻容延时电路，结构简单，调整方便，精确度能满足一般要求。其电路如图 5-40 所示。

图中，U_{sc}为脱扣器或电压继电器的动作电压，当该电压升至规定值时，脱扣器或继电器吸合。

延时时间按下式计算：

$$t = RC\ln\frac{U_{sr}}{U_{sr}-U_{sc}}$$

式中 t——延时时间，s；

U_{sr}——电源电压，V；

U_{sc}——动作电压，一般取 $0.63U_{sr}$，V；

R——电阻，Ω；

C——电容，F。

(2) ME 型断路器延时脱扣器线路

电气延时式 r-脱扣器线路如图 5-41 所示。

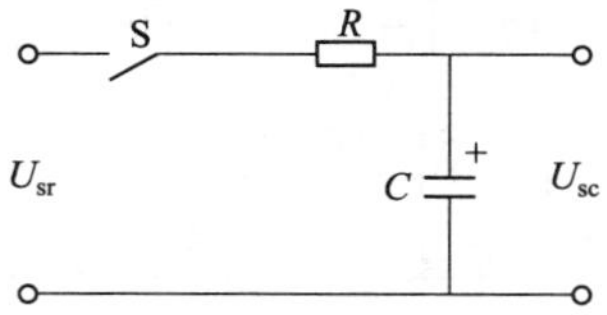

图 5-40 简单的 RC 延时电路

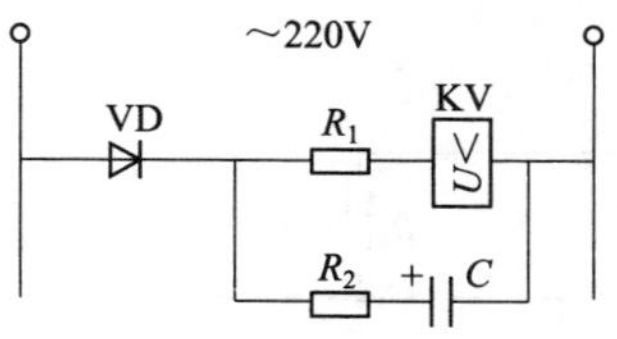

图 5-41 电气延时式 r-脱扣器线路

工作原理：控制电源（交流 220V）接通后，220V 电源经二极管 VD 整流，向电容 C 充电，当 C 上的电压达到一定值后，欠电压继电器 KV 吸合。

如果系统电源瞬时剧烈下跌或失电时，电容 C 上的电压将经过电阻 R_1、R_2向欠电压继电器 KV 的线圈放电，以维持 KV 继续吸合。如果在这段时间系统电压恢复正常，则断路器不会跳闸。

调整电容 C 和电阻 R_1、R_2的数值，可改变延时时间。

(3) 改进的 *RC* 延时电路

为了延长低倍数过载时（即图 5-40 中 U_{sr}值较小时）的延时时

间，缩短高倍数过载时的延时时间，可采用如图 5-42 所示的线路。图中，S 表示前级开关电路。

延时时间按下式计算：

$$t=(R_1+R_2)C\ln\frac{U_{sr}-U_z}{U_{sr}-U_{sc}-U_z}$$

式中　t——延时时间，s；

U_z——稳压管 VS 的稳压值，V。

若电阻 R_1 阻值和稳压管 VS 的稳压值 U_z 选择适当，就可使延时时间缩短。

(4) 采用场效应管的延时电路

① 电路之一　图 5-43 为采用 P 型沟道场效应管的自偏恒流延时电路。

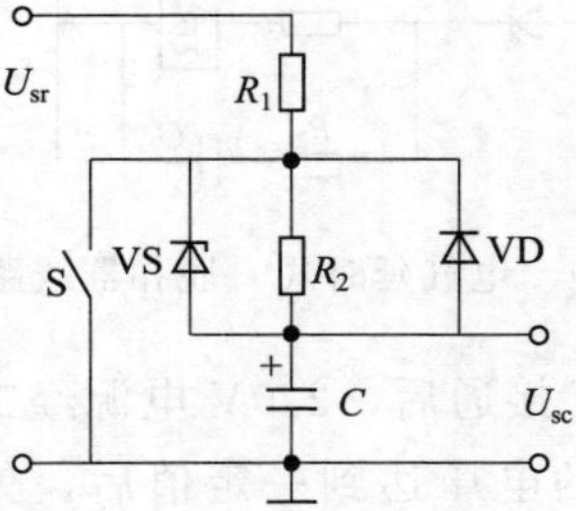

图 5-42　改进的 *RC* 延时电路

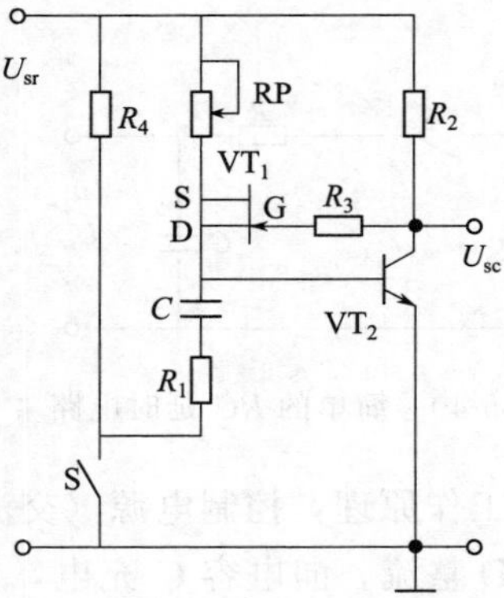

图 5-43　采用场效应管的延时电路之一

工作原理：S 断开时，电路处于“复位位置”，电容 C 被电源 U_{sr} 反向充电到 U_{sr} 值。S 接通时，三极管 VT_2 基极上加上由电容 C 送来的脉冲，使 VT_2 截止，输出 U_{sc} 为高电位。随之，场效应管 VT_1 由于自偏压作用，逐渐以恒流向电容 C 正向充电，直至 VT_2 导通，由于 VT_1 的正反馈，使 VT_2 迅速饱和导通，于是输出 U_{sc} 为低电位。此过程的延时时间可用下式近似计算：

$$t \approx \frac{C(U_{sr}+U_{be})}{I_D}$$

式中 t——延时时间，s；

U_{be}——三极管 VT_2 饱和时基极与发射极间的电压值，一般为 0.6～0.7V；

I_D——非最佳偏置时的漏极电流。栅源电压 U_{GS} 一定时，该值决定于负载电阻 RP。

② 电路之二　图 5-44 为 JSB-1 型时间继电器。它采用 3CO1 型场效应管（P 沟道增强型）作比较环节。该定时器最大延时可达 5min，比延时可达 5s/μF，延时误差≤±5%。

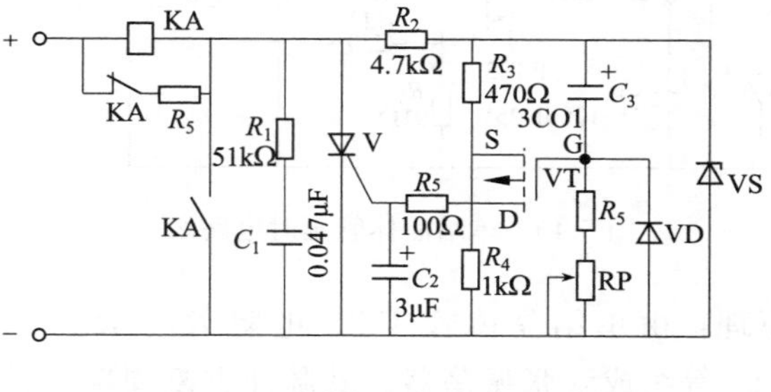

图 5-44　采用场效应管的延时电路之二

工作原理：接通电源时，由于电容 C_3 两端电压为零，场效应管 VT 处于截止状态，继电器 KA 释放，延时开始。同时电源通过电阻 R_2、继电器 KA 线圈向电容 C_3 充电，电容上的电压逐渐升高，场效应管 VT 的栅源电压 U_{GS} 越来越负，漏源极电流 I_{DS} 就越来越大。当 I_{DS} 大到晶闸管 V 所需的触发电流时，V 触发导通，继电器 KA 得电吸合，输出延时信号。

图中，二极管 VD 的作用是提供电容 C_3 一条快速放电回路（R_3、R_4、VD、C_3）；R_1、C_1 及 C_2 的作用是防止晶闸管 V 误触发；并联在电阻值较大的继电器 KA 线圈上的低阻值电阻 R_5，用以提供延时电路足够的电压与电流。

5.4.2 单结晶体管延时电路及计算

(1) 电路之一

电路如图 5-45 所示。

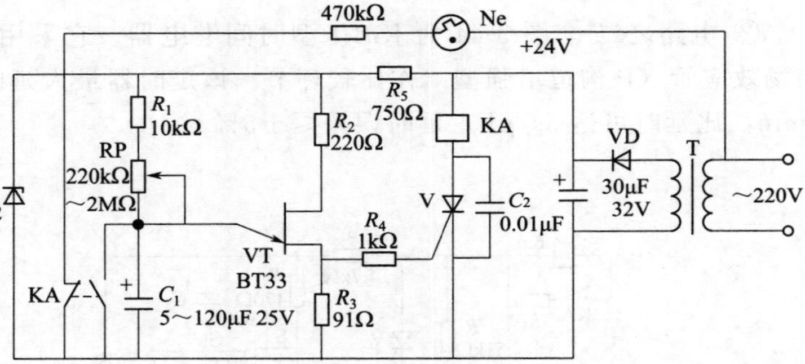

图 5-45 单结晶体管延时电路之一

工作原理：由单结晶体管 VT、电阻 R_1、R_2、R_3、电位器 RP 和电容 C_1 等组成弛张振荡器。其脉冲重复周期可长达几十秒。接通电源后，由于电容器 C_1 两端电压不能突变，为 0V，单结晶体管 VT 截止，晶闸管 V 控制极因无触发电压而关闭，继电器 KA 处于释放状态。延时开始，电源电压经电阻 R_1、电位器 RP 向电容器 C_1 充电。经过一段延时，当 C_1 上电压达到单结晶体管 VT 的峰点电压时，VT 突然导通，发出一个正脉冲，使晶闸管 V 导通，继电器 KA 得电吸合，输出延时信号。同时 KA 的常开触点闭合，短接了 C_1，为下次工作做好准备。

延时时间 t 符合以下公式：

$$t \approx RC\ln\frac{1}{1-\eta}\quad (\mathrm{s})$$

式中　R——图 5-45 中 R_1＋RP 的电阻值，Ω；

　　C——图 5-45 中 C_1的电容量，F；

　　η——单结晶体管的分压比。

上式表明，这种延时继电器的延时精度与电源无关，只要选择漏电小的电容器和温度稳定性好的电阻、电位器，调整好第二基极温度补偿电阻 R_2的阻值，使电路处于零温度系数下，这种时间继电器能获得较高的延时精度和良好的重复性。

【例 5-4】 单结晶体管延时电路如图 5-45 所示。要求延时时间为 20s，试求电阻 R 和电容 C 的值。

已知 BT33 型单结晶体管的分压比 η 为 0.6。

解　选取电容 C 的容量为 47μF。

电阻 R 的阻值可由下式算出：

$$R=\frac{t}{C\ln\frac{1}{1-\eta}}=\frac{20}{47\times10^{-6}\ln\frac{1}{1-0.6}}=464\times10^{3}\Omega$$

$$=464\text{k}\Omega$$

(2) 电路之二

电路如图 5-46 所示。它采用脉冲充电线路，因此延时时间可以做到很长，最大可达几十分钟。图中，单结晶体管 VT_1 等组成

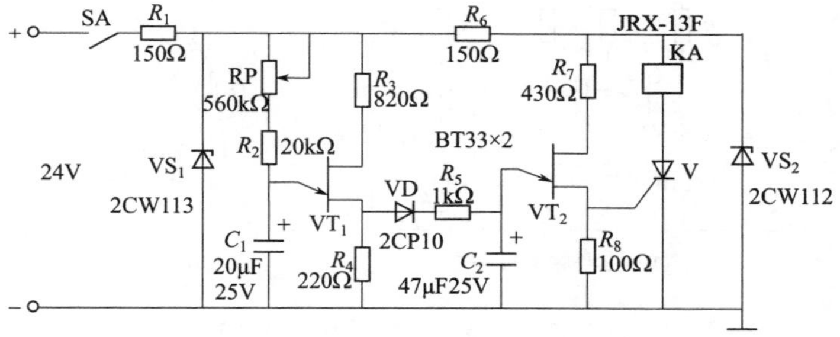

图 5-46　单结晶体管延时电路之二

第一级延时电路，电容 C_1 的充电方式为指数变化；VT_2 等组成第二级延时电路，电容 C_2 的充电方式为脉冲充电方式，其端电压为阶梯变化。

工作原理：接通电源后，电源经电位器 RP、电阻 R_2 向电容 C_1 充电，延时开始。经过一段延时，C_1 上电压达到单结晶体管 VT_1 的峰点电压时，VT_1 导通，第一级弛张振荡器发出一个输出脉冲，并经隔离二极管 VD 和电阻 R_5 对电容 C_2 充电，积累起一定电荷。随着 VT_1 导通，C_1 上的电荷经 VT_1 的 eb_1 结和 R_4 放电完，VT_1 又截止，电容 C_1 又将重新充电。这样，第一级每输出一个脉冲，C_2 端电压阶梯上升一个值，直到 C_2 上电压达到单结晶体管 VT_2 的峰点电压时，VT_2 导通，发出一个正脉冲，触发晶闸管 V，使其导通，继电器 KA 得电吸合，输出延时信号。可见，该电路的总延时时间，相当于两级弛张振荡器延时时间的乘积。

(3) 电路之三

电路如图 5-47 所示。该电路为具有辅助脉冲电源的时间继电器。采用辅助脉冲电源的目的是，由它提供比较环节动作电流，而不从充电电源通过充电电阻取得，这样可大大提高充电电阻阻值（相对可使用较小容量的电容），达到长延时的目的。

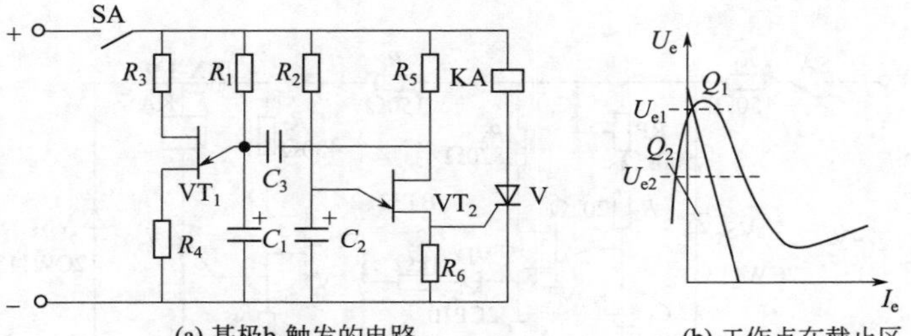

图 5-47　单结晶体管延时电路之三

工作原理：由单结晶体管 VT_1、电阻 R_1 和电容 C_1 等组成辅助脉冲电源。合上开关 SA 后，辅助脉冲电源产生的连续脉冲经电容 C_3 加到单结晶体管 VT_2 的 b_2 极。R_2、C_2 为延时环节，而且 R_2 足够大，使 VT_2 的静态工作点落在截止区（如 Q_1）。因此，C_2 上的电压不可能充到 VT_2 的峰点电压 U_p，最高只能达到静态工作点 Q_1 所对应的电压 U_{e1}。如果 VT_1、R_1、C_1 组成的脉冲电源产生足够大的负脉冲，使 ηU_{bb} 值低于电容充电后的电压，即 $U_e=\eta U_{bb}\leqslant U_{e1}$，则 VT_2 导通，C_2 放电，使晶闸管触发导通。

5.4.3 555 时基集成电路组成的延时电路及计算

关于 555 时基集成电路的结构及工作原理在本章 5.1.1 项中已作了介绍。

(1) 电路之一

电路如图 5-48 所示。它是一个由低电平跳变到高电平的延时电路。即按下按钮 SB 后，经过一段延时后，输出端跳变到高电平并一直保持下去，直到关机为止。

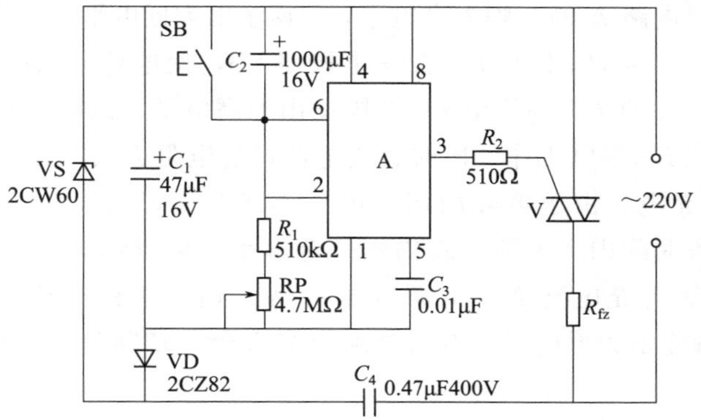

图 5-48 555 时基集成电路组成的延时电路之一

工作原理：接通电源，按一下按钮 SB，使电容 C_2 放完电，延时开始。555 时基集成电路 A 的脚 2 高电平，脚 3 输出为低电平，双向晶闸管 V 关闭，负载 R_{fz} 不工作。同时直流电源（市电经电容 C_4 降压、稳压管 VS 稳压、电容 C_1 滤波而得）通过电阻 R_1、电位器 RP 向电容 C_2 充电。当 C_2 充电到 8V 时，A 的脚 2 低电平［只有 1/3 电源电压（4V）］，A 的脚 3 为高电平，双向晶闸管 V 触发导通，负载 R_{fz} 得电工作，延时结束。

延时时间可按下式计算：

$$t=1.1(R_1+\mathrm{RP})C_2$$

式中　t——延时时间，s；

C_2——电容，F；

$R_1+\mathrm{RP}$——电阻和电位器（滑臂输出）的阻值，Ω。

通常 $R_1+\mathrm{RP}$ 取 1kΩ～10MΩ，C_1 可用 5000pF～1000μF，可得到数微秒至 15min 的延时。调节电位器 RP，可方便地改变延时时间。

（2）电路之二

电路如图 5-49 所示。图 5-49（a）采用双向晶闸管，图 5-49（b）采用普通晶闸管，其他类同。

工作原理［见图 5-49（a）］：接通电源，未按按钮 SB 前，555 时基集成电路 A 的 2 脚为高电平，3 脚输出为低电平，双向晶闸管 V 关闭，负载 R_{fz} 不工作。按一下按钮 SB，使电容 C_1 放完电，延时开始。A 的 2 脚为低电平，3 脚输出为高电平，双向晶闸管 V 导通，负载 R_{fz} 得电工作。同时直流电源通过电阻 R_1、电位器 RP 向电容 C_2 充电。由于电容两端的电压不能突变，所以松开按钮 SB 后的一段时间内，A 的 2 脚仍然是低电平，V 继续导通，R_{fz} 继续工作。待 C_2 充电到 2/3 电源电压（8V）时，A 的 2 脚变为高电平，3 脚输出为低电平，双向晶闸管 V 关闭，切断负载回路，延时结束。

图 5-49（b）与图 5-49（a）基本相同，工作原理也相同，只不过图（b）电路采用单向晶闸管，所以供给负载只有半波电源。

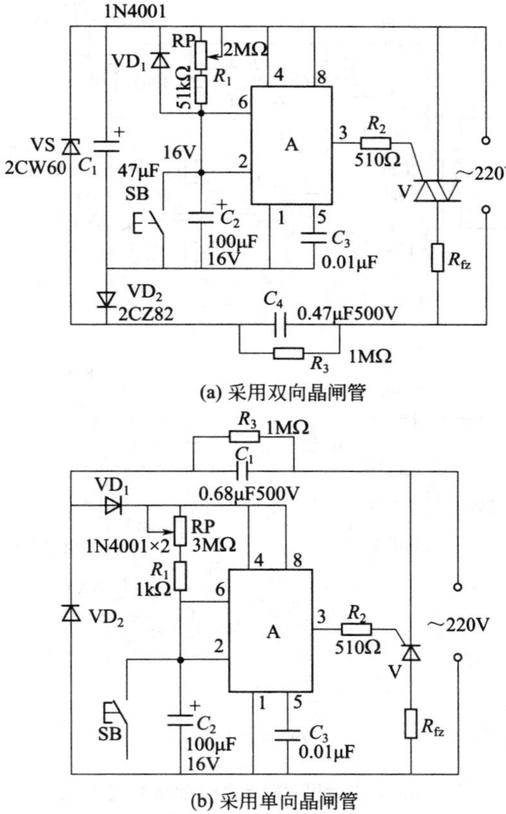

(a) 采用双向晶闸管

(b) 采用单向晶闸管

图 5-49　555 时基集成电路组成的延时电路之二

5.4.4 几种时间继电器的选用

(1) JSJ 型晶体管式时间继电器

JSJ 型晶体管式时间继电器电路如图 5-50 所示。

① 工作原理［图 5-50（a）］　接通电源后，三极管 VT_1 通过电阻 R_5 和继电器 KA 线圈获得基极电流而导通，VT_2 截止，继

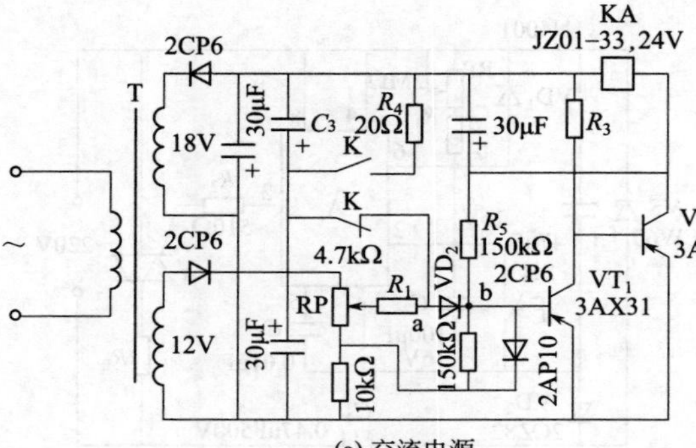

(a) 交流电源

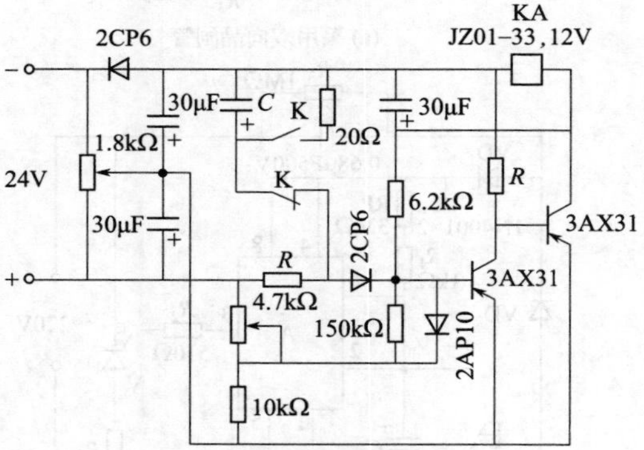

(b) 直流电源

图 5-50　JSJ 型晶体管式时间继电器电路

电器 KA 处于释放状态，延时开始。电容 C_3 通过 KA 的常闭触点、电位器 RP、电阻 R_1 充电，a 点电位逐渐升高。经过一段延时后，a 点电位高于 b 点电位，二极管 VD_2 导通，12V 辅助电源正电压加在三极管 VT_1 的基极上，使其由导通变为截止，VT_2 由 R_3 获得基极电流而导通，又通过 R_5 产生正反馈，使 VT_1 加速截止，VT_2 迅速导通，继电器 KA 得电吸合，输出延时信号。同时电容 C_3 通过 R_4 放电，为下次工作做好准备。

调节电位器 RP，可改变延时时间。

② 主要技术数据（见表 5-23）

■ 表 5-23　JSJ 型晶体管式时间继电器主要技术数据

型号	电源电压/V	延时规格/s	接点形式	接点容量/A		延时误差		功率消耗/W
				交流 380V	直流 24V	1～60s	120s 以上	
JSJ	交流（50Hz）110、127、220、380、直流 24	1、10、30、60、120、180、240、300	一动合一动断转换	0.5	2	(85%～105%) U，0～40℃时为±3%	(85%～105%) U，0～40℃时为±6%	1

（2）BS-15、BS-16 系列时间继电器

BS-15、BS-16 系列时间继电器为晶体管式时间继电器。其原理电路如图 5-51 所示。

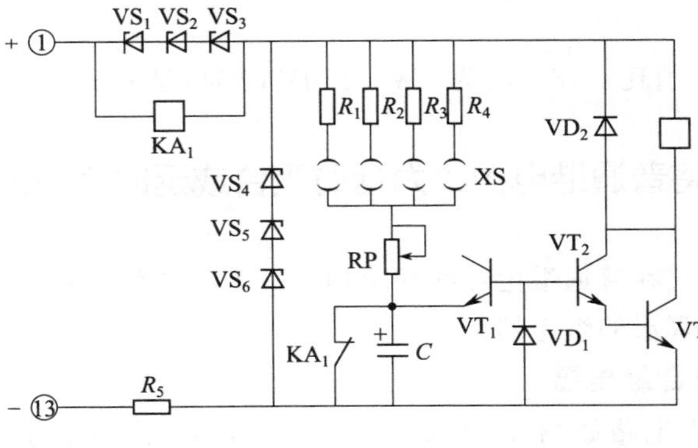

图 5-51　BS-15、BS-16 系列时间继电器原理电路

① 工作原理　接通电源，稳压管 VS_1～VS_3 建立 24V 电压，使继电器 KA_1 可靠瞬时吸合。稳压管 VS_4～VS_6 建立 24V 电压，该电压经电阻 R_1（R_2、R_3、R_4）和电位器 RP 向电容 C 充电，随着充电时间的延长，C 上的电压上升至一定值后，三极管 VT_1 发射结反向击穿，由三极管 VT_2 和 VT_3 组成的复合管由截止状态突变为饱和导通，继电器 KA_2 得电吸合。

当电路断电后，继电器 KA_1 和 KA_2 瞬时返回，KA_1 常闭触点闭合，电容 C 迅速放电。为下次动作做好准备。

四条独立的 RC 充电延时回路，设置了相应的插接位置，用插头接通任一回路；同时调节电位器 RP，便可得到所需的延时。

② 主要技术数据

a. 额定电压：直流 48V、110V、220V。

b. 额定保持电流：1A。

c. 时间整定范围（s）：0.1～3、0.1～5、2～4.5、1.8～20、3～30。

d. 动作值变差（s）：不大于整定值的 1.5%。

e. 触点允许电流：长期，5A；最大（1s 时），20A。

f. 触点断开容量：当电压为 250V、电流为 1A 时，在直流有感负载电路［时间常数 $(5\pm0.75\times10^{-3})$s］中为 30W；当电压为 220V、电流为 2A 时，在交流电路（功率因数 0.4 ± 0.1）中为 90V·A。

g. 功率消耗：48V 时为 4W；110V 时为 6W；220V 时为 9W。

5.4.5 将普通继电器改为延时吸合或延时释放继电器

可以通过在普通继电器线圈上串、并 RC 电路方便地得到延时吸合或延时释放的继电器。

(1) 延时吸合继电器

RC 充电电路如图 5-52 所示。E 为电源电压，U_c 为电容上的电压，τ 为充电时间常数，即当 C 的电压达到输入电压 E 的 0.63 倍时所对应的时间。当充电时间达到 $(3\sim5)\tau$ 时，就认为 C 上电压达到输入电压 E。

下面举例说明。

试将一个 JRX-13F 型小型继电器改为延时吸合的继电器，要求延时吸合时间为 0.5s。已知电源电压为 48V，继电器的工作电压为 24V，直流电阻 r 为 1.2kΩ。

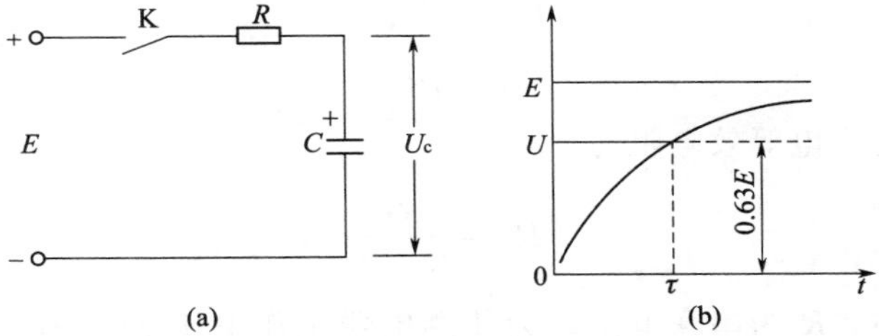

图 5-52 RC 充电电路

改造后的接线如图 5-53 所示。首先测出 JRX-13F 型继电器的起始吸合电压 $U=12\text{V}$。如果继电器内阻无参数，也可用万用表测出。

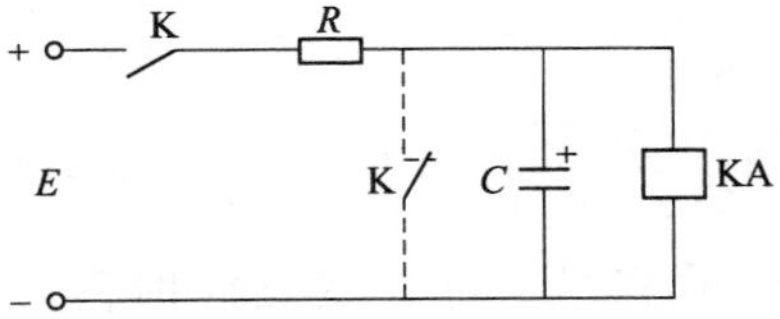

图 5-53 改造后的延时吸合继电器接线

电容上的电压按下式计算：

$$U_c = E_1(1-e^{-\frac{t}{\tau}})$$

由此可得

$$\frac{t}{\tau} = \ln\frac{E_1 - U_{co}}{E_1 - U_c}$$

式中 E_1——继电器工作电压，$E_1=24\text{V}$；

U_{co}——电容充电初值，设为零；

t——要求延时吸合的时间，$t=0.5\text{s}$。

将已知数值代入上式，得 RC 充电时间常数为

$$\tau=\frac{t}{\ln\frac{E_1}{U}}=\frac{0.5}{\ln\frac{24}{12}}=0.72\text{s}$$

而
$$\tau=RC$$

因此充电等效电阻为

$$R'=\frac{Rr}{R+r}$$

式中，R 为串联电阻，为使继电器工作电压 24V 所串的降压电阻，其阻值可按下式计算：

$$\frac{r}{R+r}=\frac{E_1}{E}=\frac{24}{48}=\frac{1}{2}$$

$$R=r=1.2\text{k}\Omega$$

因此

$$R'=\frac{Rr}{R+r}=\frac{1.2\times1.2}{1.2+1.2}=0.6\text{k}\Omega$$

电容 C 为

$$C=\frac{\tau}{R'}=\frac{0.72}{0.6\times10^3}=1.2\times10^{-3}\text{F}=1200\mu\text{F}$$

可见，改变电容 C 的容量，可改变延时时间，容量越大，延时越长。

需指出，这种延时继电器，当 K 断开后，由于电容 C 上存在一定电荷，其放电过程会使继电器延时释放。为此有必要在电容 C 两端并接一常闭触点 K。这样在常开触点 K 断开的同时，其常闭触点闭合，电容 C 上的电荷迅速释放掉，继电器也就不会延时释放，也有利于下次吸合不受影响。

(2) 延时释放继电器

下面也举例说明。

试将一个 JQX-4F 型小型继电器改为延时释放的继电器，要求延时释放时间为 1s。已知电源电压为 24V，继电器的工作电压也为 24V，直流电阻 r 为 1.8kΩ。

改造后的接线如图 5-54 所示。首先测出继电器的释放电压 $U=6V$。

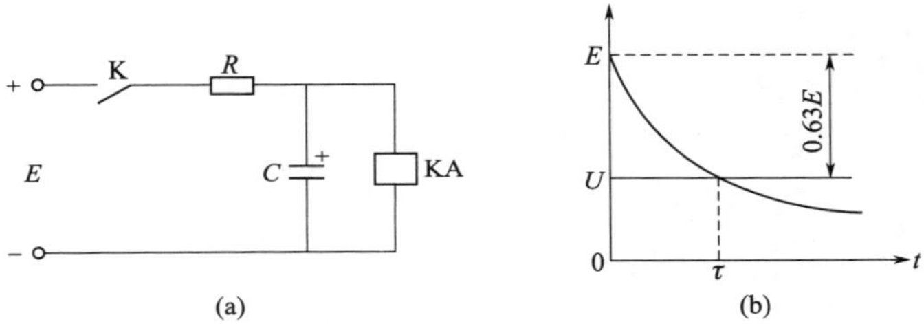

图 5-54 改造后的延时释放继电器接线

图中，R 为限流电阻，防止对电容 C 充电过大而损坏电容。R 按下式选择：

$$R=(0.02\sim0.05)r=(0.02\sim0.05)\times1800$$
$$=36\sim90\Omega$$

式中 r——继电器的直流电阻，Ω。

当 K 断开后，电容 C 上的电荷只有通过继电器的内阻放电，因此继电器将继续吸合，直至 C 上的电压 U_c 降到继电器的释放电压 $U=6V$ 后，继电器才释放。

电容放电回路的时间常数 $\tau=rC$。

电容 C 上的电压按下式计算：

$$u_c=E\mathrm{e}^{-\frac{t}{\tau}}$$

由此可得

$$\frac{t}{\tau}=\ln\frac{E}{U_c}$$

将 $t=1s$、$E=24V$、$U_c=U=6V$ 代入上式，得

$$\tau=\frac{t}{\ln\frac{E}{U}}=\frac{1}{\ln\frac{24}{6}}=0.72s$$

电容 C 的容量为

$$C=\tau/r=0.72/1800=0.0004\mathrm{F}=400\mu\mathrm{F}$$

电容越大，延时越长。

第 6 章

自动控制理论基础

6.1 逻辑门电路

6.1.1 逻辑代数定律

逻辑代数定律见表 6-1。

■ 表 6-1 逻辑代数定律

名称	公式		
	加	乘	非
基本定律	$A+0=A$ $A+1=1$ $A+A=A$ $A+\overline{A}=1$	$A\cdot 0=0$ $A\cdot 1=A$ $A\cdot A=A$ $A\cdot\overline{A}=0$	$A+\overline{A}=1$ $A\cdot\overline{A}=0$ $\overline{\overline{A}}=A$
结合律	$(A+B)+C=A+(B+C)$ $(AB)C=A(BC)$		
交换律	$A+B=B+A$ $AB=BA$		
分配律	$A(B+C)=AB+AC$ $A+BC=(A+B)(A+C)$		
摩根定律（反演律）	$\overline{A\cdot B\cdot C\cdots}=\overline{A}+\overline{B}+\overline{C}+\cdots$ $\overline{A+B+C+\cdots}=\overline{A}\cdot\overline{B}\cdot\overline{C}\cdots$		
吸收律	$A+A\cdot B=A$ $A\cdot(A+B)=A$ $A+\overline{A}\cdot B=A+B$ $(A+B)\cdot(A+C)=A+BC$		
其他常用恒等式	$AB+\overline{A}C+BC=AB+\overline{A}C$ $AB+\overline{A}C+BCD=AB+\overline{A}C$		

6.1.2 基本逻辑门

逻辑代数中最常用的基本运算有三种：“或”运算（逻辑加）、“与”运算（逻辑乘）和“非”运算（逻辑非）。对应于这三种基本逻辑关系就是三种基本逻辑门电路。三种基本运算如表 6-2 所列，其他逻辑运算如表 6-3 所列。

■ 表 6-2 “或”、“与”、“非”运算

运算	逻辑式	读法	逻辑符号	逻辑电路示例	真值表	工作原则
或（逻辑加）	$F=a+b$ 或写为 $F=a\vee b$	F 等于 a 加 b（F 等于 a 或 b）	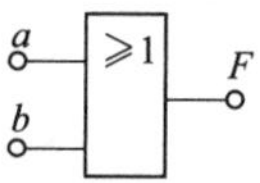	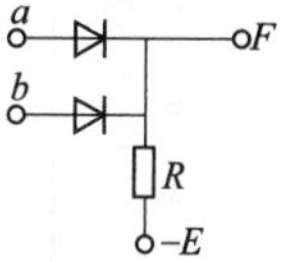	a b $F=a+b$ 0 0 0 0 1 1 1 0 1 1 1 1	只要有一个输入变量为1，就有输出 只当全部输入变量都为0，才无输出
与（逻辑乘）	$F=a\cdot b$ 或写为 $F=a\wedge b$ $F=a\times b$ $F=ab$	F 等于 a 乘 b（F 等于 a 与 b）	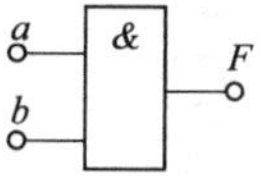	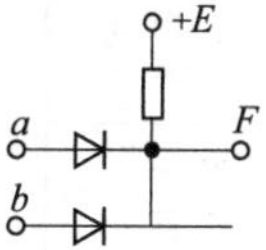	a b $F=a\cdot b$ 0 0 0 0 1 0 1 0 0 1 1 1	只当全部输入变量都为1，才有输出 只要有一个输入变量为0，就无输出
非（逻辑非）	$F=\overline{a}$	F 等于 a 非（F 等于 a 反）	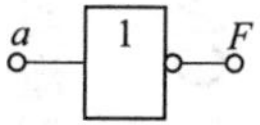	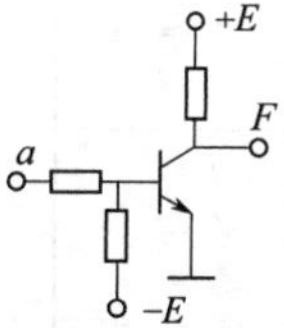	a $F=\overline{a}$ 0 1 1 0	没有输入时有输出，有输入时无输出

注：表中逻辑电路系正逻辑。

■ **表 6-3 其他逻辑运算**

<table>
<tr><td>运算</td><td>或非</td><td>与非</td><td>异或</td><td>与或非</td></tr>
<tr><td>逻辑符号</td><td>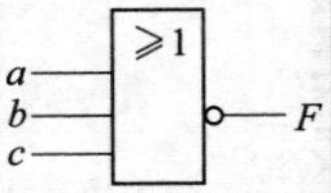</td><td>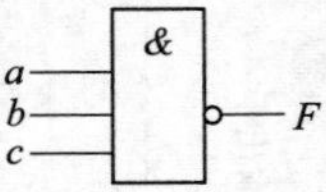</td><td>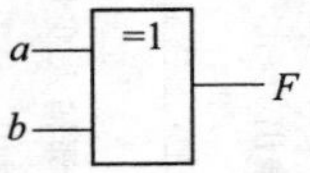</td><td>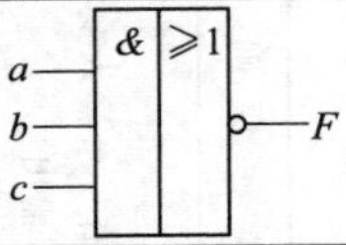</td></tr>
<tr><td>真值表</td>
<td>$F=\overline{a+b+c}$<table><tr><td>a</td><td>b</td><td>c</td><td>F</td></tr><tr><td>0</td><td>0</td><td>0</td><td>1</td></tr><tr><td>0</td><td>0</td><td>1</td><td>0</td></tr><tr><td>0</td><td>1</td><td>0</td><td>0</td></tr><tr><td>0</td><td>1</td><td>1</td><td>0</td></tr><tr><td>1</td><td>0</td><td>0</td><td>0</td></tr><tr><td>1</td><td>0</td><td>1</td><td>0</td></tr><tr><td>1</td><td>1</td><td>0</td><td>0</td></tr><tr><td>1</td><td>1</td><td>1</td><td>0</td></tr></table></td>
<td>$F=\overline{abc}$<table><tr><td>a</td><td>b</td><td>c</td><td>F</td></tr><tr><td>0</td><td>0</td><td>0</td><td>1</td></tr><tr><td>0</td><td>0</td><td>1</td><td>1</td></tr><tr><td>0</td><td>1</td><td>0</td><td>1</td></tr><tr><td>0</td><td>1</td><td>1</td><td>1</td></tr><tr><td>1</td><td>0</td><td>0</td><td>1</td></tr><tr><td>1</td><td>0</td><td>1</td><td>1</td></tr><tr><td>1</td><td>1</td><td>0</td><td>1</td></tr><tr><td>1</td><td>1</td><td>1</td><td>0</td></tr></table></td>
<td>$F=a\oplus b=a\bar{b}+\bar{a}b$<table><tr><td>a</td><td>b</td><td>F</td></tr><tr><td>0</td><td>0</td><td>0</td></tr><tr><td>0</td><td>1</td><td>1</td></tr><tr><td>1</td><td>0</td><td>1</td></tr><tr><td>1</td><td>1</td><td>0</td></tr></table></td>
<td>$F=\overline{ab+c}$<table><tr><td>a</td><td>b</td><td>c</td><td>F</td></tr><tr><td>0</td><td>0</td><td>0</td><td>1</td></tr><tr><td>0</td><td>0</td><td>1</td><td>0</td></tr><tr><td>0</td><td>1</td><td>0</td><td>1</td></tr><tr><td>0</td><td>1</td><td>1</td><td>0</td></tr><tr><td>1</td><td>0</td><td>0</td><td>1</td></tr><tr><td>1</td><td>0</td><td>1</td><td>0</td></tr><tr><td>1</td><td>1</td><td>0</td><td>0</td></tr><tr><td>1</td><td>1</td><td>1</td><td>0</td></tr></table></td></tr>
<tr><td>工作原则</td><td>只有输入变量全为 0 时才有输出</td><td>只有输入变量全为 1 时才无输出</td><td>只当两输入变量异值时才有输出</td><td>任何一组与门的输入变量全为 1 时无输出</td></tr>
</table>

6.1.3 TTL 和 CMOS 集成门电路

(1) TTL 集成门电路及参数

TTL 集成门电路是一种单片集成电路。其逻辑电路的所有元件和连接线都制作在同一块半导体基片上。TTL 集成门电路的输入和输出电路均采用晶体管，因此通常称为晶体管-晶体管逻辑门电路。其英文名为 Transistor-TransistorLogic，简称 TTL 电路。

TTL 集成门电路具有结构简单、稳定可靠、运算速度快等特点，但功耗较 CMOS 集成门电路大。

TTL 集成门电路的基本形式是与非门，此外还有与门、或门、非门、或非门、与或非门、异或门等。不论哪一种形式，都是由与非门稍加改动得到。

图 6-1 为 TTL 与非门的典型电路及逻辑符号。

TTL 门电路的极限参数见表 6-4。各类 TTL 门电路的推荐工作条件见表 6-5。

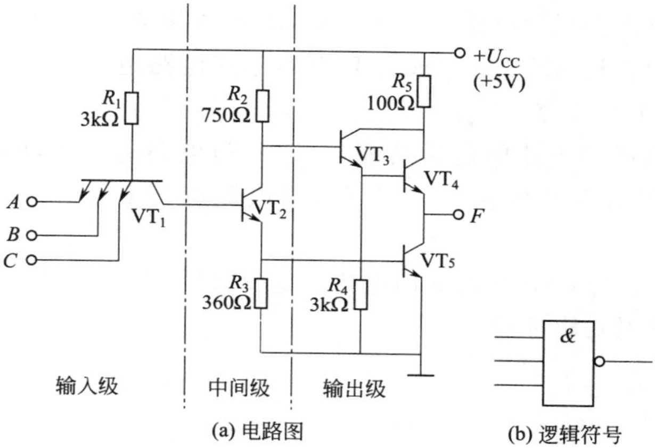

(a) 电路图　　(b) 逻辑符号

图 6-1　TTL 与非门典型电路及逻辑符号

■ **表 6-4　TTL 门电路的极限参数**

参数名称	符号	最大极限
存储温度	T_{ST}	−65～+150℃
结温	T_J	−55～+125℃
输入电压	U_{IN}	多射极输入电压为−0.5～5.5V，T4000的肖特基二极管输入电压为−0.5～15V
输入电流	I_{IN}	−3.0～+0.5mA
电源电压	U_{CC}	7V

■ **表 6-5　各类 TTL 门电路的推荐工作条件**

参数名称	符号	Ⅰ类			Ⅱ类			Ⅲ类		
		最小值	典型值	最大值	最小值	典型值	最大值	最小值	典型值	最大值
电源电压	U_{CC}/V	4.5	5.0	5.5	4.75	5.0	5.25	4.75	5.0	5.25
环境温度	T_A/℃	−55	25	125	−40	25	80	0	25	70

(2) CMOS 集成门电路

MOS 集成门电路是一种由单极型晶体管（MOS 场效应管）组成的集成电路。它具有抗干扰性能强、功耗低、制造容易、易于大规模集成等优点。

CMOS 集成门电路是由 N 沟道 MOS 管构成的 NMOS 集成电路和由 P 沟道 MOS 管构成的 PMOS 集成电路组成的门电路，又称互补 MOS 电路。

CMOS 门电路的逻辑功能与 TTL 门电路的逻辑功能相同，它们的逻辑符号也相同。CMOS 门电路电源 U_{CC} 一般为 +3～+18V。

图 6-2 为 CMOS 与非门电路及逻辑符号。图 6-3 为 CMOS 或非门电路及逻辑符号。

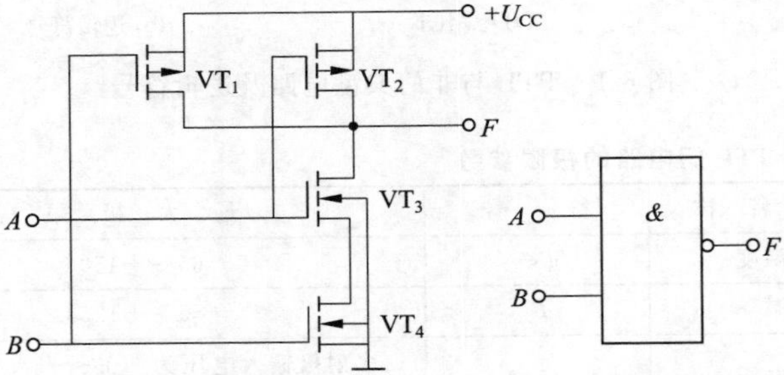

(a) 电路图　　(b) 逻辑符号

图 6-2　CMOS 与非门电路及其逻辑符号

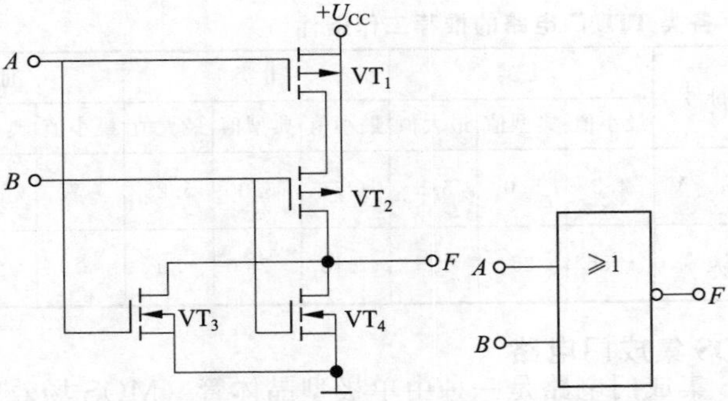

(a) 电路图　　(b) 逻辑符号

图 6-3　CMOS 或非门电路及其逻辑符号

(3) 常用集成门电路引脚图

部分常用 TTL 及 CMOS 集成门电路的引脚图如图 6-4 所示。其中 74LS×× 为 TTL 集成门电路，CC×× 为 CMOS 集成门电路。图中，标有 NC 的引脚为空引脚。

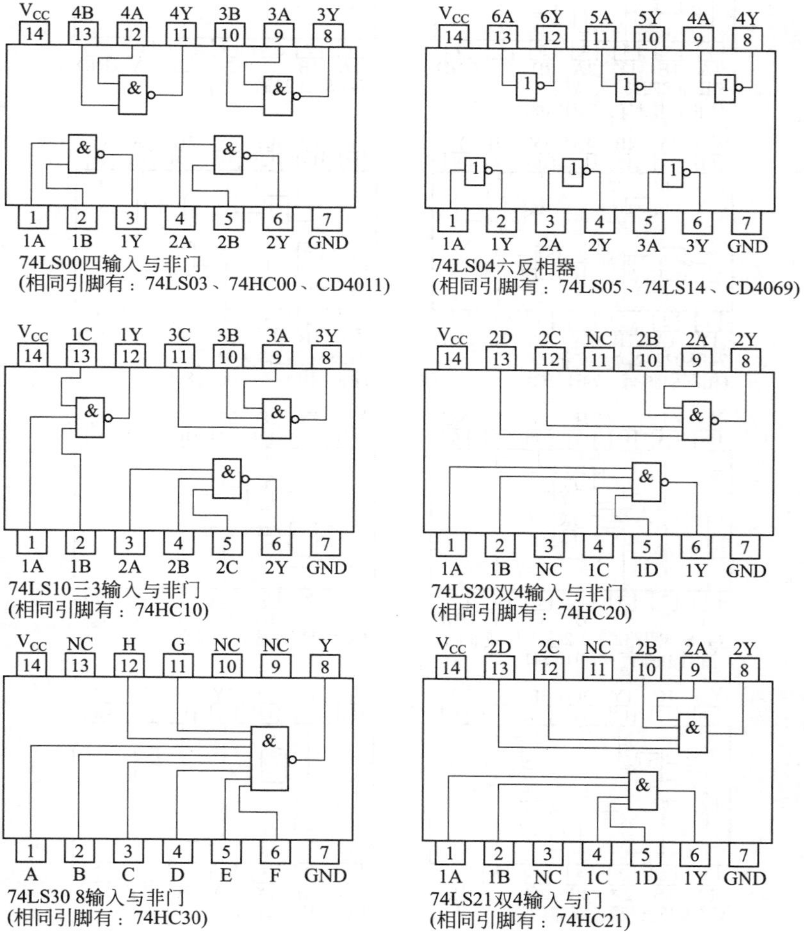

图 6-4

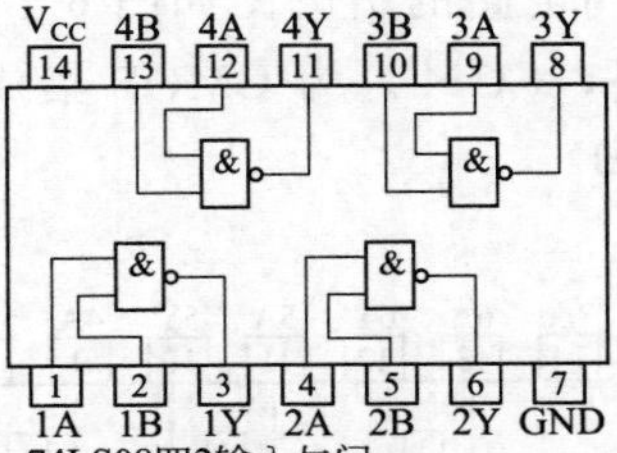

74LS08四2输入与门
(相同引脚有：74HC08)

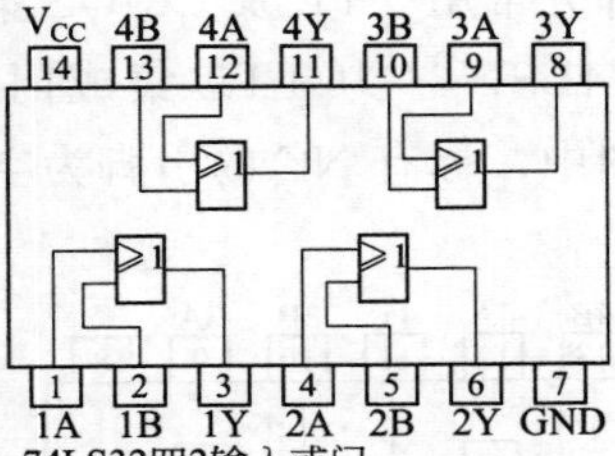

74LS32四2输入或门

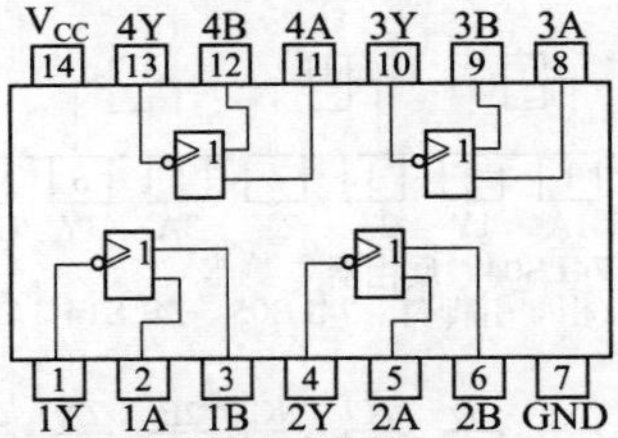

74LS02四2输入或非门
(相同引脚有：74HC02)

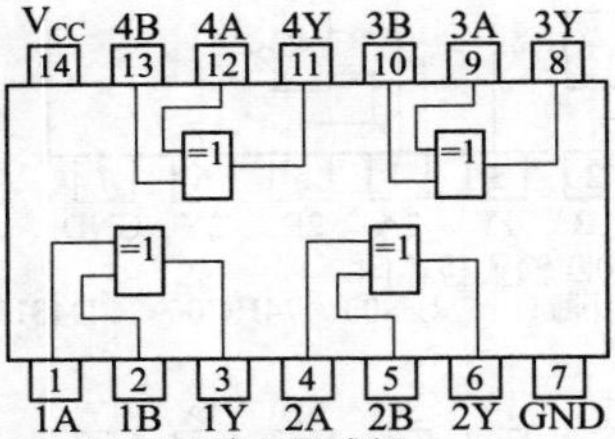

74LS86四2输入异或门
(相同引脚有：74HC86)

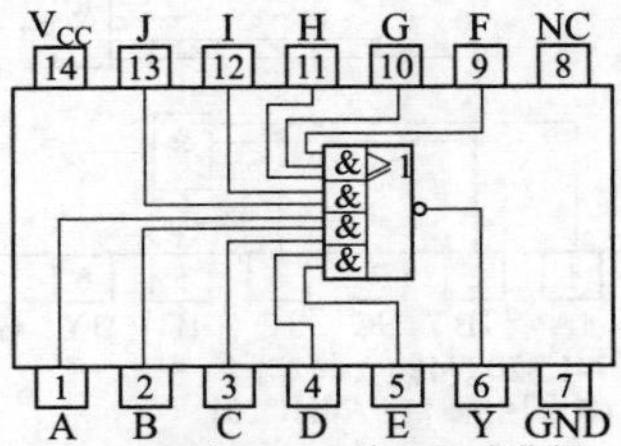

74LS54四路2-3-3-2输入与或非门
(相同引脚有：74HC54)

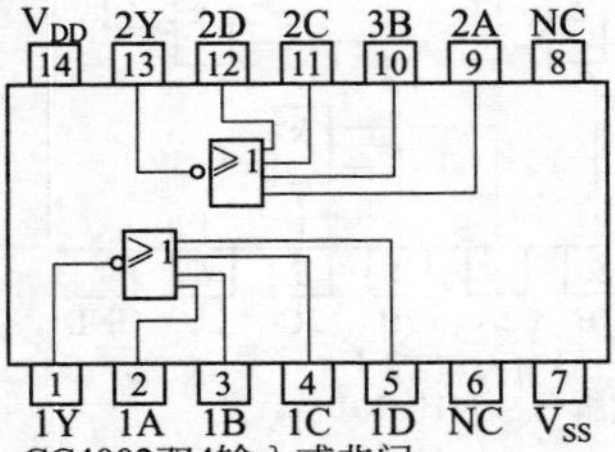

CC4002双4输入或非门

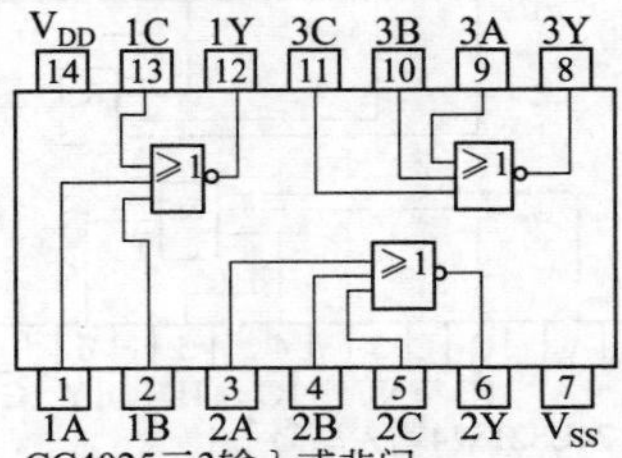

CC4025三3输入或非门

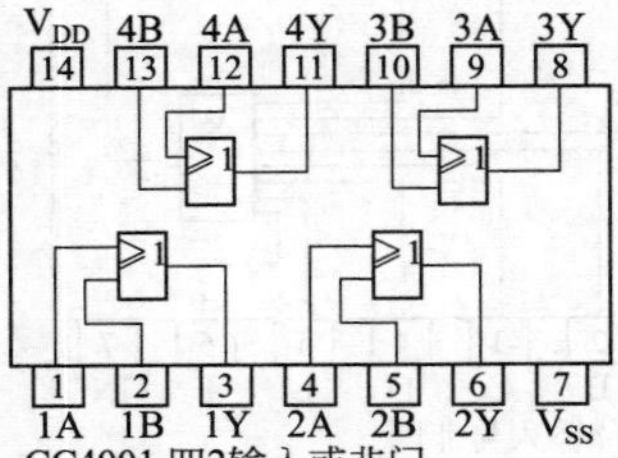

CC4001 四2输入或非门

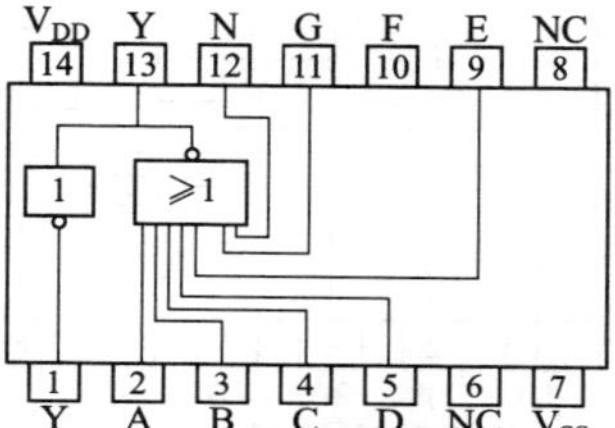

CC4078 8输入或非门/或门

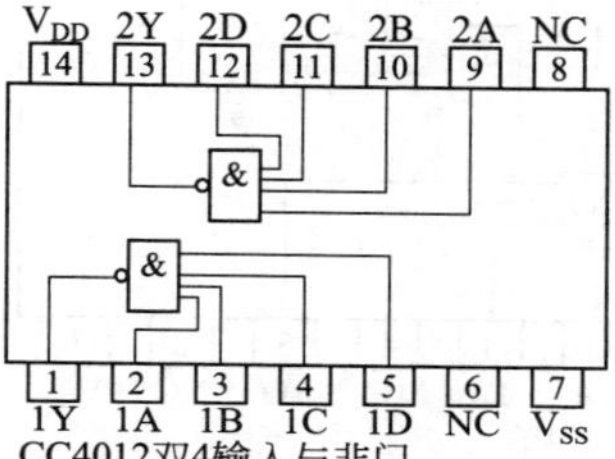

CC4012双4输入与非门
(相同引脚有：CD4012)

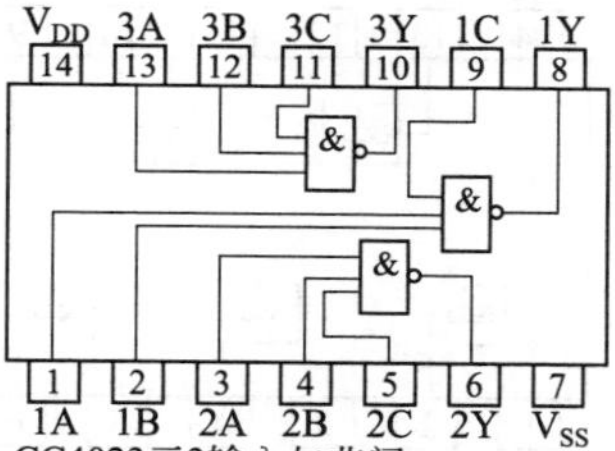

CC4023三3输入与非门

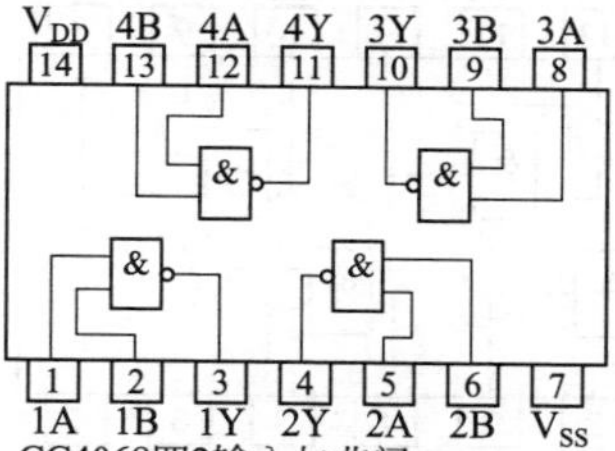

CC4068四2输入与非门
(相同引脚有：CD4011)

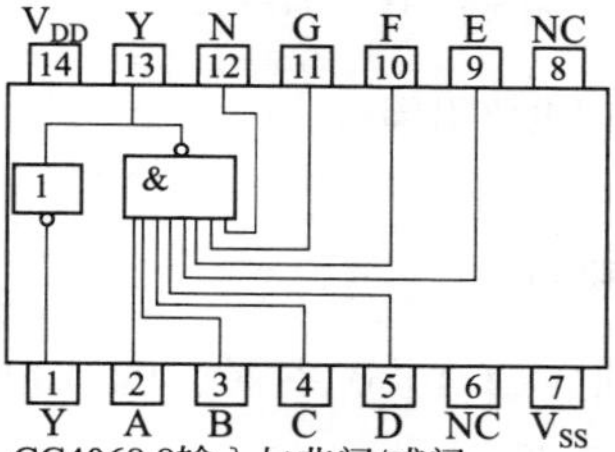

CC4068 8输入与非门/或门

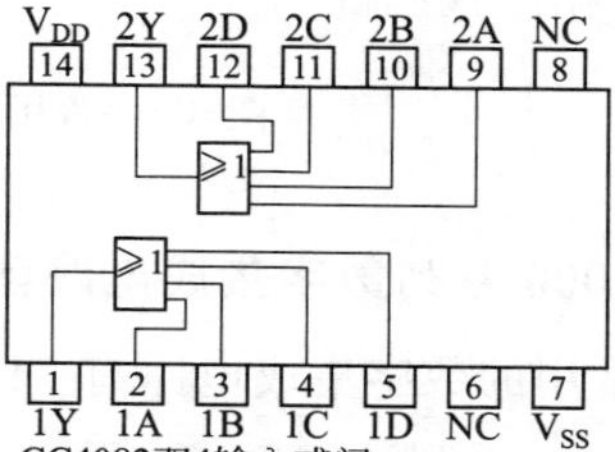

CC4082双4输入或门

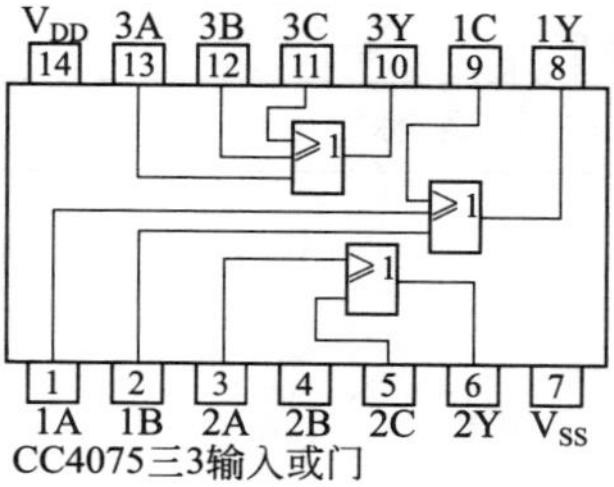

CC4075三3输入或门

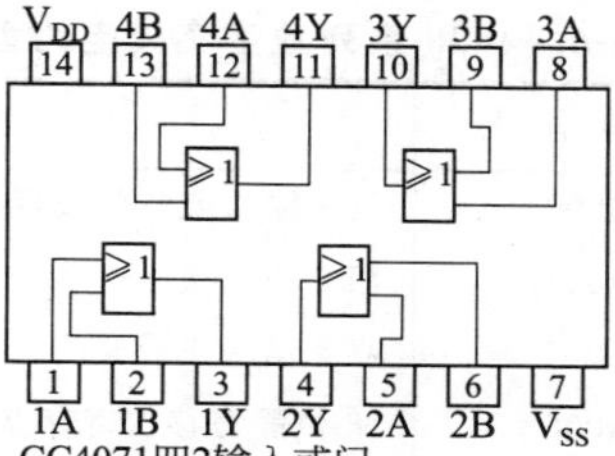

CC4071四2输入或门
(相同引脚有：74IC32)

图 6-4

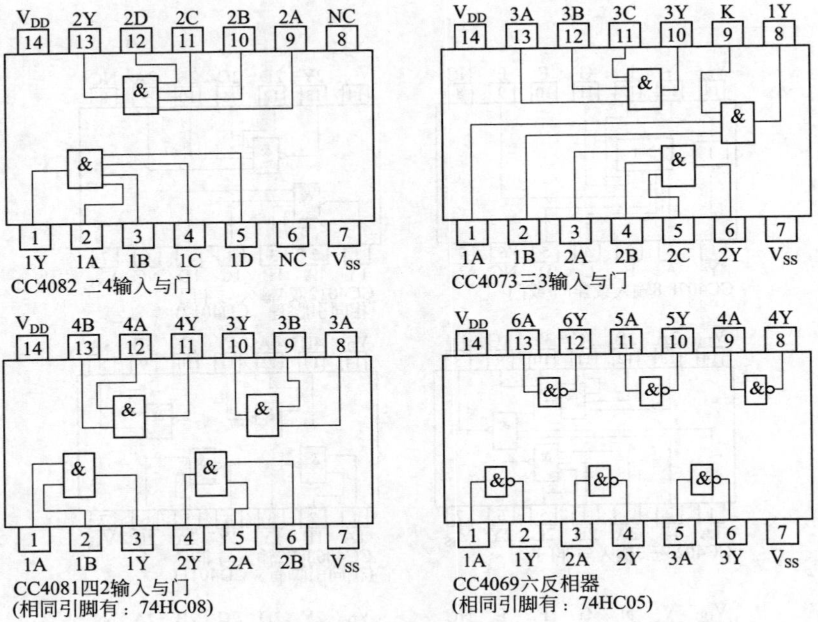

图 6-4　常用集成门电路引脚图

(4) 4000 系列数字集成电路型号索引

常用的数字集成电路有 74 系列、CC4000 系列、CD4000 系列等。4000 系列数字集成电路型号索引见表 6-6。

■ **表 6-6　4000 系列数字集成电路型号索引**

品种代号	产品名称
4000	双 3 输入或非门及反相器
4001	四 2 输入或非门
4002	双 4 输入正或非门
4006	18 位静态移位寄存器（串入，串出）
4007	双互补对加反相器
4008	4 位二进制超前进位全加器
4009	六缓冲器/变换器（反相）

续表

品种代号	产品名称
4010	六缓冲器/变换器（同相）
4011	四 2 输入与非门
4012	双 4 输入与非门
4013	双上升沿 D 触发器
4014	8 位移位寄存器（串入/并入，串出）
4015	双 4 位移位寄存器（串入，并出）
4016	四双向开关
4017	十进制计数器/分频器
4018	可预置 N 分频计数器
4019	四 2 选 1 数据选择器
4020	14 位同步二进制计数器
4021	8 位移位寄存器（异步并入，同步串入/串出）
4022	八计数器/分频器
4023	三 3 输入与非门
4024	7 位同步二进制计数器（串行）
4025	三 3 输入或非门
4026	十进制计数器/脉冲分配器（七段译码输出）
4027	双上升沿 JK 触发器
4028	4 线-10 线译码器（BCD 输入）
4029	4 位二进制/十进制加/减计数器（有预置）
4030	四异或门
4031	64 位静态移位寄存器
4032	三级加法器（正逻辑）
4033	十进制计数器/脉冲分配器（七段译码输出，行波消隐）
4034	8 位总线寄存器
4035	4 位移位寄存器（补码输出，并行存取，J $\overline{K}$输入）
4038	三级加法器（负逻辑）
4040	12 位同步二进制计数器（串行）
4041	四原码/反码缓冲器
4042	四 D 锁存器
4043	四 RS 锁存器（3S，或非）
4044	四 RS 锁存器（3S，与非）

续表

品种代号	产品名称
4045	21 级计数器
4046	锁相环
4047	非稳态/单稳态多谐振荡器
4048	8 输入多功能门（3S，可扩展）
4049	六反相器
4050	六同相缓冲器
4051	模拟多路转换器/分配器（8 选 1 模拟开关）
4052	模拟多路转换器/分配器（双 4 选 1 模拟开关）
4053	模拟多路转换器/分配器（三 2 选 1 模拟开关）
4054	4 段液晶显示驱动器
4055	4 线-七段译码器（RCD 输入，驱动液晶显示器）
4056	BCD-七段译码器/驱动器（有选通，锁存）
4059	程控 1/*N* 计数器 BCD 输入
4060	14 位同步二进制计数器和振荡器
4061	14 位同步二进制计数器和振荡器
4063	4 位数值比较器
4066	四双向开关
4067	16 选 1 模拟开关
4068	8 输入与非/与门
4069	六反相器
4070	四异或门
4071	四 2 输入或门
4072	双 4 输入或门
4073	三 3 输入与门
4075	三 3 输入或门
4076	四 D 寄存器（3S）
4077	四异或非门
4078	8 输入或/或非门
4081	四 2 输入与门
4082	双 4 输入与门
4085	双 2-2 输入与或非门（带禁止输入）
4086	四路 2-2-2-2 输入与或非门（可扩展）

续表

品种代号	产品名称
4089	4 位二进制比例乘法器
4093	四 2 输入与非门（有施密特触发器）
4094	8 位移位和储存总线寄存器
4095	上升沿 JK 触发器
4096	上升沿 JK 触发器（有$\bar{J}\bar{K}$输入端）
4097	双 8 选 1 模拟开关
4098	双可重触发单稳态触发器（有清除）
4316	四双向开关
4351	模拟信号多路转换器/分配器（8 路）（地址锁存）
4352	模拟信号多路转换器/分配器（双 4 路）（地址锁存）
4353	模拟信号多路转换器/分配器（3×2 路）（地址锁存）
4502	六反相器/缓冲器（3S，有选通端）
4503	六缓冲器（3S）
4508	双 4 位锁存器（3S）
4510	十进制同步加/减计数器（有预置端）
4511	BCD-七段译码器/驱动器（锁存输出）
4514	4 线-16 线译码器/多路分配（有地址锁存）
4515	4 线-16 线译码器/多路分配器（反码输出，有地址锁存）
4516	4 位二进制同步加/减计数器（有预置端）
4517	双 64 位静态移位寄存器
4518	双十进制同步计数器
4519	四 2 选 1 数据选择器
4520	双 4 位二进制同步计数器
4521	24 位分频器
4526	二-*N*-十六进制减计数器
4527	BCD 比例乘法器
4529	双 4 通道模拟数据选择器
4530	双 5 输入多功能逻辑门
4531	12 输入奇偶校验器/发生器
4532	8 线-3 线优先编码器
4536	程控定时器
4538	双精密单稳多谐振荡器（可重置）

续表

品种代号	产品名称
4541	程控定时器
4543	BCD-七段锁存/译码/LCD驱动器
4551	四2输入模拟多路开关
4555	双2线-4线译码器
4556	双2线-4线译码器（反码输出）
4557	1-64位可变时间移位寄存器
4583	双施密特触发器
4584	六施密特触发器
4585	4位数值比较器
4724	8位可寻址锁存器
7001	四路正与门（有施密特触发输入）
7002	四路正或非门（有施密特触发输入）
7003	四路正与非门（有施密特触发输入和开漏输出）
7006	六部分多功能电路
7022	八计数器/分频器（有清除功能）
7032	四路正或门（施密特触发输入）
7074	六部分多功能电路
7266	四路2输入异或非门
7340	八总线驱动器（有双向寄存器）
7793	八三态锁存器（有回读）
8003	双2输入与非门
9000	程控定时器
9014	九施密特触发器、缓冲器（反相）
9015	九施密特触发器、缓冲器
9034	九缓冲器（反相）
14585	4位数值比较器
14599	8位双向可寻址锁存器
40097	双8选1模拟开关
40100	32位左右移位寄存器
40101	9位奇偶校验器

续表

品种代号	产品名称
40102	8 位同步 BCD 减计数器
40103	8 位同步二进制减计数器
40104	4 位双向移位寄存器（3S）
40105	4 位×16 字先进先出寄存器（3S）
40106	六反相器（有施密特触发器）
40107	双 2 输入与非缓冲器/驱动器
40108	4×4 多端口寄存器
40109	四低-高电压电平转换器（3S）
40110	十进制加/减计数/译码/锁存/驱动器
40147	10 线-4 线优先编码器（BCD 输出）
40160	十进制同步计数器（有预置、异步清除）
40161	4 位二进制同步计数器（有预置，异步清除）
40162	十进制同步计数器（同步清除）
40163	4 位二进制同步计数器（同步清除）
40174	六上升沿 D 触发器
40208	4×4 多端口寄存器阵（3S）
40257	四 2 线-1 线数据选择器

6.2 触发器、寄存器和计数器

6.2.1 触发器

(1) 基本触发器

由“与非”门构成，如图 6-5（a）所示：由“或非”门构成，如图 6-5（b）所示。

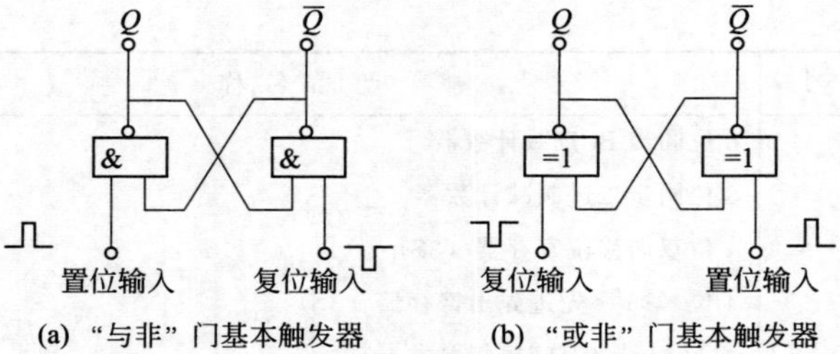

图 6-5　两种基本触发器

(2) 时钟触发器

① RS 型触发器　基本 RS 型触发器的符号和状态真值表如图 6-6 所示。

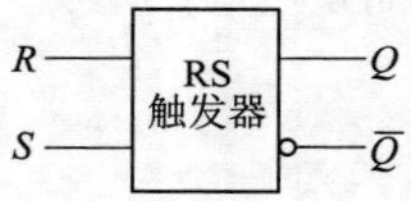

S	R	Q_n	Q_{n+1}
0	0	0	0
1	0	0	1
0	1	0	0
1	1	0	不定
0	0	1	1
1	0	1	1
0	1	1	0
1	1	1	不定

图 6-6　RS 型触发器的符号和真值表

其逻辑关系为

$$\begin{cases} Q_{n+1}=S+\overline{R}Q_n \\ SR=0\text{（约束条件）} \end{cases}$$

式中　Q_n——触发器的原状态（现状态）；

Q_{n+1}——触发器的下一个状态（次状态）；

R——复位端（置 0 端）状态；

S——置位端（置 1 端）状态。

② D 型触发器电路　D 型触发器的符号和状态真值表如图 6-7 所示。

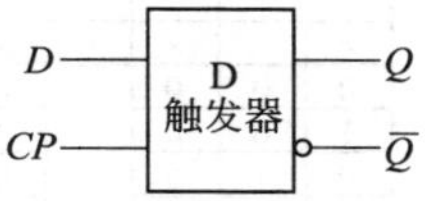

CP	D	Q_{n+1}
0	×	Q_n
↑	0	0
↑	1	1

图 6-7　D 型触发器的符号和真值表

其逻辑关系为

$$Q_{n+1}=D$$

式中　Q_{n+1} ——触发器的次状态；

D ——输入端状态。

③ T 型触发器电路　T 型触发器的符号和状态真值表如图 6-8 所示。

T	CP	Q_{n+1}
0	↑	Q_n
1	↑	Q_n

图 6-8　T 型触发器的符号和真值表

其逻辑关系为

$$Q_{n+1}=T\overline{Q}_n+\overline{T}Q_n$$

式中　T——输入端状态。

④ JK 型触发器电路　JK 型触发器的符号和状态真值表如图 6-9 所示。

其逻辑关系为

$$Q_{n+1}=J\overline{Q}_n+KQ_n$$

式中　J，K ——输入端状态。

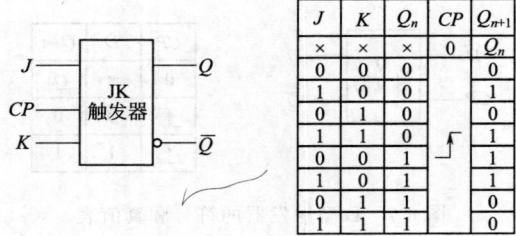

J	K	Q_n	CP	Q_{n+1}
×	×	×	0	Q_n
0	0	0		0
1	0	0		1
0	1	0		0
1	1	0	↑	1
0	0	1		1
1	0	1		1
0	1	1		0
1	1	1		0

图 6-9　JK 型触发器的符号和真值表

6.2.2　编码器和译码器

(1) 编码器

在二进制数字系统中，二进制数只有 1 和 0 两个数码，只能表达两个不同的信息。若要用二进制数码表示更多的信息，则需要用若干位二进制数的组合来分别代表这些信息。将二进制数按一定规律编排成不同的组合代码并赋予每个代码确定的含义，称为编码。用来完成编码工作的逻辑电路称为编码器。

编码器逻辑电路如图 6-10 所示。

逻辑电路的真值表如表 6-7 所列。

■ **表 6-7　编码器真值表**

输　入	输　出		
	A_2	A_1	A_0
0	0	0	0
1	0	0	1
2	0	1	0
3	0	1	1
4	1	0	0
5	1	0	1
6	1	1	0
7	1	1	1

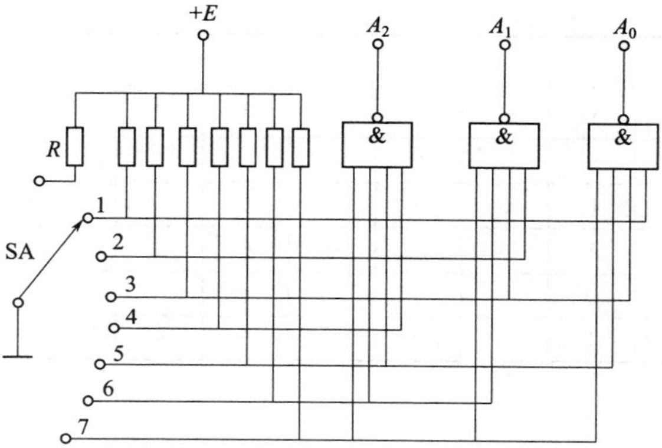

图 6-10　编码器逻辑电路

(2) 译码器

译码器也称解码器。它能将代码的含义“翻译”出来。译码器按用途不同，可分为以下三大类。

① 变量译码器　用以表示输入变量状态的组合电路，如二进制译码器。

② 码制变换译码器　用于一个数据的不同代码之间的相互变换，如二-十进制、二-八进制等译码器。

③ 显示译码器　将数字或文字、符号的代码译成数字、文字、符号的电路。

译码器逻辑电路如图 6-11 所示。

逻辑电路的真值表如表 6-8 所列。

■ **表 6-8　译码器真值表**

输入			输出							
A_2	A_1	A_0	0	1	2	3	4	5	6	7
0	0	0	1	0	0	0	0	0	0	1
0	0	1	0	1	0	0	0	0	0	0
0	1	0	0	0	1	0	0	0	0	0

续表

输入			输出							
A_2	A_1	A_0	0	1	2	3	4	5	6	7
0	1	1	0	0	0	1	0	0	0	0
1	0	0	0	0	0	0	1	0	0	0
1	0	1	0	0	0	0	0	1	0	0
1	1	0	0	0	0	0	0	0	1	0
1	1	1	0	0	0	0	0	0	0	1

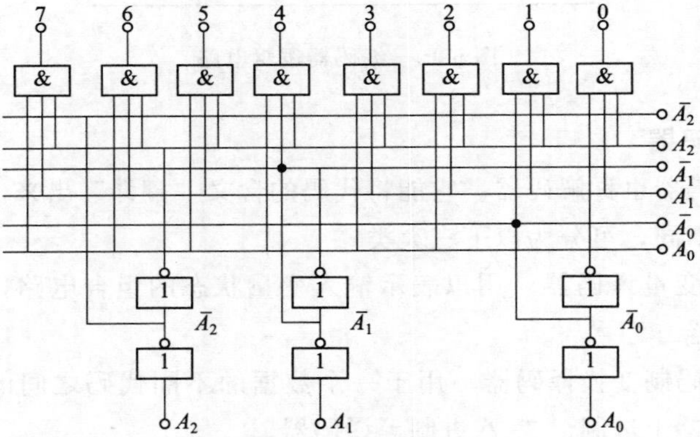

图 6-11 译码器逻辑电路

6.2.3 移位寄存器和计数器

(1) 移位寄存器

能暂时存放数码的逻辑部件称为寄存器。寄存器配合其他逻辑部件还可以做二进制的运算。移位寄存器，就是寄存器中存放的数码在移位脉冲作用下逐次左移或右移。所以它不但具有存放数码的功能，还可以用作数据的串-并行转换，数据的运算及处理等。移位寄存器电路及波形如图 6-12 所示。

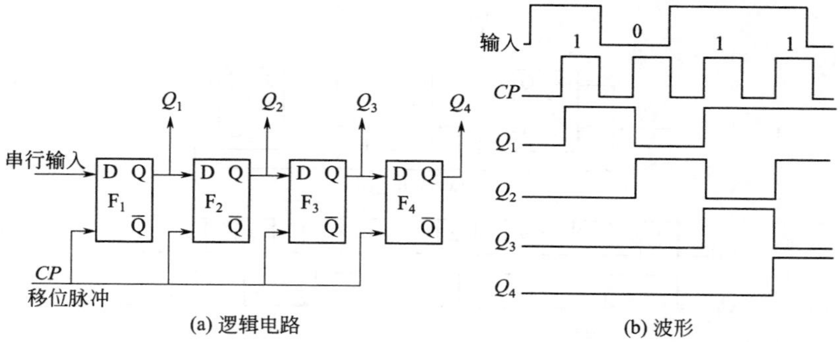

图 6-12　移位寄存器电路及波形

移位寄存器位移工作情况如表 6-9 所列。

■ **表 6-9　移位寄存器位移工作情况**

CP	位移寄存器中数码			
顺序（脉冲数）	F_1	F_2	F_3	F_4
0	0	0	0	0
1	1	0	0	0
2	0	1	0	0
3	1	0	1	0
4	1	1	0	1

(2) 计数器

计数器是一种能累计输入脉冲数目的时序逻辑电路。计数器除了计数外，还可用作定时、分频和进行数字运算等。

计数器按计数功能可分为加法计数器、减法计数器和可逆计数器；按触发器状态更新可分为同步计数器和异步计数器；按进位制可分为二进制计数器、十进制计数器和任意进制计数器。

计数器电路及波形如图 6-13 所示。

三位二进制加法计数器计数工作情况如表 6-10 所列。它需要三个双稳态触发器。

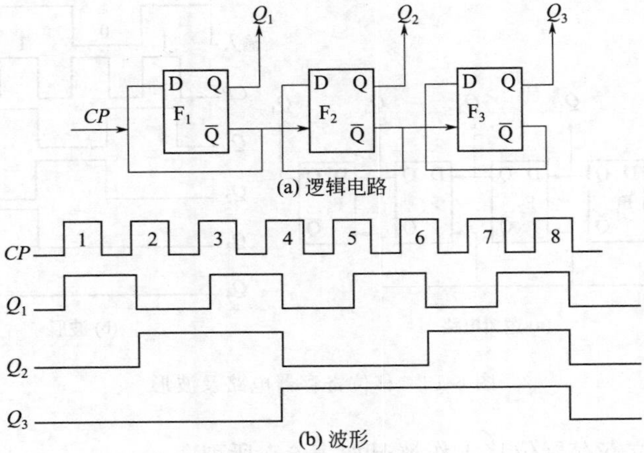

图 6-13　计数器电路及波形

■ **表 6-10　三位二进制加法计数器计数工作情况**

计数顺序（脉冲数）	二进制数			十进制数
	Q_3	Q_2	Q_1	
0	0	0	0	0
1	0	0	1	1
2	0	1	0	2
3	0	1	1	3
4	1	0	0	4
5	1	0	1	5
6	1	1	0	6
7	1	1	1	7
8	0	0	0	0

四位二进制加法计数器计数工作情况如表 6-11 所列。它需要四个双稳态触发器。

■ **表 6-11　四位二进制加法计数器计数工作情况**

计数顺序（脉冲数）	二进制数				十进制数
	Q_3	Q_2	Q_1	Q_0	
0	0	0	0	0	0
1	0	0	0	1	1
2	0	0	1	0	2
3	0	0	1	1	3
4	0	1	0	0	4
5	0	1	0	1	5
6	0	1	1	0	6
7	0	1	1	1	7
8	1	0	0	0	8
9	1	0	0	1	9
10	1	0	1	0	10
11	1	0	1	1	11
12	1	1	0	0	12
13	1	1	0	1	13
14	1	1	1	0	14
15	1	1	1	1	15
16	0	0	0	0	0

(3) 自动辨向计数器

自动辨向计数器是具有辨向功能的计数器。

如当需要测定通过流水线上某一点的工件数量，前进时自动加数，后退时自动减数时，或需要测定某一工作台的转数，判断是正转，还是反转时，可采用具有自动辨向功能的可逆计数器，电路及波形如图 6-14 所示。

工作原理：由方向检测信号源送来的信号 A 和 B，经倒相后得到 n 和 P。反转时，n 点输出波形经微分后，在 Q 点产生正向

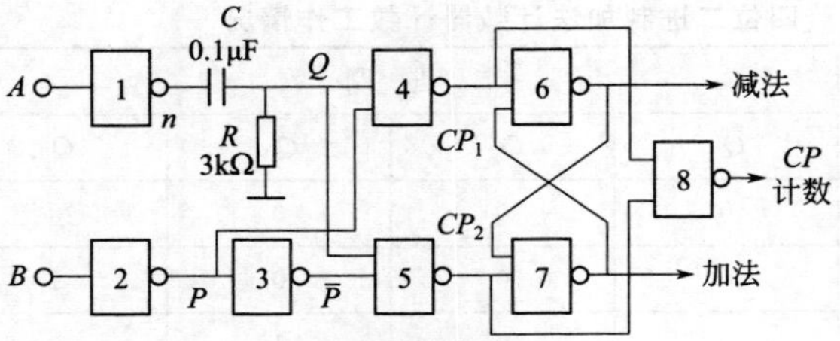

(a) 逻辑电路图

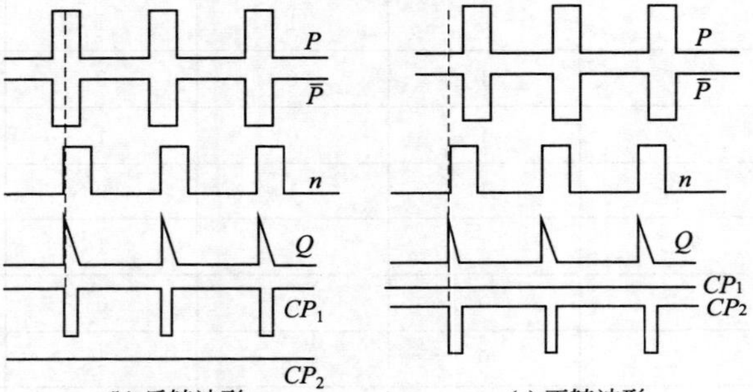

(b) 反转波形 (c) 正转波形

图 6-14 自动辨向计数电路及波形

尖脉冲，P 点此时处于“1”，于是与非门 4 输出一个负脉冲，将与非门 6、7 组成的 RS 触发器减法线置为“1”，加法线置为“0”。

正转时，Q 点产生正向尖脉冲，P 为“0”，$\overline{P}$为“1”，于是与非门 5 输出一个负脉冲，RS 触发器减法线置为“0”，加法线置为“1”，与非门 8 输出 CP 计数脉冲，供可逆计数器计数。

6.2.4 数字显示电路

(1) 基本知识

数字显示电路通过显示译码器能将二进制代码译成相应的文字、符号及十进制数并将其在显示器件上显示出来。

常用的 LED 发光二极管显示器如图 6-15 所示。图中，七段笔画的每一段由一个发光二极管显示。显示器接线有共阴极和共阳极两种方式。对于共阴极显示器，只要在某一个发光二极管的正极加上逻辑 1 电平（高电平），相应的笔画就发亮；对于共阳极显示器，只要在某个发光二极管的负极加上逻辑 0 电平（低电平），相应的笔画就发亮。

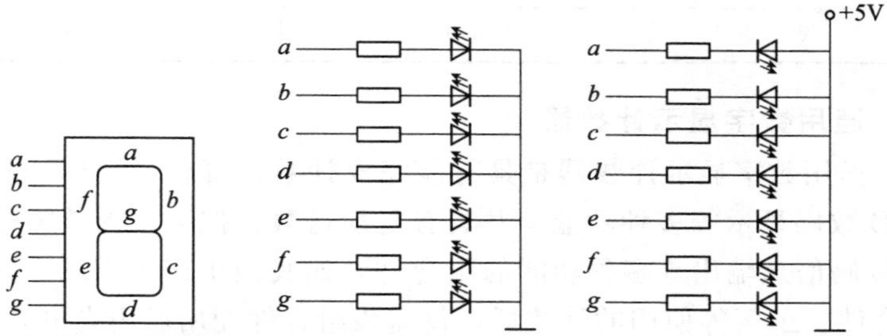

(a) 七段显示器笔画结构　(b) 共阴极　(c) 共阳极

图 6-15　七段数字显示器

显示器显示的字符与其输入二进制代码（又称段码）即 *abcdefg* 这 7 位代码之间存在一定的对应关系。这种关系如表 6-12 所示。

■ **表 6-12　七段 LED 显示字型段码表**

显示字符	共阴极显示器 段码 *abcdefg*	共阳极显示器 段码 *abcdefg*
0	1111110	0000001
1	0110000	1001111
2	1101101	0010010
3	1111001	0000110
4	0110011	1001100
5	1011011	0100100
6	0011111	1100000
7	1110000	0001111
8	1111111	0000000

续表

显示字符	共阴极显示器	共阳极显示器
	段码 *abcdefg*	段码 *abcdefg*
9	1110011	0001100
灭	0000000	1111111

(2) 通用数字显示计数器

通用数字显示计数器是具有能完成计数、寄存、译码、驱动、LED数码显示等多种功能，并具有复检送数、控灭、无效零熄灭、BCD码信息输出等多种功能的组合件，如我国生产的CMOS-LED组合件。工厂等使用的计数器，仅需该组合件配用通用光电开关或接近开关进行组装即可。

通用数字显示计数器电路如图6-16所示。图中，SX-22-S10为反射式光电开关，也可用投射式的或采用各类接近开关，或简单采用一只机械开关。

CL-102的内部逻辑图，如图6-17（a）所示，16个管脚排列如图6-17（b）所示。

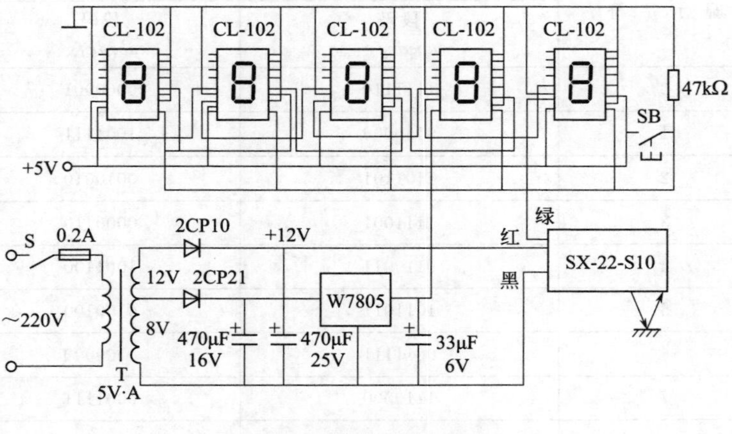

图 6-16　通用数字显示计数器电路

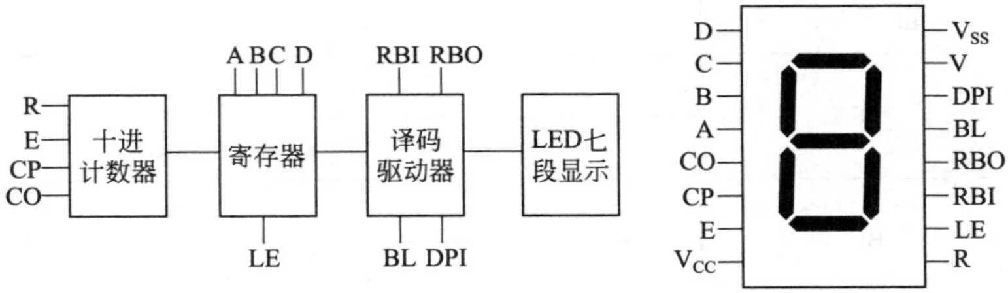

(a) 内部逻辑图　　(b) 管脚排列

图 6-17　CL-102 内部逻辑图及管脚排列

各符号意义如下。

BL：数字管熄灭及显示状态控制端。

RBI：多位数字中无效零值熄灭控制输入端。

RBO：多位数字中无效零值熄灭控制输出端。

DPI：小数点显示熄灭控制端。

LE：BCD 码信息输入控制端，用于控制计数显示器的寄存及送数。

A、B、C、D：BCD 码信息输出。

R：置零端。

CP：前沿作用计数脉冲输入端。

E：后沿作用计数脉冲输入端。

CO：计数进位输出端（后沿输出）。

CMOS 电路适应电压范围宽，可用 4～12V 直流供电，但以用 5V 电源较为合理。

CL-102 的计数功能如表 6-13 所列；控制功能如表 6-14 所列。

■ 表 6-13　CL-102 的计数功能

CP	*E*	*R*	功　能
X	*X*	1	全零
↑	1	0	计数
0	↓	0	计数

■ **表 6-14　CL-102 的控制功能**

输　入	状　态	功　能
LE	1	寄存
	0	送数
BL	1	消隐
	0	显示
RBI	0	灭 0
DPI	0	显示
	1	消隐

图 6-16 中 SX-22-S10 光电开关的输出脉冲信号（绿线）输入给 CL-102 的 E 端，该端系下降沿输入端。之所以用 E 端而不用 CP 端，是因为其进位输出端 CO 输出的是下降沿，这样便于各位数的连接。为方便观察数码，对第一位有效数字前面的零要消隐，如 00820，数字 8 前面的两个零要消隐，第一位数的 RBI 端接 0 电位，则当它应显“0”时就会消隐，而对其他数码不起作用。第一位数字的 RBO 端接至第二位数的 RBI 端，当第一位是“0”时，RBO 端输出“0”电位，即若第二位数的 RBI 端为“0”，则当第二位数应显示“0”时也自动熄灭，依此类推；因为最末一位数无论是几都应显示，故将其 RBI 端接高电位，直接接到＋5V端。

和其他 CMOS 电路一样，CL-102 在储存时应放在金属盒内或用金属纸包装，以防外来感应电势将栅极击穿，各测试仪器、电烙铁都要可靠接地，在通电后不允许拔插组件。此外，组合件的电源极性不可接反，不用的输入端不可悬空，在电源电压没加上时严禁从输入端送信号。

(3) 电平驱动显示器

电平驱动显示器能根据电平输入信号的大小用光亮显示出来。常用的有 SL322C 和 SL323 两种。

① SL322C 电平驱动显示电路　该电路内部包含两组独立而性能完全一致的电平驱动指示器，既可各组独立使用，各自推动 5 只发光二极管；又可彼此串联及交叉串联使用，驱动 10 只发光二极管。适用于在收录机及家用音响设备中作音量电平指示用，也可在专用仪器及自动控制设备中作指示电压电平用。

主要电气参数：最大工作电压为 18V；静态电源电流≤1mA（无输入）和≤280mA（输入电平为 6V）；点灯电平为第一只灯亮（≤1V）、并联时两组灯全亮（≤4V）。

SL322C 电平驱动显示电路及管脚排列如图 6-18 所示。

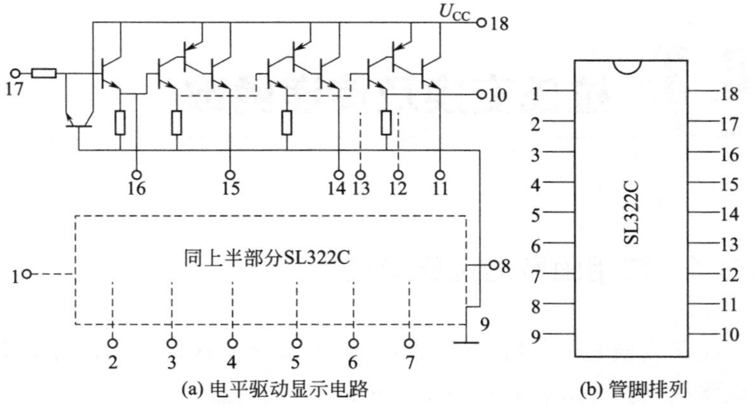

图 6-18　SL322C 电平驱动显示电路及管脚排列

② SL323 电平驱动显示电路　该电路采用荧光指示管显示。其用途同 SL322C 电路。该电路有以下两个特点：一是工作电压范围为 12～20V；二是可直接驱动荧光电平显示管，其驱动电压间隔保持线性（0.7V）。

主要电气参数：最大电源电压为 24V；电源电流≤1mA（输入为零）和≤40mA（输入为 5.5V）；点灯电平≤1V（第一条线亮）和≤5.5V（十条线全亮）；输入阻抗为 20kΩ。

SL323 电平驱动显示电路及管脚排列如图 6-19 所示。

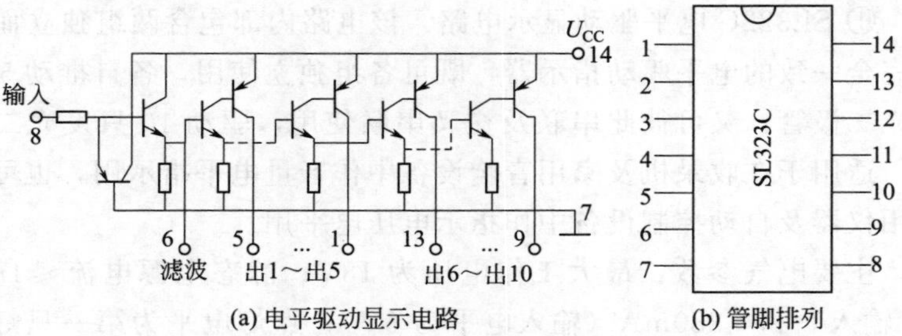

图 6-19　SL323 电平驱动显示电路及管脚排列

6.3 拉氏变换及传递函数

6.3.1 常用函数的拉氏变换

拉氏变换是一种解线性微分方程的简便运算方法。利用拉氏变换能将线性微分方程转换成复变量的代数方程。

对时间函数 $f(t)$ 的拉氏变换被定义为

$$L[f(t)] = F(s) = \int_0^{\infty} f(t)\mathrm{e}^{-st}\,\mathrm{d}t$$

式中　L——运算符号，放在某量之前，表示对该量进行拉氏变换；

$f(t)$——时间 t 的函数，而且当 $t<0$ 时，$f(t)=0$；

s——复变量，$s=\sigma+\mathrm{j}\omega$，$\sigma$ 为实部，$\mathrm{j}\omega$ 为虚部；

$F(s)$——$f(t)$ 的拉氏变换。

常用函数的拉氏变换对照见表 6-15。应用这个表可以得到给定时间函数的拉氏变换，或者由拉氏变换找到对应的时间函数。

■ **表 6-15 常用函数的拉氏变换**

序 号	原函数 $f(t)$	$f(t)$ 的波形图	象函数 $F(s)$
1	$\delta(t)$ 单位脉冲函数	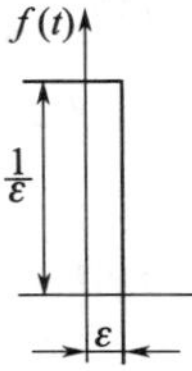	1
2	$1(t)=1\quad t\geqslant 0$ $1(t)=0\quad t<0$ 单位阶跃函数	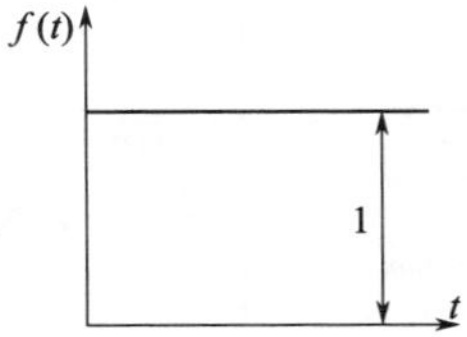	$\frac{1}{s}$
3	t	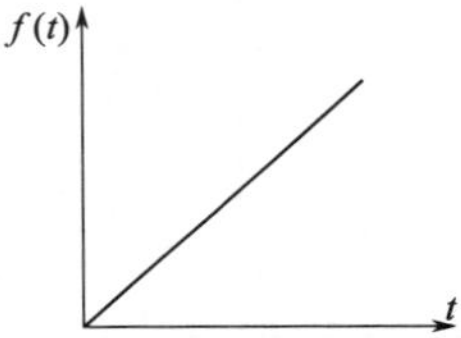	$\frac{1}{s^2}$
4	$\frac{1}{2}t^2$		$\frac{1}{s^3}$
5	e^{-at}	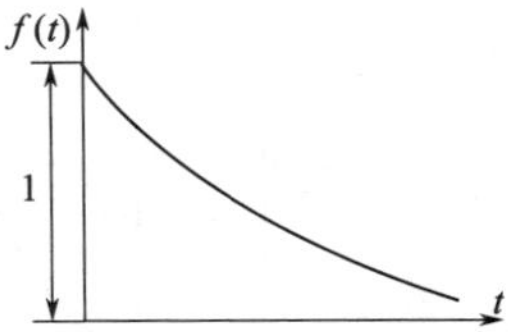	$\frac{1}{s+a}$
6	$1-e^{-\frac{t}{T}}$	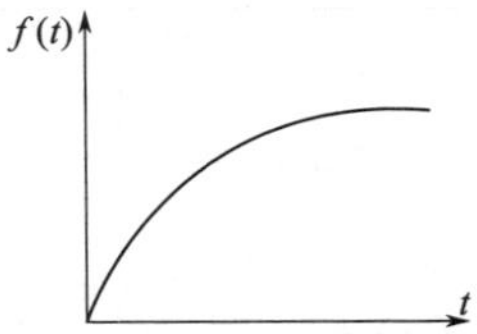	$\frac{1}{s\ (Ts+1)}$

续表

序　号	原函数 $f(t)$	$f(t)$ 的波形图	象函数 $F(s)$
7	$\sin\omega t$	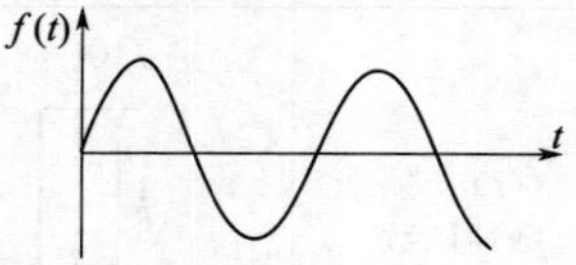	$\dfrac{\omega}{s^2+\omega^2}$
8	$\cos\omega t$	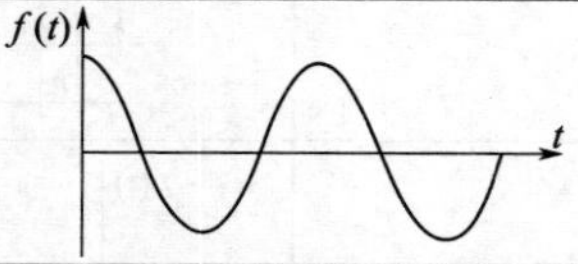	$\dfrac{s}{s^2+\omega^2}$
9	$e^{-at}\sin\omega t$	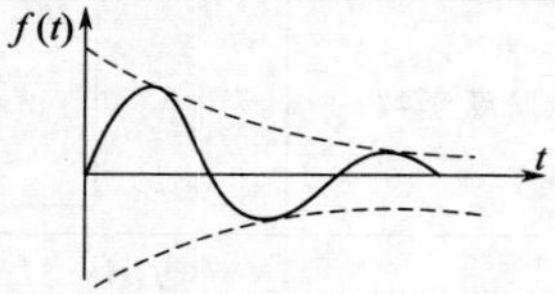	$\dfrac{\omega}{(s+a)^2+\omega^2}$
10	$e^{-at}\cos\omega t$	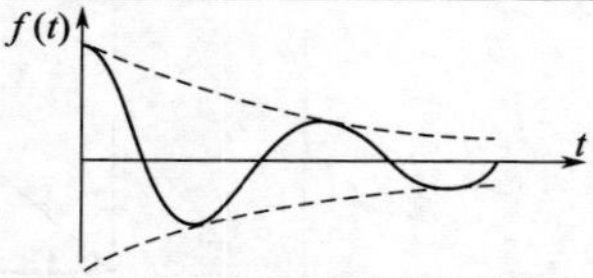	$\dfrac{s+a}{(s+a)^2+\omega^2}$
11	te^{-at}	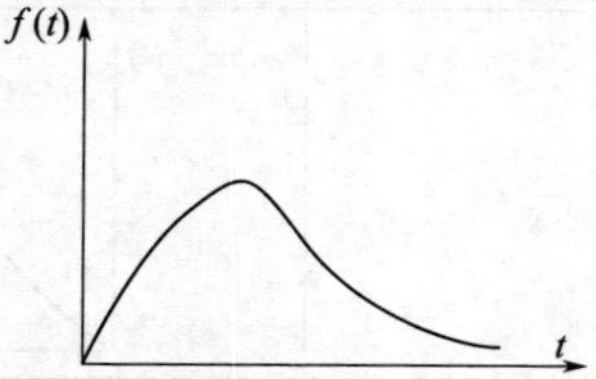	$\dfrac{1}{(s+a)^2}$
12	t^n	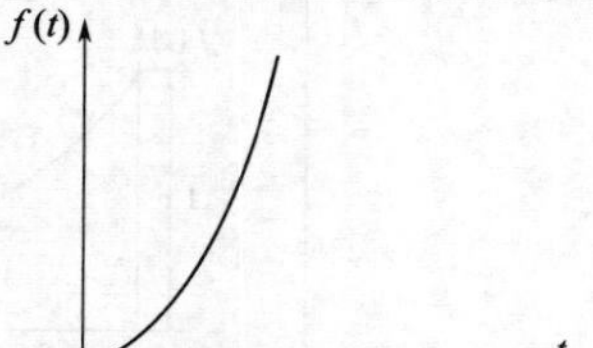	$\dfrac{n!}{s^{n+1}}$
13	$\dfrac{1}{\gamma-\alpha}\ (e^{-\alpha t}-e^{-\gamma t})$	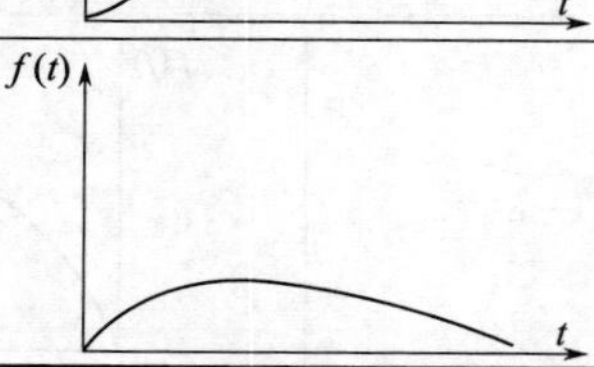	$\dfrac{1}{(s+\alpha)\ (s+\gamma)}$

6.3.2 电路的传递函数

(1) 电路传递函数的列写方法

以电流的拉氏变换为输入量，电压的拉氏变换为输出量，电阻 R、电容 C、电感 L 的传递函数为：

元件名称	传递函数（算子阻抗）
电阻 R	$\frac{U_{(s)}}{I_{(s)}}=R$
电容 C	$\frac{U_{(s)}}{I_{(s)}}=\frac{1}{C_s}$
电感 L	$\frac{U_{(s)}}{I_{(s)}}=L_s$

算子阻抗的串联、并联的计算方法和一般电阻的串、并联计算方法相同，如表 6-16 所列。

■ 表 6-16　算子阻抗的串、并联举例

形　式	电　路	传递函数
串联	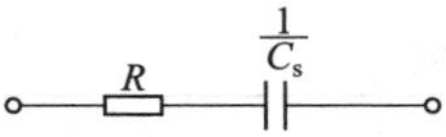	$R+\frac{1}{C_s}$
串联		$R+L_s$
串联	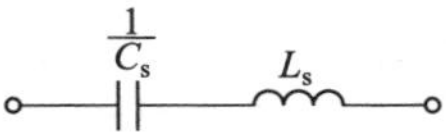	$\frac{1}{C_s}+L_s$
并联	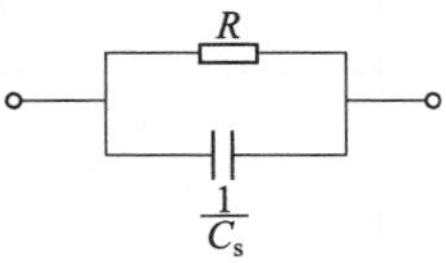	$\frac{R\frac{1}{C_s}}{R+\frac{1}{C_s}}$
并联	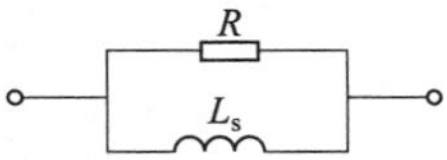	$\frac{RL_s}{R+L_s}$

【例 6-1】 求图 6-20 所示的滞后校正电路的传递函数 $F(s)=\frac{U_2(s)}{U_1(s)}$。图中，$U_1(s)$ 为输入量，$U_2(s)$ 为输出量。

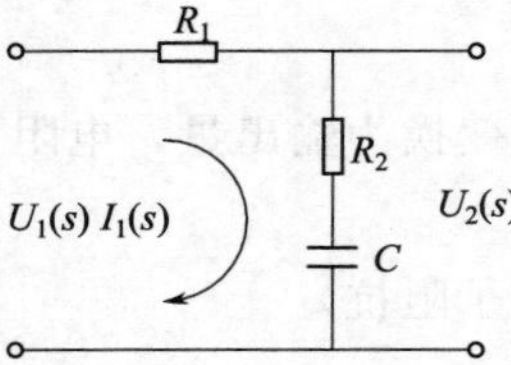

图 6-20 滞后校正电路

解 根据电学定律和算子阻抗得

$$\begin{cases} U_1(s)=U_2(s)+I_1(s)R_1 \\ I_1(s)=\dfrac{U_2(s)}{R_2+\dfrac{1}{C_s}} \end{cases}$$

因此

$$U_1(s)=U_2(s)+\frac{U_2(s)}{R_2+\dfrac{1}{C_s}}R_1$$

$$F(s)=\frac{U_2(s)}{U_1(s)}=\frac{1}{1+\dfrac{R_1}{R_2+\dfrac{1}{C_s}}}=\frac{R_2C_s+1}{R_2C_s+R_1C_s+1}$$

或写成

$$F(s)=\frac{R_2C_s+1}{\dfrac{R_1+R_2}{R_2}R_2C_s+1}$$

(2) 简单电路的传递函数（见表 6-17）

■ 表 6-17 简单电路的传递函数

名 称	电 路	传 递 函 数
积分电路	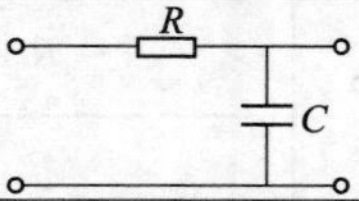	$\frac{1}{RC_s+1}$
微分电路	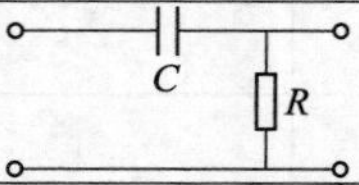	$\frac{RC_s}{RC_s+1}$
超前校正网络	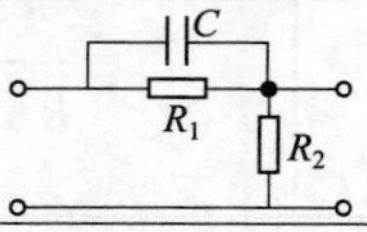	$\frac{R_1}{R_1+R_2}\times\frac{R_1C_s+1}{\frac{R_2}{R_1+R_2}R_1C_s+1}$
滞后校正网络	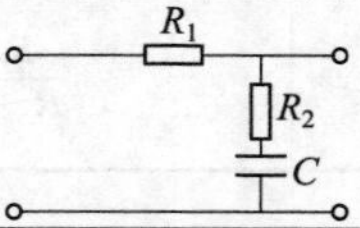	$\frac{R_2C_s+1}{\frac{R_1+R_2}{R_2}R_2C_s+1}$

续表

名　　称	电　　路	传　递　函　数
滞后超前校正网络	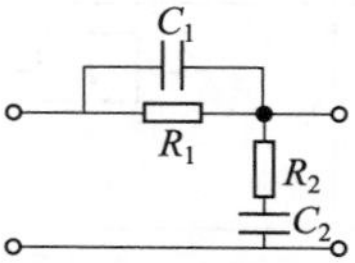	$$\frac{(R_1C_{1s}+1)\times(R_2C_{2s}+1)}{R_1R_2C_{1s}C_{2s}+(R_1C_{1s}+R_2C_{2s}+R_1C_{2s})+1}$$
运算放大器电路的一般形式	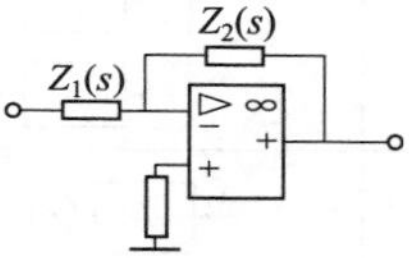	$-\frac{Z_2(s)}{Z_1(s)}$ $Z_1(s)$——输入变换阻抗 $Z_2(s)$——输出变换阻抗
一阶惯性环节	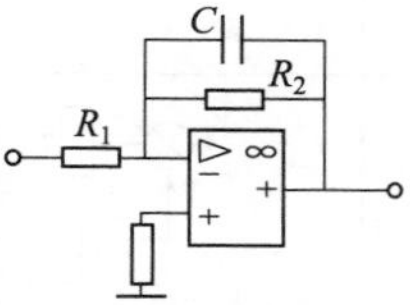	$-\frac{R_2}{R_1}\times\frac{1}{1+R_2C_s}$
比例-积分调节器(PI)	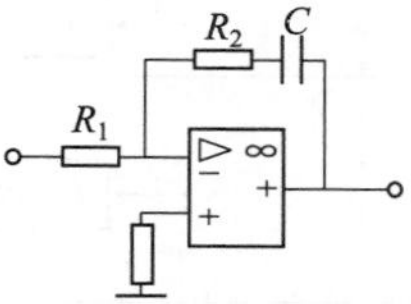	$-\frac{1+R_2C_s}{R_1C_s}$

(3) 方框图的等效变换

对于复杂系统的传递函数的计算，可先求得各组成环节的传递函数，然后利用表 6-18 所列方框图等效变换法则综合得到系统的传递函数。

■ **表 6-18　方框图的等效变换**

变　　换	原 方 框 图	等效方框图
连续分叉点变换次序	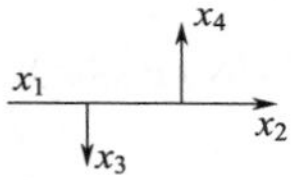	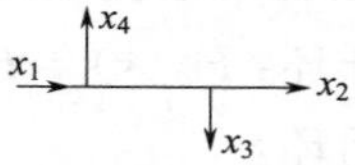
连续汇交点变换次序	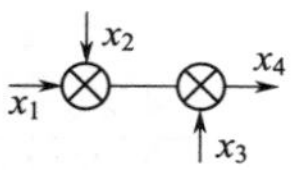	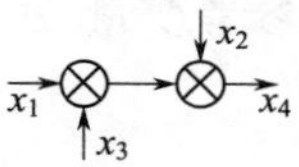

续表

变　　换	原方框图	等效方框图
分叉点移到环节后面	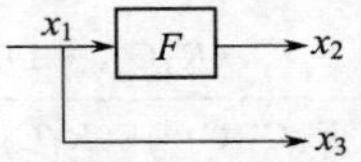x_1 F x_2 x_3	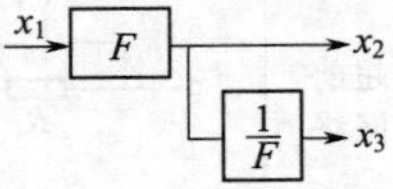x_1 F x_2 1/F x_3
分叉点移到环节前面	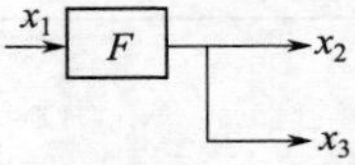x_1 F x_2 x_3	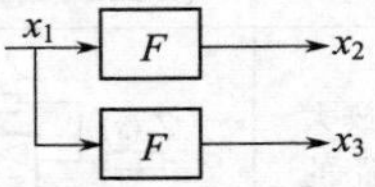x_1 F x_2 F x_3
汇交点移到环节后面	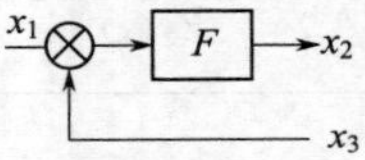x_1 F x_2 x_3	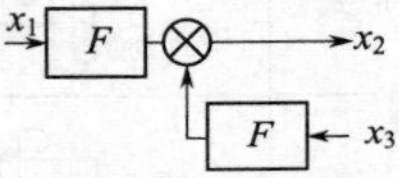x_1 F x_2 F x_3
汇交点移到环节前面	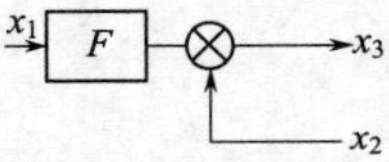x_1 F x_3 x_2	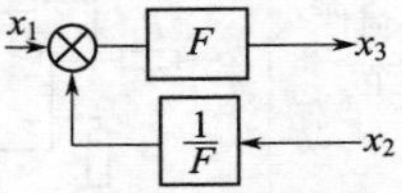x_1 F x_3 1/F x_2
串联	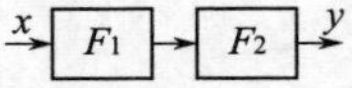x F_1 F_2 y	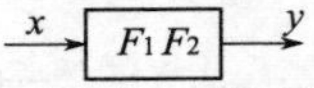x F_1F_2 y
并联	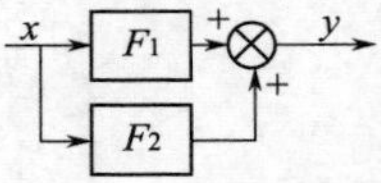x F_1 + y F_2 +	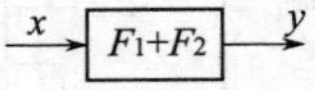x F_1+F_2 y
反馈连接	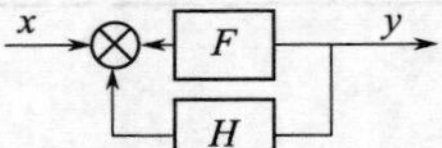x F y H	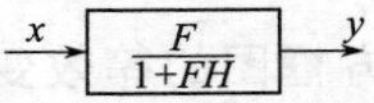x F/(1+FH) y

6.3.3　自动控制系统的传递函数和阶跃响应

自动控制系统方框图如图 6-21 所示。

(1) 控制回路传递函数

开环：$F_o(s)=F_R(s)F_1(s)F_2(s)F_3(s)$

闭环：

对参考变量 w

$$F_w(s)=\frac{X(s)}{w(s)}=\frac{F_o(s)}{1+F_o(s)}$$

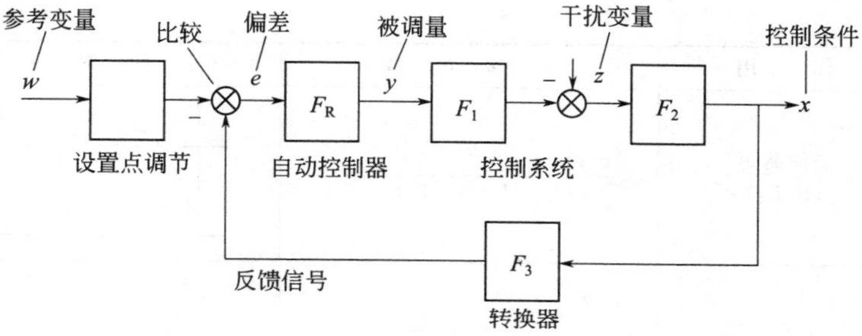

图 6-21　自动控制系统方框图

对干扰变量 z

$$F_z(s)=\frac{x(s)}{z(s)}=\frac{F_w(s)}{F_R(s)F_1(s)}$$

(2) 控制系统元件的传递函数和阶跃响应

传递元件

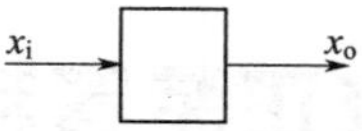

传递函数

$$F(s)=\frac{x_o(s)}{x_i(s)}$$

其中，x_i 为输入量；x_o 为控制系统元件的输出量。

常用控制系统元件的传递函数和阶跃响应特性见表 6-19。

■ 表 6-19　常用控制系统元件的传递函数和阶跃响应

作　　用	传　递　函　数	阶　跃　响　应
比例 (P)	$\frac{x_o(s)}{x_i(s)}=V_s$ $K_{Ps}=V_s$	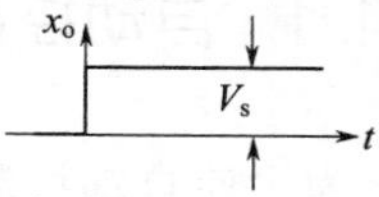
积分 (I)	$\frac{x_o(s)}{x_i(s)}=\frac{1}{sT_i}$ $K_{Is}=1/T_i$	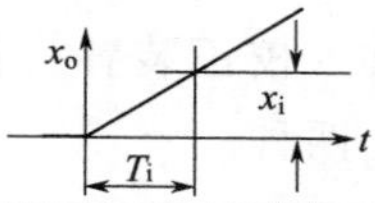
一阶延迟 (P-T_1)	$\frac{x_o(s)}{x_i(s)}=\frac{1}{1+sT_1}$	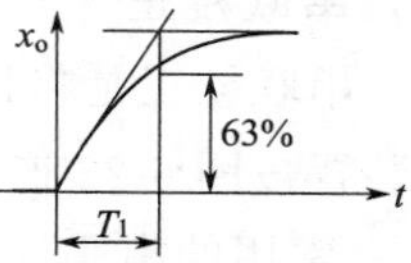

续表

作　用	传 递 函 数	阶 跃 响 应
二阶延迟 (P-T_2)	$\frac{x_o(s)}{x_i(s)}=\frac{1}{1+s^2\theta T+s^2T^2}$	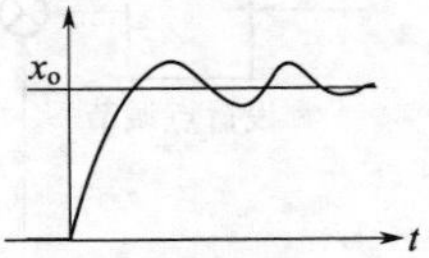
微分有延迟 (D-T_1)	$\frac{x_o(s)}{x_i(s)}=\frac{sT_D}{1+sT_1}$ $K_{Ds}=T_D$	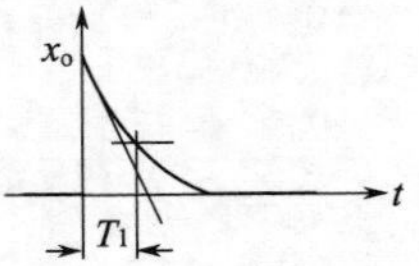
死时间 T_t	$\frac{x_o(s)}{x_i(s)}=e^{-sT_t}$	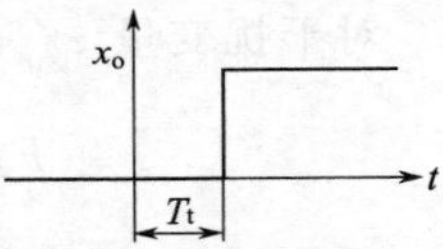

注：s 为拉氏算子，K 为增益，T 为时间常数，θ 为衰减率。
变量的下脚标：P 为比例，i 为积分，D 为微分，s 为线性。

6.4 自动控制系统的校正装置和调节器

6.4.1 自动控制系统的校正装置

为了使自动控制系统满足品质指标的要求，通常需要在原系统中加入校正装置。校正的方式有串联校正和并联校正（内反馈校正）两种。

(1) 串联校正

串联校正是将校正装置 $F_C(s)$ 与原有的传递函数 $F(s)$ 所表示的装置按图 6-22 连接起来。

常用的串联校正装置见表 6-20。

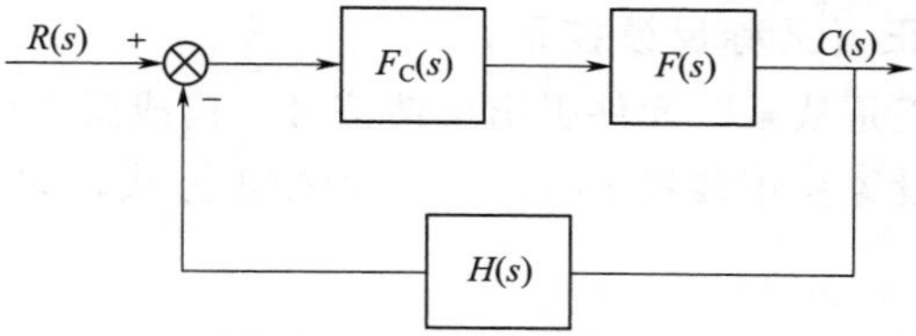

图 6-22 串联校正的方框图

■ **表 6-20 串联校正装置**

类型	无源校正电路	传递函数	适用场合和校正效果
超前校正	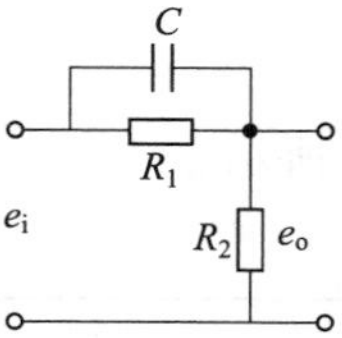	$\frac{E_o(s)}{E_i(s)}=\alpha\frac{Ts+1}{\alpha Ts+1}=\frac{s+\frac{1}{T}}{s+\frac{1}{\alpha T}}$ $R_1C=T$ $\frac{R_2}{R_1+R_2}=\alpha<1$	①超前校正是通过其相位超前效应获得所需结果； ②超前校正增大了相位裕量和带宽； ③超前校正使瞬态响应得到显著改善； ④超前校正对提高稳态精度作用不大； ⑤超前校正适用于稳态精度已经满足，而噪声信号又很小，但瞬态响应品质得不到满足的系统
滞后校正	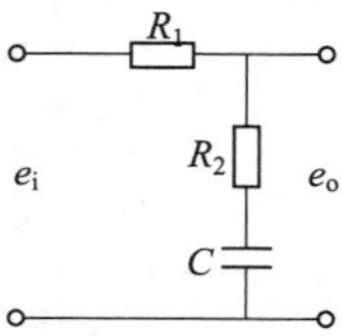	$\frac{Ts+1}{\beta Ts+1}=\frac{1}{\beta}\left[\frac{s+\frac{1}{T}}{s+\frac{1}{\beta T}}\right]$ $T=R_2C$ $\frac{R_1+R_2}{R_2}=\beta>1$	① 滞后校正是通过其高频衰减特性获得所需结果； ② 滞后校正可以改善稳态精度； ③ 滞后校正使系统的带宽减小，瞬态响应变慢； ④ 滞后校正适用于瞬态响应已经满足，主要是为了提高稳态精度的系统
滞后-超前校正	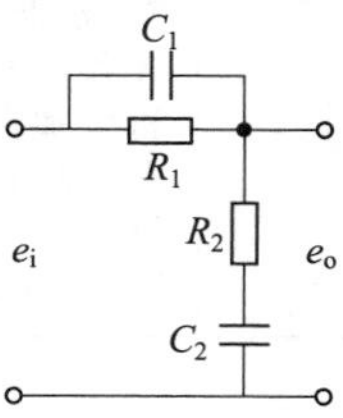	$\left[\frac{s+\frac{1}{T_1}}{s+\frac{\beta}{T_1}}\right]\left[\frac{s+\frac{1}{T_2}}{s+\frac{1}{\beta T_2}}\right]$ $R_1C_1=T_1$，$R_2C_2=T_2$ β 乃下式之解： $R_1C_1+R_2C_2+R_1C_2=\frac{T_1}{\beta}+\beta T_2(\beta>1)$	需要同时改善系统的瞬态性能和稳态精度的情况

(2) 并联校正（又称反馈校正）

并联校正是从某一元件引出反馈信号，构成反馈回路，并在内反馈回路上设置校正装置 $F_C(s)$ 的一种校正方式，如图 6-23 所示。

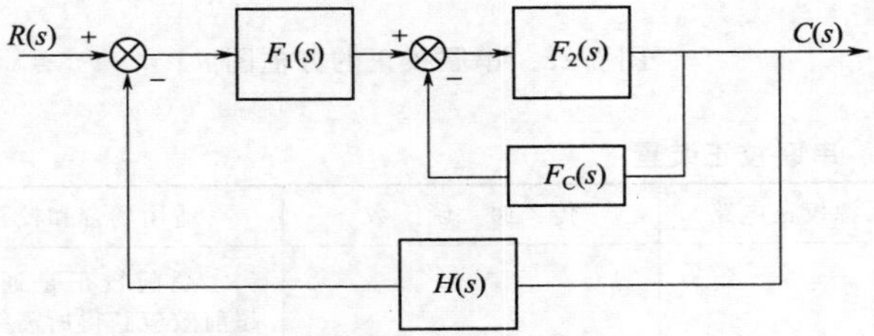

图 6-23　并联校正的方框图

采用局部反馈校正的方法和效果如表 6-21 所示。

■ 表 6-21　局部反馈校正的效果

方　法	方　框　图	等效传递函数	效　　果
用比例反馈（硬反馈）包围惯性环节	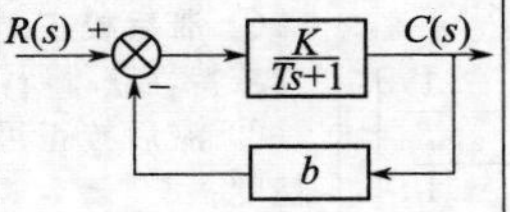	$\frac{K}{1+bK}\times\frac{1}{\frac{T}{1+bK}s+1}$	时间常数和放大系数都降低了 $1+bK$ 倍，减小时间常数，提高了相位裕量，增加频带宽度，有利于系统的稳定性和快速性
用微分正反馈包围惯性环节	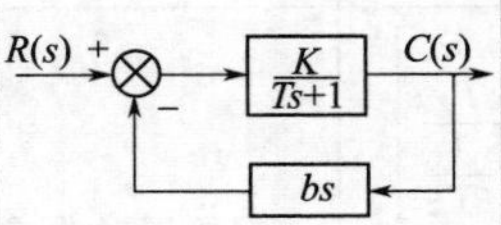	$\frac{K}{(T-bK)s+1}$	选择适当的系数 b，可以使时间常数变为零或非常小，有利于稳定性和增加频带宽度，但切不可使 $bK>T$，否则不稳定

续表

方法	方框图	等效传递函数	效果
用比例反馈包围积分环节	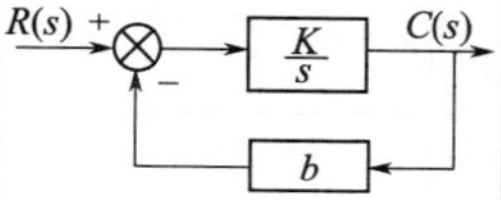	$\frac{1}{b}\times\frac{1}{\frac{1}{Kb}s+1}$	把原来的积分环节变为惯性环节，如 b 选较大（即深反馈），时间常数 $T=\frac{1}{Kb}$ 可以很小，有利于闭环系统的稳定性
微分反馈包围电动机，测速发电机作反馈装置	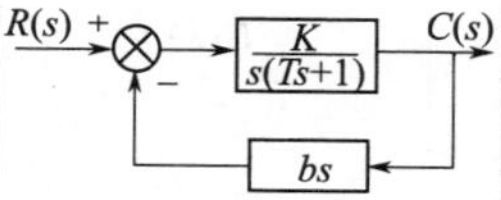	$\frac{K}{1+bK}\times\frac{1}{s\left(\frac{T}{1+Kb}s+1\right)}$	电动机的时间常数减小了 $\frac{1}{1+Kb}$ 倍
用惯性反馈包围放大器	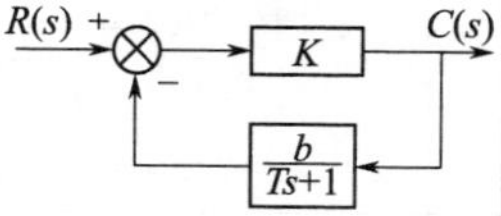	$\frac{K}{1+Kb}\times\frac{Ts+1}{\left(\frac{T}{1+Kb}s+1\right)}$	这种带有惯性反馈的放大器成为一个微分装置，在调节系统中起相位超前的作用

6.4.2 自动控制系统的调节器

自动控制系统的调节器有：P 调节器（比例调节器），I 调节器（积分调节器），PI 调节器（比例积分调节器），D 调节器（微分调节器），PD 调节器（比例微分调节器），PID 调节器（比例积分微分调节器）和 T 调节器（惯性调节器）等。

常用调节器的电路及传递函数见表 6-22。

■ **表 6-22　常用调节器的电路及传递函数**

名　称	电 路 图	传递函数
比例 P	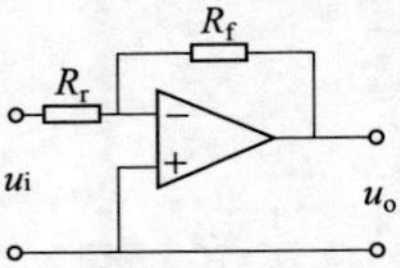	$F(s)=K_p$ $K_p=-\dfrac{R_f}{R_r}$
积分 I	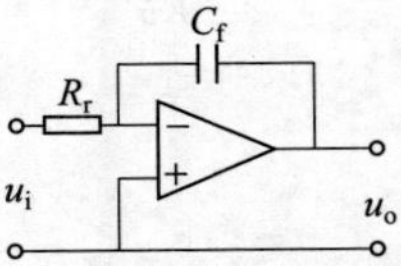	$F(s)=-\dfrac{1}{\tau_i s}$ $\tau_i=R_rC_f$
微分 D	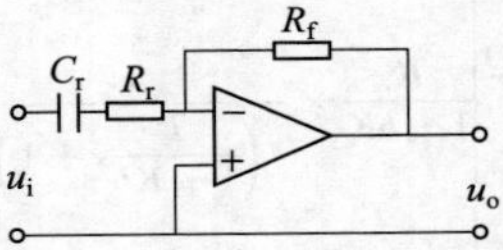	$F(s)=-\dfrac{\tau_D s}{1+\tau_r s}$ $\tau_D=R_fC_r$ $\tau_r=R_rC_r$
比例积分 PI	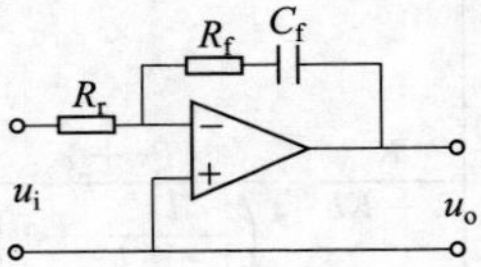	$F(s)=K_p+\dfrac{1}{\tau_i s}=K_p\dfrac{1+\tau_D s}{\tau_D s}$ $K_p=-\dfrac{R_f}{R_r}$ $\tau_i=R_rC_f$ $\tau_D=R_fC_f$
比例微分 PD	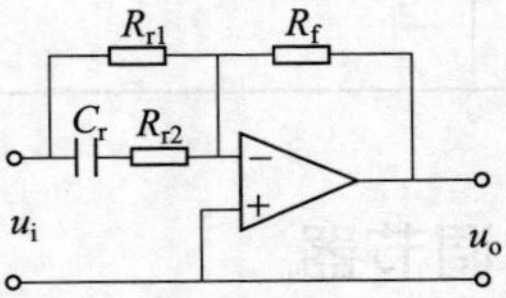	$F(s)=K_p\dfrac{(\tau_{r1}+\tau_{r2})s+1}{\tau_{r2}s+1}$ $K_p=-\dfrac{R_f}{R_{r1}}$ $\tau_{r1}=R_{r1}C_r\quad\tau_{r2}=R_{r2}C_r$
惯性 T	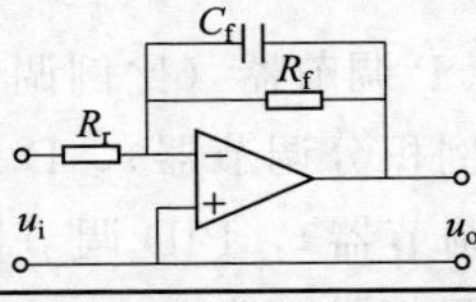	$F(s)=K_p\dfrac{1}{1+\tau_T s}$ $K_p=-\dfrac{R_f}{R_r}$ $\tau_T=R_fC_f$

注：K_p 为增益；τ_i 为积分时间；τ_r 为微分时间；τ_T 为惯性时间；s 为拉氏算子。

第 7 章

晶闸管及其基本电路和触发电路的计算

7.1 晶闸管的选用及测试

晶闸管又称可控硅，它包括单向晶闸管、双向晶闸管、可关断晶闸管和逆导晶闸管等电力半导体器件，常用的是前两种晶闸管。

晶闸管是一种大功率的半导体器件，它的功率放大倍数很高，可以用微小的信号功率（几十毫安、几伏电压）对大功率（几百安、数千伏）的电源进行控制和变换。

以晶闸管为主的电力半导体器件已成为变流技术发展的基础，整流器、逆变器、斩波器、交流调压器、周波变频器等已广泛应用于电力拖动和自动控制等系统中。

7.1.1 晶闸管的型号与主要参数

(1) 晶闸管的结构与管脚标志

晶闸管结构的核心部分是一个由硅半导体材料做成的管芯。管芯是一个圆形薄片，是一个四层（P、N、P、N）三端（A、K、G）器件，A、K、G三端分别引出阳极、阴极和控制极。

晶闸管管脚标志如图7-1所示。

(2) 晶闸管的型号

晶闸管的命名方法有两种：一种是以三个引出线和所用硅半导体材料为基础的型号命名法，如3CT、3DT系列；另一种是以器件的功能特征为基础的型号命名法，如KP、KS系列。

晶闸管的型号含义如下：

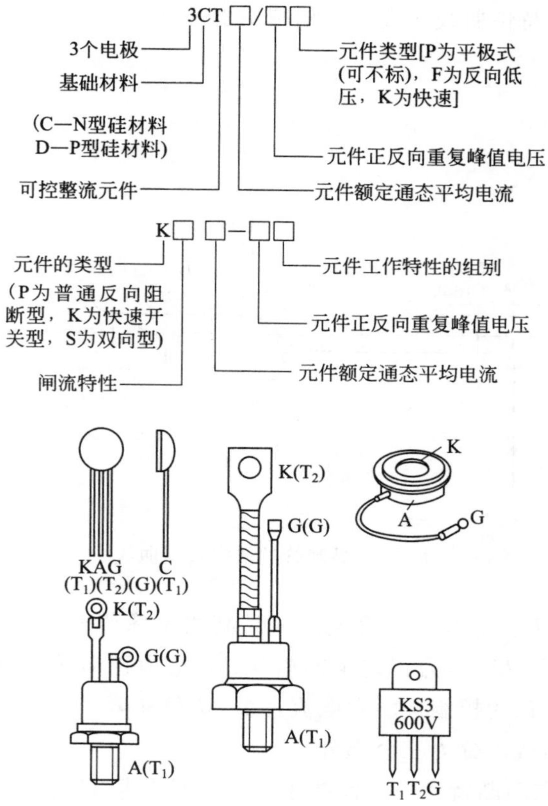

图 7-1　晶闸管管脚的标志
（括号内为双向晶闸管管脚标志）

其中最后一位“工作特性的级别”分别为：KP，通态平均电压组别；KK，电路换向关断时间级别；KS，换向电流临界下降率级别。

(3) 晶闸管的特性曲线

晶闸管只有两种工作状态：正向导通工作状态和反向关闭（截止）工作状态。晶闸管的特性是指其由关闭转化为导通或由导通转化为关闭时阳极电压、电流和控制极电流等之间的变化关系，常用其阳极伏安特性曲线来表示，如图 7-2 所示。

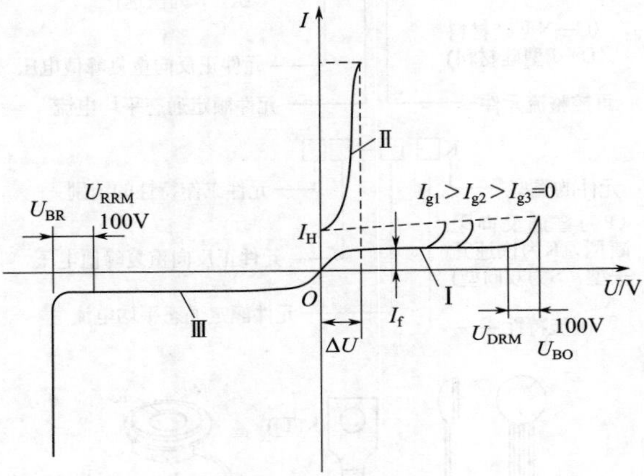

图 7-2 晶闸管的伏安特性曲线

图中，U_{BR}为反向击穿电压（最高测试峰值电压），U_{RRM}为反向峰值电压，U_{DRM}为正向阻断电压，U_{BO}为正向转折电压；I_H为维持电流，I_g为控制极触发电流，ΔU为管压降。

特性曲线可分为三个部分。

① 正向阻断特性——曲线Ⅰ区。当控制极 G 无信号时，阳极 A 上虽加有较大正向电压，晶闸管仍不导通，当阳极正向电压达到某一定值时，晶闸管由关闭状态突然转化为导通状态，其电压称为正向转折电压U_{BO}。

当 G 极加正向电流I_g后，晶闸管就会在比较低的正向阳极电压下导通，U_{BO}值随I_g的增大而减少，当I_g达到一定值时，就不再出现正向阻断状态。

② 导通工作特性——曲线Ⅱ区。晶闸管导通后，其内阻很小，管压降也很小，外加电压几乎全部加在外电路负载上，并流过较大的负载电流，故特性曲线呈陡直。当阳极电压减小或负载电压增大，致使阳极电流小于某一定值（该值称为维持电

流 I_H），晶闸管将从导通状态转化为关闭状态，此时特性曲线从Ⅱ回到Ⅰ。

③ 反向阻断特性——曲线Ⅲ区。当晶闸管阳极加以反向电压时，虽施加电压较大，但晶闸管不导通，处于反向阻断状态（实际上有微小的反向漏电流）。

当反向阳极电压增高到一定数值时，反向漏电流迅速增加，晶闸管将被反向击穿而损坏。正常工作时，不允许超过这个电压值。

(4) 晶闸管的基本参数

单向晶闸管的基本参数见表 7-1；双向晶闸管的基本参数见表 7-2；快速晶闸管的基本参数见表 7-3。双向晶闸管和快速晶闸管的其他参数类同单向晶闸管。

■ **表 7-1 单向晶闸管的基本参数**

参 数	内 容
通态平均电流 I_T	在环境温度为＋40℃、标准散热及元件导通条件下，元件可连续通过的工频正弦半波（导通角＞170°）的平均电流
断态不重复峰值电压 U_{DSM}	门极断路时，在正向伏安特性曲线急剧弯曲处的断态峰值电压
断态重复峰值电压 U_{DRM}	为断态不重复峰值电压的 80％
断态不重复平均电流 I_{DS}	门极断路时，在额定结温下对应于断态不重复峰值电压下的平均漏电流
断态重复平均电流 I_{DR}	对应于断态重复峰值电压下的平均漏电流
门极（即控制极）触发电流 I_{GT}	在室温下，主电压为 6V 直流电压时，使元件完全开通所必需的最小门极直流电流
门极不触发电流 I_{GD}	在额定结温下，主电压为断态重复峰值电压时，保持元件断态所能加的最大门极直流电流
门极触发电压 U_{GT}	对应于门极触发电流时的门极直流电压
门极不触发电压 U_{GD}	对应于门极不触发电流的门极直流电压
断态电压临界上升率 du/dt	在额定结温和门极断路时，使元件从断态转入通态的最低电压上升率

续表

参　　数	内　　容
通态电流临界上升率 di/dt	在规定条件下，元件用门极开通时所能承受而不导致损坏的通态电流的最大上升率
维持电流 I_H	在室温和门极断路时，元件从较大的通态电流降到刚好能保持元件处于通态所必需的最小通态电流

■ **表 7-2　双向晶闸管的基本参数**

参　　数	内　　容
通态电流 I_T	在环境温度为＋40℃、标准散热及元件导通条件下，元件可连续通过的工频正弦波的电流有效值
换向电流临界下降率 di/dt	元件由一个通态转换到相反方向时，所允许的最大通态电流下降率
门极触发电流 I_{GT}	在室温下，主电压为 12V 直流电压时，用门极触发，使元件完全开通所需的最小门极直流电流

■ **表 7-3　快速晶闸管的基本参数**

参　　数	内　　容
门极控制开通时间 t_{gt}	在室温下，用规定门极脉冲电流使元件从断态至通态时，从门极脉冲前沿的规定点起到主电压降低到规定的低值所需要的时间
电路换向关断时间 t_g	从通态电流降至零这瞬间起，到元件开始能承受规定的断态电压瞬间为止的时间间隔

(5) 可关断晶闸管（GTO）的特性简介

可关断晶闸管（GTO）与单向晶闸管相比，主要特点是当门极加负向触发信号时能自行关断。GTO 容量及使用寿命均超过大功率晶闸管（GTR）。目前，GTO 容量已达 3000A/4500V，工作频率可达 100kHz，已广泛用于逆变器、斩波器及电子开关等。

GTO 的主要特性如下。

① 当阳极 A 接电源正极、阴极 K 接电源负极而门极 G 不加电压时，GTO 不导通。一旦门极输入触发正脉冲，GTO 立即导通；

导通后，去掉门极触发正脉冲，GTO 仍然导通。

② 在已导通的 GTO 门极上加上一个功率足够大的负脉冲，GTO 就会自行关断。

③ 关断增益 B_{off}越大，GTO 越易关断。当阳极电流超过可关断最大的阳极电流时，GTO 将失去关断能力（关断增益还随频率的增加而下降）。

(6) 晶闸管的触发状态（如图 7-3 所示）

图 7-3 中门极 G 的电位极性是相对阴极 K（单向晶闸管）和第二电极 T_2（双向晶闸管）而言的。

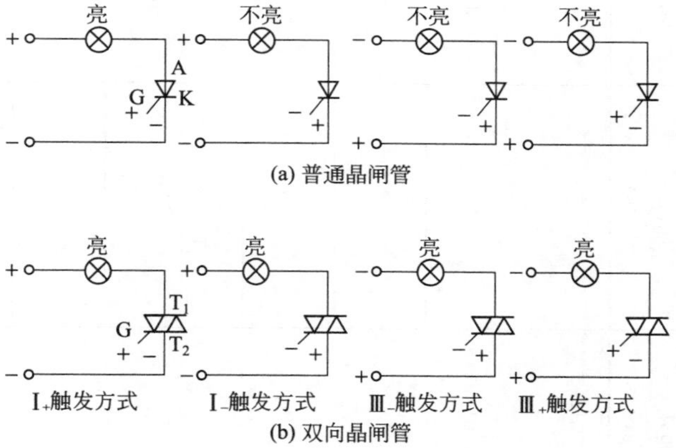

图 7-3　晶闸管的触发状态

对于双向晶闸管四种触发方式的灵敏度是不同的，I_+ 和 III_- 两种灵敏度最高，I_-、III_+ 两种灵敏度最低，尤其 III_+ 的灵敏度为最低。目前国产元件中多不宜采用 III_+ 触发方式。

(7) 常用晶闸管的主要参数

① 单向晶闸管的主要参数见表 7-4 和表 7-5。

② 双向晶闸管的主要参数见表 7-6 和表 7-7。

③ 快速晶闸管的主要参数见表 7-8。

■ **表 7-4　单向晶闸管主要参数**

型　号	通态平均电流 I_T/A	浪涌电流 I_{TSM}/A	断态重复峰值电压,反向重复峰值电压 U_{DRM},U_{RRM}/V	断态重复平均电流,反向重复平均电流 I_{DR},I_{RR}/mA	断态电压临界上升率 du/dt/(V/μs)	通态电流临界上升率 di/dt/(A/μs)	门极触发电流 I_{GT}/mA	门极触发电压 U_{GT}/V
KP1	1	20					3～30	≤2.5
KP5	5	90		<1			5～70	
KP10	10	190			30	—	5～100	
KP20	20	380						≤3.5
KP30	30	560		<2			8～150	
KP50	50	940				30		
KP100	100	1880	100～3000	<4		50	10～250	≤4
KP200	200	3770						
KP300	300	5650				80		
KP400	400	7540		<8	100		20～300	
KP500	500	9420						≤5
KP600	600	11160		<9			30～350	
KP800	800	14920				100		
KP1000	1000	18600		<10			40～400	

注:1. 通态平均电压 U_T 的上限值由各生产厂自定。
2. 维持电流 I_H 值由实测得到。

■ 表 7-5　3CT、MCR、2N 系列晶闸管的主要参数

型　　号	重复峰值电压 U_{DRM},U_{RRM}/V	额定正向平均电流 I_T/A	维持电流 I_H/mA	通态平均电压 U_T/V	门极触发电压 U_{GT}/V	门极触发电流 I_{GT}/mA
3CT021～3CT024	20～1000	0.1	0.4～20	≤1.5	≤1.5	0.01～10
3CT031～3CT034		0.2	0.4～30			0.01～15
3CT041～3CT044		0.3		≤1.2		0.01～20
3CT051～3CT054		0.5	0.5～30		≤2	0.05～20
3CT061～3CT064		1	0.8～30			0.01～30
3CT101	50～1400	1		≤1	≤2.5	3～30
3CT103		5	<50		≤3.5	5～70
3CT104		10				
3CT105		20	<100			
3CT107		50	<200			8～150
MCR102	25	0.8			0.8	0.2
MCR103	50					
MCR100-3～MCR100-8	100～800					

续表

型　号	重复峰值电压 U_{DRM},U_{RRM}/V	额定正向平均电流 I_T/A	维持电流 I_H/mA	通态平均电压 U_T/V	门极触发电压 U_{GT}/V	门极触发电流 I_{GT}/mA
2N1595	50					
2N1596	100					
2N1597	200	1.6			3.0	10
2N1598	300					
2N1599	400					
2N4441	50					
2N4442	200	8			1.5	30
2N4443	400					
2N4444	600					

■ 表 7-6　双向晶闸管的主要参数

型　　号	额定通态电流有效值 I_T/A	浪涌电流 I_{TSM}/A	断态重复峰值电压 U_{DRM}/V	断态重复峰值电流 I_{DRM}/mA	断态电压临界上升率 du/dt /(V/μs)	换向电流临界下降率 di/dt /(A/μs)	通态电流临界上升率 di/dt /(A/μs)	门极触发电流 I_{GT}/mA	门极触发电压 U_{GT}/V
KS1	1	8.4	100～2000	<1	≥20	0.2I_T%		3～100	≤2
KS10	10	84		<10				5～100	≤3
KS20	20	170						5～200	
KS50	50	420		<15			10	8～200	≤4
KS100	100	840		<20	≥50		10	10～300	
KS200	200	1700					15	10～400	
KS400	400	3400		<25			30	20～400	
KS500	500	4200					30		

注：1. 通态电压 U_T 的上限值由各生产厂自定。
2. 维持电流 I_H 值由实测得到。

■ 表 7-7 3CTS、MAC、2N 系列晶闸管主要参数

型号	重复峰值电压 U_{DRM},U_{RRM}/V	额定正向平均电流 I_T/A	不重复浪涌电流 I_{FSM}/A	通态平均电压 U_T/V	门极触发电压 U_{GT}/V	门极触发电流 I_{GT}/mA
3CTS1	400～1000	1	≥10	≤2.2	≤3	≤50
3CTS2		2	≥20			
3CTS3		3	≥30			
3CTS4		4	≥33.6			
3CTS5		5	≥42			
MAC97-2	50	0.6	8.0		2.0～2.5	10
MAC97-3	100					
MAC97-4	200					
MAC97-5	300					
MAC97-6	400					
MAC97-7	500					
MAC97-8	600					

续表

型号	重复峰值电压 U_{DRM},U_{RRM}/V	额定正向平均电流 I_T/A	不重复浪涌电流 I_{FSM}/A	通态平均电压 U_T/V	门极触发电压 U_{GT}/V	门极触发电流 I_{GT}/mA
2N6069A	50	4.0	30		2.5	5.0～10
2N6070A	100					
2N6071A	200					
2N6072A	300					
2N6073A	400					
2N6074A	500					
2N6075A	600					
2N6342	200	8.0	100		2.0～2.5	50～75
2N6343	400					
2N6344	600					
2N6345	800					

■ **表 7-8　快速晶闸管的主要参数**

型　号	通态平均电流 I_T/A	浪涌电流 I_{TSM}/A	断态重复峰值电压 U_{DRM},U_{RRM} /V	断态重复平均电流 I_{DR},I_{RR} /mA	断态电压临界上升率 du/dt /(V/μs)	通态电流临界上升率 di/dt /(A/μs)	门极触发电流 I_{GT} /mA	门极触发电压 U_{GT}/V	门极控制开通时间 t_{gt}/ms	关断时间 t_g /μs
KK1	1	20	100～2000	<1	≥100	—	3～30	≤2.5	≤3	≤5
KK5	5	90					5～70			≤10
KK10	10	190		<2		≥50	5～100	≤3.5	≤4	
KK20	20	380								≤20
KK50	50	940		<3			8～150		≤5	
KK100	100	1900		<5		≥100	10～250	≤4	≤6	≤30
KK200	200	3800								≤40
KK300	300	5600		<8			20～300	≤5	≤8	≤60
KK400	400	6300		<10						
KK500	500	7900								

7.1.2 整流二极管和晶闸管的选用

根据元件在电路中的已知工作电压、工作电流大小，选用元件额定值的方法见表 7-9。

■ **表 7-9 整流二极管及晶闸管的选择**

元件名称	电流额定值	电压额定值
整流二极管	$I_F \geqslant (1.5\sim2)I/1.57$ I 是整流元件中的电流有效值①	$U_{RRM} \geqslant (2\sim2.5)U_R$ U_R是加在整流元件上的反向电压峰值
晶闸管	$I_T \geqslant (2\sim2.5)I/1.57$ I 是晶闸管中的电流有效值①	$U_{DRM}, U_{RRM} \geqslant (2\sim2.5)U_R$ U_R是加在晶闸管上的反向电压峰值②
双向晶闸管	$I_{T1} \geqslant (2\sim2.5)I$ I 是双向晶闸管中的电流有效值	$U_{DRM} \geqslant (1.5\sim2)U_R$ U_R是加在双向晶闸管上的电压峰值
	用两只反并联晶闸管代替一只双向晶闸管时，每只晶闸管的电流额定值应为 $I_T \geqslant I_{T1}/2.22$	

① 如已知元件中的电流平均值，必须换算成电流有效值，再代入本式计算额定值。
② 当元件上的正向电压峰值与反向电压峰值不相等时，应取其中较大的一个。
注：在电容性负载时，电流额定值应取上限；在电感性负载时，电压额定值应取上限。

晶闸管额定电流的选择原则如下。

① 如果负载电阻固定（如电炉、电灯、电阻丝等），元件电流等级按最大导通角（最小控制角）来选择。

② 如果负载电阻不固定（即非线性），不论是供给负载电流 不变的情况（如电镀、电解等），还是呈现负阻特性的负载（电流大，电压反而低，如多晶炉、电瓶充电等），都不能以最小控制角为准，而应以最小导通角（一般以 30°为限）为计算依据。因为在导通角小的时候仍要供给同样的负载电流，势必造成元件过载而烧坏。

为使用方便，将原一机部部颁标准的元件等级，按电路形式和负载性质，列成表 7-10 供直接查找。

■ **表 7-10　晶闸管用于各种整流电路的允许负载电流（平均值）**　　单位：A

线路形式	负载性质	晶闸管额定电流值(平均值)/A													
		1		5		10		20		30		50		100	
		全导通 $\alpha=0°$	最小导通角 $\theta=30°$	全导通 $\alpha=0°$	最小导通角 $\theta=30°$	全导通 $\alpha=0°$	最小导通角 $\theta=30°$	全导通 $\alpha=0°$	最小导通角 $\theta=30°$	全导通 $\alpha=0°$	最小导通角 $\theta=30°$	全导通 $\alpha=0°$	最小导通角 $\theta=30°$	全导通 $\alpha=0°$	最小导通角 $\theta=30°$
单相半波	电阻性	1	0.39	5	1.95	10	3.9	20	7.8	30	11.7	50	19.5	100	39
	电感性	2.22	5.44	11.1	37.2	22.2	54.4	44.4	108.8	66.6	163.2	111	272	222	544
单相全波	电阻性	2	0.79	10	3.95	20	7.9	40	15.8	60	23.7	100	39.5	200	79
	电感性	2.22	5.44	11.1	27.2	22.2	54.4	44.4	108.8	66.6	163.2	111	272	222	544
单相半控桥	电阻性	2	0.79	10	3.95	20	7.9	40	15.8	60	23.7	100	39.5	200	79
	电感性	2.22	5.44	11.1	27.2	22.2	54.4	44.4	108.8	66.6	163.2	111	272	222	544
单相全控桥	电阻性	2	0.79	10	3.95	20	7.9	40	15.8	60	23.7	100	39.5	200	79
	电感性	2.22	2.22	11.1	27.2	22.2	22.2	44.4	44.4	66.6	66.6	111	111	222	222
二相零式	电阻性	1.33	0.39	6.65	1.95	13.3	3.9	26.6	7.8	39.9	11.7	66.5	19.5	133	39
	电感性	1.70	3.60	8.5	28	17	56	34	112	51	168	85	280	170	560
二相式	电阻性	1.18	0.39	5.9	1.95	11.8	3.9	23.6	7.8	35.4	11.7	59	19.5	118	39
	电感性	1.93	5.41	9.65	27.05	19.3	54.1	38.6	108.2	57.9	162.3	96.5	270.5	193	541
三相半波	电阻性	2.68	1.18	13.4	5.9	26.8	11.8	53.6	23.6	80.4	35.4	134	59	268	118
	电感性(带续流管)	2.72	5.40	13.6	27	27.2	54	54.4	108	81.6	162	136	270	272	540
	电感性(无续流管)	2.72	2.72	13.6	13.6	27.2	27.2	54.4	54.4	81.6	81.6	136	136	272	272
三相半控桥	电阻性	2.72	1.18	13.6	5.9	27.2	11.8	54.4	23.6	81.6	35.4	136	59	272	118
	电感性(带续流管)	2.72	5.40	13.6	27	27.2	54	54.4	108	81.6	162	136	270	272	540
	电感性(无续流管)	2.72	2.72	13.6	13.6	27.2	27.2	54.4	54.4	81.6	81.6	136	136	272	272
三相全控桥	电阻性	2.74	1.67	13.7	8.35	27.4	16.7	54.8	33.4	82.2	50.1	137	83.5	274	167
	电感性	2.72	2.72	13.6	13.6	27.2	27.2	54.4	54.4	81.6	81.6	136	136	272	272
双反星形带平衡电抗器	电阻性	5.46	3.34	27.3	16.7	54.6	33.4	109.2	66.8	163.8	100.2	273	167	546	334
	电感性	5.46	5.44	27.3	27.2	54.6	54.4	109.2	108.8	163.8	163.2	273	272	546	544

续表

线路形式	负载性质	晶闸管额定电流值(平均值)/A													
		200		300		400		500		600		800		1000	
		全导通 $\alpha=0°$	最小导通角 $\theta=30°$	全导通 $\alpha=0°$	最小导通角 $\theta=30°$	全导通 $\alpha=0°$	最小导通角 $\theta=30°$	全导通 $\alpha=0°$	最小导通角 $\theta=30°$	全导通 $\alpha=0°$	最小导通角 $\theta=30°$	全导通 $\alpha=0°$	最小导通角 $\theta=30°$	全导通 $\alpha=0°$	最小导通角 $\theta=30°$
单相半波	电阻性	200	78	300	117	400	156	500	195	600	234	300	312	1000	390
	电感性	444	1088	666	1632	888	2176	1110	2720	1332	3264	1776	4352	2220	5440
单相全波	电阻性	400	158	600	237	800	316	1000	395	1200	474	1600	632	2000	790
	电感性	444	1088	665	1632	888	2176	1110	2720	1332	3264	1776	4352	2220	5440
单相半控桥	电阻性	400	158	600	237	800	316	1000	395	1200	474	1600	632	2000	790
	电感性	444	1088	666	1632	888	2176	1110	2720	1332	3264	1776	4352	2220	5440
单相全控桥	电阻性	400	158	600	237	800	316	1000	395	1200	474	1600	632	2000	790
	电感性	444	444	666	666	888	888	1110	1110	1332	1332	1776	1776	2220	2220
二相零式	电阻性	266	78	399	117	532	156	665	195	798	234	1064	312	1330	390
	电感性	340	1120	510	1680	680	2240	850	2800	1020	3360	1360	4480	1700	5600
二相式	电阻性	236	78	354	117	472	156	590	195	708	234	944	312	1180	390
	电感性	386	1032	579	1623	772	2164	965	2705	1158	3246	1544	4328	1930	5410
三相半波	电阻性	536	236	804	354	1072	472	1360	590	1608	708	2144	944	2680	1180
	电感性(带续流管)	544	1080	816	1620	1088	2160	1360	2700	1632	3240	2176	4320	2720	5400
	电感性(无续流管)	544	544	816	816	1088	1088	1360	1360	1632	1632	2176	2176	2720	2720
三相半控桥	电阻性	544	236	816	354	1088	472	1360	590	1632	708	2176	944	2720	1180
	电感性(带续流管)	544	1080	816	1620	1088	2160	1360	2700	1632	3240	2176	4320	2720	5400
	电感性(无续流管)	544	544	816	816	1088	1088	1360	1360	1632	1632	2176	2176	2720	2720
三相全控桥	电阻性	548	334	822	501	1096	668	1376	835	1644	1002	2192	1336	2740	1670
	电感性	544	544	816	816	1088	1080	1360	1360	1632	1632	2176	2176	2720	2720
双反星形带平衡电抗器	电阻性	1092	668	1638	1002	2184	1336	2730	1670	3276	2004	4368	2672	5460	3340
	电感性	1092	1088	1638	1632	2184	2176	2730	2720	3276	3264	4368	4352	5460	5440

③ 需注意，双向晶闸管的额定电流是指电流有效值（而单向晶闸管的额定电流是指电流平均值），如用于异步电动机，则可按下式选择：

$$I_T \geqslant (5 \sim 7) I_{ed}$$

式中 I_{ed}——电动机额定电流，A。

7.1.3 整流管和晶闸管模块的选用

将整流管、晶闸管按一定的电路形式，通过焊接或压接的方式连接起来，组成模块。模块电路结构简单，体积小，接线方便，可靠性高，因此应用广泛。

(1) 整流管和晶闸管模块的选择和保护

① 模块电压规格的选择　模块额定电压应按下式选择：

$$U_{RRM} \geqslant (2 \sim 2.5) U_R$$

式中 U_{RRM}——模块正向电压峰值或反向电压峰值，V；

U_R——加在整流元件或晶闸管上的反向电压峰值，V。

② 模块电流规格的选择

a. 阻性负载：模块标称电流应为负载额定电流的 2 倍。

b. 感性负载：模块标称电流应为负载额定电流的 3 倍。

③ 过电流保护　过电流保护可采用外接快速熔断器或快速过电流继电器或电流传感器的方法，最常用的是快速熔断器。快速熔断器的选择见本章 7.4.6 项。

④ 过电压保护　可采用与模块（元件）并联的阻容吸收回路或用压敏电阻吸收过电压。具体选择见本章 7.4.4 项。

(2) 整流管和晶闸管模块参数

① 双臂整流管模块参数（见表 7-11）。

② 双臂晶闸管模块参数（见表 7-12）

③ 晶闸管-整流管联臂模块参数（见表 7-13）

④ 整流桥模块参数（见表 7-14）

■ **表 7-11　双臂整流管模块参数**

名称	型　号	电路图形	$I_{F(AV)}$ /A	T_C /℃	U_R /V	I_R (T_j=125℃) /mA	I_{TSM} (I_{FSM}), 10ms/A	U_{TM} (T_j=25℃) /V	U_{ISOL} (T_j=25℃) /V	R_{jc} /(℃/W)
双臂串联整流管模块	F18 RD27	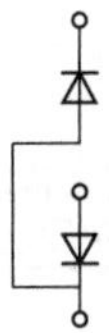	25	100	800～1600	8	470	1.45	2000	0.65
	F18 RD42		40	100		8	760	1.45	2000	0.48
	F18 RD57		55	100		8	1000	1.45	2000	0.35
	F18 RD92		90	100		8	1700	1.45	2000	0.20
	MDC110		110	100		8	2000	1.45	2000	0.16
	MDC130		130	100		10	2400	1.48	2000	0.14
	MDC160		160	100		10	3000	1.60	2500	0.11
	MDC200		200	100		12	3750	1.57	2500	0.09
	MDC250		250	100		12	4700	1.60	2500	0.06
	MDC300		300	100		18	5600	1.52	2500	0.06
	MDC400		400	100		25	7500	1.68	2500	0.043
	MDC500		500	85		30	9400	1.72	2500	0.043
	MDC600		600	55		30	11300	1.80	2500	0.05
双臂负极并联整流管模块	F18 CCD27	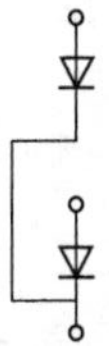	25	100	800～1600	8	470	1.45	2000	0.65
	F18 CCD42		40	100		8	760	1.45	2000	0.48
	F18 CCD57		55	100		8	1000	1.45	2000	0.35
	F18 CCD92		90	100		8	1700	1.45	2000	0.20
	MDK110		110	100		8	2000	1.45	2000	0.16
	MDK130		130	100		10	2400	1.48	2000	0.14
	MDK160		160	100		10	3000	1.60	2500	0.11
	MDK200		200	100		12	3750	1.57	2500	0.09
	MDK250		250	100		12	4700	1.60	2500	0.06
	MDK300		300	100		18	5600	1.52	2500	0.06
	MDK400		400	100		25	7500	1.68	2500	0.043
	MDK500		500	85		30	9400	1.72	2500	0.043
	MDK600		600	55		30	11300	1.80	2500	0.05

续表

名称	型　号	电路图形	$I_{F(AV)}$ /A	T_C /℃	U_R /V	I_R （T_j＝125℃）/mA	I_{TSM} （I_{FSM}），10ms/A	U_{TM} （T_j＝25℃）/V	U_{ISOL} （T_j＝25℃）/V	R_{jc} /(℃/W)
双臂正极并联整流管模块	F18 CAD27	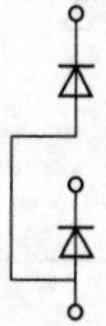	25	100	800～1600	8	470	1.45	2000	0.65
	F18 CAD42		40	100		8	760	1.45	2000	0.48
	F18 CAD57		55	100		8	1000	1.45	2000	0.35
	F18 CAD92		90	100		8	1700	1.45	2000	0.20
	MDA110		110	100		8	2000	1.45	2000	0.16
	MDA130		130	100		10	2400	1.48	2000	0.14
	MDA160		160	100		10	3000	1.60	2500	0.11
	MDA200		200	100		12	3750	1.57	2500	0.09
	MDA250		250	100		12	4700	1.60	2500	0.06
	MDA300		300	100		18	5600	1.52	2500	0.06
	MDA400		400	100		25	7500	1.68	2500	0.043
	MDA500		500	85		30	9400	1.72	2500	0.043
	MDA600		600	55		30	11300	1.80	2500	0.05

注：I_F—额定正向平均电流；T_C—管壳温度；U_R—最高反向工作电压（峰值）；I_R—反向漏电电流（平均值）；U_{TM}—最大正向压降；U_{ISOL}—结温 25℃时的耐压值；I_{TSM}—正向不重复浪涌电流（峰值）；T_j—芯片结温；R_{jc}—结壳之间的热阻。

■ **表 7-12　双臂晶闸管模块参数**

名称	型　号	电路图形	$I_{T(AV)}$（全导通）/A	T_C/℃	U_{RRM}，U_{DRM} /V	I_{RRM}（T_j=125℃）/mA	I_{TSM}（I_{FSM}），10ms/A	U_{TM}（T_j=25℃）/V	U_{ISOL}（T_j=25℃）/V	R_{jc} /(℃/W)
双臂负极并联晶闸管模块	F18 CCS27	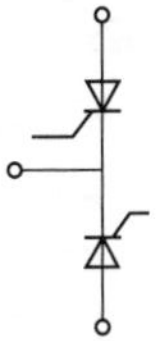	25	90	800～1600	8	470	1.6	2500	0.47
	F18 CCS42		40	90		8	760	1.4		0.32
	F18 CCS57		55	90		8	1000	1.5		0.24
	F18 CCS92		90	85		10	1700	1.55		0.16
	MTK160		160	85		15	3000	1.75		0.08
	MTK200		200	85		20	3750	1.80		0.06
	MTK250		250	80		20	4700	1.75		0.06
	MTK300		300	85		25	5600	1.48		0.05
	MTK400		400	80		25	7500	1.58		0.04
	MTK500		500	55		30	9400	1.95		0.04
双臂串联晶闸管模块	F18 SD27	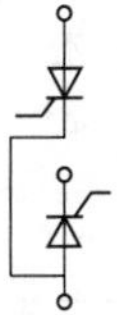	25	90	800～1600	8	470	1.6	2500	0.47
	F18 SD42		40	90		8	760	1.4		0.32
	F18 SD57		55	90		8	1000	1.5		0.24
	F18 SD92		90	85		10	1700	1.55		0.16
	MTC110		110	85		12	2000	1.42		0.14
	MTC130		130	80		15	2400	1.50		0.125
	MTC160		160	85		15	3000	1.75		0.08
	MTC200		200	85		20	3750	1.80		0.06
	MTC250		250	80		20	4700	1.75		0.06
	MTC300		300	85		25	5600	1.48		0.05
	MTC400		400	80		25	7500	1.58		0.04
	MTC500		500	55		30	9400	1.95		0.04

■ 表 7-13 晶闸管-整流管联臂模块参数

名称	型号	电路图形	$I_{T(AV)}$（全导通）/A	T_C/℃	U_{RRM}，U_{DRM}/V	I_{RRM}（T_j=125℃）/mA	I_{TSM}（I_{FSM}），10ms/A	U_{TM}（T_j=25℃）/V	U_{ISOL}（T_j=25℃）/V	R_{jc}/（℃/W）
	F18 HD27		25	90		8	470	1.6		0.47
	F18 HD42		40	90		8	760	1.4		0.32
	F18 HD57		55	90		8	1000	1.5		0.24
	F18 HD92		90	85		10	1700	1.55		0.16
	MFC1 110		110	85		12	2000	1.42		0.14
整-晶串联联臂模块	MFC1 130	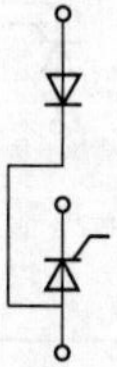	130	80	800～1600	15	2400	1.50	2500	0.125
	MFC1 160		160	85		15	3000	1.75		0.08
	MFC1 200		200	85		20	3750	1.80		0.06
	MFC1 250		250	80		20	4700	1.75		0.06
	MFC1 300		300	85		25	5600	1.48		0.05
	MFC1 400		400	80		25	7500	1.58		0.04
	MFC1 500		500	55		30	9400	1.95		0.04
	F18 DH27		25	90		8	470	1.6		0.47
	F18 DH42		40	90		8	760	1.4		0.32
	F18 DH57		55	90		8	1000	1.5		0.24
	F18 DH92		90	85		10	1700	1.55		0.16
	MFC2 110		110	85		12	2000	1.42		0.14
晶-整串联联臂模块	MFC2 130	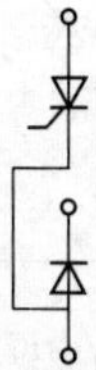	130	80	800～1600	15	2400	1.50	2500	0.125
	MFC2 160		160	85		15	3000	1.75		0.08
	MFC2 200		200	85		20	3750	1.80		0.06
	MFC2 250		250	80		20	4700	1.75		0.06
	MFC2 300		300	85		25	5600	1.48		0.05
	MFC2 400		400	80		25	7500	1.58		0.04
	MFC2 500		500	55		30	9400	1.95		0.04

续表

名称	型　号	电路图形	$I_{T(AV)}$（全导通）/A	T_C/℃	U_{RRM}，U_{DRM} /V	I_{RRM} （T_j=125℃）/mA	I_{TSM} （I_{FSM}），10ms/A	U_{TM} （T_j=25℃）/V	U_{ISOL} （T_j=25℃）/V	R_{jc} /(℃/W)
整-晶正极并联联臂模块	F18 CAH27	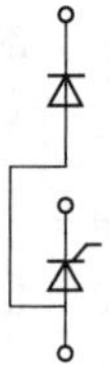	25	90	800～1600	8	470	1.6	2500	0.47
	F18 CAH42		40	90		8	760	1.4		0.32
	F18 CAH57		55	90		8	1000	1.5		0.24
	F18 CAH92		90	85		10	1700	1.55		0.16
	MFA 110		110	85		12	2000	1.42		0.14
	MFA 160		160	85		15	3000	1.75		0.08
	MFA 200		200	85		20	3750	1.80		0.06
	MFA 250		250	80		20	4700	1.75		0.06
	MFA 300		300	85		25	5600	1.48		0.05
	MFA 400		400	80		25	7500	1.58		0.04
	※MFA 500		500	55		30	9400	1.95		0.04
晶-整负极并联联臂模块	F18CCH27	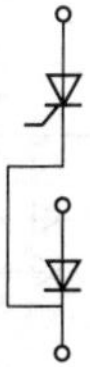	25	90	800～1600	8	470	1.6	2500	0.47
	F18CCH42		40	90		8	760	1.4		0.32
	F18CCH57		55	90		8	1000	1.5		0.24
	F18CCH92		90	85		10	1700	1.55		0.16
	MFK110		110	85		12	2000	1.42		0.14

■ **表 7-14　整流桥模块参数**

名称	型号	电路图形	I_O/A	T_C/℃	T_j/℃	U_{RRM}，U_{DRM}/V	I_{TSM}(I_{FSM})，10ms/A	U_{TM}(T_j=25℃)/V	U_{ISOL}(T_j=25℃)/V	R_{jc}(T_j=25℃)/(℃/W)
三相全波整流桥模块	MDS 30	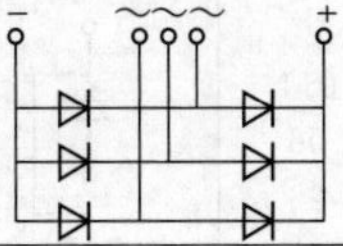	30	110	150	800～1600	370	1.4	2000	0.42
	MDS 50		50	110	150		480	1.4		0.30
	MDS 75		75	100	150		1000	1.4		0.24
	MDS 100		100	100	150		1200	1.5		0.16
单相全波整流桥模块	MDQ 30	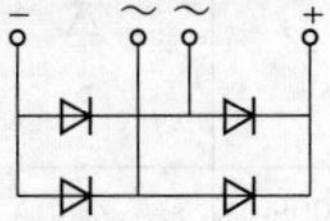	30	100	150	800～1600	370	1.8	2000	0.52
	MDQ 50		50	100	150		480	1.8		0.32
	MDQ 75		75	100	150		1000	1.6		0.25
	MDQ 100		100	100	150		1200	1.6		0.18
负三臂整流桥模块	MDG30		30	110	150	800～1600	370	1.4	2000	0.84
	MDG50		50	110	150		480	1.4		0.60
	MDG75		75	100	150		1000	1.4		0.48
	MDG100		100	100	150		1200	1.5		0.32
正三臂整流桥模块	MDY30	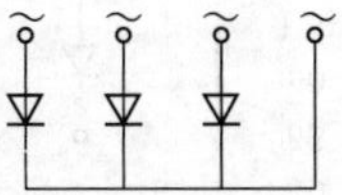	30	110	150	800～1600	370	1.4	2000	0.84
	MDY50		50	110	150		480	1.4		0.60
	MDY75		75	100	150		1000	1.4		0.48
	MDY100		100	100	150		1200	1.5		0.32
半可控单相全桥整流模块	MFQ 30	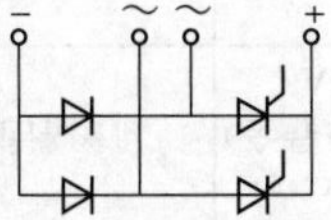	30	90	125	800～1600	370	1.4	2000	0.47
	MFQ 50		50	90	125		480	1.65		0.24

另外，还有三相共阳极晶闸管模块，其规格有：60A、80A、100A、130A，耐压为200～1800V。

7.1.4 晶闸管的测试

(1) 单向晶闸管的测试

① 用万用表测试　用万用表可判别晶闸管的三个电极及管子的好坏。

将万用表打在 $R\times1k$ 挡，测量阳极与阴极间正向与反向电阻，若阻值都很大接近无穷大，则说明阳极、阴极间是正常的；若阻值不大或为零，则说明管子性能不好或内部短路。然后将万用表打到 $R\times10$ 挡或 $R\times1$ 挡，测量控制极与阴极间的正向与反向电阻，一般正向电阻值为数十欧以下，反向电阻值为数百欧以上。若阻值为零或无穷大，则说明控制极与阴极内部短路或断路。

测量控制极与阴极间的正反向电阻时，不要用 $R\times1k$ 挡、$R\times10k$ 挡，否则测试电压过高会将控制极反向击穿。

② 用灯泡判别　如图7-4所示，E 采用6～24V直流电源，小功率晶闸管也可采用3V直流电源，灯泡HL额定电压不小于电源电压，但也不超过电源电压很多。

如果连接好线路，灯泡即发亮，则说明晶闸管内部已短路；如果灯泡不亮，将控制极G与阳极A短接一下即断开，灯泡一直发亮，则说明晶闸管是好的；如果G、A短接一下后灯泡仍不亮或只有在G、A短接时才发亮，G、A断开后就熄灭，则说明晶闸管是坏的。

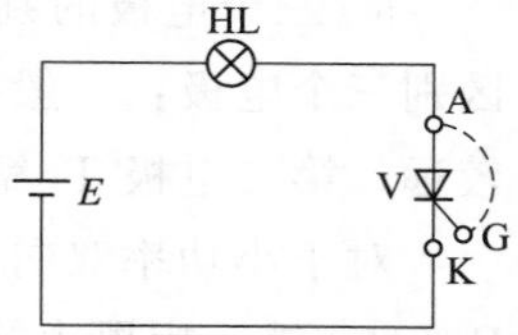

图7-4　用灯泡判别晶闸管的好坏

③ 晶闸管门极触发电压 U_{GT} 和触发电流 I_{GT} 的测试　试验接线如图7-5所示。测试时，调节电位器RP以逐渐增大门极触发电流，直至晶闸管导通，记下此时的电压表和电流表的读数，即为门极触发电压 U_{GT} 和触发电流 I_{GT}。

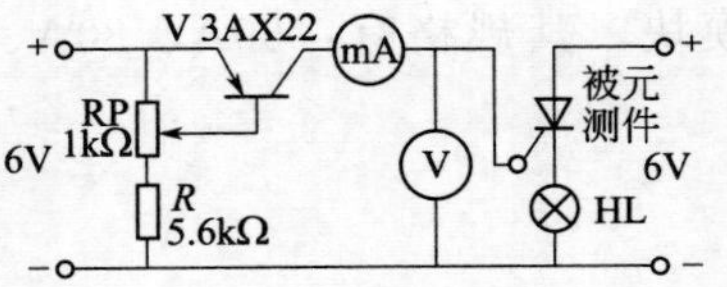

图 7-5　U_{GT} 和 I_{GT} 的测试

④ 晶闸管维持电流 I_H 的测试　试验接线如图 7-6 所示。测试时，按动按钮 SB，使晶闸管触发导通，然后调节电位器 RP，使通过晶闸管的正向电流逐渐减小，直至正向电流突然降至零，记下降至零前的一瞬间的电流值，即为维持电流 I_H。

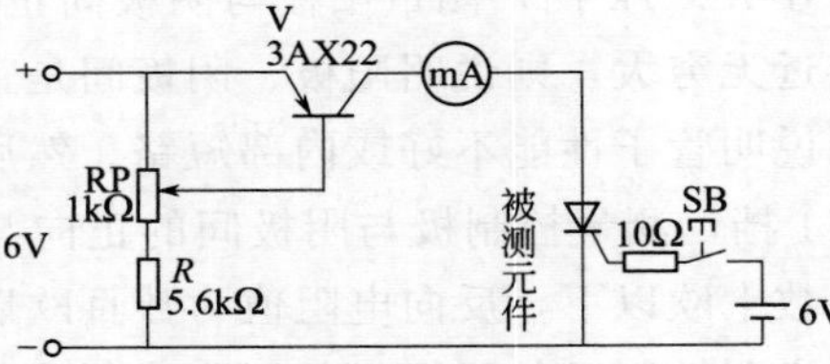

图 7-6　维持电流 I_H 的测试

(2) 双向晶闸管的测试

① 用万用表测试　用万用表可判别双向晶闸管的三个电极及管子的好坏。

a. 三个电极的判别：大功率双向晶闸管从其外形看，很容易区别三个电极：一般控制极 G 的引出线较细，第一电极 T_1 离 G 极较远，第二电极 T_2 靠近 G 极。

对于小功率双向晶闸管用万用表判别方法如下：将万用表打到 $R\times100$ 挡，用黑表笔（即正表笔）和管子的任一极相连，再用红表笔（即负表笔）分别去碰触另外两个电极。如果表针均不动，则黑表笔接的是 T_1 极。如果碰触其中一电极时表针不动，而碰另一电极时表针偏转，则黑表笔接的不是 T_1 极。这时应将黑表笔换接另一极重复上述过程。这样就可测出 T_1 极。T_1 极确定后，再将万用表打在 $R\times1\text{k}$ 挡或 $R\times10\text{k}$ 挡。先把一只 5～20μF 的电解电容的正极接万用表的黑表笔，负极接红表笔给电容充电数秒钟，取下电容作备用。然后将万用表的黑表笔接 T_1 极，红表笔接另一假设的 T_2 极，再将已充电的电解电容作触发电源，其负端对着假定的 T_2 极，正端对着假定的 G 极，碰触一下立即拿开，如果表针大幅度偏转并停留在某一固定位置，则说明上述假定的 T_2、G 两极是正确的；如果表针不动，则红表笔接的是 G 极。此时，可将假设的 T_2 和 G 调换一下再测一遍，作验证（电解电容需重新充电）。

b. 好坏及性能鉴别：将万用表打到 $R\times1k$ 挡，测量 T_1 极和 T_2 极或 G 极与 T_1 极间的正向与反向电阻。如果测得的电阻值均很小或为零，则说明管子内部短路（正常时近似无穷大）；如果测得 G 极与 T_2 极间正向与反向电阻值非常大（不要用 $R\times1k$ 挡、$R\times10k$ 挡，以免将控制极反向击穿），则说明管子已断路（正常时不大于几百欧）。

用万用表还可作性能鉴定：将万用表的黑表笔接双向晶闸管的 T_1 极，红表笔接 T_2 极（设 T_1、T_2 已用上述方法识别），再用充好电的电解电容的正端对 G 极，负端对 T_2 极，碰触一下立即拿开，如果万用表大幅度偏转且停留在某一固定值位置，则说明晶闸管 T_1 向 T_2 导通方向是好的；然后将万用表正负表笔及电解电容正负极对调，用同样方法测试 T_2 向 T_1 导通方向是否良好。

② 伏安特性的测试　试验接线如图 7-7 所示。测试时，将开关 SA_2 断开，SA_1 闭合，调节调压器 T_1，使电压逐渐升高至

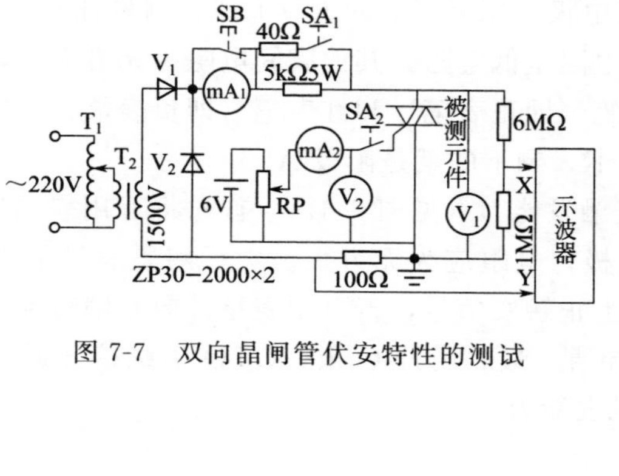

图 7-7　双向晶闸管伏安特性的测试

双向晶闸管发生转折（伏安特性曲线急剧弯曲处），读出转折前一瞬电压表 V_1 的读数（峰值）和电流表 mA_1 的读数（按下按钮 SB），即为断态不重复峰值电压 U_{DSM} 和断态不重复峰值电流 I_{DSM}。然后将电压降至 $80\%U_{DSM}$ 处，读出电压表 V_1 和电流表 mA_1 的读数，即为断态重复峰值电压 U_{DRM} 和断态重复峰值电流 I_{DRM}。

然后将双向晶闸管第一电极 T_1 和第二电极 T_2 对调，重复上述测试，以了解双向晶闸管Ⅰ与Ⅱ的对称性。

③ 门极控制特性的测试　测试接线仍如图 7-7 所示。断开 SA_1，将 T_1、T_2 两极间的电压降至 6～20V，合上 SA_2，调节电位器 RP，逐渐增大触发电压，一面观察示波器，直至双向晶闸管导通，记下导通一瞬间的电流表 mA_2 和电压表 V_2 的读数，即为门极触发电流 I_{GT} 和门极触发电压 U_{GT}。

④ 用灯泡法检测断态电压临界上升率 du/dt　将双向晶闸管、两只 60W、220V（串联）灯泡和开关串联后接在 380V 交流电路中，然后频繁地开合开关，让变化的电压加到电极 T_1 和 T_2 上（G 极空着），此时管子将产生电压上升率，观察灯泡有无发亮情况。如果有过发亮情况，则说明双向晶闸管有失去阻断能力的现象，为不合格品。

(3) 可关断晶闸管（GTO）的测试

用万用表可以简易测试 GTO 的主要特性。

① 判定电极　用万用表的 $R\times1$ 挡，测量任意两脚间的电阻。当某对脚间电阻呈低电阻，其他脚间电阻为无穷大时，可判定呈低电阻时黑表笔（即正表笔）和红表笔（即负表笔）所接的分别是门极 G 和阴极 K，剩下的就是阳极 A。

② 检查触发能力（见图 7-8）　首先将万用表黑表笔接 A 极，红表笔接 K 极，电阻应为无穷大。然后用黑表笔笔尖也同时接触 G 极，即加上正触发信号，若万用表指针向右偏转到低阻值，则表明 GTO 已导通。最后脱开 G 极，GTO 仍维持导通状态，则表明 GTO 具有触发能力。

③ 检查关断能力（见图 7-9） 先用万用表Ⅰ使 GTO 维持通态，再将万用表Ⅱ拨到 $R\times10$ 挡，红表笔接 G 极，黑表笔接 K 极，即施以负向触发信号。若万用表Ⅰ的指针向左摆到无穷大，表明 GTO 具有关断能力。

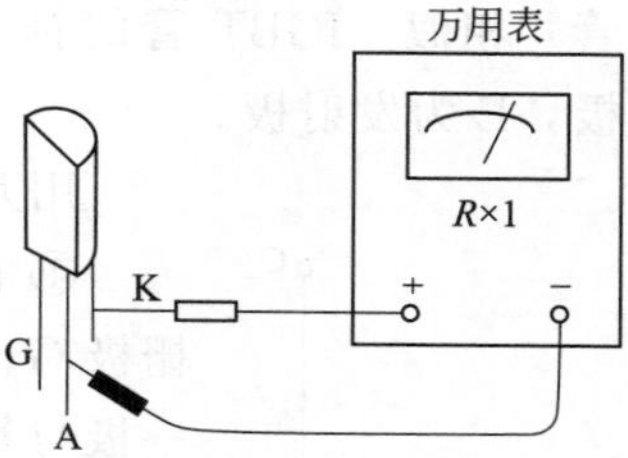

图 7-8 检查触发能力

④ 估测关断增益 B_{off} B_{off} 是 GTO 一个重要参数，等于阳极电流 I_A 与门极最小反向控制电流 I_G 的比值，即 $B_{off}=I_A/I_G$。

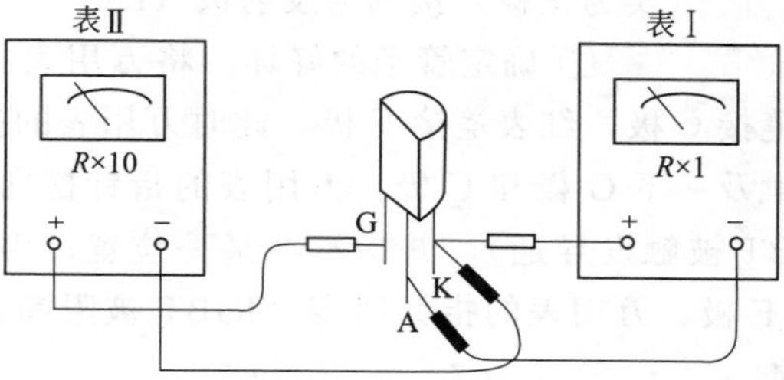

图 7-9 检查关断能力

估测时，先只接万用表Ⅰ，使 GTO 维持通态，记下 GTO 导通时万用表Ⅰ正向偏转格数 n_1（满格 50）；再接上万用表Ⅱ，强迫 GTO 关断，记下万用表Ⅱ的正向偏转格数 n_2，则 $B_{off}=10n_1/n_2$。

测试注意事项如下。

① 万用表Ⅰ和Ⅱ应为同一型号表，测试前应先调准零点。

② 测试大功率 GTO 时，可在 $R\times1$ 挡外面串接一节 1.5V 干电池，以提高测试电压，使 GTO 能可靠导通。

(4) 绝缘双极晶体管（IGBT）的测试

绝缘双极晶体管（IGBT）是通过栅极驱动电压来控制的开关晶体管，广泛用于变频器中作为直流逆变成交流的电力电子元件。IGBT 管的结构和工作原理与场效应晶体管（通常称为 MOSFET

管）相似。IGBT 管的符号如图 7-10 所示。G 为栅极，C 为集电极，E 为发射极。

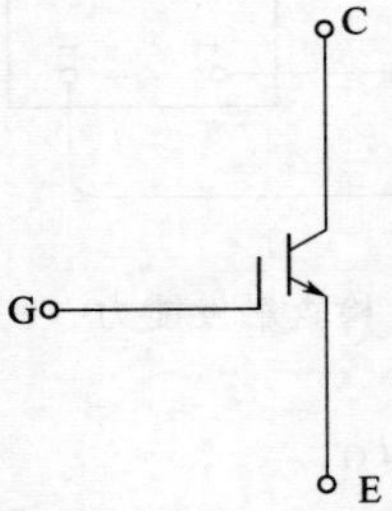

图 7-10　IGBT 管的符号

用万用表测试 IGBT 管的方法如下。

① 确定三个电极　假定管子是好的，先确定栅极 G。将万用表打到 $R\times10$k 挡，若测量到某一极与其他两极电阻值为无穷大，调换表笔后测得该极与其他两极电阻值为无穷大，则可判断此极为栅极（G）。再测量其余两极。若测得电阻值为无穷大，而调换表笔后测得电阻值较小，此时红表笔（实为负极）接的为集电极（C），黑表笔（实为正极）接的为发射极（E）。

② 确定管子的好坏　将万用表打到 $R\times10$k 挡，用黑表笔接 C 极，红表笔接 E 极，此时万用表的指针在零位，用手指同时触及一下 G 极和 C 极，万用表的指针摆向电阻值较小的方向（IGBT 被触发导通），并指示在某一位置；再用手指同时触及 G 极和 E 极，万用表的指针回零（IGBT 被阻断），即可判断 IGBT 是好的。

如果不符合上述现象，则可判断 IGBT 是坏的。用此方法也可测试功率场效应晶体管（P-MOSFET）的好坏。

7.1.5　使用晶闸管的注意事项

晶闸管元件较为娇贵，使用不当容易损坏，因此在使用和安装时必须注意以下事项。

① 正确选用晶闸管，尤其对电压等级和电流等级的选择更为重要，否则选择不当容易击穿或烧毁。

② 测试晶闸管或检查晶闸管电路故障时，都要十分小心，不可在控制极和阴极（或双向晶闸管的 T_2 极）之间加以过高的电压，一般瞬时电压不应超过 10V，否则控制极会被击穿。

③ 注意使用时的环境温度，晶闸管结温不可超过通常允许值

115℃。安装和使用时应注意散热和通风，务必使晶闸管的外壳温度不超过80～90℃。

④ 晶闸管对过电压和过电流的耐量很小，即使短时间的超过规定值的过电流或过电压，都会造成元件的损坏，尤其过电压，所以必须采取过电压和过电流保护。

⑤ 晶闸管及其电路的抗干扰和抗静电能力差，容易引起误动作，因此必须采取防干扰、防静电措施。

⑥ 由于晶闸管管芯与管壳的热阻 R_{jc} 约在0.05℃/W左右，再考虑到管壳与散热片之间的热阻，要使晶闸管的结温不超过115℃，就必须加装相应面积的散热片。并应在接触面涂上导热硅脂。

⑦ 晶闸管应拧紧在散热器上，但也不能过紧。虽然拧得越紧，散热效果越好些，但拧得过紧，会引起硅片损坏。拧紧力矩推荐值见表7-15。

■ 表7-15 拧紧力矩推荐值

螺栓直径/mm	六角形基座对边距离/mm	推荐的拧紧力矩/N·cm
6(5A)	13	340
10(20A)	28	980
12(50A)	32	1470
16(100A)	36	1960
20(200A)	43	3430

平板元件夹紧散热器时，必须确保两边加力均匀，否则很容易把硅片挤碎。按规定硅片每平方厘米可加力785N。200A平板元件硅片面积约为5cm^2，故可加力3925N左右。通常只要两边加力均匀。用12in[1]扳子用力拧是不会拧坏的。

⑧ 使用晶闸管还应注意环境条件：

a. 环境温度不高于+40℃，不低于−40℃；

b. 空气相对湿度不大于85%；

c. 海拔不超过1000m；

[1] 1in=25.4mm。

d. 在无爆炸危险的介质中，且介质无足以腐蚀金属和绝缘的气体及导电尘埃。

⑨ 晶闸管的过载能力差，应用于大容量设备时，往往需将其串联或并联使用，为了避免管子击穿或过载烧毁，必须加以均压和均流措施。

⑩ 晶闸管并联使用时还应注意以下事项。

a. 挑选在实际工作电流下通态电压相差不超过 0.05V，触发电压与触发电流相差都不超过 10%的晶闸管作并联元件。

b. 在控制极上各串接入 5.1Ω、1/4W 的碳膜电阻进行均流，再参与并联。

c. 将各晶闸管的阳极、阴极用一样规格的导线各自接入电源端和负载端。

d. 开始试用后不久即应探测各并联晶闸管的温升情况，如某管温升低或几乎没有温升，即应调换触发电压较低的晶闸管，直至各晶闸管温升接近。

需指出，采用上述方法，要求晶闸管触发的输出功率较大，如脉冲幅度不低于 4V，脉冲前沿在 1μs 内，输出内阻在 3Ω 内。

7.2 晶闸管变流电路及基本电量关系

7.2.1 晶闸管整流电路的电参数及整流电路比较

(1) 晶闸管整流电路的电参数

各种晶闸管整流电路的电参数见表 7-16。

(2) 常用晶闸管整流电路比较（见表 7-17）

■ 表 7-16　晶闸管整流电路的电参数

整流电路名称		单相半波	单相全波
电路图		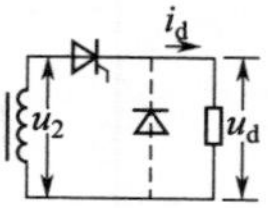	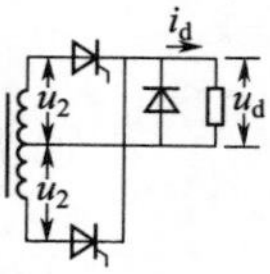
空载直流输出电压	全导通($\alpha=0$)U_{d0}	$0.45U_2$	$0.9U_2$
	某一移相角 α 时 U_d(电阻负载或带续流二极管电感负载)	$\frac{1+\cos\alpha}{2}U_{d0}$	$\frac{1+\cos\alpha}{2}U_{d0}$
	某一移相角 α 时 U_d(无续流二极管电感负载)	—	$\cos\alpha U_{d0}$
元件最大正向电压和最大反向电压峰值 U_m		$1.41U_2(3.14U_{d0})$	$2.83U_2(3.14U_{d0})$
移相范围	电阻负载或带续流二极管的电感负载	0°～180°	0°～180°
	无续流二极管的电感负载	—	0°～90° (α>90°转入逆变状态)
元件最大导通角		180°	180°
输出电压最低脉动频率		f	$2f$
全导通时输出电压纹波系数 γ		1.21	0.484
全导通时输出电压脉动系数 s		1.57	0.667
流过晶闸管的电流平均值(无续流二极管)		I_d	$0.5I_d$
功率因数		0.405	0.637
变压器一次侧容量 P_{s1}		$3.48U_dI_d$	$1.11U_dI_d$
变压器二次侧容量 P_{s2}		$3.48U_dI_d$	$1.57U_dI_d$

续表

整流电路名称	单相半控桥	晶闸管作开关的单相桥
电路图	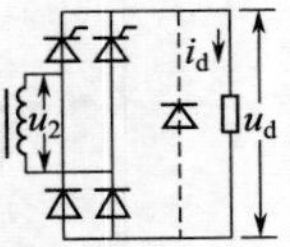	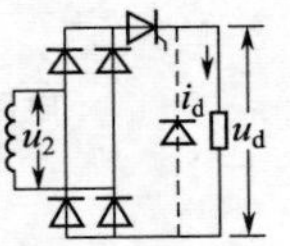
空载直流输出电压：全导通($\alpha=0$)U_{d0}	$0.9U_2$	$0.9U_2$
空载直流输出电压：某一移相角 α 时 U_d(电阻负载或带续流二极管电感负载)	$\frac{1+\cos\alpha}{2}U_{d0}$	$\frac{1+\cos\alpha}{2}U_{d0}$
空载直流输出电压：某一移相角 α 时 U_d(无续流二极管电感负载)	$\frac{1+\cos\alpha}{2}U_{d0}$	
元件最大正向电压和最大反向电压峰值 U_m	$1.41U_2(1.57U_{d0})$	$1.41U_2(1.57U_{d0})$，晶闸管不受反向电压
移相范围：电阻负载或带续流二极管的电感负载	0°～180°	0°～180°
移相范围：无续流二极管的电感负载	0°～180°	—
元件最大导通角	180°	360°
输出电压最低脉动频率	$2f$	$2f$
全导通时输出电压纹波系数 γ	0.484	0.484
全导通时输出电压脉动系数 s	0.667	0.667
流过晶闸管的电流平均值(无续流二极管)	$0.5I_d$	I_d
功率因数	0.901	0.901
变压器一次侧容量 P_{s1}	$1.11U_dI_d$	$1.11U_dI_d$
变压器二次侧容量 P_{s2}	$1.11U_dI_d$	$1.11U_dI_d$

续表

整流电路名称		单相全控桥	二相零式
电路图		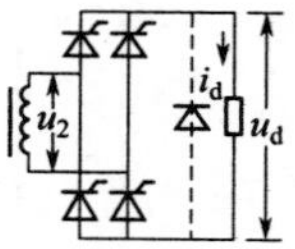	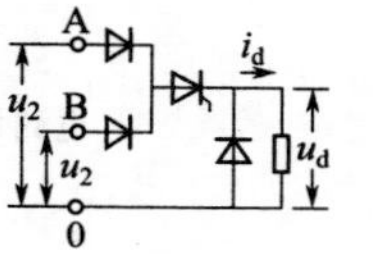
空载直流输出电压	全导通($\alpha=0$)U_{d0}	$0.9U_2$	$0.839U_2$
	某一移相角 α 时 U_d(电阻负载或带续流二极管电感负载)	$\frac{1+\cos\alpha}{2}U_{d0}$	$0.268(2.73+\cos\alpha)U_{d0}$ ($0°<\alpha<150°$) $0.268[1+\cos(\alpha-120°)]U_{d0}$ ($150°<\alpha<300°$)
	某一移相角 α 时 U_d(无续流二极管电感负载)	$\cos\alpha U_{d0}$	—
元件最大正向电压和最大反向电压峰值 U_m		$1.41U_2$($1.57U_{d0}$)	晶闸管: $1.41U_2$($1.69U_{d0}$) 二极管:$2.45U_2$
移相范围	电阻负载或带续流二极管的电感负载	$0°\sim180°$	$0°\sim300°$
	无续流二极管的电感负载	$0°\sim90°$ ($\alpha>90°$转入逆变状态)	—
元件最大导通角		180°	300°
输出电压最低脉动频率		$2f$	f
全导通时输出电压纹波系数 γ		0.484	0.613
全导通时输出电压脉动系数 s		0.667	0.698
流过晶闸管的电流平均值(无续流二极管)		$0.5I_d$	晶闸管:$0.833I_d$ 二极管:$0.32I_d$
功率因数		0.901	
变压器一次侧容量 P_{s1}		$1.11U_dI_d$	
变压器二次侧容量 P_{s2}		$1.11U_dI_d$	

续表

整流电路名称		二相式	三相半波
电路图		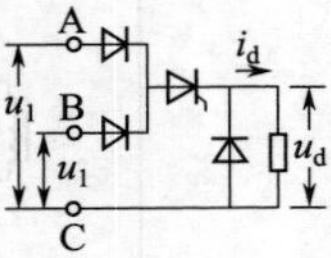	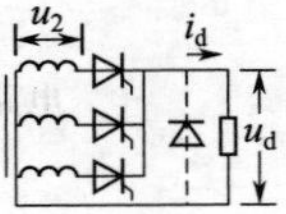
空载直流输出电压	全导通($\alpha=0$)U_{d0}	$0.675U_1$	$1.17U_2$
	某一移相角 α 时 U_d(电阻负载或带续流二极管电感负载)	$0.334(2+\cos\alpha)U_{d0}$ ($0°<\alpha<120°$) $0.334[1+\cos(\alpha-60°)]U_{d0}$ ($120°<\alpha<240°$)	$\cos\alpha U_{d0}$ ($0°\leqslant\alpha\leqslant30°$) $0.577[1+\cos(\alpha+30°)]U_{d0}$ ($30°\leqslant\alpha\leqslant150°$)
	某一移相角 α 时 U_d(无续流二极管电感负载)	—	$\cos\alpha U_{d0}$
元件最大正向电压和最大反向电压峰值 U_m		$1.41U_2$($2.09U_{d0}$)	$2.45U_2$($2.09U_{d0}$)
移相范围	电阻负载或带续流二极管的电感负载	$0°\sim240°$	$0°\sim150°$
	无续流二极管的电感负载	—	$0°\sim90°$ ($\alpha>90°$转入逆变状态)
元件最大导通角		240°	120°
输出电压最低脉动频率		f	$3f$
全导通时输出电压纹波系数 γ		0.875	0.183
全导通时输出电压脉动系数 s		1.21	0.25
流过晶闸管的电流平均值(无续流二极管)		晶闸管:$0.667I_d$ 二极管:$0.40I_d$	$0.333I_d$
功率因数			0.826
变压器一次侧容量 P_{s1}			$1.21U_dI_d$
变压器二次侧容量 P_{s2}			$1.48U_dI_d$

续表

整流电路名称		三相半控桥	三相全控桥
电路图		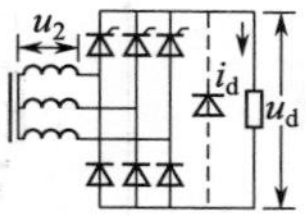	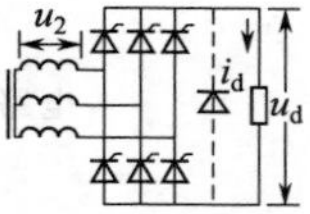
空载直流输出电压	全导通($\alpha=0$)U_{d0}	$2.34U_2$	$2.34U_2$
	某一移相角 α 时 U_d(电阻负载或带续流二极管电感负载)	$\frac{1+\cos\alpha}{2}U_{d0}$	$\cos\alpha U_{d0}$ ($0°\leqslant\alpha\leqslant60°$) $[1+\cos(\alpha+60°)]U_{d0}$ ($60°\leqslant\alpha\leqslant120°$)
	某一移相角 α 时 U_d(无续流二极管电感负载)	$\frac{1+\cos\alpha}{2}U_{d0}$	$\cos\alpha U_{d0}$
元件最大正向电压和最大反向电压峰值 U_m		$2.45U_2$($1.05U_{d0}$)	$2.45U_2$($1.05U_{d0}$)
移相范围	电阻负载或带续流二极管的电感负载	0°～180°	0°～120°
	无续流二极管的电感负载	0°～180°	0°～90° (α>90°转入逆变状态)
元件最大导通角		120°	120°
输出电压最低脉动频率		$6f$	$6f$
全导通时输出电压纹波系数 γ		0.042	0.042
全导通时输出电压脉动系数 s		0.057	0.057
流过晶闸管的电流平均值(无续流二极管)		$0.333I_d$	$0.333I_d$
功率因数		0.955	0.955
变压器一次侧容量 P_{s1}		$1.05U_dI_d$	$1.05U_dI_d$
变压器二次侧容量 P_{s2}		$1.05U_dI_d$	$1.05U_dI_d$

续表

整流电路名称		具有中点二极管的三相半控桥	双反星形带平衡电抗器
电路图		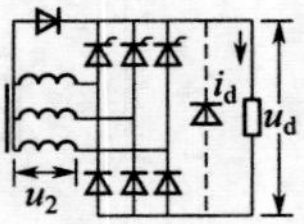	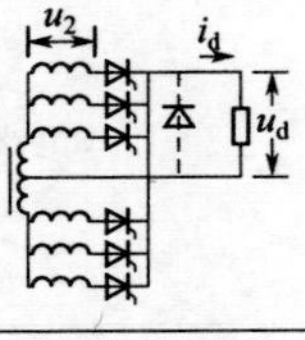
空载直流输出电压	全导通($\alpha=0$)U_{d0}	$2.34U_2$	$1.17U_2$
	某一移相角 α 时 U_d(电阻负载或带续流二极管电感负载)	$0.5(1+\cos\alpha)U_{d0}$ ($0°\leqslant\alpha\leqslant30°$) $0.288[\sqrt{3}+1+\cos(\alpha+30°)]U_{d0}$ ($30°<\alpha<150°$)	$\cos\alpha U_{d0}$ ($0°\leqslant\alpha\leqslant60°$) $[1+\cos(\alpha+60°)]U_{d0}$ ($60°\leqslant\alpha\leqslant120°$)
	某一移相角 α 时 U_d(无续流二极管电感负载)	同上	$\cos\alpha U_{d0}$
元件最大正向电压和最大反向电压峰值 U_m		$1.41U_2$($2.45U_{d0}$)	$2.45U_2$($2.09U_{d0}$)
移相范围	电阻负载或带续流二极管的电感负载	$0°\sim150°$	$0°\sim120°$
	无续流二极管的电感负载	$0°\sim150°$	$0°\sim90°$ ($\alpha>90°$转入逆变状态)
元件最大导通角		$120°$	$120°$
输出电压最低脉动频率		$6f$	$6f$
全导通时输出电压纹波系数 γ		0.042	0.042
全导通时输出电压脉动系数 s		0.057	0.057
流过晶闸管的电流平均值(无续流二极管)		晶闸管、二极管: $0.333I_d$($0°<\alpha<150°$)	$0.167I_d$
功率因数		0.955	0.955
变压器一次侧容量 P_{s1}		$1.05U_dI_d$	$1.05U_dI_d$
变压器二次侧容量 P_{s2}		$1.05U_dI_d$	$1.48U_dI_d$

注 1. 表中 U_2 指相电压。若变压器二次侧为三角形接法，则 U_2 应以 $U_{l2}/\sqrt{3}$ 代入，U_{l2} 为二次侧线电压。

2. f 为交流电源频率(Hz)。

3. γ(纹波系数) $=\dfrac{\text{交流分量的有效值}}{\text{直流分量(即平均值)}}$。

4. s(脉动系数) $=\dfrac{\text{交流分量的基波(或最低次谐波)的振幅值}}{\text{直流分量(即平均值)}}$。

■ 表 7-17 常用晶闸管整流电路比较

指　　标	单相半波	单相全波	二相零式	单相全控桥	三相半波	三相桥式	双反星形带平衡电抗器
U_m/U_{d0} 越小越好	3.14 最大	3.14 最大	1.68 一般	1.57 一般	2.09 较大	1.05 最小	2.09 较大
I_{dt}/I_d 越小越好	1 最大	0.5 一般	0.83 较大	0.5 一般	0.33 一般	0.33 一般	0.167 最小
变压器初级利用率(%) 越大越好	28.6 最小	90 较大		90 较大	82.7 一般	95.5 最大	95.5 最大
变压器次级利用率(%) 越大越好	28.6 最小	63.7 一般		90 较大	67.5 一般	95.5 最大	67.5 一般
功率因数 越大越好	0.405 最小	0.637 小	小	0.901 一般	0.826 一般	0.955 最大	0.955 最大
s 越小越好	1.21 最大	0.484 较大	较大	0.484 较大	0.187 一般	0.042 最小	0.042 最小
线路结构 越简单越好	一只晶闸管 最简单	二只晶闸管 较简单	一只晶闸管 二只二极管 较简单	四只晶闸管 较简单	三只晶闸管 一般	六只整流元件 一般	六只晶闸管 平衡电抗器 较复杂

注：U_m为元件最大反向电压峰值；U_{d0}为空载直流输出电压；I_{dt}为流过晶闸管的电流平均值；I_d为输出直流电流；s为全导通时输出电压脉动系数。

7.2.2 各种晶闸管整流电路的波形及电流、电压的关系

各种晶闸管整流电路的波形及电流、电压的关系，见表7-18～表7-26。

表中符号说明：

U_d——电路输出（或负载）电压直流平均值；

U_2——电源电压有效值（一般为整流变压器次级电压）；

U——电路输出（或负载）电压有效值；

I_2——输入电流有效值（一般指变压器次级电流）；

I_d——电路输出（或负载）电流的平均值；

I_{dt}——流过晶闸管的电流平均值；

I_t——流过晶闸管的电流有效值；

U_{PF}——晶闸管承受的正向峰值电压（U_{PFM}为最大正向峰值电压）；

U_{PR}——晶闸管承受的反向峰值电压（U_{PRM}为最大反向峰值电压）。

7.2.3 各种整流电路的整流变压器的计算

设计整流变压器主要是确定变压器初、次级电压U_1、U_2，初、次级电流I_1、I_2，初、次级容量P_1、P_2和变压器平均计算容量P_j。有了上述参数，便可按设计普通变压器一样确定变压器铁芯截面、绕组线径和匝数。另外，确定整流变压器相电压和相电流时，还应考虑整流元件的管压降（半波1.5V，桥式3V），变压器阻抗压降，电网的波动（加大10%～15%），以及励磁电流（初级相电流加大5%）等的影响。

各种整流电路的整流变压器的计算参数（全导通，即移相角$\alpha=0°$）见表7-27。

■ 表 7-18　单相半波电路

负载性质	电　　路	整流器输出电压波形 u_d	流过晶闸管的电流波形 i_{dt}	移相角 α	$\frac{U_d}{U_2}$	$\frac{U}{U_2}$	$\frac{U}{U_d}$	$\frac{I_2}{I_d}$	$\frac{I_{dt}}{I_d}$	$\frac{I_t}{I_d}$	$\frac{U_{PF}}{U_2}$	$\frac{U_{PR}}{U_2}$
电阻性	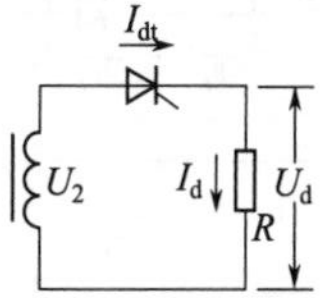	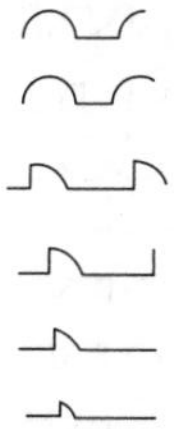	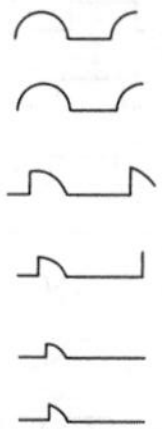	0°	0.45	0.71	1.57	1.57	1	1.57	0	1.41
				30°	0.42	0.70	1.66	1.66	1	1.66	0.71	1.41
				60°	0.34	0.63	1.88	1.88	1	1.88	1.22	1.41
				90°	0.23	0.51	2.26	2.26	1	2.26	1.41	1.41
				120°	0.11	0.30	2.78	2.78	1	2.78	1.41	1.41
				150°	0.03	0.12	3.99	3.99	1	3.99	1.41	1.41
电感性（有续流管）	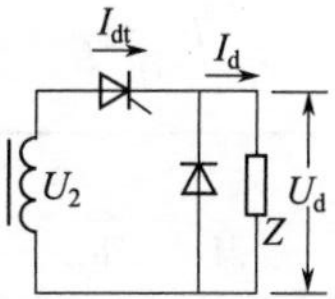	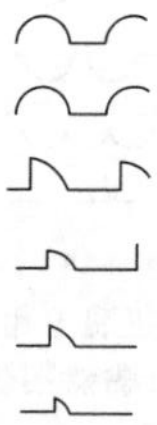	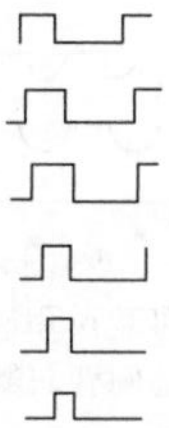	0°	0.45	0.71	1.57	0.71	0.50	0.71	0	1.41
				30°	0.42	0.70	1.66	0.65	0.42	0.65	0.71	1.41
				60°	0.34	0.63	1.88	0.58	0.33	0.58	1.22	1.41
				90°	0.23	0.51	2.26	0.50	0.25	0.50	1.41	1.41
				120°	0.11	0.30	2.78	0.41	0.17	0.41	1.41	1.23
				150°	0.03	0.12	3.99	0.29	0.08	0.29	1.41	0.71

■ **表 7-19　单相全波电路**

负载性质	电　路	整流器输出电压波形 u_d	流过晶闸管的电流波形 i_{dt}	移相角 α	$\frac{U_d}{U_2}$	$\frac{U}{U_2}$	$\frac{U}{U_d}$	$\frac{I_2}{I_d}$	$\frac{I_{dt}}{I_d}$	$\frac{I_t}{I_d}$	$\frac{U_{PF}}{U_2}$	$\frac{U_{PR}}{U_2}$
电阻性	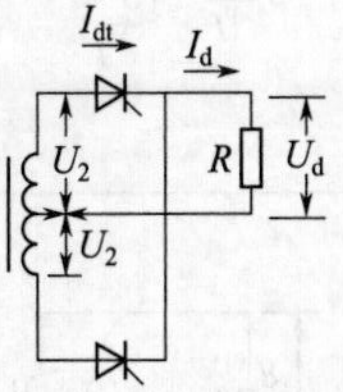	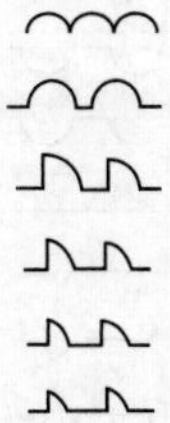	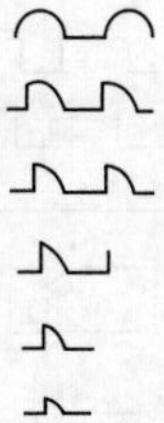	0°	0.90	1.00	1.1	0.79	0.5	0.79	0	1.41
				30°	0.84	0.99	1.2	0.83	0.5	0.83	0.36	1.41
				60°	0.68	0.90	1.3	0.94	0.5	0.94	0.62	1.41
				90°	0.50	0.71	1.6	1.11	0.5	1.11	0.71	1.41
				120°	0.22	0.45	2.0	1.39	0.5	1.39	0.71	1.41
				150°	0.06	0.09	2.8	2.00	0.5	1.98	0.71	1.41
电感性（有续流管）	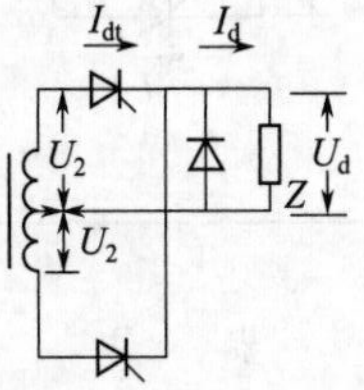	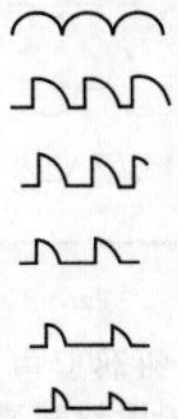	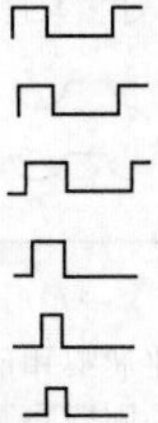	0°	0.90	1.00	1.1	0.71	0.5	0.71	0	1.41
				30°	0.84	0.99	1.2	0.65	0.5	0.78	0.36	1.41
				60°	0.68	0.90	1.4	0.58	0.5	0.87	0.62	1.41
				90°	0.50	0.72	1.6	0.50	0.5	1.00	0.71	1.41
				120°	0.22	0.43	2.0	0.41	0.5	1.22	0.71	1.23
				150°	0.06	0.85	2.8	0.29	0.5	1.73	0.71	0.71

■ 表 7-20 单相半控桥式电路

负载性质	电路	整流器输出电压波形 u_d	流过晶闸管的电流波形 i_{dt}	移相角 α	$\frac{U_d}{U_2}$	$\frac{U}{U_2}$	$\frac{U}{U_d}$	$\frac{I_2}{I_d}$	$\frac{I_{dt}}{I_d}$	$\frac{I_t}{I_d}$	$\frac{U_{PF}}{U_2}$	$\frac{U_{PR}}{U_2}$
电阻性	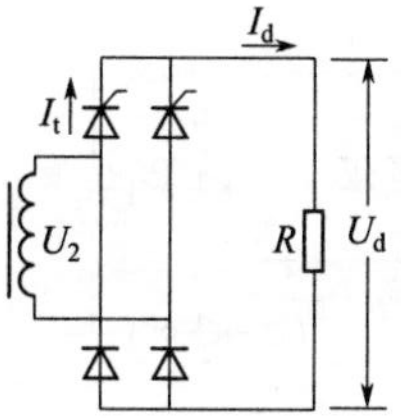		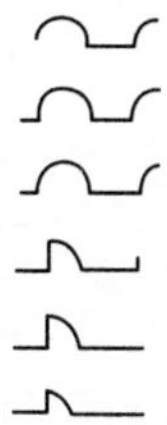	0°	0.90	1.00	1.11	1.11	0.5	0.79	0	1.41
				30°	0.84	0.99	1.17	1.17	0.5	0.83	0.71	1.41
				60°	0.68	0.90	1.33	1.33	0.5	0.94	1.23	1.41
				90°	0.45	0.71	1.57	1.57	0.5	1.11	1.41	1.41
				120°	0.23	0.45	1.97	1.97	0.5	1.39	1.41	1.41
				150°	0.06	0.17	2.82	2.82	0.5	1.98	1.41	1.41
电感性（带续流管）	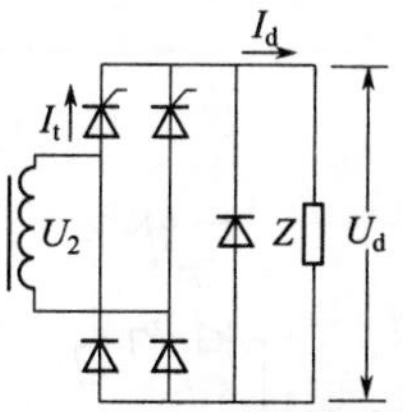	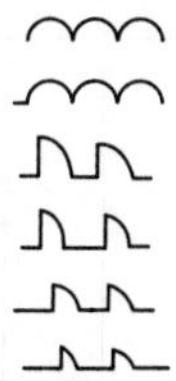	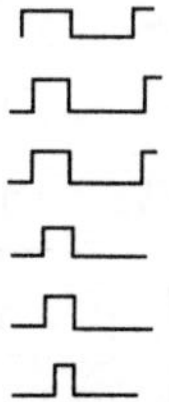	0°	0.90	1.00	1.11	1.00	0.50	0.71	0	1.41
				30°	0.84	0.99	1.17	0.92	0.42	0.65	0.71	1.41
				60°	0.68	0.90	1.33	0.82	0.33	0.58	1.23	1.41
				90°	0.45	0.71	1.57	0.71	0.25	0.50	1.41	1.41
				120°	0.23	0.45	1.97	0.58	0.17	0.41	1.41	1.41
				150°	0.06	0.17	2.82	0.41	0.08	0.29	1.41	1.41
电感性（带续流管），只用一只晶闸管	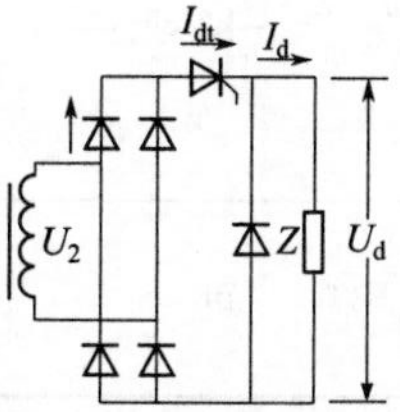	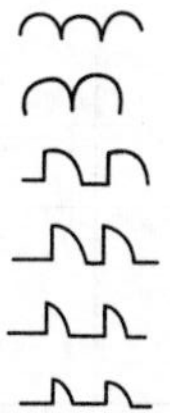	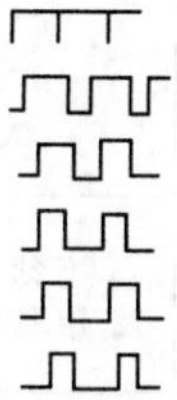	0°	0.90	1.00	1.11	1.00	1	1.00	0	0
				30°	0.84	0.99	1.17	0.91	1	1.11	0.71	0
				60°	0.68	0.90	1.33	0.81	1	1.22	1.23	0
				90°	0.45	0.71	1.57	0.71	1	1.41	1.41	0
				120°	0.23	0.45	1.97	0.58	1	1.73	1.41	0
				150°	0.06	0.17	2.82	0.41	1	2.45	1.41	0

■ 表 7-21　二相零式电路

负载性质	电路	整流器输出电压波形 u_d	流过晶闸管的电流波形 i_{dt}	移相角 α	$\frac{U_d}{U_2}$	$\frac{I_{dt}}{I_d}$	$\frac{I_t}{I_d}$
电阻性	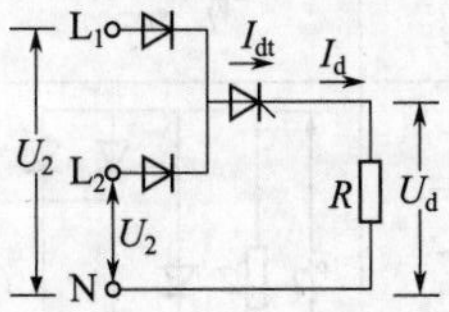	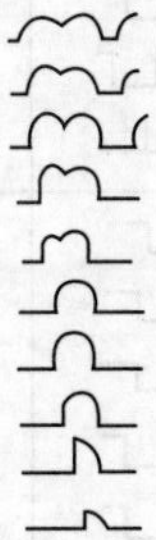	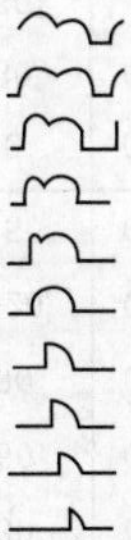	0°	0.84	1	1.18
				30°	0.81	1	1.20
				60°	0.73	1	1.29
				90°	0.62	1	1.39
				120°	0.50	1	1.51
				150°	0.42	1	1.67
				180°	0.34	1	1.88
				210°	0.23	1	2.23
				240°	0.11	1	2.80
				270°	0.03	1	3.96
电感性	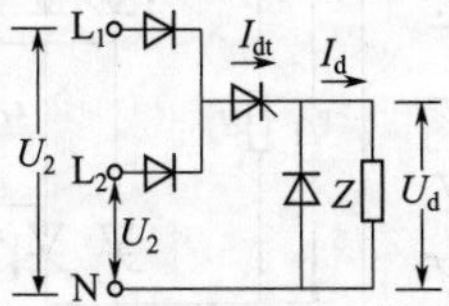	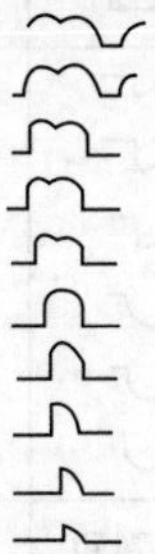	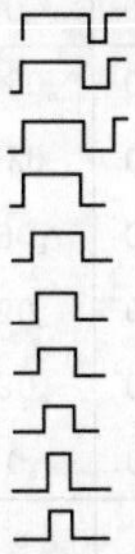	0°	0.84	0.83	0.92
				30°	0.81	0.75	0.87
				60°	0.73	0.67	0.83
				90°	0.62	0.58	0.76
				120°	0.50	0.50	0.71
				150°	0.42	0.42	0.65
				180°	0.34	0.33	0.57
				210°	0.23	0.25	0.50
				240°	0.11	0.17	0.42
				270°	0.03	0.08	0.28

注：U_2为相电压有效值。

■ 表 7-22　二相式电路

负载性质	电路	整流器输出电压波形 u_d	流过晶闸管的电流波形 i_{dt}	移相角 α	$\frac{U_d}{U_2}$	$\frac{I_{dt}}{I_d}$	$\frac{I_t}{I_d}$
电阻性	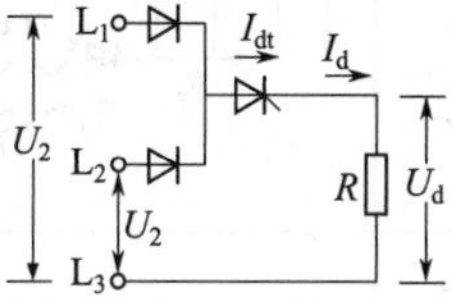	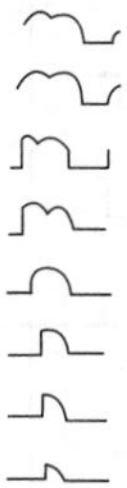		0°	0.68	1	1.33
				30°	0.65	1	1.38
				60°	0.56	1	1.49
				90°	0.45	1	1.66
				120°	0.34	1	1.88
				150°	0.23	1	2.23
				180°	0.11	1	2.80
				210°	0.03	1	3.96
电感性	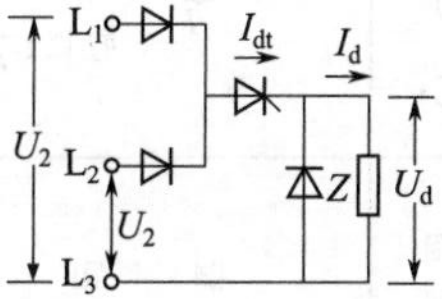	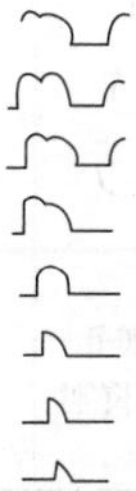	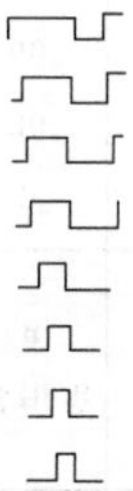	0°	0.68	0.67	0.82
				30°	0.65	0.58	0.76
				60°	0.56	0.50	0.71
				90°	0.45	0.42	0.65
				120°	0.34	0.33	0.58
				150°	0.23	0.25	0.50
				180°	0.11	0.17	0.41
				210°	0.03	0.08	0.29

注：此表中的 U_2 为线电压有效值。

■ **表 7-23 三相半波电路**

负载性质	电路	整流器输出电压波形 u_d	流过晶闸管的电流波形 i_{dt}	移相角 α	$\frac{U_d}{U_2}$	$\frac{U}{U_2}$	$\frac{U}{U_d}$	$\frac{I_2}{I_d}$	$\frac{I_{dt}}{I_d}$	$\frac{I_t}{I_d}$	$\frac{U_{PF}}{U_2}$	$\frac{U_{PR}}{U_2}$
电阻性	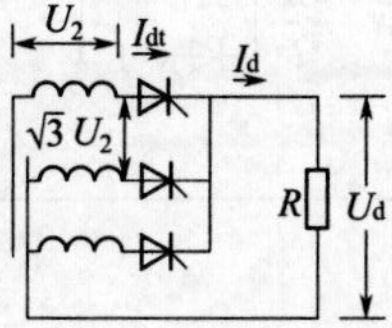	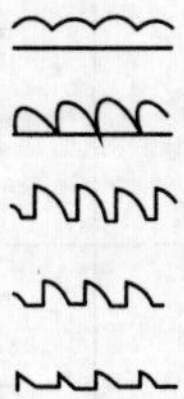	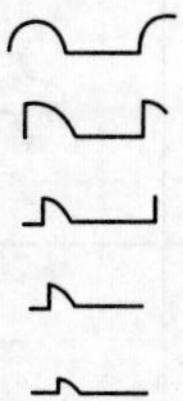	0°	1.17	1.10	1.01	0.59	0.33	0.58		2.44
				30°	1.01	1.12	1.08	0.63	0.33	0.62		2.44
				60°	0.68	0.87	1.28	0.74	0.33	0.74		2.44
				90°	0.34	0.54	1.59	0.92	0.33	0.80		2.44
				120°	0.09	0.21	2.35	1.31	0.33	1.28		2.44
				150°	0	0	∞					2.44
电感性	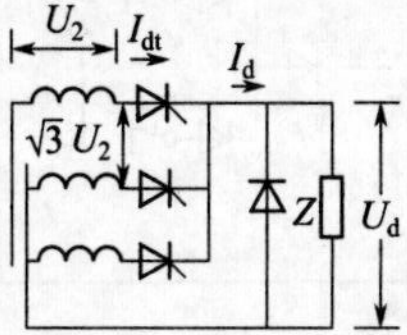	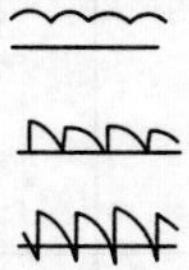	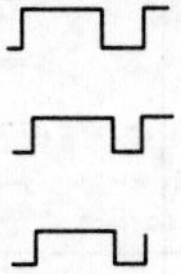	0°	1.17	1.17	1.01	0.58	0.33	0.58	0	1.41
				30°	1.01	1.12	1.08	0.58	0.33	0.58	0.70	1.41
				60°	0.59	0.89	1.51	0.58	0.33	0.58	1.20	1.41
				90°	0	0.76	∞				1.41	1.41
				120°								
				150°								

注：U_2为相电压有效值。

■ **表 7-24　三相半控桥式电路**

负载性质	电　　路	整流器输出电压波形 u_d	流过晶闸管的电流波形 i_{dt}	移相角 α	$\frac{U_d}{U_1}$	$\frac{U}{U_1}$	$\frac{U}{U_d}$	$\frac{I_2}{I_d}$	$\frac{I_{dt}}{I_d}$	$\frac{I_t}{I_d}$	$\frac{U_{PF}}{U_1}$	$\frac{U_{PR}}{U_1}$
电阻性	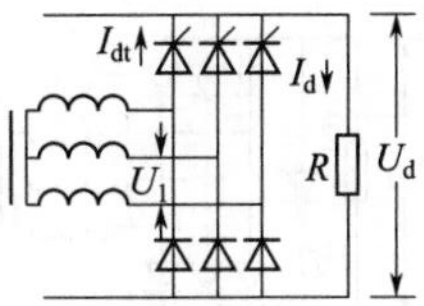	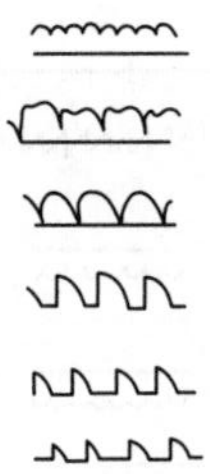	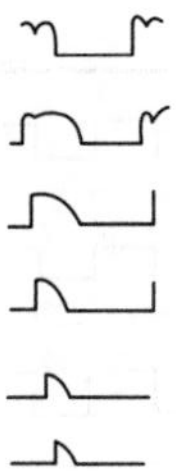	0°	1.35	1.35	1.00	0.82	0.33	0.58	0	1.41
				30°	1.26	1.28	1.02	0.82	0.33	0.59	0.71	1.41
				60°	1.01	1.07	1.06	0.89	0.33	0.62	1.22	1.41
				90°	0.68	0.85	1.25	1.05	0.33	0.73	1.41	1.41
				120°	0.34	0.53	1.58	1.31	0.33	1.11	1.41	1.22
				150°	0.09	0.21	2.31	1.88	0.33	1.35	1.41	1.71
电感性（带续流管）	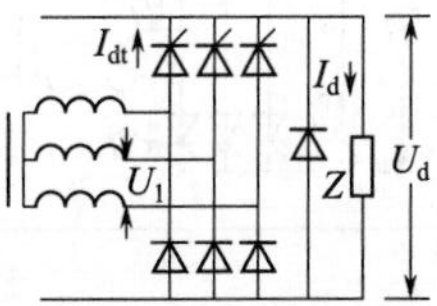	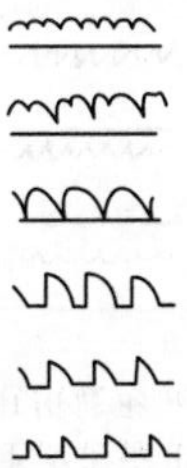	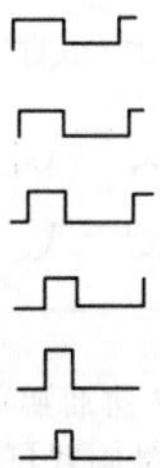	0°	1.35	1.35	1.00	0.82	0.33	0.58	0	1.41
				30°	1.26	1.28	1.02	0.82	0.33	0.58	0.71	1.41
				60°	1.01	1.07	1.06	0.82	0.33	0.58	1.22	1.41
				90°	0.68	0.85	1.25	0.71	0.25	0.50	1.41	1.41
				120°	0.34	0.53	1.58	0.58	0.17	0.41	1.41	1.22
				150°	0.09	0.21	2.31	0.41	0.08	0.29	1.41	1.71

注：U_1为变压器次级线电压有效值；I_2为相应的次级线电流有效值。

■ **表 7-25　三相全控桥式电路**

负载性质	电路	整流器输出电压波形 u_d	流过晶闸管的电流波形 i_{dt}	移相角 α	$\frac{U_d}{U_1}$	$\frac{U}{U_1}$	$\frac{U}{U_d}$	$\frac{I_2}{I_d}$	$\frac{I_{dt}}{I_d}$	$\frac{I_t}{I_d}$	$\frac{U_{PF}}{U_1}$	$\frac{U_{PR}}{U_1}$
电阻性	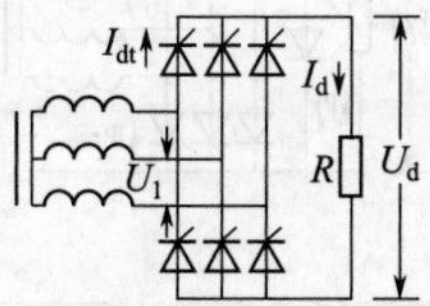	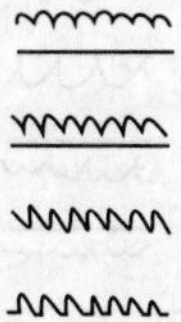		0°	1.35	1.34	0.99	0.82	0.33	0.58		
				30°	1.17	1.19	1.02	0.83	0.33	0.59		
				60°	0.68	0.77	1.14	0.93	0.33	0.66	1.41	1.41
				90°	0.18	0.29	1.58	1.33	0.33	0.94		
				120°	0	0	∞					
				150°								
电感性	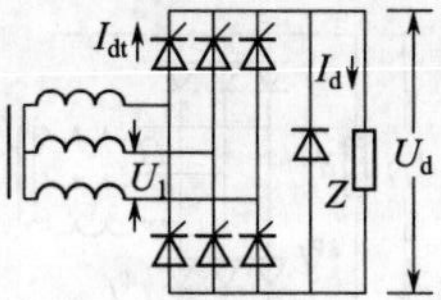	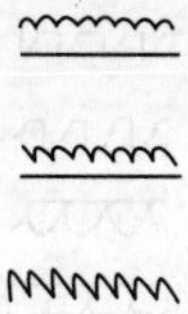	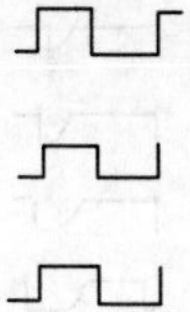	0°	1.35	1.34	0.99	0.81	0.33	0.58		
				30°	1.17	1.19	1.02	0.82	0.33	0.58		
				60°	0.68	0.77	1.14	0.82	0.33	0.58		
				90°	0	0.40	∞				0.82	0.82
				120°								
				150°								

注：U_1、I_2的意义同表 7-24。

■ 表 7-26　双反星形带平衡电抗器电路

负载性质	电　　路	整流器输出电压波形 u_d	流过晶闸管的电流波形 i_{dt}	移相角 α	$\frac{U_d}{U_2}$	$\frac{U}{U_2}$	$\frac{U}{U_d}$	$\frac{I_{dt}}{I_d}$	$\frac{I_t}{I_d}$	$\frac{U_{PF}}{U_2}$	$\frac{U_{PR}}{U_2}$
电阻性	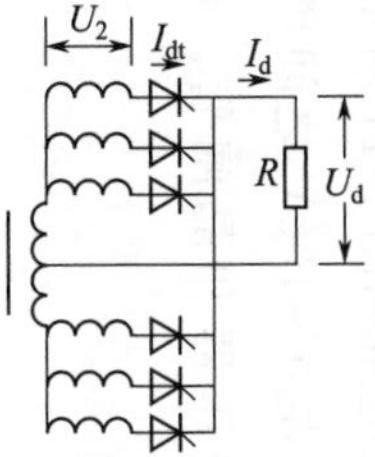	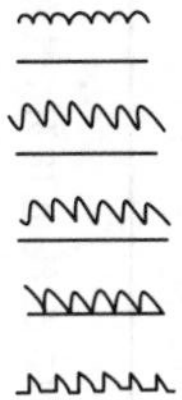	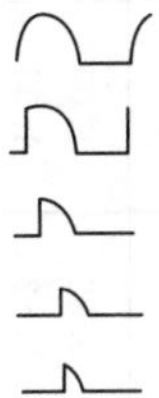	0°	1.17	1.16	0.99	0.33	0.29		
				30°	1.01	1.03	1.02	0.33	0.62		
				60°	0.58	0.67	1.14	0.33	0.74	2.44	2.44
				90°	0.27	0.25	1.58	0.33	0.82		
				120°	0	0	∞	0.33	1.28		
				150°							
电感性	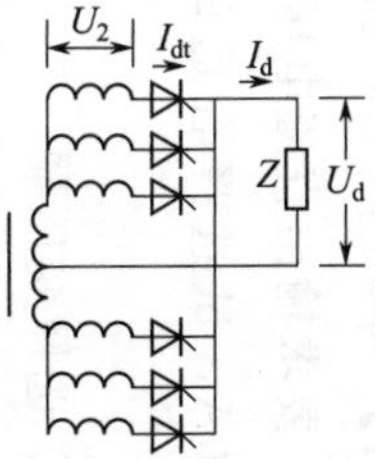	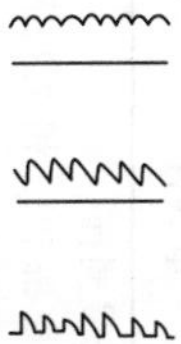	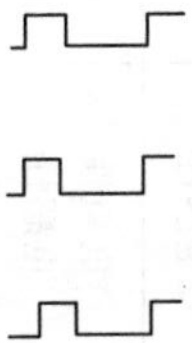	0°	1.17	1.16	0.99	0.33	0.58		
				30°	1.01	1.03	1.02	0.33	0.58		
				60°	0.59	0.67	1.14	0.33	0.58		
				90°	0	0.35	∞	0.33	0.58	1.41	1.41
				120°							
				150°							

注：U_2 为变压器次级相电压有效值。

■ **表 7-27　各种整流电路的整流变压器的计算参数**

电路名称	负载性质	$\frac{U_2}{U_d}$	$\frac{I_2}{I_d}$	$\frac{P_1}{U_d I_d}$	$\frac{P_2}{U_d I_d}$	$\frac{P_j}{U_d I_d}$
单相半波	电阻性 电感性	2.22 2.22	1.57 0.71	2.69 2.22	3.49 3.14	3.08 4.69
单相全波	电阻性 电感性	1.11 1.11	0.79 0.71	1.23 1.11	1.74 1.57	1.50 1.34
单相半控桥	电阻性 电感性	1.11 1.11	1.11 1.00	1.23 1.11	1.23 1.11	1.23 1.11
单相全控桥	电阻性 电感性	1.11 1.11	1.11 1.00	1.23 1.11	1.23 1.11	1.23 1.11
单相桥式（输出端用一只晶闸管）	电阻性 电感性	1.11 1.11	1.11 1.00	1.23 1.11	1.23 1.11	1.23 1.11
三相半波	电阻性 电感性	0.85 0.85	0.59 0.58	1.24 1.21	1.51 1.48	1.38 1.34
三相半控桥	电阻性 电感性	0.74 0.74	0.82 0.82	1.05 1.05	1.05 1.05	1.05 1.05
三相全控桥	电阻性 电感性	0.74 0.74	0.82 0.82	1.05 1.05	1.05 1.05	1.05 1.05
双反星形带平衡电抗器	电阻性 电感性	0.85 0.85	0.290 0.288	1.05 1.05	1.51 1.48	1.28 1.26

注：1. 表中符号同前。

2. 除三相半控桥和三相全控桥电路的 U_2 为线电压外，其他电路的 U_2 均为相电压。

【例 7-1】 单相全控桥式整流电路如图 7-11 所示。已知负载为感性负载，要求输出直流电压 U_d 在 0～100V 之间可调，负载电流 I_d 为 0～20A，试选择合适的变压器和晶闸管。电源电压为交流 220V。

解 ① 选择变压器

由表 7-27 查得，变压器二次电压为

$$U_2 = 1.11U_d = 1.11 \times 100 = 111\text{V}$$

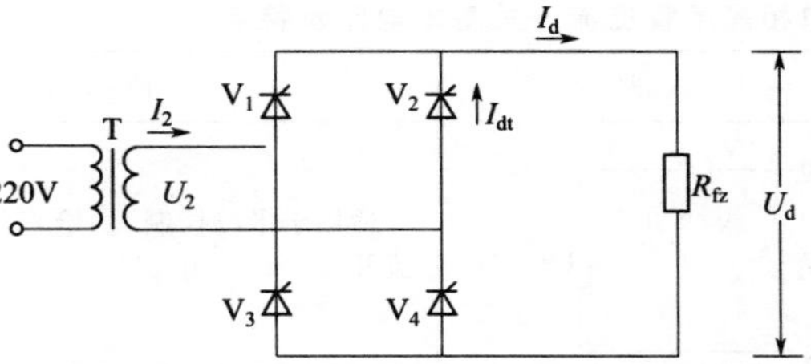

图 7-11　例 7-1 电路图

变压器二次电流为

$$I_2 = I_d = 20\text{A}$$

变压器容量为

$$P_s = 1.11U_d I_d = 1.11 \times 100 \times 20 = 2220\text{V·A}$$

因此可选用 220/110V、2.5kV·A 的变压器。

② 选择晶闸管

由表 7-16 查得，晶闸管最大正向或反向电压峰值为

$$U_m = 1.41U_2 = 1.41 \times 111 = 156.5\text{V}$$

流过晶闸管的平均电流为

$$I_{dt} = I_d = 20\text{A}$$

因此可选用 KP30A/300V 的晶闸管。

7.3 晶闸管交流开关电路

7.3.1 单相晶闸管交流开关电路

单相晶闸管交流开关基本电路及特点见表 7-28。

■ **表 7-28　单相晶闸管交流开关基本电路及特点**

序号	电　路	特　点
1	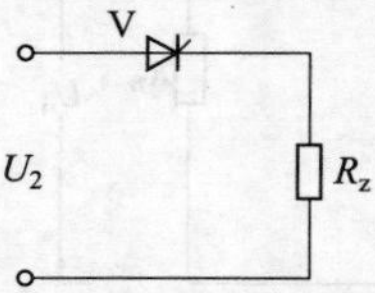	适用于半波控制，供给直流电阻负载的交流开关
2	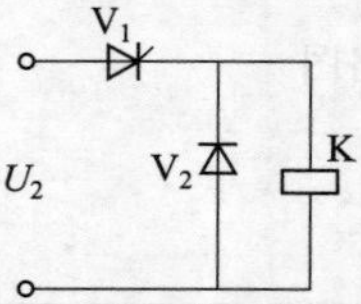	半波控制，适用于电感性负载（电磁铁、离合器等）的交流开关，为避免失控，在负载两端应加接续流二极管 V_2
3	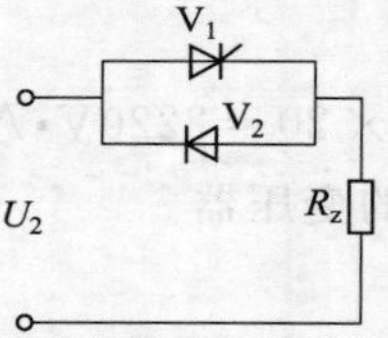	① 简单经济 ② 只能在全负载的 50%～100%范围内开关
4	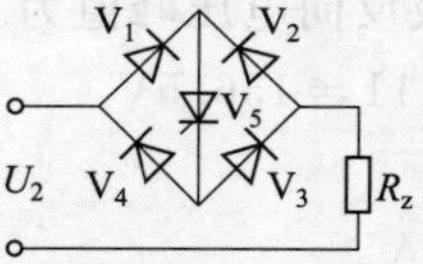	① 晶闸管一只，触发简单，小容量时经济 ② 因一周要加两个脉冲，在电感性负载时易失控
5	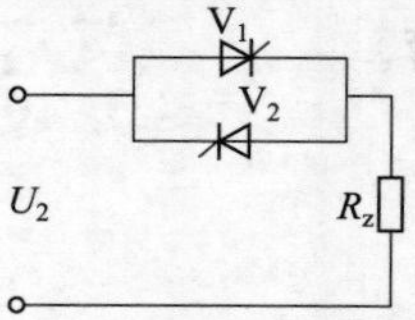	① 元件耐压要求为(3～4)U_2 ② 电阻、电感和电容负载都适用
6	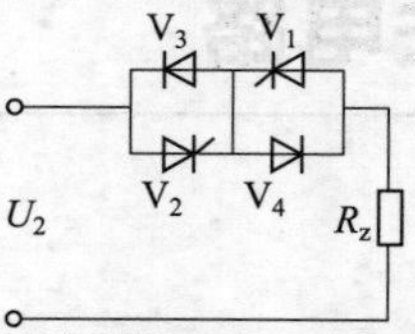	① 因二极管短路作用，晶闸管得不到反向电压，元件耐压要求低，应用较多 ② 各种负载都适用

7.3.2　三相晶闸管交流开关电路

三相晶闸管交流开关基本电路及特点见表 7-29。

■ **表 7-29　三相晶闸管交流开关基本电路及特点**

名　称	电　路	特　点	说　明
三只晶闸管的三相交流开关	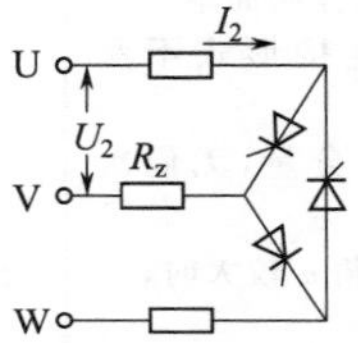	① 仅用三只晶闸管，经济 ② 晶闸管三角形回路中无直流分量 ③ $I_d=0.68I_2$ $U_p=1.41U_2$ 适用于三个分开的三角形，或可接成中点打开的星形负载	要求移相范围为 0°～210°
中线接地，用六只晶闸管三相交流开关	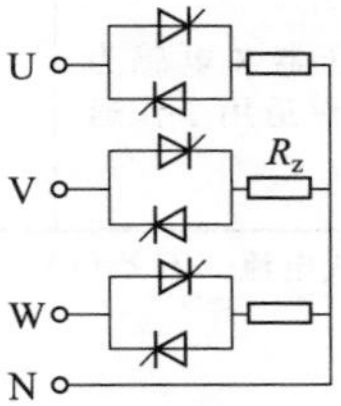	① 中线接地，以通过高次谐波，输出波形好，谐波少 ② 相当于三个相位移 120°的单相电路 ③ $I_d=0.45I_2$ $U_p=0.82U_2$	要求移相范围为 0°～180°，触发应采用双脉冲或宽脉冲（脉宽＞60°）
六只晶闸管组成的内三角形三相交流开关	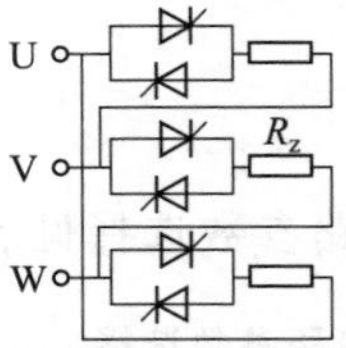	① 晶闸管承受线电压，要求耐压较高，$U_p=1.41U_2$ ② 晶闸管通过电流较小，$I_d=0.255I_2$ 适用于大电流场合	要求移相范围为 0°～150°，负载必须可分为单相接线
中线不接地，六只晶闸管组成的 Y 形（△形）三相交流开关	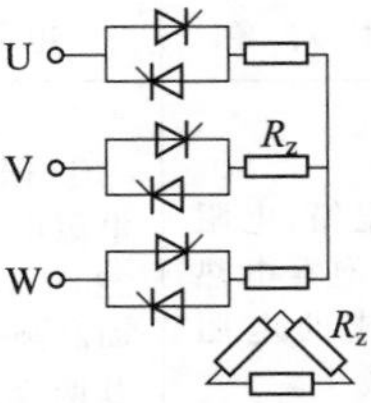	① 可任意选择负载形式（△形或 Y 形） ② 输出谐波分量小，滤波要求低 ③ 线路转换复杂 ④ $I_d=0.45I_2$ $U_p=0.82U_2$ （$1.41U_2$——非对称时）	移相只需 0°～150°，要求双脉冲或宽脉冲（脉宽＞60°）
三只晶闸管、三只整流管的三相交流开关	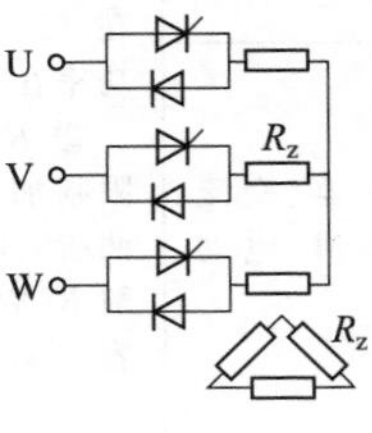	① 元件少，控制较简单 ② 电流波形正负不对称，但无直流分量 ③ 谐波分量大 ④ $I_d=0.45I_2$ $U_p=1.41U_2$ 不适于作变压器网侧调压，但可用于电感性负载	要求移相范围为 0°～210°，适用于电感性负载（因无直流分量）

续表

名称	电路	特点	说明
四只晶闸管组成的三相交流开关	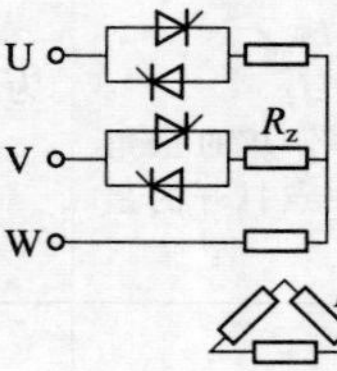	① 元件少,控制简单 ② 负载连接形式不受限制 ③ 无直流分量,无偶次谐波 ④ 在控制角 α 较大时,三相不对称 ⑤ $I_d=0.45I_2$ $U_p=1.4U_2$ 不适于变压器和电感为负载的调压,仅适用于作通断用的开关	U 相移相范围为 0°～210° V 相移相范围为 0°～150°

注：I_d—晶闸管工作平均电流；I_2—$\alpha=0°$时的线电流（有效值）；U_p—晶闸管工作电压（峰值）；U_2—电网线电压（有效值）。

7.3.3 双向晶闸管开关电路

双向晶闸管交流开关基本电路及电路参数选择见表 7-30。

■ 表 7-30 双向晶闸管交流开关基本电路及电路参数选择

名称	电路	适用对象	电路参数选择
单相电阻性负载	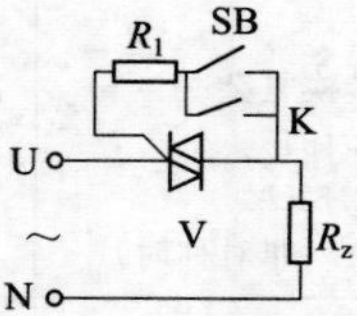	恒温箱、电阻炉、灯泡等电热丝组成的电阻性负载	① 限流电阻 R_1:在电源电压(相电压)为 220V 时,触发导通双向晶闸管 V,调到能使其两端压降小于 1～5V 即可,一般 R_1 阻值在 75～5000Ω 之间,功率在 2W 以下 ② R_2C_2 吸收回路:限制加在双向晶闸管两端的电压上升率,一般 R_2 取 100Ω、10W,电容 C_2 取 0.1μF、400V
单相电感性负载	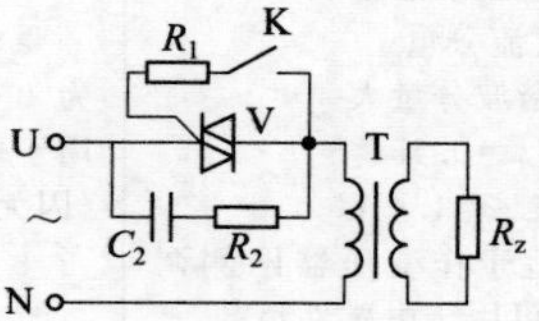	变压器、交流电弧焊机、电动机等	

续表

名　　称	电　　路	适 用 对 象	电路参数选择
三相电阻性负载	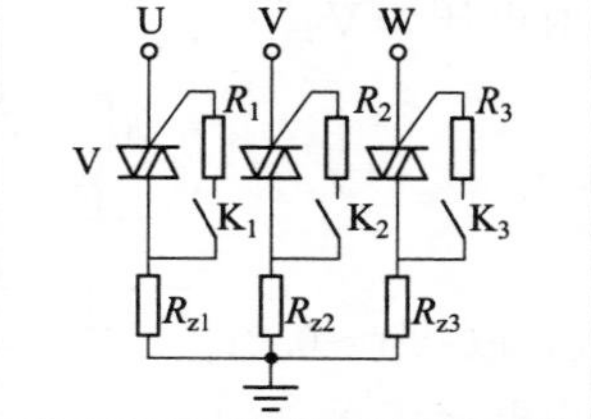	三相电热设备	① 限流电阻 R_1：在电源电压（相电压）为220V时，触发导通双向晶闸管V，调到能使其两端压降小于1～5V即可，一般 R_1 阻值在75～5000Ω之间，功率在2W以下 ② R_2C_2 吸收回路：限制加在双向晶闸管两端的电压上升率，一般 R_2 取100Ω、10W，电容 C_2 取0.1μF、400V
三相电感性负载	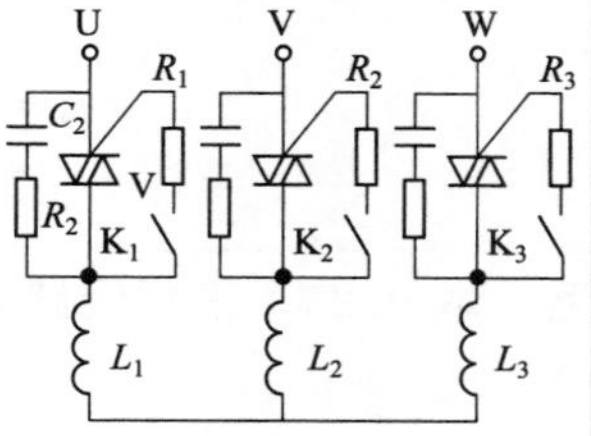	三相电动机等感性负载	

7.4 晶闸管保护计算

7.4.1 晶闸管串、并联计算

为了避免晶闸管串、并联后引起击穿或烧毁，必须选用特性相近的同一规格的晶闸管元件，并采用均压保护（串联）和均流保护（并联）。

7.4.1.1 串联

晶闸管串联保护如图7-12所示。

（1）串联元件数

$$n=\frac{U_R}{0.9U_{RRM}}$$

式中　U_R——元件串联后承受总的反向峰值电压，V；

U_{RRM}——晶闸管反向重复峰值电压，V。

(2) 均压电阻（R_1，R_2）估算

$$R=\frac{K_1U_{RRM}}{I_{RR}}$$

式中　K_1——允许电压不均匀参数，取0.1～0.2；

I_{RR}——晶闸管反向重复平均电流，A。

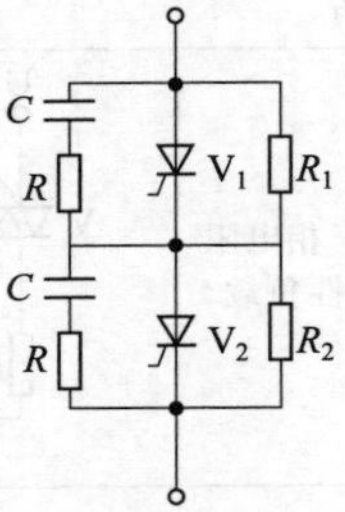

图 7-12　晶闸管元件串联保护

(3) 电阻功率

$$P=K_2\frac{U_{RRM}^2}{R}$$

式中　K_2——系数，对于单相线路，取0.25，三相线路，取0.4，直流线路，取1。

(4) 阻容保护 *R*、*C* 的选择

① 电阻的选择

$$R=(2\sim 4)\frac{U_d}{I_T}$$

式中　R——电阻值，Ω；

U_d——整流输出电压平均值，V；

I_T——晶闸管通态平均电流，A。

电阻功率按下式计算：

$$P_R=(0.5\sim 0.7)R$$

式中　P_R——电阻功率，W。

② 电容的选择

$$C=(2.5\sim 5)\times 10^{-3}I_T$$

式中　C——电容容量，μF。

电容的耐压值

$$U_C\geqslant 2.2U_{2m}$$

式中　U_{2m}——整流变压器二次线电压峰值，V。

另外，阻容保护 *RC* 的参数还可参照表7-31选择。

■ **表 7-31 阻容保护参数选择**

元件额定通态平均电流 I_T/A	R/Ω	$C/\mu F$
500	10～20	0.5～1
200	10	0.5
100	20	0.25
50	40	0.2
5～20	100	0.1

【例 7-2】 已知三相整流电路中晶闸管可能承受的总反向峰值电压为 2500V，采用 KP500A/1500V 型晶闸管，试计算串联元件数并选择均压电阻 R。

解 ① 串联元件数的计算：

$$n \geqslant \frac{U_{PR}}{0.9U_{RRM}} = \frac{2500}{0.9 \times 1500} = 1.85$$

取 2 只。

② 均压电阻的选择。由手册查得，KP500A 型晶闸管的反向重复平均电流 I_{RR} 为 8mA，并取 $K_1=0.15$，则均压电阻为

$$R = \frac{K_1 U_{RRM}}{I_{RR}} = 0.15 \times \frac{1500}{8} = 28.1\text{k}\Omega$$

取标称阻值 27kΩ。

电阻的功率为

$$P_R \geqslant 1.5K_2 \frac{U_{RRM}^2}{R} = 1.5 \times 0.4 \times \frac{1500^2}{27000} = 50\text{W}$$

因此可选用 ZG11-27kΩ-50W 型被釉电阻。

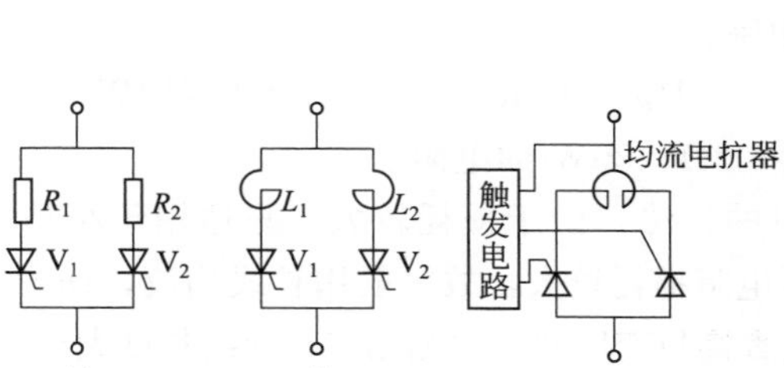

图 7-13 晶闸管元件并联保护

7.4.1.2 并联

晶闸管并联保护（均流措施）如图 7-13 所示。

(1) 并联元件数

$$n \geqslant \frac{1.26I}{I_T}$$

式中 I——并联元件中流过总的正向电流有效值，A；

I_T——一只元件的额定通态平均电流，A。

(2) 串电阻法［图 7-13（a）］

① 均流电阻（R_1、R_2）计算

$$R = \frac{0.4 \sim 1}{I_T}$$

② 电阻功率 $P_R = I_T^2 R$

【例 7-3】 已知某整流电路中可能通过晶闸管的总正向电流有效值为 45A，现只有 KP30A 型晶闸管，试计算并联元件数，并选择均流电阻 R。

解 ① 并联元件数的计算：

$$n \geqslant \frac{1.26I}{I_T} = \frac{1.26 \times 45}{30} = 1.89$$

取 2 只。

② 均流电阻的选择。均流电阻的阻值为

$$R = \frac{0.4 \sim 1}{I_T} = \frac{0.4 \sim 1}{30} = 0.013 \sim 0.033\Omega$$

取 0.02Ω。

电阻的功率为

$$P_R = I_T^2 R = 30^2 \times 0.02 = 18\text{W}$$

因此可选用 0.02Ω、20W 的电阻。

串联电阻的方法，由于损耗较大，只适用于小功率的场合。

由于串联电阻损耗较大，故一般用长线均流，即各并联支路用相同长度的导线直接与变压器二次侧相连，导线长度大于 30m 即可。

(3) 串联空心电抗器法［图 7-13（b）］

空心电抗器 L，约 10～100μH，一般取 40μH 即可保证有良好

的均流效果（可使电流不均匀度降到5%以下）。

(4) 均流电抗器法［图 7-13（c）］

均流电抗器属特殊用途变压器，它的计算方法可参阅有关资料。

需要指出的是：晶闸管串、并联保护元件选择的计算方法很不统一，计算出来的数据也不是很严格的，应根据实际情况进行校正。

另外，晶闸管串联或并联使用时，其电压额定值或电流额定值要适当降低，如前公式所示，串联使用时电压取0.9的均压系数，并联使用时电流取0.8的均流系数。

7.4.2 晶闸管换相保护计算

晶闸管换相过电压通常采取阻容保护，是将 *RC* 并联在晶闸管元件上，*RC* 数值可按本节7.4.1项中介绍方法选择。

电阻 *R* 值也可按负载电阻的2.2倍选取。

电阻功率：2～10W，晶闸管额定电流越大，取电阻功率也大。

过电压保护参数选择尚无统一的标准。以上计算结果并不是严格的，可根据同类设备的保护参数或实际经验进行适当修正。

需指出，晶闸管的换相过电压阻容保护不能用压敏电阻代替。因为压敏电阻是半导体非线性元件，在未击穿前其漏电流极小，一旦击穿，允许通过的浪涌电流却非常大，它抑制过电压的能力很强。但若经过几十次浪涌电流之后，其标称电压 U_{1mA} 会明显降低，所以它不宜用于过电压频繁的场合，即不能代替晶闸管的换相过电压的 *RC* 吸收电路。

但若 *RC* 与压敏电阻配合使用，对保护晶闸管换相过电压很有好处。

例如，双向晶闸管调压电路如图7-14所示。负载为感性负载（电感线圈）。

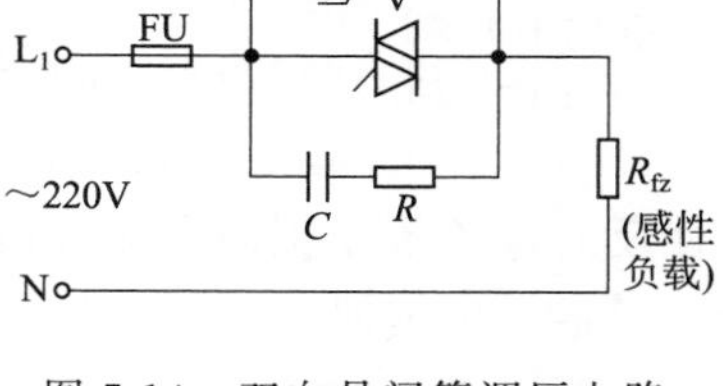

图 7-14　双向晶闸管调压电路

图7-14中，*RC* 保护，用以延

缓过高的电压上升率（du/dt）；压敏电阻 R_v 用以吸收过电压。对于额定电流不大于 200A 的双向晶闸管，保护元件选择如下。

电阻 R：20Ω、20W。

电容 C：0.2μF/630V。

压敏电阻：MY31-600V-5kA。

7.4.3 限制电流上升率 di/dt 的保护计算

晶闸管导通瞬间，电流上升率 di/dt 很大，当电流还来不及扩大到晶闸管内部结的全部面积时，控制极附近已出现局部过热而造成损坏。电路中的电容量越大，di/dt 也就越大。为此，在整流或逆变电路中都要考虑限制 di/dt 的问题。

整流电路中如有变压器，虽其漏感对 di/dt 有一定的限制作用，但若变压器次级所接的 RC 吸收电路阻抗值过小或元件相并联时，晶闸管仍有可能在换流期间因 di/dt 过大而损坏。为此可在每只晶闸管元件上串入电感 L，如图 7-15 所示，以限制 di/dt<10A/μs。

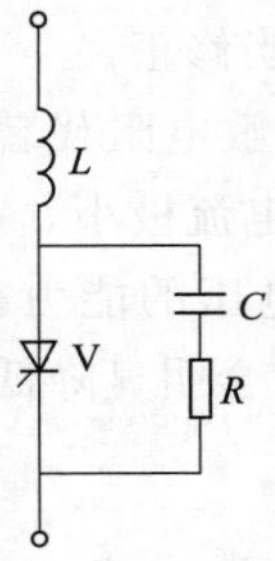

图 7-15　限制电流上升率 di/dt 的保护

限流电感 L 的选择如下。

① 一般电路

$$L=U_{2m}/10\quad(\mu H)$$

式中　U_{2m}——加于晶闸管正向电压峰值，即变压器次级电压峰值，V。

② 逆变电路，50A 以上的晶闸管，L 最好采用饱和电抗器，使限流电感在小电流时可限制 di/dt<10A/μs，而在最大电流时，铁芯饱和，其电感量能满足在关闭的晶闸管正向电流到零后，可在 2μs 内使反向电流等于正向电流幅值。饱和电抗器的电感量为：

最大电流时　　$L=U_{2m}/I_T$（μH）

最小电流时　　$L=U_{2m}/10$（μH）

式中　I_T——晶闸管通态平均电流，A。

7.4.4 晶闸管交流侧过电压保护计算

7.4.4.1 阻容保护计算

交流侧阻容保护接法如图 7-16 所示。

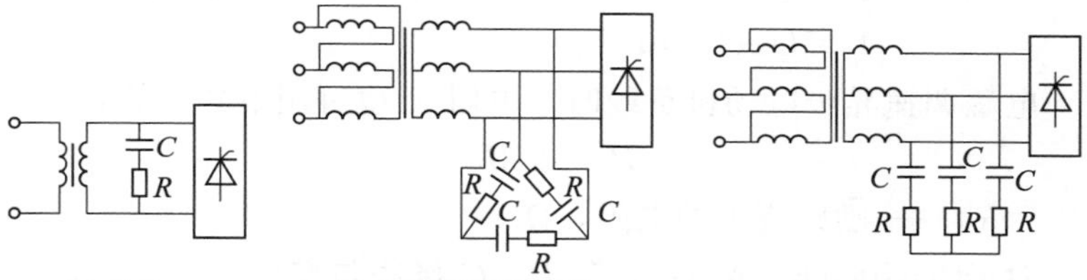

图 7-16 交流侧阻容保护电路

交流侧的阻容保护主要是限制操作过电压，也可使正向 du/dt 受到限制（例如使 du/dt 降低到交流侧没有阻容保护时的 0.5～0.7 倍），但一般电容容量大于 1～4μF，就没有显著的效果。阻容保护的电阻值大可抑制电流上升率 di/dt 的增大，有抑制振荡作用，但对降低 du/dt 值则不利。

以下公式中，电容 C 的单位为 μF，电阻 R 的单位为 Ω。

(1) 方法一

见图 7-16（a），交流侧过电压保护 R、C 之值可按下列公式计算：

$$C \geqslant 6I_0\% \frac{S_x}{U_2^2}$$

电容 C 的交流耐压 $\geqslant (1.1 \sim 1.5)\sqrt{2}U_2$。

$$R \geqslant 2.3 \frac{U_2^2}{S_x}\sqrt{\frac{U_d\%}{I_0\%}}$$

电阻功率 $P \geqslant (3 \sim 4)I_c^2 R$

式中　S_x——变压器每相的平均计算容量，V·A；

U_2——变压器次级电压有效值（V），对于图 7-16（b）取线电压，对于图 7-16（c）取相电压；

$I_0\%$——变压器空载电流百分数，对于几百瓦的变压器，取 10，对于几十瓦的，取 3～4；

$U_d\%$——变压器阻抗电压百分数，约 5～10；

I_c——正常工作时流过阻容电路的交流电流有效值，A，$I_c=U\omega C\times10^{-6}$。

电磁调速异步电动机负载时，电阻 R 也可用下式估算：

$$R=2.2R_1$$

式中　R_1——励磁绕组的电阻，Ω。

对于图 7-16（b）或（c），若 R、C 接法与变压器次级接法一致（均△或均 Y 接法），则 R、C 值可按以上公式计算；若接法不一致，则先按以上两式算出阻容值，再进行 Y-△换算：$R_\triangle=3R_Y$，$C_\triangle=C_Y/3$。如图 7-16（b），可先计算出都按 Y 接法的 R_Y及 C_Y值，再将阻容换算成△接法的值。若变压器次级是△接法，R 及 C 是 Y 接法，先计算出均按△接法的 $R_\triangle$ 及 $C_\triangle$ 值，再将阻容换算成 Y 接法的值。

(2) 方法二

1）对于小容量整流设备

200W 以下的单相电路

$$C=700\frac{S}{U_{RRM}^2}$$

200W 以上的单相电路

$$C=400\frac{S}{U_{RRM}^2}$$

5kW 以下的三相电路

$$C=K\frac{S}{U_{RRM}^2}$$

式中　S——整流变压器的容量，W；

U_{RRM}——同前（V），当由 n 只晶闸管串联时，则此值应乘 n；

K——计算系数，见表 7-32。

■ 表 7-32 小容量整流设备过电压抑制电容的计算系数 K 值

变压器连接形式	电容器三角形接法	电容器星形接法
Yy,初级中点不接地	150	450
Yd,初级中点不接地	300	900
所有其他接法	900	2700

$$R=100\sqrt{\frac{R_z}{C\sqrt{f}}}$$

电阻功率 $$P_R=R(U_2/X_C)^2$$

式中 R_z——等效负载电阻，即负载情况下直流电压除以直流电流之值，Ω；

f——电网频率，Hz；

U_2——变压器一次电压（V），对于图 7-16（b）为线电压，对于图 7-16（c）为相电压；

X_C——容抗，$X_C=\frac{10^6}{2\pi fC}$ （Ω）。

为了减少发热量，电阻功率应选择为计算值的 2～4 倍。

【例 7-4】 有一三相半控桥式整流电路，如图 7-16（b）所示。已知整流变压器的容量 S 为 4kV·A，Yy 连接；保护元件采用三角形接法；整流输出电压 U_d 为 48V，输出电流 I_d 为 70A；晶闸管采用 KP30A/400V 型，二极管采用 ZP30A/400V 型。试选择交流侧过电压保护电阻和电容。电网频率 f 取 50Hz。

解 ① 电容的选择。整流变压器 Yy 连接，阻容保护元件为三角形接法，查表 7-32，得 $K=150$。电容量为

$C=K\frac{S}{U_{RRM}^2}=150\times\frac{4000}{400^2}=3.75\mu F$，取标称容量 3.3μF。电容耐压值 U_C 取 250V。

因此可选用 CJ41 型或 CBB22 型 3.3μF、250V 电容器。

② 电阻的选择。

等效电阻为

$$R_z = \frac{U_d}{I_d} = \frac{48}{70} = 0.69\Omega$$

电阻阻值为

$$R = 100\sqrt{\frac{R_z}{C\sqrt{f}}} = 100\sqrt{\frac{0.69}{3.3\sqrt{50}}} = 17.2\Omega,$$

取标称阻值为 15Ω。

三相半控桥式整流的变压器二次侧电压为

$$U_{21} = \frac{U_d}{1.35} = \frac{48}{1.35} = 35.6\text{V}$$

$$X_C = \frac{10^6}{2\pi fC} = \frac{10^6}{2\pi \times 50 \times 3.3} = 965\Omega$$

电阻的功率为

$$P_R = R\left(\frac{U_2}{X_C}\right)^2 = 15 \times \left(\frac{35.6}{965}\right)^2 = 0.02\text{W}$$

取 1W。

因此可选用 RX-15Ω-1W 的电阻。

2）对于大容量整流设备

$$C = K_c \frac{I_{02}}{fU_{02}}$$

$$R = K_R(U_{02}/I_{02})$$

$$P_R = (2 \sim 3)(K_p I_{02})^2 R$$

式中 U_{02}——变压器二次绕组电压，V；

I_{02}——折算到变压器二次绕组的励磁电流，A；

K_c，K_R，K_p——系数，见表 7-33。

■ **表 7-33　大容量整流设备交流侧过电压 *RC* 抑制电路计算系数**

整流电路	K_c	K_R	K_p
单相桥式	29000	0.3	0.25
三相桥式	10000	0.3	0.25
三相半波	8000	0.36	0.25
六相半波	7000	0.3	0.2

【例 7-5】 有一三相桥式整流电路，已知整流变压器二次侧相电压U_{02}为 90V，额定容量为 30kV·A，空载电流$I_0\%$为 0.03，试选择交流侧过电压保护电路的电阻和电容（采用星形接线）。

解 变压次二次侧额定电流为

$$I_{2e}=\frac{S}{3U_{02}}=\frac{30000}{3\times 90}=111\text{A}$$

变压器二次侧室载电流（即励磁电流）为

$$I_{02}=I_0\%\times I_{2e}=0.03\times 111=3.3\text{A}$$

对于三相桥式整流电路，查表 7-33，得$K_c=10000$，$K_R=0.3$，$K_p=0.25$。

① 电容的选择

$$C=K_c\frac{I_{02}}{fU_{02}}=10000\times\frac{3.3}{50\times 90}=7.3\mu\text{F}$$

取标称电容量 6.8μF。

电容耐压值取 250V。

因此可选用 CJ41 型或 CBB22 型 6.8μF、250V 的电容器。

② 电阻的选择

电阻值为

$$R=K_R\frac{U_{02}}{I_{02}}=0.3\times\frac{90}{3.3}=8.2\Omega$$

取标称阻值 8.2Ω。

电阻的功率为

$$P_R=(2\sim 3)(K_pI_{02})^2R$$
$$=(2\sim 3)\times(0.25\times 3.3)^2\times 8.2=11.2\sim 16.7\text{W},$$

取 16W。

因此可选用 GX11-8.2Ω-16W 的被釉电阻。

3）整流装置直接接到电源上时阻容保护和限制电压上升率$\mathrm{d}u/\mathrm{d}t$的保护的计算。阻容保护估算：

保护电容电容量

$$C=\frac{21U_g^2I^2U_d\%}{S_xU_{RRM}^2}$$

式中　U_g——额定工作电压，V；

　　I——相邻负载拉闸电流，A。

【例 7-6】　有一个三相晶闸管整流装置接在 380V 电网上，电网由一台 200kV·A 的变压器供电，变压器的 $U_d\%$ 为 4，已知相邻负载最大线电流为 120A，晶闸管的额定反向峰值电压 U_{RRM} 为 900V，试选用保护电容电容量。

解　保护电容电容量

$$C=\frac{21\times 380^2\times 120^2\times 4}{\left(\frac{200000}{3}\right)\times 900^2}=3.2\mu F$$

可取 3～4μF 的电容。

当电源电压发生突变时，有可能出现电压上升率 $du/dt>20V/\mu s$ 的情况。如果不用整流变压器，就可能引起晶闸管误导通。为此需进行限制 du/dt 保护计算，在电源输入端加串联电感和阻容保护电路，如图 7-17 所示。

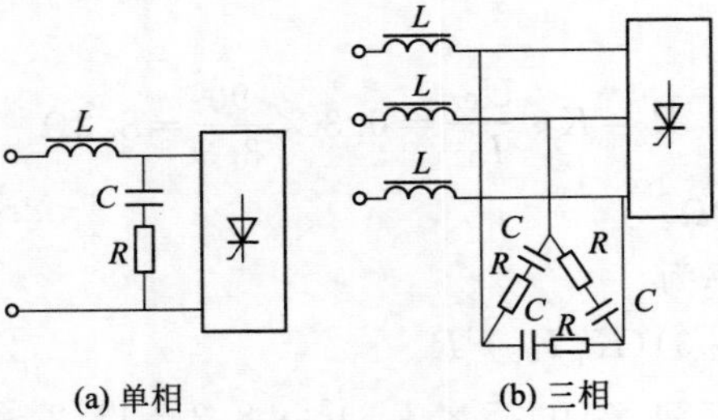

(a) 单相　　(b) 三相

图 7-17　限制电压上升率的保护电路

电感的计算：

$$L=\frac{(0.03\sim 0.05)R_{fz}}{2\pi f}$$

式中　L——电感，H；

　　R_{fz}——整流器输入端等效负载电阻，即电源电压除以输入整流器的电流之值；对于三相整流为每相等效负荷电阻，Ω；

f——电源频率，Hz。

当 $f=50\text{Hz}$ 时，$L=(95\sim160)R_{fz}$ （μH）。

图 7-18 为三相晶闸管开关（或调压）实际电路，双向晶闸管为 KS200A/800V。

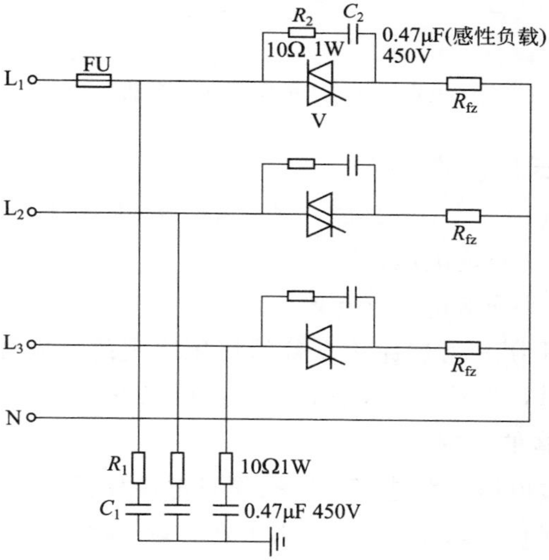

图 7-18 交流侧 RC 保护电路实例

阻容保护应用广泛，性能也可靠。但电阻消耗功率，发热厉害。一般的阻容保护还会增大晶闸管导通时的电流上升率 di/dt，只有采用反向阻断式的阻容保护，才可避免这一不利影响。此外，阻容保护还有容易使波形畸变，以及作为大容量变流装置保护时体积过大等缺点。因此在许多情况下，可采用压敏电阻浪涌吸收器，来代替交流侧或直流侧的阻容保护。

7.4.4.2 压敏电阻保护计算

有关压敏电阻已在第 1 章 1.1.5 项中作了介绍。

压敏电阻保护接法如图 7-19 所示。

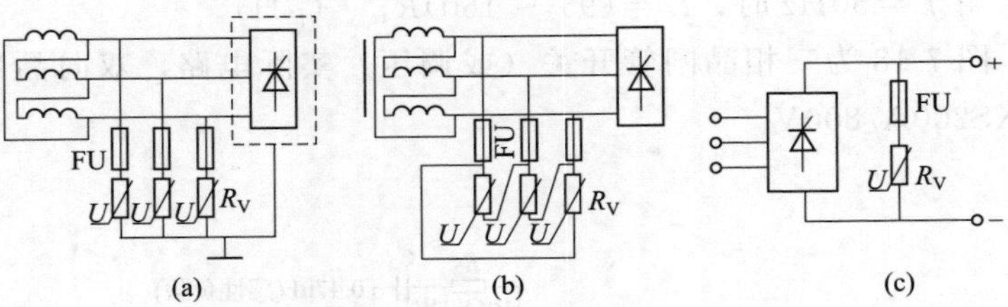

图 7-19　压敏电阻保护接法

(1) 标称电压 U_{1mA} 的选择

$$U_{1mA} \geqslant (1.8 \sim 2)U_{DC} \text{ 或 } U_{1mA} \geqslant (2 \sim 2.5)U_{AC}$$

式中　U_{DC}——直流电压，V；

U_{AC}——交流电压（有效值），V。

U_{1mA} 的上限是由被保护设备的耐压决定的，应使压敏电阻在吸收过电压时，将残压抑制在设备的耐压以下。

(2) 通流容量的选择

一般按过电压类型选择，即操作过电压保护，取 3～5kA；大容量设备的保护，取 10kA；熄灭火花，取 3kA 以下；防雷保护，取 10～20kA。

MY31 型氧化锌压敏电阻的主要参数见表 7-34。

■ **表 7-34　MY31 型氧化锌压敏电阻主要技术数据**

型　号	标称电压		通流容量 (10/20μs) /kA	外形号	残压比		$\frac{1}{2}U_{1mA}$ 时漏电流 /μA	外形尺寸 /mm		
	U_{1mA} /V	允差 /%			$\frac{U_{100A}}{U_{1mA}}$	$\frac{U_{3kA}}{U_{1mA}}$		D	L	b
MY31-33/0.5	33	±10	0.5	Ⅰ	≤3.5		≤150	28	54	7
MY31-33/1	33	±10	1	Ⅰ	≤3.5		≤150	28	54	7
MY31-39/0.5	39	±10	0.5	Ⅰ	≤3.5		≤150	28	54	7
MY31-39/1	39	±10	1	Ⅰ	≤3.5		≤150	28	54	7
MY31-47/0.5	47	±10	0.5	Ⅰ	≤3.5		≤150	28	54	7
MY31-47/1	47	±10	1	Ⅰ	≤3.5		≤150	28	54	7

续表

型号	标称电压 U_{1mA}/V	标称电压 允差/%	通流容量(10/20μs)/kA	外形号	残压比 $\frac{U_{100A}}{U_{1mA}}$	残压比 $\frac{U_{3kA}}{U_{1mA}}$	$\frac{1}{2}U_{1mA}$时漏电流/μA	外形尺寸/mm D	外形尺寸/mm L	外形尺寸/mm b
MY31-56/1	56	±10	1	Ⅰ	≤3	≤3.5	≤100	28	54	7
MY31-56/3			3							
MY31-68/1	68		1							
MY31-68/3			3							
MY31-82/1	82		1							
MY31-82/3			3							
MY31-100/1	100	±10	1	Ⅰ	≤2.2	≤3	≤100	28	54	7
MY31-100/3			3							
MY31-120/1	120		1							
MY31-120/3			3							
MY31-150/1	150		1							
MY31-150/3			3							
MY31-180/1	180		1							
MY31-180/3			3							
MY31-220/1	220	±5	1	Ⅰ	≤2	≤2.5	≤100	24	54	8
MY31-220/3			3					28		
MY31-240/1	240		1					24		
MY31-240/3			3					28		
MY31-270/1	270		1					24		
MY31-270/3			3					28		
MY31-300/1	300	±5	1	Ⅰ	≤2	≤2.5	≤100	24	54	8
MY31-300/3			3					28		
MY31-330/1	330		1					24		
MY31-330/3			3					28		
MY31-330/5			5	Ⅰ				28	54	8
				Ⅲ				49	48	
MY31-360/1	360	±5	1	Ⅰ	≤2	≤2.5	≤100	24	54	8
MY31-360/3			3					28		
MY31-360/5			5	Ⅰ				28	54	8
				Ⅲ				49	48	

续表

型号	标称电压 U_{1mA}/V	标称电压 允差/%	通流容量(10/20μs)/kA	外形号	残压比 $\frac{U_{100A}}{U_{1mA}}$	残压比 $\frac{U_{3kA}}{U_{1mA}}$	$\frac{1}{2}U_{1mA}$时漏电流/μA	外形尺寸/mm D	外形尺寸/mm L	外形尺寸/mm b
MY31-390/1 MY31-390/3	390	±5	1 3	Ⅰ	≤2	≤2.5	≤100	24 28	54	8
MY31-390/5			5	Ⅰ				28	54	8
				Ⅲ				49	49	
MY31-430/1 MY31-430/3	430	±5	1 3	Ⅰ	≤1.8	≤2.2	≤50	25	54	9
MY31-430/5			5	Ⅰ				29	54	9
				Ⅲ				49	48	
MY31-430/10			10	Ⅲ				56	48	
MY31-470/1 MY31-470/3	470		1 3	Ⅰ				25	54	9
MY31-470/5			5	Ⅰ				29	54	9
				Ⅲ				49	48	
MY31-470/10			10	Ⅲ				56	48	
MY31-510/1 MY31-510/3	510	±5	1 3	Ⅰ	≤1.8	≤2.2	≤50	25	54	9
MY31-510/5			5	Ⅰ				29	54	9
				Ⅲ				49	48	
MY31-510/10			10	Ⅲ				56	48	
MY31-560/1 MY31-560/3	560		1 3	Ⅰ				25	54	9
MY31-560/5			5	Ⅰ				29	54	9
				Ⅲ				49	48	
MY31-560/10			10	Ⅲ				56	48	
MY31-620/1 MY31-620/3	620		1 3	Ⅰ				25	54	9
MY31-620/5			5	Ⅰ				29	54	9
				Ⅲ				49	48	
MY31-620/10			10	Ⅲ				56	48	

续表

型号	标称电压 U_{1mA}/V	标称电压 允差/%	通流容量(10/20μs)/kA	外形号	残压比 $\frac{U_{100A}}{U_{1mA}}$	残压比 $\frac{U_{3kA}}{U_{1mA}}$	$\frac{1}{2}U_{1mA}$时漏电流/μA	外形尺寸/mm D	L	b
MY31-680/1	680	±5	1	Ⅰ	≤1.8	≤2.2	≤50	25	54	10
MY31-680/3			3							
MY31-680/5			5	Ⅰ				29	54	10
				Ⅲ				49	48	
MY31-680/10			10	Ⅲ				56	48	
MY31-750/1	750		1	Ⅰ				25	54	10
MY31-750/3			3							
MY31-750/5			5	Ⅰ				29	54	10
				Ⅲ				49	48	
MY31-750/10			10	Ⅲ				56	48	
MY31-820/1	820		1	Ⅰ				25	54	10
MY31-820/3			3							
MY31-820/5			5	Ⅰ				29	54	10
				Ⅲ				49	48	
MY31-820/10			10	Ⅲ				56	48	
MY31-910/3	910		3	Ⅲ				49	55	
MY31-910/5			5					49		
MY31-910/10			10					56		
MY31-1000/3	1000	±5	3	Ⅲ	≤1.8	≤2.2	≤50	49	55	
MY31-1000/5			5					49		
MY31-1000/10			10					56		
MY31-1100/3	1100		3					49	55	
MY31-1100/5			5					49		
MY31-1100/10			10					56		
MY31-1200/3	1200		3					49	55	
MY31-1200/5			5					49		
MY31-1200/10			10					56		
MY31-1300/3	1300		3					49	55	
MY31-1300/5			5					49		
MY31-1300/10			10					56		

续表

型号	标称电压		通流容量(10/20μs)/kA	外形号	残压比		$\frac{1}{2}U_{1mA}$时漏电流/μA	外形尺寸/mm		
	U_{1mA}/V	允差/%			$\frac{U_{100A}}{U_{1mA}}$	$\frac{U_{3kA}}{U_{1mA}}$		D	L	b
MY31-1500/3	1500	±5	3	Ⅲ	≤1.8	≤2.2	≤50	49	55	
MY31-1500/5			5					49		
MY31-1500/10			10					56		
MY31-1600/3	1600		3					49	55	
MY31-1600/5			5					49		
MY31-1600/10			10					56		
MY31-1800/3	1800		3					49	60	
MY31-1800/5			5					56		
MY31-2000/3	2000		3					49	70	
MY31-2000/5			5					56		
MY31-2200/3	2200	±5	3	Ⅲ	≤1.8	≤2.2	≤50	49	70	
MY31-2200/5			5					56		
MY31-2400/3	2400		3					49	70	
MY31-2400/5			5					56		
MY31-2700/3	2700		3					49	70	
MY31-2700/5			5					56		
MY31-3000/3	3000		3					49	75	
MY31-3000/5			5					56		
MY31-3300/3	3300		3					49	75	
MY31-3300/5			5					56		

注：D 为直径，b 为厚度，L 为引脚长。

【例 7-7】 一台 630kW 小型水轮发电机，已知额定励磁电压为 58V，试选择与励磁绕组并联的过电压保护压敏电阻。

解 ① 标称电压的选择：

$$U_{1mA} \geqslant (1.8 \sim 2)U_{DC} = (1.8 \sim 2) \times 58 = 104 \sim 116V$$

但按上式计算的值所选的压敏电阻在实际运行时，经常会损坏。对于发电机，通常按下式计算其标称电压：

$$U_{1mA} \approx 0.5U_s$$

式中 U_s——励磁绕组耐压试验电压，对于低压水轮发电机为 1kV。

因此　　$U_{1mA} \approx 0.5U_s = 0.5 \times 1000 = 500V$

② 通流容量的选择。可选用 10kA。若选用 3～5kA，则运行中也容易损坏。

因此该发电机励磁绕组上并联的压敏电阻可选用 MY31-470/10 型，470V、10kA。

7.4.5　晶闸管直流侧过电压保护计算

(1) 阻容保护计算

$$C = K_{cz}\frac{I_{02}}{fU_{02}} \quad R = K_{Rz}U_{02}/I_{02}$$

式中　C——电容量，μF；

R——电阻，Ω；

I_{02}——折算到变压器次级绕组的励磁电流，A；

U_{02}——变压器次级绕组电压，V；

K_{cz}，K_{Rz}——系数，见表 7-35。

■ 表 7-35　直流侧过电压 *RC* 抑制电路计算系数

整流电路	K_{cz}	K_{Rz}
单相桥式	120000	0.25
三相桥式	$70000\sqrt{3}$	$0.1/\sqrt{3}$
三相半波	$70000\sqrt{3}$	$0.1/\sqrt{3}$

电容的额定电压（耐压值）一般取直流侧最高工作电压的 1.1～1.5 倍；当采用直流电容时，电容的额定电压一般取直流侧最高工作电压的 3～5 倍。

电阻 R 的功率可按下式计算：

$$P_R = (2 \sim 3)\frac{U_\sigma^2 R}{R^2 + \dfrac{10^6}{(2\pi f_n C)^2}}$$

式中　P_R——电阻 R 的功率，W；

U_σ——纹波电压，一般取频率最低、幅值最高的谐波电压 U_n，V；

f_n——与 U_n 对应的谐波频率，Hz。

(2) 压敏电阻保护计算

前面已作介绍。

7.4.6 晶闸管过电流保护计算

7.4.6.1 快熔保护计算

快熔是快速熔断器的简称，装在交流侧、元件侧或直流侧。

(1) 快速熔断器的接线（见图 7-20）

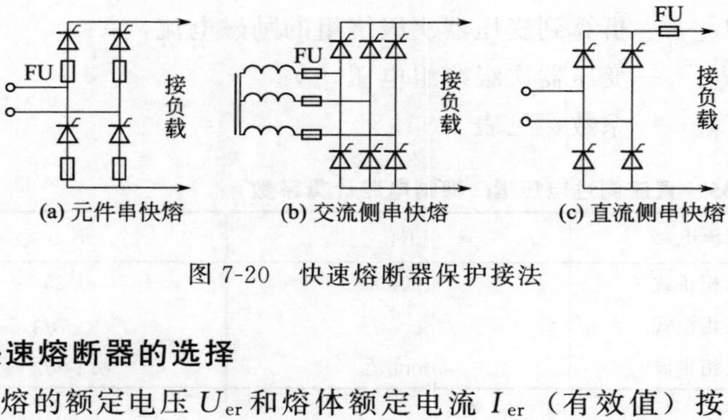

(a) 元件串快熔　(b) 交流侧串快熔　(c) 直流侧串快熔

图 7-20　快速熔断器保护接法

(2) 快速熔断器的选择

快熔的额定电压 U_{er} 和熔体额定电流 I_{er}（有效值）按下列公式选取。

① 对于图 7-20（a）：

$$U_{er} \geqslant U_g$$

公式一　$1.57I_T \geqslant I_{er} \geqslant I_g$ 或 $I_{er}=(1.2\sim1.5)I_T$

式中　U_g——线路正常工作电压，V；

I_T——晶闸管额定通态平均电流，A；

I_g——流过晶闸管的实际工作电流有效值，A；

1.2～1.5——考虑熔体电流有效值与元件额定电流平均值的折算，

而留有适当裕量的安全系数。

公式二 $$I_{er} \leqslant \frac{1.57K_gI_d}{K_r}$$

式中 K_g——晶闸管一个周波内允许过载能力，见表 7-36；

I_d——流过晶闸管的实际负载额定电流平均值，A；

K_r——快熔一个周波的过载能力，可在手册中查得；

1.57——晶闸管额定平均值折算为有效值的系数。

另外，还可直接由表 7-37 查得。此表根据 $I_{er}=1.5I_T$ 而得。

② 对于图 7-20（b）：

$$I_{er}=K_jI_{dm}$$

式中 I_{dm}——可能出现的最大直流整流电流，A；

K_j——接线系数，见表 7-38。

■ **表 7-36 晶闸管的电流过载倍数 K_g**

额定电流/A	电流过载倍数 K_g			
	一个周波	三个周波	六个周波	十五个周波
1	5.0	4.0	3.5	3.0
5	5.0	4.0	3.5	3.0
20	5.0	4.0	3.5	3.0
50	5.0	4.0	3.5	3.0
100	4.0	3.0	2.5	2.2
200	3.0	2.4	2.2	2.0

■ **表 7-37 快熔与晶闸管串联时的选择**

晶闸管额定电流 I_T/A	5	10	20	30	50	100	200	300	500
熔体额定电流 I_{er}/A	8	15	30	50	80	150	300	500	800

■ **表 7-38 接线系数 K_j**

接线方式	单相全波	单相桥式	三相零式	三相桥式	六相桥式	双星形带平衡电抗器
K_j	0.707	1.00	0.577	0.816	0.408	0.289

③ 对于图 7-20（c）：由于一般情况下，负载多为感性，直流

电流回路电流波形近似平直线，有效值和平均值相差不大，因此可按下式计算：

$$I_{er}=I_{d}$$

式中 I_d——流过晶闸管的实际负载额定电流平均值，A。

【例 7-8】 某单相全控桥式整流电路如图 7-20（a）所示，已知交流输入电压为 220V，负载电流为 250A，试选择快速熔断器。

解 ① 快速熔断器额定电压的选择：

$$U_{er}\geqslant U_{g}=220V$$

② 快速熔断器熔体额定电流的选择：对于单相全控桥式整流电路，流过晶闸管最大的工作电流 I_{dt} 为

$$I_{dt}=0.5I_{d}=0.5\times 250=125A$$

可选用 KP200A 型的晶闸管。

熔体电流 $I_{er}=(1.2\sim 1.5)I_{T}=(1.2\sim 1.5)\times 200$

$=240\sim 300A$

因此可选用 RS3 型 500V、250A 或 300A 的快速熔断器。

7.4.6.2 应急时用普通熔断器代替快熔保护的计算

作为临时措施，可用普通熔断器降低定额代替快熔保护晶闸管。这时可按下式选择：

$$I_{er}\leqslant\frac{2}{3}\times 1.2I_{T}=0.8I_{T}$$

式中 I_{er}——普通熔断器的熔体额定电流，A；

I_T——同前。

如 30A 的晶闸管可选用 25A 的普通熔断器来保护。

整流二极管快速熔断器保护可按下式选取：

$$I_{er}=(1.2\sim 1.5)I_{F}$$

式中 I_F——整流元件额定正向整流电流，A；

I_{er}——同前。

7.4.6.3 其他的过流保护

除了上述保护方法外，还有直流快速开关作直流侧的过载和短

路保护，以及在交流侧和直流侧接入过流继电器进行过电流保护。快速开关机构动作时间只有 2ms，全部断弧时间为 25～30ms，是较好的直流侧过电流保护装置。

7.4.6.4 利用晶闸管作过流保护的计算

利用晶闸管作过流保护的电路如图 7-21 所示。

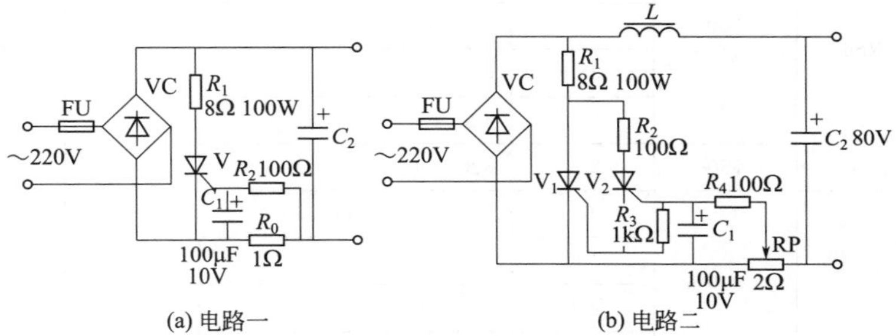

图 7-21 利用晶闸管作过流保护的电路

工作原理：如图 7-21（a）所示，调节电阻 R_0，使稳压电源正常工作时，晶闸管 V 控制极没有足够的触发电压而截止。当过载或短路时，输出电流急速增大，在检测电阻 R_0 上产生较大压降，从而触发晶闸管 V 导通，使大电流直接流经 R_1 及 V 组成的保护电路，使电源保险丝 FU 熔断，起到迅速保护电源的作用。

图 7-21（b）电路与图 7-21（a）类似，只不过通过一只小晶闸管 V_2 再触发大晶闸管，以确保大过电流保护时大晶闸管能得到足够的触发功率而可靠动作。动作电流

$$I_{dz}=U_g/R_0$$

式中 U_g——晶闸管控制极触发电压，2～4V（视晶闸管功率而定）。

7.4.6.5 常用快速熔断器的技术数据

常用的快速熔断器有 RS0、RS3 和 RLS 系列等。

① RS0、RS3 系列快速熔断器的主要技术数据（见表 7-39）

② RLS 系列快速熔断器的主要技术数据及保护特性（见表 7-40）

■ **表 7-39　RS0、RS3 系列快速熔断器的主要技术数据**

系列型号	额定电压/V	熔断器额定电流/A	熔体额定电流/A	极限分断能力/kA	cosφ
RS0	500	50	30,50	50	0.3
		100	50,80,100		
		200	150,200		
		350	320		
		500	400,480		
	750	350	320,350		
RS3	500	50	10,15,20,30,40,50	50	0.3
		100	80,100		
		250	150,200		
		320	250,300,320		
	750	200	150,200		
		300	200,300		
		350	320,350		

■ **表 7-40　RLS 系列快速熔断器的技术数据及保护特性**

型　号	额定电压/V	额定电流/A	熔体额定电流/A	极限分断电流有效值/kA	电路功率因数
RLS-10	500 以下	10	3,5,10	40	≥0.3
RLS-50		50	15,20,25,30,40,50		
RLS-100		100	60,80,100		

保护特性

额定电流倍数	熔断时间
1.1	5h 不断
1.3	1h 不断
1.75	1h 内断
4	<0.2s
6	<0.02s

③ NGT 型快速熔断器　NGT 型快速熔断器是从德国 AEG 公司引进的一种新型熔断器，适用于交流 50Hz、电压至 1000V、电流至 630A 的电路。其主要技术数据见表 7-41。

■ 表 7-41　NGT 型快速熔断器主要技术数据

型　号	额定电压 /V	熔断体额定电流等级 /A	额定分断能力 /kA	cosφ
NGT-00	380	25，32，40，50，63，80，100，125	100	0.1～0.2
	800			
NGT-1	380	100，125，160，200，250		
	660			
	1000			
NGT-2	380	200，250，280，315，355，400		
	660			
	1000			
NGT-3	380	355，400，450，500，560，630		
	660			
	1000			

7.4.7　晶闸管变流装置风机的选择

晶闸管变流装置在运行中元件会经过散热器散发出大量的热量，这些热量需要通过风机散发到空间。选择风机需根据所需要的风量及风压的要求，并考虑到风机的效率及噪声。

(1) 风量的计算

风机所需的风量可根据热平衡方程式按下式计算：

$$Q=\frac{60P}{c\gamma\Delta T}$$

式中　Q——风量，m^3/min；

c——空气比热容，$c=1.026\times10^3 J/(kg\cdot K)$；

γ——空气密度（kg/m^3），$\gamma=1.05kg/m^3$；

ΔT——风道出进口风温差（K），一般取 $\Delta T=5K$；

P——风道总发热功率（W），$P=nP_{AV}$；

n——风道中的元件数；

P_{AV}——晶闸管通态损耗功率（W），$P_{AV}\approx U_T I_T$；

U_T——通态平均电压，约 0.6～1.2V；

I_T——通态平均电流，A。

(2) 风压的计算

风压应为 m 层元件的总流阻，即

$$H=m\Delta P$$

式中 H——风压，kPa；

ΔP——散热器流阻，kPa；

m——元件层数。

风压与风道结构有关，也不易计算准确。对于风机来讲，风压与风机的转速有关。

根据计算的风量和风压值，分别增大 10%～20%来选择风机的规格。

由于风压计算较困难，实际选择时，可按风量选择，风速要求不小于 5m/s，转速一般取 2000～3000r/min。转速低，噪声小些，但散热效果差；反之，转速高，噪声大些，但散热效果好。

轴流风机有单相和三相之分，三相的功率较大，风量也较大。轴流风机有交流的和直流的，晶闸管变流装置一般选用交流风机，功率为 65W 左右，一台不够可用两台。

【例 7-9】 有一单相半控桥式整流装置，用于发电机励磁，晶闸管的通态平均电流和整流二极管的额定正向工作电流均采用 100A，元件分两层布置，元件数 $n=5$。已知总流阻为 0.04kPa，在不考虑整流变压器发热影响的条件下，试选择冷却风机。

解 ① 风量的计算。考虑励磁装置中的整流元件有较大余裕，

因此晶闸管通态损耗功率为

$$P_{AV}=0.7U_T I_T=0.7\times1\times100=70W$$

风道总发热功率为（设整流二极管及续流二极管的损耗功率与晶闸管相同）

$$P=nP_{AV}=5\times70=350W$$

风量为

$$Q=\frac{60P}{c\gamma\Delta T}=\frac{60\times350}{1.026\times10^3\times1.05\times5}=3.9m^3/min$$

② 风压的计算：

$$H=m\Delta P=2\times0.04=0.08kPa$$

因此，可选用ES15050 220L型轴流风机，电压为交流220V、功率为30W、转速为2200r/min。其最大风量为5.24m³/min，最大风压为0.1275kPa。

常用几种交流和直流轴流风机的技术参数见表7-42～表7-45。

■ **表7-42　12530型交流轴流风机技术参数**

型　号	电压/V	频率/Hz	功率/W	最大风量/(m³/min)	最大风压/kPa	转速/(r/min)	噪声/dB
ES/EB 12530 110L	110	50	25	1.70/1.84	0.0598	2200	35
ES/EB 12530 110M	110	50	25	1.98/2.21	0.0804	2600	37
ES/EB 12530 110H	110	50	25	2.66/2.97	0.102	3000	38
ES/EB 12530 220L	220	50	25	1.67/1.84	0.0598	2200	35
ES/EB 12530 220M	220	50	25	1.98/2.21	0.0804	2600	37
ES/EB 12530 220H	220	50	25	2.66/2.97	0.102	3000	38

注：外形尺寸为125mm×125mm×30mm。

■ **表 7-43 15050 型交流轴流风机技术参数**

型 号	电压 /V	频率 /Hz	功率 /W	最大风量 /(m^3/min)	最大风压 /kPa	转速 /(r/min)	噪声 /dB
ES EB 15050 110L	110	50	30	5.24	0.1275	2200	38
ES EB 15050 110M	110	50	30	5.52	0.1471	2600	40
ES EB 15050 110H	110	50	30	5.75	0.1667	3000	42
ES EB 15050 220L	220	50	30	5.24	0.1275	2200	38
ES EB 15050 220M	220	50	30	5.52	0.1471	2600	40
ES EB 15050 220H	220	50	30	5.75	0.1667	3000	42

注：外形尺寸为 150mm×150mm×50mm。

■ **表 7-44 6025 型直流无刷轴流风机技术参数**

型 号	电压 /V	电流 /A	最大风量 /(m^3/min)	最大风压 /kPa	转速 /(r/min)	噪声 /dB
ES EB 6025 12L	12	0.09	0.36	0.0196	2200	18
ES EB 6025 12M	12	0.11	0.44	0.0294	2600	19
ES EB 6025 12H	12	0.13	0.53	0.0402	3000	20
ES EB 6025 24L	24	0.08	0.36	0.0196	2200	18
ES EB 6025 24M	24	0.10	0.44	0.0294	2600	19
ES EB 6025 24H	24	0.12	0.53	0.0402	3000	20

注：外形尺寸为 60mm×60mm×25mm。

■ **表 7-45　15050 型直流无刷轴流风机技术参数**

型　　号	电压/V	电流/A	最大风量/(m^3/min)	最大风压/kPa	转速/(r/min)	噪声/dB
ES/EB 15050 12L	12	0.9	5.24	0.1275	2200	38
ES/EB 15050 12M	12	1.2	5.52	0.1471	2600	40
ES/EB 15050 12H	12	1.5	5.75	0.1667	3000	42
ES/EB 15050 24L	24	0.7	5.24	0.1275	2200	38
ES/EB 15050 24M	24	0.9	5.52	0.1471	2600	40
ES/EB 15050 24H	24	1	5.75	0.1667	3000	42

注：外形尺寸为 150mm×150mm×50mm。

7.4.8　晶闸管元件的常见故障及防止措施

晶闸管过载和过电压能力较差。如果线路设计不合理，元件选用不当，维护不力，以及检修、使用不当等，都有可能造成晶闸管元件的击穿或烧毁。造成晶闸管元件故障或损坏的原因及处理方法见表 7-46。

■ **表 7-46　晶闸管元件故障或损坏的原因及处理**

序号	故障现象	可 能 原 因	处 理 方 法
1	晶闸管不能导通	① 晶闸管控制极与阴极断路或短路 ② 晶闸管阳极与阴极断路 ③ 整流输出没有接负载 ④ 脉冲变压器二次接反	① 用万用表测量控制极与阴极间的电阻。若已损坏，更换晶闸管 ② 用万用表测量阳极与阴极间的电阻。若阻值无穷大，说明已断路，更换晶闸管 ③ 接上负载 ④ 纠正接线

续表

序号	故障现象	可能原因	处理方法
2	晶闸管误触发、失控	① 晶闸管触发电流和维持电流偏小，或额定电压偏低 ② 晶闸管热稳定性差(在工作环境温度未超过规定要求时引起误触发) ③ 晶闸管维持电流太小 ④ 在感性负载电路中，没有续流二极管，引起失控及击穿晶闸管 ⑤ 控制极受干扰	① 按使用要求，合理选择晶闸管参数 ② 检查环境温度，若环境温度未超过规定要求，则更换晶闸管 ③ 选择维持电流较大的晶闸管 ④ 在整流器输出端反向并联一只续流二极管 ⑤ 查明干扰原因，采取相应措施
3	晶闸管轻载时工作正常，重载时失控	① 晶闸管高温特性差，大电流时失去正向阻断能力 ② 负载回路电感或电阻太大	① 更换晶闸管 ② 减小负载回路电感或电阻
4	水冷型晶闸管运行时突然击穿烧毁几只	① 因断水或流量不足，使晶闸管工作结温急剧上升，导致晶闸管击穿短路 ② 晶闸管陶瓷外壳表面有水珠或积尘而导电，使阳极与阴极、控制极与阴极之间短路 ③ 晶闸管绝缘底座因积尘而导电，使阳极或阴极对地短路 ④ 主回路过电流保护环节不起作用	① 检查水路，保证畅通无阻和足够的流量 ② 清除灰尘，擦干水珠 ③ 测试晶闸管阳极或阴极对地的绝缘电阻，清除灰尘 ④ 合理调整过电流保护环节的整定值
5	晶闸管突然烧毁	① 直流电动机接地 ② 整流变压器中性点(Y接)与地线相接 ③ 带电测量晶闸管时，表笔碰及金属外壳 ④ 示波器Y轴负极线测量直接接电网系统	① 加强对直流电动机的维护 ② 中性点不能接地 ③ 测量时要谨慎 ④ 示波器用隔离变压器供电

续表

序号	故障现象	可能原因	处理方法
6	风冷型晶闸管运行时烧毁	① 风机损坏 ② 风机旋转方向反了 ③ 风量不足、风速太小 ④ 风道有堵塞	① 更换风机 ② 纠正风机旋转方向 ③ 检修风机。若设计不当，应增大风机的功率和转速 ④ 清扫风道，使风道通畅
7	晶闸管运行不久，发热异常	① 晶闸管与散热器未拧紧 ② 冷却系统有故障	① 拧紧，使两者接触良好。但也不能太使劲以免损坏管子 ② 见第4、6条
8	三相桥式整流电路，轻载时工作正常，重载时烧坏晶闸管	有一组桥臂的晶闸管维持电流太小，换相时关不断，导致整流变压器次级的三相交流电源相间短路	选用维持电流较大的晶闸管
9	晶闸管在使用中击穿短路	① 输出端发生短路或过载，而保护装置又不完善 ② 输出接大电容性负载，触发导通时电流上升率太大 ③ 元件性能不稳定，正向压降太大引起温升太高 ④ 控制极与阳极发生短路 ⑤ 触发电路有短路现象，加在控制极上的电压太高 ⑥ 操作过电压、雷击、换相过电压及输出回路突然切断（保险丝烧断等）引起的过电压，又没有适当的过电压保护	① 解决短路和过载问题，改进过流保护或合理选配快熔 ② 避免输出直接接大电容负载；增大交流侧电抗，限制电流上升率或限制短路电流 ③ 更换晶闸管 ④ 查明原因，并加以排除 ⑤ 查明原因，并加以排除 ⑥ 采取正确的过电压保护
10	晶闸管工作不久便击穿	① 元件耐压值不够 ② 元件特性不稳定 ③ 控制极所加最高电压、电流平均功率超过元件允许值	① 更换正反向阻断峰值电压足够的晶闸管 ② 更换晶闸管 ③ 正确选择控制极电压、电流，使平均功率不超过元件允许值

续表

序号	故障现象	可能原因	处理方法
10	晶闸管工作不久便击穿	④ 控制极反向电压太高(超过允许值10V以上) ⑤ 与晶闸管并联的RC吸收电路开路 ⑥ 直流输出RC保护开路 ⑦ 压敏电阻损坏	④ 正确选择控制极电压,一般取4～10V ⑤ 检查RC吸收电路的元件及接线 ⑥ 检查输出RC保护元件及接线 ⑦ 检查并更换压敏电阻
11	晶闸管串联工作时被击穿	① 各晶闸管特性不一致 ② 并联在晶闸管上的均压电阻开路 ③ 均压电阻阻值不等,使各晶闸管承受电压不相同 ④ 与晶闸管并联的RC吸收电路开路	① 选用反向特性、触发特性、峰值电压和关断特性较接近的晶闸管 ② 检查均压电阻,并恢复正常 ③ 测量静态均压是否平衡,调整均压电阻 ④ 检查RC吸收电路的元件及接线
12	晶闸管并联工作时被烧毁	① 各晶闸管特性不一致 ② 均流元件选择不当或均流回路开路 ③ 触发电路有干扰,个别晶闸管先导通,这样先导通的那只管子将承担全部负载电流而被烧毁	① 选用正向压降较接近的晶闸管 ② 正确选择均流元件,检查均流回路,并恢复正常 ③ 消除触发电路的干扰,防止误触发的发生
13	使用两只反并联晶闸管的交流调压电路中,晶闸管烧毁	两只晶闸管工作不对称,在回路中就有直流通过,使变压器直流磁化产生很大的励磁电流而使晶闸管过载烧毁	① 调整触发电路,要求触发脉冲前沿要陡,幅度要足够大,使两只晶闸管对称工作 ② 两只晶闸管开关特性要接近
14	三相全控桥有源逆变电路工作在逆变状态,晶闸管击穿短路	① 运行中丢失触发脉冲 ② 移相角超出允许范围,这时直流电源与整流输出电压形成短路,造成逆变颠覆	① 检查各相触发脉冲的输出情况 ② 做好调整工作,使移相范围在电网电压为额定值的95%时工作脉冲仍保持在$\beta>\beta_{min}$区域内,防止颠覆

7.5 晶闸管触发电路的计算

7.5.1 晶闸管对触发电路的要求

晶闸管由截止到导通需要在控制极上加以一定的触发信号。触发信号可以是直流信号、交流信号或脉冲信号，但通常使用的是脉冲信号。晶闸管对触发电路的基本要求如下。

① 由于晶闸管控制极参数的分散性及其触发电压、电流随温度变化的特性，为使晶闸管可靠触发，触发电路提供的触发电压和电流必须大于晶闸管产品参数表中提供的控制极触发电压和触发电流值，即必须保证具有足够大的触发功率。一般触发电压为4～10V，触发电流为几十到几百毫安。因此要求脉冲变压器初级直流电源电压不小于15V左右（一般为18～24V）。

② 除了可靠触发的要求外，还必须考虑控制极平均功率P_G不能超过允许值。如对于5A的晶闸管应小于0.5W，10～50A的小于1W，100～200A的小于2W。瞬时峰值电压不大于10V。

③ 触发脉冲应有足够的宽度。因为晶闸管的开通时间约为6μs，为使被触发的晶闸管能保持在导通状态，晶闸管的阳极电流必须在触发脉冲消失前达到制掣住电流，因此要求触发脉冲应具有足够的宽度，即触发脉冲宽度不能小于6μs，最好为20～50μs。对于电感性负载，脉冲宽度还应加大，否则脉冲消失时，主回路电流还上升不到掣住电流，晶闸管就不能导通。对于小容量变流器在电阻性负载下运行时，也可用较窄的触发脉冲。

④ 在多个晶闸管串并联使用的场合，要求各晶闸管尽可能同一时刻导通，使各晶闸管的di/dt都在允许的范围内。但由于晶闸

管特性的分散性，会使先导通晶闸管的 di/dt 值或后导通晶闸管的阳阴极承受电压超过允许值而被损坏。这时宜采取强触发措施，使晶闸管能在相同时刻内导通，为此可采用强触发脉冲形式。在采用强触发时，晶闸管控制极功率可能超过允许平均功率几倍，但允许的峰值功率比平均功率大得多，由于强触发时晶闸管的开通时间很短（只有几微秒），因此强触发脉冲可以很窄。如果主电路带电感负载需要宽的触发脉冲时，可以用 $(1.5\sim2)I_{GT}$ 电流维持（其中 I_{GT} 为晶闸管控制极触发电流）。必要时脉冲宽度对应时间 t_2 大于 50μs，持续时间 t_3 大于 550μs。

常用的强触发脉冲波形如图 7-22 所示。

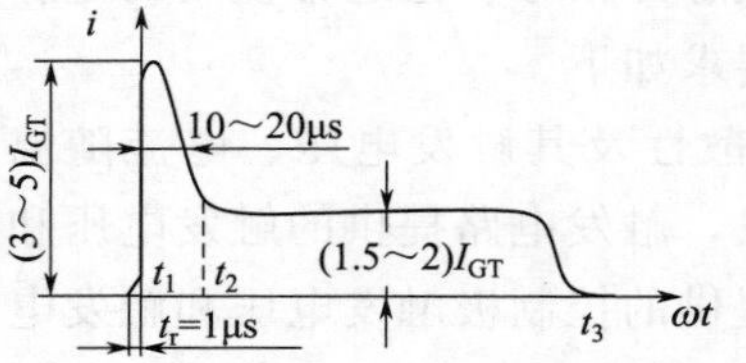

图 7-22 常用的强触发脉冲波形

⑤ 为了使触发时间准确，要求触发脉冲上升前沿要陡，最好在 10μs 以下。

⑥ 具有抗干扰能力。由于触发电路通常采用单独的低压电源供电，因此为了避免彼此之间产生干扰，应与主电路进行电气隔离。例如触发电路与主电路之间经脉冲变压器，采用光耦合器，采取静电屏蔽，串联二极管及并联电容器等。另外，不触发时，触发电路的输出电压应小于 0.15～0.2V；为避免误触发，必要时可在控制极上加 1～2V 的负电压。

⑦ 感性负载应加宽触发脉冲。晶闸管的开通过程虽然只有几微秒，但这并不意味着晶闸管已能维持导通。如果触发脉冲消失时阳极电流值小于晶闸管的掣住电流值，晶闸管就不能维持继续导通而关断。掣住电流值一般为维持电流 I_H 的数倍。在电感负载情况下，晶闸管导通后，由于负载电感的作用，阳极电流上升到掣住电流需要一定的时间。电感越大，电源电压越低，阳极电流上升越慢，因此触发脉冲应维持一段时间，以确保晶闸管可靠导通。

⑧ 触发脉冲必须与加在晶闸管上的电源电压同步，以保证主电路中的晶闸管在每个周期的导通角相等。而且要求触发脉冲发出

的时刻能平稳地前后移动（即移相），同时还要求移相范围足够宽。

⑨ 一般情况下，触发装置应与处于高电位的主电路互相隔离，以保证人身和设备的安全。

除了以上这些基本要求外，还要求触发电路工作可靠、简单、经济、体积小、重量轻等。

对于各种不同性质的负载，可采用以下几种脉冲形式（见图 7-23）。

① 窄脉冲。其脉冲宽度 $T=30\sim100\mu s$，适用于电阻性负载和小功率晶闸管［见图 7-23（a）］。

② 宽脉冲。其脉冲宽度 $T=100\mu s\sim5ms$，适用于感性负载，根据电感的强弱选取适当的脉冲宽度［见图 7-23（b）］。弱电感性负载（如带平波电抗器的电动机电枢回路），可取 1ms 以下；强电感性负载（如直流电机的磁场回路），可取 1～5ms。对于三相全控桥式电路，如果不是采用双脉冲触发，为了使顺序两个晶闸管同时被触发，脉冲宽度必须大于 60°电角度，一般取 5ms 左右。

③ 连续脉冲。其脉冲宽度 $T=180°-\alpha$（α 为晶闸管导通角），适用于强电感负载［见图 7-23(c)］。对于感性负载的调压，无论单相或三相都应采用 $180°-\alpha$ 的连续脉冲。

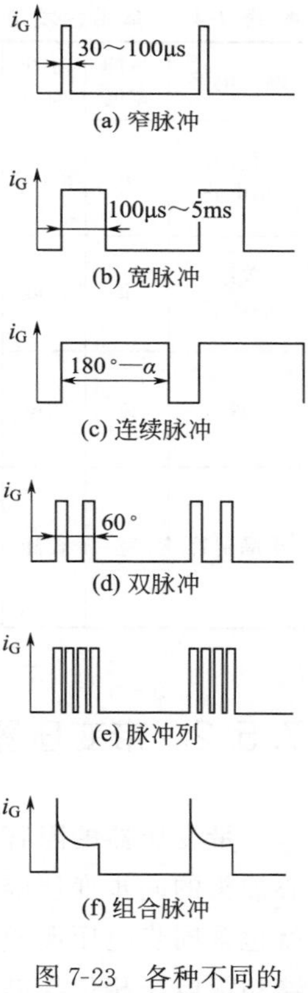

图 7-23　各种不同的脉冲形式

④ 双脉冲。双脉冲主要是为适应三相全控桥式电路要求，使相邻两元件同时得到触发脉冲［见图 7-23（d）］。不带中心点的三相交流调压电路也与此相似，要用双脉冲或大于 60°的单脉冲。

⑤ 脉冲列。载波频率为 5～20kHz。任何一种宽度的脉冲都可调制成脉冲列，主要是简化了宽脉冲的传送［见图 7-23（e）］。

⑥ 组合脉冲。在触发串联或并联的晶闸管时，要求触发电流

有很高的上升率，如 1～3A/μs。当脉冲宽时，脉冲变压器必然匝数多、漏感大，难以达到很高的电流上升率［见图 7-23（f）］。为此，需采用上升率高的窄脉冲和宽脉冲组合的方式。

常用几种触发电路的性能比较见表 7-47。

■ **表 7-47　常用触发电路的性能比较**

触发电路	脉冲宽度	脉冲前沿	移相范围	调整难易	可靠性	费用	应用范围
阻容移相电路	宽	极平缓	150°	易	高	最少	适用于简单的、要求不高的晶闸管整流装置
单结晶体管	窄	极陡	160°	易	高	较少	广泛用于各种单相、多相和中小功率的晶闸管整流装置
三极管	宽	较陡	大于 180°	复杂	稍差	最贵	适用于要求宽移相范围的晶闸管整流装置
小晶闸管	宽	较陡	取决于输入脉冲的移相范围	较易	较高	较贵	适用于大功率和多个大功率晶闸管串、并联使用的晶闸管整流装置

7.5.2　带变压器的阻容移相桥触发电路的计算

带变压器的阻容移相桥触发电路由电位器 RP、电容 C 和带中心抽头的同步变压器 T 组成，是最简单的一种触发电路。它本身就包含同步电压形成、移相、脉冲形成与输出三个部分。同步变压器初级电压相位与晶闸管主电路电压相位相同。

(1) 电路图

单相半波阻容移相电路如图 7-24 所示。调节电位器 RP，移相桥对角线输出电压 u_{OD} 的相位就相应改变，于是负载 R_{fz} 得到的整流功率也相应改变。各点的波形如图 7-24（b）所示。

图中，R 为限流电阻，以限制晶闸管 V 控制极的电流；二极

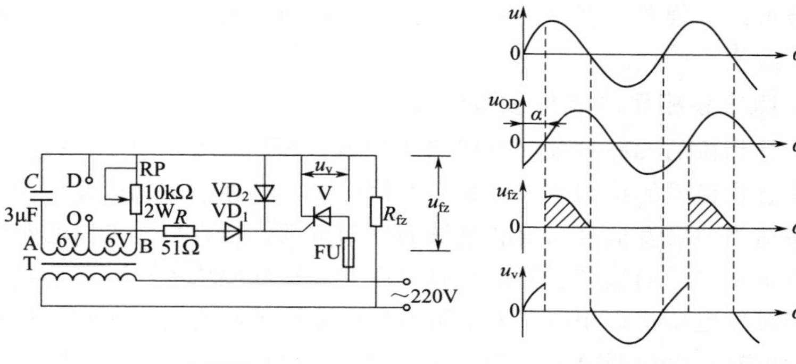

(a) 电路图　　　　(b) 波形图

图 7-24　单相半波阻容移相电路

管 VD_1、VD_2用来保护控制极免受过大的反向电压而击穿。

单相全波阻容移相电路如图 7-25 所示，移相原理同图 7-24。不同的是该电路采用桥式半控电路，故整流效率要提高 1 倍。各点的波形如图 7-24（b）所示。

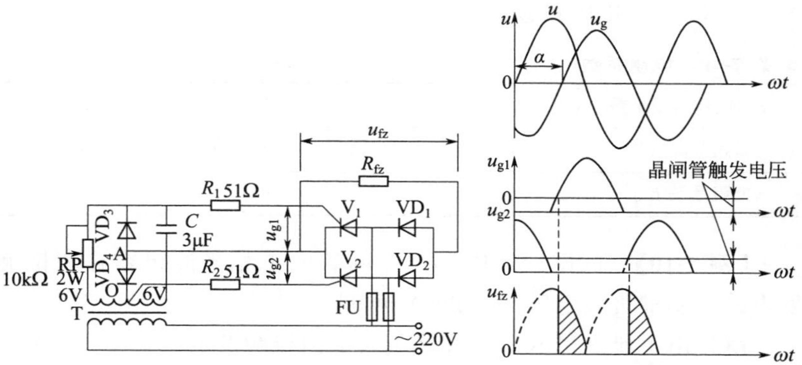

(a) 电路图　　　　(b) 波形图

图 7-25　单相全波阻容移相电路

阻容移相电路简单、可靠、经济，移相范围一般为 0°～150°。

但波形陡度很差，当电网波动和接到不同的晶闸管上时，导通时间将要改变。

(2) 阻容移相桥的元件参数计算

移相桥的元件参数计算取决于控制极所需的触发电压及电流，以及触发信号的移相范围。在一般情况下，移相范围都较宽。为了获得适当的触发信号幅值和足够的移相范围，在直接触发时必须满足以下要求：同步变压器次级总电压 U_{AB} 最起码应大于 2 倍的控制极的触发电压；移相桥臂上电阻电容的电流最起码应大于控制极的触发电流；电位器阻值应为电容器容抗的数倍以上。

移相桥电阻、电容的经验计算公式如下：

$$C \geqslant \frac{3I_{OD}}{U_{OD}}$$

$$R \geqslant K_R \frac{U_{OD}}{I_{OD}}$$

式中　C——电容，μF；

R——电阻，kΩ；

U_{OD}，I_{OD}——移相桥对角线电压和电流，V，mA；

K_R——电阻系数，见表 7-48。

■ **表 7-48　电阻系数**

输出电压调节倍数	2	2～10	10～50	50 以上
移相范围/(°)	90	90～144	144～164	164 以上
电阻系数 K_R	1	2	3～7	7 以上

【例 7-10】 试设计 KP500A 晶闸管的单相半波阻容移相桥触发电路。要求负载电压 20～200V 可调。

解　由手册查得 KP500A 晶闸管的门极触发电压 $U_{GT} \leqslant 5$V、门极触发电流 $I_{GT} = 30 \sim 300$mA。

由于输出电压调节倍数为 200/20 = 10，查表 7-48，取 $K_R = 2.5$。

根据同步变压器二次总电压 U_{AB} 最起码应大于 2 倍的控制极触

发电压的要求，则 $U_{AB}=U_{OD}=2U_{GT}=2\times5=10V$，取 $U_{OD}=14V$。

取移相桥对角线电流 $I_{OD}=I_{GT}=300mA$，则

电容　$C\geqslant\frac{3I_{OD}}{U_{OD}}=\frac{3\times300}{14}=64\mu F$，取 $68\mu F$

电阻　$R\geqslant K_R\frac{U_{OD}}{I_{OD}}=2.5\times\frac{14}{300}=0.116k\Omega$，取 120Ω

电容 C 选用无极性铝电解电容器，耐压 25V。

电阻功率为

$$P_R\geqslant\frac{1}{2}I_{GT}^2R=\frac{1}{2}\times0.3^2\times120=5.4W，取 8W。$$

式中系数 1/2，是因为一周内最多只工作半周。

电位器 RP 可选用 WX14-11 型 3W、10kΩ。

二极管 VD_1、VD_2 可选用 1N4001。

7.5.3　简单的阻容移相触发电路的计算

(1) 可变电阻式移相电路

单向晶闸管可变电阻式移相电路如图 7-26 所示，其波形如图 7-26（b）所示。

双向晶闸管可变电阻式移相电路如图 7-27 所示，其波形如图 7-27（b）所示。

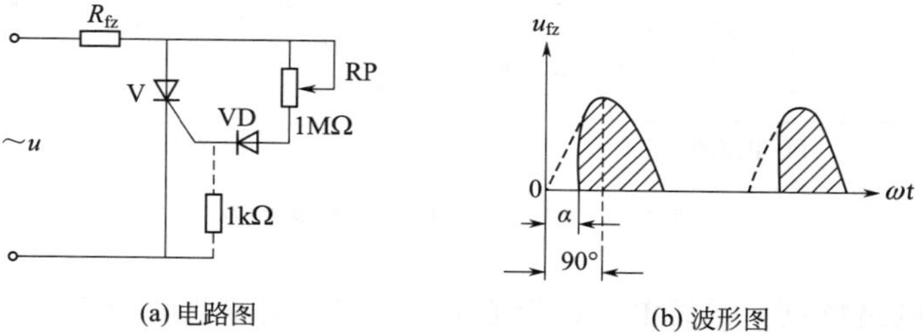

图 7-26　单向晶闸管可变电阻式移相电路

电路特点：①简单，移相范围＜90°（图 7-26），移相范围＜180°（图 7-27）；②受温度影响大（指移相精度，适用于小功率、要求不高的场合）。

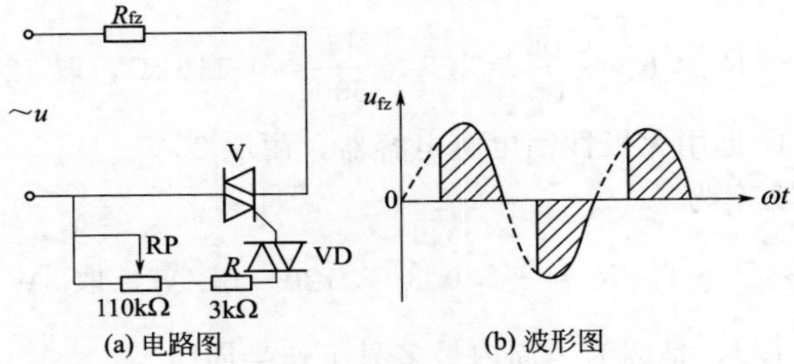

(a) 电路图　　(b) 波形图

图 7-27　双向晶闸管可变电阻式移相电路

图 7-27 中，电阻 R、电位器 RP 的阻值可由试验决定，其功率 0.5～1W；双向触发二极管 VD 可选用 2CTS。

(2) 阻容加二极管或稳压管式移相电路

单向晶闸管阻容加二极管式移相电路如图 7-28 所示，其波形如图 7-28（b）所示。

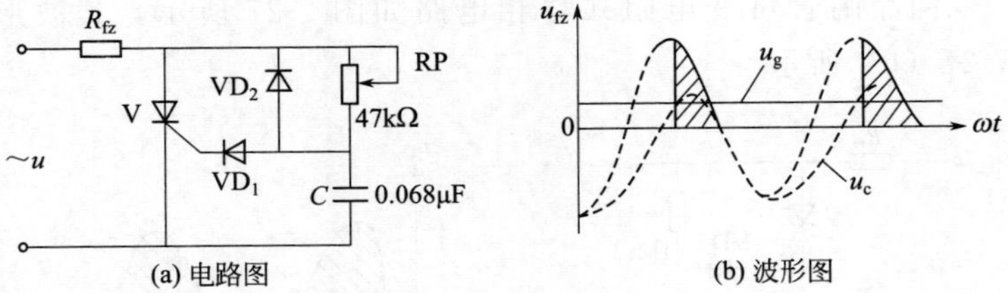

(a) 电路图　　(b) 波形图

图 7-28　阻容加二极管式移相电路

电路特点：①简单，移相范围＜180°，实用范围为 170°；②受温度影响较大，适用于小功率、要求不高的场合。

单向晶闸管阻容加稳压管式移相电路如图 7-29 所示，其波形如图 7-29（b）所示。图中，U_Z为稳压管 VS 的稳压值。

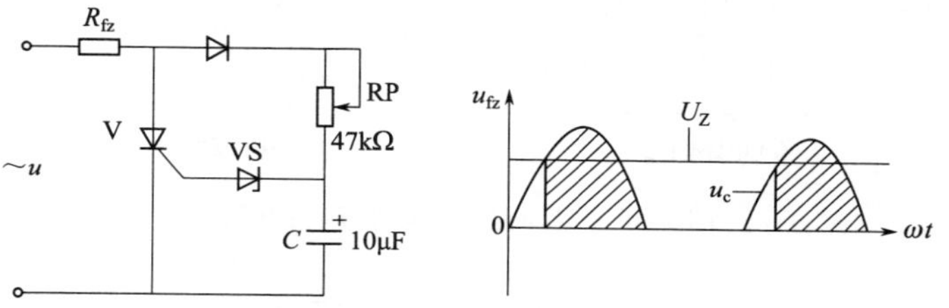

(a) 电路图　　(b) 波形图

图 7-29　阻容加稳压管式移相电路

电路特点：①简单，移相范围<180°；②线性度较好，控制准确度较前几种好，适用于低电压而又要求不高的电镀、电解电源等。

图中，电位器 RP 选用 10kΩ 至数十千欧、0.5～1W；二极管选用 1N4001；稳压管 VS 选用稳压值为十几伏至数十伏、最大反向电流 I_{ZM}为数十毫安的管子；电解电容 C 选用 10～100μF，要求漏电流小。

(3) 阻容加双向触发二极管式移相电路

双向晶闸管阻容加双向触发二极管式移相电路如图 7-30 所示，其波形图如图 7-30（b）所示。图中，U_{BO}为双向触发二极管的转折电压（击穿电压），一般为 20～70V，击穿电流 100～200μA。

RP、R_2和 C 的选择与所需的最大、最小移相角有关。对于如图 7-30 参数，当 RP 的阻值为 0 时，C 的充电时间常数 $\tau_1=R_2C=2.7\times10^3\times0.1\times10^{-6}=0.26\text{ms}$；当 RP 的阻值为 144kΩ 时，$C$ 的充电时间常数 $\tau_2=(\text{RP}+R_2)C=(144+2.7)\times10^3\times0.1\times10^{-6}=15\text{ms}$；$\tau_1=0.26\text{ms}$ 时，对应的控制角 $\alpha_1=5°$(接近于双向晶闸管全导通)；$\tau_2=15\text{ms}$ 时，对应的控制角 α_2 接近 180°(双向晶闸管关

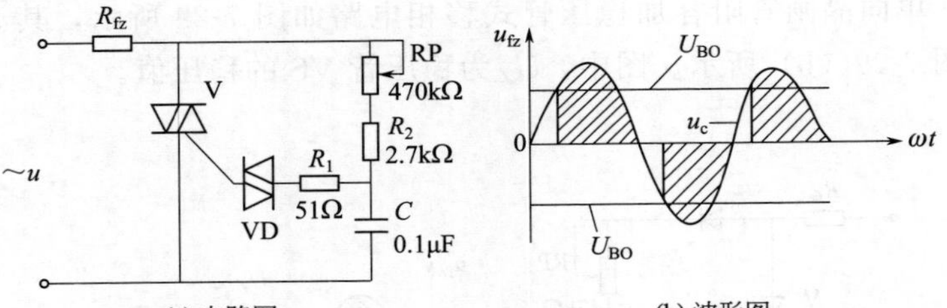

(a) 电路图　　(b) 波形图

图 7-30　双向晶闸管阻容移相电路

断）。可见，RP、R_2、C 的选择由调压范围而定。

图 7-30 中 R_1 为限流电阻，也可不用。

电阻、电位器的功率一般取 0.5～1W。

7.5.4　阻容移相晶闸管调压电路抗干扰元件的选择

以上介绍的阻容移相晶闸管调压电路，常用于调速、调光、调温。但由于输出正弦波受到破坏，波形中含有大量谐波，这些谐波会通过电源线耦合造成对邻近电子设备的干扰，这种干扰称为传导干扰；另外，干扰能量还会以高频电磁波形式从导线中辐射出去，造成对邻近电子设备的干扰，这种干扰称为辐射干扰。经测试，主要干扰频带为中波段 550～1650kHz。为此，应对阻容调压电路的干扰采取抑制措施。

(1) 对传导干扰的抑制措施

以双向晶闸管阻容移相调压电路为例，可采用如图 7-31 所示的几种电路。

图 7-31（a）：在调压电路的电源侧并联一只容量为 0.022～0.047μF、耐压 400V 的电容 C_1，使干扰波经它入地（N 线），从而避免干扰经电源线耦合出去。此法简单，但效果稍差。

图 7-31（b）：采用 LC Γ 型滤波器，即在图 7-31（a）的基础上加一个电感量为 100～300μH 的电感 L，从而阻止高频干扰波通

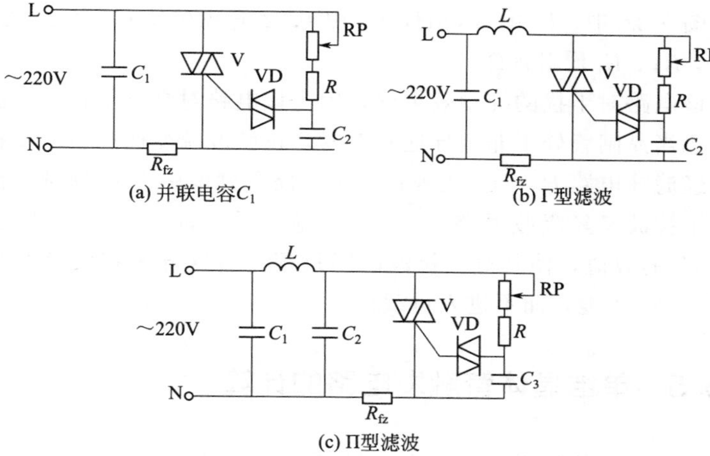

(a) 并联电容C_1　(b) Γ型滤波　(c) Π型滤波

图 7-31　对传导干扰起抑制作用的调压电路

过，而残余干扰信号经电容 C_1 入地。此法抗干扰效果稍好。

图 7-31（c）：采用 LC Π 型滤波器。L 为 100～300μH，C_1、C_2 均为 0.22μF/400V。此法抗干扰效果更好。

（2）对传导干扰和辐射干扰的抑制措施

用以上方法能较好地抑制传导干扰，但对抑制辐射干扰效果不大。为此可采用如图 7-32 的电路，即在负载上再并联 RC 吸收回路。

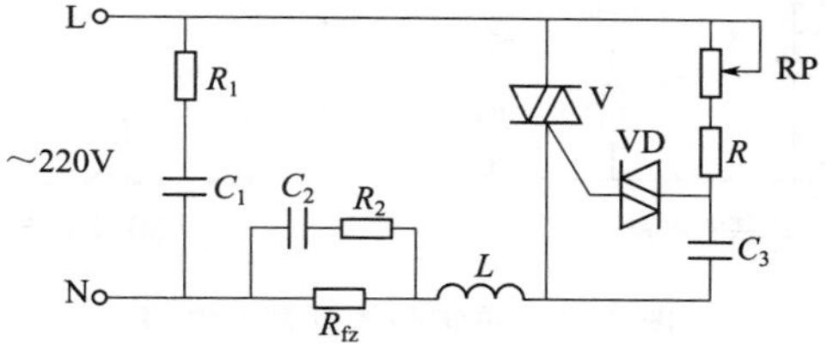

图 7-32　对传导及辐射干扰均能抑制的阻容调压电路

图 7-32 中，L 用 300μH，C_1 用 0.22μF/400V，C_2 用 0.022μF/400V，R_1、R_2 均用 20Ω。

该电路对干扰的抑制效果好，因为该电路对高频干扰波的滤波完善。当晶闸管处于非全导通状态时，正弦波畸变而产生的干扰波一路经滤波电路 R_1、C_1 入地；而另一路受到电感 L 的抑制，而残余的干扰波又经吸收回路 R_2、C_2 入地。适当选择（可通过试验）R_2、C_2 的数值，使其对干扰波的阻抗很小，这样干扰波就容易通过 C_2、R_2 入地，而不进入负载。

7.5.5 单结晶体管触发电路的计算

由单结晶体管等组成的触发电路，又称单结晶体管弛张振荡器。单结晶体管触发电路简单易调，脉冲前沿陡，抗干扰能力强。但由于脉冲较窄，触发功率小，移相范围也较小，所以多用于 50A 及以下晶闸管的中、小功率系统中。

电路如图 7-33 所示；单结晶体管发射极特性曲线如图 7-34 所示。

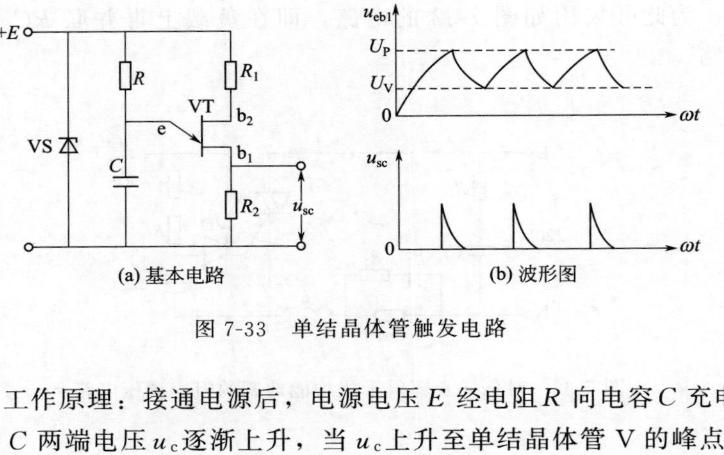

(a) 基本电路　　(b) 波形图

图 7-33　单结晶体管触发电路

工作原理：接通电源后，电源电压 E 经电阻 R 向电容 C 充电，电容 C 两端电压 u_c 逐渐上升，当 u_c 上升至单结晶体管 V 的峰点电

压 U_P时，管子 e-b_1导通，电容 C 通过 e-b_1和电阻 R_2迅速放电，在 R_2上产生一脉冲输出电压。随着 C 的放电，u_c 迅速下降至管子谷点电压 U_V时，e-b_1 重新截止，电容 C 重新充电，并重复上述过程。于是在电阻 R_2上产生如图 7-33（b）所示的一串周期性的脉冲。

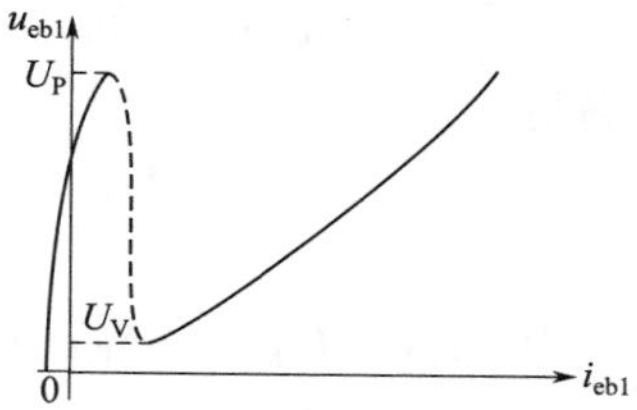

图 7-34　单结晶体管发射极特性曲线

采用稳压管 VS 是为了保证输出脉冲幅值的稳定，并可获得一定的移相范围。VS 的稳压值 U_z会影响输出脉冲的幅值和单结晶体管正常工作。

电路各元件参数的选择如下。

① 电容 C 的选择：电容 C 的容量太小，储存的电能不足，放电脉冲就窄，不易触发晶闸管；C 的容量太大，这将与 R 的选择产生矛盾。一般 C 的选择范围为 0.1～1μF，触发大容量的晶闸管时可选大些。

② 放电电阻 R_2的选择：R_2的阻值太小，会使放电太快，尖顶脉冲过窄，不易触发导通晶闸管；R_2的阻值太大，则漏电流（约几毫安）在 R_2上的电压降就大，致使晶闸管误触发（晶闸管的不触发电压为 0.15～0.25V）。一般 R_2的选用范围为 50～120Ω。

③ 温度补偿电阻 R_1 的选择：因为单结晶体管的峰值电压为 $U_P=\eta U_{bb}+U_D$，其中，分压比 η 几乎与温度无关，U_P 的变化是由等效二极管的正向压降 U_D 引起，U_D 具有 -2mV/℃ 的温度系数。U_P 变化会引起晶闸管的导通角改变，这是不允许的。为了稳定 U_P，接入电阻 R_1，此时基极间的电压将为

$$U_{bb}=\frac{R_{bb}}{R_1+R_2+R_{bb}}E$$

式中　R_{bb}——基极间电阻，Ω。

R_{bb}具有正的温度系数，只要适当选择 R_2 的数值，便可使 ηU_{bb}随温度的变化恰好补偿 U_D的变化量。

R_1一般选用 300～400Ω。

④ 充电电阻 R 的选择：为了获得稳定的振荡，R 的阻值应满足

$$\frac{U_{bb}-U_{V}}{I_{V}}<R<\frac{U_{bb}-U_{P}}{I_{P}}$$

式中 U_V，U_P——谷点和峰点电压，V；

I_V，I_P——谷点和峰点电流，A。

为了便于调整，R 一般由一只固定电阻和一只电位器串联而成。

振荡器的振荡频率按下式计算：

$$f=\frac{1}{RC\ln\dfrac{1}{1-\eta}}$$

式中 f——振荡频率，Hz；

R——电阻，Ω；

C——电容，F。

⑤ 分压比 η 的选择：一般选用 η 为 0.5～0.85 的管子。η 太大，触发时间容易不稳定；η 太小，脉冲幅值又不够高。

⑥ 稳压管 VS 的选择：稳压管起同步作用，并能消除电源电压波动的影响。稳压管的工作电压 U_z 若选得太低，会使输出脉冲幅度减小造成不触发；选得太高（超过单结晶体管的耐压，即30～60V，或使触发脉冲幅值超过晶闸管控制极的允许值，即 10V），会损坏单结晶体管或晶闸管。一般选用 20V 左右。

实用的单结晶体管触发电路的形式有如图 7-35 所示的几种。

对应于图 7-35（e）触发电路的各点波形如图 7-36 所示。

调节电位器 RP，即可改变移相角，移相范围为 0°～160°。

该电路简单、可靠、调整容易，用元件少，体积小，受温度影响小，输出脉冲电流峰值大。但脉冲宽度窄，脉冲平均功率小，在要求触发脉冲较宽的情况下（如电感性大的负载）触发较困难，稳定性、对称度较差。

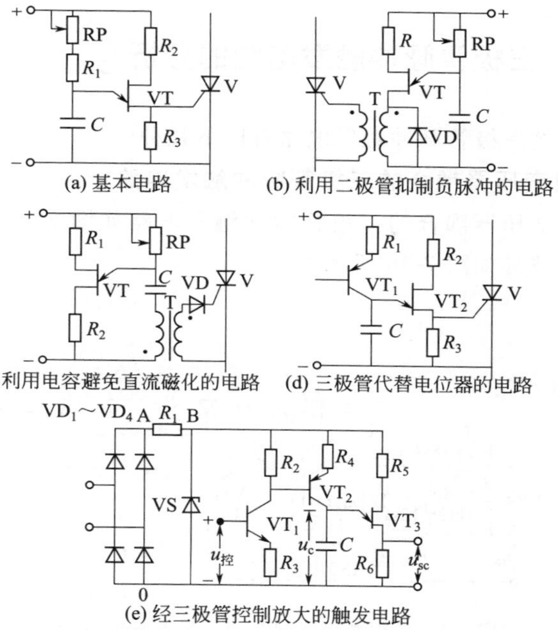

图 7-35　单结晶体管触发电路的几种形式

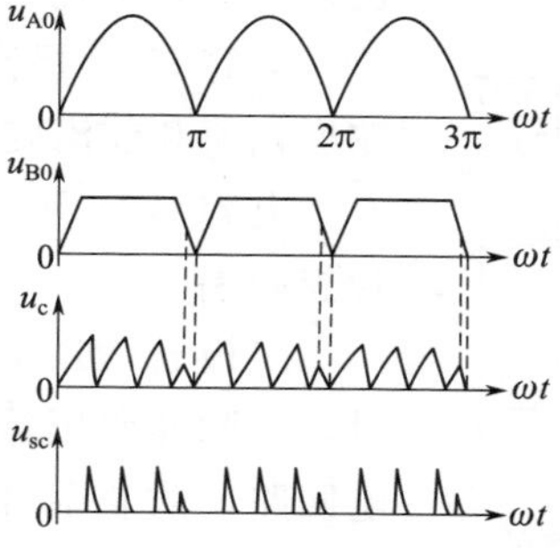

图 7-36　单结晶体管触发电路的各点波形

7.5.6 三极管脉冲触发电路的分析

常用的三极管脉冲触发电路有以下几种。

(1) 采用变压器耦合的三极管脉冲触发电路

采用变压器耦合的三极管脉冲触发电路如图 7-37 所示，电路中的各点波形如图 7-38 所示。

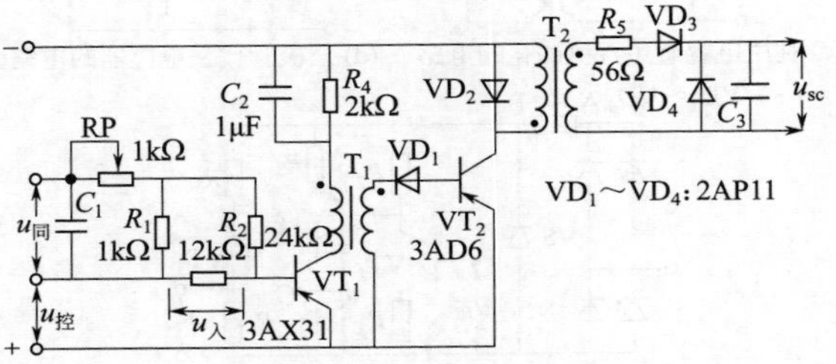

图 7-37　采用变压器耦合的三极管脉冲触发电路

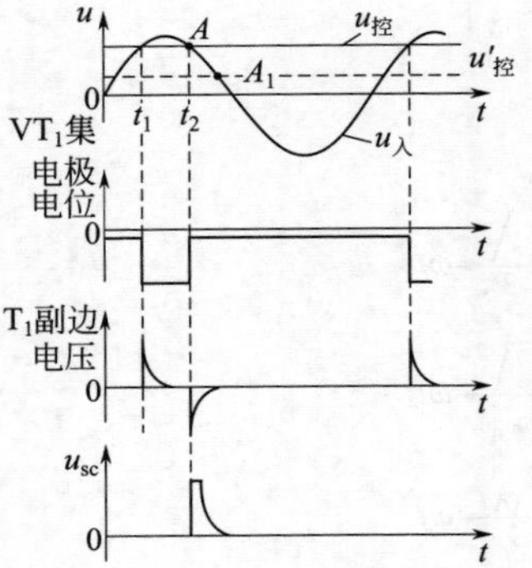

图 7-38　图 7-37 电路的各点波形

有关元件的作用如下。

电容 C_1：消除从同步电压输入端进入的高频干扰信号的影响。

电容 C_2：提高耦合变压器传输的波形幅值和前沿陡度。

电容 C_3：防止干扰信号侵入晶闸管控制端。

二极管 VD_2：当晶体管 VT_2 截止时，给脉冲变压器 T_2 原边绕组提供放电回路，防止晶体管 VT_2 因过电压而击穿。

变压器 T_1：耦合及倒相作用，能把正脉冲变为负脉冲，从而使晶体管 VT_2 导通。

(2) 带有正反馈绕组的三极管脉冲触发电路

带有正反馈绕组的三极管脉冲触发电路如图 7-39 所示，电路中的各点波形如图 7-40 所示。

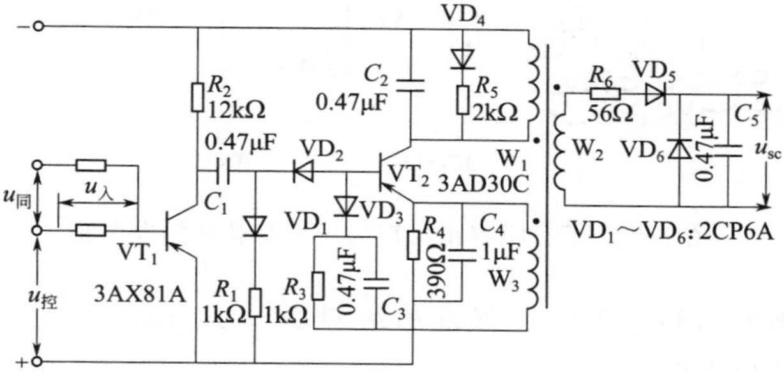

图 7-39　带有正反馈绕组的三极管脉冲触发电路

有关元件的作用如下。

电容 C_2、C_3、C_4：起加速作用，能提高输出脉冲前沿陡度和幅值。

二极管 VD_3：限制在三极管 VT_2 截止时产生的正反馈。

绕组 W_3：起正反馈作用，能提高输出脉冲的宽度和前沿陡度。

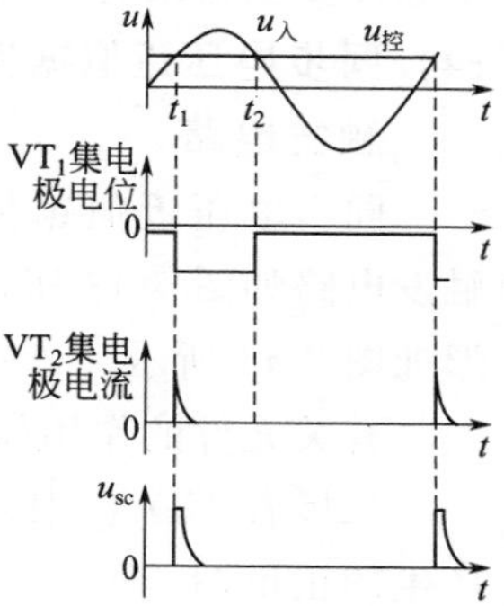

图 7-40　图 7-39 电路的各点波形

(3) 带有阻容正反馈的三极管脉冲触发电路

带有阻容正反馈的三极管脉冲触发电路如图 7-41 所示，电路中的各点波形如图 7-42 所示。

有关元件的作用如下。

电容 C_2：使触发电路工作更为稳定。

电阻 R_5：增加了三极管 VT_3 的抗干扰能力。

电位器 RP：调节输出脉冲的宽度（即能改变三极管 VT_3 导通时间的长短）。

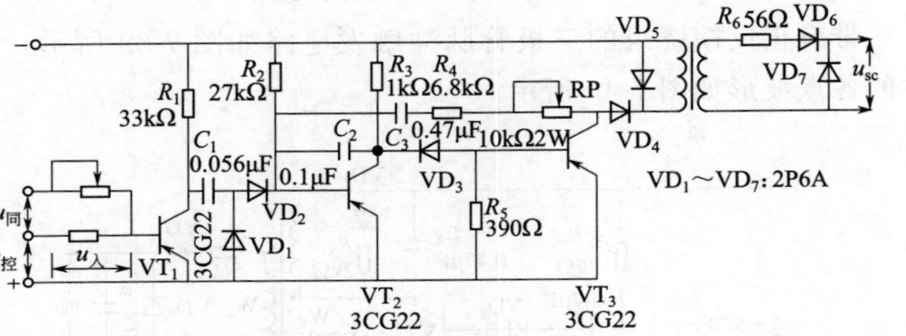

图 7-41　带有阻容正反馈的三极管脉冲触发电路

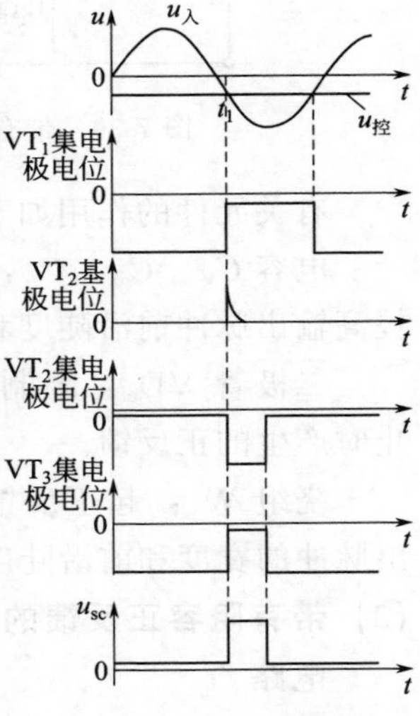

图 7-42　图 7-41 电路的各点波形

二极管 VD_2、VD_3：保证前级对后级影响的单方向性。

二极管 VD_4：保证三极管 VT_3 免受从脉冲变压器来的反向电压。

(4) 同步电压近似锯齿波的三极管脉冲触发电路

同步电压近似锯齿波的三极管脉冲触发电路如图 7-43 所示，电路中各点波形如图 7-44 所示。

有关元件的作用如下。

二极管 VD_3：限制在三极管截止时产生的正反馈。

绕组 W_3：电压正反馈绕组，能提高输出脉冲的宽度和前沿陡度。

绕组 W_4：偏移绕组，它流过反向磁化电流，使脉冲变压器的铁芯不易饱和，提高了铁芯利用率。

此电路适用于不可逆输出的场合，可得到 270°的移相范围，但易受电网电压波动的影响。

三极管脉冲触发电路性能好，适用于大、中功率的晶闸管系统中。但电路较复杂，可靠性稍差。

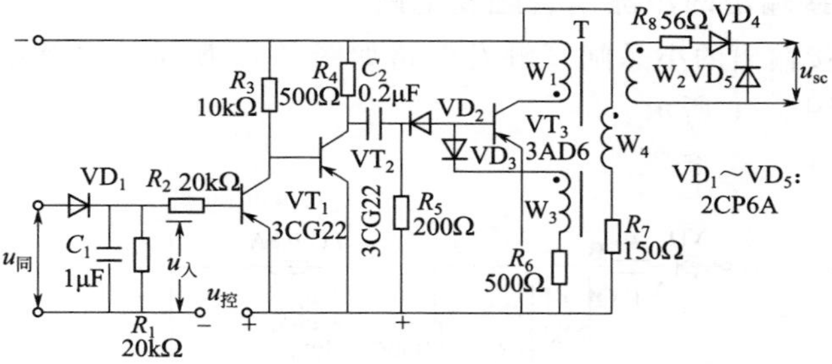

图 7-43　同步电压近似锯齿波的三极管脉冲触发电路

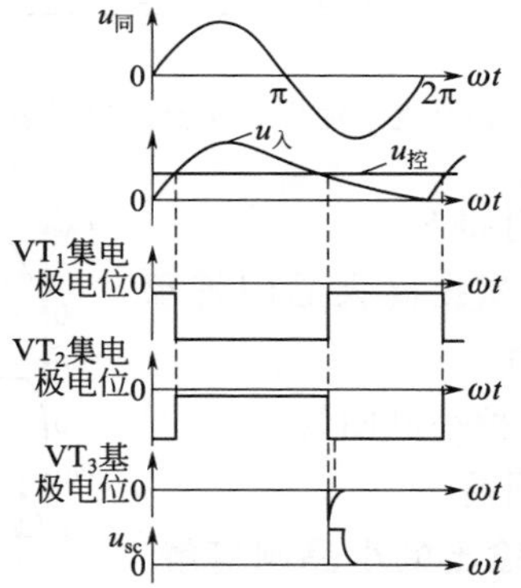

图 7-44　图 7-43 电路的各点波形

改变控制电压 $u_控$ 的大小，即可改变移相角。移相范围为大于 180°。

7.5.7　小晶闸管触发电路的分析

小晶闸管触发电路的特点是触发功率大，有足够的触发脉冲宽度。调节电位器，即可改变移相角。移相范围取决于输入脉冲的移相范围。

(1) 直接输出的小晶闸管触发电路

直接输出的小晶闸管触发电路如图 7-45 所示，电路中的各点波形如图 7-46 所示。

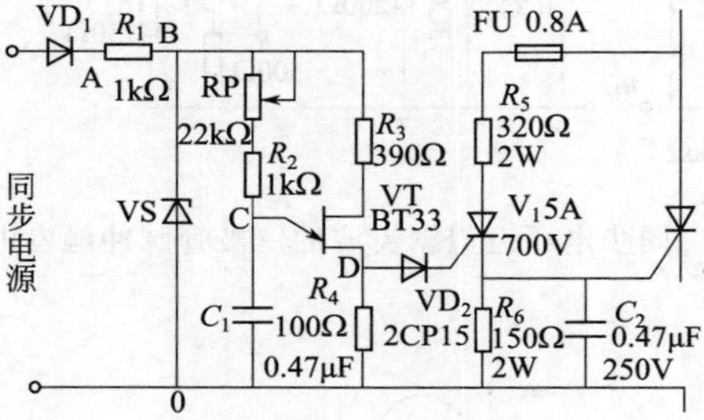

图 7-45　直接输出的小晶闸管触发电路

有关元件的作用如下。

电容 C_2：能适当提高大晶闸管承受电压上升率的能力。

保险丝 FU：保护小晶闸管。

其他元件作用同前。

(2) 经脉冲变压器输出的小晶闸管触发电路

经脉冲变压器输出的小晶闸管触发电路如图 7-47 所示，电路中的各点波形如图 7-48 所示。

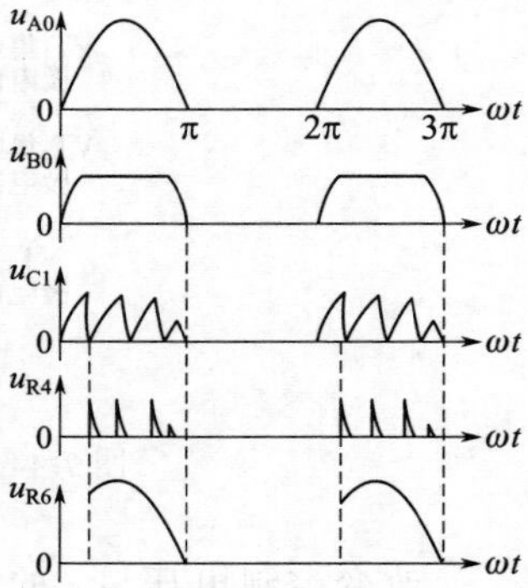

图 7-46　图 7-45 电路的各点波形

有关元件的作用如下。

电阻 R_5：限流电阻。

电阻 R_8、电容 C_3：小晶闸管的阻容保护。

二极管 VD_5、VD_6：使输送到大晶闸管的脉冲信号始终是一个正电压，避免负脉冲信号输入晶闸管。

电容 C_2：在对应整流电源电压的负半波内，交流电压经二极

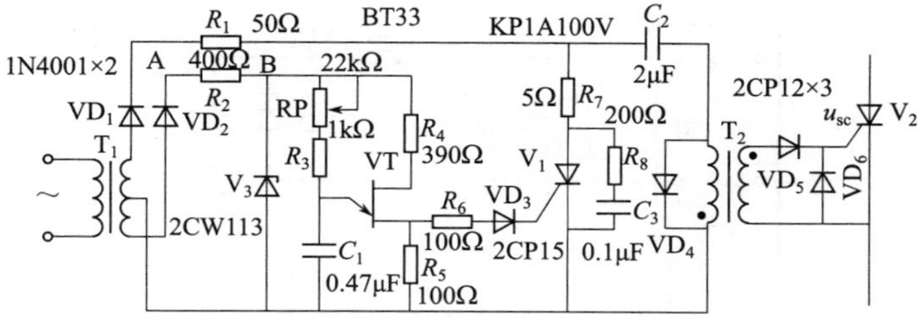

图 7-47　经脉冲变压器输出的小晶闸管触发电路

管 VD_1 整流后，对 C_2 充电，为产生输出脉冲做准备，当来自单结晶体管的尖脉冲使小晶闸管 V_1 触发开通时，C_2 经电阻 R_7 和 V_1 及脉冲变压器的初级绕组放电，从而在变压器次级绕组中感应出脉冲电压，也即本触发电路的输出脉冲电压。当 C_2 放电完成时，流经 V_1 的电流为零，因而使 V_1 重新转为关断状态，为下一输出脉冲做准备。

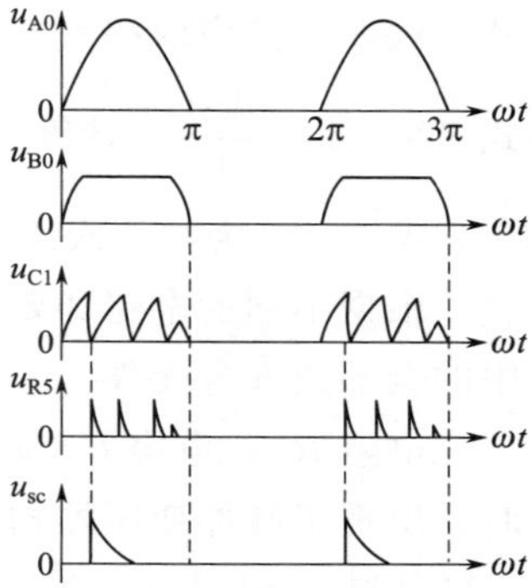

图 7-48　图 7-47 电路的各点波形

选择 C_2 时应注意：增大 C_2 可使输出脉冲的幅值增大，但脉冲的前沿陡度却相应减低，提高 C_2 的充电电压，可增大输出脉冲的前沿陡度。

7.5.8　触发电路的输出环节元件的选择

触发电路的输出环节一般由脉冲变压器及其他一些元件组成，如图 7-49 所示。

设计脉冲变压器 TM 时，不仅考虑输出脉冲的幅度和宽度，同时要考虑变压器的内阻。次级输出电压峰值不能超过 10V，一般取 8V 以内。对于窄脉冲（脉冲宽度 100～50μs）的脉冲变压器，可采用铁芯截面不小于 0.5cm^2 的硅钢片，初、次级绕组匝数相同，

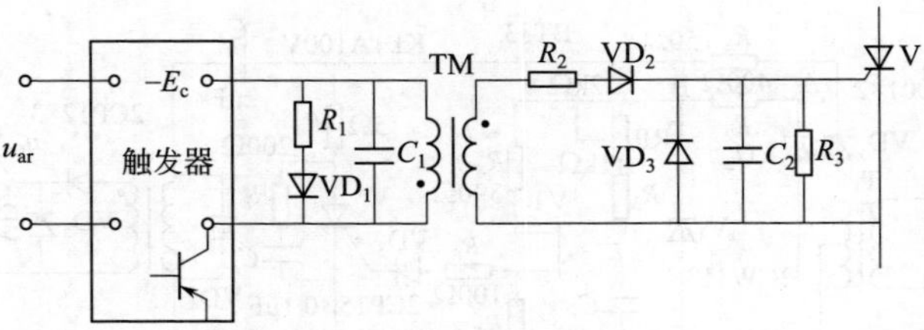

图 7-49　触发电路的输出环节

可用直径为 0.15～0.25mm 漆包线绕制。对于宽脉冲的脉冲变压器，铁芯截面应取得大些，绕组线径取粗些，初、次级匝数可按公式 $W_2=1.2\dfrac{W_1U_2}{U_1}$ 计算。式中，U_2 为次级电压，U_1 为初级供电电压，W_1、W_2 为初、次级匝数。

根据不同的电路和要求，在脉冲变压器初、次级可加接图7-49中的全部或部分元件。

电阻 R_1、电容 C_1 及二极管 VD_1 的作用是限制输出脉冲结束时，出现于脉冲变压器初级的反向尖峰电压，并加速变压器励磁能量的消减过程，以免触发器末级三极管等因承受高电压而损坏。R_1 越小，三极管承受的过电压越小，但脉冲变压器易饱和，在窄脉冲输出时，C_1、R_1 可以不用。

电阻 R_2 的作用是调节和限制输出触发电流，其数值在 50～1000Ω 之间。

二极管 VD_2、VD_3 的作用是短路负脉冲，保证只有正脉冲输入到晶闸管控制极。

电阻 R_3 的作用是调节输入晶闸管控制极的脉冲功率，降低干扰电压幅值，并能提高晶闸管承受 du/dt 的能力，其数值在50～1000Ω 之间。

电容 C_2 的作用是旁路高频干扰信号，防止误触发，并能提高晶闸管承受 du/dt 的能力，但会使脉冲前沿陡度变差，其数值在 0.01～0.1μF 之间，宜用寄生电容较小的云母电容或陶瓷电容。

7.5.9 光电耦合器触发电路

光电耦合器内部包含发光元件和受光元件，它能将光信号转换成电信号。发光元件通常是发光二极管，受光元件有光敏二极管、光敏三极管、光敏电阻和光晶闸管。

光电耦合器的特性及技术参数见第 1 章 1.4.8 项。

光电耦合器常用于晶闸管触发电路，它具有较强的隔离和抗干扰能力。

光电耦合器与晶闸管的接口电路如图 7-50 所示。

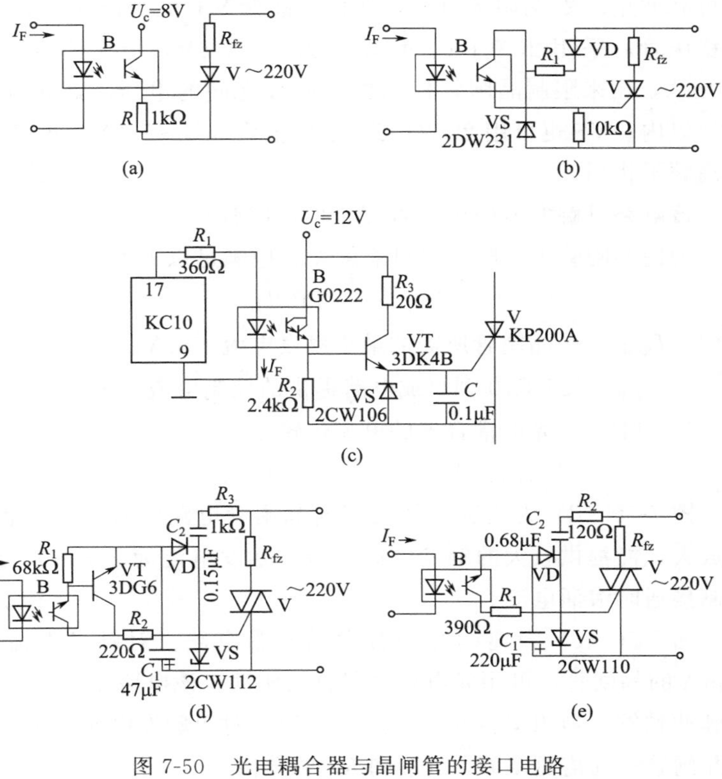

图 7-50 光电耦合器与晶闸管的接口电路

图 7-50（a）为半控电路。电阻 R 用于提高晶闸管的电压上升率 du/dt 及正向转折电压。它能用于触发电流在 50mA 以下的小晶闸管调压电路。

图 7-50（b）为半控电路。一般希望电阻 R_1 上的功耗尽可能小，而晶闸管导通角控制范围尽可能大。图中，二极管 VD 能使 R_1 功耗减小一半；稳压管 VS 限制了光敏三极管的工作电压。

图 7-50（c）为半控电路。输入移相控制脉冲电流来自 KC10 型半控桥集成触发器，约能提供控制电流 $I_F=5mA$。图 7-50 中，R_2 为零偏电阻，保证 I_F 为零、光电耦合器 B 关断时，三极管 VT 能可靠截止；R_3 为限流电阻，保护三极管 VT 免受损坏；VS 为保护稳压管，采用 2CW106，稳压值为 7～8.8V，最大稳定电流为 110mA，用来限制晶闸管控制极与阴极之间的电压不超过允许的 10V 以内。VS 也可用 2CW105，稳压值为 6.2～7.5V；电容 C 为抗高频干扰用。

该电路可触发 KP800A 及以下的晶闸管。

为使晶闸管工作时得以可靠触发，应满足以下条件：

$$I_{gmin} < CTR\beta I_K$$

式中 I_{gmin}——晶闸管所需的最小触发电流，mA；

I_K——KC10 型集成电路提供的控制电流，mA；

CTR——光电耦合器的电流传输比；

β——三极管 VT 的电流放大倍数。

图 7-50（d）为宽脉冲触发双向晶闸管电路。通过三极管 VT 的放大，能提供较大的触发电流（最大触发电流为 25mA）。R_1 为限制接通时浪涌电流。

图 7-50（e）为连续脉冲触发晶闸管电路。对触发电流小于 10mA 的晶闸管，可用光电耦合器直接驱动。该电路用 $t=10ms$ 连续脉冲触发。当用窄脉冲（$t \leqslant 1ms$）时，对于触发电流小于 10mA 的晶闸管，尚需更动 C_1、C_2 和 R_2 的数值。

7.5.10 运算放大器、555时基集成电路及开关集成电路的触发电路

(1) 采用运算放大器的触发电路（见图 7-51）

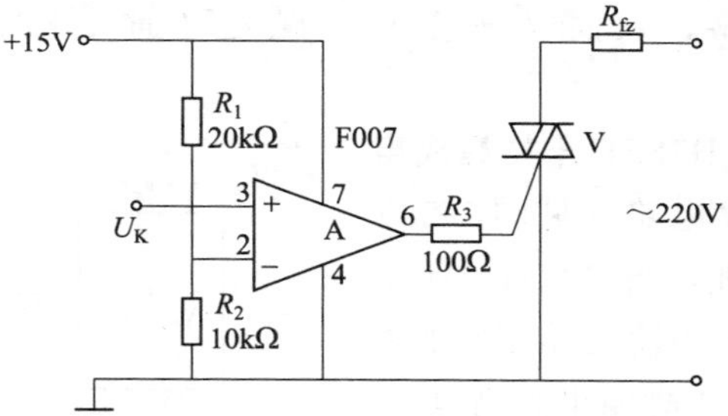

图 7-51　采用运算放大器的触发电路

工作原理：当控制信号U_K从运算放大器 A 的输入端 2、3 脚输入，并使 6 脚为高电平时，双向晶闸管 V 触发导通，接通负载R_{fz}回路；当U_K为零时，A 的 6 脚输出为低电平，双向晶闸管关闭，切断负载回路。

(2) 采用 555 时基集成电路的触发电路（见图 7-52）

该电路为简易电冰箱保护电路。采用 555 时基集成电路为双向

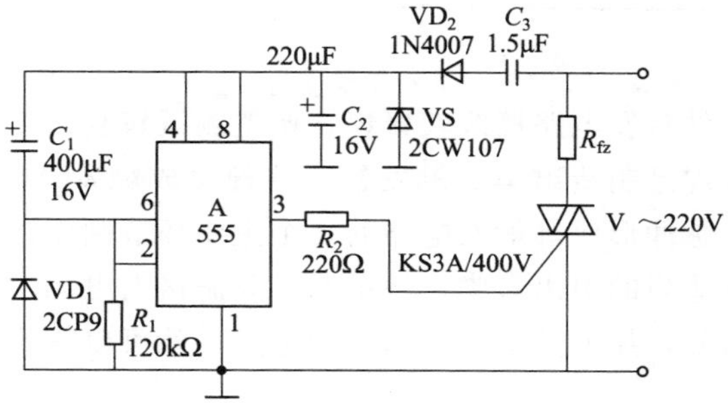

图 7-52　采用 555 时基集成电路的触发电路

晶闸管 V 提供延时触发信号。

工作原理：当电源中断后又来电时，555 时基集成电路 A 的 2 脚为高电平，A 复位，3 脚输出为低电平，双向晶闸管 V 关闭。电源经电容 C_1、二极管 VD_2 对电容 C_2、C_3 充电，经过一段延时（约 6min，由电容 C_1 和电阻 R_1 数值决定）后，电容 C_2 上的电压超过 $2/3E_C$，2 脚电平低于 $1/3E_C$，A 置位，3 脚输出为高电平，双向晶闸管 V 被触发导通，电冰箱得电启动工作。

(3) 采用 TWH7851 开关集成电路的触发电路（见图 7-53）

工作原理：当 TWH7851 开关集成电路 A 的输入端 1 脚为高电平时，A 的 4 脚输出为高电平，双向晶闸管 V 触发导通，接通负载回路；当 A 的 1 脚为低电平时，A 的 4 脚输出也为低电平，双向晶闸管关闭，切断负载回路。

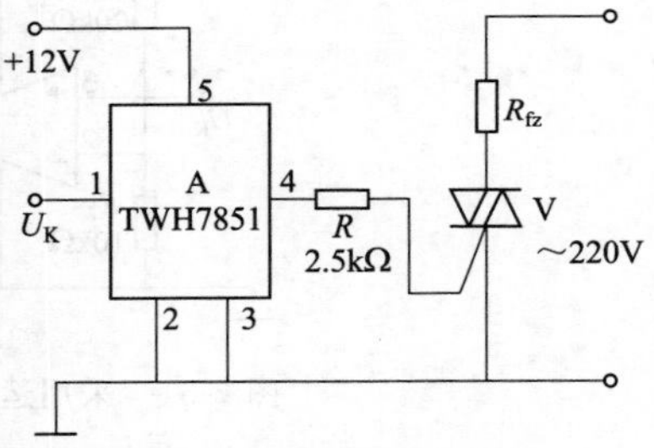

图 7-53 采用 TWH7851 开关集成电路的触发电路

7.6 集成触发器

单立元件触发电路接线较繁琐，调整测试较复杂。随着电子技术的发展，现已制造出集成触发器。这种集成触发器将同步信号、脉冲移相、脉冲形成等触发电路的几个主要环节制作在一个集成块内，外部有适当的引出管脚。使用时，只需接上电源、引入同步电源、控制信号，加上简单的外部辅助电路，就可以得到所需要的触发脉冲。

7.6.1 YCB 型、DJCB 型、DZCB 型和 SXZL 型集成触发器

(1) YCB 型单相（开环）触发器

① 技术参数

a. 功能：反并联单向晶闸管单相移相式调压控制。

b. 交流输入电压：双 12V（AC，50Hz），电流≤100mA。

c. 主回路额定电压：380V（AC，50Hz）。

d. 输入、输出间绝缘电压：≥2500V。

e. 触发电流：100mA。

f. 触发脉冲宽度：$180°-\alpha$。

g. 触发脉冲下降时间：≤1μs。触发脉冲上升时间：≤150ns。

h. 控制线性误差：≤2%。

i. 直流控制电压输入范围：0～5V。控制电流：≤1mA。

j. 控制电位器：10kΩ。

k. 工作环境：环境温度－10～＋40℃；环境湿度＜85% RH。

l. 外形尺寸：长×宽×高＝78mm×43mm×25mm。

② YCB 型触发器的应用电路　电路如图 7-54 所示。图中，T 为变压器，RP 为调相电位器，调节它可以改变加在负载 R_{fz} 两端的电压。

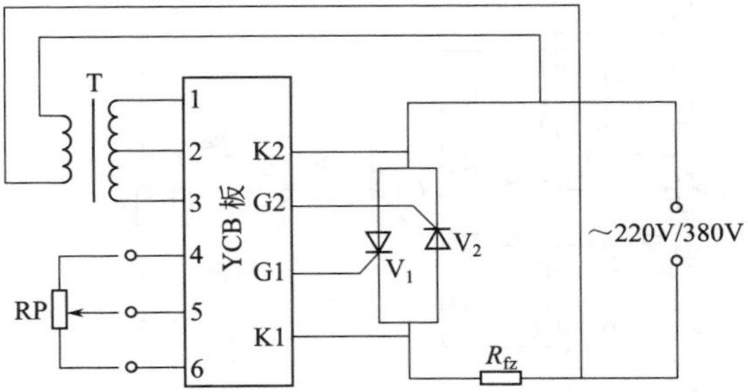

图 7-54　YCB 型触发器应用电路

(2) DJCB 型单相（闭环）触发器

DJCB 型触发器采用德国西门子公司生产的高性能移相触发电路 TCA785，可以手动也可以自动地对输出电压进行控制。

① 技术参数

a. 功能：晶闸管单相交流调压（具有稳压输出功能）控制。

b. 交流输入电压：双 15V(AC，50Hz)，电流 ≤100mA。

c. 主电路额定工作电压：380V(AC，50Hz)。

d. 电压同步信号输入范围：10～220V(AC，50Hz)，电流 ≤1.1mA。

e. 触发脉冲宽度：600μs。

f. 脉冲移相范围：0°～180°。

g. 输入直流控制电压：0～10V，电流≤1mA。

h. 手动控制电位器：10kΩ。

i. 电压反馈参数：交流电压反馈输入≤10V。

j. 工作环境：环境温度－10～＋45℃；环境湿度≤80% RH。

k. 外形尺寸：长×宽×高＝125mm×100mm×25mm。

② DJCB 型触发器的应用电路　电路如图 7-55 所示。图中，R_0 与 R_f 为分压电阻；RP 为调压电位器，调节它即可改变负载 R_{fz} 两端的电压。

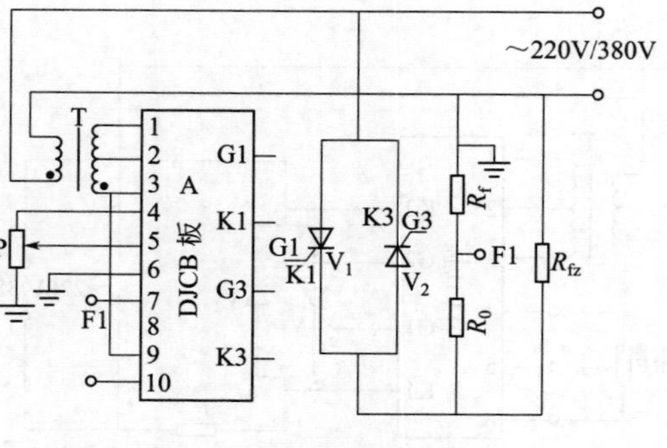

图 7-55　DJCB 型触发器应用电路

（3）DZCB 型单相（闭环）触发器

DZCB 型触发器采用高性能移相触发电路 TCA785，可用于单相全控桥式整流、半控桥式整流、单相全波整流等电路结构的晶闸管触发控制。可以手动也可以自动地对输出电压进行控制。

① 主要技术参数

a. 功能：晶闸管单相整流（具有稳压或稳流）控制。

b. 交流输入电压：双 15V(AC，50Hz)，电流 ≤ 10mA。

c. 主回路额定工作电压：380V(AC，50Hz)。

d. 电压同步信号输入范围：10 ～ 220V(AC，50Hz)，电流 ≤ 1.1mA。

e. 触发脉冲宽度：600μs。

f. 脉冲移相范围：0°～180°。

g. 输入直流控制电压：0～10V，电流≤1mA。

h. 手动控制电位器：10kΩ。

i. 反馈参数：电压反馈≤10V；电流反馈≤75mA。

j. 工作环境：环境温度－10～＋45℃；环境湿度≤80% RH。

k. 外形尺寸：长×宽×高＝125mm×100mm×25mm。

② DZCB 型触发器的应用电路　电路如图 7-56 所示。图中，

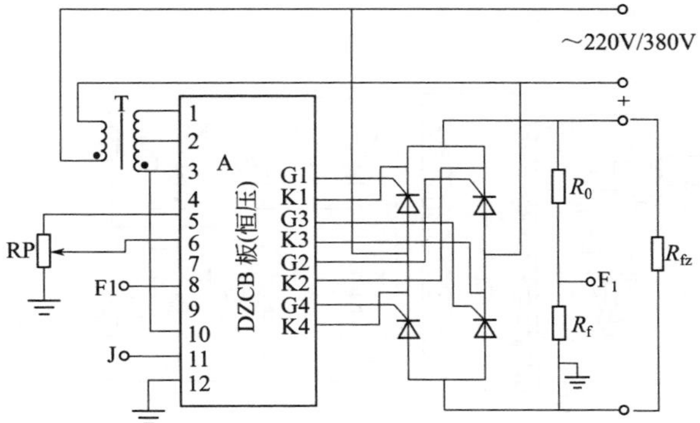

图 7-56　DZCB 型触发器（恒压）应用电路

R_0与R_f为分压电阻；RP为调压电位器，调节它即可改变负载R_{fz}两端的电压。

(4) SXZL型三相（闭环）触发器

SXZL型触发器采用高性能移相触发电路TC787，可用于三相桥式全控、三相桥式半控或三相半波晶闸管整流电路中晶闸管的移相触发控制单元，可以手动也可以自动地对输出电压进行控制。

① 技术参数

a. 功能：晶闸管三相恒压整流输出或恒流整流输出控制。

b. 交流输入电压：双18V(AC，50Hz)；电流≤200mA。

c. 主回路额定工作电压：380V(AC，50Hz)。

d. 三相同步输入信号：线电压30V；输入电流≤5mA。

e. 触发脉冲宽度：1.5ms。

f. 脉冲移相范围：0°～180°。

g. 输入直流控制电压：0～10V；输入电流≤1mA。

h. 各相脉冲不均衡度：＜±3°。

i. 手动控制电位器：10kΩ。

j. 反馈参数：电压反馈≤10V；电流反馈≤75mA。

k. 工作环境：环境温度−10～＋45℃；相对湿度≤80％RH。

l. 外形尺寸：长×宽×高＝176mm×132mm×25mm。

② SXZL型触发器的应用电路　电路如图7-57所示。

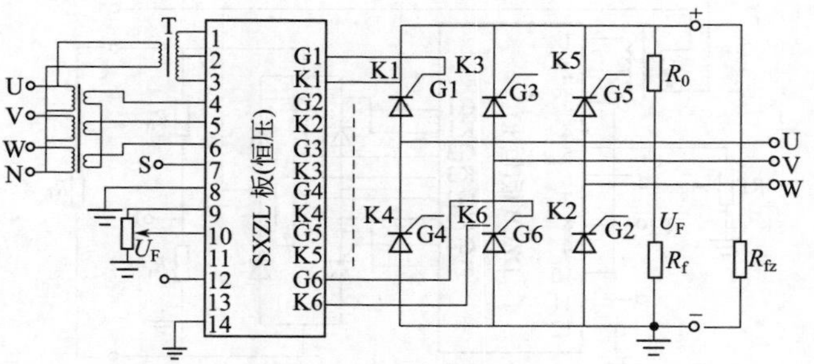

图7-57　SXZL型（恒压）触发器应用电路

7.6.2 KC 系列集成触发器

KC 系列集成触发器的型号及参数见表 7-49。

■ **表 7-49 KC 系列晶闸管集成触发器的型号及参数**

分类名称	电源电压/V	电源消耗/mA	同步电压/V	移相范围/(°)	锯齿波幅度/V	输出脉冲	允许环境温度/℃	移相线性误差/%
KC01 晶闸管移相触发器	±15，±5%	+15 −10	≥10	≥145	≥10	宽度 100μs～3ms 幅度>13V 最大输出能力 15mA	−10～+70	1
KC02 双脉冲形成器	±15，±5%	+12				脉冲输出极限电流 15mA	−10～+70	
KC03 晶闸管移相触发器	±15，±5%	+20 −15	5～10	≥165	≥10	宽度 100μs～2ms 幅度>13V 最大输出能力 20mA	−10～+70	1
KC04 晶闸管移相触发器	±15，±5%	+15 −8	≥10	≥165	≥10	宽度 100μs～3ms 幅度>13V 最大输出能力 100mA	−10～+70	
KC05 晶闸管移相触发器	外接+12～16 自生+12～14	−10		≥165		宽度 100μs～2ms 幅度>13V 最大输出能力 200mA	−10～+70	
KC06 晶闸管移相触发器	外接+12～16 自生+12～14	≤10		≥165		宽度 100μs～2ms 幅度>13V 最大输出能力 200mA 输出管 BU_{ce}>18V，I_{ceo}<20μA		
集成化 6 脉冲触发组件	±15，±5%	+50 −20		≥165		输出级允许负载电流<800mA	−10～+55	

7.6.3 KJ 系列集成触发器

(1) KJ 系列集成触发器的型号及参数（见表 7-50 和表 7-51）

■ 表 7-50　KJ 系列晶闸管集成触发器的型号及参数

电参数	KJ001 晶闸管移相触发器	KJ004 晶闸管移相触发器	KJ042 脉冲列调制形成器	KJ006 晶闸管移相触发器	KJ009 晶闸管移相触发器	KJ041 六路双脉冲形成器
电源电压	直流+15V,−15V,允许波动±5%(±10%时功能正常)	直流+15V,允许波动±5%(±10%时功能正常)	直流+15V,允许波动±5%(±10%时功能正常)	自生直流电源电压12～14V,外接直流电源电压±15V,允许波动±5%(±10%时功能正常)	直流+15V、−15V,允许波动±5%(±10%时功能正常)	直流+15V,允许波动±5%(±10%时功能正常)
电源电流	正电流≤15mA 负电流≤10mA	20mA	20mA	12mA	正电流≤15mA 负电流≤8mA	≤20mA
同步电压	交流10V(方均根值)			≥10V(有效值)	任意值	
移相范围	KJ001:≥150°(同步电压10V时) KJ001:210°(两相同步电压10V分别输入时)			≥170°(同步电压220V,同步输入电阻51kΩ)	170°(同步电压30V,同步输入电阻15kΩ)	
锯齿波幅度	10V			7～8.5V		
同步输入端允许最大同步电流	6mA(方均根值)			6mA(有效值)	6mA(有效值)	

续表

电　参　数	KJ001 晶闸管移相触发器	KJ004 晶闸管移相触发器	KJ042 脉冲列调制形成器	KJ006 晶闸管移相触发器	KJ009 晶闸管移相触发器	KJ041 六路双脉冲形成器
输出脉冲	脉冲宽度：100μs～3.3ms(改变脉宽电容达到) 脉冲幅度：13V(输出接 1kΩ 电阻负载) 最大输出能力：15mA(吸收电路) 输出管反压：BU_{ceo}≥18V(测试条件 I_e=20μA)	脉冲宽度：400μs～2ms 最大输出能力：20mA(流出脉冲电流) 幅度：1V(负载 50Ω)	幅度：13V 最大输出能力：12mA	宽度：100μs～2ms(通过改变脉宽阻容元件达到) 幅度：≥13V(电流电压 15V 时) 最大输出能力：200mA(吸收脉冲电流) 输出管反压：BU_{ceo}≥18V(测试条件 I_e=100μA)	宽度：100μs～2ms(改变阻容元件达到) 幅度：13V 最大输出能力：100mA(流出脉冲电流) 输出管反压：BU_{ceo}≥18V(测试条件 I_e=100μA)	最大输出能力：20mA(流出脉冲电流) 幅度：≥1V(负载 50Ω)
移相线性误差	±10%					
同步输入端反压	≥15V					
输入端二极管最高承受反压		30V	30V			30V
控制端正向电流		3mA	2mA			3mA

续表

电参数	KJ001 晶闸管移相触发器	KJ004 晶闸管移相触发器	KJ042 脉冲列调制形成器	KJ006 晶闸管移相触发器	KJ009 晶闸管移相触发器	KJ041 六路双脉冲形成器
允许使用环境温度		Ⅰ类－55～125℃ ⅠA类－55～85℃ Ⅱ类－40～85℃ Ⅲ类－10～70℃	Ⅰ类－55～125℃ ⅠA类－55～85℃ Ⅱ类－40～85℃ Ⅲ类－10～70℃	Ⅰ类－55～＋125℃ ⅠA类－55～＋85℃ Ⅱ类－40～＋85℃ Ⅲ类－10～＋70℃	Ⅰ类－55～125℃ ⅠA类－55～85℃ Ⅱ类－40～85℃ Ⅲ类－10～70℃	Ⅰ类－55～125℃ ⅠA类－55～85℃ Ⅱ类－40～85℃ Ⅲ类－10～70℃
调制脉冲频率			5～10kHz（通过调节外接 R、C 达到）			
晶闸管检测端最大输入电流				6mA		
正负半周脉冲相位不均衡				±3%	±3%	
输入控制电压灵敏度						100mV、300mV、500mV

■ **表 7-51 KJ 系列晶闸管集成触发器的型号及参数**

电参数	KJ010 晶闸管移相触发器	KM-18-2 晶闸管移相触发器	TC787 晶闸管移相触发器	KTM2011A 晶闸管移相触发器	CF 晶闸管移相触发器
电源电压	直流±15V，允许波动±10%	直流+15V±10%	直流+8～+18V（或±4～±9V）	直流+16V	
电源电流	正电流≤15mA 负电流≤5mA	≤10mA			
同步电压	20V	任意值（由同步限流电阻决定）	有效值：$\leqslant \frac{1}{\sqrt{2}} U_{DD}$	交流 15～17V	交流 18V 或 220V ±20%
移相范围	≥170°（同步电阻为 20kΩ 时）	0°～180°	0°～177°	0°～180°	0°～180°
锯齿波幅度，同步输入允许最大同步电流	≥10V（幅度以锯齿波平顶为准）	≤10V	锯齿波电容取值范围：0.1～0.15μF		
输出脉冲	脉冲宽度：100μs～3.3ms（改变脉宽电容达到）	脉冲宽度：550μs 脉冲幅度：≥12V 脉冲触发最大电流：800mA	脉宽电容取值范围：3300pF～0.01μF	脉冲幅度：18～21V 脉冲宽度：>2ms 脉冲触发最大电流：≤750mA	脉冲幅度：14V 脉冲宽度：1ms 脉冲触发最大电流：500mA
移相线性误差	≤±1%				
同步输入端允许最大同步电流	3mA（方均根值）	500μA			
允许使用环境温度	−10～+70℃	−10～+70℃	0～+55℃	−10～+70℃	−30～+85℃或 0～+50℃

(2) KJ001 集成触发器内部电路及引脚排列

① 内部电路　如图 7-58 所示。它由锯齿波形成电路，移相电压、偏移电压、锯齿波电压综合比较放大电路及移相触发脉宽调节器电路三大部分组成。

② 引脚排列及引脚功能（见图 7-59 和表 7-52）

■ **表 7-52　KJ001 的引脚功能和用法简表**

引脚号	符号	名　称	功能或用法
1、2(1)	NC	空脚	使用中悬空
7(6)、8(8)	NC	空脚	使用中悬空
10、11、17	NC	空脚	使用中悬空
4(3)	C_T	锯齿波电容连接端 1	通过电容接引脚 3(2),使用中作锯齿波电压输出端,并通过一个电阻与可调电位器接负电源,该可调电位器可调节锯齿波的斜率
3(2)	U_T	锯齿波电容连接端 2	通过一个电阻接引脚 15
5(4)、6(5)	U_{T1}、U_{T2}	同步电压连接端	两端分别通过一电阻接同步电压源
9(7)	GND	参考地端	提供整个集成块工作的参考地端,使用中接用户提供的集成块工作电源的参考地端
12(9)	P_-	负脉冲输出端	输出对应于同步电压负半周并相应于移相电压的脉冲,使用中通过一个二极管接正电源及通过稳压管接功率放大晶体管
13(10)	U_W	决定脉冲宽度的电容连接端	该端与引脚 14 之间所接电容的大小决定了输出脉冲的宽度,使用中通过一电容接引脚 14
14(11)	U_P	方波脉冲输出端	该端输出一个与同步电压同频率的方波信号,可用作用户系统的同步方波信号,使用中可与系统其他需方波同步的集成块同步电压输入端相连
15(12)	U_Σ	移相、偏置及同步信号综合端	使用中分别通过三个等值电阻接锯齿波 U_T、偏置电压 U_P 及移相电压 U_K
16(13)	U_{SS}	负电源连接端	接用户提供给本集成电路工作的负电源
18(14)	U_{DD}	正电源连接端	接用户提供给本集成电路工作的正电源

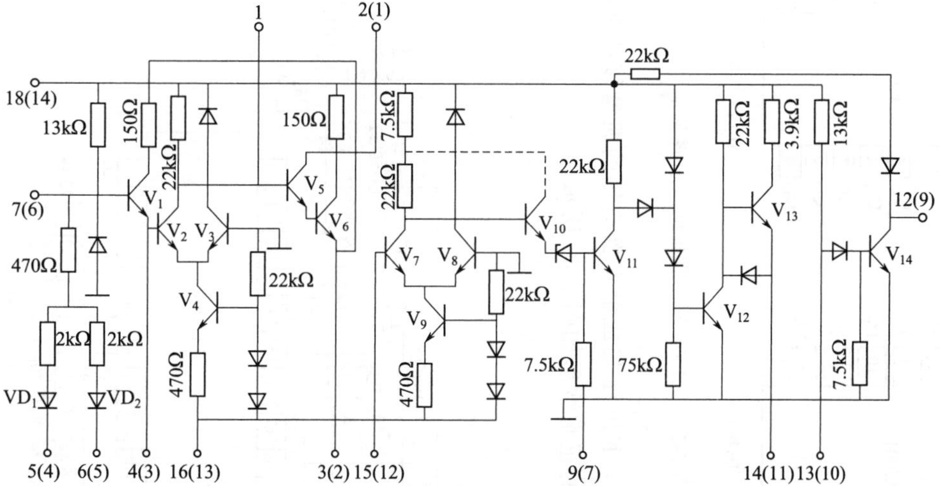

图 7-58 KJ001 集成触发器内部电路

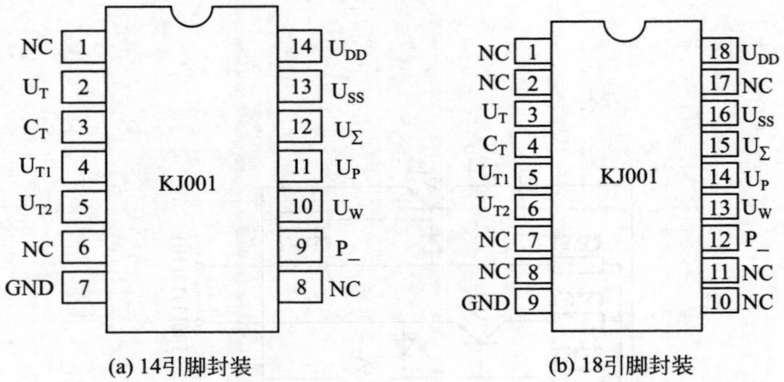

图 7-59　KJ001 的引脚排列（引脚朝下）

③ 典型接线　KJ001 集成触发器应用的典型接线如图 7-60 所示。KJ001 各点的正常波形如图 7-61 所示。

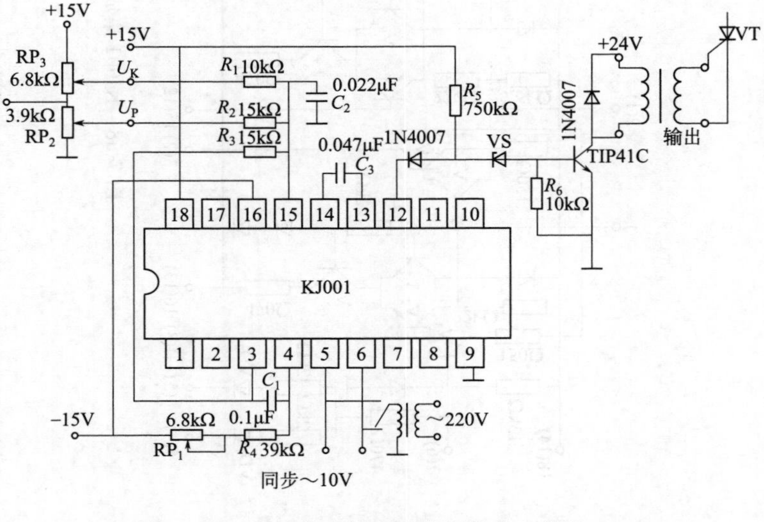

图 7-60　KJ001 集成触发器应用的典型接线

图中，C_1为锯齿波电容，通过它能形成锯齿波。触发脉冲的宽度由电容C_3决定，加大C_3容量可以获得大于60°的宽脉冲。RP_1为锯齿波斜率电位器。U_K为移相控制电压，U_P为偏置电压。调节RP_1、RP_2、RP_3和R_1、R_2，即可用不同的移相控制电压得到整个移相范围内的触发脉冲。

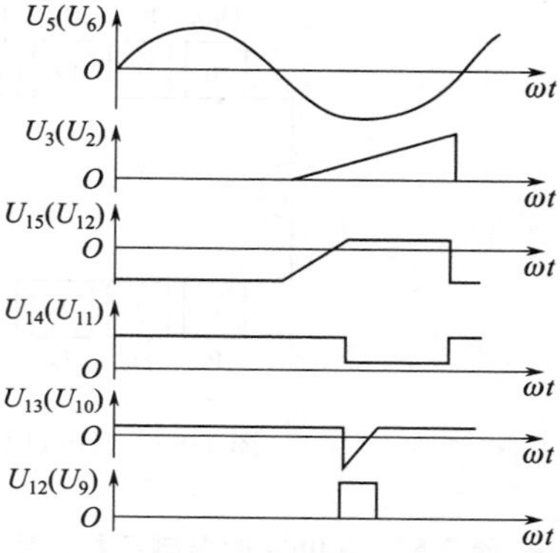

图 7-61　KJ001 各点的正常波形

（注：U_3指引脚 3 对参考地的波形，余同）

(3) KJ004 集成触发器内部电路及引脚排列

① 内部电路　如图 7-62 所示。

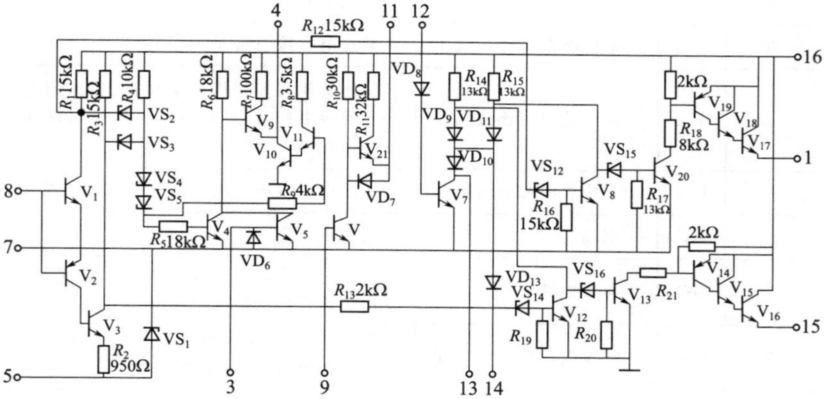

图 7-62　KJ004 集成触发器内部电路

② 引脚排列及引脚功能（见图 7-63 和表 7-53）

③ 典型接线　KJ004 集成触发器应用的典型接线如图 7-64 所示。KJ004 各点的正常波形如图 7-65 所示。

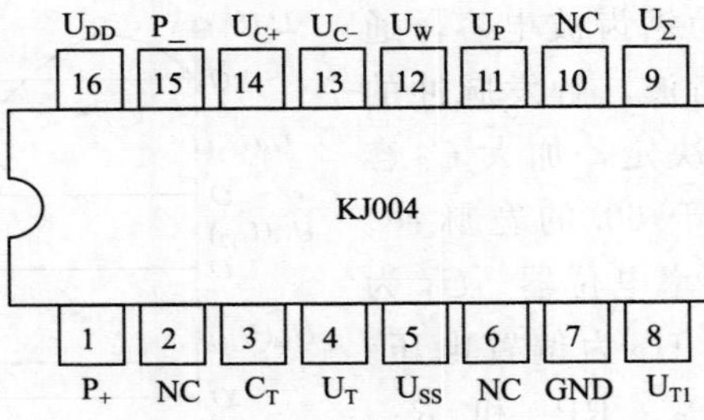

图 7-63　KJ004 的引脚排列（引脚朝下）

■ **表 7-53　KJ004 的引脚名称、功能和用法**

引脚号	符号	名　称	功能或用法
1	P_+	同相脉冲输出端	该端输出对应同步电压正半周与控制电压U_K相位相适应的触发脉冲,接正半周导通晶闸管的脉冲功率放大器及脉冲变压器
2	NC	空端	使用中悬空
3	C_T	锯齿波电容连接端 1	通过电容接引脚 4
4	U_T	锯齿波电容连接端 2	使用中作同步锯齿波电压输出端,通过一电容接引脚 3,同时通过一电阻接移相电压综合端(引脚 9)
5	U_{SS}	工作负电源输入端	接用户为本集成块工作提供的负电源
6	NC	空端	使用中悬空
7	GND	参考地端	为整个集成电路的工作提供一参考地,使用中接用户的控制电源地端
8	U_{T1}	同步电压信号输入端	使用中,通过一个电阻接用户同步变压器的二次侧,同步电压为 30V
9	U_{Σ}	移相、偏置及同步信号综合端	使用中,分别通过三个等值电阻接锯齿波输出端(引脚 4)、外接偏置电压调节电位器中间滑动端及移相电压
10	NC	空端	使用中悬空
11	U_P	方波脉冲输出端	该端的输出信号反映了移相脉冲的相位,使用中通过一电容接引脚 12,对需要采集移相脉冲信号同步的控制系统接用户取样电路输入端

续表

引脚号	符号	名　　称	功能或用法
12	U_W	脉宽信号输入端	该端与引脚 11 所接电容的大小反映了输出脉冲的宽度，使用中分别通过一电阻和电容接正电源与引脚 11
13	U_{C-}	对应同步电压负半周的脉冲调制及封锁控制端	通过该端输入信号的不同，可对对应同步电压负半周的输出脉冲进行调制或封锁，使用中接调制脉冲源输出或保护电路输出
14	U_{C+}	对应同步电压正半周的脉冲调制及封锁控制端	通过该端输入信号的不同，可对对应同步电压正半周的输出脉冲进行调制或封锁，使用中接调制脉冲源输出或保护电路输出
15	P_-	对应同步电压负半周的触发脉冲输出端	接对应同步电压负半周的应导通晶闸管的脉冲功率放大器及脉冲变压器
16	U_{DD}	系统工作正电源输入端	使用中接用户给该集成电路提供的工作电源

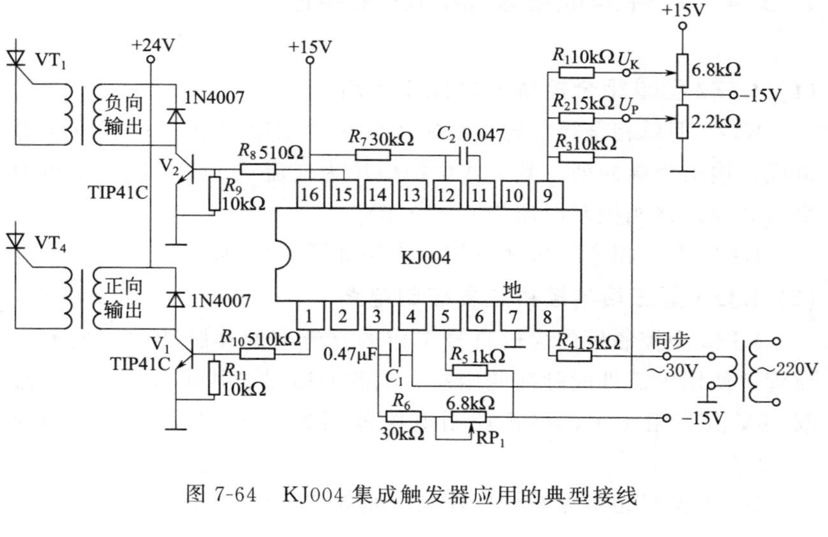

图 7-64　KJ004 集成触发器应用的典型接线

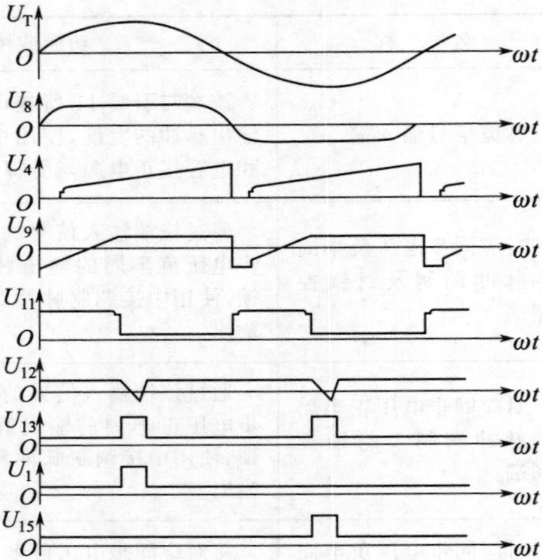

图 7-65　KJ004 各点的正常波形

7.6.4　几种集成触发器的应用电路

(1) KJZ2 型单相全控桥触发控制电路

KJZ2 型单相全控桥触发控制板由一片 KJ042 和一片 KJ004 等组成，输出为脉冲列。其工作电源电压为交流双 18V，同步电压为交流 30V，移相控制电压为 0～+10V。

KJZ2 型单相全控桥触发控制电路如图 7-66 所示。

(2) KJZ3 型三相半控桥触发控制电路

KJZ3 型控制板内含供自身工作的直流电源和脉冲功率放大三极管，使用中需外配脉冲变压器、电源变压器。其输入电压为交流双 18V 及三相 10V，移相控制电压范围为 0～10V，移相范围为 0°～170°。

KJZ3 型三相半控桥触发控制电路如图 7-67 所示。

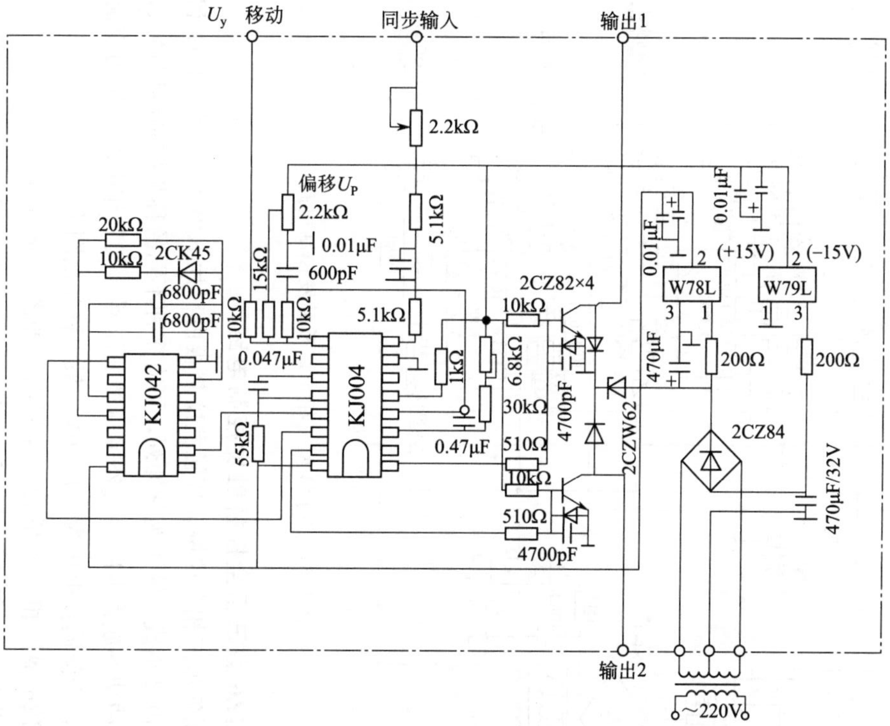

图 7-66　KJZ2 型单相全控桥触发控制电路

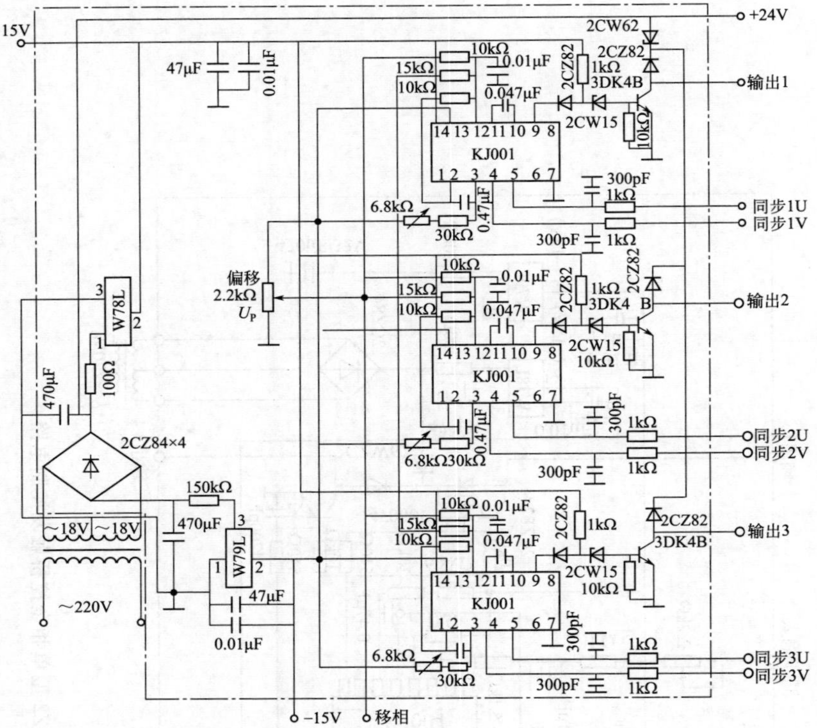

图 7-67　KJZ3 型三相半控桥触发控制电路

(3) KJZ6 型三相全控桥触发控制电路

KJZ6 型三相全控桥开环触发控制板由三片 KJ004、一片 KJ041 和一片 KJ042 组成，输出为脉冲列，可有多种不同的移相控制电压输入，内含脉冲功率放大电路，需外接脉冲变压器。其工作电源电压为交流双 18V，交流同步电压为三相 30V，最大移相范围为 0°～170°。

KJZ6 型三相全控桥触发控制电路如图 7-68 所示。

工作原理：每相同步电压经 R_7、RP_5、C_4、R_8、R_{17}、RP_{15}、C_7、R_{18}、R_{27}、RP_{25}、C_{10}、R_{28} 移相滤波，分别移相约 30°。调节电位器 RP_5、RP_{15}、RP_{25}，可微调各相同步电压相位和幅值，以保证六相脉冲间隔的均匀。

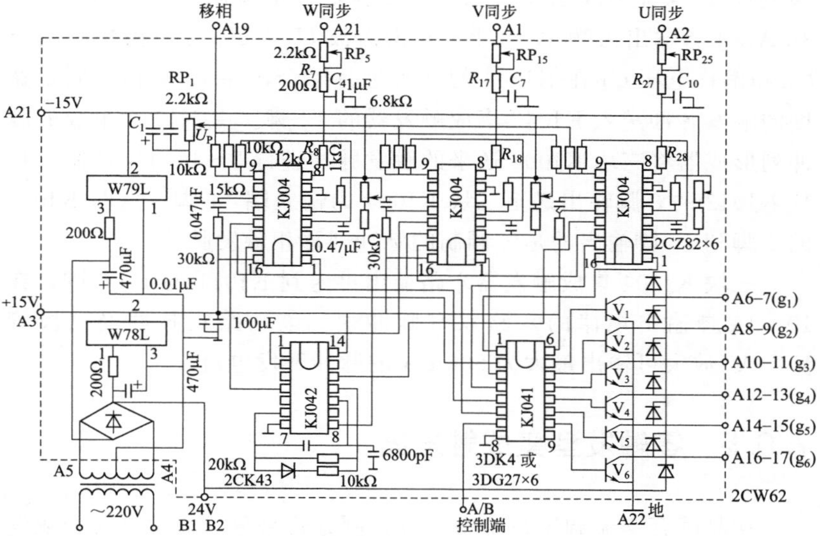

(a) 原理接线图

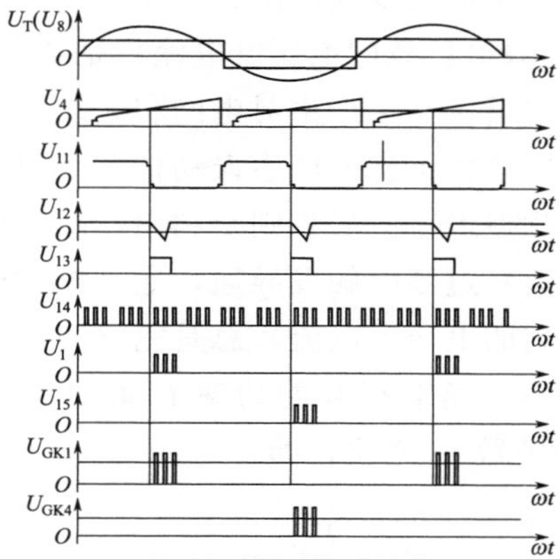

(b) 对应U相的正常工作波形

图 7-68 KJZ6 型三相全控桥触发控制电路

同步电压约 30V（若此值偏移较多，可调整各移相滤波元件的参数），以保证集成触发器 KJ004 8 脚输入电流限制在有效值 2～3mA。4 脚输出为频率 100Hz 的锯齿波 U_T。U_T 与移相控制电压 U_K 和偏移电压 U_P 在 KJ004 的 9 脚进行综合，在 13 脚输出固定宽度的触发脉冲送入 KJ042 集成触发器的 12 脚。由 KJ042 组成的脉冲列形成器将三块 KJ004 送来的触发脉冲进行 5～10kHz 调制，再从 KJ042 的 8 脚输出送至三块 KJ004 的输入端 14 脚，这时 KJ004 的 1 脚和 15 脚输出的是经调制的脉冲列移相触发脉冲。

三块 KJ004 集成触发器六路输出再送到 KJ041 的 1～6 脚，在 10～15 脚输出规律的六路双窄脉冲列。该六路双脉冲经三极管 V_1～V_6 放大可输出最大为 800mA 的脉冲触发电流。

7.6.5　零触发型集成触发器

在晶闸管交流调压系统中，按控制方式来分，通常有移相触发和晶闸管零触发两种。前者是通过改变晶闸管导通角的大小来改变负载上的电压（或功率），输给负载的电压（电流）是缺角正弦波，功率因数低，包含许多高次谐波，会产生对电网和无线电的射频干扰，晶闸管设备之间也会因这种干扰而产生误动作。所用的晶闸管设备功率愈大，造成的干扰愈严重。后者则是利用晶闸管作为交流开关，在交流电压（或电流）过零时触发导通，通过控制通断比来实现功率调整，负载上得到的电压（电流）总是完整的正弦波，从而避免了前一种方法的缺点。负载得到的功率 P 取决于晶闸管导通的周波数 n_1 与关闭的周波数 n_2 之比，即

$$P=\frac{n_1}{n_1+n_2}P_e$$

式中　P_e——晶闸管连续导通的负载所获得的功率。

晶闸管零触发的基本方式有电压零触发和电流零触发两种。电压零触发是在交流电过零时触发晶闸管导通，适用于热惯性时间常数较大的电阻性负载，但不适用于电压、电流不能同时过零的电感性负载。

电流零触发适用于电感性负载，即在滞后于电压过零后一个 α 角时将触发脉冲送到晶闸管控制极，只要使 α 角等于负载功率因数角 φ，则晶闸管就在电流过零时导通，这样负载就不会受到大电流冲击。

常用的零触发型集成触发器有 KJ008 型、KJ007 型、KC08 型、GY03 型、TA7606P 型、μPC1701C 型和 M5172L 型等。

(1) KJ008 型和 KC08 型零触发型集成触发器简介

KJ008 型和 KC08 型两种专用集成触发器是用于双向晶闸管（或两只单向晶闸管反并接）电压过零触发或电流过零触发的单片集成电路，可直接触发 50A 的双向晶闸管。如外加功率扩展，可触发 500A 的双向晶闸管。这种过零触发器可使负载的瞬态浪涌和射频干扰最小，延长晶闸管的使用寿命。

零触发集成电路可用移相、零电压触发和零电流触发三种控制方式。三种控制方式的波形如图 7-69 所示。

① KJ008 型零触发集成触发器的引脚及功能见图 7-70 和表 7-54。

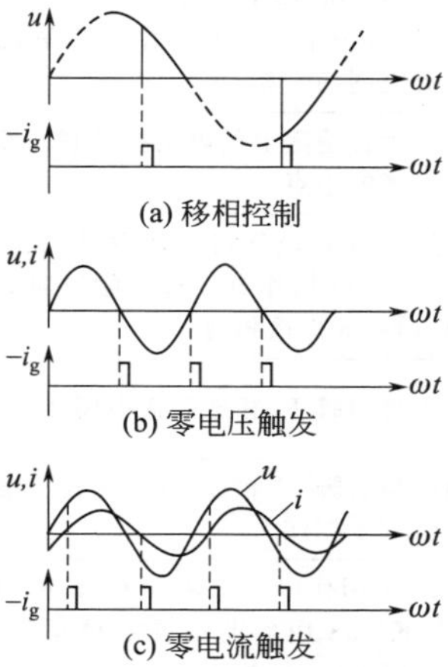

图 7-69 三种控制方式的波形

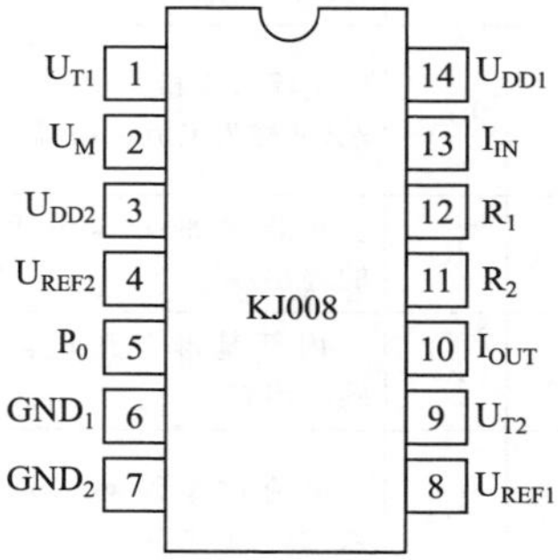

图 7-70 KJ008 型零触发集成触发器的引脚排列（引脚朝下）

■ 表 7-54 KJ008 型零触发集成触发器的引脚名称、功能和用法

引脚号	符号	名　称	功能或用法
1	U_{T1}	零电压同步信号连接端(又称过零检测端)	在 KJ008 用于零电压过零触发时，通过一电阻接交流电网的一相；在 KJ008 用于零电流触发时该端悬空
2	U_M	检测电压输入端	接敏感元件的一端，敏感元件的另一端接引脚 14
3	U_{DD2}	外接电源连接端	使用中直接接至引脚 14，也可另接一电压值与引脚 14 相等的电源正端
4	U_{REF2}	参考基准电压输入端	使用中直接接引脚 12 并与引脚 11 相连
5	P_0	触发脉冲输出端	不扩展功率时，通过一几十欧的电阻直接接双向晶闸管的门极；当扩展功率时，接功率放大晶体管基极后通过电阻接双向晶闸管门极
6	GND_1	功能扩展端	不扩展功能时，直接与 KJ008 的公共地端 GND_2 相连；扩展功率时，接外接功率放大晶体管基极
7	GND_2	参考地端	接检测电压或电流过零的敏感元件或网络的一端
8	U_{REF1}	自生电源参考电压输出端	该端由 KJ008 加工过程的工艺所决定，使用中，通过一个二极管与电阻串联的网络接交流电网的一相
9	U_{T2}	零电流同步信号连接端(又称为电流过零检测端)	通过一个合适阻值的电阻接负载与双向晶闸管串联的中点
10	I_{OUT}	电流过零检测信号输出端(又称为电流反馈端)	在 KJ008 用作电压过零触发时，该引脚悬空；在 KJ008 用作电流过零触发时．该引脚与引脚 13 直接相连
11	R_2	内部基准分压电阻 2 的输出端	使用中与引脚 12 相连后接引脚 4
12	R_1	内部基准分压电阻 1 的输出端	使用中与引脚 11 相连，分压值作为参考电压与引脚 4 相连
13	I_{IN}	电流过零检测信号输入端(又称控制端)	在 KJ008 用作电压过零触发时，该引脚悬空；在 KJ008 用作电流过零触发时，该引脚与引脚 10 直接相连
14	U_{DD1}	电源端	接交流电网与引脚 1 和引脚 8 所接不同的那一相

② KJ008 型零触发集成触发器的内部电路如图 7-71 所示。

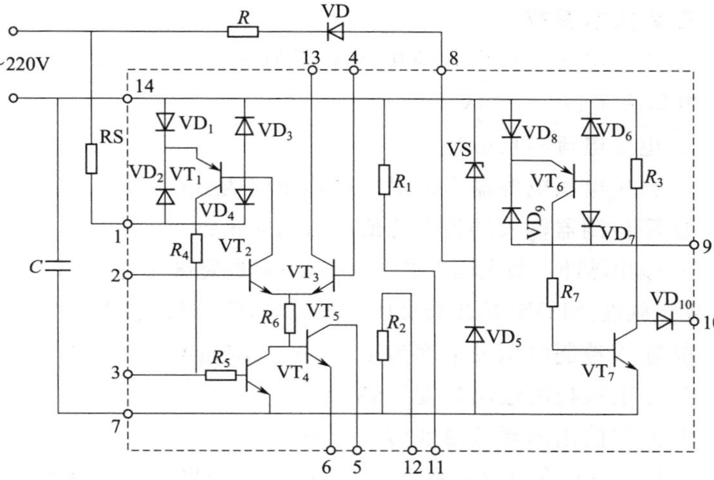

图 7-71　KJ008 型或 KC08 型的内部电路

工作原理：由二极管 VD_1～VD_4 和三极管 VT_1 组成电源电压过零检测；由二极管 VD_6～VD_9 和三极管 VT_6 组成负载电流过零检测。稳压管 VS 和二极管 VD_5 用于自生直流电压，它们与外接元件 R、VD、C 配合，在第 14 脚和第 7 脚间形成 12～14V 直流电压供芯片使用。三极管 VT_2、VT_3 组成差分放大器，将第 2 脚输入的控制电压与第 4 脚输入的基准电压进行比较。在零电压工作状态下，当控制电压较基准电压低时，VT_2 截止，VT_3 导通，在电源电压过零点处，VT_1、VT_4 截止，差分放大器的发射极电流注入 VT_5 的基极，使 VT_5 导通，第 5 脚输出负脉冲。反之，当控制电压大于基准电压时，VT_2 恒导通，VT_1 的基极电流流入 VT_2 集电极，VT_1 也恒导通，VT_5 则无脉冲输出。

第 13 脚是输出脉冲控制端，当它处于高电平时，VT_4 恒导通，触发脉冲被旁路，当用于零电流控制时，电压过零部分不用，即第 1 脚悬空，而将第 10 脚与第 13 脚相连，就能用负载电流信号控制输出脉冲。

作为一般使用时，第 6 脚与第 7 脚短接，由第 5 脚输出。此时，它的负载能力为 200mA。当需要扩展输出电流时，可在第 5、6、7 脚外接 NPN 三极管（分别接基极、集电极、发射极）作电流放大。

(2) 主要技术参数

① 电源电压：自生直流电源电压为＋12～＋14V；外接直流电源电压为＋12～＋16V。

② 电源电流≤12mA。

③ 自生电压电源输入端最大峰值电流为 8mA。

④ 零检测器输入端最大峰值电流为 8mA。

⑤ 输出脉冲：最大输出能力 50mA（脉冲宽度 400μs 以内），可扩展；输出幅度≥13V；输出管反压 BU_{ceo}≥18V（测试条件I_e＝100μA）。

⑥ 输入控制电压灵敏度为 100mA、300mA、500mA。

⑦ 零电流检测输出幅度≥8V。

⑧ 允许使用的环境温度为－10～＋70℃。

由于电路的输出脉冲宽度小于 400μs，如果要可靠地触发大电感负载，则需增加脉冲展宽和功率放大电路。

(3) 应用电路

① 电压零触发的应用电路　KJ008 型或 KC08 型集成触发器用于电压零触发的应用电路如图 7-72 所示，可实现温度自控。

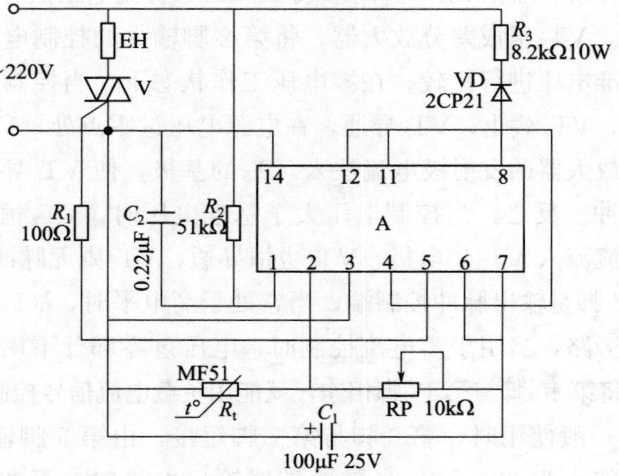

图 7-72　KJ008 型或 KC08 型用于电压零触发的应用电路

工作原理：集成电路与外接电阻 R_3、二极管 VD 和电容 C_1 配合，在第 14 脚和第 7 脚间形成 12～14V 直流电压供芯片使用。电网电压经电阻 R_2 加到第 1 脚和第 14 脚之间，以检测电源电压过零点。第 4、11、12 脚相互短接，在第 4 脚得到一个固定的电位。第 2 脚电位取决于负温度系数的热敏电阻 R_t 与电位器 RP 的分压。随着温度升高，R_t 阻值减小，2 脚电位升高。当温度达到设定值（可调节 RP 来改变）时，2 脚电位高于 4 脚电位，过零点触发脉冲消失；反之，当温度下降到设定值以下时，A 的 2 脚电位低于 4 脚电位，双向晶闸管 V 得到零触发脉冲而导通，接通电热器 EH 加热。当温度上升达到设定值时，V 关闭，重复上述过程，从而使被控温度保持在设定值附近。

② 电流零触发的应用电路　KJ008 型或 KC08 型集成触发器用于电流零触发的应用电路如图 7-73 所示，可实现无干扰的交流调压控制。

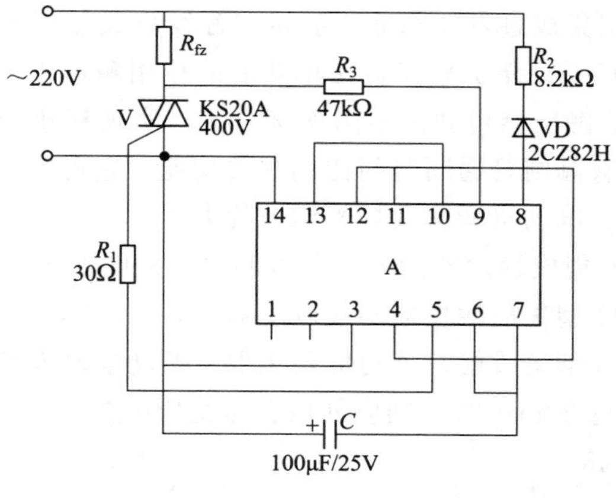

图 7-73　KJ008 型或 KC08 型用于电流零触发的应用电路

工作原理：集成电路与外接电阻 R_2、二极管 VD 和电容 C 配合，在第 14 脚和第 7 脚之间形成 12～14V 的直流电压供芯片使用。同步电压取自双向晶闸管 V 第二电极。当负载电流为零时，V 关闭，同步电压通过负载 R_{fz}、同步电阻 R_3 加到 9 脚与 14 脚之间，进行电流过零检测。第4、11、12脚短接后，4脚得到一基准电位，2脚加控制电压，两者通过电路内部的差分放大器进行比较后，由第5脚输出触发脉冲。当控制电压高于基准电压（即2脚电位高于4脚电位）时，5脚输出为高电平，无脉冲输出；当2脚电位低于4脚电位时，不论电网电压正半周还是负半周，只要负载电流不过零，5脚总是呈低电平，仍无脉冲输出。只有当2脚电位低于4脚电位且负载电流过零瞬间5脚才输出正脉冲。因此，在温度控制系统中，当炉温低于设定值时，只要使2脚电位低于4脚电位，就能在负载电流过零时输出脉冲，触发双向晶闸管导通；否则，双向晶闸管关闭，从而达到交流调压的目的。

7.6.6 GY03型专用集成触发器

(1) 集成触发器简介

GY03型集成触发器与KC系列零触发集成触发器相比，主要差别在于KC系列集成触发器是单功能的移相触发或过零触发，而GY03型集成触发器可通过不同连接方法，实现移相触发、过零触发，并还具有晶闸管通断时间比例开关功能。它可广泛应用于电加热设备控温、电动机调速及灯光调节等方面。

GY03型集成触发器的外形和电路原理框图如图7-74所示。

由GY03型集成触发器构成调压器时，12脚应接地。

由GY03型集成触发器构成调压器、调功器触发控制电路，若电源电流超过20mA时，则应外接直流稳压电源。

(2) 应用电路

① 移相触发控制电路　电路如图7-75所示，GY03型集成触发器有关各脚输出波形如图7-76所示。

工作原理：接通电源，220V交流电压经电阻R_1降压加到GY03集成电路的13脚，自生直流电源的11脚就输出15V直流电压，经电容C_1、C_2滤波后，提供GY03内部各功能块工作电源。

同步电压信号取自交流220V，经电阻R_2降压加到1脚，2脚

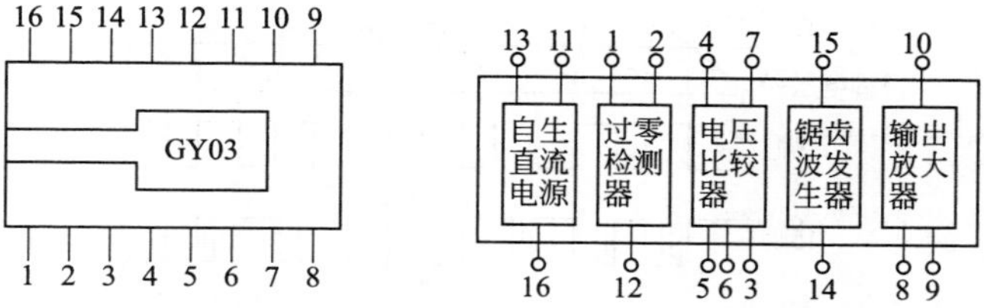

(a) 外形及管脚图　　(b) 电路原理框图

图 7-74　GY03 型集成触发器的外形、管脚及电路原理框图

1—同步信号输入；2—过零检测输出；3—比较器封锁端；4—比较器负端输出；
5—比较器信号 1 端输入；6—比较器信号 2 端输入；7—比较器正端输出；
8—输出放大器正端输入；9—输出放大器负端输入；10—触发脉冲输出；
11—电源+15V；12—过零检测封锁端；13—交流电源输入；
14—锯齿波输出；15—调制波输出；16—接地

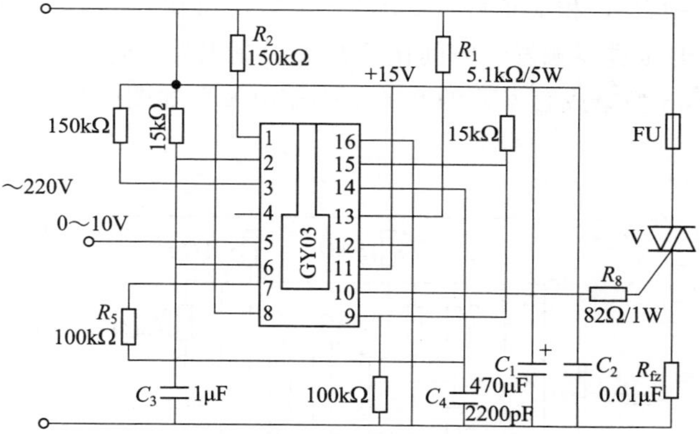

图 7-75　GY03 型集成触发器用于移相触发的应用电路

就输出波峰、波谷分别为 8V 和 2V 的 100Hz 锯齿波电压，送到电压比较器输入端 6 脚，另一端 5 脚输入 8～2V 左右的控制电压，经比较器比较后，7 脚输出正脉冲，通过电阻 R_5、电容 C_4 加到 14 脚，对输入脉冲进行调制。该调制脉冲宽度由 R_5、C_4 数值决定。调制脉冲经整形处理后从 15 脚输出送到输出放大器输入端 9 脚。由 10 脚输出移相触发脉冲，经电阻 R_8 限流去控制双向晶闸管 V 的工作。

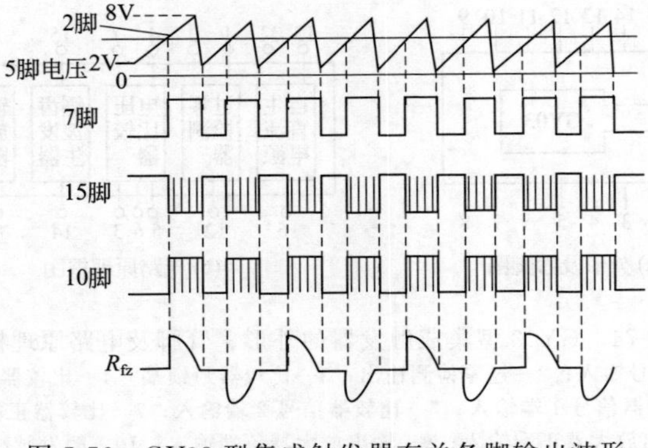

图 7-76　GY03 型集成触发器有关各脚输出波形

当控制信号电压在 8～2V 变化时，其输出移相触发脉冲移相角为 0°～175°，相应负载 R_{fz} 上的交流电压可在 0～215V 变化。

② 电压过零触发、时间比例开关控制电路　电路如图 7-77 所示，GY03 型集成触发器的有关各脚输出波形如图 7-78 所示。

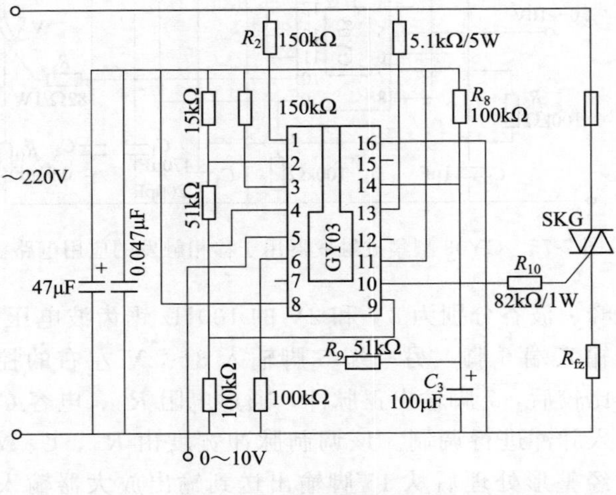

图 7-77　GY03 型集成触发器用于电压零触发的应用电路

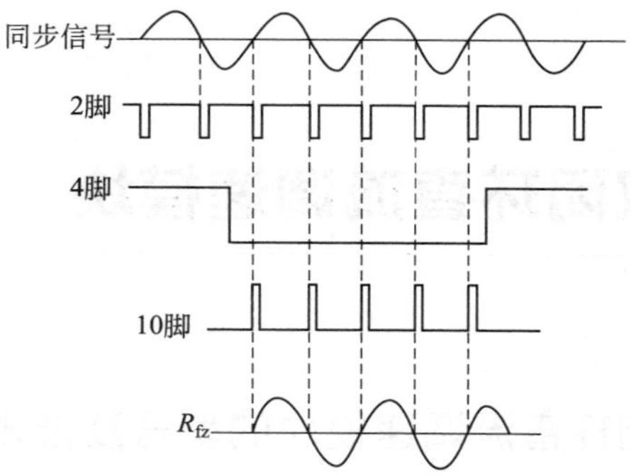

图 7-78　GY03 型集成触发器有关各脚输出波形

工作原理：同步电压信号取自交流 220V，经电阻 R_2 降压加到同步输入端 1 脚。当正弦波同步信号电压过零点时，过零检测 2 脚就输出电压过零负脉冲，并与 4 脚输出的宽负脉冲相“与”后送到输出放大器输入端 9 脚，则 10 脚输出电压过零正触发脉冲并经电阻 R_{10} 限流去控制双向晶闸管 V 的工作。

同时，该电路还具有时间比例开关的功能。当 GY03 的 14 脚对 15V 电源接电阻 R_8 且对地接电容 C_3 时，则可以输出波峰、波谷值为 8～2V 的锯齿波信号。其频率由 R_8、C_3 数值决定。一般取锯齿波周期时间大于 200ms。该锯齿波信号经电阻 R_9 送到比较器输入端 6 脚。同样 5 脚输入的 8～2V 控制电压信号经比较后，则比较器 4 脚输出一个负脉冲（见图 7-79）。由于 4 脚输出的电压和 2 脚输出的电压同时送入 9 脚去控制 10 脚电压过零触发脉冲输出。当 4 脚负脉冲增加宽度，就可使 10 脚输出过零触发脉冲个数增多。反之，10 脚输出脉冲个数减少。所以 4 脚输出信号宽度可控制双向晶闸管的通断及输出正弦波的个数，实现对负载 R_{fz} 的连续调功。

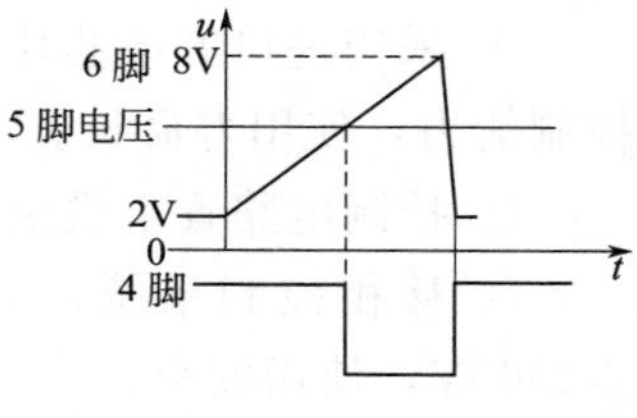

图 7-79　比较器输出的负脉冲

7.7 双闭环直流调速模块

7.7.1 双闭环直流调速模块的型号及技术参数

(1) 双闭环直流调速模块的特点

双闭环直流调速模块，内含功率晶闸管、移相控制电路、电流传感器、转速与电流双闭环调速电路，可对直流电动机进行速度调节，其原理方框图如图 7-80 所示。模块应用于直流电动机调速。

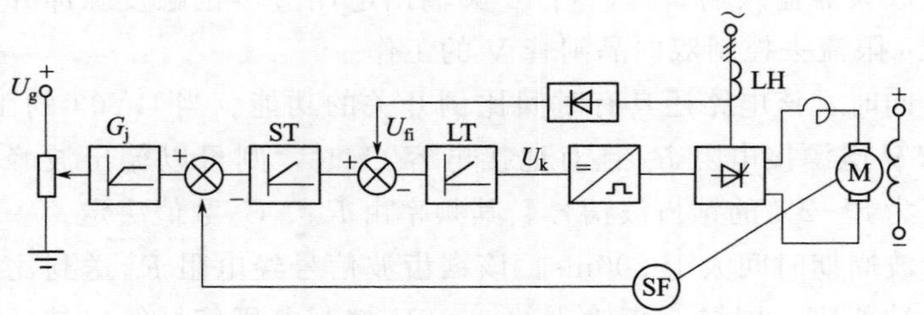

图 7-80 双闭环直流调速模块原理方框图

模块具有以下特点。

① 采用进口方形芯片和国外加工专用 IC，大大提高了智能化控制能力，使用寿命长。

② 控制电路置于模块内部，简化了外围器件，增强可靠性。

③ 移相控制系统，主电路、导热基板相互隔离，介电强度≥2500V，使用安全。

④ 三相模块主电路交流输入无相序要求。

⑤ 使用方便。

a. 0～10V 直流信号，可对主电路输出电压进行平滑调节。

b. 给定积分环节可实现直流电动机软启动，并且积分时间可调。

c. 电动机启动电流可调节。

d. 模块具有过流、过热和缺相三种保护。

(2) 双闭环直流调速模块及芯片的型号规格

下面介绍淄博市临淄银河高技术开发有限公司的产品。

① 型号含义

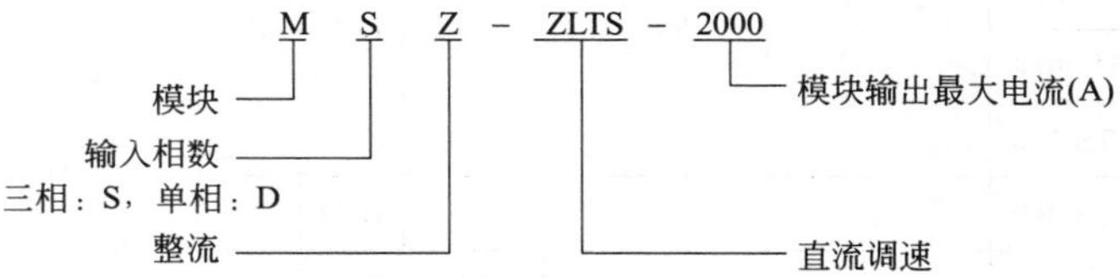

② 模块的型号规格（见表 7-55）

■ 表 7-55 模块的型号规格

名　　称	型　　号	规　　格
单相双闭环直流调速模块	MDZ-ZL TS-200	200A 450V
	MDZ-ZL TS-150	150A 450V
	MDZ-ZL TS-100	100A 450V
	MDZ-ZL TS-55	55A 450V
	MDZ-ZL TS-30	30A 250V
三相双闭环直流调速模块	MSZ-ZL TS-2000	2000A 450V
	MSZ-ZL TS-1500	1500A 450V
	MSZ-ZL TS-1000	1000A 450V
	MSZ-ZL TS-500	500A 450V
	MSZ-ZL TS-400	400A 450V
	MSZ-ZL TS-320	320A 450V
	MSZ-ZL TS-200	200A 450V
	MSZ-ZL TS-150	150A 450V
	MSZ-ZL TS-100	100A 450V
	MSZ-ZL TS-55	55A 450V
	MSZ-ZL TS-30	30A 450V

③ 晶闸管芯片的技术参数（见表7-56）

■ **表 7-56　晶闸管芯片的技术参数**

模块型号	$I_{T(AV)}$ (T_j=125℃) /A	I_{TSM} (45℃,10ms) /A	I_D,I_K (125℃) /mA	U_T (T_j=25℃) /V	I_T (T_j=25℃) /A	U_{TO} /V	U_{DRM},U_{RRM} /V
MSZ-ZL TS-2000	250	8000	20	1.20	600	0.80	1200～2200
MSZ-ZL TS-1500							
MSZ-ZL TS-1000							
MSZ-ZL TS-500							
MSZ-ZL TS-400	220	7000	15	1.24	600		
MSZ-ZL TS-320	180	5000	15	1.25	450		
MSZ-ZL TS-200	100	2300	10	1.36	300		
MDZ-ZL TS-200							
MSZ-ZL TS-150	74	1500	10	1.39	200		1200～1800
MDZ-ZL TS-150							
MSZ-ZL TS-100	57	1150	10	1.55	200	0.85	
MDZ-ZL TS-100							
MSZ-ZL TS-55	35	600	3	1.35	60		
MDZ-ZL TS-55							
MSZ-ZL TS-30	24	400	2	1.47	45	0.90	1200～1600
MDZ-ZL TS-30	19	300	1	1.55	44		1200～1800

(3) 双闭环直流调速模块的内部接线及模块参数

① 模块内部接线　单相双闭环直流调速模块的内部接线如图 7-81 所示；三相双闭环直流调速模块的内部接线如图 7-82 所示。

② 双闭环直流调速模块参数　模块设计采用转速、电流双闭环直流调节能够使系统获得良好的动静态效果。其主要参数如下：

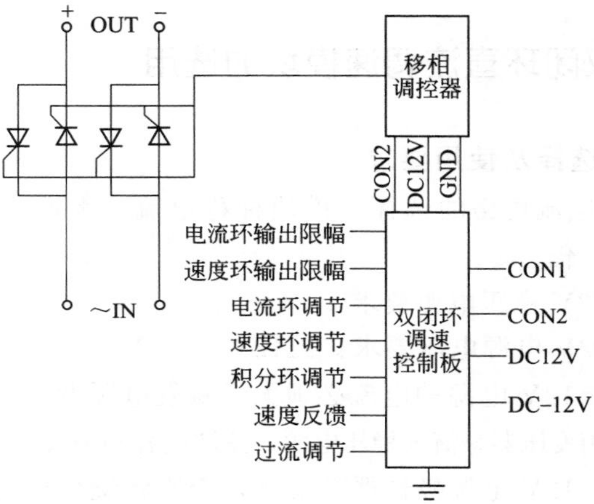

图 7-81 单相双闭环直流调速模块的内部接线

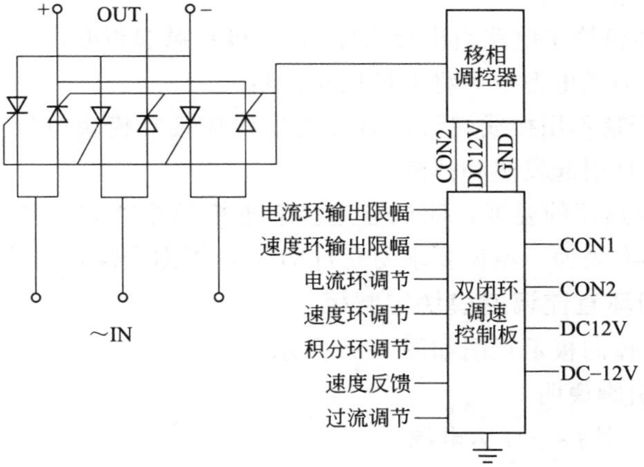

图 7-82 三相双闭环直流调速模块的内部接线

速度超调量＜5%；电流超调量＜5%；调速时间＜0.5s；振荡次数≤2；转速稳态误差≤0.02；转速稳定度＜0.5%。

7.7.2 双闭环直流调速模块的选用

(1) 模块的选择及使用要求

① 模块电流规格的选择　模块标称电流一般取直流电动机额定电流的 2.5 倍。

② DC 12V 稳压电源要求

a. DC 12V 电源电压要求：±12V±0.5V。

b. DC ±12V 电源的电流必须大于触发电源电流 2 倍以上。

c. 若采用变压器整流式稳压电源，滤波电容必须大于 1000μF/25V。

d. DC ±12V 电源极性严禁反接，否则将烧坏模块。

③ 使用环境要求

a. 环境适应温度：−25～+45℃。

b. 工作场所要求干燥、通风、无尘、无腐蚀性气体。

④ 其他要求

a. 因模块主电路引出极弯曲 90°，极易掀起折断，所以接线时应防止外力或电缆重力将电极拉起折断。

b. 严禁不用接线端头而直接将铜线压接在模块电极上，以防止接触不良引起发热和故障。

c. 散热器的温度：测试点选择靠近模块中心点、紧贴模块外壳的散热器表面，温度要求勿超过 70℃，否则会烧坏模块。

(2) 双闭环直流调速模块控制板

模块控制板示意图如图 7-83 所示。

1）引脚说明

1 脚：外接+12V 电源。

2 脚：地。

3 脚；外接−12V 电源。

4 脚：地。

5 脚：控制信号输入端，给定信号由此端输入。

6 脚：同 1 脚相连。

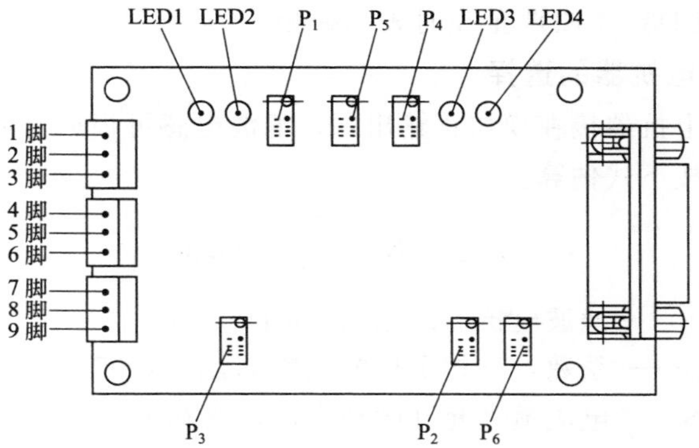

图 7-83 模块控制板示意图

7 脚：测速发电机正信号输入。

8 脚：测速发电机负信号输入。

9 脚：复位端，模块处于保护状态时，此端接＋12V 对模块进行复位。

注意以下几点。

① 4、5、6 脚一般接控制电位器，接电位器时 5 脚必须接中心抽头并且保证 5 脚初始状态为 0V。控制电位器一般选用 10～47kΩ 为宜。

② 5 脚由仪表或计算机控制时，6 脚空置。

③ 7、8 脚最高输入直流电压为 110V。

2） 电位器功能说明

① P_1、P_2 为软启动积分时间调节，顺时针旋转增加积分时间。P_1 改变积分信号大小，P_2 改变积分常数大小。

② P_3 为速度反馈信号大小调节，改变测速发电机信号大小。

③ P_4 为速度环限幅调节，顺时针旋转减小限幅值。

④ P_5 为电流环限幅调节，顺时针旋转减小限幅值。

⑤ P_6 为过流保护设定，顺时针旋转减小保护电流。

3） 发光二极管说明

① LED1，＋12V 电源指示；LED2，－12V 电源指示；LED3，过流指示；LED4，过热指示。

② LED3、LED4 全亮时表示缺相。

(3) 滤波电抗器的选择

滤波电抗器接在模块正输出端，滤波电感可根据对电流脉动情况的要求按下式估算：

$$L_{md}=K_{md}\frac{U_2}{SI_{fz}}-L_D$$

式中 L_{md}——滤波电抗器的电感，mH；

K_{md}——系数，三相全控整流取 $K_{md}=1.05$；

S——电流最大允许脉动系数，取 0.1；

I_{fz}——额定负载电流，A；

U_2——三相输入相电压，V；

L_D——电动机电感，mH。

电动机电感：

$$L_D=K_D\frac{U_e}{2pn_eI_e}\times 10^3$$

式中 K_D——系数，一般无补偿电动机取 8～12，快速无补偿电动机取 6～8，有补偿电动机取 5～6；

U_e——电动机额定电压，V；

I_e——电动机额定电流，A；

n_e——电动机额定转速，r/min；

p——电动机磁极对数。

(4) 双闭环直流调速模块的测试

双闭环直流调速模块可按以下方法进行简单测试。

① 按控制板的器件连接原理图连接好模块，在模块输出端接一假负载（如灯泡），接通电源，调节给定信号使模块输出一较小电压值，如 100V。

② 接上直流电动机和直流测速发电机，缓慢调节给定信号，若电动机速度随给定信号缓慢改变，说明系统运行正常。否则，重新检查连线。如果接线正确，电动机仍运行不正常，则需调节 C_4、R_{17}、C_3、R_{16}。

7.7.3 双闭环直流调速模块保护元件的选择

(1) 模块保护元件的选择

模块的过流保护的快速熔断器选择、模块的过电压保护的阻容元件及压敏电阻的选择，以及模块的散热器选择，是根据晶闸管芯片的额定电流决定的，其选择方法同晶闸管智能控制模块。

(2) 保护元件的参数整定

① 过电流保护。加大负载，增加电动机电流达到最大值，调节控制板上的 P_6 电位器，使电动机刚刚进入保护状态。再调节 P_6 使保护电流稍大于电动机最大电流即可。

② 电动机过载电压调整。调节控制板上的 P_5 电位器（即电流环限幅值)，使模块最大输出电压为电动机最大工作电压即可。

③ 积分时间的调整。调节控制板上的 P_1、P_2 电位器，即可调整积分（即电动机软启动）时间的长短。

④ 速度环、电流环参数的调整。模块内的 C_4、R_{17} 为速度环 PI 调节元件；C_3、R_{16} 为电流环 PI 调节元件，具体值可参照表 7-57 选取。

■ 表 7-57　C_4、R_{17}、C_3、R_{16} 参数的选择

直流电机参数			对应的 C_4、R_{17}、C_3、R_{16} 的参数			
额定电压/V	额定电流/A	额定转速/(r/min)	C_4	R_{17}	C_3	R_{16}
220	12.35	1500	0.5μF	680kΩ	2μF	56kΩ
220	41.8	1500	0.2μF	680kΩ	2μF	56kΩ
220	68.7	1500	0.2μF	700kΩ	2μF	56kΩ
220	115.4	1500	0.2μF	700kΩ	2μF	56kΩ
220	156.9	1500	0.18μF	800kΩ	2μF	56kΩ
220	208	1500	0.18μF	1MΩ	2μF	56kΩ
220	284	1500	0.2μF	1.2MΩ	2μF	56kΩ

第 8 章

晶闸管变换装置的调试与检修

8.1 晶闸管变换装置的一般调试与维护

8.1.1 晶闸管变换装置的日常维护与检修

晶闸管变换装置包括晶闸管整流、变流、逆变、变频等装置。变换装置的维护包括日常巡视检查和定期维护检修。

(1) 日常巡视检查

目的是检查变换装置的运行状态是否正常。一般从外观上检查仪表指示、灯光显示等是否正常，有无冒烟、焦臭味及异常噪声；从内部检查有无异常振动、元器件及电线有无过热和变色，冷却风机运行是否正常等。对于仪表指示，至少每天检查一次。用于重要场合的变换装置，最好将重要仪表的数据记录下来。对于其他项目，一般每天至少进行一次。如果环境的温度增高、湿度增大的话，检查周期应相应缩短。

日常检查的内容及项目见表 8-1。

■ 表 8-1 晶闸管变换装置的日常检查

内　　容	项　　目	处理与要求
周围环境	水及其他液体滴落，水蒸气及有害气体 温度 湿度 灰尘	消除滴落和产生源，加强维护 改善环境，使周围温度在 −10～+40℃ 周围介质相对湿度不大于 85% 保持环境清洁，及时除尘
振动、声响	变压器、电抗器、接触器、继电器、冷却风机、冷却泵、接头或坚固件	若有异常，检查这些元器件状况。对于松动的接头或紧固螺栓等加以紧固
异常发热或冒烟	变压器、电抗器、线圈、风机、冷却泵、电阻、电子元器件	检查这些元器件的状况；检查通风及冷却装置的运行情况

续表

内　　容	项　　目	处理与要求
焦臭味	电阻、电子元器件、电线等是否过热或烧坏	打开柜门,检查这些元器件、电线、继电器线圈等状况
柜面指示仪表	输入电压 整流变压器一次侧电流 输出电压 输出总负载电流 直流输出每相电流 其他各类仪表	控制在电网额定电压的±10%以内 超出额定值时,检查负载及有关设备 超出额定值时,应调整到额定值内 超出额定值时,检查负载等状况,若不平衡或振荡,则检查触发板件及晶闸管等有关元器件 指示在正常范围,否则应查明原因并处理
指示灯	运行状态指示灯 故障指示灯	若装置运转正常而指示灯不亮,则更换灯泡记录故障内容,并进行检修
柜内状况	有无杂物、污脏物,有无小动物侵入	发现有杂物、污脏物等必须清除干净,保持柜内清洁与干燥,接线端子应整洁,连接牢固,无裸线头外露
印刷板插件	插件及备件是否齐全,调整位置是否正确,插入是否牢靠	插板整齐,插入牢靠,调整位置正常,备件齐全
保护装置	熔断器、过电流继电器、欠电压继电器、报警装置等	熔丝选择正确,没有熔断情况,各类保护装置动作整定值正常,工作正常,报警装置正常
接地(接零)保护	接地(接零)线及连接情况	接地(接零)线符合要求,连接牢固,柜外壳无漏电情况

(2) 定期维护检修

定期维护检修就是每隔一定时间将变换装置停止运行，进行清扫、检查、保养、更换不良元器件（包括更换到达寿命故障区间之前的元器件）、测试晶闸管特性（必要时）、调试插板、调整及验证保护装置的动作，使变换装置的整体性能达到良好的状态。定期维护检修的周期根据变换装置的使用环境恶劣程度、变换装置的使用时间，以及重要性等情况决定，一般情况下每年进行一次。另外，在装置所控制的生产机器设备大修时，应一起进行大修保养。

定期维护检修的项目及标准见表8-2。

■ 表 8-2　晶闸管变换装置的定期检修

.项　目			周期	标　准
外部状况		柜内(包括元器件)		没有污脏、灰尘及缺损
		环境影响		各部件没有变色、腐蚀,尤其对有腐蚀性气体及潮湿场所更应注意
		接地(接零)保护		接地(接零)线符合要求,连接牢固
各元器件	变压器、电抗器	外观、温度	1 年	没有因过热变色、焦臭
		振动声(空载运行)		没有异常振动和噪声
	电阻及变阻器			没有变色、变形,引线未腐蚀
	电容器、电解电容器			更换变色、变形、漏液的电容器;引线未腐蚀
	晶闸管	对重要设备应测定漏电流及控制特性	2 年	用万用表等仪器测定。常温下,在晶闸管阳、阴极间加上 0.8 倍额定电压,测定漏电流,当大于 2 倍的规定值时应淘汰。更换时按规定的紧固力矩紧固
		散热片		散热片与晶闸管接触紧密
	电子元器件		1 年	没有变色,引线未腐蚀
	电源开关	变色、变形、操作迟钝		没有不良情况
		接触电阻	3 年	用电压降法测量,其值应在规定值以内
	继电器、接触器等	触头		没有烧损等情况
		线圈		不应有变色、响声
	印刷电路板	基板		没有变色、变形、污脏,插头无异物附着、无锈,镀银铜层无脱落现象
		电阻、电容、电子元件		没有变色、变形,引线未腐蚀
		焊锡		不应有虚焊、污损、腐蚀等
	熔断器			无变色、破损,接触紧密,熔断器座不松动
	冷却风机		1 年	电动机框架不变色,运行正常,旋转时无异常声响,轴承油良好,轴承 3～5 年更换一次
	配线			没有热变色及腐蚀,固定牢固、整齐,连接可靠
	紧固部件			螺钉、螺栓、螺母类的紧固件不能有松动现象
	保护硒堆			没有变色、变形、断线;击穿者应更换
	柜面指示仪表			没有损伤;机械调零

续表

项目		周期	标准
特性试验	电子线路及控制线路试验	1年	相序正确;测试各点的电压及波形正常;对各继电器、接触器按照原理电路及使用说明书顺序进行试验,动作及延时正常
	保护系统试验		对照原理电路图及说明书的故障顺序处理、显示、报警及保护系统元件应能正常动作
	触发回路		用示波器看,各测试点的脉冲幅度及波形应正常
	输出		用示波器看,波形应与标准波形基本相同
备件	数量		对照备件清单检查
	质量		在试验台上或装置上测试,应符合要求

定期维护检修时应了解哪些元器件、部件及部位容易损坏和出现异常情况，以便重点检修和更换将要达到使用寿命的元器件。

据统计，变换装置的元件故障占总故障的70%左右。主要表现在三极管、集成电路、晶闸管、保护硒堆击穿、烧毁；电阻、电容损坏及放大器系统的温度漂移、泄漏引起控制参数变化等。其次表现在继电器、接触器、电位器、插座等接触不良或损坏；接头接触不良、虚焊等。

典型电子元件的故障率见表8-3（晶闸管未列入）。

■ **表8-3　典型电子元件的故障率**

元件名称	故障比例	事后维修中发现的故障方式发生比例/%					
		短路	开路	折断、破坏	特性老化	其他	不明
三极管	20	6	16	1	38	1	38
二极管	13	26	36	8	10	3	17
集成电路	62	3	5	1	3	1	90
塑料膜电容器	20	55	15	2	15	8	5
金属膜电容器	30	0	10	0	85	0	5
陶瓷电容器	7	22	0	5	6	0	67
铝电解电容器	10	7	31	0	32	0	30
钽固体电解电容器	160	35	10	2	16	35	2

续表

元件名称	故障比例	事后维修中发现的故障方式发生比例/%					
		短路	开路	折断、破坏	特性老化	其他	不明
碳膜电阻	6	1	29	10	24	23	13
金属膜电阻	10	0	23	5	39	25	8
绕线可变电阻	66	0	35	0	42	7	16

(3) 正确更换损坏的平板型整流元件

① 在紧固新换的硅整流元件时要注意散热器的压接面与硅整流元件的压接面必须互相平行，特别是快紧固到位时更要小心谨慎，要依次交替紧固螺母，每次旋动不超过半圈，确保接触面平行。

② 对水冷式散热器，更换硅整流元件时要将散热器从设备上取下，仔细紧固调整，防止在设备上因空间位置限制不能保证平行接触紧固，待调整合格后再装回到设备上。

③ 元件安放在散热器台面上需对准定位销，使元件处于中心位置。元件与散热器的规格及几何尺寸应配套。

④ 检查压力缓冲用的弹性件是否在良好弹性恢复效用下，各紧固组成零件放置位置次序要记清，不可颠倒，不可有缺件。

⑤ 最好按元件生产厂家提供的压力值在压机上进行紧固；无压机情况下，可使用扭力扳手交替紧固，直至规定扭矩（见表 7-15），完成紧固。

⑥ 可在接触面涂上薄薄一层导热硅脂，有利于传热和防腐。

⑦ 在装置上直接更换时，由于可能会受到连接母排的牵制，难以实施平行紧固的目标，因此元件宜拆卸后更换，装配好后再安装在装置中。

8.1.2 晶闸管变换装置的一般调试

设备安装完毕投入运行前，必须进行系统调试。调试前，必须认真阅读变换装置产品使用说明书，认真阅读电气原理图，弄懂图中各部分的元器件及单元的作用和性能。初步了解生产设备的工艺要求和操作程序。此外，还要熟悉调试所用的仪器、设备（如示波器、稳压电源等）的性能及使用方法。

(1) 一般检查

① 检查变换装置（包括电源柜、控制台、变流柜等）布置是否合理，有无容易引起干扰的问题；各柜之间的连接导线、电缆是否正确，截面是否符合图纸要求；要求屏蔽的导线是否用屏蔽线了；检查柜内是否整洁、完整。

② 检查各元器件的型号规格是否符合要求。

③ 检查装置的接地（接零）保护是否良好，连接是否可靠。各柜的接地（接零）线不可串联连接，应分别接在总地线（或零干线）上。

④ 检查传动电机及传动设备是否良好，运转是否灵活，旋转方向是否正确。

⑤ 检查所有连接导线在接线端子上的连接情况，并拧紧一遍；检查接线端子编号是否与图纸相符。必须进行修改的编号或接线，是否已注明，并将修改的图纸存档。

⑥ 检查有焊接的连线或线头是否有虚焊现象；应该绝缘的导线或线头是否已做好绝缘处理。

⑦ 检查熔断器熔体是否按规定要求配置，并旋紧各螺旋式熔断器的熔芯；检查并按要求调整好各电流、电压等保护装置及热继电器的动作值。

⑧ 拔出所有印刷电路板插件，检查插件上的电子元件有无相互短路及损坏、虚焊等情况。然后将插件插入插座，检查两者的接触是否良好。插板插接不能过紧或过松。

(2) 测量绝缘电阻及进行耐压试验

测量绝缘电阻前先清洁柜内元器件、接线端子、导线及绝缘构件等。

绝缘电阻测量部位包括以下几项。

① 导电部件（如金属外壳、支架、铁芯等）对地。

② 不相同的导电回路之间，如交流的各相之间、电流回路、电压回路、控制回路、信号回路等相互之间。

③ 电动机的绝缘电阻。

对于额定电压500V以下的回路，用500V兆欧表测量。绝缘电阻的要求：对于1000V以下各交流及直流电动机、电器和线路，应不小于0.5MΩ；对于防止电子元件及系统误动作的继电保护系统、自动控制系统及控制电器等，要求每一导电回路对地的绝缘电阻不小于1MΩ。

如有必要进行交流耐压试验，二次回路及控制回路的工频耐压试验标准如下（持续1min）：

装置额定电压为50V以下时100V；为51～100V时250V；为101～500V时1000V。

测量绝缘电阻或交流耐压试验前，应将所有印刷板插件拔下，将晶闸管等半导体元器件及电容器从电路中断开，或将其短接，以免测试时将这些元器件击穿。

(3) 保护元件的整定

变换装置的保护元件是保护晶闸管等电子元器件和电动机等用的。保护元件的整定非常重要，否则会形同虚设。保护元件的整定值应按产品说明书的技术要求和规定值进行整定。如无规定时，可按以下要求整定。

1）过电流继电器

① 装设在输出直流侧保护晶闸管用时，可按1.2倍变换装置的额定输出电流来整定。

② 交流过电流继电器保护电动机用时，可按1.2～1.3倍电动机启动电流来整定。

③ 装设在主电路侧的直流过电流继电器保护直流电动机时，可按1.5～1.7倍电动机额定电流来整定。

具体整定方法如下（如晶闸管整流装置）。

将直流电动机的励磁回路断开，并使电动机处于堵转状态，按下启动按钮，缓慢地调节“手动调速”电位器，同对观察主电路电流的变化，当主电路电流增加到直流电动机额定电流的1.5～1.7倍时，过电流继电器应能动作。否则，可调节过电流继电器弹簧的松紧进行整定，整定后再重复一次，若能如期动作，应锁紧定位。由于电动机处于堵转状态，冷却条件很差，故通电时间不宜过长，每次过流时间控制在1min以内。

有时，为了避免意外事故，也可先使过电流继电器在整定值电流值的一半左右下动作一次，以观察控制系统及过电流继电器动作是否正常，然后再按规定值进行整定。

用于发电机保护时，可按1.2～1.3倍发电机额定电流来整定。

2）过电压继电器　用于发电机保护时，可按1.2～1.5倍发电机额定电压来整定，动作时限0.5s。

3）失磁继电器（磁场欠压保护）　为了防止励磁电压过低造成直流电动机空载时“飞车”或重载时因电枢电流的猛增而损坏电机，在磁场电源电路中设有欠电压保护。

欠电压继电器的整定方法如下。

先断开主电路，接通磁场电源电路，这时磁场电压约280V左右。然后将磁场电源的整流桥六个臂中的任一熔断器中的芯子旋出，此时磁场电压降到正常值的80%左右（空载时），欠电压继电器应可靠释放。否则，应调节与它串联的瓷盘变阻器来达到。

用于发电机保护时，可按0.6～0.8倍发电机空载励磁电流来整定。

(4) 超速保护元件

一般可按被保护电机或工作机械的最高工作转速的1.1～1.15倍来整定。

保护元件整定后，再重复试验一次，若能如期动作，即可锁紧定位。

(5) 对电源柜、控制台等通电试验（空操作试验）

将电源电压降至额定控制电压的85%进行空操作试验，其目的是：检查接线是否正确，仪表及指示灯是否正常，继电器、接触器、延时继电器等动作是否正确，动作是否灵活，有无卡阻现象；

检查动作控制程序是否正确；检查各种保护装置及信号装置动作是否正确；检查有无异常声响、焦臭味和线圈、元件等是否过热，以及短路、漏电等现象。

经过上述检查，试验和调整合格后，方可进行下一步系统调试。

(6) 系统调试

① 系统调试的顺序。一般先开环后闭环；先内环后外环；先静态后动态；先正向后逆向；先空载后带负载；先单机后多机联动；先主动后从动。

② 电源相序的检查。交流三相电源接至主变压器，以及同步变压器的接线，均涉及到相序问题，如果相序搞错了，同步关系破坏，就会出现各晶闸管工作顺序混乱，无法正常输出电压。为此，对于新安装的变换装置，首先应检查电源相序是否符合产品使用说明书上的要求。检查方法有示波器法、灯泡法和相序测定器法等。灯泡法检查方法如下。

如图 8-1 所示，用两个相同的灯泡及一个电容接成星形，U、V、W 分别接至三相电源上，此时两个灯泡的发光程度将不相同，一个较亮，一个较暗。若令接电容的一相作为 U 相，则发光较亮的那一相应是 V 相，剩下的一相为 W 相。

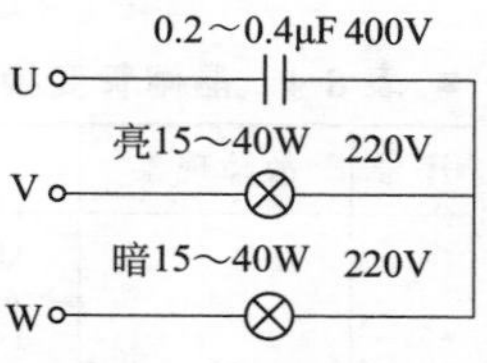

图 8-1 灯泡法相序测定器

③ 反馈信号极性的判别。先将反馈信号输入线的一端与调节器输入一端接死，用另一端去碰触调节器输入的另一端，并观察碰触时调节器的输出量或系统被调节的量是减小还是增大。如果是减小，则说明是负反馈；反之，如果增大，则说明是正反馈。判别完毕，根据系统的需要，将反馈信号线接好。

④ 微分反馈极性的判别。方法同上。只是微分反馈是动态反馈，只有在变流器输出（或被控量）发生变化时才有信号，当输出量稳定后，反馈信号又消失。例如微分负反馈，在将反馈信号接通的一瞬间，输出量应瞬时地减小一下，然后又迅速恢复到原来的稳定值。同样，当反馈信号断开的一瞬间，输出量应当瞬时地增大，然后又迅速恢复

到原来的稳定值。如果是微分正反馈，则正好与上面的情况相反。

系统的详细调试方法，将结合 8.2 节的具体实例加以介绍。

8.1.3 晶闸管变换装置的常见故障及处理

(1) 故障原因

造成晶闸管变换装置的故障原因有外部原因和装置内部的原因。外部原因，如使用环境恶劣，环境温度超过－10～＋40℃范围；潮气大，结露水等引起绝缘性能降低；周围灰尘多，有导电粉尘及腐蚀性介质存在；安装处振动厉害；电源波动严重，电源波形畸变；操作过电压；使用不当，误操作以及遭雷击等。

装置内部原因，如设计不合理；元器件质量差；装配及安装不良，焊接不良等。

(2) 故障现象及处理方法

关于晶闸管元件本身故障及处理方法，已在第 7 章 7.4.8 项中作了介绍，其他的故障现象及处理方法见表 8-4。

■ **表 8-4 晶闸管变换装置的常见故障及处理方法**

序号	故障现象	可能原因	处理方法
1	振动、噪声	① 紧固螺栓、螺母松动 ② 过电流，电流波动 ③ 电流波形变化 ④ 与构件、建筑物共振 ⑤ 电磁声 ⑥ 柜内有异物	① 拧紧螺栓、螺母 ② 观察或测出三相电流，查明原因，并消除 ③ 用示波器观察波形 ④ 了解构筑件的共振频率，并用振动表测定，然后采取消振措施 ⑤ 检查发音部件是否过热 ⑥ 清除异物
2	异臭、冒烟、火花	① 过电流 ② 绝缘破坏、电晕 ③ 绝缘距离不够 ④ 柜内有异物	① 检查负载电流，找出过热部件；减轻负载 ② 查出电晕、火花及绝缘破坏处，并加以处理（如更换部件、加强绝缘或做干燥处理） ③ 检查绝缘距离（大致为 1kV/cm） ④ 清除异物

续表

序号	故障现象	可能原因	处理方法
3	变色、变形、破损	① 部件过负荷 ② 电磁力等的应力	① 检查部件有无过热,更换损坏部件 ② 改变受力元件或发生强电磁力元件的安装位置
4	漏油、水汽等	① 安装不良 ② 强迫水冷系统故障	① 查出漏处及原因,做好防止措施 ② 检修冷却系统
5	腐蚀、污染	① 环境恶劣,有腐蚀气体、尘埃 ② 电蚀	① 改善环境条件,检查通风及冷却条件,加强维护 ② 清除电蚀及更换受损部件
6	温度过高	① 过负荷 ② 冷却系统故障	① 检查负载电流,减轻负载 ② 检修冷却系统,改善冷却条件
7	输出电压、电流小	① 设定基准电压降低 ② 晶闸管未导通,触发脉冲欠缺 ③ 电源电压低或缺相 ④ 过负荷或负载短路 ⑤ 控制系统受干扰,设定值不当,增益不足,逻辑系统误动作	① 检查基准设定电压,并加以调整 ② 用示波器检查全部门极电压及晶闸管两端电压波形 ③ 用万用表检查电源电压 ④ 检查负载回路,减轻负载或消除短路故障 ⑤ 测定运行中的控制回路各部分的电压,用示波器检查有无外部干扰及逻辑系统误动作的情况
8	输出电压、电流不稳定、振荡	① 电源相序弄错 ② 同步变压器接线错误 ③ 基准设定电位器接触不良 ④ 布线、元件、连接点接触不良 ⑤ 反馈电压缺相及波动增大 ⑥ 反馈量过大 ⑦ 逻辑系统误动作 ⑧ 接触不良引起振动 ⑨ 各运算放大器工作不稳定	① 检查相序,并加以纠正 ② 同示波器检查,使同步变压器与触发电路符合相位关系 ③ 旋转电位器,用万用表检查或用示波器检查基准电压波形 ④ 检查各连接点及插件的插入插座的状态,插件上元件有无碰连,有无异物等 ⑤ 检查反馈接线及元件 ⑥ 适当降低反馈量 ⑦ 用冰和电热吹风机等来变化逻辑电路的电子元件的温度(0～60℃).寻找不良元件 ⑧ 用木槌敲使装置振动,找出接触不良的地方 ⑨ 检查运算放大器,找出原因,检修或更换运算放大器

续表

序号	故障现象	可能原因	处理方法
9	无输出电压	① 主回路、控制回路电源消失 ② 触发板件插接不良	① 检查电源电压及保险丝是否完好 ② 检查接插件接通是否良好
10	输出电压、电流的设定精度不够	① 设定电位器有毛病 ② 晶闸管特性不稳定 ③ 控制放大器有漂移，不能调零 ④ 电源电压值、频率变动，直流控制电源变化	① 旋动设定电位器用万用表检查各设定电压值。检修或更换电位器 ② 用示波器检查控制回路各点波形，检查晶闸管两端电压波形。更换晶闸管 ③ 检查运算放大器，若管子有问题，应予以更换 ④ 检查交流和直流电源电压及交流电源频率
11	输入电流增大，三相不平衡	① 晶闸管起弧、换流失败或由于晶闸管熄弧交流的正或负侧缺相，变压器直流励磁 ② 控制逻辑系统不良	① 用示波器检查电流波形，各晶闸管两端电压波形，以及门极电压波形 ② 用示波器检查控制回路各点波形
12	常有过电流故障，门极切断也动作	① 负载不稳，有过载现象 ② 由于干扰、噪声等引起误触发 ③ 换流失败 ④ 控制回路电子元件损坏	① 检查负载，减轻负载 ② 查出引起误触发的干扰、噪声原因，并采取抑制措施 ③ 查明换流失败原因，并加以修复 ④ 检修控制回路。必要时可给控制部分加温，让故障重复，查出故障

(3) 故障诊断的方法

① 利用人的五官诊断。用此方法能直接发现一些诸如过热、变色、冒烟、火花等故障。

② 插拔有关的印刷电路板件或更换印刷电路板件。通过插拔或更换印刷电路板件来观察插拔或更换前后的波形及动作变化情况，加以分析。

③ 更换可疑元器件。初步确定故障范围后，如一时还查不出哪个元器件有故障时，可以通过逐个更换可疑元器件的方法来查找。尤其对于印刷电路板上的可疑元件常用此法查找。

④ 击振法。若故障时有时无，怀疑虚焊或接触不良时，可用

手或木槌等对装置给予振动，来进行验证。

⑤ 使用万用表、示波器等仪器测试。用仪器对变换装置电路中的有关测试点进行测试电压（电流）或察看波形来进行分析判断，从而找出故障点。如果所测的电压（电流）和波形与正常值和波形不同或相差甚远，则说明与所测点相关的电路和元器件有问题。确定故障范围后，就可再做进一步检查。

⑥ 升温法或降温法。电子元件在高温时性能易变坏，容易引起误动作。当发现负载较重及环境温度较高时引起装置误动作，而轻载及环境温度较低时装置工作正常，或者发生误动作时，停机一会儿再开机又正常了，开机一段时间又发生误动作，这时就可以用此方法试试。具体做法如下：将印刷电路板或柜内怀疑的元器件用灯泡或吹风机等热源加热到60～70℃（注意不可加热过高），同时用示波器等观察有关测试点的波形变化情况，从而加以判断。

同样道理，如果怀疑变换装置误动作是由于温度过低引起的，可以用以酒精为主要成分的急冷剂或冰块（注意不可让水分侵入元器件）冷却印刷电路板或柜内的元器件的方法加以检查。

当然，电子元件特性不稳定，也可以用测试电压（电流）或波形、更换元件等方法检查。

以上各种检查方法，可以单独使用，但有时需要几种方法同时使用，检修中应灵活掌握。

8.1.4 放置已久的晶闸管变换装置的检查与调试

对于放置已久的晶闸管变换装置，欲投入运行，必须先做全面认真地检查和调试，确认没有问题后，方可投入使用。否则容易造成击穿晶闸管和其他电子元器件，以及短路、漏电等事故。投入运行前的具体检查和调试工作如下。

(1) 外观、元器件及冷却系统等检查

① 检查并清除柜内的灰尘、杂物；检查各元器件有无锈蚀；元器件及导线有无损伤；各固定螺栓有无松动、丢失等。

② 检查柜内有无被水或曾被水侵入，有无受潮。可以用500V兆欧表测量有关电路的绝缘电阻。

③ 检查电源变压器、同步变压器接线是否良好，有无锈蚀现象；检查调压器电刷接触是否良好；它们的绝缘是否良好。

④ 检查各级熔断器是否良好，熔体配置是否适当；检查保护装置是否良好，整定值调整是否正确。

⑤ 检查开关、按钮、接触器、继电器等设备是否完好。

⑥ 检查并紧固所有的固定螺栓。

⑦ 检查所有连接导线连接情况，焊接的导线的焊点有无锈蚀。拧紧所有接线端子螺栓。检查接线端子编号是否完整、清晰。

⑧ 检查所有印刷电路板及板上的元件，对锈蚀或怀疑已损坏的元件予以更换。清洁锈斑，除去灰尘。

⑨ 断开所有晶闸管的阴极和控制极，逐个对晶闸管元件进行检查测试，发现不良的元件，应予以更换。

⑩ 逐一拧紧晶闸管的散热器，使其与晶闸管接触紧密，但也要注意不可拧得太紧，以免损伤晶闸管。

⑪ 检查通风、冷却系统，检查风机、水泵，必要时进行保养和加润滑油。

(2) 通电检查和调试

① 核对好电源相序，接通电源。

② 先按使用说明书要求对控制电路进行通电检查，使各开关、按钮、接触器、继电器等动作可靠无误。调整各保护元件的动作值和时间继电器的延时时间。

③ 启动冷却系统，检查风机或水泵运行情况和风量或冷却水出入口的温度和压力，应符合使用说明书的要求。

④ 将变换装置投入空载试验和接假负载电阻试验。经过一段时间预热，便可进行试验。用万用表和示波器测试电路中各点的电压和波形，观察输出波形，并进行系统调试。调试完毕，然后正式带负载试验，再进行调试，并进一步调整好保护元件的动作值。有时先做小电流试验（熔断器的熔体先用小容量代替），待一切正常

后再换上正常的熔体做正常负载试验。当变流装置的技术性能达到要求后，便可正式投入运行。刚投入运行的变换装置，应加强观察和维护，切不可大意。

带负载运行前和运行时，必须检查电动机、齿轮箱及机械零部件是否良好，有无卡阻和异常声响；检查电动机的接线是否正确，转向对否。直流电机有积复励和差复励两种接线，具有两种不同的电气特性，故切忌接错。

8.2 晶闸管整流装置的调试与检修

8.2.1 单相晶闸管整流装置

KZD-T 型单相可调晶闸管整流装置是作者开发的一种用于履带箱等直流传动系统的性能优良的产品，适用于 13kW 及以下直流电动机调速。其系统方框图如图 8-2 所示；电气原理图如图 8-3 所示。

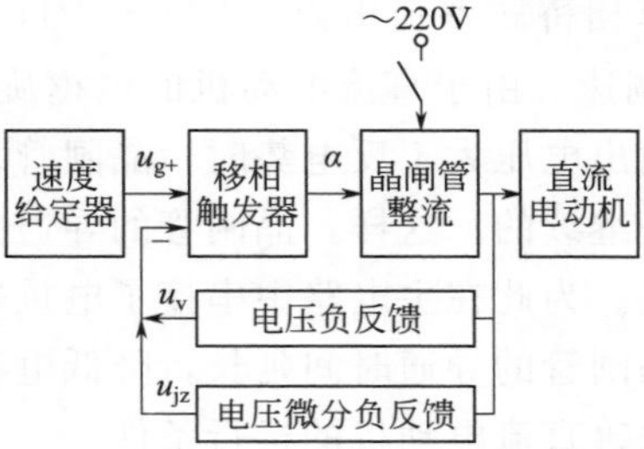

图 8-2 KZD-T 型单相可调晶闸管整流装置系统方框图

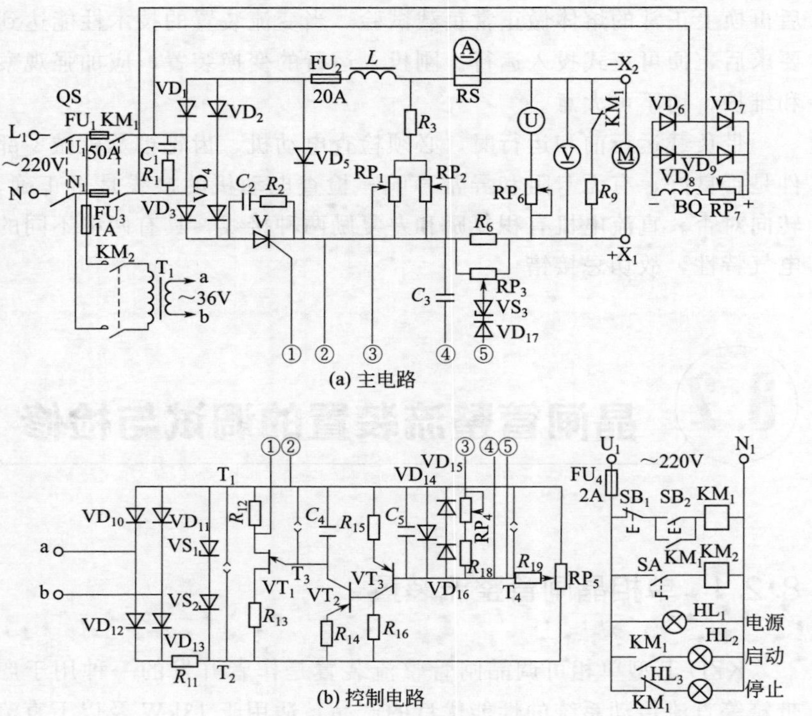

图 8-3　KZD-T 型单相可调晶闸管整流装置电气原理图

(1) 工作原理

主电路采用单相桥式整流电路（$VD_1 \sim VD_4$ 组成），然后用晶闸管 V 进行调压调速。由于直流电动机的电枢旋转时产生反电势，只有当整流器的输出电压大于反电势时，晶闸管才能导通，因而通过电动机的电流是继续的。这样，晶闸管的导通角小，电流峰值很大，晶闸管易发热。为此在主电路中串接了电抗器 L，利用电抗器的自感电势，使晶闸管的导通时间延长，降低电流峰值，并减小电流的脉动程度，改善直流电动机的运行条件。

触发电路采用由单结晶体管 VT_1、三极管 VT_2（作可变电阻用）等组成的弛张振荡器。三极管 VT_3 作信号放大用。主令电压

从电位器 RP_5 给出，电压负反馈电压从并联在电枢两端的 R_3 和电位器 RP_1 上取得。电压微分负反馈（为提高系统的动态稳定性）由 R_3、RP_2 和电容 C_3 组成。当电枢电压突变时，由 RP_2 上取出的反馈电压也骤变，因而对 C_3 充电，产生的电流经放大器的输入端，压低了输出电压的变化。主令电压和负反馈电压相比较所得的差值电压加到三极管 VT_3 的基极进行放大，并控制三极管 VT_2 的导通程度，以改变弛张振荡器的频率，改变晶闸管的导通角，从而改变电枢电压的大小，达到调节电动机转速的目的。

VD_{14}～VD_{16} 为放大器输入端的钳位二极管，以保护三极管 VT_3 不被损坏。电容 C_5 用来对输入脉动电压滤波及吸收输入信号的突变，可使调速过程比较平衡。

同步电压由交流电经整流桥 VD_{10}～VD_{13} 整流，电阻 R_{11} 限流，稳压管 VS_1、VS_2 削波得到。R_2、C_2 为晶闸管 V 的换相过电压保护电路；快速熔断器 FU_1、FU_2 和熔断器 FU_3 作短路保护。VD_5 为续流二极管。电动机励磁绕组 BQ 的励磁电压，由交流电经整流桥 VD_6～VD_9 整流提供。调节瓷盘变阻器 RP_7，可改变励磁电流。

(2) 电气元件参数

KZD-T 型单相晶闸管整流装置电气元件参数见表 8-5。

■ **表 8-5　KZD-T 型单相晶闸管整流装置电气元件**

序号	代　号	名　称	型号规格	数量
1	VD_1～VD_4、VD_5	整流二极管	2CZ50A/600V	5
2	VD_6～VD_9	整流二极管	2CZ3A/600V	4
3	V	晶闸管	3CT50A/600V	1
4	VD_{10}～VD_{13}	二极管	2CZ52C	4
5	VS_1～VS_2	稳压管	2CW109	2
6	VS_3	稳压管	2CW102	1
7	VT_1	单结晶体管	BT33F	1
8	VT_2	三极管	3CG3C 蓝点	1
9	VT_3	三极管	3DG6 蓝点	1
10	VD_{14}～VD_{16}、VD_{17}	二极管	2CZ52C	4

续表

序号	代号	名称	型号规格	数量
11	R_1	线绕电阻	RX1-25W 10Ω	1
12	R_2	金属膜电阻	RJ-2W 56Ω	1
13	R_3	线绕电阻	RX1-15W 5.1kΩ	1
14	RP_1、RP_2	电位器	WX3-11.2kΩ 10W	2
15	RP_3	电位器	WX3-11 680Ω 3W	1
16	RP_4	电位器	WX3-11 20kΩ 3W	1
17	RP_5	电位器	3W 5.1kΩ	1
18	R_6	电阻	150W 0.35Ω	1
19	RP_6	电位器	WX3-11 10kΩ 3W	1
20	RP_7	瓷盘变阻器	RC-200W 500Ω	1
21	R_9	线绕电阻	RX1-160W 14Ω	1
22	R_{11}	金属膜电阻	RJ-2W 1kΩ	1
23	R_{12}	金属膜电阻	RJ-1/4W 51Ω	1
24	R_{13}	金属膜电阻	RJ-1/4W 360Ω	1
25	R_{14}	金属膜电阻	RJ-1/4W 1kΩ	1
26	R_{15}	金属膜电阻	RJ-1/2W 680Ω	1
27	R_{16}	金属膜电阻	RJ-1/2W 5.1kΩ	1
28	R_{18}	金属膜电阻	RJ-1W 24kΩ	1
29	R_{19}	金属膜电阻	RJ-1/4W 5.6kΩ	1
30	C_1	金属化纸介电容	CZJX 5μF 800V	1
31	C_2	油浸电容	0.25μF 1000V	1
32	C_3	金属化纸介电容	CZJX 4μF 400V	1
33	C_4	金属化纸介电容	CZJX 0.33μF 160V	1
34	C_5	电解电容	CD11 22μF 16V	1

(3) 系统的调试

调试步骤和方法如下。

① 暂不接直流电动机，在整流装置输出端接一假负载电阻(如100W 220V灯泡或500～1000W电炉丝)。

② 接通控制电路电源（暂不接主电路），用示波器观察稳压管（VS_1、VS_2）两端（即 T_1 与 T_2 测孔）有无连续的梯形波。尚可用万用表测量，应有20～24V的直流电压。

③ 然后用示波器观察 T_1 与 T_3 测孔两端有无锯齿波。如果有，

再调节主令电位器 RP_5，看锯齿波的数目是否均匀地变化。正常情况，应能调到最少只出半个锯齿波，最多可出 6～8 个锯齿波，且连续均匀地变化，见图 7-36。

④ 同时接通主电路和控制电路电源，观察有无输出电压和输出电流，并用示波器观察输出端的电压波形是否正常，调节主令电位器 RP_5，波形变化是否符合要求（参见表 7-20），输出电压能否从零至最大值均匀地调节，有无振荡现象。

⑤ 调节电压负反馈电位器 RP_1，输出电压应能变化。

⑥ 以上试验正常后，撤掉假负载电阻，接入直流电动机，作正式调试。调试方法同前。当负反馈量过大时，输出电压可能会发生振荡，这时应适当减小负反馈量。另外，需改变电动机的励磁电压（调节瓷盘变阻器 RP_7），看电动机转速是否能相应地发生变化。同时要观察电动机运行状况，有无异常声响、过热或电刷火花过大等情况，以及检查整流装置柜内的晶闸管、整流二极管及其他电气电子元器件是否有过热或其他异常情况。

⑦ 输出电压最大值的确定：一般不应超过直流电动机额定电压的5%。逐渐增大主令电压（调节 RP_5），同时观察输出电压，并适时调节负反馈量（调节 RP_1），使 RP_5 达到极限时，输出电压符合规定要求。

⑧ 调试结束，装置已达到生产工艺的技术要求时，便可将各调节电位器锁定，以免运行时松动，而改变装置的技术性能。

(4) 常见故障及处理（见表 8-6）

表 8-6 KZD-T 型单相晶闸管整流装置的常见故障及处理

序号	故障现象	可能原因	处理方法
1	测试孔 T_1 与 T_2 间无梯形波	① 控制电源无电压 ② 二极管 VD_{10}～VD_{13} 多只损坏 ③ 电阻 R_{11} 烧坏 ④ 稳压管 VS_1、VS_2 开路	① 检查保险丝 FU_3，检查变压器 T_1 的一、二次侧有无电压 ② 用万用表测量二极管正反向电阻，找出损坏的管子，加以更换 ③ 更换 R_{11} ④ 这时波形为交流全波整流波，应检查稳压管及焊点

续表

序号	故障现象	可能原因	处理方法
2	测试孔 T_1 与 T_2 间的梯形波断续出现	二极管 $VD_{10}\sim VD_{13}$ 有一只或两只损坏	用万用表找出损坏的管子，加以更换
3	测试孔 T_1 与 T_3 间没有锯齿波	① RP_5 调得太小 ② 电容 C_5、二极管 VD_{14} 或 VD_{15}、VD_{16} 短路 ③ 三极管 VT_2 或 VT_3 开路 ④ 电阻 R_{14} 或 R_{16} 短路 ⑤ 电容 C_4 损坏 ⑥ 电阻 R_{12} 或 R_{13} 开路 ⑦ 单结晶体管 VT_1 损坏	① 调节 RP_5 即可判知 ② 用万用表查出后更换 ③ 检查开路原因，若是三极管损坏，则予以更换 ④ 更换 R_{14} 或 R_{16} ⑤ 更换 C_4 ⑥ 检查开路原因，若是电阻烧断，则予以更换 ⑦ 更换 VT_1
4	测试孔 T_1 与 T_3 间没有锯齿波畸形	电容 C_4 漏电	更换 C_4
5	调节 RP_5，锯齿波变化不均匀	① 电位器 RP_5 接触不良 ② 电容 C_4 漏电	① 检修或更换 RP_5 ② 更换 C_4
6	测试孔 T_1 与 T_4 间没有直流电压	① 电位器 RP_5 调得太小 ② 同第 3 条 ② 项 ③ 控制电源无电压 ④ 电阻 R_{19} 烧坏 ⑤ 电位器 RP_5 滑点接触不到	① 调节 RP_5 即可判知 ② 同第 3 条 ② 项 ③ 检查控制电源 ④ 更换 R_{19} ⑤ 调节 RP_5 即可判知。拆开检修或更换
7	测试孔 T_1 与 T_4 间的直流电压不正常	① 二极管 VD_{15}、VD_{16} 开路 ② 同第 3 条 ② 项 ③ 同第 6 条 ④、⑤ 项	① 检查开路原因，若是二极管损坏，则予以更换 ② 同第 3 条 ② 项 ③ 同第 6 条 ④、⑤ 项
8	调节 RP_5 电动机不能调速或速度不均匀	① 控制电路（包括控制电源、触发电路、输入回路）有毛病 ② 晶闸管 V 击穿短路 ③ 电压负反馈量太大，引起振荡	① 按以上方法检查控制电路 ② 这时电动机只有一个最高速度。更换晶闸管 ③ 调节电位器 RP_1，减小电阻值便可判知

续表

序号	故障现象	可能原因	处理方法
9	控制电路及电源正常，而主电路无输出	主电路部分(如保险丝 FU_1、二极管 VD_1～VD_4、晶闸管 V 及连接线等)有故障	检查主电路部分的元器件和接线
10	二极管 VD_1～VD_4 及晶闸管 V 发热	① 散热片与元件之间接触不良 ② 负载较重，且晶闸管导通角太小，造成电路中电流有效值太大所致 ③ 负载过重	① 拧紧散热片，使两者接触紧密 ② 使用时，不可长时间在太小的导通角下(低速下)运行 ③ 检查电动机传动系统和机械设备，加强润滑，使负载正常
11	主电路输出电压波形不正常	① 二极管 VD_1 ～ VD_4 有一两只损坏 ② 同第 8 条③项	① 这时输出电压波形断续出现。用万用表查出损坏的二极管，并更换 ② 同第 8 条③项
12	保险丝 FU_1 烧断	① 负载过重 ② 负荷侧有短路故障 ③ 二极管 VD_1 ～ VD_4 有两只短路 ④ 二极管 VD_5 短路	① 减轻负载 ② 查出短路点，予以消除 ③ 更换二极管 ④ 更换 VD_5
13	电动机飞车	① 励磁回路无电压 ② 二极管 VD_6 ～ VD_9 有多只烧坏 ③ 瓷盘变阻器 RP_5 开路 ④ 励磁绕组烧断	① 检查励磁回路 ② 更换二极管 ③ 检查开路原因，若是 RP_5 烧断，则予以更换 ④ 检查电动机励磁绕组
14	断电后电动机需过一会儿才停下来	① 二极管 VD_5 开路 ② 接触器 KM_1 的常闭触头接触不良 ③ 电阻 R_9 开路	① 检查开路原因，若是 VD_5 损坏，则予以更换 ② 检查常闭触头 KM_1，并修复 ③ 检查开路原因，若是 R_9 损坏，则予以更换

8.2.2 电磁调速电动机控制器

电磁调速电动机控制器是用来控制电动机的转速，实现恒转矩无级调速。控制器将速度指令信号电压与调速电动机速度负反馈信号电压比较后，所得差值信号经过放大电路及移相触发电路控制主回路晶闸管的导通角，改变了滑差离合器的励磁电流，使调速电动机转速保持恒定。调节离合器励磁绕组的直流电流即能使电动机在规定的调速范围内实现无级调速。

JD1 系列电磁调速电动机控制器是全国联合设计产品，用来控制 YCT 系列电动机的转速。控制器分为 JD1A 型手操普通型、JD1B 型手操精密型和 JD1C 型自动精密型，其技术数据见表 8-7。

■ 表 8-7 JD1 系列控制器技术数据

型号	A JD1 B-11 C	A JD1 B-40 C	A JD1 B-90 C
电源电压	~220V±10%		
控制电动机功率[①]/kW	0.55～11	0.55～40	0.55～90
最大直流输出	90V、3.15A	90V、5A	90V、8A
测速发电机	电压转速比≥2V/(100r/min)		
转速变化率	JD1A 型≤2.5%，JD1B 型≤1%，JD1C 型≤1%		
稳速精度	JD1A 型≤1%，JD1B 型≤0.5%，JD1C 型≤0.5%		

① 指调速电动机的标称功率。

ZLK-1、JZT-1、JZT-7 等型控制器也是电磁调速电动机常用的调速控制装置。它们的线路图和工作原理类同。

控制器一般采用带续流二极管的半波晶闸管整流电路。

(1) 电磁调速电动机控制器的基本组成

控制器原理方框图如图 8-4 所示。它由以下几部分组成。

① 测速负反馈环节　测速发电机与负载同轴相连，它将转速变为三相交流电压，经三相桥式整流和电容滤波输出负反馈直流信号。通过调节速度负反馈电位器，可以调节反馈量。采用速度负反馈的目的是增加电机机械特性的硬度，使电机转速不因负载的变动而改变。

② 给定电压环节　由桥式整流阻容 π 型滤波电路和稳压管输出一稳定的直流电压作为给定电压。调节主令电位器，可以改变给

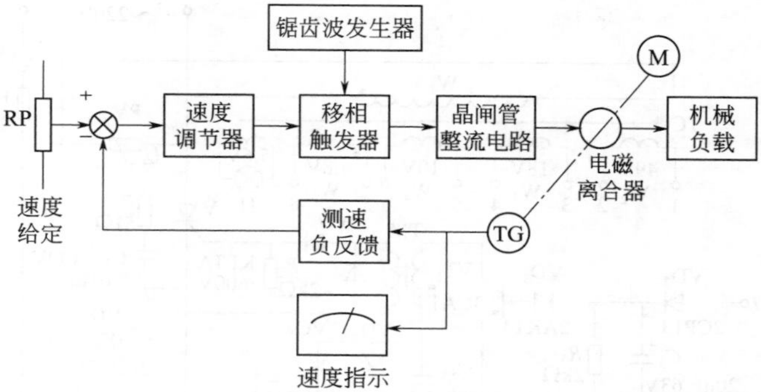

图 8-4　电磁调速电动机控制器原理方框图

定电压的大小，从而实现电机调速。

③ 比较和放大环节　给定电压与反馈信号比较（相减）后输入晶体管放大，经放大了的控制信号输入触发器（输入前经正、反向限幅）。

④ 移相和触发环节　采用同步电压为锯齿波的单只晶体管或同步电压为梯形波的单结晶体管的触发电路。

调节主令电位器，若增加给定电压，则输入触发的控制电压就增加，因而触发器输出脉冲前移，晶闸管移相角 α 减小，离合器的励磁电压增加，因而转速上升；反之，若减少给定电压，转速就下降。

下面介绍两种典型的控制电路。

(2) ZLK-1 型控制器

线路如图 8-5 所示。它由主电路和控制电路组成。

工作原理：主电路（供给励磁绕组）采用单相半控整流电路（由晶闸管 V 等组成）。图中，VD_1 为续流二极管，它为励磁绕组提供放电回路，使励磁电流连续，采用 MY31 型压敏电阻 RV 作交流侧过电压保护；R_1、C_1 为晶闸管阻容保护元件；熔断器 FU 作短路保护。

触发电路为晶体管触发器，由三极管 VT_1、电容 C_2、电阻

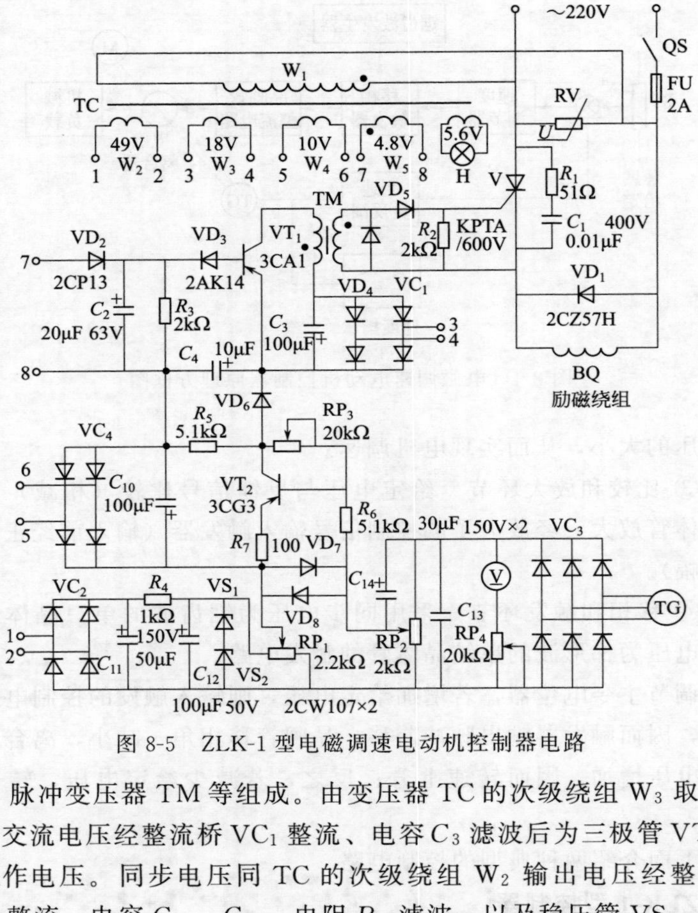

图 8-5　ZLK-1 型电磁调速电动机控制器电路

R_3、脉冲变压器 TM 等组成。由变压器 TC 的次级绕组 W_3 取出的 18V 交流电压经整流桥 VC_1 整流、电容 C_3 滤波后为三极管 VT_1 提供工作电压。同步电压同 TC 的次级绕组 W_2 输出电压经整流桥 VC_2 整流，电容 C_{11}、C_{12}、电阻 R_4 滤波，以及稳压管 VS_1、VS_2 稳压后，在电位器 RP_1 上取得，速度负反馈电压由测速发电机 TG 输出和交流电经三相桥式整流电路 VC_3、电容 C_{13} 滤波后加在电位器 RP_2 上取得。三极管 VT_2 为信号放大器。

图中，VD_7、VD_8 为钳位二极管，用以防止过高的正、负极性电压加在 VT_2 基极 - 发射极上而造成损坏。

给定电压（由电位器 RP_3 调节）与反馈信号比较后输入三极管放大器 VT_2 的基极，并在电阻 R_5 上得到负的控制电压，它与同步

锯齿波电压叠加后加到三极管 VT_1 基极，负的控制电压 U_k 与正的同步电压 U_c 比较，在同步电源的负半周，电容 C_2 向 R_3 放电，当 $|U_c|<|U_k|$ 时(见图8-6中 U_k 与 U_c 曲线交点 M 以右)，VT_1 基极电位变负而开始导通，有触发脉冲使晶闸管导通。图中各点波形如图 8-6 所示。

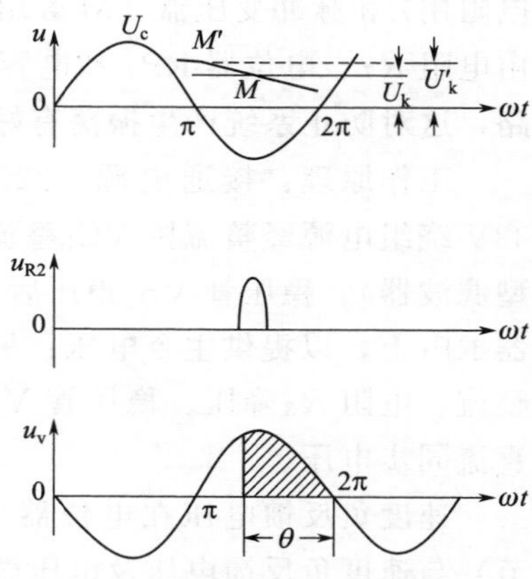

图 8-6　图 8-5 中各点波形

改变移相控制电压 U_k 的大小(调节 RP_3)，也就改变了晶闸管的导通角，从而使电动机转速相应改变。调节 RP_3 可改变速度负反馈电压的大小。

(3) JZT-1 型控制器

电路如图 8-7 所示。该电路与 ZLK-1 型电路的不同之处在于，触发电路采用由单结晶体管 VT_1、电容 C_2、三极管 VT_2(作可变

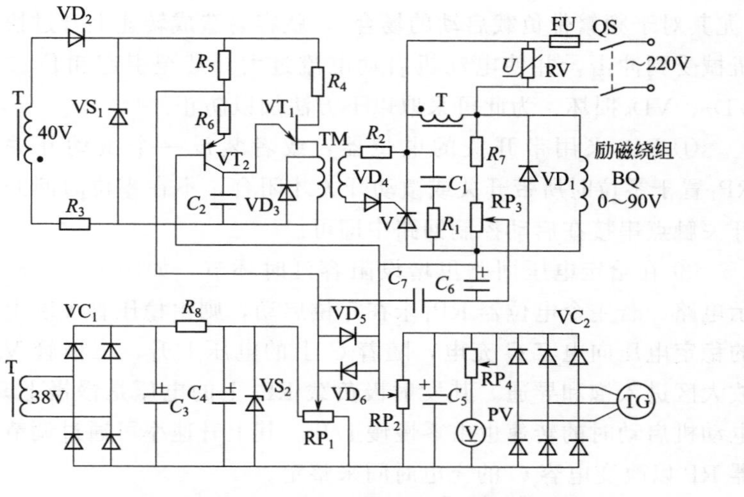

图 8-7　JZT-1 型电磁调速电动机控制器电路

电阻用）和脉冲变压器 TM 等组成的张弛振荡器。另外，又增加了由电阻 R_7、电位器 RP_3 和电容 C_7、C_6 组成的电压微分负反馈电路，这对防止系统产生振荡有好处。

工作原理：接通电源，220V 交流电经变压器 T 降压，一组 38V 绕组电源经整流桥 VC_1 整流、电阻 R_8 及电容 C_3、C_4 滤波（π型滤波器）、稳压管 VS_2 稳压后，将约 18V 直流电压加在主令电位器 RP_1 上，以提供主令电压；另一组 40V 电源经二极管 VD_2 半波整流、电阻 R_3 降压、稳压管 VS_1 削波后，给触发电路提供约 18V 直流同步电压。

速度负反馈电压在电位器 RP_2 上取得。给定电压（由 RP_1 调节）与速度负反馈电压及电压微分负反馈电压比较后，输入三极管放大器 VT_2 的基极，当 VT_2 基极偏压改变时，弛张振荡器的振荡频率随之改变，也就改变了晶闸管 V 的导通角，从而使励磁绕组中的电流得以改变，使电动机转速相应改变。采用电压微分负反馈电路的目的，是防止系统产生振荡。

(4) 超调冲动的消除方法

上述两种控制装置，当主令电位器 RP_1 未恢复到零位时启动（尤其对于频繁带负载启动的场合），就容易造成转速上升过快，使机械受到冲击，并使电动机启动电流过大，甚至引起钳位二极管 VD_7、VD_8 损坏。为此可采取以下方法加以防止。

① RP_1 采用带开关的电位器，或者装设一个微动开关，使 RP_1 置于零位时所带开关或微动开关才闭合，不在零位时断开。此开关触点串接在启动控制回路中即可。

② 在给定电压回路里增设阻容延时环节，如图 8-8 虚框内所示电路。若主令电位器 RP_1 未在零位启动，则由稳压管 VS_2 上提供的稳定电压向电容 C 充电，随着 C 上的电压上升，三极管 VT 由放大区进入饱和导通。其发射极负载 RP_1 上的电压是慢慢上升的，电动机启动时的转速也由零慢慢上升。其上升速率可通过调节电位器 RP 以改变电容 C 的充电时间来整定。

还可以采用更简单的方法，即在给定电压回路里将原来的滤波

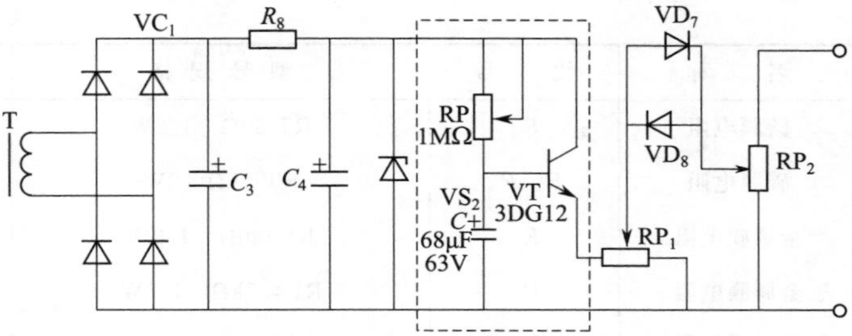

图 8-8　增设阻容延时环节

电容 C_3、C_4 的容量由 50μF 更换成 100μF 及以上（由实际调试而定），将滤波电阻 R_8（1kΩ）更换成 R'_8（由一个 500Ω 电阻与 1.5kΩ 电位器串联而成），调节 1.5kΩ 电位器即可改变延时时间（一般调到 1.5s 即可完全消除启动瞬时的超调冲动）。

(5) 电气元件参数

JZT-1 型电磁调速电动机控制器电气元件参数见表 8-8。

■ 表 8-8　JZT-1 型电磁调速电动机控制器电气元件参数

序号	名　　称	代　　号	型 号 规 格	数量
1	开关	QS	DZ12-60/2　10A	1
2	熔断器	FU	RL1-25/5A	1
3	变压器	T	50V·A　220/40V、38V	1
4	交流测速发电机	TG	滑差电机自带	1
5	压敏电阻	RV	MY31-470V　5kA	1
6	晶闸管	V	KP5A 600V	1
7	三极管	VT_2	3CG130 $\beta \geqslant 50$	1
8	单结晶体管	VT_1	BT33 $\eta \geqslant 0.6$	1
9	二极管	VD_1	ZP5A 600V	1
10	二极管 整流桥	$VD_2 \sim VD_6$ VC_1、VC_2	1N4004	15
11	稳压管	VS_1、VS_2	2CW113 $U_z = 16 \sim 19V$	2
12	金属膜电阻	R_1	RJ-100Ω　2W	1

续表

序号	名　　称	代　　号	型号规格	数量
13	碳膜电阻	R_2	RT-30Ω　1/2W	1
14	碳膜电阻	R_3、R_8	RT-1kΩ　2W	2
15	金属膜电阻	R_4	RJ-430Ω　1/2W	1
16	金属膜电阻	R_5	RJ-4.7kΩ　1/2W	1
17	金属膜电阻	R_6	RJ-510Ω　1/2W	1
18	金属膜电阻	R_7	RJ-10kΩ　2W	1
19	电容器	C_2	CBB22　0.22μF　63V	1
20	电容器	C_1	CBB22　0.1μF　500V	1
21	电解电容器	C_3、C_5	CD11 50μF 50V	2
22	电解电容器	C_4	CD11 50μF 25V	1
23	电解电容器	C_6	CD11 10μF 50V	1
24	电容器	C_7	CBB22 1μF 160V	1
25	电位器	RP_1	WH118　1.5kΩ　2W	1
26	电位器	RP_2	WH118 1kΩ 2W	1
27	电位器	RP_3	WH118 68kΩ 2W	1
28	电位器	RP_4	WX14-11 10kΩ　1W	1
29	脉冲变压器	TM	铁芯 $6\times10mm^2$，300∶300	1

(6) 调试

① 暂不接入离合器励磁绕组 BQ，而改接 100W、110V 的灯泡，把电位器 RP_2 滑臂调至最下端，这样暂不试验测速负反馈和电压微分负反馈电路，而先试验触发电路。

② 合上开关 QS，用万用表测量变压器两组次级电压，应分别为 40V 和 38V。再测量稳压管 VS_1、VS_2 的电压，应约有 18V 直流电压。

③ 用示波器观察稳压管 VS_1 两端的电压波形，应为间隔的梯形波。调节主令电位器 RP_1，用示波器观察电容 C_2 两端的脉冲波

形为锯齿波，调节 RP_1，锯齿波可由半个（或没有）至 6～8 个变化，这时灯泡应从熄灭至最亮变化。

如果电容 C_2 上有锯齿波而灯泡不亮，可用万用表测量 RP_1 滑臂与固定端电压，能否有 0～18V 直流电压。若有此变化范围，则故障很可能是同步变压器 40V 绕组或脉冲变压器 TM 绕组极性反了，调换两接线头即可。

④ 以上试验正常后，撤掉灯泡，接入滑差电机（包括励磁绕组），作正式调试。先将主令电位器 RP_1 调至零值，合上开关 QS，慢慢调节 RP_1 使主令电压升高，耦合器将逐渐升速，当转速达到电动机额定转速时，再将 RP_2 慢慢调小，转速也将逐渐减小，直至停转。

⑤ 速度反馈电位器 RP_2 的整定。耦合器转速一般不应超过电动机额定转速 5%。逐渐增大主令电压（调节 RP_1），同时观察耦合器转速，并适时调节负反馈量（调节 RP_2），使 RP_1 达到最大值时，耦合器转速符合规定要求。

⑥ 电压微分负反馈电位器 RP_3 的整定。如果在调试中（滑差电机空载及带额定负载时）发现有振荡现象（表现为耦合器转速不稳定、电动机定子电流不断摆动），可适当调节 RP_3，使其稳定下来，必要时需调整电容 C_6、C_7 的容量。

如果在调节 RP_1 时，耦合器不断升速，励磁电流不断增大，可能是测速负反馈错接成正反馈了，只要将 RP_3 的接线纠正即可。

需指出，实际线路中，为保证耦合器从零开始升速，主令电位器 RP_1 在耦合器启动时应在零位（即无主令电压），因此有一个与 RP_1 在机械上有联系的微动开关 S，此开关的触点与控制电路中的接触器（图中未画出）线圈串联一起，只有 S 闭合后接触器才能吸合并自锁，主触点闭合（代替图中的开关 QS），JZT-1 控制装置才能投入运行。

(7) 常见故障及处理

电磁调速电动机控制器的常见故障及处理方法见表 8-9。

■ 表 8-9　电磁调速电动机控制器的常见故障及处理方法

序号	故障现象	可能原因	处理方法
1	速度振荡，不能调速，噪声大	① 装配不良，内、外转子同心度不够 ② 转轴弯曲 ③ 电子调速控制系统故障	① 重新装配，使内、外转子的同心度配合好 ② 调整或更换转轴 ③ 检修、调整电子调速控制系统
2	内、外转子有扫膛现象	① 装配不良 ② 转轴强度不够	① 重新装配 ② 更换成强度较高的转轴，如用65号碳钢代替原有的45号碳钢，或在电动机轴端套上一根加粗的轴套，并相应更换轴承和凸缘
3	速度振荡，或在某一速度范围内振荡	① 速度负反馈量过大，即 RP_2 调得过大 ② 电子调速控制系统故障	① 适当调小速度负反馈量，即将 RP_2 调小 ② 检修、调整电子调速控制系统
4	速度时稳时不稳或摆动	① 测速发电机联轴器连接不良 ② 主令电位器 RP_1 或速度负反馈电位器 RP_2 接触不良 ③ 电路中有元件虚焊或接触不良现象 ④ 离合器励磁线圈两引出线接反，导致转速出现摆动	① 拆开联轴器修理 ② 检修或更换电位器 ③ 找出虚焊点或接触不良处，重新焊接或连接 ④ 将两引出线头对调后连接好
5	晶闸管失控（电动机调速失控）	① 同步电压相位错误 ② 触发器故障	① 改变同步变压器 TC 48V 绕组的极性，或脉冲变压器 TM 的极性 ② 检修或更换触发器
6	速度达不到最高转速（额定转速）	① 主令电位器 RP_1 有毛病 ② 速度负反馈量过大 ③ 续流二极管 VD_1 损坏、开路	① 检修或更换主令电位器 RP_1 ② 调小速度负反馈量，即将 RP_2 调大 ③ 更换续流二极管 VD_1
7	速度过高（主令电位器调到最大值时转速超过额定转速）	速度负反馈量过小，这时机械特性的硬度会降低	调大速度负反馈量，即将 RP_2 调小，使主令电位器 RP_1 调到最大值时，转速达到额定转速

续表

序号	故障现象	可能原因	处理方法
8	速度调不到零或调不低	① 放大器工作点不当，三极管 VT_2 的集电极电流过大 ② 空载运行 ③ 主令电位器 RP_1 故障	① 调整放大器工作点(增加放大器的偏置电阻 R_5) ② 调试时离合器必须加一定负载(大于10%额定负载)，否则转速调不低 ③ 更换主令电位器 RP_1
9	测速电压下降，表现为速度过高，调节 RP_2 不能将速度降下来	① 测速发电机转子磁环有故障，如破裂等 ② 整流桥 VC_1 中有二极管烧坏或断线 ③ 电容器 C_3 严重漏电	① 检出破裂处，并补焊好，严重破裂的则更换磁环 ② 检查整流桥，更换损坏的二极管，接好线路 ③ 更换电容器 C_3

8.2.3 多单元电磁调速电动机同步运行调速系统的调试

(1) 多单元电磁调速电动机同步运行调速系统电路

采用由松紧架联动平衡电桥中的瓷盘变阻器作多单元同步调节的调速控制系统如图 8-9 所示。其他如电磁式、光电式“松紧架”的调速控制原理与之类似。

图 8-9 中，BQ_2 为主令滑差电动机（即以它作为速度基准）的励磁绕组，BQ_1 和 BQ_3 分别为主令滑差电动机前面和后面的滑差电动机的励磁绕组。三台滑差电动机的励磁电流分别由三套相同的晶闸管触发电路来控制。触发电路采用单结晶体管张弛振荡器。同步电源分别取自同步变压器 T_1 的三组二次绕组 W_3（40V），经二极管 $1VD_4$（$2VD_4$、$3VD_4$）整流、电阻 $1R_7$（$2R_7$、$3R_7$）限流、稳压二极管 $1VS_3$（$2VS_3$、$3VS_3$）削波提供。

RP_2 为主令电位器，调节它可改变整个系统（即三台滑差电动机）的转速。TG_1～TG_3 为三台测速发电机，它们与各自的滑差电动机的电磁离合器轴连接。调节电位器 $1RP_1$（$2RP_1$、$3RP_1$）可

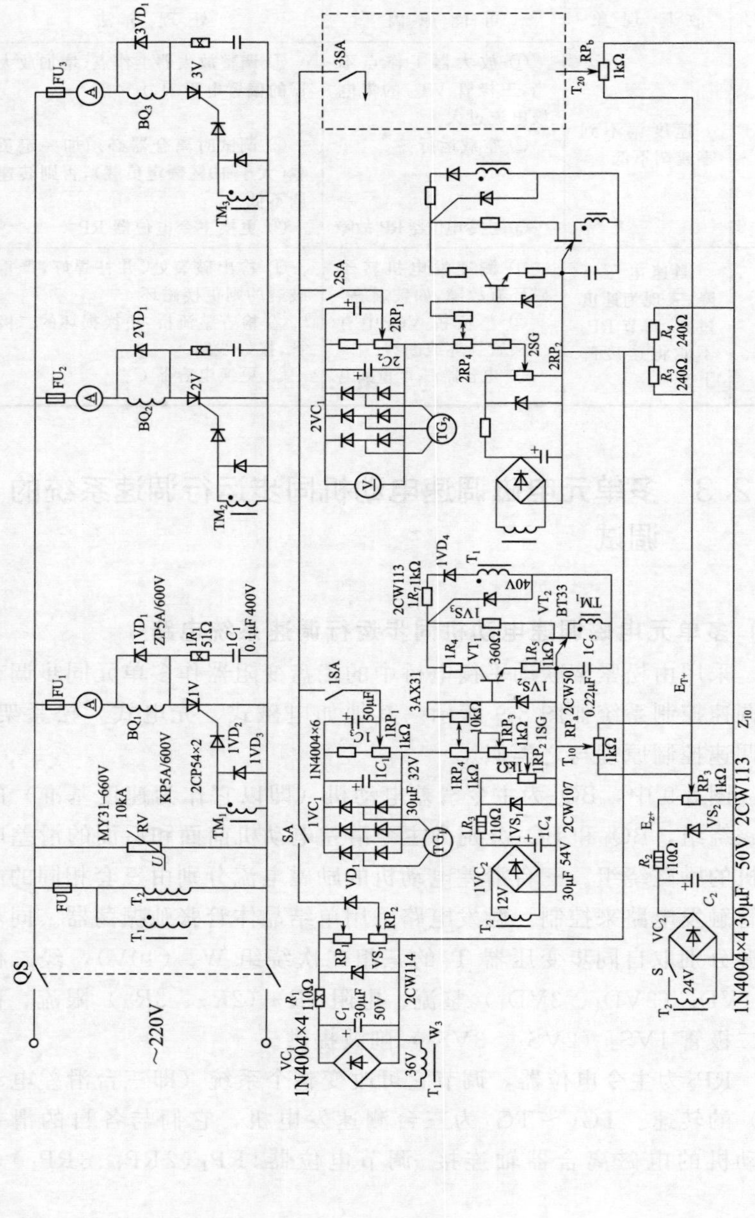

图 8-9 多单元电磁调速电动机同步运行调速系统电路

改变每台滑差电动机的测速负反馈电压的大小（可引起转速改变），$1RP_2$（$2RP_2$、$3RP_2$）为灵敏度电位器，调节它可改变张弛振荡器的振荡频率，从而可改变相应一只晶闸管（1V～3V）的导通角，即改变相应一台滑差电动机励磁绕组的电流，也即改变相应一台滑差电动机的转速。$1RP_4$（$2RP_4$、$3RP_4$）为微调电位器，调节它可微调张弛振荡器的振荡频率，也就是微调滑差电动机的转速。

由电位器 RP_3 上取出约 12V 固定的电压（一般不必调节）。RP_a 和 RP_b 为前面一台滑差电动机与主令滑差电动机之间和后面一台滑差电动机与主令滑差电动机之间的瓷盘变阻器，它们与各自的松紧架相连（通过链轮）。其作用是协调三台滑差电动机的转速，使它们同步运行。工作原理如下：当测速反馈电压达不到稳定车速时，松紧架吊辊开始上下位移，并联动瓷盘变阻器的滑动臂，破坏了电桥的平衡，使 Z_{10}、T_{10}（或 Z_{10}、T_{20}）间有电位差输到单结晶体管张弛电路中。如后一台的车速跟不上主令滑差电动机的车速，则松紧架吊辊便向下移动，瓷盘变阻器 RP_b 滑动臂向右偏动，使电桥输出一个电压 $U_{Z10-T20}$（即 Z_{10} 与 T_{20} 的电位差），该电压的方向与主令电压（$3RP_2$ 上取出）的方向相同，因此增加了输入后一台滑差电动机的触发电路（张弛振荡器）的信号，使后一台滑差电动机的车速提高，从而保证了前后车的自动同步。

(2) 系统的调试

下面介绍一种方便、快速的调试方法。

调试应在各继电器、接触器动作正常情况下进行。

① 初步检查有无机械设备故障；电磁调速电动机有无过热、冒烟现象；松紧架瓷盘电阻（图中 RP_a 和 RP_b）有无损坏，电阻丝是否被碳刷粉短路，滑臂是否越位；触发板、电源板的熔丝是否熔断等。

② 将第一单元轧车的压辊松脱，以便使第一单元电动机能自由转动。

③ 拔去控制柜上所有触发板、插入电源板。合上电源开关 QS 和控制开关，按下启动按钮（操作回路图未画出），用万用表测量板面测试孔 E_{z+}-Z_{10} 电压，正常时约为 +20V；E_{T+}-Z_{10} 电压正常时为 +9～+12V 范围内。该电压太小或太大，系统的同步性能将变坏。调整电位器 RP_3 可调整此电压。若无上述结果，则需更换或检修电源板。

④ 电源板正常后，将第一块触发板插入第一单元轧车的抽屉。主令电位器 RP_2 调至零值，合上选择轧车开关，加上控制电源及异步电动机电源。测量面板测孔 1SG-T_{10}，正常时电压为 0.4～0.7V（可调整面板上灵敏度电位器 $1RP_2$ 和微调电位器 $1RP_4$ 来达到）。注意，对于用在负载较大（电动机功率较大）的触发板，该电压宜调得稍大；用在负载较小的触发板，该电压宜调得稍小。但都不应使轧车转动。该电压主要由 $1RP_2$ 决定。然后逐渐增加 RP_2 阻值，看轧车能否启动均匀运转、升速。若不能启动，则暂将速度反馈量电位器 $1RP_1$ 调至 1/3 位置处，调节 RP_2 使其处于较小阻值（约 1/5 位置处），调整 $1RP_4$，使轧车刚好能启动。然后逐渐加大 RP_2 阻值，并调整 $1RP_1$，使 RP_2 调到最大值时，轧车达到额定转速。若电流有振荡（观察控制柜上的电流表），可适当减小速度反馈量，使振荡消失。

若无上述结果，则应着重检查：变压器 T_1 次级 36V 同步电源和 T_2 次级 12V 偏压电源；电位器 $1RP_2$、$1RP_4$、$1RP_1$，以及三极管 3AX31 等元件。为快速处理，可换上备用触发板再试。

如果轧车速度很快，且转速不可调，即使断开控制电源开关电动机仍在转动，则往往是滑差电动机的交、直流部分有机械接触，如电磁联轴器处有螺丝轧着、灰垢堵塞等。这点，对另外两单元电动机也要注意检查。

如果轧车速度很快，且不可调，但断开控制电源开关后能停止转动，则往往是速度反馈系统有毛病，应着重检查涉及速度反馈的电路和元件。

⑤ 拔去已调整好的触发板，分别插入另外两块触发板，用上述同样的方法将它们调试好。

⑥ 把第一单元轧车的轧辊压下，将调试好的三块触发板分别插入相应单元的抽屉，启动全机。当主令电位器 RP_2 逐渐调至某一值时，三单元的电动机应基本上能同时启动运转。若发现某一单元启动较迟，则可适当调整一下 $1RP_4$（$2RP_4$ 或 $3RP_4$）即可。若还不能纠正过来，可适当调整 $1RP_2$（$2RP_2$ 或 $3RP_2$），使测试孔 1SG-T_{10}（2SG-T_{10} 或 3SG-T_{10}）电压适当增大一点。但该电压一般不超过 0.7V。注意，不能在开机时调节 $1RP_2$（$2RP_2$ 或 $3RP_2$）。如果启动后某单元转速一下子就很快，则应着重检查该单元的测速发电机，以及至开关柜引线等是否有问题。

以上调试正常后，逐渐增大 RP_2 的阻值，调整各个速度反馈量电位器 $1RP_1$（$2RP_1$ 或 $3RP_1$），使满足低、中、高速时的同步要求。

如果调试中发现励磁电流有明显超过额定值、系统明显不同步，则应检查设备机械有无卡死等毛病。对于新改装或检修后的机台，还应检查松紧架瓷盘电阻的接线是否正确。若发现某单元无励磁电流，则应重点检查瓷盘电阻的碳刷及引线有无问题。

⑦ 将调整好的各电位器锁紧（电位器本身带锁扣），以免松动变值。

8.2.4 三相半控桥整流装置

KZS10 系列晶闸管半控桥式整流装置的系统方框图如图 8-10 所示；电气原理图如图 8-11～图 8-14 所示。

(1) 工作原理

各部分电路的工作原理及要求如下。

1) 给定器（见图 8-13）　给定器是调速系统的主令电器，它决定电动机的工作速度。给定器还应满足以下要求。

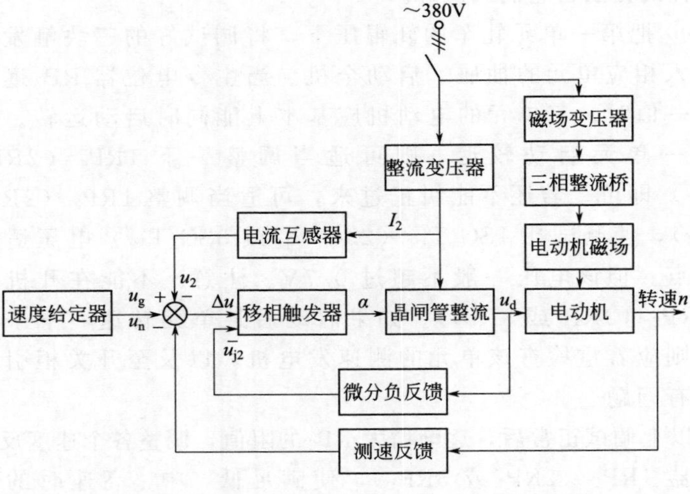

图 8-10 KZS10 系列晶闸管半控桥式整流装置系统方框图

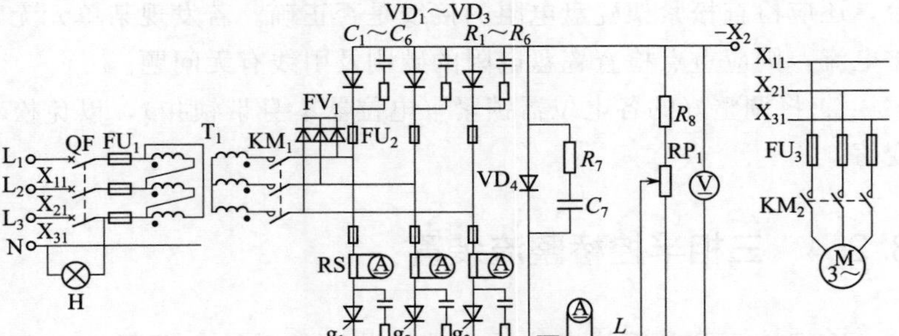

图 8-11 KZS10 系列晶闸管半控桥式整流装置主电路

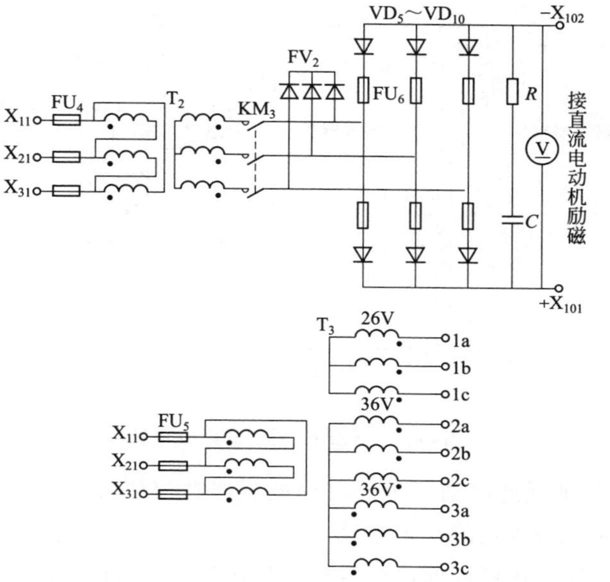

图 8-12　KZS10 系列的励磁回路及同步变压器

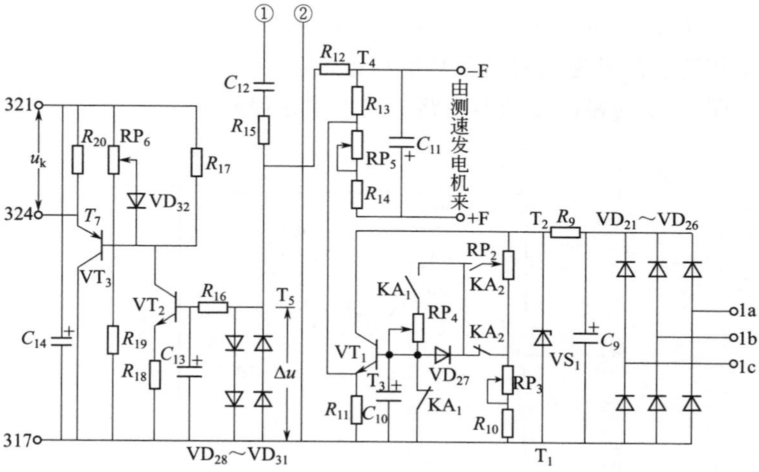

图 8-13　KZS10 系列的给定放大、反馈电路

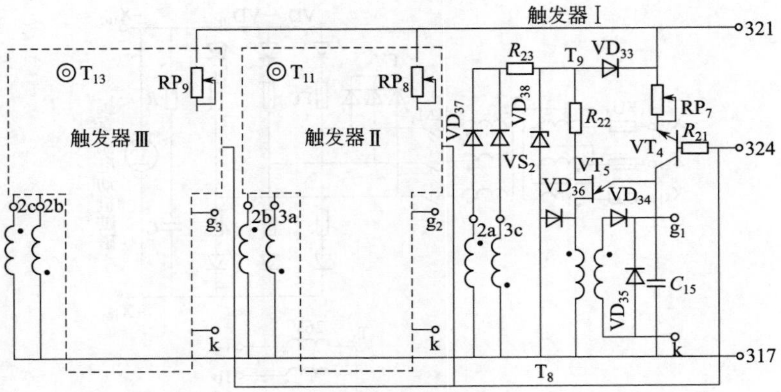

图 8-14　KZS10 系列的触发电路

① 保证低速启动。不论主令电位器在何位置，每次启动必须保证从系统所规定的最低速度（用于印染机械称为导布速）开始，在按“升速”按钮以前，机器只能在导布速下运行。这样既可避免机械和电气上的冲击，又可减少操作上的麻烦。KA_1 为导布速继电器，KA_2 为升速继电器。

② 保证平滑升速。电动机从静止到导布速，再从导布速到正常工作速度的升速过程必须平滑和稳定。

图 8-15 为慢速启动器电路。其工作原理如下。

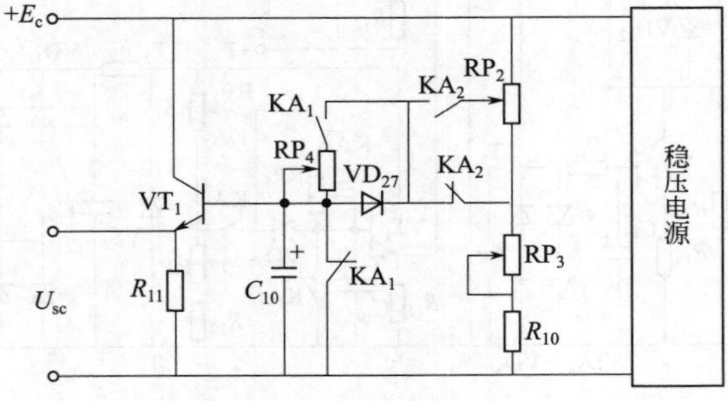

图 8-15　慢速启动器电路

从电位器 RP_2 取出的主令电压通过电位器 RP_4 对电容 C_{10} 充电，使三极管 VT_1 的信号电压逐步建立，因此 VT_1 发射极输出电阻 R_{11} 上的电压逐步升高，从而控制电动机的加速时间，充电时间常数可通过 RP_4 来调节。

导布速(设定的最低速)可以通过电位器 RP_3 来整定。即使 RP_2 不在导布速的位置，但通过升速继电器 KA_2 的作用，在启动时仍保证在导布速下启动，待升速按钮按下后，方能升到 RP_2 所预定的速度。

降速时，KA_2 失电释放，此时电容 C_{10} 通过二极管 VD_{27}、RP_3 和 R_{10} 放电，以达到快速降速的目的。如果借调节主令电位器 RP_2 来减速时，由于 C_{10} 的放电时间常数较大，因此反应比较缓慢，一般情况下应尽量利用“降速”按钮来实现快速降速。

按停机按钮时，由于主电源已切断，电容 C_{10} 上电压的存在实际上并不影响停机时间，但为了避免在连续开停时的误动作，因此在电容 C_{10} 两端并一个导布速继电器 KA_1 的常闭触点。当按停机按钮时，KA_1 失电释放，使 C_{10} 两端短路而迅速放电，三极管 VT_1 输入信号立即消失。

2) 放大器(见图 8-13)　放大器采用由三极管 VT_2 和 VT_3 组成的单边直流放大器，直流电源取自 U、V、W 三相脉冲触发器的同步电压。综合的输入信号电压 ΔU 经过由 R_{16} 和 C_{13} 组成的滤波和积分环节加到三极管 VT_2 的基极回路，经放大后，由 VT_3 射极跟随器输出一电压 U_k，作为移相电压来控制触发脉冲的相位。

二极管 $VD_{28} \sim VD_{31}$ 为限幅用，使 VT_2 不承受过大的正反向偏压；电位器 RP_6、电阻 R_{19} 和二极管 VD_{32} 组成一钳位器，用以限制 VT_3 射极的输出电压，调节 RP_6 可改变限幅值。

3) 触发电路(见图 8-14)　U、V、W 三相各有一套独立的移相脉冲触发电路，三相触发电路完全相同，由同步环节、移相环节和脉冲发生环节组成。下面以 U 相为例说明其工作原理。

同步环节由二极管 VD_{37}、VD_{38}、电阻 R_{23} 和稳压管 VS_2 组成，它的作用是为脉冲移相电路提供一个与晶闸管 V_1(见图 8-11)

的阳极电压同相位的电压波形。另外，为了扩大移相范围，采用了两相同步电源，得到底宽为240°的双顶波，再经稳压管VS_2削波后，得到一幅度稳定、底宽为240°的梯形波同步电压，它与主回路U相晶闸管的阳极电压始终保持同步，并保证180°的移相范围，当主回路为电压负半周时，由于VD_{37}、VD_{38}反向截止，因而不出现梯形波。

移相环节由电阻R_{21}、电位器RP_7、电容C_{15}和三极管VT_4组成。脉冲发生环节由电阻R_{22}、二极管VD_{34}、VD_{35}、单结晶体管VT_5和脉冲变压器TM_1组成。它们的工作原理已在前面作了介绍。同步电压波形及输出脉冲如图8-16所示。

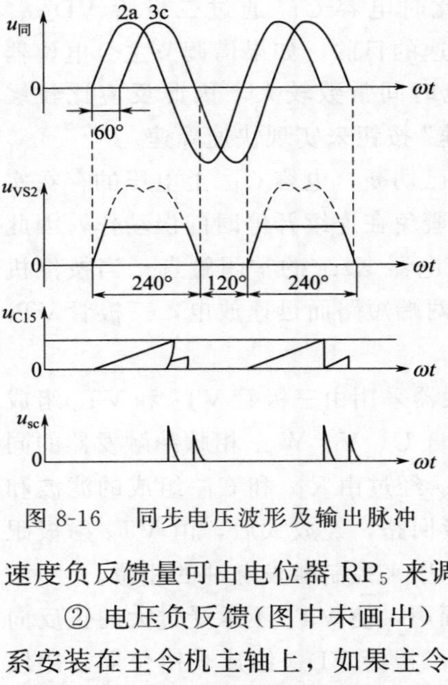

图8-16　同步电压波形及输出脉冲

4）反馈系统（见图8-13）包括以下三个环节。

① 速度负反馈　由与主传动电机同轴的测速发电机输出电压（此电压与转速成正比），经电容C_{11}滤波后从R_{13}上取出其中一部分作为反馈电压。有了速度负反馈，可以自动使电动机的转速保持基本恒定。速度负反馈量可由电位器RP_5来调节。

② 电压负反馈(图中未画出）对于多单元传动系统，测速机系安装在主令机主轴上，如果主令机不运行，则速度负反馈便不存在，这会使调速系统无法正常工作，但在工艺操作上往往需要单独开其他单元机，而不开主令机，因此需增加电压负反馈电路，并能与速度负反馈互相切换。当不开主令机时，便自动切换到电压负反馈方式。电压负反馈信号由接在装置输出端$-X_2$和$+X_1$上的电位器上取出，然后加到R_{13}上。

③ 电压微分负反馈　为了提高系统的动态稳定性，引入电压

微分负反馈环节。它由电阻 R_8、R_{15}、电位器 RP_1 和电容 C_{12} 组成。当电枢电压突变时，由 RP_1 上取出的反馈电压也骤变，因而对 C_{12} 充电，充电电流反向流经放大器的输入端，压低了输出电压的变化率，即对电枢电压的突变起抑制作用；当电枢电压稳定时，由 C_{12} 的隔直作用，所以 RC 微分负反馈不起作用。

(2) 电气元件参数

给定放大电路电气元件参数见表 8-10；触发电路电气元件参数见表 8-11。

■ **表 8-10　给定放大电路电气元件参数**

代　　号	名　　称	型号规格	代　　号	名　　称	型号规格
VT_1	三极管	3DG8D	R_{16}、R_{19}	电阻	1kΩ 1/2W
VT_2	三极管	3DG12B	R_{18}	电阻	51Ω 1/2W
VT_3	三极管	3CG3E	RP_2、RP_3	电位器	1kΩ 1W
VS_1	稳压管	2CW148	RP_4	电位器	51kΩ 3W
VD_{11}～VD_{27}	二极管	2CP14	RP_5	电位器	27kΩ 3W
R_9	电阻	1.2kΩ 2W	RP_6	电位器	510Ω 3W
R_{10}	电阻	300Ω 2W	C_9	电解电容器	100μF 150V
R_{11}、R_{17}	电阻	3.6kΩ 1/2W	C_{10}	电解电容器	200μF 100V
R_{13}	电阻	3kΩ 2W	C_{11}	电解电容器	50μF 300V
R_{14}	电阻	5.6kΩ 2W	C_{13}	电解电容器	100μF 25V
R_{12}、R_{20}	电阻	1.5kΩ 1/2W	C_{14}	电解电容器	100μF 50V
R_{15}	电阻	5.6kΩ 1/2W			

■ **表 8-11　触发电路电气元件参数**

代　　号	名　　称	型号规格	代　　号	名　　称	型号规格
VT_4	三极管	3CG3E	R_{22}	电阻	390Ω 1/2W
VT_5	单结晶体管	BT33D	R_{23}	电阻	1kΩ 2W
VS_2	稳压管	2CW115	RP_7	电位器	2.2kΩ 3W
VD_{33}～VD_{38}	二极管	2CP14	C_{15}～C_{17}	电容器	0.22μF 160V
R_{21}	电阻	3kΩ 1/2W	TM_1	脉冲变压器	MB-1

(3) 系统的调试

晶闸管整流装置在出厂前均已调试好，但由于装置经过运输或存放日久，元件参数和性能可能受到一些影响，因此为了可靠起见，在投入使用前应按下述方法进行复查。

① 电源相序检查。见本章 8.1.2 项。

② 主电路与触发电路的同步检查。先检查三相梯形同步电压的相位关系。用示波器依次观察测试孔 T_8 与 T_9、T_8 与 T_{11}、T_8 与 T_{13} 的电压波形及其相位。它们均为底宽 240°的梯形波，但依次相差 120°，如图 8-17 所示（用单踪示波器观察时，应将示波器整步选择开关置于电源同步位置）。

再检查晶闸管主电路与触发电路的同步电压的相位关系。将快速熔断器 FU_2 旋松，使晶闸管开断。以 U 相为例，主电路 U 相的电压波形 u_{Uo} 与同步电压的梯形波 u_{VS2} 应如图 8-18（a）、（b）所示，如果梯形同步电压的相位如图 8-18（c）或（d）所示，则说明主电路与触发电路不同步。这时应测试该相的同步电压梯形波与另外两相主电路电压的相位关系，找到符合图 8-18（a）、（b）的相位关系后可调换连接线，依次用同样的方法检查其他两相。

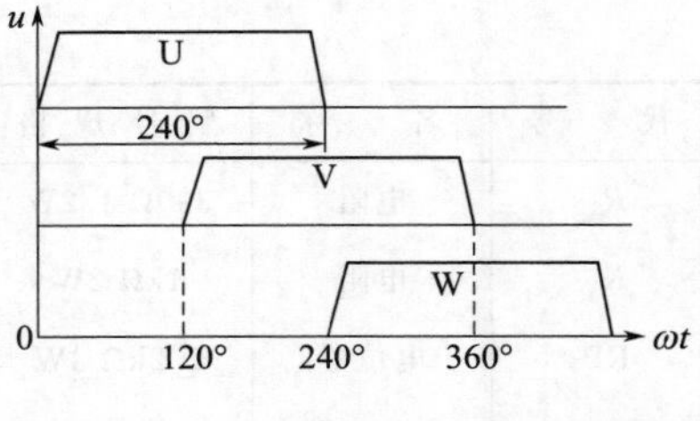

图 8-17　三相梯形同步电压的相位关系

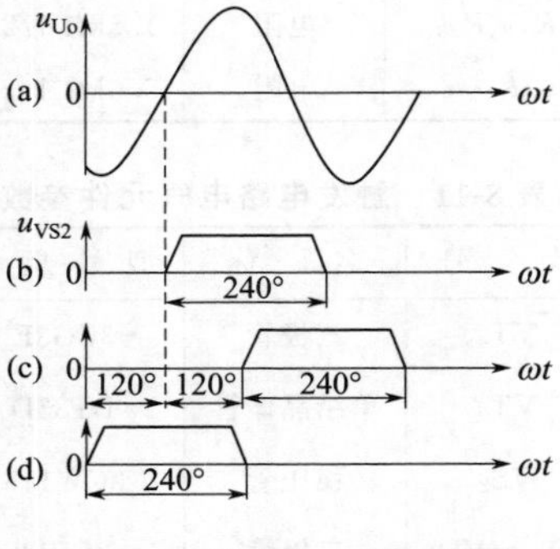

图 8-18　检查主电路与触发电路的同步关系

③ 三相脉冲对称的调整。三相脉冲不对称将使三相晶闸管的开放不对称，输出电压波形将参差不齐。此时可反复调节电位器 RP_7～RP_9（输出电压调节），便可使三相脉冲基本对称。

④ 速度负反馈的调节。速度负反馈应根据以下三条原则来调整。

a. 保证达到额定转速。

b. 保证一定的调速精度。

c. 保证系统的稳定运行。

速度反馈的调节必须在现场进行，具体方法如下。

先将 RP_5 调至中间位置，启动电动机，逐渐增大主令信号（调节 RP_2），同时观察输出电压，并适时调节负反馈量（调节 RP_5），使 RP_2 达到极限时，输出电压达到 230V。

在调节速度反馈时，若出现不稳定。可与电压微分负反馈配合调节。如果生产机械对精度无特殊要求，则不必将速度负反馈调节过大，以保证稳定运行。

⑤ 导布速整定。导布速应根据传动系统所容许的最低车速来调整。即通过调节电位器 RP_3 来达到。

⑥ 电压微分负反馈的整定。当反馈增大而出现不稳定时，可以通过调节 RP_1 来改善。调整时可在电动机两端并联一灯泡来显示系统振荡情况。缓慢地来回调节 RP_1，同时观察灯泡和电压表，使灯光闪动最微弱，且在各种转速下均能稳定运行为止。若调节 RP_1 到极限仍不能消除振荡现象，则可将速度负反馈略为减弱。

⑦ 升速时间的整定。升速时间可根据使用要求调节 RP_4 来改变。

(4) 参数整定值一览表（见表 8-12 和表 8-13）

表 8-12　各部电压参考值

测试孔	测量内容	数据/V	备注
T_1-T_2	主令电源电压 u_{VS1}	34	万用表测量
T_9 T_8-T_{11} T_{13}	梯形波电压 u_{VS2}（触发器Ⅰ），u_{VS3}（触发器Ⅱ），u_{VS4}（触发器Ⅲ）	13 （万用表测量）	用示波器观察，其峰值为 19.5V

续表

测试孔	测量内容	数据/V	备注
T_6-T_8	放大器电源电压 u_{C14}	18	
T_1-T_3	主令电压 u_{R11}	全速时<30	万用表测量
T_3-T_4	测速负反馈电压 u_n	全速时<28	
T_1-T_5	放大器输入电压 u	全速时<1	
T_6-T_7	放大器输出电压 u_K	全速时<2	
g_1 g_2-K g_3	脉冲幅值	4～8	示波器测量

■ **表 8-13　电位器整定值**

电位器	作用	整定值	备注
RP_5	测速负反馈调节	3.9kΩ	
RP_4	升速时间调节	28kΩ	
RP_6	钳位电压调节	124Ω/560Ω	全阻值为 560Ω
RP_1	微分负反馈调节	9.5kΩ/10kΩ	全阻值为 10kΩ
RP_3	导布速调节	168Ω	相当于导布电压 22V
RP_7、RP_8、RP_9	输出电压调节	1.2～1.35kΩ	根据三相平衡调节

8.2.5　三相全控桥整流装置

CYD 系列晶闸管全控桥式整流装置的系统方框图如图 8-19 所示；电气原理图如图 8-20～图 8-22 所示。

KGS_F^A -10 型晶闸管全控桥式整流装置电路与 CYD 系列基本相同。

(1) 工作原理

各部分电路的工作原理及要求如下。

① 速度给定环节（见图 8-22）　图 8-22 中 KA_2 为升速继电器，KA_1 为导布速继电器。当 KA_2 动作，常闭触点 KA_2 断开，常开触点 KA_2 闭合，调节主令电位器 $7RP_1$，即可得到各种不同的速度。速度给定的最大值为稳压管 $7VS_1$ 的稳压值。

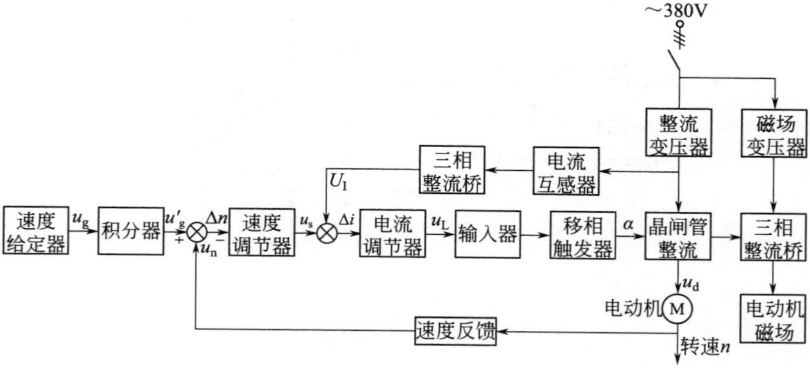

图 8-19　CYD 系列晶闸管全控桥式整流装置系统方框图

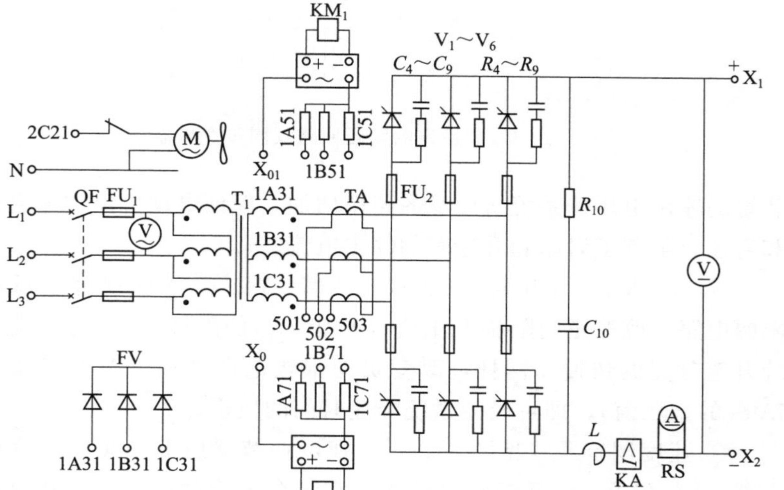

图 8-20　CYD 系列晶闸管全控桥式整流装置主电路

② 慢速信号环节（见图 8-22）　慢速信号环节由比例放大器、积分放大器组成。这一环节是将突变的速度给定信号变成随时间而线性变化的缓变信号加至速度调节器的输入端，从而使晶闸管整流

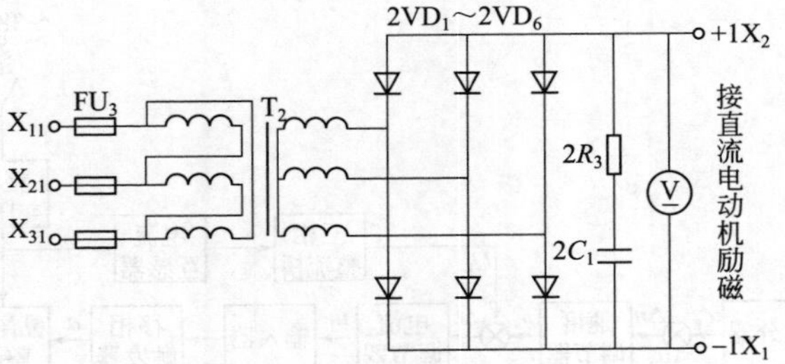

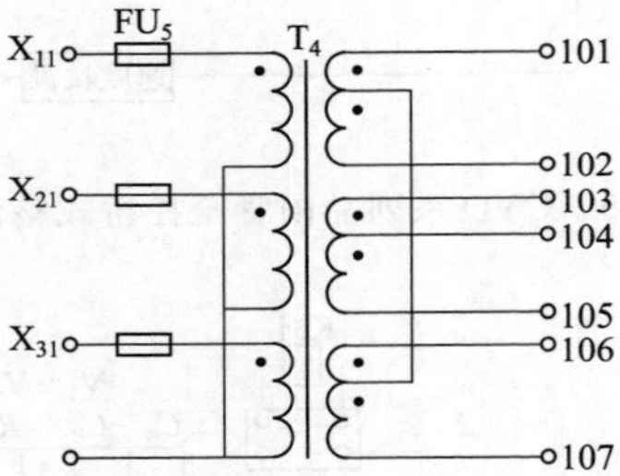

图 8-21　CYD 系列的励磁回路及同步变压器

装置的输出电压按系统所要求的速率增加，保证电动机恒加速启动和升速，限制了启动和升速时的冲击电流。

$7R_9$、$7R_{10}$、稳压管 $7VS_2$ 和二极管 $7VD_3$、$7VD_4$ 为正、反向限幅电路。改变正向限幅电压值（改变 $7R_9$ 的阻值），即可改变系统升速时间的快慢。同样，改变负向限幅电压的值（改变稳压管 $7VS_2$ 的稳压值），即可改变系统降速时间的快慢。

③ 速度调节器（见图 8-23）　速度调节器由 FC52C（运算放大器 6A）和 R、C 反馈网络组成。它综合了速度给定信号和速度负反馈信号进行 PI 运算。其作用是使系统获得较高的调速精度和良好的动态特性，使电动机的转速尽可能迅速而准确地跟随速度给定值，不受或少受外界干扰，速度调节器电路如图 8-23 所示。其工作原理如下。

速度调节器可以有多个输入端，以便将速度给定信号、速度反馈信号以及对速度有特殊要求的给定或反馈信号进行综合。在双闭

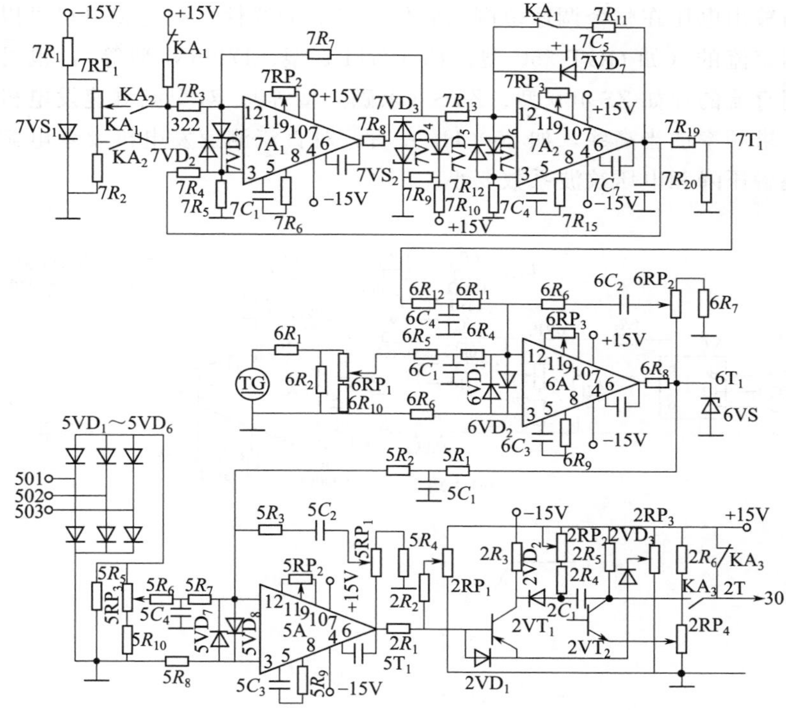

图 8-22　CYD 系列的调节器电路

环系统中，它的输出作为电流调节器的电流给定信号。通常速度调节器采用倒相输入，即其输出与输入反相。其输出特性如图 8-23（b）所示。

图 8-23 中，开关二极管 $6VD_1$、$6VD_2$ 为调节器输入端的限幅保护；稳压管 6VS 为调节器输出限幅，即为电流调节器的最大电流给定值；电阻 $6R_{11}$、$6R_{12}$、电容 $6C_4$ 和 $6R_4$、$6R_5$、$6C_1$ 分别为速度给定信号和速度反馈信号的滤波环节，以滤去干扰信号和高次谐波；$6R_9$、$6C_3$ 是运放 6A 的外接校正网络，以消除自激振荡；$6RP_3$ 为外接调零电位器；$6RP_2$ 为调节器的反馈电位器，用以改变调节器的分压系数 α；TG 为测速发电机，要求线性度好，即转速

与输出电压在整个调速范围内要保持良好的线性。测速发电机可以用交流的（如 GGT-250 型、130CG11-5 型、DT-5M 型等），也可用直流的［如 ZS-400 型、ZYS（永磁）型等］。对交流测速发电机要求频率适当高些，如 1000Hz 左右；对直流测速发电机要求电刷接触压降和电压纹波系数要小。

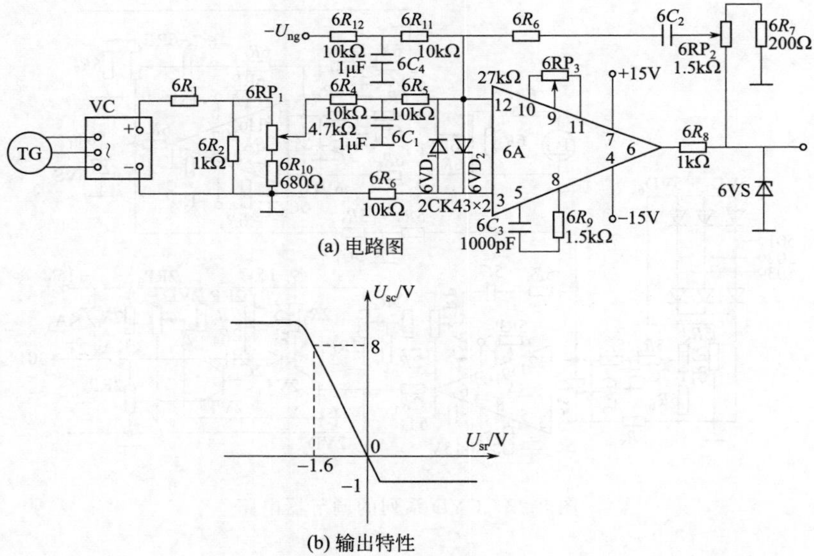

图 8-23　速度调节器电路

调节速度反馈电位器 $6RP_1$，可以改变速度反馈量。

④ 电流调节器（见图 8-24）　电流调节器由 FC52（运算放大器 5A）和 R、C 反馈网络组成。它综合了电流给定信号和电流反馈信号并进行 PI 运算。其作用是使电流小闭环获得最佳化，使系统具有良好的限流特性，减少系统的冲击电流。另外，电流小闭环的快速性可以抑制电网电压的突变而引起的速度波动。

电流反馈的检测环节由交流电流互感器 TA 和三相整流桥 $5VD_1$～$5VD_6$ 组成。

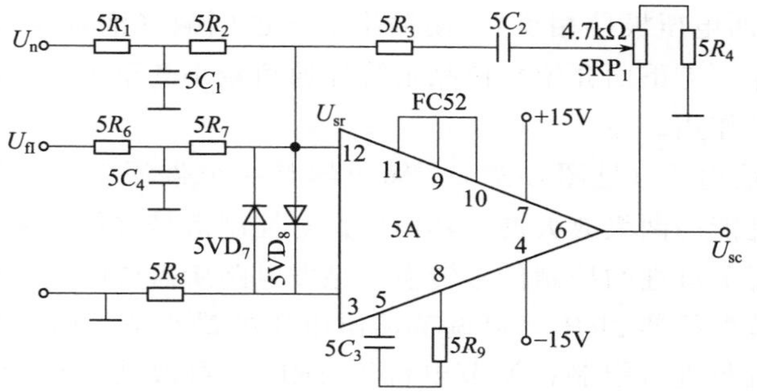

(a) 电路图

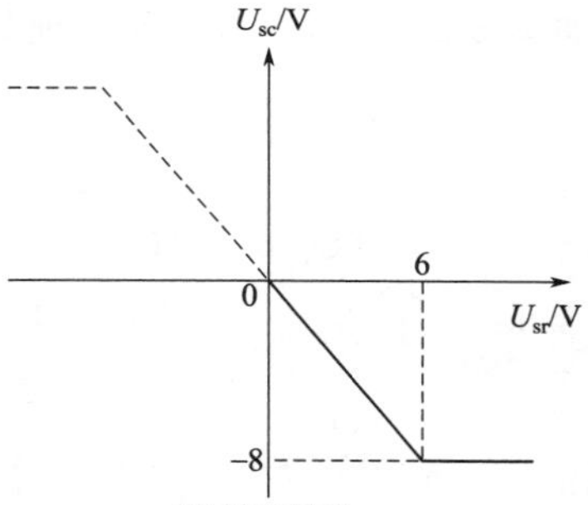

(b) 输出特性

图 8-24　电流调节器电路

电流调节器电路如图 8-24 所示。其工作原理如下。

电流调节器由高增益运放 5A 和比例-积分环节（$5R_3$、$5C_2$）组成的 PI 调节器。它有多个输入端，以便将电流给定信号、电流反馈信号，以及其他信号进行综合。一般也采用倒相输入。其输出特性如图 8-24（b）所示。它的输出作为输出器的给定信号。

电流反馈信号从接在主电路中的电流互感器上取出，经整流变为直流，并可通过调节电位器改变电流反馈信号的大小。电流互感器次级的输出通常采用 50mA 或 100mA。

电流反馈还能起电流截止保护作用。当系统负载过大或短路时，经电流互感器取出的电流反馈信号剧增，该电压与给定电压（即速度调节器输出电压）叠加后输入到电流调节器的电压剧减

(因以上两电压极性相反)，使输出电压也剧减（绝对值），从而通过输出器（见下面介绍）使晶闸管导通角减小甚至关断，起过载和短路保护作用。

⑤ 输出器（见图 8-25） 输出器是一个带深反馈正偏移和具有限幅性能的两级放大器。其作用是对控制信号进行功率放大和限幅，并将负极性的控制信号转换为触发电路所需要的正极性控制信号。调节电位器 $2RP_4$，可调节输出电压的最小值，即对整流回路最小整流角进行限制；调节电位器 $2RP_2$，可改变三极管 $2VT_2$ 的工作点。

输出器电路如图 8-25 所示。其工作原理如下。

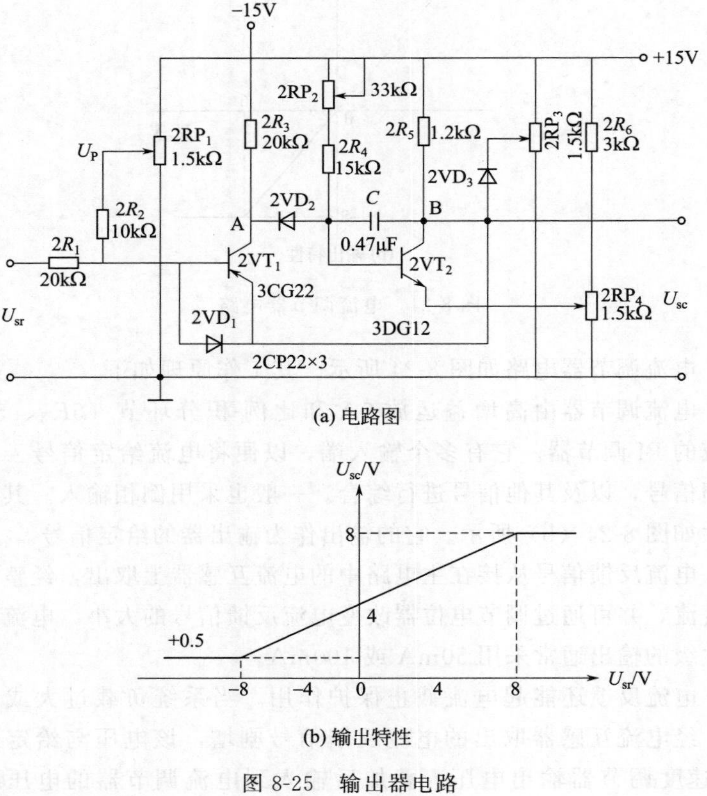

(a) 电路图

(b) 输出特性

图 8-25 输出器电路

当偏移电压$U_P=0$时，三极管$2VT_1$经电阻$2R_2$获得基极偏压而饱和导通，A点为高电位；同时通过电位器$2RP_2$和电阻$2R_4$供给三极管$2VT_2$适当偏流，使其也处于饱和导通状态，则B点为低电位，这时输出电压U_{sc}最小。调节偏移电位器$2RP_1$，可使U_P升高，U_P升高时，$2VT_1$基极偏压减小，管压降增大，A点电位将降低，从而使$2VT_2$基极电流减小，管压降增大，B点电位升高，即U_{sc}升高。因此当输入电压U_{sr}(由电流调节器输出)的极性和U_P一致为正时，将使U_{sc}升高；U_{sr}的极性和U_P相反为负时，U_{sc}降低。

当突加输入信号时，输出可按一定的斜率变化。它是由电容C来实现的。调节电位器$2RP_2$，可使U_{sc}上升和下降的时间比例不一样。

输出器的输出电压可按下式计算：

$$U_{sc}=\frac{2R_1}{2R_1+2R_2}(U_P+U_{sr})$$

调节电位器$2RP_4$，可以调节输出电压的最小值，即限制最大整流输出电压，也就是限制晶闸管的最小控制角α_{min}；调节电位器$2RP_3$，可限制最大逆变输出电压，即限制最小逆变角β_{min}；调节电位器$2RP_2$，可改变三极管$2VT_2$的工作点。

⑥ 触发电路（见图8-26） 触发器由同步信号阻容移相、锯齿波发生器、脉冲发生器、脉冲放大器等几部分组成。同步信号由105、D06两端子引入，经过$1R_1$、$1C_1$阻容移相，通过衰减电阻$1R_2$与由D03端子引入的滞后于它60°的另一同步信号(即由－W极相触发器中经过相同阻容移相后的同步信号）相叠加，用此叠加后的同步信号去控制三极管$1VT_1$的导通与截止，产生锯齿波。当合成信号电压在$\omega t_0\sim\omega t_1$时刻时(见图8-27)，由于$1VT_1$的基极电压低于发射极电位，有基极电流流过，故$1VT_1$导通，若忽略其管压降，电容$1C_2$两端电压为零。正的控制信号u_y由D06、D08两端子引入。$1VT_1$的集电极电位就等于正的控制信号u_y的值，则三极管$1VT_3$截止，$1C_3$由－15V电源经二极管

1VD5、电阻 1R7 充电。

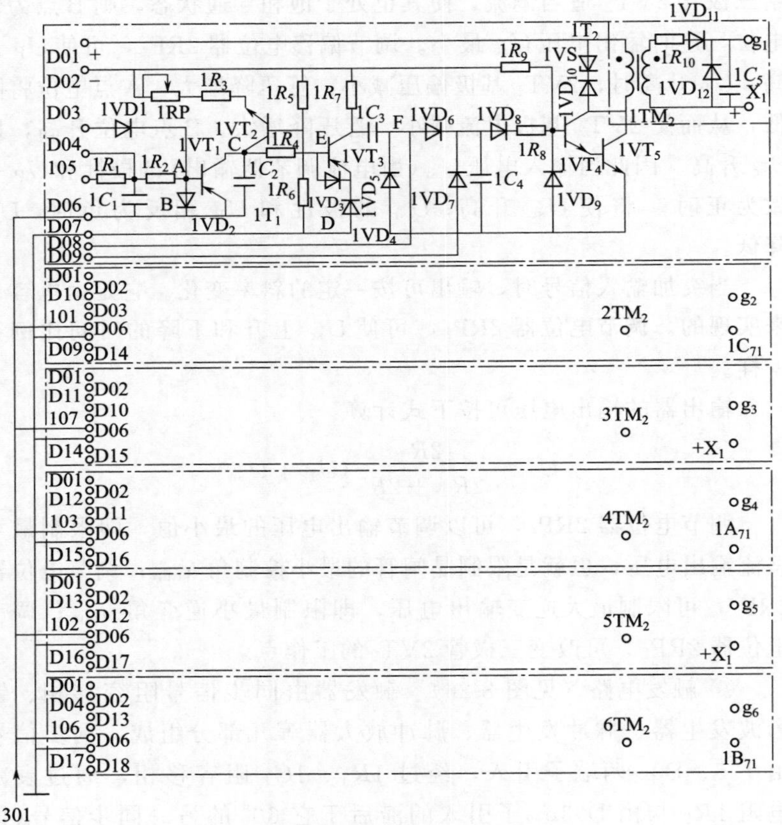

图 8-26 触发电路

当合成信号电压在 $\omega t_1 \sim \omega t_2$ 时刻内，$1VT_1$ 的基极电位高于发射极电位，故 $1VT_1$ 截止，这时电容 $1C_2$ 便由 −15V 电源通过控制信号源经由电阻 $1R_2$、$1R_5$、$1R_6$、电位器 1RP 及三极管 $1VT_2$ 所组成的恒流电路中的 $1VT_2$、$1R_5$、1RP 进行充电，则 $1VT_1$ 的集电极电位将按一定的斜率由零向负电位下降，形成了锯齿波同步信号。

当电容 $1C_2$ 充电到等于或稍超过控制信号电压 u_y 时，锯齿波与控制信号在 $1VT_1$ 集电极处的合成电位便为零或稍负，因此 $1VT_3$ 立即导通，原来在 $1VT_3$ 截止时被充了电的 $1C_3$ 便通过二极管 $1VD_6$、$1VD_8$、电阻 $1R_8$、三极管 $1VT_4$、$1VT_5$ 的 be 结及二极管 $1VD_4$ 三极管 $1VT_3$ 进行瞬时放电，从而造成 $1VT_4$、$1VT_5$ 导通，脉冲变压器的初级流过电流进行励磁，同时次级即输出触发脉冲。

与此同时，电容 $1C_3$ 还通过 D_{09} 端子到前一块触发器经过前一块触发器的二极管 $1VD_7$、$1VD_8$、电阻 $1R_8$ 及三极管 $1VT_4$、$1VT_5$ 的 be结进行放电。借助于这一放电过程，使前一块触发器也同时输出一触发脉冲。由此可见，双脉冲触发器的第一个脉冲是本块触发器的同步信号和控制信号所产生，而滞后它 60° 的第二个脉冲是借助于后一块触发器的电容 $1C_3$ 的放电过程迫使 $1VT_4$、$1VT_5$ 管子再次导通而形成的。

在脉冲形成环节中，三极管 $1VT_3$ 只有当 $1VT_1$ 的集电极电位为负电位时，也就是只有当 $1C_2$ 充电到等于或稍超过控制信号电压时才导通，与此同时，触发器输出触发脉冲。因为 $1C_2$ 是恒定斜率由零向负电位充电，所以输出脉冲的相位仅取决于控制信号的大小。这样改变控制信号的大小就能改变输出脉冲的相位，从而实现了脉冲的相位控制。

触发电路中同步信号电压通过 R、C 移相，可以消除高频干扰的影响。采用了两个相差 60° 的同步电源合成来控制三极管 $1VT_1$ 的导通与截止，扩大了脉冲的移相范围。

触发器的各点波形如图 8-27 所示。

该触发器在带 20Ω 电阻负载时，强触发尖脉冲幅值大于 4V，脉冲平台幅值大于 2V，脉冲宽度大于 15°；脉冲移相范围大于 180°。

(2) 电气元件参数

调节器电气元件参数见表 8-14；触发电路电气元件参数见表 8-15。

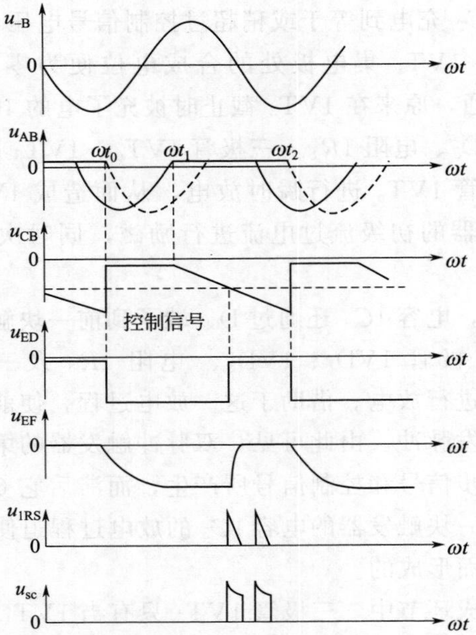

图 8-27　触发电路的各点波形

■ **表 8-14　调节器电气元件参数**

代　号	名　称	型号规格	代　号	名　称	型号规格
5A、6A $7A_1$、$7A_2$	运算放大器	FC52C	$5VD_1$～$5VD_6$	二极管	2CP25
$2VT_1$	三极管	3CG22	$2R_5$	电阻	1.2kΩ 1/2W
$2VT_2$	三极管	3DG12B	$2R_6$	电阻	3kΩ 1/2W
$7VS_1$	稳压管	2DW232	$5R_3$、$2R_4$	电阻	15kΩ 1/2W
$7VS_2$	稳压管	2CW7D	$5R_6$	电阻	300Ω 2W
6VS	稳压管	2CW56	$5R_{10}$	电阻	680Ω 2W
$5VD_7$、$5VD_8$、 $6VD_1$	开关二极管	2CK43A	$6R_1$	电阻	4.7kΩ 1/2W
$7VD_1$～$7VD_6$ $2VD_1$、$2VD_3$、 $2VD_5$、$7VD_7$	二极管	2CP22	$6R_2$	电阻	1kΩ 2W

续表

代　号	名　称	型号规格	代　号	名　称	型号规格
$5R_4$、$6R_7$	电阻	200Ω 1/2W	$2RP_1$、$2RP_3$	实芯电位器	1.5kΩ 1/2W
$6R_{10}$	电阻	680Ω 1/2W	$2RP_4$、$5RP_1$		
$5R_1$、$5R_2$、$5R_6$	电阻	10kΩ 1/2W	$5RP_3$、$6RP_1$	微调电位器	ϕ12.7 4.7kΩ
$5R_7$、$5R_8$、$6R_3$、$6R_4$	电阻	10kΩ 1/2W	$5RP_2$、$6RP_3$	实芯电位器	33kΩ 1/2W
$6R_6$、$6R_{11}$、$6R_{12}$、$6R_8$、$7R_{19}$	电阻	1kΩ 1/2W	$7RP_2$、$7RP_3$		
$7R_1$	电阻	510Ω 2W	$6RP_2$	实芯电位器	15kΩ 1/2W
$7R_2$	电阻	360Ω 1W	$7RP_1$	电位器	10kΩ 5W
$2R_1$～$2R_3$、$7R_3$、$7R_4$	电阻	20kΩ 1/2W	$5C_5$、$7C_1$、$7C_4$	电容器	4700pF 40V
$7R_5$	电阻	620kΩ 1/2W	$5C_3$、$6C_3$	电容器	1000pF 40V
$5R_9$、$6R_9$、$7R_6$、$7R_{15}$	电阻	100Ω 1/2W	$3C_4$、$4C_1$、$5C_2$、$6C_1$	电容器	1μF 63V
$7R_8$、$7R_{20}$	电阻	5.1kΩ 1/2W	$5C_4$	电容器	0.22μF 63V
$7R_9$	电阻	330Ω 1/2W	$6C_5$	电解电容器	10μF 25V
$7R_{10}$	电阻	36kΩ 1/2W			
$7R_{13}$、$7R_{14}$	电阻	130kΩ 1/2W	$7C_5$	电解电容器	16μF 100V
$7R_{17}$	电阻	2kΩ 1/2W			
$7R_{18}$	电阻	62kΩ 1/2W			

■ **表 8-15　触发电路电气元件参数**

代　号	名　称	型号规格	代　号	名　称	型号规格
$1VT_1$、$1VT_3$	三极管	3CG22	$1R_6$	电阻	33kΩ 1/2W
$1VT_2$	三极管	3DG12B	$1R_7$	电阻	12kΩ 1/2W
$1VT_4$、$1VT_5$	三极管	3DG27B	$1R_8$	电阻	1. 5kΩ 1/2W
1VS	稳压管	2CW102	$1R_9$	电阻	27kΩ 1/2W
$1VD_1$ ～ $1VD_{12}$	二极管	2CP22	$1R_{10}$	电阻	30Ω 1/2W
$1R_1$	电阻	5. 1kΩ 1/2W	1RP	实芯电位器	15kΩ 1/2W
$1R_2$、$1R_3$	电阻	10kΩ 1/2W	$1C_2$、$1C_3$	电容器	0. 47μF 160V
$1R_4$	电阻	220Ω 1/2W	$1C_4$	电容器	0. 01μF 160V
$1R_5$	电阻	20kΩ 1/2W	$1C_5$	电容器	0. 22μF 160V

(3) 系统的调试

① 先检查电源相序，检查方法见本章 8.1.2（5）项。

② 暂不接电动机，在整流装置输出端（$+X_1$、$-X_2$）接上电阻负载（负载电流应大于整流装置额定输出电流的10%），然后启动装置，用示波器观察直流输出波形。

③ 在判别测速负反馈电压极性无误的前提下，将电动机接入装置，暂作空载运行（这时为了避免电源柜负载过轻，电阻负载可暂不去掉），合上电源开关，按启动和升速按钮，调节升速电位器 $7RP_1$，要求输出电压能平滑调节，波形平衡，否则调节平衡电位器 $1RP_1$。

④ 拆除电阻负载，将各电机全部加上，合上电源开关，按启动和升速按钮，如调节 $7RP_1$ 至极限值，仍不能达到额定速度时，可调节 $6RP_1$，适当减小测速反馈量，使之达到额定速度，进一步观察输出电压的波形使之没有异常现象即可。

触发装置的调试首先要开主电路，再逐步插入下列各板进行调试。

① 控制电源：用万用表测量 $4T_1$ 测试孔对地电压应为 40V±5V，$4T_2$ 测试孔对地电压应为 12V±2V。

② 稳压电源：用万用表测量 $3T_1$ 测试孔对地电压应为 15V±0.5V，$3T_2$ 测试孔对地电压应为－15V±0.5V。

③ 触发器：在 301 端输入＋4V 电压，用示波器观察测试孔 $1T_1$ 和 $1T_2$ 的输出波形。

④ 输入器：在 505 处输入－8V 时用万用表测量测试孔 2T 的电压应为 0V 或略正，否则调节 $2RP_4$；改变 505 处的输入电压为零，测试孔 2T 的电压应为＋4V，否则调节 $2RP_1$。

⑤ 电流反馈：先短接运算放大器 5A 的 3、12 脚和 $5C_2$，调节 $5RP_2$，使其输出为零或略正。然后除去 5A 的 3、12 脚连线，并从 12、3 脚输入 0～7V 电压，用示波器在测试孔 $5T_1$ 处观察其输出波形，波形应呈线性并无自激振荡。

⑥ 速度负反馈：先短接运算放大器 6A 的 3、12 脚和 $6C_2$，调

节 $6RP_3$，使其输出为零或略负。然后除去 6A 的 3、12 脚连线，并从 12、3 脚输入 0～1V 电压，用示波器在测试孔 $6T_1$ 处观察其输出波形，波形应呈线性并无自激振荡。

⑦ 慢速信号：先短接运算放大器 $7A_1$ 的 3、12 脚，调节 $7RP_2$，使其输出为零，然后去除短路线，调节 $7RP_3$，使 $7A_2$ 的输出为零。按启动和升速按钮，调节 $7RP_1$，使输入电压从导布电压到 6V 变化，用示波器在测试孔 $7T_1$ 处观察其输出波形，它应与输入信号呈积分而应无自激振荡。

进行上述调整后应将各调节电位器锁紧。

8.2.6 用万用表调试晶闸管整流装置的快速应急方法

利用万用表的调试仅用一只万用表，一名电工便能迅速处理。该方法即使对电子线路不很熟悉的电工也能掌握，尤其适用于生产中的故障应急处理、调试。这是作者在实践中摸索出的一种有效方法。现以 CYD 系列晶闸管整流装置为例加以说明。该方法也可作为 FKZ 系列、KGS 系列、KZS 系列等晶闸管整流装置调试的参考。

调试应在电路接线正确、电源相序正确、继电器、接触器动作正常的前提下进行。调试步骤如下（参见图 8-20～图 8-26）。

拔出所有板件，仅插入输入器板，目的是利用该板板面上的 D07（地）测试孔［该板在下面除第（5）项外的各项调试中一直插入］。

(1) 控制电源板（图中未画）

插入控制电源板，分别测量输出端测试孔 $4T_1$ 和 $4T_2$ 对 D07 电压，正常时应分别为 40V±5V 和 12V±2V。

(2) 稳压电源板（图中未画）

再插入稳压电源板，分别测量输出端测试孔 $3T_1$ 和 $3T_2$ 对 D07 电压，正常时应为＋15V±0.5V 和－15V±0.5V。电压不符时可调节稳压电源板上的采样电位器。

(3) 慢速信号板

暂将 317 端子对 D07 用导线短接［该短接线直至做完第 (8) 项后才去除］。再插入慢速信号板。在启动前，由于导布速继电器 KA_1 的常闭触头闭合，正电源加到给定积分器的输入端，因二极管 $7VD_3$ 的限幅作用，所以慢速信号输出有小于 0.5V 的正电位。启动前可在测试孔 $7T_1$ 对 D02 测得 0.2～0.5V 的正电压。若该电压为负值，则说明该板已坏。

然后将主令电位器 $7RP_1$ 调至最大值，选择主令机，按启动和升速按钮，这时测试孔 $7T_1$ 的电压由 0.2～0.5V 逐渐降低到－6～－8V，并且有缓慢下降的特性；再将 $7RP_1$ 调至零，该电压应缓慢上升至 0.2～0.5V 的原处。若无上述结果，则可确定该板损坏。

(4) 速度调节器板

上述各板正常后不拔出，再插入速度调节器板。由于设有零输出给定，故在启动前速度调节器的输出电压应为负值。测量测试孔 $6T_1$ 对 D07 应有约－1V 的电压。若该电压为零或正值，则说明该板已坏。

由于尚无速度负反馈电压，故若主令电位器 $7RP_1$ 调至很小一阻值，选择主令机，按启动和升速按钮，测试孔 $6T_1$ 对地电压就会升至最高值。如果该电压能上升至＋8V 左右，而将 $7RP_1$ 调回到零时，该电压又能下降到约－1V，便可暂认为该板除电位器 $6RP_1$ 外，其他元件都正常（$6RP_1$ 要在所有板件调试好后，开机调整速度负反馈量时才可确定其好坏）。最后确定该板是否正常，要到在“开机试车”，加入速度负反馈量后才能判定。

(5) 电流调节器板

上述各板正常后不拔出，拔出输入器，再插入电流调节器板。启动前测得测试孔 $5T_1$（即电流调节器输出）对地应有＋8V 左右电压；将主令电位器 $7RP_1$ 调至很小的一阻值，选择主令电机，按启动和升速按钮，则电流调节器输出应由约＋8V 降低至约－8V (±8V 的范围由电位器 $5RP_1$ 决定)。若无上述结果，则可确定该板损坏。

(6) 输入器板

上述正常后的板不拔出，再插入输入器板。启动前测得测试孔 2T（即输入器输出）对 D07 应有约＋8V 电压（该电压由电位器 $2RP_3$ 决定）；选择主令电机，按启动和升速按钮，测试孔 2T 应有约＋0.5V 的电压（该电压由电位器 $2RP_4$ 决定，由于三极管 $2VT_2$ 管压降的存在，一般将 $2RP_4$ 的滑动头调到靠近 D07 即可）。该板面上的 $2RP_1$ 是调节输入器输入电压大小用的，调节它能改变输出电压的大小。若无上述结果，则可确定该板损坏。

(7) 触发器板

脉冲变输出电压不能用万用表测量，然而三极管 $1VT_1$ 的 U_{ce}（即测试孔 $1T_1$ 的电压）却能用万用表直流电压挡测得。调节 $1RP_1$，该电压变化范围为 0～7V，很明显，若脉冲变压器等元件良好，调整该电压大小，便能调整输出脉冲的相位。

具体调整如下：将所有板件插入，测量每块触发器板的测试孔 $1T_1$ 对地电压，调节 $1RP_1$，使每块触发器的 $1T_1$ 对地电压相同（2～3V），这样触发器就算调整好了。若发现某块触发器的 $1T_1$ 对地电压不能调整或为零时，则说明该板损坏。

(8) 开机试车

拆去接在 317 端子上的临时短接线，开机试车。

① 调整测速负反馈电位器 $6RP_1$，使当主令电位器 $7RP_1$ 逐渐调至最大阻值时电枢电压也应逐渐达到 230V（必要时适当调整一下输入器的电位器 $2RP_1$）。否则应检查 $6RP_1$ 或怀疑速度调节器板是否良好。在导布速时，电枢电压一般为 50V 左右。

② 如发现有振荡现象，可适当减小测速负反馈量，以及调整速度调节器的 $6RP_2$、电流调节器的 $5RP_2$ 试试。若还不能消除，应考虑是否有某块触发器无脉冲输出或锯齿波线性度差引起。这时可试拔触发器看看。如果拔去某块触发器，整流柜上的电流表指针振荡消失，则就有可能该板损坏。也可将四块触发器拔去，剩下靠近输入器的两块，启动主令电机，电机应转动，电表也应有指示。如果电机不转，电流表无指示，则触发器定有损坏。分别换上另外两

对板试试，从而可找出损坏的触发器。倘若触发器也无问题，可检查一下测速发电机及联轴器是否有毛病。

最后将各调整电位器锁紧，以防松动。

电流调节器的电位器 $5RP_3$ 为整定主电路电流 1.5 倍装置额定电流用；$5RP_1$ 为突加 +8V 输入信号时主电路电流上升达到最快（6μs 左右），且超调量不超过 4% 用。若要调整，可参照产品说明书进行。

8.2.7 晶闸管整流装置的常见故障及处理

故障原因多种多样，需根据具体情况加以分析处理。除可参照表 7-46（晶闸管元件故障或损坏的常见原因及处理）和表 8-4（晶闸管变换装置的常见故障及处理）外，下面再具体结合 CYD 系列三相全控桥整流装置列出其常见的故障及处理方法（表 8-16），供维修时参考（参见图 8-20～图 8-26）。

该表对于 KZS 系列、KGS 系列和 FKZ 系列等晶闸管整流装置也可作参考。

■ **表 8-16 CYD 系列整流装置的常见故障及处理方法**

序号	故障现象	可能原因	处理方法
1	主电源、控制电源正常，但电动机不能启动	① 给定电压消失	① 给定电压输出端（322 号）对地无电压，则检查： a. 稳压电源有无电压（正常值 15V±0.5V） b. 导布速继电器（KA_1）和升速继电器（KA_2）是否动作，接触良好否 c. 主令电位器 $7RP_1$ 和电阻 $7R_2$ 是否开路
		② 控制电源板无输出	② 检查控制电源板（正常值 40V±5V，12V±2V）
		③ 触发电源回路故障	③ 检查触发电源回路（即控制电源输入到触发器的 D01 与 D07 之间）的电压（正常值 40V±5V）

续表

序号	故障现象	可 能 原 因	处 理 方 法
1	主电源、控制电源正常，但电动机不能启动	④ 同步信号消失 ⑤ 触发器损坏 ⑥ 慢速信号环节损坏 ⑦ 速度调节器损坏 ⑧ 电流调节器损坏 ⑨ 导布速、升速继电器触头接触不良或损坏 ⑩ FU_1熔断器熔断或晶闸管损坏	④ 检查同步变压器及其回路是否良好 ⑤ 检查触发器有无脉冲输出，更换或检修触发器 ⑥ 检查测试孔 $7T_1$对地有无电压，若无，则更换运放 $7A_1$或 $7A_2$及其他元件 ⑦ 检查测试孔 $6T_1$对地电压，正常时应为正值，否则更换运放6A或元件 ⑧ 若速度调节器输出正常（正值）、电流调节器的输出正常时应为负值，当只有正向限幅输出时，应更换运放5A或元件 ⑨检查导布速、升速继电器触头及线圈 ⑩ 检查并更换熔芯或晶闸管
2	电动机启动声音异常	① 电源缺相或三相电压严重不对称 ② 桥臂熔断器熔断 ③ 某相晶闸管损坏 ④ 触发器故障	① 检查三相交流电源 ② 这时应有报警信号，更换熔芯 ③ 查明并更换晶闸管 ④ 检查触发器输出电压或换上良好的触发器试试
3	电动机突然升速，甚至“飞车”	① 电动机磁场失磁，空载时会引起“飞车” ② 测速发电机磁场稳压电源损坏 ③ 测速发电机电枢断线、励磁绕组短路等 ④ 测速发电机正负极性接反，变成正反馈 ⑤ 测速负反馈回路开路 ⑥ 电流调节器故障 ⑦ 输入器三极管损坏	① 检查励磁变压器、熔断器及电动机励磁绕组 ② 检查稳压电源，若整流桥损坏则更换整流桥 ③ 检修测速发电机 ④ 当新装或更换测速发电机后可能会将正负极性搞错。调换极性 ⑤ 检查测速负反馈回路 ⑥ 电流调节器输出电压绝对值太高，有时电源一合上就飞车或熔断器熔断。更换电流调节器 ⑦ 检查输入器输出电压，若该电压在0V左右，且不可调时，说明该板已坏，应更换或检修

续表

序号	故障现象	可能原因	处理方法
3	电动机突然升速，甚至“飞车”	⑧ 同第1条⑦项 ⑨ 晶闸管正向重复峰值电压下降	⑧ 检查速度调节器输出电压，若为6V以上，且不可调，应更换速度调节器 ⑨ 更换晶闸管
4	电动机突然降速	① 某一触发器突然无脉冲输出 ② 速度给定电压突然降低 ③ 速度调节器故障 ④ 测速发电机励磁突然增加	① 用插拔法查找：若拔出某触发器，故障现象仍存在，说明该板可能损坏，换上好的板件试试 ② 检查速度给定电压 ③ 更换或检修速度调节器 ④ 检查测速发电机励磁回路
5	过电流或启动时过电流	① 电动机磁场失磁 ② 负载太重 ③ 传动阻力太大 ④ 电动机励磁电压过低 ⑤ 电动机故障 ⑥ 缺相运行 ⑦ 某相触发器调乱或损坏 ⑧ 同步变压器或电源相序不对 ⑨ 电流反馈回路不良 ⑩ 晶闸管误导通 ⑪ 给定积分器损坏、未锁零或输出尚未回到零 ⑫ 电流调节器损坏	① 当多单元系统带负载运行时，其中一台直流电动机失磁，由于负载的相互牵制，不一定会飞车，但要过电流。检查励磁回路，松紧架瓷盘变阻器是否断线或滑臂越位 ② 检查负载及机械传动机构 ③ 检查传动机构，齿轮箱是否缺油，及润滑情况 ④ 调高励磁电压 ⑤ 更换电动机 ⑥ 检查三相交流电源、熔断器及晶闸管 ⑦ 三相电流表中仅一、二相有电流，负载下电枢电压调不到额定电压。检查触发器输出脉冲波形，重新调整或更换触发器 ⑧ 新装设备或外线路电源相序因检修而调过，就可能发生此情况。此时伴有误触发、振荡等现象。检查并纠正相序 ⑨ 检查电流反馈回路及电流互感器接线 ⑩ 查出误导通原因，并修复 ⑪ 更换或检修给定积分器及有关电路 ⑫ 更换或检修电流调节器

续表

序号	故障现象	可能原因	处理方法
5	过电流或启动时过电流	⑬ 速度环或电流环参数调试不当 ⑭ 输出器损坏 ⑮ 系统振荡	⑬ 重新调试 ⑭ 要换或检修输出器 ⑮ 查明振荡原因，并排除
6	车速振荡、不稳，电流振荡	① 速度反馈回路接触不良	① 检查回路连接是否有松动；检查测速发电机电刷同整流子接触情况
		② 测速发电机与电动机联轴器有毛病 ③ 测速发电机故障	② 当联轴器磨损、松动或装配不良时，测速发电机输出电压不稳定。检查联轴器 ③ 检查测速发电机输出电压是否稳定；有无受潮、特性变坏。更换测速发电机 当处理困难时，可用电压负反馈代替进行应急处理
		④ 速度负反馈电压过大 ⑤ 速度调节器和电流调节器故障 ⑥ 电压互感器不正常 ⑦ 触发器未调整好 ⑧ 给定电源电压不稳定 ⑨ 同第5条⑧项 ⑩ 同步变压器熔断器熔断 ⑪ 与测速发电机相连的电动机（主令机）故障 ⑫ 控制信号的脉动分量太大 ⑬ 晶闸管门极引线接触不良 ⑭ 脉冲输出线接触不良	④ 减少负反馈电压 ⑤ 当调节器内部元件损坏或接触不良时便会产生。检查调节器，更换或检修 ⑥ 检查电流互感器的接线及绕组情况 ⑦ 检查触发器输出脉冲波形。重新调整 ⑧ 检查给定电源电压是否随电网电压而波动 ⑨ 同第5条⑧项 ⑩ 更换熔芯 ⑪ 当主令电机电刷与整流子接触不良或电动机特性不好时，便会发生。检查电动机 ⑫ 降低控制信号的脉动分量 ⑬ 检查门极引线，并处理 ⑭ 检查脉冲输出线

续表

序号	故障现象	可能原因	处理方法
6	车速振荡、不稳，电流振荡	⑮ 晶闸管触发功率太大或触发器输出功率太小 ⑯ 晶闸管维持电流太小 ⑰ 晶闸管特性老化	⑮ 更换触发功率小的晶闸管 ⑯ 更换维持电流大的晶闸管 ⑰ 更换晶闸管
7	启动后电流表指针摆动较大，而车速摆动较小	① 电动机毛病 ② 电动机励磁电压太低 ③ 负载太轻（如空载运行） ④ 电流反馈回路不良 ⑤ 电流反馈调乱	① 当电动机电刷与整流子接触不良或电动机特性不好时，便会发生。检查电动机 ② 升高励磁电压 ③ 带上负载后便可消除 ④ 检查电流反馈回路 ⑤ 重新调整
8	整流输出电流和电压抖动、无快速熔断器熔断信号	① 触发器调乱或有部分触发器损坏 ② 晶闸管有损坏	① 用插拔法检查故障板件。重新调整或更换触发器 ② 更换晶闸管
9	整流输出电压失控	① 续流二极管断路、正向电阻变大或接线松脱 ② 晶闸管维持电流小 ③ 晶闸管正向重复峰值电压降低	① 检查续流二极管和接线，如管子不良应更换 ② 更换维持电流大的晶闸管 ③ 更换晶闸管
10	整流输出电压突然消失	① 控制信号超过同步电压的幅值 ② 电网电压下降	① 选择合适电压的稳压管进行限幅 ② 检查电网电压
11	整流输出电压调不到零	① 运算放大器零点漂移 ② 调节器未调整好或损坏 ③ 触发器锯齿波斜率不一致	① 运算放大器调零 ② 重新调整，或更换有毛病的调节器 ③ 调锯齿波斜率一致
12	车速不高	① 测速负反馈电压太高 ② 缺相运行；整流电源电压太低 ③ 触发器调乱或损坏 ④ 给定电压绝对值太小 ⑤ 慢速信号输出电压绝对值太低	① 调低负反馈电压 ② 当带负载后车速下降很多。检查同第 5 条⑥项；提高整流电源电压 ③ 重新调整或更换触发器，使移相范围足够 ④ 检查给定电压 ⑤ 调整或更换慢速信号板

续表

序号	故障现象	可能原因	处理方法
12	车速不高	⑥ 速度调节器输出电压太低 ⑦ 电流调节器输出电压绝对值太低 ⑧ 输入器输出电压太高 ⑨ 整流输出电压波形缺相 ⑩ 传动阻力太大	⑥ 调整或更换速度调节器 ⑦ 调整或更换电流调节器 ⑧ 调整或更换输入器 ⑨ 查明原因，加以修复 ⑩ 检查机械传动部分
13	运行时按停止按钮电动机不停	① 慢速信号、速度调节器损坏 ② 输入器三极管损坏 ③ 停止控制回路故障 ④ 晶闸管误导通	① 检查电流调节器以前的各插件输出电压。若调节器损坏应更换 ② 更换或检修输入器 ③ 检查停止控制回路 ④ 查明误导通原因，并排除
14	熔断器熔断	① 直流侧短路 ② 晶闸管反向击穿 ③ 晶闸管误导通 ④ 电动机或测速发电机失磁（单闭环系统） ⑤ 熔芯额定电流选择不当	① 查出短路处，并排除 ② 更换晶闸管 ③ 查明误导通原因，并排除 ④ 加失磁保护 ⑤ 正确选择熔芯额定电流

8.3 晶闸管励磁装置的调试与检修

8.3.1 TLG1-4 型晶闸管励磁装置

TLG1-4 型晶闸管励磁装置（调节器为 TLG1-02 型），适用于机端电压为 400V、容量为 500kW 及以下的同步发电机作为自动调节励磁用。它能自动保持发电机端电压稳定在一定范围内，并具有一定的强励能力。其最大输出电压为140V，最大输出电流为32A。其电路如图8-28所示。

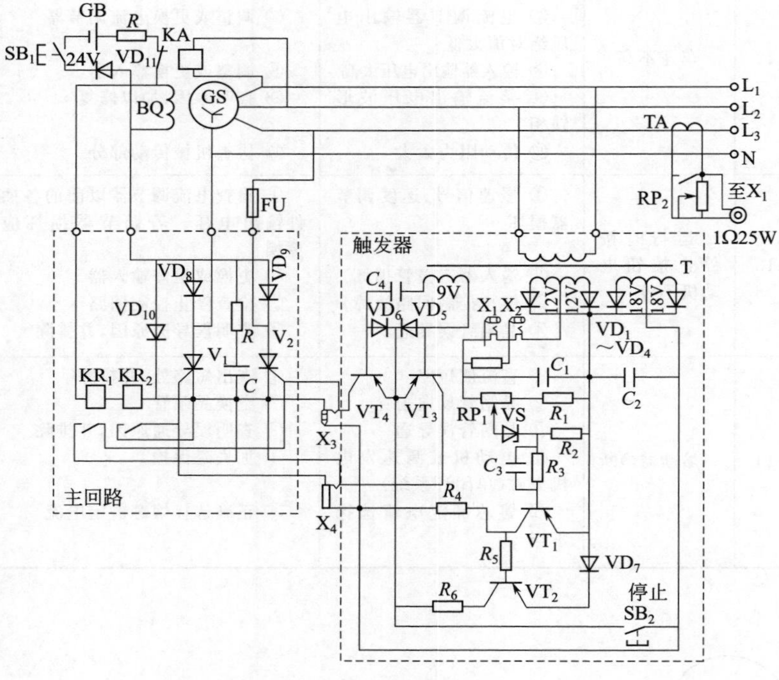

图8-28　TLG1-4型自动励磁装置电路

(1) 工作原理

① 主电路　采用单相半控桥式整流电路。由两只晶闸管V_1、V_2和二极管VD_8、VD_9组成。V_1、V_2分别在正半周和负半周导通。

VD_{10}为续流二极管，其作用是当晶闸管关闭后，把励磁绕组BQ所储存的能量通过其形成回路，使励磁电流连续平滑；R、C为晶闸管阻容保护，以抑制磁场回路的过电压；熔断器FU是过流保护元件，使励磁电流不超过晶闸管的允许电流。

② 测量回路　由二极管 VD_1、VD_2 组成单相全波整流电路，经电容 C_1、电位器 RP_1 和电阻 R_1 形成单相全波的锯齿测量电压。当发电机电压升高或降低时，锯齿波电压将向上或向下平移。锯齿波电压加在稳压管 VS 和电阻 R_2 的两端。

③ 触发电压分配器　由分配器电源、二极管 VD_5、VD_6 和三极管 VT_3、VT_4 组成。其作用是将 VT_2 送来的触发电压信号适时交替地送给晶闸管 V_1 和 V_2 的控制极上，使 V_1、V_2 交替通过励磁电流。

图中，电容 C_4 的作用是把分配器电源绕组电流移相 90° 后，加于 VT_3、VT_4 上。由于测量变压器一次接于发电机输出端 U、V 相线电压上，而励磁回路加在 W 相上，U_{UV} 与 U_W 相位上差 90°，经 C_4 移相后，使分配器 VT_3、VT_4 的导通时间，正对应于磁场回路正半波与负半波之内。

当锯齿波电压 U_{C1} 高于稳压管 VS 的反向击穿电压时，VS 击穿，VT_1 导通，VT_2 截止；当 U_{C1} 低于 VS 的反向击穿电压时，VS、VT_1 均截止，而 VT_2 导通，于是从 VT_2 交替发出触发电压信号。

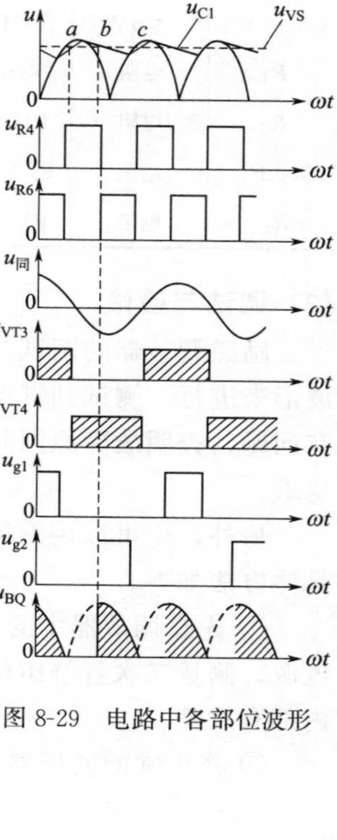

图 8-29　电路中各部位波形

变压器第三个二次绕组输出电压经二极管 VD_3、VD_4 全波整流，C_2 滤波后，作为三极管的工作电源，触发电源由它供给。

电路中各部位波形如图 8-29 所示。图中，KR_1 和 KR_2 为过流保护用的干簧管继电器，它由干簧管及绕组组成，励磁电流通过继电器绕组，以防止励磁电路过负荷。

发电机起励时，按下起励按钮 SB_1，蓄电池 GB 提供发电机励磁绕组

BQ励磁电流，发电机起励升压；当发电机停机时，则按下停止按钮（即灭磁按钮），使触发器没有输出脉冲。

电流互感器TA和电位器RP_2组成无功分配装置（调差回路），在发电机并列运行时，合理地分配无功功率。

(2) 电气元件参数

TLG1-4型自动励磁装置主要电气元件参数见表8-17。

■ **表8-17 TLG1-4型自动励磁装置主要电气元件参数**

代号	名称	型号规格	代号	名称	型号规格
T	测量及同步变压器	50V·A 400/18V×2、12V×2、9V	R_6	电阻	RJ-62Ω 1W
VT_1	三极管	3CG130 $\beta \leqslant 30$	R_7	电阻	RJ-1kΩ 2W
$VT_2 \sim VT_4$	三极管	3CG130 $\beta \geqslant 50$	RP_1	多圈电位器	WXD4-23-47kΩ 3W
VS	稳压管	2CW75 $U_z = 10 \sim 12V$	RP_2	瓷盘变阻器	CB1-1Ω 25W
$VD_1 \sim VD_7$	二极管	1N4001	C_1	电解电容器	CD11 100μF 50V
R_1	电阻	RJ-1.5kΩ 2W	C_2、C_3	电解电容器	CD11 100μF 25V
R_2	电阻	RJ-390Ω 1/2W	C_4	电容器	CBB22 2μF 100V
R_3、R_4	电阻	RJ-1.5kΩ 1/2W	SB_1	按钮	LA18-22×2(绿)
R_5	电阻	RJ-100Ω 1/2W	SB_2	按钮	LA18-22(红)

(3) 调试与检修

励磁调节器的调试与检修，可以用示波器观察电路中各部分的波形来进行。测试到哪部分波形不正常、调试无效，则说明哪部分有问题，查明故障原因并排除后，继续进行调试和检修，直到符合要求。

另外，也可以用万用表测量各部分的电压来进行调试和检修，具体方法如下。

① 先在调节器中的变压器T一次400V的两端接入380V交流电源，测量二次各绕组的电压是否正常。如不正常，说明变压器T内部有故障。

② 将正常的变压器T接入回路。用万用表的100mA挡串接在

触发脉冲输出端三极管 VT_3（或 VT_4）的集电极回路内，再将电压调整电位器 RP_1 顺时针旋到底。正常情况下，输出电流 55～85mA，且随 RP_1 旋动连续可调。然后按表 8-18 所示的数值用万用表进行逐点测量，测到哪点异常，说明该部位有问题，应查明原因并加以消除。

③ 仍将万用表 100mA 挡串入三极管 VT_3（或 VT_4）的集电极回路内，将电位器 RP_1 逆时针旋转到底，电流指示应小于零。然后按表 8-19 所示的数值（正常时的数值）进行逐点测量，便可迅速找出故障都位。

■ **表 8-18　RP_1 顺时针旋向，输出电流为 55mA 时**

元件代号	测量值	测量部位
VS	11V	两端
	0.5mA	串入稳压管
VT_1 VT_2	2.9V 0.1V	e、c 极 e、c 极
VT_3	－12V －20V －20V	地、c 极 地、e 极 地、b 极
R_2 R_3 R_4 R_5	0.25V 0.2V 20V 1.5V	两端

■ **表 8-19　RP_1 逆时针旋向，输出电流为零时**

元件代号	测量值	测量部位
VS	11V	两端
	10mA	串入稳压管
VT_1	0.1V	e、c 极
VT_2	0.1V	e、c 极
VT_3	－0.1V －0.1V －0.1V	地、c 极 地、e 极 地、b 极

续表

元件代号	测量值	测量部位
R_2	3.5V	两端
R_3	3.3V	
R_4	22V	
R_5	0V	

8.3.2 TWL-Ⅱ型无刷励磁装置

TWL-Ⅱ型无刷励磁调节器是作者开发的一种性能优良的产品。它适用于机端电压为400V、容量为1000kW及以下的无刷励磁同步发电机作为自动调节励磁用。

该装置的系统方框图如图8-30所示；电气原理电路如图8-31所示。

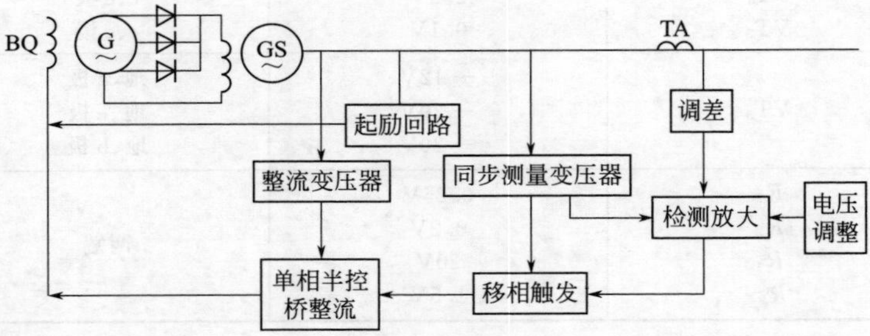

图8-30 TWL-Ⅱ型无刷励磁装置系统方框图

(1) 工作原理

励磁调节装置由主回路、移相触发器、检测比较器、校正环节、调差、起励和灭磁电路等组成。

① 主回路 由二极管1VD、2VD和晶闸管1V、2V等组成单相半控桥式整流电路。1V、2V的导通角由移相触发器产生的触发脉冲控制。3VD为续流二极管。阻容1*R*、2*R*、1*C*、2*C*及压敏电阻RV和电阻RL为元件的过压保护；快熔2FU为元件的过流保护。

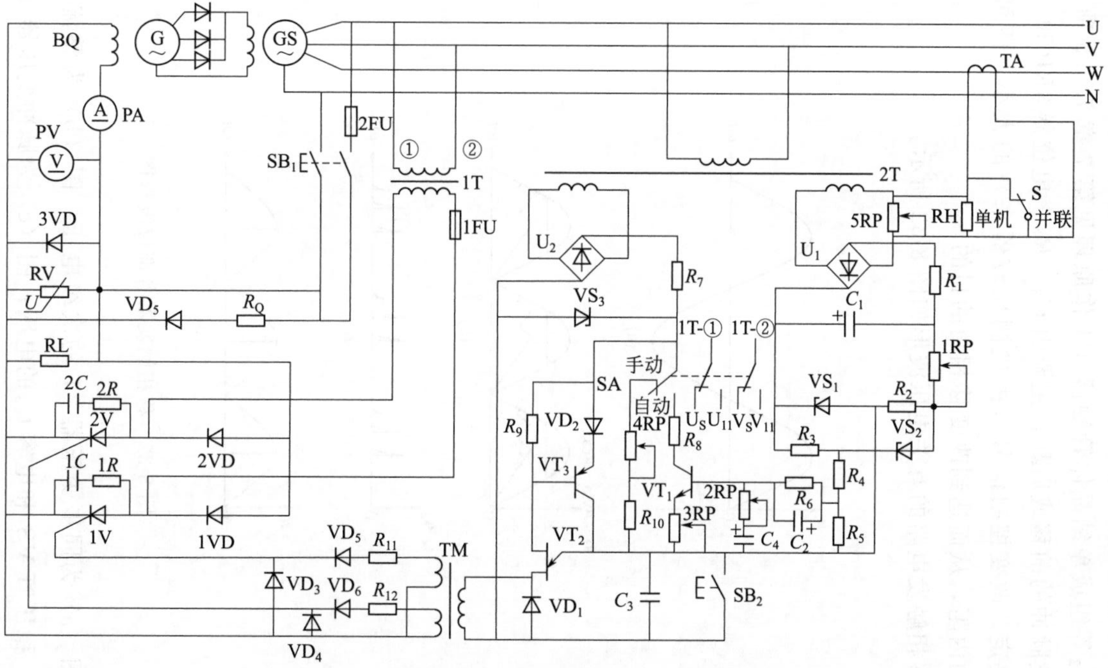

图 8-31　TWL-Ⅱ型无刷励磁装置电气原理电路

注：TWL-ⅡG 为改进型产品，采用 PDW-1 型数字电位器代替 IRP，能与微机接口

② 移相触发器　由三极管 VT_1（作电阻用）、VT_3和单结晶体管 VT_2等组成单结晶体管触器（工作原理见第 7 章 7.5.5 项）。移相触发脉冲的前移或后移，主要由 C_3、R_8、电位器 3RP 和三极管 VT_1决定。改变控制信号（由检测比较器来）的大小，便可改变 VT_1的内阻，从而达到改变移相角的目的。

移相触发电路的有关电压波形如图 8-32 所示。

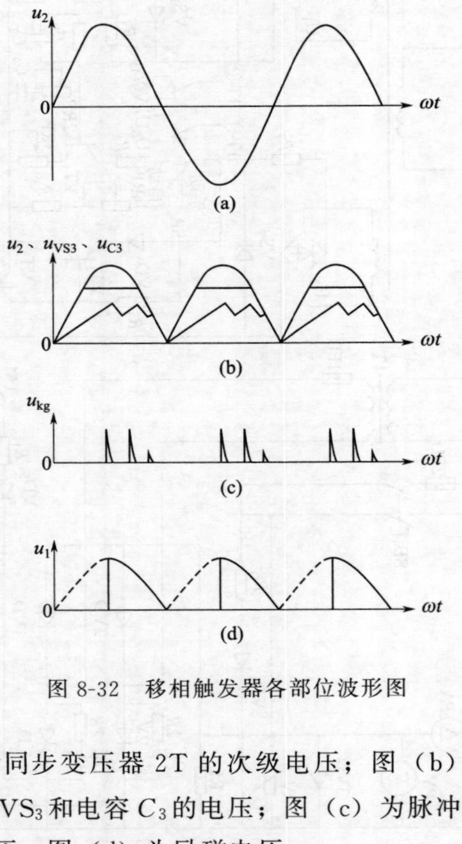

图 8-32　移相触发器各部位波形图

图（a）为同步变压器 2T 的次级电压；图（b）为整流桥 U_2输出、稳压管 VS_3和电容 C_3的电压；图（c）为脉冲变压器 TM 次级输出脉冲电压；图（d）为励磁电压。

③ 检测比较器　由变压器 2T 的一组绕组、整流器 U_1和滤波

器 R_1、C_1 三部分组成检测单元。经检测单元输出的直流电压与发电机机端电压成正比变化。

比较单元采用由稳压管 VS_1、VS_2 和电阻 R_2、R_3 组成的双稳压管比较桥。

比较桥的输入输出特性如图 8-33 所示。

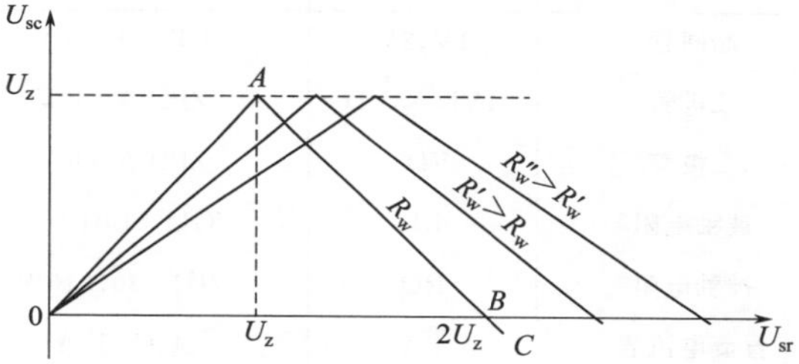

图 8-33　比较桥输入输出特性

当比较桥的输入电压小于稳压管的击穿电压 U_z 时，稳压管未击穿，所加电压几乎全部降压稳压管上，如图 0A 段；当输入电压大于或等于稳压管稳压值时，稳压管击穿，输出电压如图 AC 段。即输出电压 $U_{sc}=U_{sr}-U_z$，U_{sr} 正比于发电机端电压。

比较桥的输出工作段选择在 AC 段。

④ 校正环节（即消振电路）　为防止系统产生振荡，采用由电阻 R_6、电容 C_2 组成的微分电路和由电位器 2RP、电容 C_4 组成的积分电路。适当调节 2RP(必要时调整一下 R_6、C_2、C_4)，就可抑制系统的振荡。

⑤ 调差　由电流互感器 TA（接 W 相）、电阻 RH 和电位器 5RP 等组成。调节 5RP 便可改变该机的调差系数，即调整无功调差电流信号的强弱，在一定范围内改变发电机无功负荷的大小。对于机端直接并联运行的发电机，通常采用正调差。单机运动时，只要将 5RP 旋至零位即可。

⑥ 起励电路　采用机端起励。由剩磁引起的机端电压，经二

极管 VD_5和电阻 R_Q起励。一般当机端电压升至 130V 时，松开起励按钮 SB_1，励磁调节器就自动投入工作。

(2) 电气元件参数

TWL-Ⅱ型无刷励磁调节器主要电气元件参数见表 8-20。

■ 表 8-20 TWL-Ⅱ型无刷励磁调节器主要电气元件参数

序号	名称	代号	型号规格	数量
1	晶闸管	1V、2V	KP20A 800V	2
2	二极管	1VD～3VD	ZP20A 800V	3
3	二极管	VD_3	ZP10A 600V	1
4	被釉电阻	RL	ZG11-510Ω 16W	1
5	被釉电阻	RQ	ZG11-30Ω 16W	1
6	直流电流表	PA	$44C_2$-15A	1
7	直流电压表	PV	$44C_2$-150V	1
8	压敏电阻	PV	MY31-330V 10kA	1
9	快速熔断器	1FU	RLS 30A 500V	1
10	熔断器	2FU	RT14-20/6A	1
11	整流变压器	1T	600V·A 400/100V	1
12	脉冲变压器	TM	MB-2	1
13	电流互感器	TA	LQG □/5A	1
14	按钮	SB_1、SB_2	LA18-22	2
15	整流桥	U_1、U_2	QL1A/200V	2
16	主令开关	SA	LS2-2	1
17	拨动开关	S	KN5-1	1
18	三极管	VT_1	3DG6 $\beta\leqslant40$	1
19	三极管	VT_3	3CG22 $\beta\geqslant50$	1
20	单结晶体管	VT_2	BT33 $\eta\geqslant0.6$	1
21	稳压管	VS_1、VS_2	1N4740A	2
22	稳压管	VS_3	2CW113	1
23	二极管	VD_1～VD_6	1N4001	6

续表

序 号	名 称	代 号	型号规格	数量
24	多圈电位器	1RP	WXD4-23-3W 1kΩ	1
25	多圈电位器	4RP	WXD4-23-3W 47kΩ	1
26	电位器	3RP	J7-3. 3kΩ	1
27	电位器	2RP	WS-0. 5W 5. 6kΩ	1
28	瓷盘变阻器	5RP	BC1-39Ω 5W	1
29	线绕电阻	RH	RX1-39Ω 10W	1
30	金属膜电阻	$1R$、$2R$	RJ-100Ω 2W	2
31	金属膜电阻	R_1	RJ-1kΩ 2W	1
32	金属膜电阻	R_2、R_3	RJ-1kΩ 1/2W	2
33	金属膜电阻	R_4	RJ-1. 5kΩ 1/2W	1
34	金属膜电阻	R_5	RJ-510Ω 1/2W	1
35	金属膜电阻	R_6、R_8	RJ-5. 1kΩ 1/2W	2
36	金属膜电阻	R_7	RJ-1kΩ 2W	1
37	金属膜电阻	R_9	RJ-360Ω 1/2W	1
38	金属膜电阻	R_{10}	RJ-5. 6kΩ 1/2W	1
39	碳膜电阻	R_{11}、R_{12}	RT-51Ω 1/2W	2
40	电容器	$1C$、$2C$	CBB22 0. 1μF 630V	2
41	电解电容器	C_1	CD11 100μF 50V	1
42	电解电容器	C_2	CD11 4. 7μF 16V	1
43	电容器	C_3	CBB22 0. 22μF 63V	1
44	电解电容器	C_4	CD11 100μF 16V	1

(3) 调试

① 调节器本身调试　暂不接发电机，在励磁绕组 BQ 两端并接一3. 60～100W、220V 灯泡，将电网的 U 相、V 相和零线分别接在励磁变压器 1T 的①、②端（同步、测量变压器 2T 的一次侧实际上是与 1T 的①、②端连接的）和发电机的零线（N 线）上，

将开关S置于“单机”位置。接通电网电源，用万用表测量变压器2T的两个二次电压，应分别为32V和50V交流电压；测量稳压管VS_3两端电压，应约有20V直流电压；测量电容C_1两端电压，应约有20V直流电压（此电压随电位器1RP的调节会有所变化）。测量变压器1T次级电压为100V。

将转换开关SA置于“手动”位置，调节手动调压电位器4RP，输出电压（PV）应在0～130V变化，灯泡也由熄灭到较亮变化。

然后将SA置于“自动”位置，调节自动调压电位器1RP，输出电压应由0～120V变化，灯泡由熄灭至较亮变化。

按下灭磁按钮SB_2，输出电压即变为0V。将1RP或4RP调至使输出电压为零，按下起励按钮，输出电压马上升高。

可用示波器观察电路各点的波形，应符合图8-32所示的形状。

② 接入发电机进行现场调试

a. 检查水轮发电机组、励磁调节器、并网柜、计量柜等，确实无问题，接线无误后，可进行试机。

b. 开动水轮机使发电机升至额定转速附近，将电压调整电位器1RP旋至中间位置，将开关SA置于“自动”位置。

c. 按下起励按钮，发电机起励建压，励磁调节器自动投入工作。这时机端电压升至1RP所整定的电压值，调节1RP使机端达到与系统电网电压相同。同时，调节导水叶，使发电机频率达到规定值（50Hz）。

如果发现发电机励磁电流指示有振荡，可调节电位器2RP，使振荡消失。

接着就可启动并网断路器将发电机并入电网。并网后，注意调节导水叶和电位器1RP，使发电机的功率因数符合规定要求（一般为0.8）。

d. 停机，再将开关SA置于“手动”位置，再开机，调节电位器4RP（由最大值至零），机端电压应能在0～130％额定电压范围变化。

e. 调差整定，调差极性判别方式如下：先将调差电位器 5RP 置于“0”位置，将开关 S 置于“并联”位置，让发电机并联并带上适量的无功负荷（为额定无功的 1/4～1/3），尽量少带有功负荷，然后顺时针调节 5RP，若无功负荷相应减少，则为正调差；若无功负荷反而上升，则为负调差。负调差会使机组运行不稳定，这时应停机更改电流互感器 TA 的极性。

确认为正调差后，在发电机并联并带上无功负荷后，若该发电机的无功表、功率因数表、定子电流表比其他并联机组摆动幅度大，摆动频繁，应顺时针调节 5RP，以适当增大该发电机的正调差系数。

(4) 常见故障及处理

TWL-Ⅱ型无刷励磁装置的常见故障及处理方法见表 8-21。

■ 表 8-21　TWL-Ⅱ型无刷励磁装置的常见故障及处理方法

序号	常见故障	可能原因	处理方法
1	不能起励	① 熔丝 2FU 熔断 ② 按钮 SB_1 接触不良 ③ 二极管 VD_5 损坏 ④ 限流电阻 R_Q 烧断 ⑤ 励磁失磁 ⑥ 起励回路接线不良，有开路 ⑦ 发电机转速过低	① 更换熔丝 ② 检修或更换按钮 ③ 更换二极管 ④ 更换 R_Q ⑤ 用 3～6V 干电池充磁 ⑥ 检查起励回路并连接牢靠 ⑦ 将发电机转速升至额定转速后再起励
2	起励后不能建压	① 熔丝 1FU 熔断 ② 触发电路板故障 ③ 变压器 2T 有故障 ④ 主回路元件(二极管 1VD、2VD 或晶闸管 1V、2V) 损坏或晶闸管控制极接线松脱 ⑤ 触发电路板与插座接触不良 ⑥ 插座引线有虚焊	① 更换熔芯 ② 更换触发电路板试试 ③ 检查 2T 的各接线桩头连接是否牢靠,绕组有无断线 ④ 由于元件容量和耐压裕量较大,元件损坏的可能性较小。若曾受雷击,有可能损坏。重点检查接线是否牢靠 ⑤ 将电路板与插座接触紧密 ⑥ 检查并重新焊接

续表

序号	常见故障	可能原因	处理方法
3	电压调整不正常	① 电压调整电位器1RP(自动)或4RP(手动)接触不良 ② 触发电路板故障 ③ 同2项的⑤、⑥条 ④ 空载调压正常而并网后无功调不上去,很可能是1VD、2VD或1V、2V与母线连接螺母松 ⑤ 晶闸管1V、2V有一只损坏或特性变坏 ⑥ 二极管1VD、2VD有一只损坏	① 更换1RP或4RP ② 更换触发电路板试试 ③ 同2项的⑤、⑥条 ④ 拧紧主回路连接螺母 ⑤ 拔去触发电路板,用万用表$R\times1$挡测量晶闸管阴-控极电阻,正常时10～50Ω,测量阳-阴极电阻,应无穷大 ⑥ 用万用表测量二极管正反向电阻,正常时正向电阻约数百欧,反向电阻无穷大
4	发电机振荡	① 消振回路无件未调好 ② 三极管VT_1的放大倍数β太大 ③ 水道内有杂物,表现为仪表指针不规则或偶然摆动	① 调节电路板上的消振电位器,直至无振荡 ② 调大电位器3RP试试,不行的话,更换β值较小的管子 ③ 检查水道,除去杂物
5	电压失控	① 触发电路板上的元件有故障 ② 调压电位器1RP或4RP内部接触不良 ③ 续流二极管3VD正向压降太大或损坏	① 更换触发电路板试试 ② 若调压电位器有问题,空载调压时会出现电压突然变化,应更换电位器 ③ 3VD的正向压降不大于0.55V,否则起不到续流作用而造成失控
6	调差失灵,自动跳闸解列	① 单机运行时,电压正常;并联时,起负调差作用 ② 单机运行时,电压正常;并联时,调差紊乱 ③ 调差电位器5RP失灵	① 电流互感器TA极性接反,调换极性即可 ② TA不接在W相上,应将TA接在W相 ③ 检查并更换5RP
7	压敏电阻RV击穿损坏	励磁回路过电压(如非同期合闸、雷击等)	更换压敏电阻

续表

序号	常见故障	可能原因	处理方法
8	整流元件1V、2V或1VD、2VD有损坏	① 元件质量差 ② 发电机强励时间过长 ③ 过压保护元件 $1R$、$1C$、$2R$、$2C$ 有损坏 ④ 快熔1FU选得过大，起不到过流保护作用	① 更换元件 ② 强励时间一般在10～20s，切不可超过50s ③ 更换损坏的过压保护元件 ④ 选择合适的熔芯，熔芯额定电流可按最大励磁电流（一般为1.6倍额定励磁电流）选择

8.3.3 JZLF-11F型晶闸管励磁装置

JZLF-11F型晶闸管励磁装置是作者开发的一种性能优良的产品，适用于功率在1000kW及以下、机端电压为400V的同步发电机作为自动调节励磁用，广泛用于小水电站。其系统方框图如图8-34所示，电气原理图如图8-35所示。

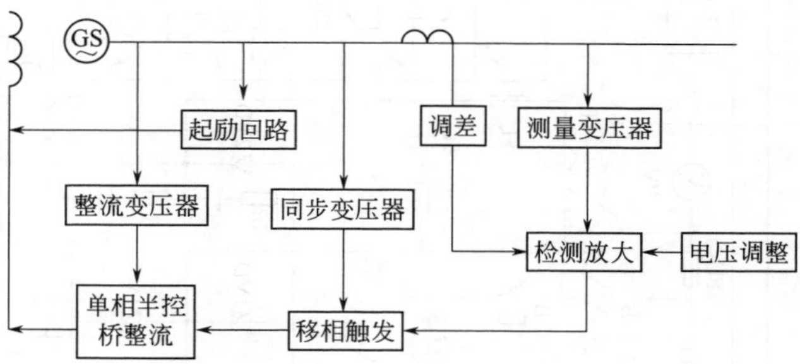

图8-34 JZLF-11F型励磁装置系统方框图

(1) 工作原理

励磁装置由主电路、测量放大电路、移相触发器、校正电路、调差回路、起励回路和操作控制及显示报警回路等组成。

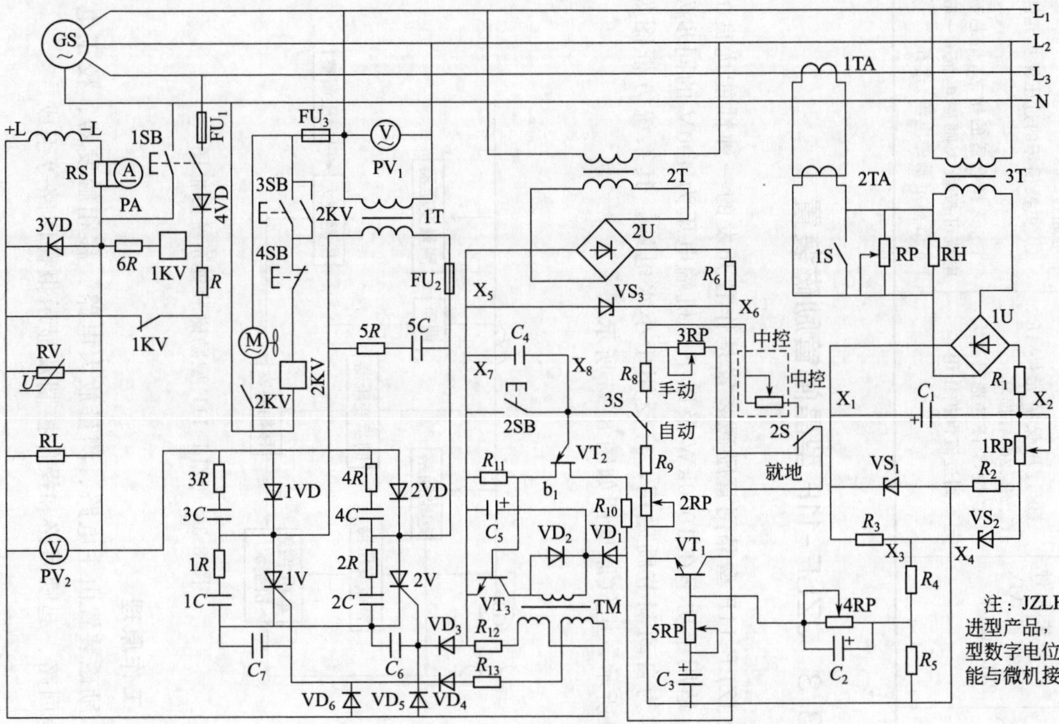

注：JZLF-11FG为改进型产品，采用PDW-1型数字电位器代替1RP，能与微机接口

图 8-35　JZLF-11F 型励磁装置电气原理图

① 主电路　采用单相半控桥式整流电路。并接于元件阳-阴极的阻容 $1R\sim4R$、$1C\sim4C$，并接于交流侧的阻容 $5R$、$5C$ 及并接于直流侧的压敏电阻RV，为元件的过压保护；快速熔断器 FU_1 为元件的过流保护；电容 C_6、C_7 为防止外界干扰造成晶闸管误解发用的。

② 测量放大电路　测量单元由降压变压器3T、整流器1U和滤波器 R_1、C_1 三部分组成。经测量单元输出的直流电压与发电机机端电压成正比。

比较单元采用由稳压二极管 VS_1、VS_2 和电阻 R_2、R_3 组成的双稳压二极管比较桥，比较桥的输入输出特性如图8-33所示。

③ 移相触发器　交流电源经同步变压器2T变压、单相桥2U整流和电阻 R_6 降压后，在稳压二极管 VS_3 两端形成梯形波电压，作为单结晶体管触发电路的同步电源。同步电源经电阻 R_9、电位器2RP、三极管 VT_1 的射极向电容 C_4 充电。当 C_4 两端电压 U_{C4} 充到 VT_2 的峰点电压 U_P 时，C_4 立即经 VT_2 的 eb_1 结和电阻 R_{11} 放电；当 U_{C4} 下降到 VT_2 的谷点电压 U_V 时，C_4 停止放电。如此反复循环，在 R_{11} 两端输出尖脉冲列，并经三极管 VT_3 放大。当尖脉冲电压加在 VT_3 的基-射极间时，VT_3 导通；当尖脉冲休止时，VT_3 截止。因而脉冲变压器TM二次的两绕组输出一组具有一定幅度和宽度的脉冲列，两组脉冲列分别轮流触发晶闸管1V和2V。

移相触发脉冲的前移或后移(即移相角)，由单结晶体管振荡电路，主要由电容 C_4、电阻 R_9、电位器2RP和三极管 VT_1(作可变电阻)的内阻 r_{ce} 决定。改变控制信号的大小(即测量桥输出)，即改变加于三极管 VT_1 基-射极间的电压大小，便可改变 VT_1 的内阻 r_{ce}，从而达到改变移相角的目的。

④ 校正电路(即消振电路)　由电位器4RP、5RP和电容 C_2、C_3 等组成。

⑤ 调差回路　它由接在发电机W相的电流互感器、变流器2TA、电阻RH及电位器RP等组成。

(2) 电气元件参数

JZLF-11F型发电机自动励磁装置主要电气元件参数见表8-22。

■ 表 8-22 JZLF-11F 型发电机自动励磁装置电路主要电气元件参数

代号	名称	型号规格	代号	名称	型号规格
1V、2V	晶闸管	KP300A/1000V	1T	整流变压器	20kV·A、400/100V
1VD～3VD	二极管	ZP300A/1000V	2T	同步变压器	400/70V
4VD	二极管	ZP50A/600V	3T	测量变压器	400/32V
$1R \sim 4R$	金属膜电阻	RJ-10Ω	1KV	中间继电器	522 型～36V
RL	板形电阻	ZB_2-20	2KV	中间继电器	CJ20-10A～220V
R	板形电阻	ZB_2-1.2	1SB	按钮	LA18-44
$1C \sim 4C$	纸介金属膜电容	CZJJ-1μF/630V	2SB～4SB	按钮	LA18-22
RV	压敏电阻	MY31-470V-10kA	1S-2S	主令开关	LS2-2,380V,6A
FU_1	快速熔断器	RS3-350A/500V	HA	电铃	SCF-0.3～220V
PV_1	交流电压表	42L6-500V	2TA	电流互感器	LQR-0.55/0.5A
PV_2	直流电压表	$42C_3$-75V	RP	电位器	WX3-27Ω,3W
PA	直流电流表	$42C_3$-200A	3RP	电位器	WX3-33KΩ,3W
PS	分流器	200A/25W	RH	线绕电阻	RX1-39Ω,10W
M	风机	200FZY2-D	1RP	多圈电位器	WXD4-23-3W-1kΩ
FU_3	螺旋式熔断器	RL1-60/40A		插座	CY401-22DJ
FU_2	熔断器	RT14-20/4A		检测放大板	备用一块
FUK	熔断指示器	PX1-1000V		移相触发板	备用一块

(3) 调试

调试方法可参见 TWL-Ⅱ型无刷励磁装置的调试。

(4) 常见故障及处理

JZLF-11F 型晶闸管励磁装置的常见故障及处理方法见表 8-23。

■ 表 8-23 JZLF-11F 型晶闸管励磁装置的常见故障及处理方法

序号	常见故障	可能原因	处理方法
1	不能起励	① 熔断 FU_1 熔断 ② 按钮 1SB 接触不良 ③ 二极管 4VD 损坏 ④ 断电器 1KV 触点接触不良 ⑤ 励磁失磁 ⑥ 起励回路接线不良，有开路 ⑦ 发电机转速过低	① 更换熔丝 ② 检修或更换按钮 ③ 更换二极管 ④ 打磨触点，调整触点弹片压力 ⑤ 用 6V 干电池充磁 ⑥ 检查起励回路并连接牢靠 ⑦ 将发电机转速升至额定转速后再起励
2	电压调整不正常	① 检测比较回路故障 ② 移相触发回路故障	① 首先将开关 3S 打到手动位置，若调压正常，说明检测比较回路有问题，应重点检查稳压管 VS_1、VS_2 是否良好，电位器 1RP 接触是否良好，电容 C_1 有无损坏。正常时 $U_{X_1-X_2}$ 为 13 ～ 23V，$U_{X_3-X_4}$ 为 －0.2 ～ 3V ② 首先将 3S 打到手动位置，若调压正常，说明电源及触发系统基本正常，应重点检查三极管 VT_1 及电位器 2RP。必要时用示波器观察测试孔 X_7-X_8 的电压波形，正常波形为锯齿波。将 3S 打到自动位置，调节 1RP，锯齿波的个数应平稳地变多、变少 若手动位置时调压都不正常，则重点应检查测试孔 X_5-X_6 的电压，正常时 $U_{X_5-X_6}$ 应为 18 ～ 20V。其次检查单结晶体管 VT_2、三极管 VT_3 和电容 C_4 等元件是否良好

续表

序号	常见故障	可能原因	处理方法
2	电压调整不正常	③ 晶闸管 1V、2V 中有一只损坏或特性变坏 ④ 二极管 1VD、2VD 中有一只损坏 ⑤ 插件与插座接触不良	③ 拔去触发板,用万用表测量晶闸管阴-控极电阻,正常时为 10～50Ω;测量阳-阴极电阻,应无穷大 ④ 用万用表测量二极管的正、反向电阻,正常时正向电阻为数百欧,反向电阻为无穷大 ⑤ 拔下插件仔细检查
3	起励后不能建压	① 熔丝 FU_2 熔断 ② 主同路元件(二极管 1VD、2VD 或晶闸管 1V、2V)损坏 ③ 测量回路故障 ④ 触发回路故障	① 更换 FU_2 ② 用万用表测试,更换损坏的元件 ③、④检查方法同前
4	发电机振荡	① 水道部分故障 ② 消振回路未调好 ③ 三极管 VT_1 的放大倍数 β 太大	① 检查水道部分 ② 调节电位器 4RP、5RP,若仍有振荡,调电容 C_2、C_3 直至无振荡 ③ 调大电位器 RP_2 试试,不行的话,更换 β 值较小的管子
5	调差失灵	① 单机运行时,电压正常;并联时,起负调差作用 ② 单机运行时,电压正常;并联时,调差紊乱 ③ 开关 1S 未打开 ④ 电位器 RP 失灵	① 电流互感器 1TA 极性接反,或变压器 3T 检修后极性接反 ② 1TA 不接在 W 相上,或 3T 初级不接在 U、V 相上 ③ 打开 1S ④ 检查并更换 RP
6	整流元件 1V、2V 或 1VD、2VD 损坏	① 元件质量差 ② 发电机长期过负荷运行 ③ 强励时间过长 ④ 冷却风机停转 ⑤ 过压保护元件 $1R$ ～ $4R$、$1C$ ～ $4C$ 有损坏	① 更换元件 ② 不应让发电机长期在大于 1.1 倍额定励磁电流下运行 ③ 强励时间一般为 10～20s.切不可超过 50s ④ 检查熔丝 FU_3、继电器 2KV 及风机本身和电容 ⑤ 更换损坏的过压保护元件

续表

序号	常见故障	可能原因	处理方法
7	电压失控	① 测量回路或触发回路故障 ② 续流二极管 3VD 的正向压降太大或损坏	① 处理方法同前 ② 3VD 的正向压降不大于 0.55V,否则起不到续流作用
8	压敏电阻 RV 击穿损坏	励磁回路过电压。如非同期合闸、雷击等	更换压敏电阻

8.3.4 JZLF-31F 型晶闸管励磁装置

JZLF-31F 型晶闸管自动励磁装置是作者开发的一种性能优良的产品。它适用于机端电压为 400V、容量为 1000kW 及以下的同步发电机作为自动调节励磁用。如果经电压互感器、电流互感器，以及增加“就地”、“远控”开关和灭磁开关、自动空气开关和强励限制等，该线路也可用于 6.3kV 高压机组（其型号为 JZL-11）。但两者的基本原理相似。

励磁装置系统方框图如图 8-36 所示；电路图如图 8-37 所示。

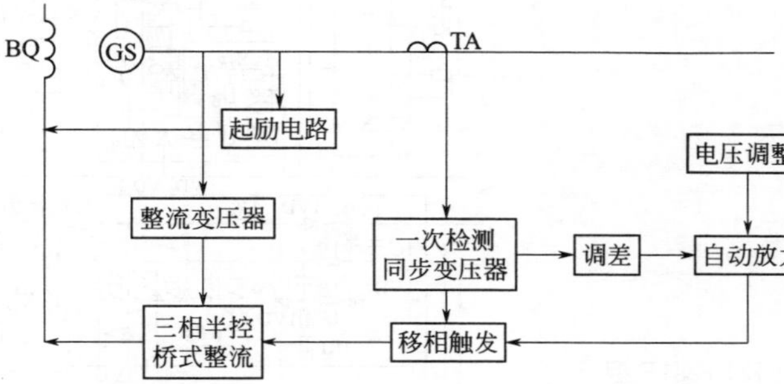

图 8-36　励磁装置系统方框图

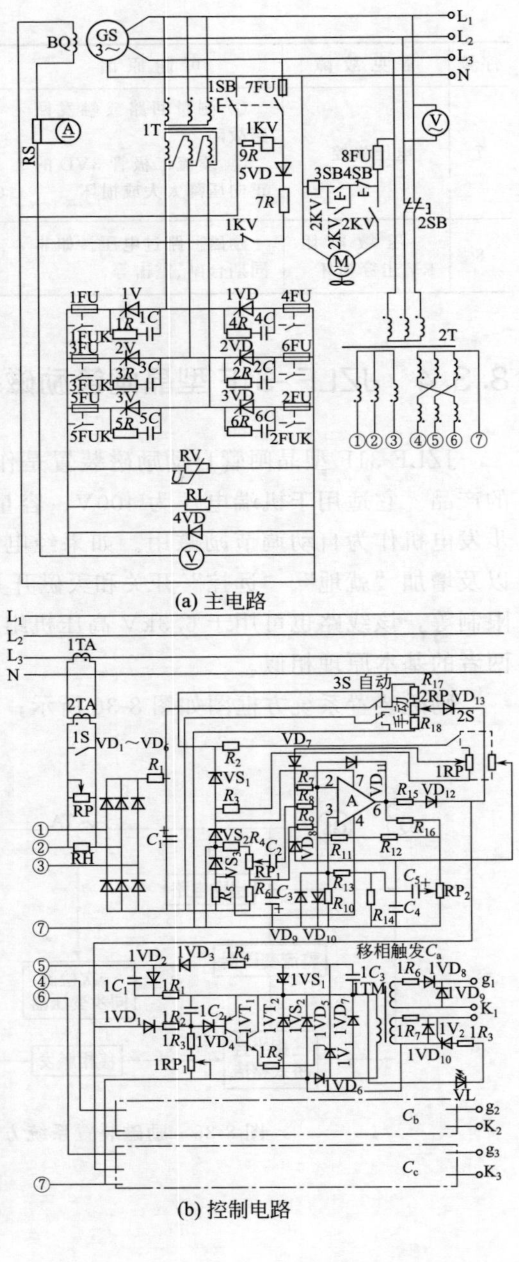

(a) 主电路

(b) 控制电路

图 8-37　JZLF-31F 型自动励磁装置电路

注：JZLF-31FG 为改进型产品，采用 PDW-1 型数字电位器代替 2RP，能与微机接口

(1) 工作原理

励磁装置由主电路、移相触发器、自动放大器、起励回路和操作控制及显示报警回路（图 8-37 中未画出）等组成。

① 主电路 采用三相半控桥式整流电路。接于发电机端的三相整流变压器次级电压加于由二极管 1VD～3VD 和晶闸管 1V～3V 等组成的三相半控桥式整流电路。每相晶闸管分别由各自的移相触发导通，这三个触发器产生的脉冲在时间上依次相隔 120°电角度。晶闸管导通角的大小，决定整定输出电压平均值的大小。

4VD 为续流二极管。并接于元件阳-阴极的阻容 1R ～ 6R、1C ～6C，并接于直流侧的压敏电阻 RV 和 RL，为元件的过压保护；快熔 1FU ～ 6FU 为元件的过流保护。

② 移相触发器(部分简化） 三相移相触发器的电路相同。

同步电压由同步变压器 2T 输出，当同步电压为负半波时，电容 1C_3 被充电，同时控制信号 U_k 对 1C_2 充电，三极管 1VT_1 截止，小晶闸管 1V_1 关闭。当同步电压正半波来时，1C_2 被反充电。由于反充电压极性与负半波时 1C_2 上充好的电压极性相反，经过某一时间，1C_2 上充好的电压改变极性，1VT_1 导通，小晶闸管 1V_1 导通，1C_3 所充电压向脉冲变压器 1TM 绕组放电，脉冲输出，触发相应的晶闸管。可见，这"某一时间"的长短决定于U_k 的大小。U_k 越大，需要的时间越长。也就是说，$U_k\uparrow\rightarrow$ 脉冲后移；$U_k\downarrow\rightarrow$ 脉冲前移。另外，调节 1RP_1，也可改变导通角的大小，据此可调整三相脉冲的对称度。

③ 自动放大器 三相输入电压经整流桥 VD_1 ～ VD_6 整流和 R_1、C_1 滤波，得到与机端电压成正比变化的直流电压。该电压扣除稳定不变的 VS_1 ～ VS_3 电压后加于电阻 R_5 上，因此 R_5 上的电压(也即 R_6 上的分压）就直接反映了发电机电压的变化。输入运算放大器 A 的 2 脚电压(由电位器 1RP 和 R_5 上的电压决定）变化将使其输出电压发生产化。调节电位器 1RP，可改变输出电压 U_k，从而确定了触发电路的控制电压，即确定了晶闸管的导通角，也确定

了励磁电流的大小。

当 1RP 调至与发电机端电压 400V 对应的位置时，若机端电压升高(或降低)，电阻 R_6 上的电压将增大(或减小)，从而使运算放大器 A 输出电压 U_k 增大(或减小)，使晶闸管的导通角减小(或增大)，励磁电流减小(或增大)，使发电机端电压降低(或增大)，恢复到原先的整定值 400V。

④ 保护及信号、报警电路

a. 过电压保护：当机端电压超过 1.2 倍额定电压时，过电压继电器（装于并网屏上）3KV 吸合，其动作方式有两种：①3KV 常开触点闭合，使发电机出口断路器跳闸，不作用于灭磁；②同时作用于跳闸和灭磁。作用于灭磁时，可将 3KV 两副常闭触点分别与灭磁按钮的两副触点串联。

跳闸时可配合自动关小导水叶，以防飞车。

过电压保护动作时，指示灯 1H 亮，并报警。

b. 过电流保护：当快熔 1FU～6FU 任一个熔断时，相应的触点 1FUK～6FUK 闭合，同时指示灯 2H 亮，并报警。

c. 风机状态指示：当风机运行时，继电器 2KV 吸合，其常开触点断开，指示灯 3H 亮；当风机停机时，2KV 释放，指示灯 4H 亮，并报警。

⑤ 调差电路　调差电路由 W 相电流互感器 1TA 及中间电流互感器 2TA、变压器 2T 的副绕组，以及接于 V 相的检测端的调差电位器 RP（包括电阻 RH）组成。

调节电位器 RP，可调整无功调差电流信号的强弱，在一定范围内改变发电机无功负载的大小。单机运行时，需将开关 1S 闭合。否则，发电机端电压将随无功电流增大而降低。

⑥ 起励电路　采用机端残压起励：由剩磁引起的机端电压，经二极管 5VD 和电阻 $7R$ 起励。当起励电压达到某一值时，接触器 1KV 吸合，切断起励回路，励磁调节器自动投入工作。

(2) 电气元件参数

JZLF-31F 型晶闸管励磁装置电气元件参数见表 8-24～表 8-26。

■ **表 8-24　JZLF-31F 型励磁装置电气元件参数（主回路等）**

代　　号	名　　称	型 号 规 格	代　　号	名　　称	型 号 规 格
1V～3V	晶闸管	KP200A/1000V	2KV	交流接触器	CJ20-10A 220V
1VD～4VD	二极管	ZP200A/1000V	1T	整流变压器	Yd11，15kV・A 400V/□V
5VD	二极管	ZP50A/600V	2T	测量、同步变压器	Y d1，yn0，50V・A 400V/58、115V
RL	板形电阻	ZB_2-11	1SB	按钮	LA18-44
7*R*	板形电阻	ZB_2-0.9	2SB ～ 4SB	按钮	LA18-22
RV	压敏电阻	MY31-470V-10kA	1S、2S	主令开关	LS2-2，380V，6A
1FU ～ 6FU	快速熔断器	RS3-250A/500V	3S	转换开关	LA18-22 × 2
1FUK ～ 6FUK	熔断信号器	RX1-1000V	2TA	电流互感器	LQR-0.5，5/0.5A
7FU	螺旋式熔断器	RL1-60/50A	RP	线绕电位器	WX3-39Ω-3W
8FU	熔断器	RT14-20/4A	RH	线绕电阻	RX1-39Ω，10W
PV_1	交流电压表	42L6-500V	1RP、2RP	多圈电位器	WXD4-23-3W，1kΩ
PV_2	直流电压表	42C3/100V	9*R*	线绕电阻	PX1-510Ω、8W
PA	直流电流表	$42C_3$-400A/75mV	1*R* ～ 6*R*	线绕电阻	PX1-20Ω、8W
RS	分流器	400A/75mV	1*C* ～ 6*C*	电容器	CJ41-1μF/630V
M	风机	200FZY2-D	R_{17}	电阻	RJ-5.6kΩ，1W
1KV	电压继电器	522 型 -36V	R_{18}	电阻	RJ-100Ω，1W

■ 表 8-25 自动放大部分（G板）电气元件参数

代号	名称	型号规格	代号	名称	型号规格
$VD_1 \sim VD_{12}$	二极管	1N4007	R_8	电阻	RJ-1kΩ,1/2W
VS_1	稳压管	1N47 44A525	R_9	电阻	RJ-22kΩ,1/2W
VS_2,VS_3	稳压管	1N47 40A817	R_{11}、R_{12}	电阻	RJ-62kΩ,1/2W
A	运算放大器	F007B	R_{13}、R_{14}	电阻	RJ-10kΩ,1/2W
R_1	电阻	RJ-1kΩ,2W	R_{15}、R_{16}	电阻	RJ-560Ω,1/2W
R_2	电阻	RJ-4.7kΩ,1/2W	RP_1	电位器	WX13-116,1kΩ
R_3	电阻	RJ-5.6kΩ,1/2W	RP_2	电位器	WX13-116,10kΩ
R_4	电阻	RJ-2kΩ,1/2W	C_1、C_5	电解电容器	CDX3-47μF,160V
R_5	电阻	RJ-2kΩ,2W	C_3、C_4	电解电容器	CDX3-4.7μF,50V
R_6	电阻	RJ-3kΩ,1/2W	C_2	电容器	CL21 225J, 2.2μF,400V
R_7、R_{10}	电阻	RJ-20kΩ,1/2W			

■ 表 8-26 触发电路（C板）电气元件参数（共3块）

代号	名称	型号规格	代号	名称	型号规格
$1VT_1$	三极管	3CG22B	$1R_3$	电阻	RJ-62kΩ,1W
$1VT_2$	三极管	3DG8B	$1R_5$	电阻	RJ-1kΩ,1/2W
$1VD_1 \sim 1VD_{10}$	二极管	1N4007	$1R_6$	电阻	RJ-10Ω,1/2W
$1V_1$	晶闸管	NEC 2P4M	$1R_7$	电阻	RJ-2kΩ,1/2W
$1V_2$	晶闸管	CRD 2AM BA74	$1R_9$	电阻	RJ-300kΩ,1/2W
VL	发光二极管	LED702	$1C_1$	电容器	CL21 225J,8μF
$1VS_1$、$1VS_2$	稳压管	2CW22K,18V	$1C_2$	电容器	BB22,0.47μF,160V
$1RP_1$	电位器	WX1-20kΩ,3W	$1C_3$	电容器	225K,250JS,4μF,63V
$1R_1$、$1R_4$	电阻	RJ-1kΩ,4W	1TM	脉冲变压器	自制
$1R_2$、$1R_8$	电阻	RJ-560Ω,1/2W			

(3) 调试

调试方法可参见 TWL-Ⅱ型无刷励磁装置的调试。

(4) 常见故障及处理

JZLF-31F 型晶闸管自动励磁装置的常见故障及处理，很多内容可参见 JZLF-11F 型无刷励磁装置，重点可参见表 8-27。

■ 表 8-27　励磁装置的常见故障及处理方法

<table>
<tr><th>序号</th><th>故障现象</th><th>可能原因</th><th>处理方法</th></tr>
<tr><td rowspan="3">1</td><td rowspan="3">不能起励</td><td>① 熔断器 7FU 熔断</td><td>① 更换 7FU</td></tr>
<tr><td>② 二极管 5VD 损坏</td><td>② 检查接触器 1KV 动作是否正确,更换 5VD</td></tr>
<tr><td>③ 发电机失磁</td><td>③ 用 6～9V 干电池对励磁绕组充电</td></tr>
<tr><td rowspan="4">2</td><td rowspan="4">起励后不能建压</td><td>① 自动放大板有故障</td><td>① 可将 3S 打到“手动”位置试车,若正常,说明此板有故障,应更换或检修放大板</td></tr>
<tr><td>② 移相触发板有故障</td><td>② 更换或检修移相触发板</td></tr>
<tr><td>③ 电位器 1RP 损坏</td><td>③ 更换 1RP</td></tr>
<tr><td>④ 测量、同步变压器 2T 接线接触不良</td><td>④ 检查并拧紧接线螺栓</td></tr>
<tr><td rowspan="6">3</td><td rowspan="6">发电机振荡</td><td>① 相序弄错</td><td>① 检查相序并纠正</td></tr>
<tr><td>② 续流二极管 4VD 开路或正向压降太大</td><td>② 检查并更换 4VD,要求正向压降不大于 0.55V</td></tr>
<tr><td>③ 插件未调整好</td><td>③ 仔细调节 RP_1 及 RP_2,必要时调整电容 C_3</td></tr>
<tr><td>④ 接线接触不良,有时引起跳闸或不能建立</td><td>④ 拧紧各接线螺钉;检查插件脚和插座,并插好插件</td></tr>
<tr><td>⑤ 导水叶失控或水道内有杂物阻挡</td><td>⑤ 检查导水叶控制系统或水道</td></tr>
<tr><td>⑥ 因为外加补偿电容,造成过补偿,使端电压升高,并振荡,有的甚至造成晶闸管损坏</td><td>⑥ 拆去补偿电容</td></tr>
<tr><td>4</td><td>并列发电机运行不稳定,甚至无功自动大量上升</td><td>负调差</td><td>立即停机改调差电流互感器 1TA 或 2TA 的极性</td></tr>
<tr><td rowspan="2">5</td><td rowspan="2">调差效果差或不能调节</td><td>① 电流互感器 1TA 不是接在 W 相</td><td>① 检查并纠正</td></tr>
<tr><td>② 调差电位器 RP 有毛病</td><td>② 更换 RP,正确确定调差量</td></tr>
</table>

8.3.5 小型水轮发电机组的试机

现以 JZLF-31F 型自动励磁装置为例，介绍小型水轮发电机组的试机工作。

(1) 开机前的检查

① 开机前，首先要熟悉操作程序，熟悉励磁装置、控制柜等图纸和使用说明书。

② 一般不用 500V 兆欧表摇测励磁装置的绝缘。当认为需要检查带电部分对地绝缘材料时（要求不小于 0.5MΩ）测试前必须拔去所有插件，并断开所有晶闸管和整流二极管的引线。切不可用万用表电阻挡（10k 及以上挡）测量晶闸管的控制极电阻。否则万用表内的电池电压（大于 10V）会损坏晶闸管。

③ 检查接线是否正确、可靠；柜内各接线端子是否连接可靠，元部件有无损坏，各熔断器是否接好。

④ 按图纸认真核对接线。尤其是整流变压器 1T 和测量、同步变压器 2T 的接线（出厂前已按正相序连接好，现场只要核对 1T 的一次侧电源相序）。若不同步，励磁装置会失控。在并列运行时，要核对电流互感器 1TA、2TA 的接线。

⑤ 确定励磁绕组的极性：将发电机开到额定转速附近，不要按动启动按钮，先观察发电机端的剩磁电压，这个电压一般为 2%～4%额定电压。然后在励磁绕组两端接入 3～6V 干电池。如果电压上升，说明接电池正极的端子为+L，接负极的端子为－L；如果电压反而下降，说明励磁绕组的极性没有接对，这时只需将两极接线对调即可。

(2) 验证相序是否正确

核对相序可用相序表。若身边没有相序表，可自制一个简单相序表，如图 8-38 所示。

若相序如图中所示标明的一样，则 $U_{W0} > U_{UV}$。

整流变压器 1T 相序的核对：暂假定发电机三相输出的三根导

线为 U、V、W 相，并做好标记。将 1T 一次侧标有 U11、V11、W11 的端子分别与发电机输出的三根导线 U、V、W 对应相连。将相序表按图 8-38 接在假定的 U、V、W 线上。将发电机开至额定转速，不要按启动按钮，用万用表的交流 10V 挡测量相序表的 U_{UV} 和 U_{W0}，如果 $U_{W0}>U_{UV}$，证明相序正确；如果 $U_{UV}>U_{W0}$，证明相序不正确。这时只需将发电机输出的三根导线中的任两根对调位置即可(如有必要，也可用上述方法核对测量同步变压器 2T 的相序)。

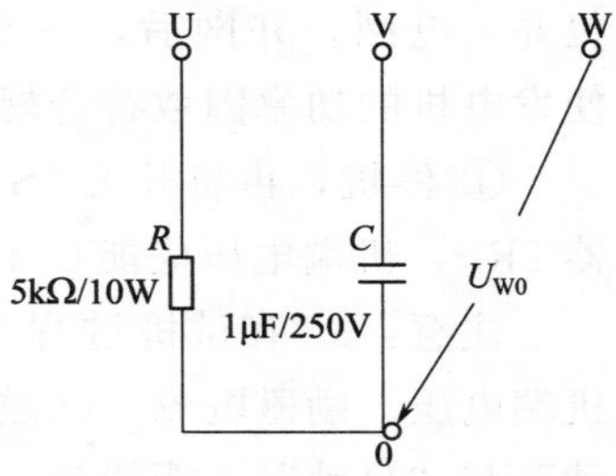

图 8-38 相序表示意图

至于 1T 和 2T 次级绕组的相序，因制造时已确定，故不必再核对。

(3) 试机

① 检查水轮机、发电机、励磁装置、并网柜、计量柜等，确实无问题，接线无误后，可进行试机。试机时，试机人员各负其责，统一指挥。

② 开动水轮机使发电机升至额定转速附近，将励磁装置上的电压调整电位器旋至不超过中间位置（相对应机端电压也不会超过 400V），将开关 3S 打到“自动”位置，2S 打到“就地”位置。

③ 按下起励按钮 1SB，发电机起励建压，当机端电压达到 30%左右，起励切除接触器 1KV 常闭触点断开，起励过程结束。这时机端电压自动升至 1RP 所整定的电压值。调节 1RP，机端达到与系统电网电压相同。同时，调节导水叶，使发电机频率达到规定值。

可用示波器观察整流波形是否正常。三相波形是否对称，有无振荡现象。如三相波形不对称，可调节 $1RP_1$～$3RP_1$ 使波形对称；如有振荡现象，可调节 RP_1 和 RP_2 使振动消失；如有失控现象，应仔细核对相序。

调节 1RP，机端电压应能在 80%～120%额定电压范围变化。

检查冷却风机风向是否正确。

接着就可启动并网断路器（自动或手动准同期并联），将发电机并入电网。并网后，注意调节导水叶和电压调整电位器 1RP，使发电机的功率因数符合规定要求。

④ 停机，再将开关 3S 打到“手动”位置。再开机，调节电位器 2RP，机端电压应能在 40%～130%额定电压范围变化。

注意：a. 在试机过程中，始终保持要观察发电机定子电流、机端电压、励磁电流、励磁电压等情况；b. 在带负载运行中“手动”与“自动”不能切换。运行方式必须在开机前选定。

⑤ 调差整定。调差极性判别方法如下：先将调差电位器 RP 调至“0”位置，让发电机并联并带上适量的无功负荷（约为额定无功的 1/4～1/3），尽量少带有功，然后顺时针调节 RP，若无功负荷反而上升，则为负调差。负调差会使机组运行不稳定。这时应停机更改电流互感器 2TA 的极性。

确认正调差后，在发电机并联带上无功负荷后，若该发电机的无功表、功率因数表、定子电流表比其他并联机组摆动幅度大，摆动频繁，应顺时针调节 RP，以适当增大该发电机的正调差系数。

(4) 使用方法

① 起励　同前。

② 运行　起励完毕后，对于单机运行的机组，可逐渐加上负载，并注意观察机端电压、定子电流、励磁电流、励磁电压等情况。对并联运行的机组，可按自动或手动准同期方法并联运行。并同时注意观察上述仪表的指示。由于并联运行时电压调整电位器 1RP 主要起着调整功率因数 $\cos\varphi$ 的作用，调整时要细心，不可太猛。

运行中，若有一只快熔断，在减小 1/3 负载的条件下装置仍可运行。

运行中，随时观察发电机、水轮机等运行情况，并严格执行各项操作规程。

③ 停机

a. 正常停机：逐渐减小负载，同时关小导水叶，使发电机电流为最小，调节励磁使 $\cos\varphi$ 接近 1，按并网柜上的分闸按钮，使并网断路器跳闸，将发电机解列；按灭磁按钮 2SB，使发电机灭磁；及时关上导水叶，使机组停机。

以上停机操作顺序绝不能相反。

b. 紧急停机。当水轮发电机组发生紧急事故或需立即停机的人身事故时，应采取紧急停机措施。这时应迅速按并网断路器跳闸按钮和灭磁按钮，将发电机从系统中解列并灭磁，及时关上导水叶，使机组停机（有自动调节导水叶装置时，能自动关闭导水叶）。

其他操作可在停机后补做。

紧急停机后，必须进行详细检查，查明事故原因并排除故障后，才允许开机试车。

8.3.6 同步电动机晶闸管励磁装置

同步电动机晶闸管励磁装置有采用三相半控桥式和全控桥式的，也有采用单相半波式和全波式的，但它们的基本原理是类同的。

采用单相半波式晶闸管励磁装置电路如图 8-39 所示。

(1) 工作原理

合上主电路隔离开关 QS 和油断路器 QF，合上控制回路电源开关 QF_1，同步电动机 MS 开始全压异步启动，灭磁环节开始工作。灭磁环节由续流二极管 VD_1、晶闸管 V_1、二极管 VD_2、稳压管 VS_1、电位器 RP_1 和电阻 R_1 组成。

同步电动机启动时，转子产生感应电压，负半周时，感应的交流电经过放电电阻 R_f 和 VD_1；正半周时，开始时感应交变电压未达到晶闸管 V_1 整定的导通开放电压前，感应交变电流通过 R_1、RP_1 及 R_f 回路，这样外接电阻为转子励磁绕组的几千倍以上，所以励磁绕组相当于开路启动，感应电压急剧上升，当其瞬时值上升至晶闸管 V_1 整定的导通电压时，V_1 导通，短接了电阻 R_1 和 RP_1，使同步电动机转子励磁绕组 BQ 从相当于开路启动变为只接入放电电阻 R_r 启动，因此转子感应电压的峰值就大为减弱，直至此半周结束，电压过零时，V_1 没有维持电流而自行关闭。

调整电位器 RP_1，可使晶闸管 V_1 在不同的转子感应电压下导通工

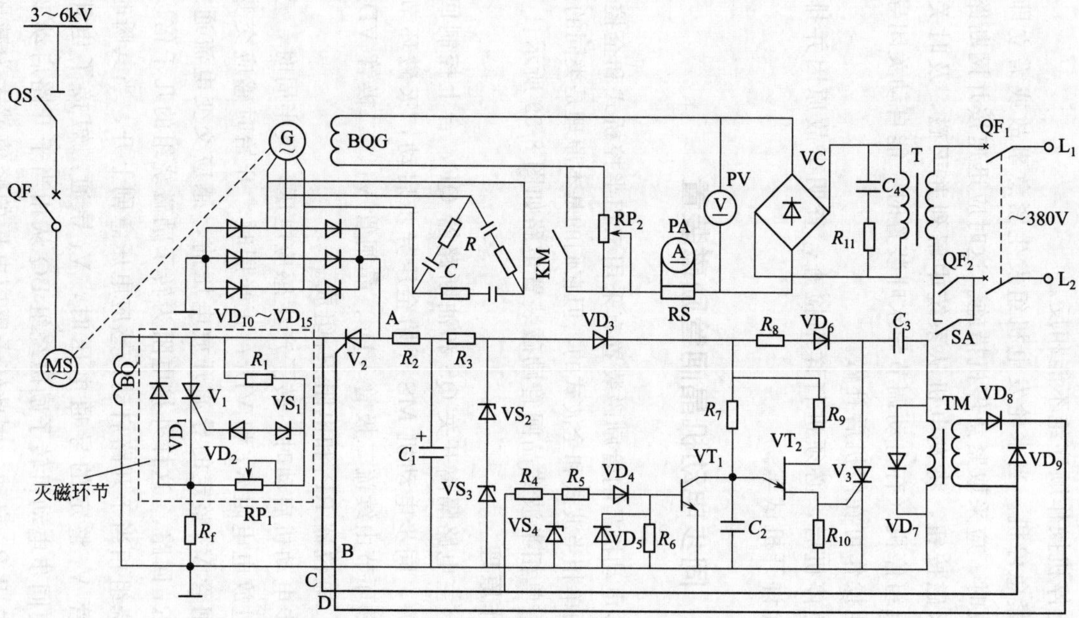

图 8-39　同步电动机晶闸管励磁装置电路

作，接入放电电阻 R_f。可见，同步电动机在启动过程中，转子励磁绕组随着转子加速所产生的感应交变电压半周经晶闸管 V_1、放电电阻 R_f 灭磁；半周经续流二极管 VD_1、放电电阻 R_f 灭磁。

由异步启动转入同步运行过程如下：交流励磁发电机G的励磁绕组 BQG 得到励磁电流，随着同步电动机的加速，G 发出的电经三相整流桥 VD_{10} ～ VD_{15} 整流送到 A、B 两点。

同步电动机在整个启动过程中，其转子励磁绕组 BQ 所感应的交变电压的频率和电压值随转子转速的增高而下降，在 R_f 上的压降减小。同步电动机刚启动时，BQ 感应交变电流在 R_f 上的压降大。此时电压降按转差率正负交变，是整个投励控制环节的信号源。这个信号经电阻 R_4 降压、稳压二极管 VS_4 削波、电阻 R_5 限流，把输入信号送到三极管 VT_1 的基极。

在同步电动机被牵入同步运行前，负半周时(即 C 端为负、B 端为正)，三极管 VT_1 因无基极电流而截止。此时电容 C_2 经电阻 R_7 被充电，但尚未达到单结晶体管 VT_2 的峰点电压，故 VT_2 截止。在正半周时，VT_1 得到基极偏压而导通，C_2 经 VT_1 而放电，故 VT_2 仍截止。

当同步电动机被加速到准同步速度（即 95%额定转速、转差率 $s=0.05$)时，转子感应的电压不足使晶闸管 V_1 导通而关闭。由于转子励磁绕组感应交变电压的频率变为每秒2.5周，负半周的延续时间比较长，电容 C_2 的充电时间延长了，其两端电压达到单结晶体管 VT_2 的峰点电压时，VT_2 导通，由 VT_2 等组成的张弛振荡器发出脉冲信号，晶闸管 V_3 触发导通。由于电容 C_3 在 VT_2 未导通前已通过电阻 R_2、R_3、R_8、二极管 VD_3、VD_6、VD_7 被充电，当 V_3 导通时，C_3 便通过脉冲变压器 TM 迅速放电，TM 发出强脉冲，使晶闸管 V_2 触发导通。此时将励磁电流送入同步电动机的转子励磁绕组，同步电动机被牵入同步运行。

图 8-39 中，二极管 VD_3 ～ VD_6、VD_8、VD_9 起保护隔离作用，以防止投励环节中各元件受暂态过电压而损坏；二极管 VD_7 构成 C_3 的充电回路，同时它又能防止脉冲变压器 TM 一次绕组出现过电压；电阻 R_6 用以保证三极管 VT_1 可靠截止。

励磁装置主要电气元件参数见表 8-28。

(2) 电气元件参数（见表 8-28）

■ **表 8-28　励磁装置主要电气元件参数**

代　号	名　称	型号规格	代　号	名　称	型号规格
V_1	晶闸管	KP200A/500V	R_9	电阻	RJ-300Ω　1/4W
V_2	晶闸管	KP100A/500V	R_{10}	电阻	RJ-150Ω　1/4W
V_3	晶闸管	KP5A/200V	R_{11}	电阻	RJ-30Ω　2W
VD_1	二极管	ZP200A/400V	R	管形电阻	RXYC-6.2Ω　25W
VD_2	二极管	2CP21	C	电容器	CZJJ-210μF　250V
$VD_3 \sim VD_9$	二极管	2CP12	C_1	电解电容器	CD-3-10 50μF　300V
$VD_{10} \sim VD_{15}$	二极管	ZP200A/500V	C_2	电容器	CZJX-1μF　160V
VS_1、VS_4	稳压二极管	2CW102	C_3	电容器	CZJD-14μF　160V
VS_2、VS_3	稳压二极管	2CW111	C_4	电容器	CZJJ-20.5μF　750V
R_f	板形电阻	ZB2 0.9Ω、19.9A	VT_1	三极管	3DG130
RP_1	电位器	WX3-11 200Ω　3W	VT_2	单结晶体管	BT31D
RP_2	瓷盘电阻	BL_2	TM	脉冲变压器	1∶1,150 匝
R_1	线绕电阻	RXYD-1.5kΩ　12W	VC	硅整流器	ZP30A/500V
R_2、R_3	电阻	RJ-500Ω　2W	PV	直流电压表	1C2-V　0～250V
R_4	线绕电阻	RXYD-20kΩ　12W	PA	直流电流表	1C2-A　0～30A
R_5	电阻	RJ-10kΩ　2W	QF_1	断路器	DZ20-100/332
R_6	电阻	RJ-10kΩ　1/4W	T	变压器	5kV·A
R_7	电阻	RJ-200kΩ　14W	SA	转换开关	HZ10-10/1　6A
R_8	电阻	RJ-1.5kΩ　1/4W			

注：V_1、V_2、VD_1、$VD_{10} \sim VD_{15}$、RP_2、VC、PV、PA 及 T 应按电动机容量选择。

(3) 常见故障及处理

同步电动机晶闸管自动励磁装置的常见故障及处理方法见表 8-29。

■ 表 8-29　同步电动机晶闸管自动励磁装置的常见故障及处理方法

序号	故障现象	可能原因	处理方法
1	励磁装置无直流输出	① 给定回路及元件开路 ② 负反馈电路及元件开路 ③ 给定电源中稳压管击穿或开路 ④ 主回路晶闸管或触发板件损坏,无脉冲输出 ⑤ 励磁回路开路或严重接触不良,使回路电流小于晶闸管的维持电流,即使励磁装置正常,晶闸管也无法导通	① 检查给定回路及元件 ② 检查负反馈电路及元件 ③ 检查稳压管是否良好 ④ 检查主回路晶闸管及触发板件,用示波器观察波形,更换触发板件试试 ⑤ 检查励磁回路
2	同步电动机启动时投不上励磁,导致启动失败	① 联锁回路触点闭合不良 ② 整流桥主回路中个别晶闸管误触发,致使电动机有时能启动,有时不能启动 ③ 同第 1 条	① 检查联锁回路 ② 检查主回路中的晶闸管及触发板件 ③ 按第 1 条处理
3	运行中突然失磁,致使同步电动机跳闸停车	① 整流回路异常 ② 触发回路无脉冲输出 ③ 同步电源、控制电源无电压 ④ 给定电源开路 ⑤ 续流二极管击穿,使整流电流短路,并威胁晶闸管	① 检查整流回路及元件 ② 检查触发回路、触发板件,可更换触发板件试试 ③ 检查同步电源、控制电源的电压是否正常 ④ 检查给定电源有无输出电压 ⑤ 检查续流二极管
4	投励磁过早(在电动机启动前或同时投入励磁电流),使电动机堵转	① 主回路晶闸管所需的触发功率太小,受外界干扰而误导通 ② 主回路晶闸管正向额定电压降低,导致正向转折	① 在主回路晶闸管控制极与阴极之间并联一只 0.1～0.22μF 的电容,或更换触发功率大些的晶闸管 ② 更换晶闸管

续表

序号	故障现象	可能原因	处理方法
4	投励磁过早(在电动机启动前或同时投入励磁电流),使电动机堵转	③ 安装工艺不当,如将励磁回路导线与动力线平行敷设,引起干扰 ④ 触发板件失调或锯齿波发生器中有关元件损坏 ⑤ 移相插件中的开关晶闸管短路或失控	③ 励磁回路的导线应与动力线分开敷设 ④ 检查触发板件,可更换触发板件试试 ⑤ 检查并更换开关晶闸管
5	励磁不稳定,直流表计抖动,幅度较大	① 移相插件中电压负反馈失常,这时直流表计摆动与电源电压波动有关 ② 直流表计从零到整定值大幅度摆动或时有时无,主要是由于电源相序接错,导致主回路与触发脉冲不同步 ③ 直流表计摆动变化无规律,但调节给定电位器可使输出回零,原因是电压负反馈环节接触不良,元件虚焊,给定电位器等电源回路接触不良 ④ 励磁脉动成分较大,直流表计抖动明显,主要原因是晶闸管导通角不一致	① 检查时调节给定电位器,可发现调节输出直流无阻尼作用,应更换插板试试;检查电压负反馈回路 ② 检查并改正相序 ③ 检查电压负反馈环节、给定电位器及各电源电压 ④ 重新调试励磁装置
6	有电流,无电压	① 灭磁晶闸管误触发 ② 灭磁检查按钮常开触点闭合 ③ 击穿保险器和续流二极管击穿,这时放电电阻会发热	① 检查灭磁晶闸管是否良好 ② 检查灭磁检查按钮 ③ 更换保险器和续流二极管
7	电压正常,电流偏小	转子回路故障,如分流器和直流母线接触不良,滑环和电刷接触不良	检查转子回路,消除接触不良现象,修理或更换电刷
8	电流正常,电压偏高	某只晶闸管短路,从而把交流成分叠加到直流输出电压上,由于转子交流阻抗较大,故电流增加极少	用示波器检查输出电压波形,可看到有交流成分,用万用表查出击穿的晶闸管,并予以更换

8.4 晶闸管交流调速系统的调试与检修

8.4.1 晶闸管单相交流功率调节器

如图 8-40 所示为功率调节器电气原理图；电气元件参数见表 8-30。

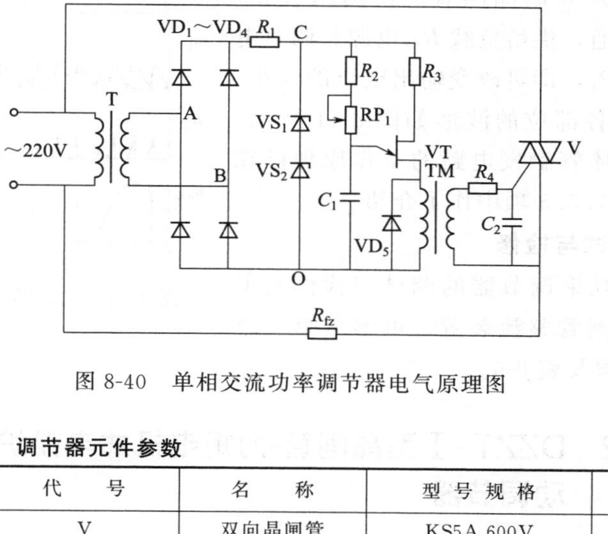

图 8-40 单相交流功率调节器电气原理图

■ **表 8-30 调节器元件参数**

序号	代号	名称	型号规格	数量
1	V	双向晶闸管	KS5A 600V	1
2	VT	单结晶体管	BT33	1
3	VD_1～VD_4	二极管	2CP50	4
4	VD_5	二极管	2CP41	1
5	VS_1、VS_2	稳压管	2CW72	2
6	C_1	金属化纸介电容	CZJX 0.22μF 160V	1
7	C_2	金属化纸介电容	CZJX 0.047μF 160V	1

续表

序号	代号	名称	型号规格	数量
8	R_1	金属膜电阻	RJ-1W 15kΩ	1
9	R_2	金属膜电阻	RJ-1/2W 5.6kΩ	1
10	R_3	金属膜电阻	RJ-1/2W 390Ω	11
11	R_4	金属膜电阻	RJ-1/2W 51Ω	1
12	RP_1	电位器	WX3-11 150kΩ 3W	1
13	TM	脉冲变压器	MB-2	1

(1) 工作原理

由单结晶体管组成的触发电路产生的脉冲，在电源电压的正、负半周分别触发双向晶闸管，使晶闸管正、反向导通，供给负载 R_{fz} 电源。调节电位器 RP_1，即可改变输出电压的大小。电路中各部位的波形如图 8-41 所示。单结晶体管触发电路的工作原理已在第 7 章 7.5.5 项中作了介绍。

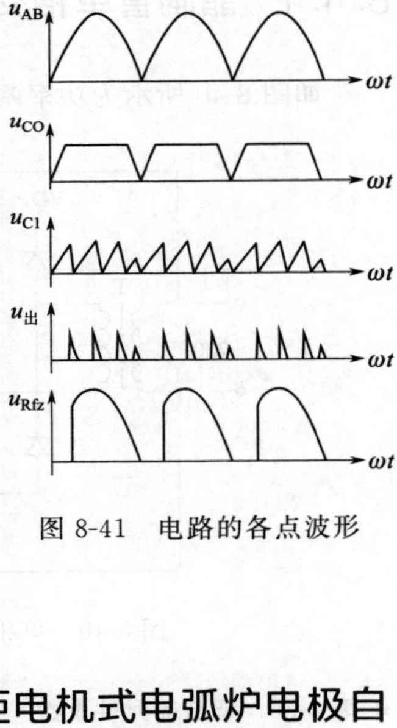

图 8-41　电路的各点波形

(2) 调试与检修

该功率调节器的调试与检修类似单相晶闸管整流装置，可参见第 8 章 8.2.1 项及表 8-6。

8.4.2　DZZT-Ⅰ型晶闸管-力矩电机式电弧炉电极自动调节器

DZZT-Ⅰ型晶闸管-力矩电机式电弧炉电极自动调节器是作者开发的一种性能优良的产品。它采用双向晶闸管力矩电机控制，是目前国内最先进的一类炼钢电弧炉的调节器。

DZZT-Ⅰ型晶闸管-力矩电机式调节器系统方框图如图 8-42 所示；测量调节触发电路如图 8-43 所示；主电路如图 8-44 所示。控制电路略。

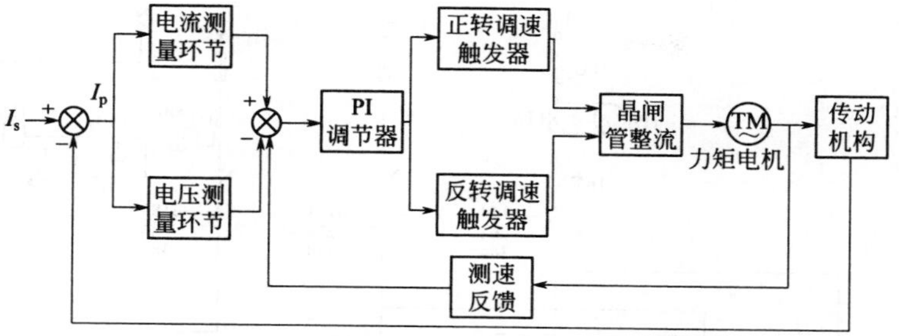

图 8-42　DZZT-Ⅰ型晶闸管-力矩电机式调节器系统方框图

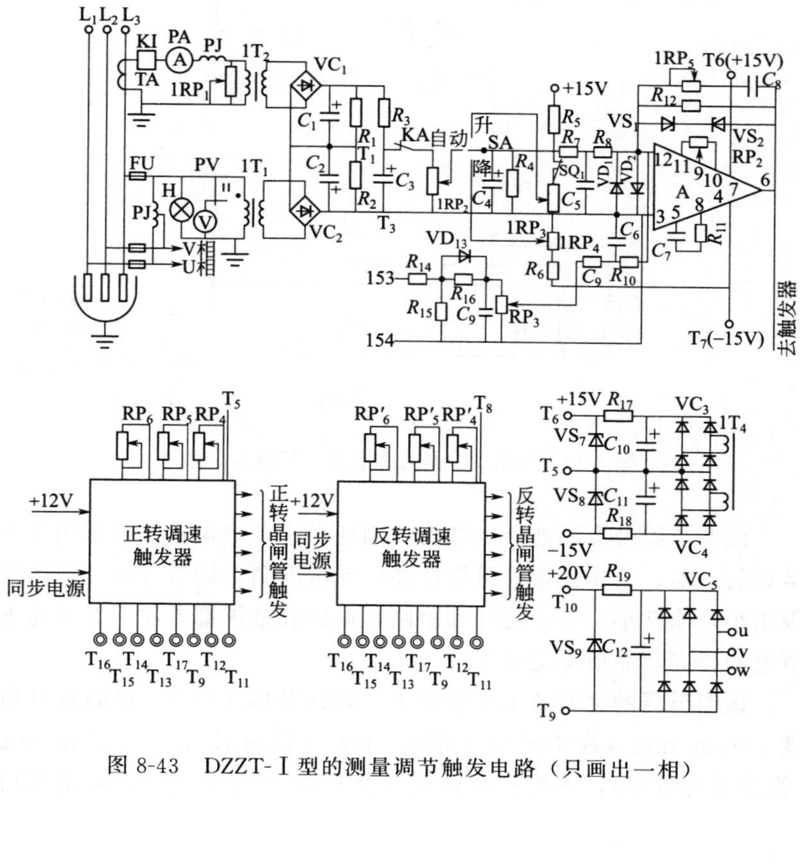

图 8-43　DZZT-Ⅰ型的测量调节触发电路（只画出一相）

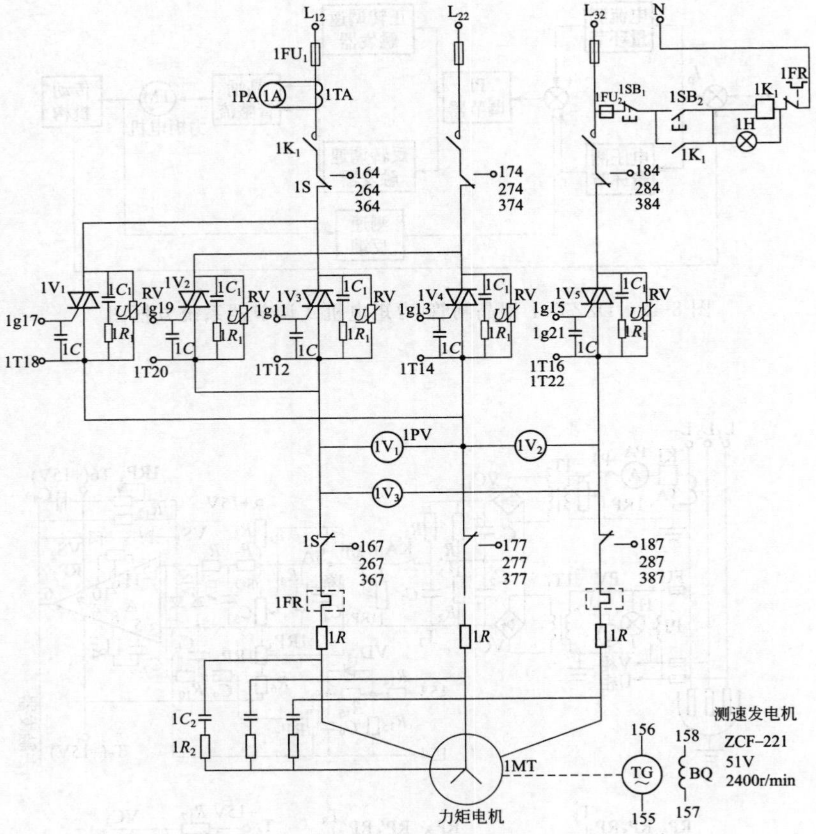

图 8-44 DZZT-Ⅰ型的主电路（只画出一相）

该调节器带有测速负反馈构成闭环系统，测量积分器采用集成运算放大器，工作稳定，可靠性高，灵敏度高，调节方便，死区范围很小，惯性小，不会过冲和跳闸，调试和维护都方便，并有显著节电和提高产品质量之效果。

该调节器的主要技术参数如下：调速范围 10∶1，最高提升速度 2～3m/min（视炉子容量定），最高下降速度 1.2～1.5m/min（视炉子容量定），电机正反转频率能适应 3 次/s 变化，系统滞后时间 0.2～0.3s，不灵敏区 10%。

电路设有以下保护。

① 过电流保护　当电弧电流超过整定值时，通过高压开关柜内的过电流继电器作用于高压断路器，以保护电炉变压器。

② 快速熔断器保护　双向晶闸管过电流由快速熔断器保护。

③ 过电压保护　采用阻容吸收回路和压敏电阻保护，保护双向晶闸管。

④ 热继电器及熔断器保护　电动机（力矩电机）过电流保护及装置过电流保护。

(1) 工作原理

系统调节对象是电弧功率（即弧长），执行机构是交流力矩电机。当电弧电流与给定值出现偏差时，通过测量比较环节，将此偏差信号输入 PI 调节器，信号经过放大、积分运算后输入触发器，触发器产生触发脉冲触发双向晶闸管，使交流力矩电机正转（调速）或反转（调速），带动机械传动装置调节电极位置，使电弧功率向额定值方向移动，从而维持炉内的功率恒定。

另外，从测速发电机两端取出电压信号，通过衰减后作为速度负反馈信号，输入 PI 调节器。这样，不但有效地减小了电极窜动现象，而且当供电电压及电机负载变化时，都能使系统稳定地工作。

平衡桥的特性曲线如图 8-45 所示；PI 调节器的特性曲线如图 8-46所示。

触发脉冲通过同步变压器分相（120°）触发 U、V、W 相的双向晶闸管。

(2) 调试简述

① 平衡桥调整　用单相交流调压器接入变压器 $1T_2$ 一次侧，在 $1T_1$ 一次侧加一固定的 73V 交流电压，将常闭触头 KA 断开，然后接通单相交流调压器电源，并调节其电压，在测试孔 T_1 与 T_3 间测出直流电压，并相应记录下与调压器串联的交流电流表的读数（即输入电流），应符合图 8-45 所示的特性曲线。否则，应调整变

压器 $1T_1$ 或 $1T_2$ 二次电压（抽头）或 R_1、R_2 的阻值。

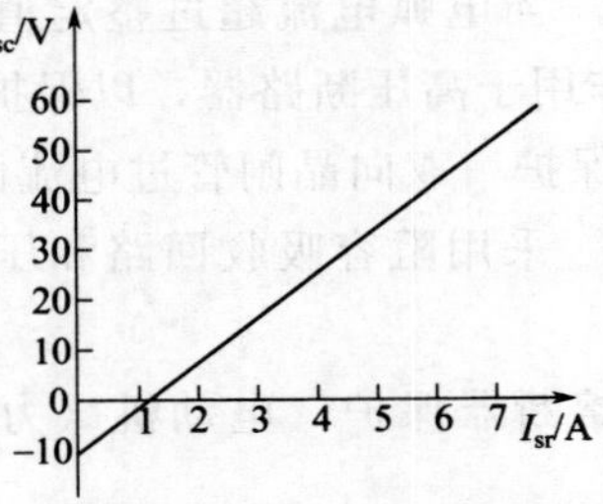

图 8-45　平衡桥输入输出特性曲线

② PI 调节器的调整　断开运算放大器 A 的输入回路，在输入端接入直流稳压电源，调节其电压，并在运算放大器输出端测出相应的电压值，应符合图 8-46 的特性曲线。否则应调整 R_{12} 的阻值，或调换运算放大器。

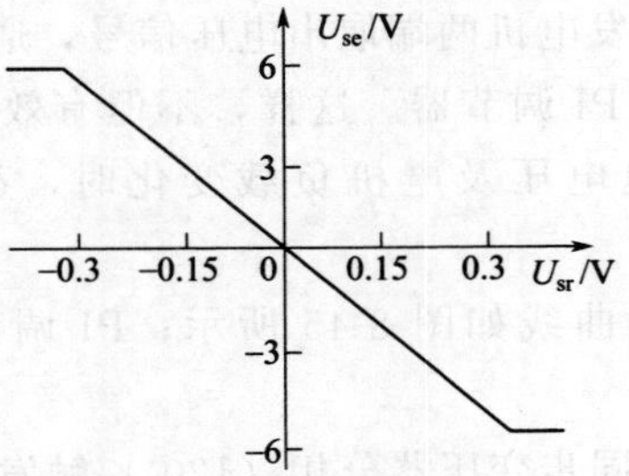

图 8-46　PI 调节器的输入输出特性曲线

③ 触发电路的调试　触发电路由整流电路、梯形波形成器、锯齿波发生器和脉冲输出器组成。其要求及调试方法可参见第 7 章 7.5.5 项。

(3) 电气元件参数

DZZT-Ⅰ型调节器主要电气元件参数见表 8-31。

■ **表 8-31　DZZT-Ⅰ型调节器主要电气元件参数**（包括控制电路元件，图中未画出）

代　号	名　称	型号规格	代　号	名　称	型号规格
PA	交流电流表	59L1 型　4000A	RV	压敏电阻	MY31-910/3
PV	交流电压表	59L1 型　200V	A	运算放大器	1M324
1PA	交流电流表	42L6 型　15A	VS_1、VS_2	稳压二极管	2CW51
1PV	交流电压表	42L6 型　450V	VS_7、VS_8	稳压二极管	2CW112
$1T_1$	变压器	KB-50V·A　220/36V	VS_9	稳压二极管	2CW114
$1T_2$	变压器	1QG75/5A 改制	$1K_1$	交流接触器	CJ20-20A　220V
$1T_3$	同步变压器	TB-100V·A　Y/Y-12	1K～4K	交流接触器	CJ20-10A　220V
		380/36V×6　26V×3	5K、6K	交流接触器	CJ20-40A　220V
$1T_4$	电源变压器	KB-30V·A　380/26V×2	1KA～3KA	中间继电器	JZ7-44　220V
SA	转换开关	LW_2-7.7/F_4-8X	1FR～3FR	热断电器	JR16-20　6.8～11A
1S～3S	转换开关	LW_5-15D2001/7	SB_1～SB_{11}	按钮	LA18-22(红)(绿)
$1F_{51}$～$1F_{53}$	熔断器	RL15/3A	H_1～H_3	指示灯	AD11-10　220V(红)
FU_1、FU_2	熔断器	RL15/6A	$1V_1$～$1V_5$	双向晶闸管	KS-50A/1200V
FU	熔断器	RL-60/60A	$1RP_1$	瓷盘变阻器	BC1-25W　5Ω
$1FU_1$	快速熔断器	RLS-60/50A	R_3	电阻	RJ-2kΩ　1W
QF	断路器	DZ15-100A	R_4～R_6	电阻	RJ-20kΩ　1/2W
1MT	力矩电动机	16N·m　$n_e=750$r/min	R_7～R_{10}	电阻	RJ-10kΩ　1/2W
TG	测速发电机	ZCF-221　$U_e=51$V　$n_e=2400$r/min，$R_L=2$kΩ	R_{12}	电阻	RJ-510kΩ　1/2W
R	电阻	RX1-20Ω　10W	R_{14}	电阻	RJ-510Ω　2W
C	电容器	CJ41　2μF　1000V	R_{15}、R_{16}	电阻	RJ-1kΩ　1W
1C	电容器	CBB22　0.01μF　63V	R_{17}、R_{18}	电阻	RJ-2kΩ　2W

续表

代号	名称	型号规格
$1R_2$	电阻	RX1-51Ω 8W
$1C_2$	电容器	CBB22 0.22μF 630V
$1C_1$	电容器	CBB22 0.1μF 800V
$1R$	电阻	2Ω10A，用 ϕ1.5mm 镍铬电阻丝绕制
$1R_1$	线绕电阻	RX1-51Ω 8W
VC_5、VD_{13}	二极管	1N4004
VD_1、VD_2	二极管	2CK43A
C_1、C_2	电解电容器	CD11 200μF 50V
C_{10}～C_{12}	电解电容器	CD11 100μF 50V
C_4～C_8	电容器	CBB22 0.1μF 63V
C_9	电容器	CBB22 1μF 63V
R_1、R_2	被釉电阻	GX11-200Ω 25W

代号	名称	型号规格
R_{19}	电阻	RJ-1kΩ 2W
$1RP_2$	电位器	WX3-11 10kΩ 3W
$1RP_3$	电位器	WX3-11 100kΩ 3W
RP_3	电位器	WX3-11 1kΩ 3W
$1RP_4$、RP_4～RP_6、RP'_4～RP'_6	电位器	WX4-11 2kΩ 3W
VC_1～VC_4	整流堆	QL1A/100V
电路板上主要元件	运算放大器	LM324
	三极管	3DG130(绿点)
	三极管	3CG130(绿点)
	单结晶体管	BT35 $\eta \geqslant 0.6$
	整流桥	QL1A/100V
	二极管	1N4007
	稳压二极管	2CW114
	电容器	CJ11 1μF 160V
	电容器	CJ11 0.01μF 160V
	电容器	CJ11 0.22μF 160V
	电解电容器	CD11 220μF 50V
	电解电容器	CD11 100μF 160V
	电阻	RJ-470Ω 2W
		RJ-2kΩ 2W
		RJ-1kΩ 2W
		RJ-120Ω 2W

(4) 常见故障及处理

DZZT-Ⅰ型调节器的常见故障及处理方法见表8-32。

■ 表8-32 DZZT-Ⅰ型调节器的常见故障及处理方法

序号	故障现象	可能原因	处理方法
1	某台电动机不能转动	① 该台电动机熔断器熔断 ② 热继电器动作 ③ 启动接触器故障 ④ 启动按钮毛病 ⑤ 与该相有关的导线头松脱 ⑥ 电动机接线盒内导线头松脱 ⑦ 晶闸管接线头松脱 ⑧ 同步变压器接线头松脱或同变压器损坏 ⑨ 触发器故障 ⑩ 触发器插座上的连接线虚焊或插板未插好 ⑪ 电动机损坏	① 检查并更换熔芯 ② 查明动作原因,按复位杆 ③ 更换接触器 ④ 更换或检修按钮 ⑤ 检查并拧紧连接螺钉 ⑥ 打开接线盒检查 ⑦ 检查并连接牢靠 ⑧ 检查并连接牢靠或更换同步变压器 ⑨ 用示波器检查测试孔的波形是否正常 ⑩ 重新焊接或插好插板 ⑪ 更换电动机
2	手动升速不动作	① 装在传动导轨上的上限位开关失灵或线头松脱 ② 与手动升速有关的线头松脱 ③ 转换开关失灵 ④ 手动升速电位器故障 ⑤ 稳压电源+15V电压消失 ⑥ 同第1条⑦～⑩项	① 检修限位开关,连接好接线 ② 检查各接线头,拧紧接线螺钉 ③ 检修转换开关 ④ 更换或检修电位器 ⑤ 用万用表检查稳压电源电压 ⑥ 同第1条⑦～⑩项
3	手动降速不动作	① 与手动降速有关的线头松脱 ② 转换开关失灵 ③ 手动降速电位器故障 ④ 稳压电源−15V电压消失 ⑤ 同第1条⑦～⑩项	① 检查各接线头,拧紧接线螺钉 ② 检修转换开关 ③ 更换或检修电位器 ④ 用万用表检查稳压电源电压 ⑤ 同第1条⑦～⑩项
4	自动不动作或乱动	① 与自动有关的线头松脱 ② 转换开关失灵 ③ 自动电位器故障	① 检查各接线头,拧紧接线螺钉 ② 检修转换开关 ③ 更换或检修电位器

续表

序号	故障现象	可能原因	处理方法
4	自动不动作或乱动	④ 电流互感器线头松脱 ⑤ 电压互感器线头松脱 ⑥ 电压互感器损坏 ⑦ 同第1条⑦～⑩项	④ 检查并连接牢靠 ⑤ 检查并连接牢靠 ⑥ 更换电压互感器 ⑦ 同第1条⑦～⑩项
5	某台电动机的三只电压表指示，不论是手升还是手降，均达最高电压值	① 测速发电机线头接反，成为正反馈 ② 测速发电机的联轴器松脱 ③ 测速发电机无励磁 ④ 测量积分器的反馈电压电位器失灵或元件损坏 ⑤ 同第1项⑩条	① 纠正接线，使它成为负反馈 ② 检修或更换联轴器 ③ 检查励磁电压 ④ 更换电位器或元件 ⑤ 同第1项⑩条
6	某台电动机不论手升、手降还是自动均失控	① 电源相序搞错 ② 电动机相序搞错 ③ 同第5条①项	① 检查电源相序 ② 对调其中两根进线 ③ 同第5条①项
7	某台电动机三只电压表一只电压特别小或为零	① 一相熔断器熔断 ② 触发器故障或未调整好 ③ 晶闸管线头松脱或损坏 ④ 电压表线头松脱	① 检查并更换熔断器 ② 更换触发器或重新调整 ③ 连接好线头或更换晶闸管 ④ 连接好线头
8	三只总电流表电流调不平衡或失控	① 电流互感器二次接反 ② 电压互感器线头松脱 ③ 电流调节电位器失灵或引线虚焊	① 检查并纠正接线 ② 检查并连接牢靠 ③ 更换电位器或焊接牢靠
9	低速时电动机三只电压表指针抖动	① 测速负反馈量过大 ② 测速发电机与电动机的连接下紧密(这时高速时也可能抖动)	① 适当减小负反馈电压 ② 使测速发电机与电动机同轴运行
10	三台电动机均不能启动	① 进线电源缺两相或总熔断器熔断 ② 电源零线与柜内零线断开	① 检查进线电源或更换熔断器 ② 检查零线，并连接牢靠
11	电动机过热	① 三相电压不平衡 ② 电动机堵转时间过长 ③ 电动机散热孔堵塞 ④ 电动机本身质量问题	① 查出不平衡的原因，并修复，若触发器有问题，应重新调整或更换 ② 不允许电动机长时间堵转 ③ 检查并处理 ④ 更换电动机 注：必要时，可用风扇散热

8.4.3 晶闸管-电磁调速电动机式电弧炉电极自动调节器

晶闸管-电磁调速电动机式电弧炉电极自动调节器系统方框图如图 8-47 所示；电气原理图如图 8-48 和图 8-49 所示。它属于晶闸管三相交流调压装置。

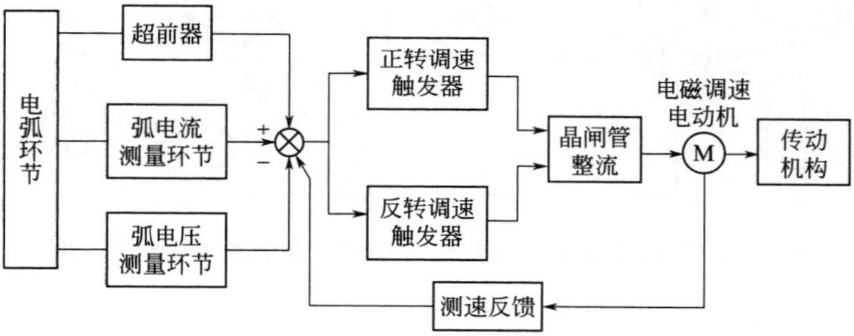

图 8-47 晶闸管-电磁调速电动机式调节器系统方框图

该自动调节器为西安电炉研究所研制的产品，它较旧式的晶闸管-电磁调速电动机电极自动调节器具有更好的性能。如采用了准确度高、线性度好的电流输出型桥式比较电路；采用了电弧电流微分负反馈电路（超前器），使超前时间及校正强度可调，不会引起超调现象。

(1) 工作原理

装置各环节的工作原理如下。

① 平衡桥测量环节　电流检测回路采用两只电流互感器 TA_1 和 TA_2，TA_2能将电流信号由 5A 变成 0.5A，输出电压能增高到 20V 左右。正比于电弧电流的 I_1同正比于电弧电压的电流 I_V在电桥的对角线回路（a、b）上进行比较，即以两个电流之差作为输出量，所以该电路也称为电流比较式电路。其优点是传输特性的线性度与负载大小无关。

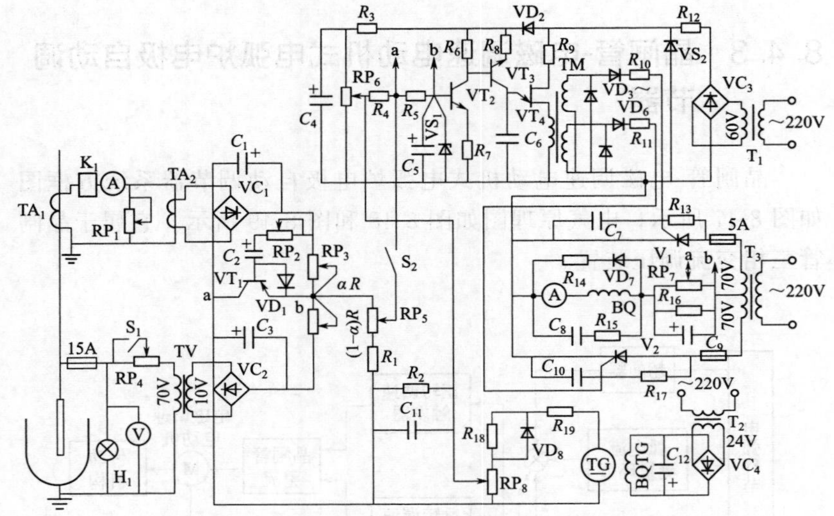

图 8-48　晶闸管-电磁调速电动机式调节器电路（只画出一相）

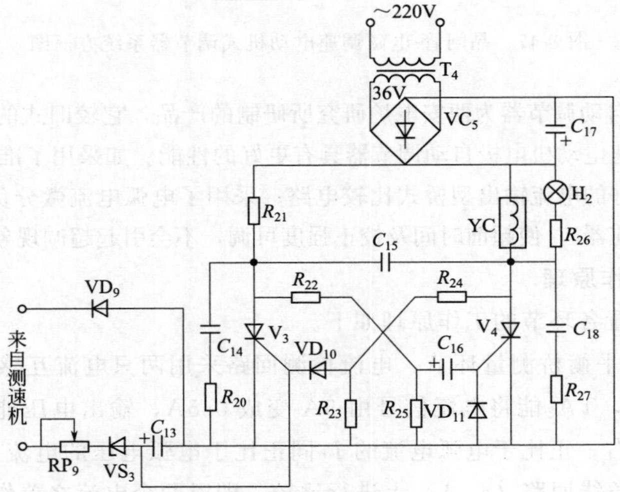

图 8-49　电磁抱闸控制电路（只画出一相）

实际上，电弧电流整定是依靠调节两个桥臂上的双联电位器 RP_3 来实现。RP_3 双联电位器反极性接线，整定时，向相反方向改变，所以电弧整定范围显著加宽，可在 0～100%范围内调节，即整定系数 α 为 0～1。

② 电弧电流微分负反馈电路　微分负反馈电路由三极管 VT_1、电容 C_2、电位器 RP_2 和二极管 VD_1 组成。当电弧电流增大，如极限情况，即电极同炉料接触出现短路时，电弧电流达到最大值。此时电弧电流信号通过 RP_2、VD_1、$(1-\alpha)R$ 及负载电阻 RP_5、R_1 向 C_2 充电，VT_1 基极承受正偏压而截止。C_3 充电的效果是使电弧电流信号输出加快、加强，结果使离合器励磁电流建立也加快、加强，可使电极提前动作，缩短电极短路时间。

当电弧电流减小时，αR 压降降低，C_2 通过 RP_2、αR 及 VT 的 be 结放电，此放电电流（VT_1 基极电流）大小与电弧电流降低速度成正比，电弧电流减小越剧烈，基极电流越大，基极输出阻抗就越小，电弧电流输由信号也就越小。就是说微分负反馈作用使电弧电流信号输出电压 U_{ab} 提前减小。其效果使离合器励磁电流提前降到平衡电流，即使离合器获得提前制动力矩，系统也不发生超调。调节 RP_2，即可改变超前时间及校正强度。

③ 离合器励磁控制回路　控制回路由晶闸管 V_1、V_2 及中心抽头式整流变压器 T_3 组成。作为负载的离合器励磁绕组 BQ 接在晶闸管 V_1、V_2 公共阴极及 T_3 中心抽头之间。改变晶闸管的导通角，便可调节离合器的励磁电压。

图 8-48 中，R_{13}、C_7 和 R_{17}、C_{10} 为晶闸管阻容保护电路；二极管 VD_7 和电阻 R_{14} 为放电续流回路，一方面使电路关断时不致产生过电压；同时在小导通角时，励磁电流能连续，提高了离合器的转矩。为了减小放电电流的时间常数，在 VD_7 回路中加 R_{14}。线圈 BQ 属电感性质，窄脉冲可能触不开晶闸管，为此并一电阻 R_{15}，使晶闸管触发时，能在 R_{15} 中立即流过电流而可靠导通。为了使 R_{15} 正常不流通直流电流以减小功耗，R_{15} 回路加隔直电容 C_8。

为了防止电网电压波动及温度变化引起整流电压及励磁电流变

化，使原处于平衡状态的电极产生低速爬行，在BQ回路串一电阻R_{16}、RP_7，从RP_7取得电流负反馈信号，反馈到触发电路的输入端，从而实现电极稳定的目的。电容C_9能加快反馈信号的作用。

④ 触发电路　触发电路采用单结晶体管张弛振荡器。工作原理同前。该触发电路中，为了提高电路的线性度加大了负反馈电阻R_7数值(由2kΩ增大到5.1kΩ)；二极管VD_2接于如图位置，能使单结晶体管VT_4获得过零的梯形波电源，而三极管VT_2、VT_3能获得经过电容C_4滤波的平滑直流电源，提高了控制精度。

⑤ 速度负反馈电路　电磁离合器的自然机械特性太软，在小励磁电流时会造成电极因自重下降，撞坏电极。采用速度负反馈后，可使机械特性变硬，且改善了动态性能。

由测速发电机将转速转变成电压，并由电位器RP_8取出，调节RP_8，可改变反馈量。测速发电机TG由离合器的转子带动，其输出电压大小正比于离合器转子的速度。

二极管VD_8的作用是减弱提升方向的负反馈量，提高电极提升速度。

⑥ 电磁抱闸控制电路　为了防止电磁调速电动机断电而造成电极下降撞断，在离合器输出轴上安装有电磁抱闸(YC)。YC的供电和电动机及励磁绕组BQ的电源联锁，只有当交流电动机有电启动、励磁绕组供电产生平衡力矩后，抱闸回路才可能供电打开，使调节器进行工作。而当电极一旦超速下降时，抱闸回路立即断电，依靠弹簧力将离合器的电枢轴闸住。

图中，晶闸管V_4用作接通抱闸线圈YC，而晶闸管V_3用作关断V_4。关断的触发电压来自测速发电机TG的超速下降信号。当T_4得电时，电容C_{16}被充电，晶闸管V_4触发导通，YC得电而打开抱闸，同时电容C_{15}被充电到电源电压，为关断V_4做好准备。当电极发生超速下降时，测速发电机输出电压大于稳压管VS_3的稳压值，VS_3击穿，晶闸管V_3触发导通，C_{15}的电压反向加在V_4上，V_4关闭，抱闸线圈YC断电，电枢轴闸住。

图中，R_{20}、C_{14}、R_{27}、C_{18} 为晶闸管阻容保护电路；二极管 VD_9 用以限制测速信号电压的极性，使电极上升时抱闸不动作；VD_{11} 为 C_{16} 提供一条放电回路，以免 C_{16} 放电时损坏 V_4 的控制极。

(2) 电气元件参数

晶闸管-电磁调速电动机式电极调节器的主要电气元件参数见表 8-33。

■ **表 8-33 晶闸管-电磁调速电动机式电极调节器主要电气元件参数**

代　　号	名　　称	型号规格	代　　号	名　　称	型号规格
TA_1	电流互感器	1500/5A	VS_2	稳压管	2DW5
TA_2	电流互感器	1QR-0.5-5/0.5A	R_{16}	瓷盘电阻	50Ω　150W
TV	电压互感器	50V·A　70/10V	R_{19}	电阻	200Ω　1/2W
T_1	变压器	25V·A　220/60V	R_{21}	电阻	470Ω　2W
T_2	变压器	50V·A　220/24V	R_{22}	电阻	330Ω　1/2W
T_3	变压器	200V·A　220/70V×2	R_{23}	电阻	3.3kΩ　1/2W
T_4	变压器	200V·A　220/36、6V	R_{24}	电阻	1MΩ　1/2W
TG	测速发电机	ZCF16	R_{25}	电阻	20kΩ　1/2W
V_1、V_2	晶闸管	KP5A/400V	R_{26}	线绕电阻	100Ω　10W
V_3、V_4	晶闸管	KP5A/200V	RP_1	瓷盘电阻	5.1Ω　50W
VT_1	三极管	3CG21	RP_2	电位器	5.1kΩ　2W
VT_2	三极管	3DG6	RP_3	双联电位器	150Ω×2　3W
VT_3	三极管	3CG21C	VS_3	稳压管	2CW17
VT_4	单结晶体管	BT33E	R_1、R_6、R_7、R_{18}	电阻	5.1kΩ　1/2W
VC_1、VC_2	二极管	2CP1	R_2	电阻	2kΩ　1/2W
VD_1、VD_8、VC_3	二极管	2CP21	RP_7、RP_8	电位器	5.1kΩ　2W
VD_2、VC_4、VC_5	二极管	2CZ12D	RP_9	电位器	1kΩ　2W
VD_3、VD_6	二极管	2CP12	C_1、C_3	电解电容器	100μF　50V
VD_7	二极管	2CZ5A/400V	C_2	电解电容器	10μF　25V
VD_9～VD_{11}	二极管	2CP15	C_4	电解电容器	220μF　25V
VS_1	稳压管	2CW7	C_5	电容器	5μF　10V

续表

代号	名称	型号规格	代号	名称	型号规格
C_6	电容器	0.22μF 160V	R_{15}	线绕电阻	100Ω 10W
C_7、C_{10}、C_{14}、C_{18}	电容器	0.1μF 400V	RP_4	瓷盘电阻	390Ω 50W
C_8	电容器	1μF 400V	RP_5	电位器	10kΩ 2W
R_3	电阻	7.5kΩ 1/2W	RP_6	电位器	2.2kΩ 2W
R_4	电阻	3.9kΩ 1/2W	C_9	电解电容器	2000μF 50V
R_5	电阻	2.4kΩ 1/2W	C_{11}	电容器	1μF 63V
R_8	电阻	1kΩ 1/2W	C_{12}	电解电容器	500μF 25V
R_9	电阻	390Ω 1/2W	C_{13}	电解电容器	100μF 25V
R_{10}、R_{11}	电阻	33Ω 1/2W	C_{15}	电容器	4μF 400V
R_{12}	线绕电阻	1.5kΩ 6W	C_{16}	电解电容器	3μF 50V
R_{13}、R_{17}、R_{20}、R_{27}	线绕电阻	30Ω 10W	C_{17}	电解电容器	100μF 100V
R_{14}	瓷盘电阻	5.1Ω 75W			

8.4.4 晶闸管交流调压电路的比较

三相晶闸管交流调压电路的形式及其特点见表 8-34。

■ **表 8-34 三相晶闸管交流调压电路的形式及其特点**

序号	1	2	3
电路图	$u_U=\sqrt{2}U\sin\omega t$ $i_U=\sqrt{2}I\sin(\omega t+\varphi)$ 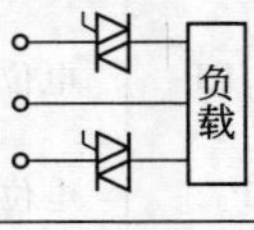 	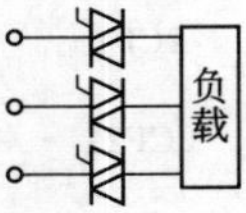 	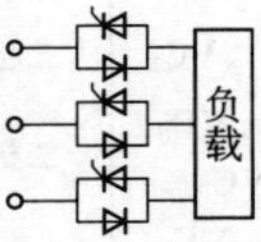
晶闸管承受的电压最大值	$\sqrt{2}U$	$\sqrt{2}U$	正向 $\sqrt{2}U$，反向 0
流过晶闸管的电流平均值	$\frac{\sqrt{2}}{\pi}I$	$\frac{\sqrt{2}}{\pi}I$	$\frac{\sqrt{2}}{\pi}I$

续表

特点	① 元件用量少 ② 在断开状态下承受过电压能力小 ③ 三相电流不平衡，若用于电动机，只适于小容量	① 在断开状态下承受过电压能力较强 ② 三相电流平衡 ③ 适用于各种负载	① 元件用量少 ② 可使用反向耐压低的管子 ③ 在断开状态下承受过电压能力小 ④ 相、线电压及正负半波不对称。无直流分量，含偶次谐波。用于电动机时，应考虑对转矩的影响
序　　号	4	5	6
电路图	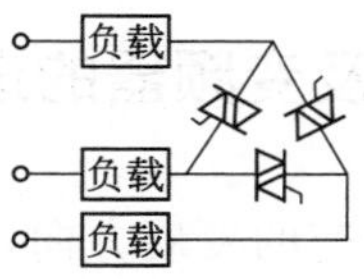	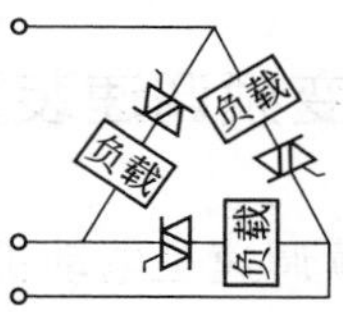	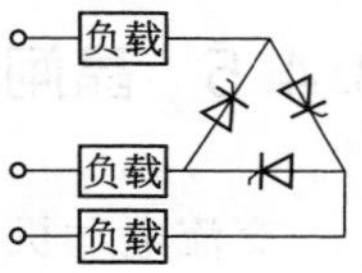
晶闸管承受的电压最大值	$\sqrt{2}U$	$\sqrt{2}U$	$\sqrt{2}U$
流过晶闸管的电流平均值	$\frac{1}{\pi\sqrt{2}}I$	$\frac{\sqrt{2}}{\pi\sqrt{3}}I$	$\frac{\sqrt{2}}{\pi}I$
特点	① 晶闸管的负载较轻 ② 在断开状态下承受过电压能力小 ③ 只适用于星形负载	① 晶闸管负载较轻 ② 在断开状态下承受过电压能力小 ③ 适用于三角形负载	① 晶闸管用量少 ② 元件电流为额定电流的 1.5 倍 ③ 在断开状态下承受过电压能力小 ④ 有偶次谐波电流，冲击电流大 ⑤ 适用于星形负载
序　　号	7	8	9
电路图	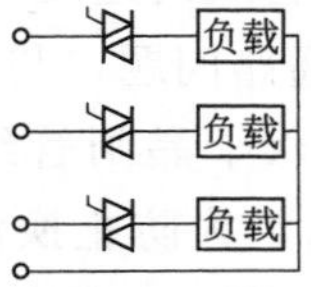	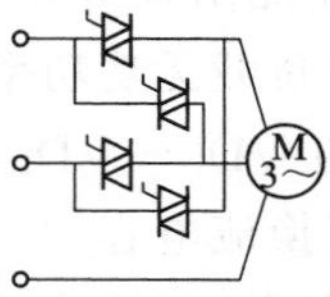	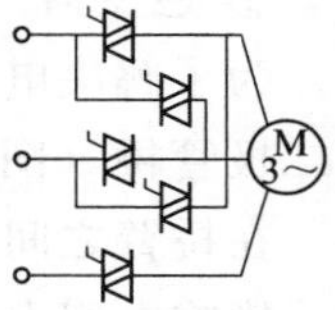

续表

晶闸管承受的电压最大值	$\frac{\sqrt{2}}{\sqrt{3}}U$	$\sqrt{2}U$	$\sqrt{2}U$
流过晶闸管的电流平均值	$\frac{\sqrt{2}}{\pi}I$	$\frac{\sqrt{2}}{\pi}I$	$\frac{\sqrt{2}}{\pi}I$
特点	① 晶闸管承受的电压较低，为相电压幅值 ② 适用于星形负载	在断开状态下承受过电压能力小	① 在断开状态下承受过电压能力强 ② 电路对称性好

注：U 为相电压有效值，V；I 为线电流有效值（负载电流），A。

8.4.5 晶闸管变频调速装置及变频器的选用

交流电动机变频调速是电动机调速的发展方向，随着变频器的价格降低，采用变频调速也越来越普遍。变频器接线简单，使用也较方便，但变频器内部电路复杂，变频调速所涉及的知识面广而深。

(1) 变频调速装置的基本原理

在这里仅对交流电动机变频调速的组成，以及各个环节在系统中的作用等作一介绍。

变频调速装置的方框图如图 8-50 所示。

该装置采用了交流→直流→交流的整流及逆变线路。先将三相工频交流电源通过晶闸管三相半控整流桥整流，经滤波后，作为三相桥式逆变器的电源，并经过逆变器得到各种不同频率（如 10～150Hz）的电压，以达到三相异步电动机调速的目的。

① 逆变器　采用晶闸管串联二极管式的逆变器，如图 8-51 所示。为了解决电感性负载无功功率的通路问题，与逆变器反并联一个二极管桥（图中的 VD_7～VD_{12}）。六个晶闸管组成三相桥式电路。在桥臂之间并接换流电容 C_1～C_6。为防止换流电容对负载放电，影响电容上的恒压而对换流不利，在主电路中串入隔离二极管

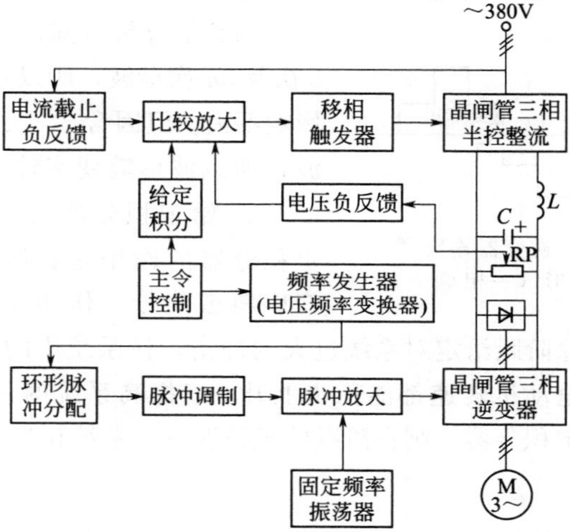

图 8-50　交流电动机变频调速方框图

$VD_1 \sim VD_6$。而 $VD_7 \sim VD_{12}$ 为反馈二极管，为滞后的负载电流（或无功功率）提供反馈到电源的通路。图中，L 为滤波电感，C 为储能电容，也起滤波作用。

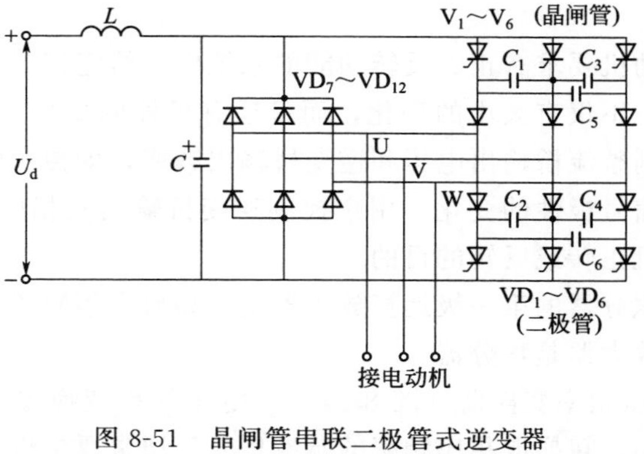

图 8-51　晶闸管串联二极管式逆变器

经逆变器输出的电压波形（一相）如图 8-52 所示。

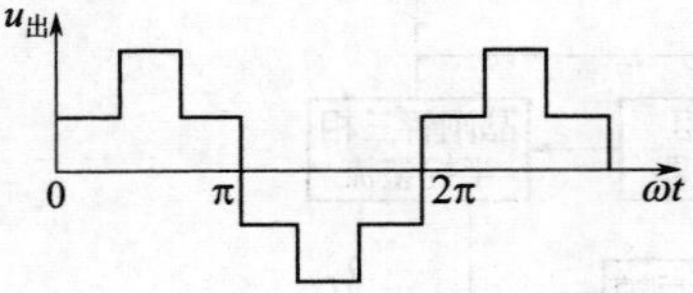

图 8-52　逆变器输出电压波形（一相）

由数学分析可知，电压波形中无 3 次及 3n 次谐波，所以对电动机运行影响不大。但因含 5、7、11、…次谐波，所以波形畸变率较大。

② 给定积分器（图 8-53）　给定积分器的作用是将阶跃给定信号变成斜坡信号，作用于整流和逆变回路，以消除阶跃给定对系统过大的冲击，使系统中的电压、电流、逆变频率和电动机转速都能稳步上升，以提高系统的可靠性。系统若不使用给定积分器，则在阶跃给定情况下，系统相当于直接启动。

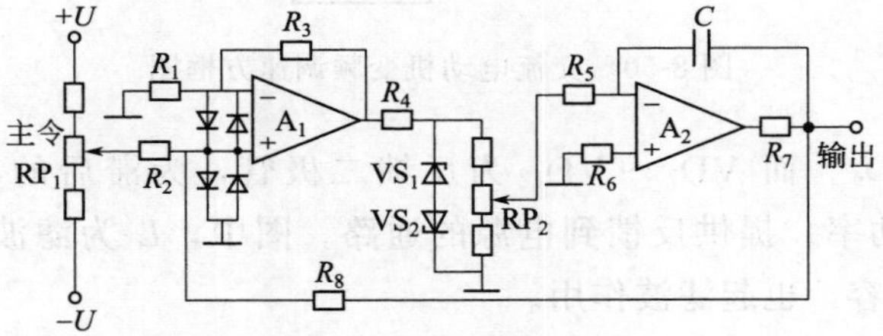

图 8-53　给定积分原理图

在电动机要求有正、反转功能的系统中，给定积分器的输入和输出信号，不仅有大小的变化，而且还有极性的变化。大小变化，是用来控制整流桥输出电压和逆变桥输出频率，即控制电动机转速的大小；信号极性的变化，用来控制逆变桥输出三相电压的相序，达到电动机正转或反转的目的。

给定积分器的第一级运算放大器是一高放大倍数的比例器，第二级运算放大器是积分器。

③ 电压频率变换器（图 8-54）　电压频率变换器是根据输入电压的大小，转换成相应频率的脉冲信号。通常要求输入电压与输出信号频率按线性关系变化。

图中，电阻 R_5 和三极管 VT_2 起可变电阻作用，以控制对电容 C_1 的充电电流，从而控制了单结晶体管的振荡频率。三极管 VT_1 等元件起倒相作用。

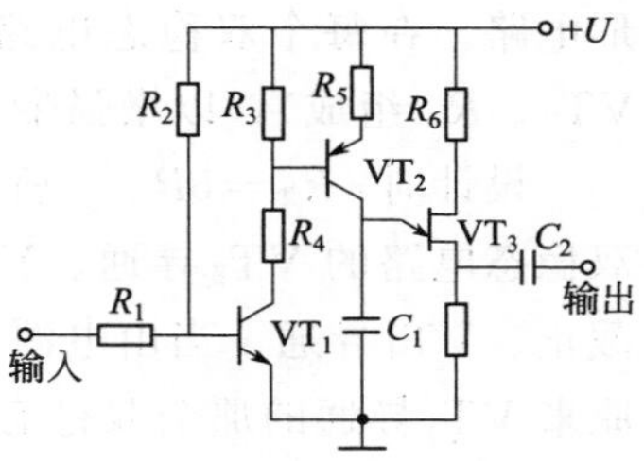

图 8-54　电压频率变换器电路

④ 环形脉冲分配器（图 8-55）环形脉冲分配器是把由电压频率变换器送来的脉冲信号进行分类，然后分为六路输出，各路信号在相位上互差 60°，经功率放大后，分别去控制逆变桥各桥臂的晶闸管。

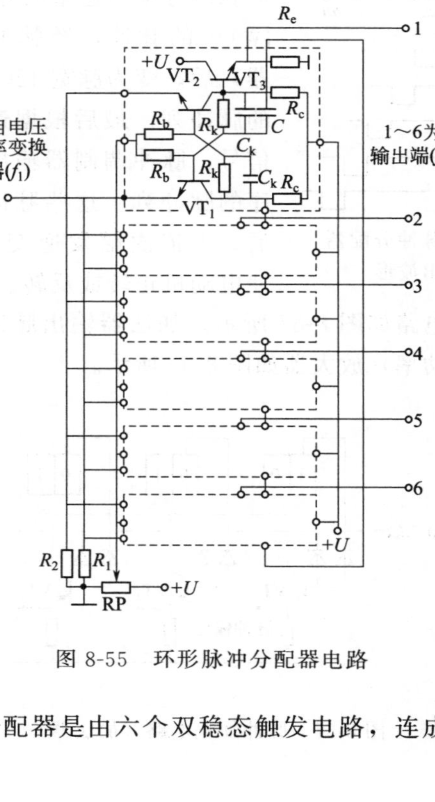

图 8-55　环形脉冲分配器电路

环形脉冲分配器是由六个双稳态触发电路，连成头尾相接的环形电路。在每个双稳态电路的输出端，设有一级射极输出器（由 VT_3、R_e 组成），以增强带负载能力。

设计时，$R_1=5R_2$，所以电路在没有脉冲信号送来时，有五个双稳态电路的 VT_2 导通、VT_1 截止，只有一个双稳态电路是 VT_2 截止、VT_1 导通。当由电源频率变换器送来正脉冲信号后，就迫使原来 VT_1 导通的那个双稳态电路翻转，并且通过 VT_1 集电极耦合电容 C 向下一个双稳态电路 VT_1 的基极送去正脉冲，使下一个双稳态电路翻转成为 VT_2 截止、VT_1 导通。以下依次轮流。

输出波形如图 8-56 所示。可见，$f_1=6f_2$。其中 f_1 为正触发脉冲频率，f_2 为环形脉冲分配器输出脉冲频率。

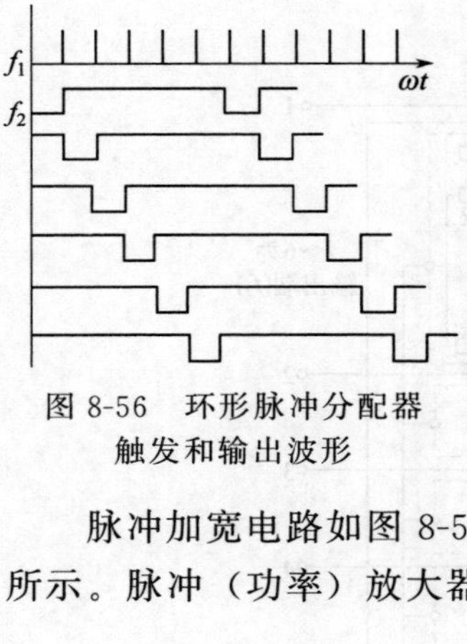

图 8-56 环形脉冲分配器触发和输出波形

⑤ 脉冲调制和脉冲放大器 由环形脉冲分配器送来的脉宽 60°、相互间隔 60°的脉冲，经脉冲调制器（加法器）后，变为脉宽 120°、相互间隔 60°的脉冲列。最后根据逻辑开关送来的信号，脉冲调制器输出正相序或逆相序的脉冲列。这些脉冲列经功率放大后，去依次触发逆变桥各臂晶闸管，使电动机正转或反转。

脉冲加宽电路如图 8-57 所示。加法器输出脉冲波形如图 8-58 所示。脉冲（功率）放大器如图 8-59 所示。

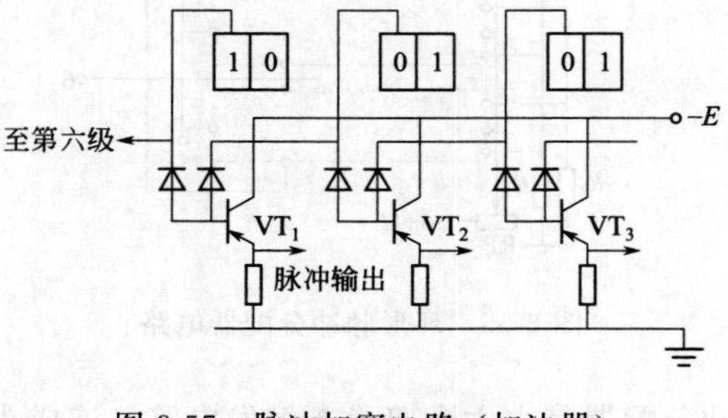

图 8-57 脉冲加宽电路（加法器）

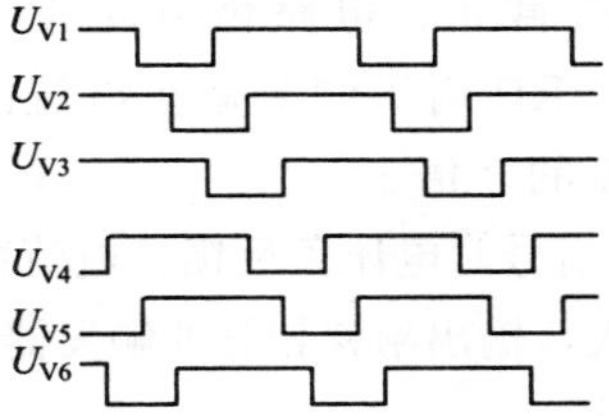

图 8-58　加法器输出脉冲波形

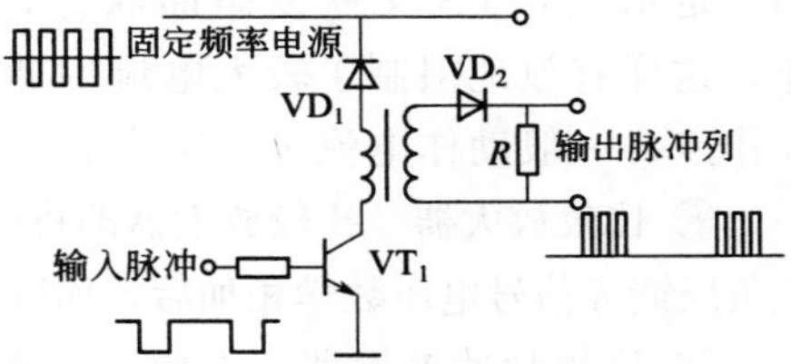

图 8-59　脉冲（功率）放大器电路

⑥ 固定频率振荡器（图 8-60）　脉冲放大器的输出频率决定于固定频率振荡器的振荡频率，脉冲列包络线宽度决定于输入信号脉冲宽度。

固定频率振荡器实际上是一个自激振荡器。它由三极管 VT_1、VT_2和一个具有矩形磁化曲线的多绕组变压器以及起振荡环节 R_1、R_2和 C 组成。其振荡频率应为逆变器最高工作频率的 20 倍以上，约 4kHz。

⑦ 电流截止负反馈（图 8-61）　为了限制电动机启动电流，除了采用以上所述的积分延时电路外，还采用了电流截止负反馈，它由电流互感器 TA、三极管 VT_1及稳压管 VS 等组成。其动作原理如下。

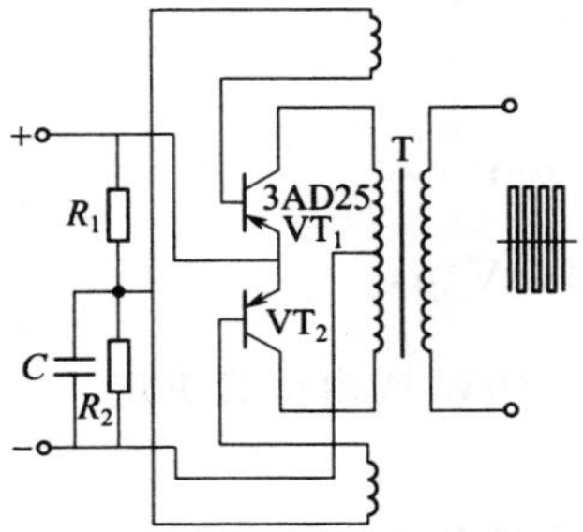

图 8-60　固定频率振荡器电路

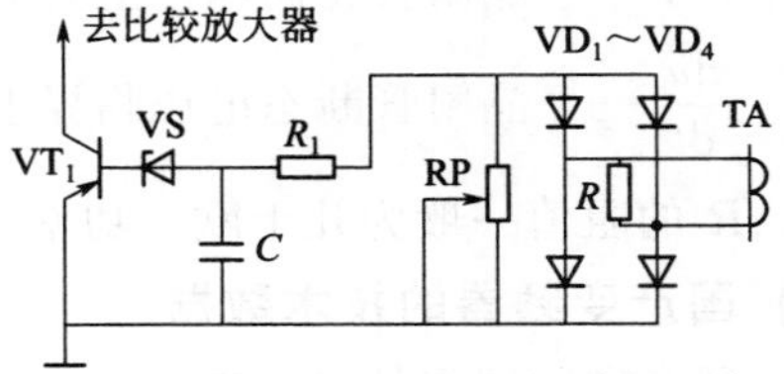

图 8-61　电流截止负反馈电路

当启动电动机或负载突然增加时，主电路电流过大，经电流互感器耦合、二极管整流，将稳压管 VS 击穿，VT_1导通，从而输出信号到比较放大器，使整流输出直流电压减小。当主电路电流减小到一定值后，VS 又恢复阻断状态，VT_1 截止，电路恢复正常工作，这样有效地限制了较大电流的冲击。RP 用于调节截止电流的工作点，一般动作电流可整定为额定电流的 3 倍。

⑧ 比较放大器　比较放大器即将给定信号、电压负反馈、电流截止负反馈等信号电压数学相加后，加以放大，输出给移相脉冲触发器。

⑨ 移相脉冲触发器　在前面已作介绍。

⑩ 保护元件　交流逆变器的保护元件有过电流保护、过电压保护、整流回路晶闸管换向过电压保护和逆变回路中晶闸管换向过电压保护等。

前几种保护已在前面作了介绍。逆变回路晶闸管换向过电压保护（即并联在晶闸管阴-阳极间的 RC 保护）元件选择如下。

容量：　　$C \geqslant (5 \sim 10) I_T \times 10^{-3}$　（μF）

耐压：　　$U_C \geqslant 1.2 U_{DRM}$

式中　I_T——晶闸管通态平均电流，A；

U_{DRM}——晶闸管断态重复峰值电压，V。

实际表明，C 的容量取得大些为好，工作稳定。

与电容串联的电阻

$$R \geqslant T/C \quad (\Omega)$$

$$T = U_{DRM} \Big/ \left(\frac{du}{dt}\right)$$

式中　T——晶闸管正向电压上升时间，μs；

$\frac{du}{dt}$——晶闸管断态电压临界上升率，V/μs。

R 的阻值一般为几十欧、功率为 20～40W 或由试验决定。

(2) 国产变频器的技术数据

国产变频器有佳灵 JP6C-T9 系列通用型和 J9 系列节能型；惠丰 HF1000-G 系列、HF-G 系列和 HF-P 系列等。

① 佳灵 JP6C-T9 系列和 JP6C-J9 系列变频器　我国佳灵公司生产的通用型变频器 JP6C-T9 和节能型变频器 JP6C-J9 的主要技术指标见表 8-35。

■ **表 8-35　JP6C-T9 型和 JP6C-J9 型变频器主要技术指标**

型号 JP6C-		T9-0.75	T9-1.5	T9-2.2	T9-5.5	T9/J9-7.5	T9/J9-11	T9/J9-15	T9/J9-18.5	T9/J9-22	T9/J9-30	T9/J9-37	T9/J9-45	T9/J9-55	T9/J9-75	T9/J9-90	T9/J9-110	T9/J9-132	T9/J9-160	T9/J9-200	T9/J9-220	T9/J9-280
适用电动机功率/kW		0.75	1.5	2.2	5.5	7.5	11	15	18.5	22	30	37	45	55	75	90	110	132	160	200	220	280
额定输出	额定容量/kV·A①	2.0	3.0	4.2	10	14	18	23	30	34	46	57	69	85	114	134	160	193	232	287	316	400
	额定电流/A	2.5	3.7	5.5	13	18	24	30	39	45	60	75	91	112	150	176	210	253	304	377	415	520
	额定过载电流	T9 系列,额定电流的 1.5 倍,1min;J9 系列,额定电流的 1.2 倍,1min																				
	电压	三相 380～440V																				
输入电源	相数,电压,频率	三相 380～440V,50/60Hz																				
	允许波动	电压,+10%～−15%;频率,±5%																				
	抗瞬时电压降低	310V 以上可以继续运行,电压从额定值降到 310V 以下时,继续运行 15ms																				
输出频率 设定	最高频率	T9 系列,50～400Hz 可变设定;J9 系列,50～120Hz 可变设定																				
	基本频率	T9 系列,50～400Hz 可变设定;J9 系列,50～120Hz 可变设定																				
	启动频率	0.5～60Hz 可变设定													2～4Hz 可变设定							
	载波频率	2～6kHz 可变设定																				

续表

输出频率	精度	模拟设定，最高频率设定值的±0.3%（25℃±10℃）以下；数字设定，最高频率设定值的±0.01%（−10～+50℃）
	分辨率	模拟设定，最高频率设定值的0.05%；数字设定，0.01Hz（99.99Hz以下）或0.1Hz（100Hz以上）
控制	电压/频率特性	用基本频率可设定320～440V
	转矩提升	自动，根据负载转矩调整到最佳值；手动，0.1～20.0编码设定
	启动转矩	T9系列，1.5倍以上（转矩矢量控制时）；J9系列，0.5倍以上（转矩矢量控制时）
	加、减速时间	0.1～3600s，对加速时间、减速时间可单独设定4种，可选择线性加速、减速特性曲线
	附属功能	上、下限频率控制，偏置频率，频率设定增益，跳跃频率，瞬时停电再启动（转速跟踪再启动），电流限制
运转	运转操作	触摸面板，RUN键、STOP键，远距离操作；端子输入，正转指令、反转指令、自由运转指令等
	频率设定	触摸面板，∧键、∨键；端子输入，多段频率选择；模拟信号，频率设定器DC 0～10V或DC 4～20mA
	运转状态输出	集中报警输出 开路集电极：能选择运转中、频率到达、频率等级、检测等9种或单独报警。 模拟信号：能选择输出频率、输出电流、转矩、负载率（0～1mA）
显示	数字显示器（LED）	输出频率、输出电流、输出电压、转速等8种运行数据，设定频率故障码
	液晶显示器（LCD）	运转信息、操作指导、功能码名称、设定数据、故障信息等
	灯指示（LED）	充电（有电压）、显示数据单位、触摸面板操作指示、运行指示

续表

制动	制动转矩[2]	100%以上	电容充电制动 20%以上	电容充电制动 10%～15%
	制动选择[3]	内设制动电阻	外接制动电阻 100%	外接制动单元和制动电阻 70%
	直流制动设定	制动开始频率(0～60Hz),制动时间(0～30s),制动力(0～200%可变设定)		
保护功能		过电流、短路、接地、过压、欠压、过载、过热、电动机过载、外部报警、电涌保护、主器件自保护		
外壳防护等级		IP40	IP00(IP20 为选用)	
环境	使用场所	屋内、海拔 1000m 以下,没有腐蚀性气体、灰尘、直射阳光		
	环境温度/湿度	−10～+50℃/20%～90% RH 不结露(220kW 以下规格在超过 40℃时,要卸下通风盖)		
	振动	$5.9m/s^2$($0.6g$)以下		
	保存温度	−20～+65℃(适用运输等短时间的保存)		
	冷却方式	强制风冷		

① 按电源电压 440V 时计算值。

② 对于 T9 系列,7.5～22kW 为 20%以上,30～280kW 为 10%～15%。

③ 对于 J9 系列,7.5～22kW 为 100%以上,30～280kW 为 75%以上(使用制动电阻时)。

② 惠丰 HFL000-G 系列通用型变频器

a. 低频下能输出大力矩功能。

b. 载频任意可调，1～12kHz。

c. 自定义的补偿曲线更加适合电动机的运行特性。

d. 用户可方便地设定对软件功能区的访问权限。

e. 有很强的抗干扰能力，噪声小。

电动机与变频器的匹配见表 8-36。

■ **表 8-36 电动机与变频器的匹配**

型　　号	适配电动机容量/kW	额定输出电流/A	冷却方式	备　注
F1000-G0004S2B	0.4	2.5	自冷	单相塑壳
F1000-G0007S2B	0.75	4.5	风冷	
F1000-G0015S2B	1.5	7	风冷	
F1000-G0022S2B	2.2	10	风冷	
F1000-G0037S2B	3.7	17	风冷	
F1000-G0007T3B	0.75	2	风冷	
F1000-G0015T3B	1.5	4	风冷	
F1000-G0022T3B	2.2	6.5	风冷	三相塑壳
F1000-G0037T3B	3.7	8	风冷	
F1000-G0040T3B	4.0	9	风冷	
F1000-G0055T3B	5.5	12	风冷	
F1000-G0075T3B	7.5	17	风冷	
F1000-G0110T3C	11	23	风冷	
F1000-G0150T3C	15	32	风冷	三相金属结构(壁挂式)
F1000-G0185T3C	18.5	38	风冷	
F1000-G0220T3C	22	44	风冷	
F1000-G0300T3C	30	60	风冷	
F1000-G0370T3C	37	75	风冷	
F1000-G0450T3C	45	90	风冷	

续表

型　　号	适配电动机容量/kW	额定输出电流/A	冷却方式	备　注
F1000-G0550T3C	55	110	风冷	三相金属结构（壁挂式）
F1000-G0750T3C	75	150	风冷	
F1000-G0900T3C	90	180	风冷	
F1000-G1100T3C	110	220	风冷	
F1000-G0750T3D	75	150	风冷	三相金属（柜式）
F1000-G0900T3D	90	180	风冷	
F1000-G1100T3D	110	220	风冷	

注：生产厂是烟台惠丰电子有限公司。

③ 惠丰 HF-G 系列通用型系列变频器

a. 采用空间电压矢量随机 PWM 控制方法。

b. 功率因数高、动态性能好、转矩大、噪声低。

c. 方便的三段速、四段速、八段速调节。

d. 转速提升功能和失速调节功能。

e. 模拟通道及端子触发方式选择功能。

f. 内置 PID 调节功能。

电动机与变频器的匹配见表 8-37。

■ **表 8-37　电动机与变频器的匹配**

型　　号	适配电动机容量/kW	额定输出电流/A	冷却方式	备　注
HF-G7-R4S2	0.4	2.5	自冷	单相塑壳
HF-G7-R75S2	0.75	4.5	风冷	
HF-G7-1R5S2	1.5	7	风冷	
HF-G7-2R2S2	2.2	10	风冷	
HF-G7-3R7S2	3.7	17	风冷	
HF-G7-R75T3	0.75	2	风冷	三相塑壳
HF-G7-1R5T3	1.5	4	风冷	
HF-G7-2R2T3	2.2	6.5	风冷	

续表

型　　号	适配电动机容量/kW	额定输出电流/A	冷却方式	备　注
HF-G7-3R7T3	3.7	8	风冷	三相塑壳
HF-G7-4R0T3	4.0	9	风冷	
HF-G7-5R5T3	5.5	12	风冷	
HF-G7-7R5T3	7.5	17	风冷	
HF-G7-11T3	11	23	风冷	三相金属结构(壁挂式)
HF-G7-15T3	15	32	风冷	
HF-G7-18.5T3	18.5	38	风冷	
HF-G7-22T3	22	44	风冷	
HF-G7-30T3	30	60	风冷	
HF-G7-37T3	37	75	风冷	
HF-G7-45T3	45	90	风冷	
HF-G7-55T3	55	110	风冷	
HF-G7-75T3	75	150	风冷	
HF-G7-90T3	90	180	风冷	
HF-G7-110T3	110	220	风冷	
HF-G7-132T3	132	265	风冷	
HF-G7-160T3	160	320	风冷	
HF-G9-75T3	75	150	风冷	三相金属结构(柜式)
HF-G9-90T3	90	180	风冷	
HF-G9-110T3	110	220	风冷	
HF-G9-132T3	132	265	风冷	
HF-G9-160T3	160	320	风冷	
HF-G9-180T3	180	360	风冷	
HF-G9-200T3	200	400	风冷	
HF-G9-220T3	220	440	风冷	
HF-G9-250T3	250	490	风冷	
HF-G9-280T3	280	550	风冷	
HF-G9-315T3	315	620	风冷	

注：生产厂是烟台惠丰电子有限公司。

④ 惠丰 HF-P 系列风机泵类专用变频器

a. 具备无水、过电压、过电流、过载等保护功能。

b. 水泵控制时的“一拖一”、“一拖二”控制模式。

c. 其备一台变频器拖动两台泵类定时循环控制。

d. V/f 补偿曲线更加适合风机泵类的负载特性。

e. 内置 P1D 调节器和软件制动功能模块。

f. 变频器运行前的制动保护功能，保护变频器和风机泵类不受损害。

电动机与变频器的匹配见表 8-38。

■ 表 8-38 电动机与变频器的匹配

型号	适配电动机容量/kW	额定输出电流/A	冷却方式	备注
HF-P5-R75T3	0.75	2	风冷	三相塑壳
HF-P5-1R5T3	1.5	4	风冷	
HF-P5-2R2T3	2.2	6.5	风冷	
HF-P5-3R7T3	3.7	8	风冷	
HF-P5-4R0T3	4.0	9	风冷	
HF-P5-5R5T3	5.5	12	风冷	
HF-P5-7R5T3	7.5	17	风冷	
HF-P5-11T3	11	23	风冷	三相金属结构(壁挂式)
HF-P5-15T3	15	32	风冷	
HF-P5-18.5T3	18.5	38	风冷	
HF-P5-22T3	22	44	风冷	
HF-P5-30T3	30	60	风冷	
HF-P5-37T3	37	75	风冷	
HF-P5-45T3	45	90	风冷	
HF-P5-55T3	55	110	风冷	
HF-P5-75T3	75	150	风冷	

续表

型　　号	适配电动机容量/kW	额定输出电流/A	冷却方式	备　注
HF-P5-90T3	90	180	风冷	三相金属结构(壁挂式)
HF-P5-110T3	110	220	风冷	
HF-P5-132T3	132	265	风冷	
HF-P5-160T3	160	320	风冷	
HF-P9-45T3	45	90	风冷	三相金属结构(柜式)
HF-P9-55T3	55	110	风冷	
HF-P9-75T3	75	150	风冷	
HF-P9-90T3	90	180	风冷	
HF-P9-110T3	110	220	风冷	
HF-P9-132T3	132	265	风冷	
HF-P9-160T3	160	320	风冷	
HF-P9-180T3	180	360	风冷	
HF-P9-200T3	200	400	风冷	
HF-P9-220T3	220	440	风冷	
HF-P9-250T3	250	490	风冷	
HF-P9-280T3	280	550	风冷	
HF-P9-315T3	315	620	风冷	

注：生产厂是烟台惠丰电子有限公司。

(3) 德国西门子公司 MICROMASTER4 型变频器的技术数据(见表 8-39)

■ **表 8-39　MICROMASTER420/440 技术数据**

型　　号	订　货　号	功率范围 恒转矩 (变转矩) /kW	输入电流 /A	最大输出电流 (没有降低额定值) /A
电源电压 200～240V,单相交流				
MM420-120	6SE6420-2UC11-2AA0	0.12	2	0.9
-250	-2UC12-5AA0	0.25	4	1.7

续表

型　　号	订　货　号	功率范围恒转矩（变转矩）/kW	输入电流/A	最大输出电流（没有降低额定值）/A
-370	-2UC13-7AA0	0.37	5.5	2.3
-550	-2UC15-5AA0	0.55	7.5	3
-750	-2UC17-5AA0	0.75	9.9	3.9
-1100	-2UC21-1BA0	1.1	14.4	5.5
-1500	-2UC21-5BA0	1.5	19.6	7.4
-2200	-2UC22-2BA0	2.2	26.4	10.4
-3000	-2UC23-0cA0	3	35.5	13.6
MM440-120	6SE6440-2UC11-2AA0	0.12(0.25)	1.4(—)	0.9(—)
-250	-2UC12-5AA0	0.25(0.37)	2.7(—)	1.7(—)
-370	-2UC13-7AA0	0.37(0.55)	3.7(—)	2.3(—)
-550	-2UC15-5AA0	0.55(0.75)	5(—)	3(—)
-750	-2UC17-5AA0	0.75(1.1)	6.6(—)	3.9(—)
-1100	-2UC21-1BA0	1.1(2.5)	9.6(—)	5.5(—)
-1500	-2UC21-5BA0	1.5(2.2)	13(—)	7.4(—)
-2200	-2UC22-2BA0	2.2(3)	17.6(—)	10.4(—)
-3000	-2UC23-0CA0	3(4)	23.7(—)	13.6(—)
电源电压380～480V,三相交流				
MM420-370/3	6SE6420-2UD13-7AA0	0.37	1.6	1.2
-550/3	-2UD15-5AA0	0.55	2.1	1.6
-750/3	-2UD17-5AA0	0.75	2.8	2.1
-1100/3	-2UD21-1AA0	1.1	4.2	3
-1500/3	-2UD21-5AA0	1.5	5.8	4
-2200/3	-2UD22-2BA0	2.2	7.5	5.9
-3000/3	-2UD23-0BA0	3	10	7.7

续表

型　号	订　货　号	功率范围恒转矩（变转矩）/kW	输入电流/A	最大输出电流（没有降低额定值）/A
-4000/3	-2UD24-0BA0	4	12.8	10.2
-5500/3	-2UD25-5CA0	5.5	17.3	13.2
-7500/3	-2UD27-5CA0	7.5	23.1	18.4
-11000/3	-2UD31-1CA0	11	33.8	26
MM440-120/3	6SE6440-2UD13-7AA0	0.37(0)	1.1(1.4)	1.2(1.6)
-250/3	-2UD15-5AA0	0.55(0)	1.4(1.9)	1.6(2.1)
-370/3	-2UD17-5AA0	0.75(1.1)	1.9(2.8)	2.1(3)
-550/3	-2UD21-1AA0	1.1(1.5)	2.8(3.9)	3(4)
-750/3	-2UD21-5AA0	1.5(2.2)	3.9(5)	4(5.9)
-1100/3	-2UD22-2BA0	2.2(3)	5(6.7)	5.9(7.7)
-1500/3	-2UD23-0BA0	3(4)	6.7(8.5)	7.7(10.2)
-2200/3	-2UD24-0BA0	4(5.5)	8.5(11.6)	10.2(13.2)
-3000/3	-2UD25-5CA0	5.5(7.5)	11.6(16)	13.2(18.4)
-7500/3	-2UD27-5CA0	7.5(11)	15.4(22.5)	18.4(26)
-11000/3	-2UD31-1CA0	11(15)	22.5(30.5)	26(32)
-15000/3	-2UD31-5DA0	15(18.5)	30(37.2)	32(38)
-18500/3	-2UD31-8DA0	18.5(22)	36.6(43.2)	38(45)
-22000/3	-2UD32-2DA0	22(30)	43.1(59.3)	45(62)
-30000/3	-2UD33-0EA0	30(37)	58.7(71.1)	62(75)
-37000/3	-2UD33-7EA0	37(45)	71.2(86.6)	75(90)
-45000/3	-2UD34-5FA0	45(55)	85.6(103.6)	90(110)
-55000/3	-2UD35-5FA0	55(75)	103.6(138.5)	110(145)
-75000/3	-2UD37-5FA0	75(90)	138.5(168.5)	145(178)

（4）日本 VarispeedG7 系列变频器（见表 8-40～表 8-44）

■ 表 8-40 日本 VarispeedG7 系列 200V 级[①]

	型号 CIMR-G7A□	20P4	20P7	21P5	22P2	23P7	25P5	27P5	2011	2015	2018	2022	2030	2037	2045	2055	2075	2090	2110
	最大适用电机容量[②]/kW	0.4	0.75	1.5	2.2	3.7	5.5	7.5	11	15	18.5	22	30	37	45	55	75	90	110
输出	额定输出容量/kV·A	1.2	2.3	3.0	4.6	6.9	10	13	19	25	30	37	50	61	70	85	110	140	160
输出	额定输出电流/A	3.2	6	8	12	18	27	34	49	66	80	96	130	160	183	224	300	358	415
输出	最大输出电压	三相 200/208/220/230/240V(对应输入电压)																	
输出	最高输出频率	参数设定可对应至 400Hz[③]																	
电源	额定电压、额定频率	三相 200/208/220/230/240V 50/60Hz[④]																	
电源	容许电压变动	+10%,-15%																	
电源	容许频率变动	±5%																	
电源高次谐波对策	直流电抗器	外选件									内置								
电源高次谐波对策	12 相整流	不可对应									可对应[⑤]								

① 200V 级的主电路是 2 电平控制方式。

② 最大适用电动机容量是指本公司生产的 4 极标准电动机。有关严格选定方法是变频器的额定输出电流应大于电动机的额定电流。不要选额定电流大于变频器标示的最大适用电流容量的电动机。

③ 无 PG 矢量 2 控制时的最高输出频率为 60Hz。

④ 200V 级 30kW 以上的变频器冷却风扇电源是三相 200/208/220V 50Hz，200/208/220/230V 60Hz。230V 50Hz，240V 50/60Hz 电源，冷却风扇电源要加变压器。

⑤ 12 相整流时，电源需外接 3 线组变压器（外选件）。

■ **表 8-41　日本 VarispeedG7 系列 400V 级①**

型号 CIMR-G7A	40P4	40P7	41P5	42P2	43P7	45P5	47P5	4011	4015	4018	4022	4030	4037	4045	4055	4075	4090	4110	4132	4160	4185	4220	4330
最大适用电动机容量②/kW	0.4	0.75	1.5	2.2	3.7	5.5	7.5	11	15	18.5	22	30	37	45	55	75	90	110	132	160	185	220	300
输出 额定输出容量/kV·A	1.4	2.6	3.7	4.7	6.9	11	16	21	26	32	40	50	61	74	98	130	150	180	194	230	280	340	460
输出 额定输出电流/A	1.8	3.4	4.8	6.2	9	15	21	27	34	42	52	65	80	97	128	165	195	240	255	302	370	450	605
输出 最大输出电压	三相 380/400/415/440/480V(对应输入电压)																						
输出 最高输出频率	参数设定可对应至 400Hz③																						
电源 额定电压、额定频率	三相 380/400/415/440/460/480V　50/60Hz																						
电源 容许电压变动	+10%,-15%																						
电源 容许频率变动	±5%																						
电源高次谐波对策 直流电抗器	外选件												内置										
电源高次谐波对策 12 相整流	不可对应												可对应④										

① 400V 级的主电路是 3 电平控制方式。

② 最大适用电动机容量是指本公司生产的 4 极标准电动机。有关严格选定方法是变频器的额定输出电流应大于电动机的额定电流。不要选定额定电流大于变频器标示的最大适用电流容量的电动机。

③ 无 PG 矢量 2 控制时的最高输出频率为 60Hz。

④ 12 相整流时,电源需外接 3 绕组变压器(外选件)。

■ **表 8-42　保护构造**

	型号 CIMR-G7A	20P4	20P7	21P5	22P2	23P7	25P5	27P5	2011	2015	2018	2022	2030	2037	2045	2055	2075	2090	2110
200 V 级	封闭壁挂型［NEMA1（Type 1）］	用标准对应									用选择件可对应							不可对应	
	柜内安装型（IEC IP00）	卸下封闭壁挂型上部和下部的外罩可对应									用标准对应								

	型　号 CIMR-G7A	40P4	40P7	41P5	42P2	43P7	45P5	47P5	4011	4015	4018	4022	4030	4037	4045	4055	4075	4090	4110	4132	4160	4185	4220	4330
400 V 级	封闭壁挂型［NEMA1（Type）］	用标准对应									用选择件可对应											不可对应		
	柜内安装型（IEC IP00）	卸下封闭壁挂型上部和下部的外罩可对应									用标准对应													

注：封闭壁挂型［NEMA1（Type 1）］：四周有遮蔽的构造在普通的建筑物里，安装于墙壁上（不内置于控制柜的构造）。
柜内安装型（1EC IP00）：是柜内安装型，从前面人体不能触及机器内部的充电部分。

■ 表 8-43　200/400V 级共同点

控制特性	控制方式	正弦波 PWM 控制。 [带 PG 矢量控制,无 PG 矢量 1/2 控制,无 PG U/f 控制,带 PG U/f 控制(根据参数切换)]
	启动转矩	0.3Hz,150%(无 PG 矢量 2 控制),150%(带 PG 矢量控制)①
	速度控制范围	1∶200(无 PG 矢量 2 控制),1∶1000(带 PG 矢量控制)①
	速度控制精度	±0.2%(无 PG 矢量 2 控制,25℃±10℃),±0.02%(带 PG 矢量控制,25℃±10℃)①
	速度响应	10Hz(无 PG 矢量 2 控制),40Hz(带 PG 矢量控制)①
	转矩限制	有(参数设定,只在矢量控制时,可个别设定 4 象限)
	转矩精度	±5%
	频率控制范围	0.01～400Hz②
	频率精度(温度变动)	数字指令±0.01%(－10～＋40℃),模拟量指令±0.1%(25℃±10℃)
	频率设定分辨率	数字指令 0.01Hz,模拟量指令 0.03Hz/60Hz(11 位模拟量＋符号)
	输出频率分辨率	0.001Hz
	过负载能力	额定输出电流的 150%持续 1min,200%持续 0.5s
	频率设定信号	－10～10V,0～10V、4～20mA,脉冲序列
	加减速时间	0.01～6000s(加速、减速个别设定:4 种切换)
	制动转矩	约 20%(使用制动电阻器外选件约 125%)③ 200/400V 15kW 以下内置制动晶体管
	主要控制功能	瞬时停电再启动,速度搜索,过转矩检测,转矩限制,17 段速运行(最大),加减速时间切换,S 形加减速,3 线制顺序,自学习(旋转型、停止型)。DWELL(等待)功能,冷却风扇 ON/OFF 功能,转差补偿,转矩补偿,频率跳跃,设定频率指令上下限,启动时-停止时直流制动,高速转差制动,PID 控制(带转差功能),节能控制,MEMOBUS 通信(RS-485/422 最大 19.2Kbit/s),故障复位再试,参数复制,偏差控制,转矩控制,速度控制/转矩控制切换等功能
保护功能	电动机保护	由电子热敏器件保护
	瞬时过电流	额定输出电流约 200%以上
	熔丝熔断保护	熔丝熔断停止运行

续表

保护功能	过负载	额定输出电流的 150% 1min,200% 0.5s
	过电压	200V 级:主电路直流电压约在 410V 以上停止;400V 级:主电路直流电压约在 820V 以上停止
	不足电压	200V 级:主电路直流电压约在 190V 以下停止;400V 级:主电路直流电压约在 380V 以下停止
	瞬时停电补偿	15ms 以上停止(出厂时设定) 根据运行模式的选择,约 2s 以内的停电恢复继续运行
	散热片过热	通过热敏电阻保护
	失速防止	在加减速、运行中防止失速
	接地保护	通过电子电路保护
	充电中显示	主电路直流电压显示至约 50V 以下
适用环境	使用场所	屋内(无腐蚀性气体、灰尘等场所)
	温度	95% RH 以下(无结露)
	保存温度	−20～+60℃(运送中的短期温度)
	周围温度	−10～+40℃(封闭壁挂型),−10～+45℃(柜内安装型)
	标高	1000m 以下
	振动	振动频率未满 20Hz 时,容许至 $9.8m/s^2$,20～50Hz 时,容许至 $2m/s^2$

① 为达到表中“带 PG 矢量控制，无 PG 矢量 2 控制”所记载的规格，必须选择旋转型自学习。

② 无 PG 矢量 2 控制时的最高输出频率为 60Hz。

③ 连接制动电阻器或制动电阻器单元时，设定参数 L3−04=0（无减速失速防止功能）。如不设定，在所设定的减速时间内有不能停止的可能。

■ 表 8-44 FR-F500 系列风机、水泵专用型通用变频器的主要技术指标

控制特性	控制方式		柔性 PWM 控制、高频载波 PWM 控制、可选择 U/f 控制
	输出频率范围		0.5～120Hz
	频率设定分辨率	模拟输入	0.015Hz/60Hz;端子 2 输入,12 位/0～10V,11 位/0～5V,端子 1 输入,12 位/−10～+10V,11 位/−5～+5V
		数字输入	0.01Hz

续表

控制特性	频率精度		模拟量输入时最大输出频率的±0.2%以内，数字量输入时设定输入频率的0.01%以内
	电压/频率特性		可在0～120Hz之间任意设定，可选择恒转矩或变转矩曲线
	转矩提升		手动转矩提升
	加/减速时间设定		0～3600s(可分别设定加速和减速时间)；可选择直线型或S型加/减速模式
	直流制动		动作频率0～120Hz，动作时间0～10s，电压(0～30%)可变
	失速防止动作水平		可设定动作电流(0～120%)，可选择是否使用这种功能
运行特性	频率设定信号	模拟量输入	0～5V，0～10V，0～±10V，4～20mA
		数字量输入	使用操作面板或参数单元3位BCD或12位二进制输入(FR-A5 AX选件)
	启动信号		可分别选择正转:反转和启动信号自保持输入(三线输入)
	输入信号	多段速度选择	最多可选择7种速度(每种速度可在0～120Hz内设定)，运行速度可通过PU(FR-DU04/FR-PU04)改变
		第二加/减速度选择	0～3600s(最多可分别设定两种不同的加/减速时间)
		点动运行选择	具有点动运行模式选择端子
		电流输入选择	可选择输入频率设定信号4～20mA(端子4)
		瞬时停止再启动选择	瞬时停止时是否再启动
		外部过热保护输入	外部安装的热继电器，信号经接点输入
		连接FR-HC	变频器运行许可输入和瞬时停电检测输入
		外部直流制动开始信号	直流制动开始的外部输入
		PID控制有效	进行PID控制时的选择
		PU，外部操作的切换	外部进行PU外部操作切换

续表

运行特性	输入信号	PU,运行的外部互锁	从外部进行PU运行的互锁切换
		输出停止	变频器输出瞬时切断(频率、电压)
		报警复位	解除保护功能动作时的保持状态
	运行功能	上、下限频率设定,频率跳跃运行,外部热继电器输入选择,极性可逆选择,瞬时停电再启动运行,工频电源/变频器切换运行,正转/反转限制,运行模式选择,PID控制,计算机网络运行(RS-485)	
	输出信号	运行状态	可从变频器正在运行、频率到达、瞬时电源故障、频率检测、第2频率检测、正在PU模式下运行、过负载报警、电子过电流保护预报警、零电流检测、输出电流检测、PID下限、PID上限、PID正/负作用、工频电源/变频器切换、MC1/2/3、动作准备、风扇故障和散热片过热预报警中选择5个不同的信号通过集电极开路输出
		报警	变频器跳闸时,接点输出/接点转换(AC 230V,0.3A;DC 30V,0.3A),集电集开路……报警代码(4bit)输出
		指示仪表	可从输小频率、电动机电流(正常值或峰值)、输出电压、设定频率、运行速度、整流桥输出电压(正常值或峰值)、再生制动使用率、电子过电流保护、负载率、输入功率、输出功率、负载仪表中选择一个。脉冲串输出(1440脉冲/秒)和模拟输出(0~10V)
显示	PU(FR-DU04/FR-PU04)	运行状态	可选择输出频率、电动机电流(正常值或峰值)、输出电压、设定频率、运行速度、电动机转矩、过负载、整流输出电压(正常值或峰值)、电子过电流保护、负载率、输入功率、输出功率、负载仪表、基准电压输出中选择一个。脉冲串输出(1440脉冲/秒)和模拟输出(0~10V)
		报警内容	保护功能动作时显示报警内容可记录8次(对于操作面板只能显示4次)
	附加显示	运行状态	输入端子信号状态,输出端子信号状态,选件安全状态,端子安全状态
		报警内容	保护功能即将动作前的输出电压、电流、频率、累计通电时间
		对话式引导	借助于帮助菜单显示操作指南,故障分析

续表

保护/报警功能	过电流跳闸(正在加速、减速、恒速),再生过电压跳闸,欠电压,瞬时停电,过负载跳闸(电子过电流保护),接地过电流,输出短路,主回路组件过热,失速防止,过负载报警,散热片过热,风扇故障,参数错误,选件故障,PU 脱出,再试次数溢出,输出欠相,CPU 错误,DC 24V 电源输出短路,操作面板用电源短路

(5) 瑞典 ABB 公司的 SAMIGS 系列变频器

根据负载特性及电动机功率选择变频器可参见表 8-45。恒功率负载可参照恒转矩负载选用。

■ 表 8-45 SAMIGS 系列变频器的选择

变频器型号	恒转矩				平方转矩			
	变频器			电动机	变频器			电动机
	额定输入电流 I_1/A	额定输出电流 I_{fe}/A	短时过载电流/A	额定功率 P_e/kW	额定输入电流 I_1/A	额定输出电流 I_{fe}/A	短时过载电流/A	额定功率 P_e/kW
ACS501-004-3	4.7	6.2	9.3	2.2	6.2	7.5	8.3	3
ACS501-005-3	6.2	7.5	11.3	3	8.1	10	11	4
ACS501-006-3	8.1	10	15	4	11	13.2	14.5	5.5
ACS501-009-3	11	13.2	19.8	5.5	15	18	19.8	7.5
ACS501-011-3	15	18	27	7.5	21	24	26	11
ACS501-016-3	21	24	36	11	28	31	34	15
ACS501-020-3	28	31	46.5	15	34	39	43	18.5
ACS501-025-3	34	39	58	18.5	41	47	52	22
ACS501-030-3	41	47	70.5	22	55	62	68	30
ACS501-041-3	55	62	93	30	67	76	84	37
ACS501-050-3	72	76	114	37	85	89	98	45
ACS501-060-3	85	89	134	45	101	112	123	55

8.4.6 三相逆变器实用电路及元件选择

(1) 三相并联逆变器实用电路

三相并联逆变器多采用自励式，晶闸管强迫换向。电路参数与负载功率因数无关，具有较好的负载特性。

三相并联逆变器的实用电路及特点见表 8-46。

■ 表 8-46 三相并联逆变器的实用电路及特点

序号	类　型	电　　路	特　　点
1	串联电感式（一）	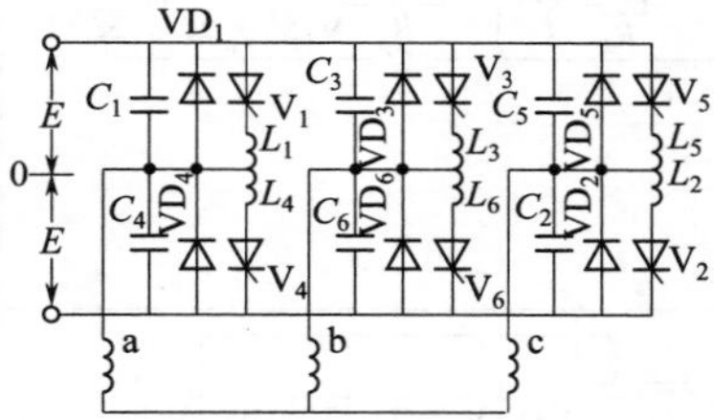	回路阻抗较小，有较大的循环电流，对晶闸管工作不利
2	串联电感式（二）	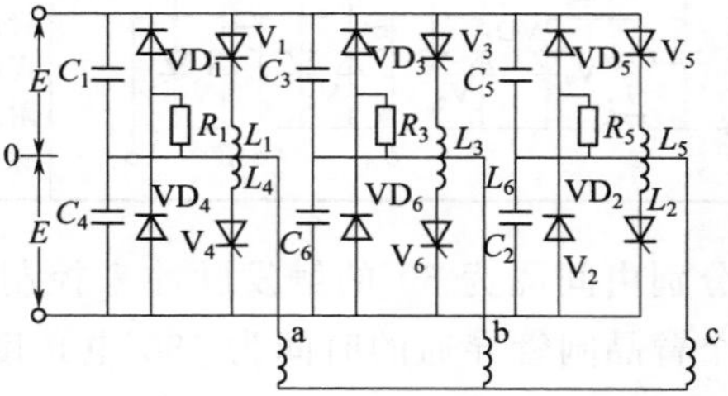	接有限流电阻 R_1、R_3、R_5，使循环电流迅速减小，平均值减少，可防止晶闸管损坏 R_1、R_3、$R_5=100\sim200\Omega$
3	串联电感式（三）	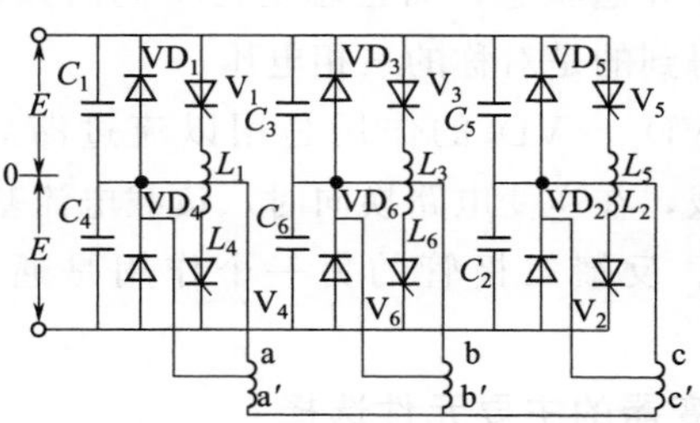	二极管 $VD_1\sim VD_6$ 可将换向电抗器和负载的无功能量反馈到直流电源，减少换向损耗，提高逆变器效率

续表

序号	类型	电路	特点
4	串联二极管式	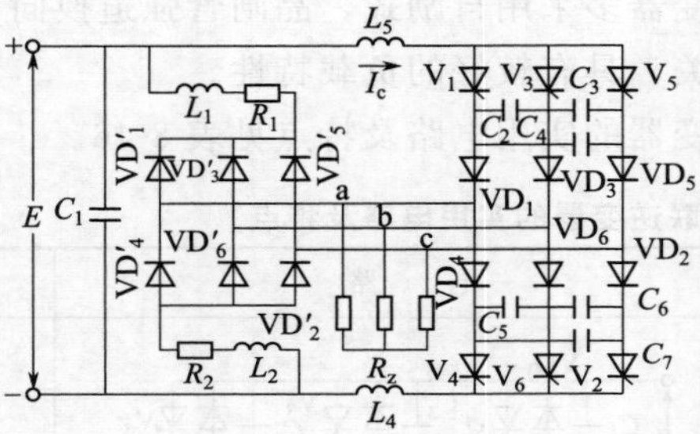	串联二极管 VD_1～VD_6 将换向电容 C_2～C_7 与负载 R_z 隔离，使负载能充电到 1.5E，VD_1～VD_6 组成桥式整流器，可把无功能量反馈到电源，负载电压 U_{Rz} 的最大值不致超过输入电压 E，即使负载为纯电感性，都具有电压变化率低、效率高、稳定性及可靠性好、换向电容及电感需要量小等优点，适用于功率因数大幅度变化的负载
5	独立换向电路式	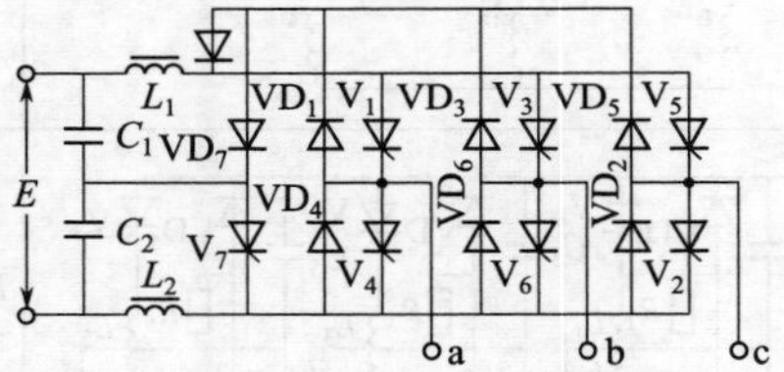	换向电容数量相对串联电感式和二极管式用得少，晶闸管用得少，本身能实现电压控制，不需要附加的晶闸管电路、脉冲调压电路等

六只晶闸管分别由间隔为 60°的触发脉冲来控制，按 V_1～V_6 顺序来导通，每个臂晶闸管导通的时间为 180°电角度，任一瞬间，有三只晶闸管处于导通状态，而且总是正半侧两只，负半侧一只，或反之，负载上得到的是对称的三相电压。

反馈二极管 VD_1～VD_6 的作用是用以流过滞后的无功电流。电动机为感性负载，在逆变电路换向时，负载电流基本保持原来的数值和方向不变。反馈二极管的另一个作用是通过电容放电的环流。

(2) 三相并联逆变器的主要元件选择

① 晶闸管　通态平均电流

$$I_T = (1.5 \sim 2) I_{pj}$$

耐压 $$U_{DRM} = (1.5 \sim 2) \times 2E$$

式中 I_{pj}——负载电流通过晶闸管的平均电流，A；

E——直流电源电压，V。

② 换向元件　换向电容应具有足够的能量，使在需要关闭的晶闸管上所加反向电压的时间大于晶闸管的关闭时间 t_{off}，保证晶闸管能可靠地关闭；换向电感起限制电源向换向电容充电电流的作用。电感太小，则充电电流过大，电容充电时间过短，晶闸管承受反向电压时间就过短，晶闸管不能可靠地关闭；电感越大，则负载时的换向功率损耗越小。但电感太大，则电感回路的衰减电流的衰减时间过长，限制了逆变器的最高工作频率。能满足可靠换向要求的电容和电感组合有多种，这里介绍一种按换向损耗最小为原则来选取的公式如下：

$$C = \frac{I_m t_{off}}{0.425 U_z} \quad (F)$$

$$L = \frac{U_z t_{off}}{0.425 I_m} \quad (H)$$

式中 U_z——直流电源电压，即上述电路中的 $2E$（V）。

电容 C 的耐压值应不小于 U_z。

对于大功率逆变器，C 宜选得比上述计算值大些。

换向电感耦合系数接近 1 时，虽对晶闸管的可靠关闭有利，但也带来副作用，即管子刚刚导通瞬间，负载电流要立刻全部通过它，使电流上升率很大，可能会损坏管子。另外，设计制作时要注意，在流过最大电流时，换向电抗器仍应保持线性关系，使换向可靠，并且不发生饱和现象。

换向电容和换向电感值在调试时需根据具体情况作适当调整。

③ 反馈二极管　反馈二极管 $VD_1 \sim VD_6$ 的电流等级可按晶闸管的电流等级选择；电压等级可按直流电源电压 U_z（此电路为 $2E$）选择。

④ 反馈电阻　反馈电阻 R_1、R_3、R_5 起限流和衰减电流作

用。阻值过小，则衰减很慢，且环流很大，会增加管耗；同时会使晶闸管的正向电压峰值增高，电感储存的能量消耗很快，有可能造成换向失败，因此阻值必须选择适当。一般可按下式估算：

$$0.1\sqrt{\frac{2L}{C}} \geqslant R \geqslant 4.6Lf_{\mathrm{m}}$$

式中 R——反馈电阻，Ω；

L——换向电感，H；

C——换向电容，F；

f_{m}——逆变器最高工作频率，Hz。

(3) 三相串联逆交器实用电路

三相串联逆变器可由三个同样的单相串联逆变电路组成，其负载上可得到三相正弦波电压。三相串联逆变器实用电路见表 8-47。

■ 表 8-47 三相串联逆变器实用电路

序号	电 路	特 点
1	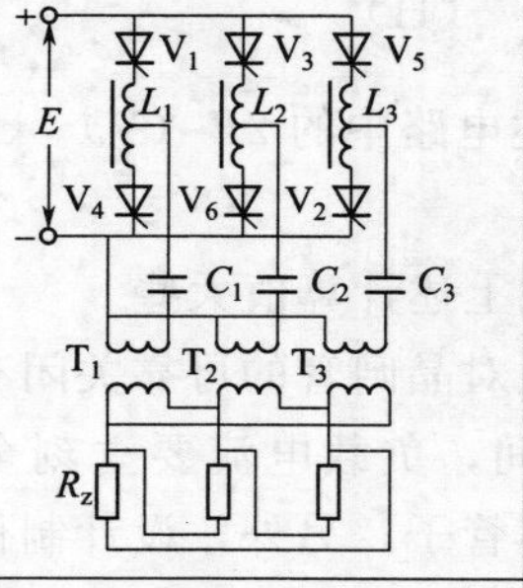	在高频下(2.5kHz 左右)，晶闸管都有足够的关闭时间，逆变器能稳定工作，利用 LC 振荡电路过零来关闭晶闸管，换流损耗极小，适用于作负载变动不大的高频电源
2	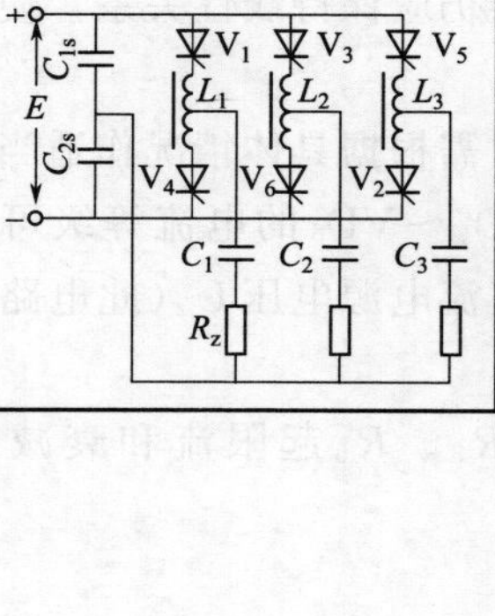	C_{1s}、C_{2s}将直流电源电压 E 分成两部分，晶闸管耐压可要求低一些

续表

序号	电　　路	特　　点
3	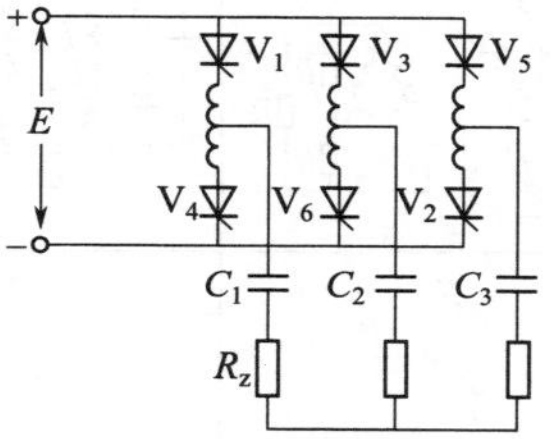	省去电路"2"中的大电容 C_{1s}、C_{2s}，但晶闸管耐压要求较高

8.4.7 晶闸管斩波器和逆变器电路的比较

晶闸管斩波器和逆变器电路的比较见表 8-48。

■ **表 8-48　斩波器和逆变器电路的比较**

序　　号	1	2	3	4	5
主电路接线图	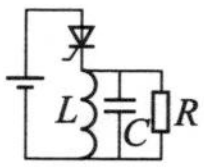	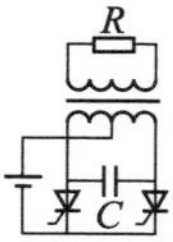	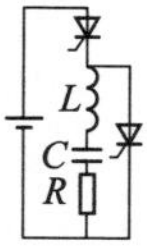	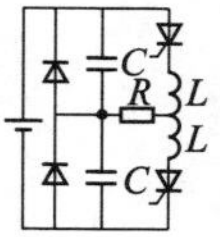	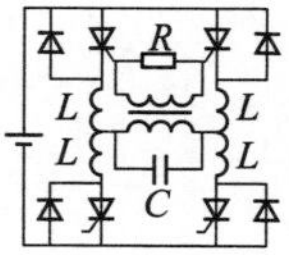
晶闸管上最大电压①	1.5E	2E	2E	E	E
最大负载电压	E	E②	E	E	E
晶闸管平均电流/电源电流	1	0.5	1	0.5	0.5
负载上直流分量	有	无	无	无	无
负载频率调节范围	狭	宽	宽	宽	宽
输出电压波形	正弦波	与负载有关	正弦波	方波	方波

续表

序　　号	6	7	8
主电路接线图	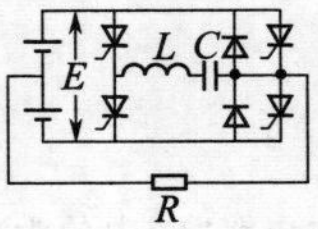	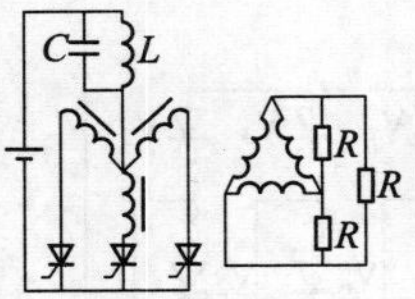	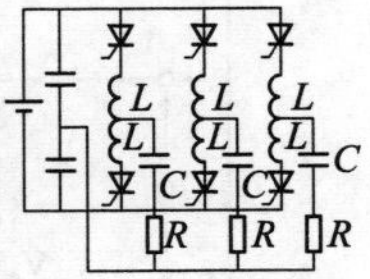
晶闸管上最大电压①	E	E	E
最大负载电压	$0.5E$	E③	E④
晶闸管平均电流/电源电流	0.5	0.33	0.33
负载上直流分量	无	无	无
负载频率调节范围	宽	宽	宽
输出电压波形	方波	方波	方波

① 忽略由于换流产生的电压尖峰。
② 采用 1∶1变压器。
③ 采用 1∶1∶1变压器。
④ 线电压。

第 9 章

电子设备的抗干扰措施和接地防雷要求

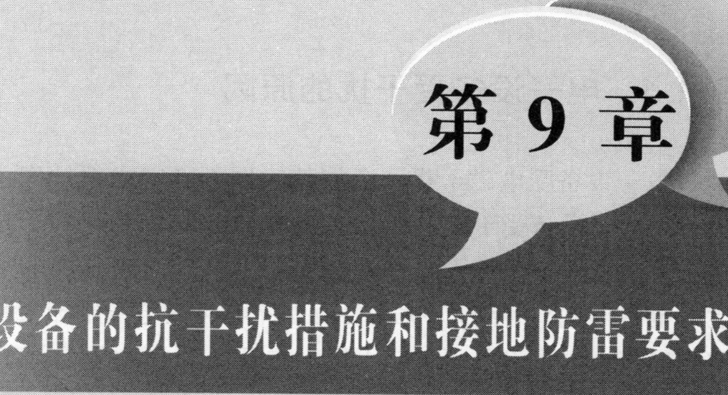

9.1 电子设备抗干扰的基本措施

9.1.1 电子设备受干扰的原因

电子设备受电磁干扰，会使其工作不稳定或误动作，引起严重的后果。电子设备受干扰的原因主要有内部干扰和外部干扰等。内部干扰主要是由电子组件不良和设计安装不合理引起（即电子设备本身产生的电磁干扰）；外部干扰主要由外界电流或电压剧烈变化，并通过一定途径传入电子设备而引起干扰。按干扰侵入方式可分为以下五类：

① 由动力线侵入的传导干扰；

② 经动力线混入的辐射干扰；

③ 由数据线或信号线侵入的传导干扰；

④ 经数据线或信号线混入的辐射干扰；

⑤ 直接进入电子设备的辐射干扰。

外部干扰最危险的是电网中脉宽小于 1μs 的尖峰脉冲和大于 10ms 的持续噪声。其主要表现形式是正弦波上叠加正负尖峰脉冲或高频分量；持续的过压、欠压、缺口或断电。

尖峰脉冲大多是由于切换感性或容性负载、故障跳闸、熔断器熔断及雷击引起。而持续噪声大多是由于过载或短路时，断路器动作引起的 0.5s 以上的停电，以及大型电机启动、熔断器熔断或雷击造成的短时扰动。

电网的尖峰脉冲，在高压侧表现为重复性的振荡脉冲，振荡频率为 5kHz～10MHz，脉宽在 50μs 以内，重复频率为 1～100 次/s；在低压侧表现为不规则的正负脉冲，偶尔有振荡脉冲波，频率高达 20MHz，前沿陡（约 5ns），有效电流在

100A以内，幅值为100V～10kV。

直击雷的电压可达5×10^6V，感应雷会在线路上造成很高的浪涌电压，电压高达4×10^6V。对于雷电过电压的干扰，可通过架设避雷针、避雷网，降低接地电阻，以及对线路或设备设置静电屏蔽等方法加以防止。

电磁干扰种类见表9-1。

■ **表9-1 电磁干扰种类**

干扰分类			干扰的来源或原因
按干扰源划分	内部干扰	固有	来自电路、晶体管中热骚动等
		人为	设计制造不当，存在于内部电路与电路之间的严重寄生耦合
	外部干扰	自然	宇宙和天电干扰（雷击时气体放电和电晕）
		人为	除自然和固有的外，所有外来干扰（电台干扰、高频电磁波干扰、电火花电弧干扰等）
按传输方式分	辐射		通过空间传输的射频干扰（如未加屏蔽的点火系统、从继电器等泄漏的射频能量等）
	传导		通过电缆、电源线以直接或电感和电容耦合的方式来传输的干扰

9.1.2 基本的抗干扰措施

(1) 常用设备对高次谐波的敏感程度

根据英国的ACE报告，常用设备对高次谐波的敏感程度如下。

电动机：供电电源中高次谐波在10%～20%以下时无影响。

电子开关：供电电源中高次谐波超过10%会产生误动作。

仪表：电压畸变10%，电流畸变10%，误差在1%以下。

计算机：供电电源中高次谐波超过5%会出错。

降低高次谐波干扰的措施主要有以下三项：其一，将电源系统分离，采用单独的供电电源；其二，在干扰传播途径上并联能将电抗减小的“容性滤波器”，使干扰电流旁路；其三，串联能将电抗增大的“感性滤波器”，使干扰电流衰减。

(2) 交流电子电器抗电磁干扰要求

对电子式电器，除应采取抗干扰措施外，产品本身应具有承受一定的抗干扰能力，其试验标准见表 9-2。

■ 表 9-2 交流电子电器抗电磁干扰要求

序 号	抗电磁干扰名称	电磁干扰源
1	抗高频传导干扰	干扰电压为 120dB（即 1V） 频率为 0.15～300MHz
2	抗高频辐射干扰	干扰场强为 120dB（即 1V） 频率为 0.15～300MHz
3	抗低频传导干扰	叠加电压为额定工作电压的 5% 频率为 150～15000Hz
4	抗传导浪涌过电压干扰	浪涌电压峰值为 $2.5\sqrt{2}U_e$（U_e为额定工作电压有效值），浪涌电压宽度小于 20μs

(3) 抑制交流电网电磁干扰的措施

应根据电子设备所处的电磁环境和设备的重要性采取一种或多种抗干扰措施，以免交流电网中的噪声进入直流电源中。

① 采用接地的金属外壳进行电磁屏蔽。

② 装设隔离变压器。一、二次侧加屏蔽，以减小传导干扰。带多重屏蔽的隔离变压器能有效地抑制浪涌噪声和中频噪声。变压器一次侧屏蔽层接大地，可有效地消除共模噪声；二次侧屏蔽层接系统地或接逻辑公共地；二次侧最外层屏蔽也接系统地。这样可以使电网中的脉冲浪涌和高频噪声降低到原来的 60%～70%。

③ 对回路布线采用绞线（麻花线），以减小磁场干扰。

④ 采用低阻抗的平行导带作电源馈线，以减小地线中干扰。

⑤ 直流电源容量要足够大，一般要达到实际需要的 1.5 倍左右。

⑥ 装设稳压器。一般电网电压允许的波动范围为±10%，当电压波动超过±10%，尤其是超过±20%时，应加装稳压器。

⑦ 在进线端设置低通滤波器。低通滤波器能有效地抑制电源的高频、脉冲噪声，但对变压器投入时的励磁电流浪涌及超声波干扰无明显抑制效果。

实用的低通滤波器见表 9-3。表中，C_1、C_2可采用纸介电容器，C_3可采用云母、瓷介等高频电容器。

■ **表 9-3　实用的低通滤波器**

名称	特征	L /mH	C_1 /μF	C_2 /μF	C_3 /pF	电路图
电容滤波器	线间		0.47～2			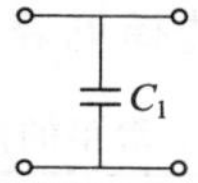
	对地			0.47～2		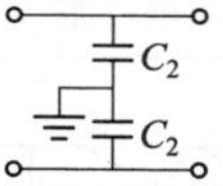
	混合		0.47～2	0.47～2		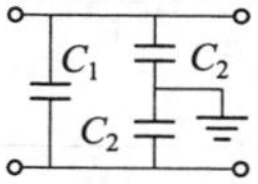
LC π 型滤波器	线间	数个到数十个	0.47～2	0.47～2		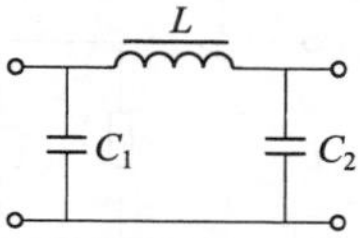
	对地		0.47～2	0.47～2		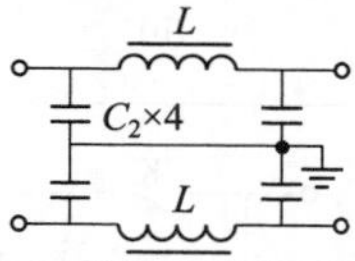
LC 双 π 型滤波器	线间	数个到数十个	0.1～1			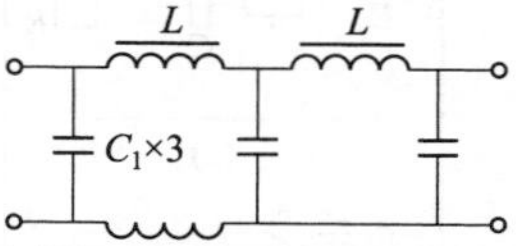
LC π 型滤波器	混合	数个到数十个	0.1～1	0.47～2		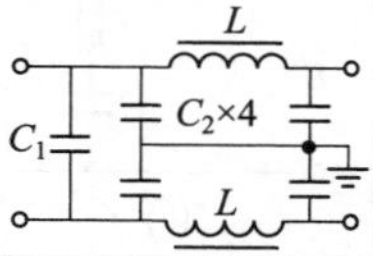
LC RV 型滤波器	混合	数个到数十个	0.1～1	0.47～2	RV 为压敏电阻	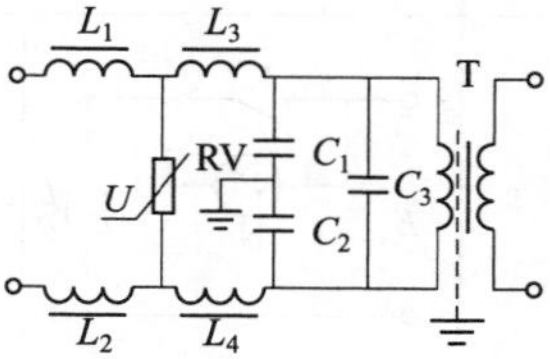

(4) 抑制瞬变干扰措施

当切换感性或容性负载时，有可能产生很高的 du/dt、di/dt 脉冲瞬变干扰，为此可采取以下抑制措施。

① 采用消火花电路。常用的一些消火花电路及适用场合和元件参数选择见表 9-4。

■ 表 9-4　常用的消火花电路及适用场合和元件参数选择

序号	电 路 图	适用场合	元件参数选择
1	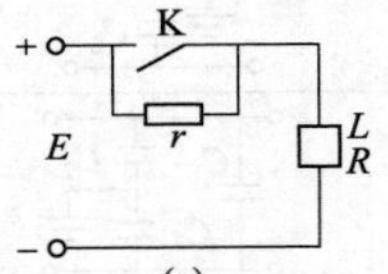 (a) 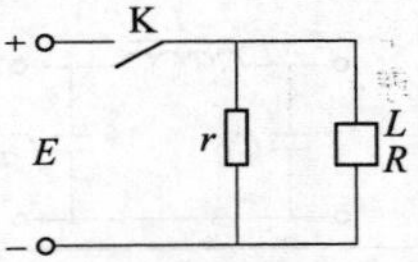 (b)	交流或直流	如要求继电器释放时间短些，r 宜取大些，如，$r=(5\sim10)R$。 如要求消火花效果好些，r 宜取小些，如对于图（a），取 $r=(2\sim3)R$；对于图（b），取 $r=(3\sim5)R$。 式中，L、R 为线圈电感和电阻；r 为消火花电阻；K 为动合触点
2	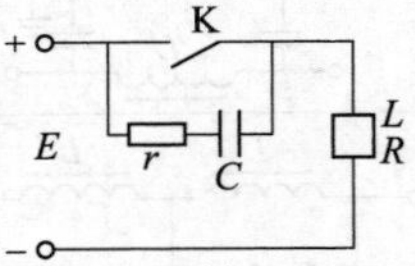 (a) 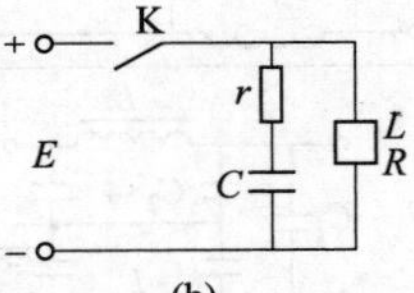 (b)	交流或直流	对于图（a），必须满足条件 $R+r>2\sqrt{L/C}$，通常 $r=50\sim100\Omega$，$C=0.1\sim0.2\mu F$； 对于图（b），$C=0.1I^2$（μF），$r=\dfrac{E}{10I(1+50/E)}$（Ω） 式中　I——负荷（继电器）电流，A； E——电源电压（即继电器线圈额定电压），V。 通常 $r=10\sim20\Omega$，$C=0.22\sim1\mu F$
3	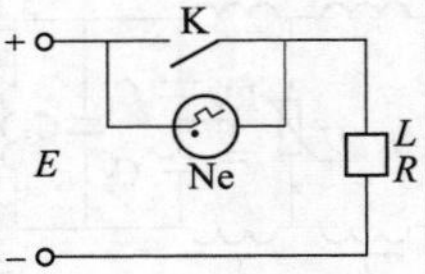	交流或直流	氖泡起辉电压应大于继电器工作电压 E，小于 400～500V

续表

序号	电 路 图	适用场合	元件参数选择
4	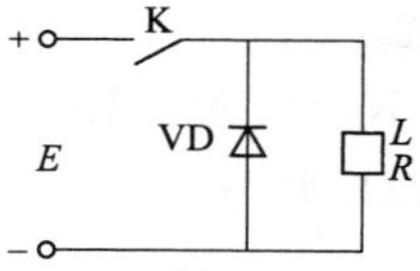 (a) 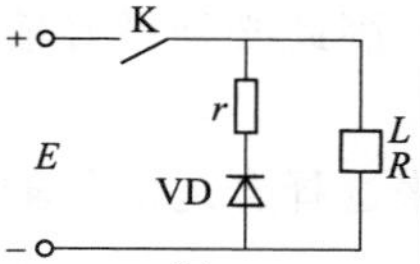 (b)	直流	对于图（a），二极管 VD 反向击穿电压应大于 E，正向电流应大于 E/R。 对于图（b），VD 反向击穿电压应大于 E，正向电流应大于 E/r。式中，$r=200\sim1000\Omega$
5	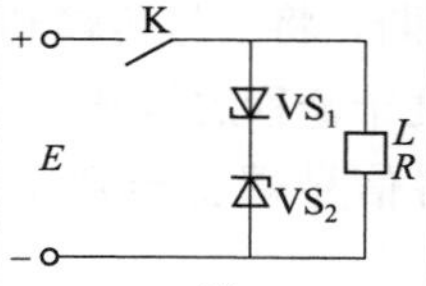 (a) 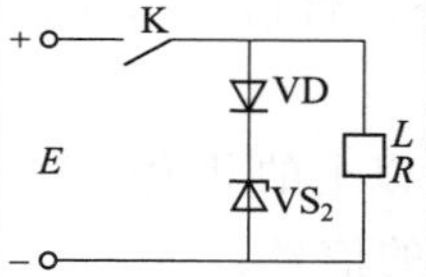 (b)	交流或直流	对于图（a），稳压管 VS_1、VS_2 的稳压值 U_z 按以下两条件选： $U_z<E$ 及 $U_z<U_{jc}-E$ 对于图（b），稳压管 VS 的稳压值选择同图（a）；二极管 VD 的反向击穿电压应大于 E，正向电流应大于 E/R。 式中　U_{jc}——没有消火花电路时触点的击穿电压
6	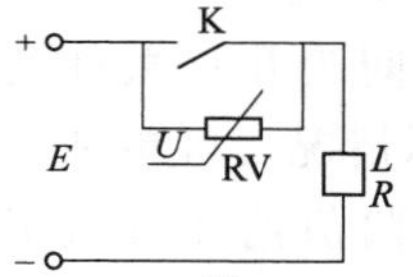 (a) 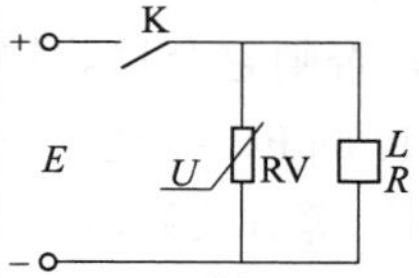 (b)	交流或直流	$E<100V$ 时，采用图（a）所示电路；$E>100V$ 时，采用图（b）所示电路。压敏电阻 RV 的选择： $U_{1mA}<1.3E$ 及 $\alpha>\frac{\lg I+3}{U_{jc}/U_{1mA}}$ 式中　U_{1mA}——压敏电阻的标称电压（V），当 E 较小时或继电器动作频繁时，可取 $U_{1mA}=(1.5\sim2.5)E$； α——非线性系数，MY31 型的 α 取 35～60； U_{jc}——触点击穿电压，对于银触点取 300V

② 采用晶闸管过零开关。当用普通开关切换大功率负载时，很有可能出现很大的尖峰电流或浪涌电压。采用晶闸管过零开关，

能在电源电压瞬时值过零处接通负载，或在负载电压（或电流）瞬时值过零处断开负载，从而避免尖峰电流或浪涌电压的产生。由于输出为间断的正弦波，因此不会产生谐波干扰。

常用的零触发集成触发器有 KJ008 型、KJ007 型、KC08 型、GY03 型、TA7606P 型 μPC1701C 型和 M5172L 型等。

(5) 输入回路的抗干扰措施

由于大量的干扰信号从输入回路中引入，因此必须做好输入回路的抗干扰措施。

首先应根据数字量信号的脉宽和前后沿来选择合适的传输信号的方式。这些方式有以下几种。

① 继电器　即通过继电器触点的吸合或分断，将信号传输到数字或电子电路。采用继电器方式，只适用直流到几十毫秒的信号。

② 脉冲变压器　即通过脉冲变压器，将信号耦合至数字或电子电路。采用此方式适用几纳秒到几毫秒。

③ 光电耦合器　即通过光电耦合器耦合，将信号传输，此方式抗干扰性能好，适用直流到几百纳秒。

④ 差动输入电路　此方式可抑制 1MHz 以上的共模噪声。

⑤ 比较器　适用噪声电平高，前后沿慢的信号。

⑥ 平衡式线路驱动器　可抑制静电感应噪声。

另外，为防止继电器触点抖动（抖动时间为几百微秒到几毫秒），可在输入回路串接 *RC* 网络。根据实际情况，可单独串联电阻或并联电容，或两者同时采用。一般电阻阻值约几百欧至几千欧，电容容量为零点几微法至几微法。可由试验确定。

对于数字电路中多余的输入端子不应悬空，否则它会接收辐射噪声。应根据具体情况采取接地、通过电容（约 1000pF）接地、与有用的输入端子合并（当然需两输入端子性能相同时）等方式处理。

(6) 输出回路的抗干扰措施

为防止外部的浪涌电压由输出回路侵入数字或电子电路，通常可采用以下措施。

① 光电耦合器隔离输出。

② 继电器隔离输出。

③ 达林顿晶体管输出端加二极管、电容器网络。

④ 印制板之间信号通过输出缓冲器。

(7) 抑制内部干扰的措施

抑制由电子电路内部本身引起的干扰（如热噪声、寄生耦合干扰等），与电子元件选择和电路设计有关。常用的方法有以下几种。

① 所用的电子元件需经老化处理。

② 采用屏蔽罩和滤波电路。

③ 信号线间设计抗干扰地线，宽度取3mm左右，以保证足够的接地电阻。

④ 元件应与相邻印制导线交叉放置，以防电磁干扰。

⑤ 多路信号线要避免平行走线，信号线之间的间距要尽量大些，以减小寄生电容、电感。同时，信号线之间布置地线也是减小干扰的一种重要措施。

⑥ 印制电路板的抗干扰措施。

a. 印制板设计时增加屏蔽线，如图 9-1 所示。图 9-1（a）中印制线 2 接地，造成 1 与 3 间电磁屏蔽；图 9-1（b）中 1 与 3 及另一面的铜箔都接地，形成对 2 的电磁屏蔽。

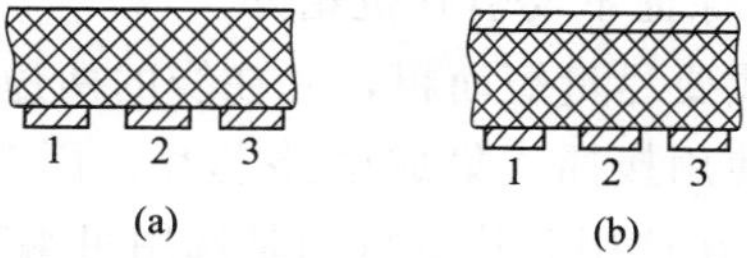

图 9-1　印制板的屏蔽线

b. 印制电路板的电源线宽度应尽量大些，以减少环路电阻。应尽量使电源线、地线的走向与数据信号传递的方向一致，这样有助于增加抗噪声能力。

c. 地线设计应注意以下问题。

• 数字地与模拟地分开。数字信号只在电路板的数字部分布线，模拟信号只在模拟部分布线，将统一地分成模拟地和数字地，在 A/D 转换器下再将模拟地和数字地用最短的线通过一点连接起来。

• 接地线尽量加粗，一般要求能通过3倍于印制电路板上的额定电流。

• 尽量避免环形接地，因为环形接地容易受到磁场干扰，也可能因电位差引起干扰。

d. 时钟振荡电路、特殊高速逻辑电路应该用地线屏蔽起来，降低对周围器件的影响。石英晶体振荡器外壳要接地，时钟晶体振荡器要靠近相应的IC芯片，时钟信号线要尽量短。另外，时钟信号线要远离I/O线，并且垂直于I/O线，这比平行于I/O线干扰要小。

e. 可在电源输入端跨接一只10～100μF的电解电容。如果单片机或集成电路芯片有多个电源端和接地端，应该在每端都接入一只0.01μF的去耦电容，去耦电容可选通过高频信号好的瓷片电容。如果空间不够，也可以几个芯片共接入一只1～10μF的钽电容。对于抗噪声能力差的器件（如RAM、ROM等存储器件），应该在芯片的电源线和地线之间直接接入退耦电容。

另外，安装时应使电解电容远离发热器件，电解电容与散热器最小间隔为10mm，其他元件与散热器的最小间隔为2mm。

f. 任何信号线都不要环形布线。信号线（特别是数据线、地址线等关键信号线）不要太长，尽量不要引到印制电路板之外，如果不可避免，则要保证不要引到机箱外。

g. 关键信号线要尽量短而粗，并在线的两边接保护地。

h. 尽量不要使用接插式集成电路芯片，因为插座处有较大的分布电容。所以，在选用芯片（特别是选用可编程器件）时，应该选用在线编程的芯片，或者选用直接焊接在印制电路板上的芯片。

(8) 设备安装方面的抗干扰措施

设备安装时，应根据具体情况采取以下一些抗干扰措施。

① 信号线尽量远离动力线；弱电线与强电线应尽量分开。

信号电路与动力电缆的最小间距应满足表9-5的要求。

② 信号线与动力线，弱电与强电，尽可能垂直交叉或分槽布线。

③ 信号线采用双绞线或屏蔽线。若为屏蔽线，应采取一端接地。

④ 必要时将信号电缆经钢管敷设。

■ 表 9-5 信号电路与动力电缆的最小间距

最大线路电压 /V	最大线路电流 /A	2～3 根动力电缆 /cm	单根动力电缆 /cm
125	10	15	30
250	50	25	38
440	200	30	46
	800	50	61

⑤ 对系统提供一单独的接地回路。

⑥ 所有屏蔽层均在变送器端接地。

⑦ 弱电线路的接地线不能用裸导线，应采用绝缘铜芯软线，中间不允许有其他电气接触（如碰外壳等），只有到接地桩处方允许接地。

⑧ 同电压等级的接地线应分开，高压、低压 280/220V、控制电压 24V、48V 等应分别接地。

⑨ 平行走的线之间存在寄生电容，寄生电容容易引起数字电路等信号的误动作。为此平行走的线可选用屏蔽电缆，屏蔽层接地。

⑩ 正确采用一点接地和多点接地。

在低频电路中，由于引线之间和电子元件之间的电感和电容的耦合效应影响较小，因此采用一点接地即可满足要求。如果采用多点接地，所形成的环路会因各点电位不等而对电路形成一个个交流干扰信号源。

在高频电路中（工作频率 $f>$10MHz）时，应采用多点接地，且要求地线长度小于 25mm。如果采用一点接地，则因引线、电子元件之间的电感和分布电容的影响，会出现较远的接地点接地阻抗大大增加。其工作频率越高地线阻抗也越大，地线会向外辐射干扰信号。

9.2 晶闸管变换装置的抗干扰措施

晶闸管变换装置是由众多的电子元器件等组成的复杂系统，与变换装置连接的线路有交流、有直流；有高压、有低压；有电力线、有控制线；有放大器、有半导体逻辑组件等，所以如果设计、安装等处理不当，往往会引起干扰，使系统无法正常工作。因此必须采取防范措施，一方面抑制干扰源所产生的干扰强度，另一方面提高变换装置的抗干扰能力，使系统能够在一定的干扰条件下可靠地工作。

9.2.1 干扰源及抗干扰措施

(1) 晶闸管变换装置的主要干扰源和抑制方法（见表 9-6）

■ **表 9-6 主要干扰源和抑制方法**

干扰源	干扰原因	抑制方法
晶闸管装置及其引线	快速的导通和关断引起电路的暂态过程，产生较高的 du/dt 和 di/dt，开关作用造成电源的突升和突降以及波形畸变（电压缺口）	① 晶闸管桥臂串接 20～40μH 电抗器 ② 采用隔离变压器或交流进线电抗器 ③ 电网增设谐波补偿
放大器、半导体逻辑元件、数字脉冲电路及其引线		① 电源两端并联旁路电容；必要时应与电解电容并联一个 0.5μF 左右的小电容 ② 引线过长应屏蔽
大电感线圈（继电器、接触器、开关及电抗器等）及其引线	切断大电感线圈时感生高电压和较高的 du/di 值	线圈两端并联旁路电容、电阻、二极管、稳压管及非线性电阻等
交流及直流动力线	交流动力线的感应及直流动力线负载的突变引起暂态过程	① 动力线及信号线分开布置和走线 ② 采用独立电源或独立的电源母线
接地线和公共线	① 接地线和公共线太细，引起接地电阻过大 ② 多点接地产生公共电阻干扰	① 用粗截面导线（最好是扁线） ② 采用单独接地或单独接公共线 ③ 一般在系统的零线和大地采取悬浮的情况下，如果出现干扰，可以将零线通过电容（数微法到数十微法）与地连接

续表

干扰源	干扰原因	抑制方法
电源安排不当	变压器一、二次或几个二次线圈间形成干扰。其他晶闸管触发时造成波形有缺口	同步变压器或脉冲变压器一、二次之间加屏蔽接地或二次并联一个0.05～0.5μF电容
其他	焊点不良，检测装置的交流分量	保证焊接质量，加滤波环节，消除交流分量

(2) 易受干扰的敏感环节及抗干扰措施（见表9-7）

■ **表9-7 易受干扰的敏感环节及抗干扰措施**

敏感环节	提高抗干扰能力的措施
晶闸管及触发器 ① 晶闸管承受的反向d*u*/d*t*过大而误导通 ② 晶闸管元件的不触发电流（或电压）值太小，易误导通 ③ 触发器用半导体三极管组成，抗干扰能力较低；电源电压波动、相间干扰、同步信号电源波形畸变等引起产生误触发脉冲	① 晶闸管桥臂串接20～40μH的电抗器或套高频磁环 ② 选用不触发电流（电压）值较高的组件。控制极加1～2V负偏压或20mA以上的负偏流；控制极与阴极间并联0.01～0.22μF电容；触发脉冲输出线和触发器控制极之间的连线采用绞线或同轴电缆 ③ 触发器精心设计。同步信号电源采用滤波（移相30°电角度以上）
半导体逻辑元件及数字电路（易由于干扰信号而误动作）	① 对信号具有回环特性（特性中有一个死区） ② 信号输入经小时间常数（*RC*）滤波 ③ 提高元件的信噪比，并使组件远离各种干扰源 ④ 提高信号的传输功率（用高电平传输到受电端后，再降低到需要的信号电平送到逻辑装置中） ⑤ 在满足逻辑条件的前提下，可引人附加信号或同步脉冲 ⑥ 直流电源并联电容 ⑦ 交流电源进线加滤波器或交流铁磁饱和稳压器（或恒压变压器） ⑧ 不同电源的线分别走线，逻辑信号线应采用独立的弱电电缆，低电平信号线用绞线 ⑨ 电流和电压等级显着不同的导线（如高压输入输出线、计数管的引线、大电感线圈等）必须分开敷设，并同弱电信号线远离或交叉走线
运算放大器（通常容易产生较大的交流分量和零点漂移）	① 输入信号用绞线连接，加小时间常数滤波，并与传递脉冲及动力线分开走线及敷设 ② 加小电容（0.01～0.47μF）负反馈

9.2.2 防止晶闸管失控的措施

在晶闸管变换装置中，运行好好的装置有时会出现突然失控的情况。经检查又无因干扰引起的。这往往是晶闸管等元件本身引起或安装不当引起。应采取以下措施。

① 晶闸管特性不良、热稳定性差。应更换合格的晶闸管。

② 晶闸管维持电流太小，在较大感性负载下易失控。应采用维持电流大于 60mA 的元件。

③ 续流二极管正向压降太大，在较大感性负载下不能起到续流作用，造成变换装置工作异常。应选用正向压降小于 0.55V 的二极管。

④ 续流二极管与三相半控桥式等整流电路输出母线间的距离过远，造成续流失效。应将此距离控制在 2m 以内。

⑤ 晶闸管阴极与控制极间的内阻太小，不易触发。若此电阻仅十几欧，则触发较困难。因此在选用或更换损坏的晶闸管时，应注意这个问题。

⑥ 从抗干扰的角度来说，晶闸管的触发灵敏度并非越高越好，一般选择触发电压 2V 左右，触发电流不小于 50mA。

⑦ 对于谐波电流引起的电磁干扰，还可以在晶闸管交流电源输入端并联电力电容器及在触发回路同步电源侧串联一只几十毫亨的电感来解决。

⑧ 与单向晶闸管不同，双向晶闸管有时会发生换向失败的问题。具体表现在处于反向阻断状态下的晶闸管在尚未加上触发电压的情况下，在正向电压作用下自行导通。换向失败的本质是双向晶闸管的换向电压上升率 du/dt 差。换向失败可通过加大触发源的源电阻或串入二极管，以减小或阻挡反向恢复电流的通道，提高换向能力来解决。

9.3 微机和 PLC 的抗干扰措施

第一节中的电子设备抗干扰的基本措施均适用于微机和 PLC 等电子设备。

9.3.1 单片机和微机的抗干扰措施

单片机和微机本身抗干扰能力较差，如果使用环境条件较差（如工厂车间等），若不采取措施，很容易导致控制系统故障。为了提高单片机和微机的抗干扰能力，可采取以下措施。

(1) 电源部分的抗干扰措施

单片机电源一般取自交流电网，当连接在同一电网上的大功率负载启动或停止时，会给电网带来较大的冲击，一旦超出微机稳压源的稳定范围，干扰信号便会通过电源进入微机系统，破坏其正常工作。为此应做好以下工作。

① 供电变压器中性点必须接地良好，接地电阻不大于 4Ω。

② 三相供电变压器的负载应该平衡，以防三相不平衡电流影响单片机或微机。

③ 单片机或微机的机箱外壳采取保护接地。它应单独接地，而不可接入电网保护接地。因为电网地线电阻不为零，外壳接入时地电流形成的干扰会进入系统。单片机机箱外壳和机床之间的传输线上的蛇形套管应与机床连接、而另一端不要与机箱外壳连接，以免机床地线干扰由蛇形套管进入机箱内。

④ 单片机信号接地。该信号接地称为内部接地。它是单片机内部线路和稳压电源输出的公共零电位点，切不可与以上两种接地线串接。

⑤ 正确选用稳压电源。单片机或微机的电源通过高精度稳压器（如 CW7805C 等）提供，而稳压器输入端应经过一只电源变压器隔离。稳压电源和变压器的容量均应比实际需要大 1.3～1.5 倍。变压器一、二次侧有静电屏蔽层。屏蔽层应与机箱外壳保护接地连接，切不可与稳压电源输出端的零电位点连接。必要时可在稳压电源的输出端并联一只 0.1μF、16V 的小电容 C，以滤掉高频干扰。具体接线如图 9-2 所示。若有低频干扰，可同时设置低频滤波电容，容量可取 10μF。

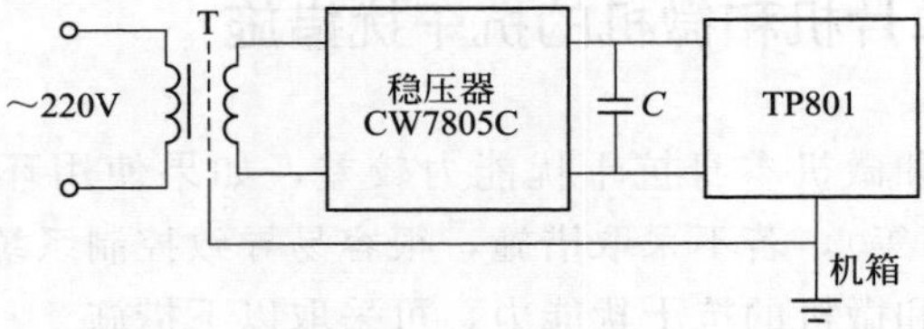

图 9-2 单片机供电电源部分的接线

另外，也可对部分负载分组供电，如将控制部分与执行部分分开，模拟部分与数字部分分开，从而避免干扰的产生。

⑥ 使用隔离变压器。隔离变压器主要用来衰减高频干扰信号，对低频共模干扰信号也有一定的抑制作用。在隔离变压器的初次级之间用铜箔或漆包线绕 1～3 层，形成隔离层，然后将隔离层接地。隔离变压器的隔离层通常有三种接法，如图 9-3 所示。其中图 9-3（a）接法对工频干扰抑制效果较差，图 9-3（c）接法对工频干扰效果最

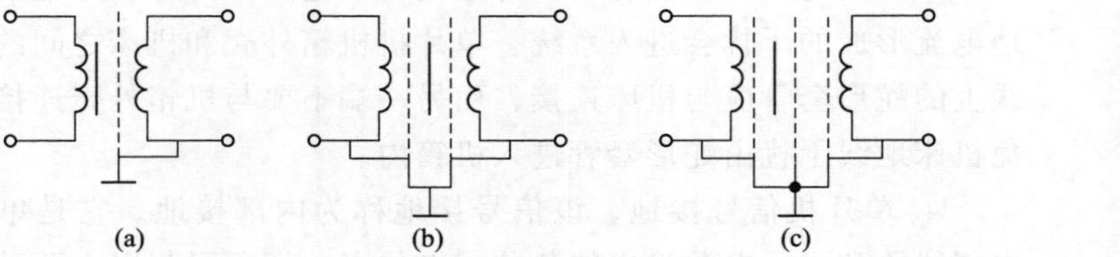

图 9-3 隔离变压器隔离层的三种接法

好。可根据系统情况选用。安装时应注意输入线和输出线均采用双绞线，这对抑制共模干扰有好处。

⑦ 采用低通滤波器抑制干扰。在 ms 级和 μs 级的脉冲干扰信号中，高次谐波成分较多，采用低通滤波器抑制效果较好。低通滤波器的形式很多，图 9-4 所示是其中三种。

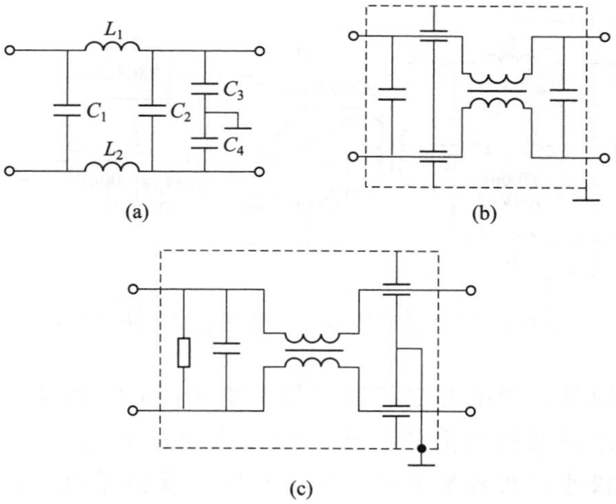

图 9-4　三种常用低通滤波器

低通滤波器采用带铁芯的电感线圈，具有较宽而平坦的通频带。使用时应注意以下事项。

a. 滤波器应尽可能安装在系统电源进线处，连接导线尽量短，以提高对高频干扰信号的抑制效果。

b. 布线时将电源输入线和输出线分开。

c. 滤波器应有屏蔽外壳，外壳应良好接地。

d. 若选用现成的低通滤波器，其电感量不宜过大，以保证足够宽的通频带和较小的体积。

低通滤波器的形式很多，应根据具体情况选用。下面举一例使用效果较好的低通滤波器。

图 9-5 所示的虚线框以外的电路是某微机（负载为 0.5A、电压为 5V）的电源电路，虚线框内为所加的双扼流圈滤波器。未加滤波器前，微机的工作会受供电线路上的尖峰浪涌信号的影响（如启动电动机、使用电焊机等）。加上抑制电路后，能抑制电网尖峰浪涌信号的干扰，保证微机的正常工作。

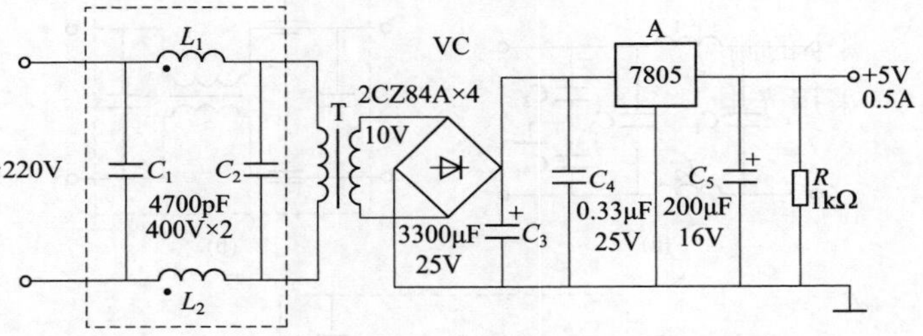

图 9-5　用低通滤波器抑制微机电网干扰的电路

工作原理：当电源电流通过扼流圈 L_1 和 L_2 两绕组时，所产生的内磁通是互相抵消的。若工频电流通过 L_1、L_2，由于频率低，阻抗极小，很容易通过。而当高频干扰信号电流，特别是共模干扰信号电流通过时，双扼流圈的阻抗将呈很大阻值。因此在微机系统和电网之间起到高频隔离作用。对进入电源线上的差分干扰信号，双扼流圈的滤波作用不大，为弥补这一不足，在扼流圈的输入和输出端接上滤波电容 C_1、C_2，使这一类干扰信号被旁路。

元件选择：元件参数见图，但电源所带负载不同，这些元件参数要随之变化。上述参数适用于微机负载为 0.5A、+5V 的情况。扼流圈选用 MXO-2000，内径为 18mm、外径为 24mm、厚 8mm 的磁环作磁芯。L_1 和 L_2 各绕 50～70 匝，用环氧树脂封装，绕制时应注意绕线排列不可太密。电容器应选用 0.047～0.22μF 的高频性能好的电容。

(2) 元器件、线间的抗干扰措施

单片机或微机通过接口电路与控制对象连接，有时传感器拾取的信号需经一段距离才能达到微机系统，因此很可能将干扰信号引入系统。对于此类干扰，可采取以下措施。

① 采用平衡线（如双绞线、屏蔽线等）传送。

② 由于传感器输出的信号往往很小，极易受干扰，可在离传感器较近处设置共模抑制比大、输入阻抗高、输出阻抗低、失调电压和温漂小的测量变压器，并可设置电压跟随有源滤波。

③ 采用光电耦合器进行信号隔离。由于光电耦合器的动态输入阻抗低，输入与输出间的绝缘电阻大，杂散电容小，能有效地防止干扰信号进入微机。采用光电耦合器，当有高电压（如雷击等）侵入回路时，它还能起保护微机作用（见本节 9.3.2 项）。

④ 减少键盘操作的干扰措施。在单片机五列键盘输出信号线与信号地之间各并接一只 1000pF、63V 的小电容，能有效地滤去键操作时的高频干扰。

9.3.2 PLC 抗干扰措施

可编程控制器（PLC）通常用于生产车间，使用环境条件较差，必须采取抗干扰措施。

(1) 电源部分的抗干扰措施

① 选用较稳定的电源供电。一般工厂中有几台供电变压器，有的变压器所接负载大，负载变化大，尤其接大功率电动机等，其线路电压波动较大；而有的变压器，如供照明及辅助用电的变压器，电压较稳定，PLC 应从这台变压器引来电源。必要时，也可从变电所低压母线上直接采用专用线供电。电源的用线最好用双绞线，其截面积不应小于 $2mm^2$，有些 PLC 要求不小于 $4mm^2$。此外，输入、CUP 和 I/O 等尽可能采用单独电源供电。

② 采用隔离变压器和低通滤波器。电网电源先经隔离变压器、低通滤波器后再引入 PLC。变压器采用双屏蔽隔离技术，一次侧

屏蔽层接中线，以隔离外部电源的干扰。二次侧屏蔽层与 PLC 系统控制柜共地，如图 9-6 所示。隔离变压器的二次侧线圈不能接地。

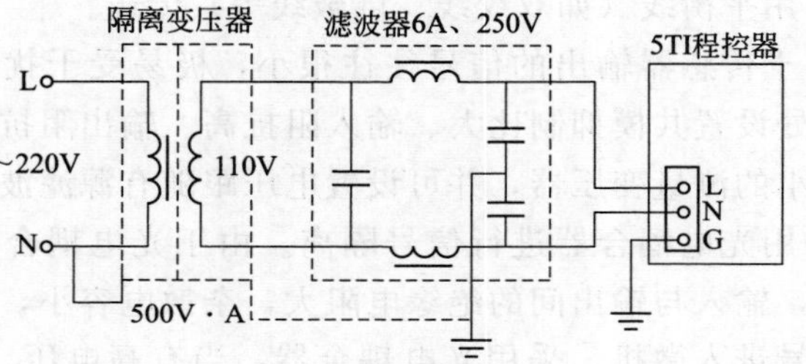

图 9-6 PLC 供电电源部分的接线

(2) 抑制负载通断时产生电磁干扰的措施

电气设备的频繁启动，继电器、接触器、断路器的动作，均会产生电磁干扰。为此可采取以下措施。

① PLC 尽可能远离大电机等启动装置、弧焊设备、冶炼炉、变流装置等。

② 选择分断能力高、灭弧性能好、飞弧距离短的低压断路器和接触器。如 250A 以下负载可选用 DZ10 系列低压断路器；250A 以上负载可选用 DW15、DW16 系列、ME 系列低压断路器。接触器可选用 B 系列、CJZ 系列等。

③ 在接触器和继电器上采用消火花电路。

④ 大型电机或电气设备采用专用变压器供电。

⑤ 馈电柜装设浪涌吸收器。

⑥ 真空断路器上装设阻容吸收回路及压敏电阻。电容器既可以减缓过电压的上升陡度，又可以降低截流过电压；电阻可以减少断路器重燃次数和降低多次重燃过电压。具体做法如下：在断路器出线端加 *RC* 吸收回路，采取星形接线、中性点接地方式，每相电容用一只 0.1～0.3μF，其电压应高于线电压（如装在 6kV 回路的

电容器，要选用 10kV 等级的）；每相电阻用阻值为 100～200Ω、功率不小于 300W 的瓷管型电阻。

压敏电阻接在断路器出线端，星形接线，中性点接地。若真空断路器用作电动机电源开关时，6kV 等级型号是（北京无线电六厂生产）：ZNR LXQ-Ⅱ型，标准电压 $U_{1mA}=10.5\sim11.5kV$，残压比 $U_{100A}/U_{1mA}\leqslant1.4$，通流容量为 8/20μs，方波大于 5kA。

(3) 增设光电耦合器

必要时，可在 PLC 等输入点外增设一级光电耦合器，这不仅可防止外界干扰信号的侵入，而且，一旦有雷击等高电压侵入回路时，能保护 PLC 不受损坏。因为光电耦合器被高电压击穿后，可以像更换熔丝一样方便地加以更换。光电耦合器的接线如图 9-7 所示。

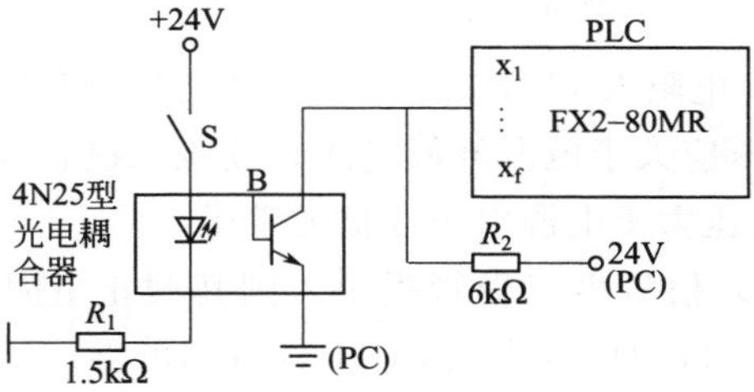

图 9-7　光电耦合器与 PLC 的连接

保护用光电耦合器常选用 4N25 型，如需反应快，可选用开关速度更高的 TIL110 型。4N25 型光电耦合器的导通延迟时间 t_{on} 为 28μs，关断延迟时间 t_{off} 为 4.5μs。PLC 输入电路的一次电路与二次电路用光电耦合器隔离时，内部约有 10ms 的响应滞后，因此增加一级保护光电耦合器对 PLC 的反应速度几乎无影响。

图 9-7 中，S 为开关量输入（开、关状态与原状态相反）。光电耦合器输入的 24V 直流采用交流 220V 降压、整流、稳压后供给，不同于 PLC 本身电源。这样既不增加 PLC 的电源负担，又使

输入、输出自成系统，不共地，避免输出端对输入端可能产生的反馈和干扰。

光电耦合器输出端的电流可超过 3mA，PLC 输入灵敏度一般最小为 2.5mA，可满足 PLC 灵敏度的要求。

(4) PLC 两端的抗干扰措施

① 当 PLC 输入端或输出端接有感性元件时，应在它们两端并联续流二极管（直流电路）或 *RC* 电路（交流电路），以抑制电路断开时产生的过电压对 PLC 的影响，如图 9-8 所示。

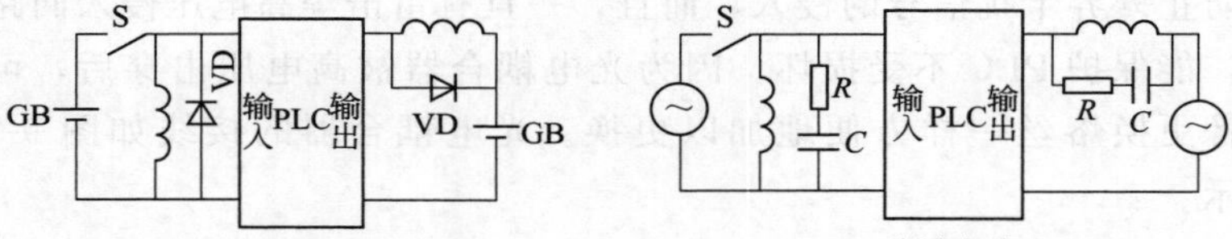

(a) 直流电路　　(b) 交流电路

图 9-8　输入、输出端的接线

图 9-8 中，电阻 *R* 可取 51～120Ω；电容 *C* 可取 0.1～0.47μF，电容的额定电压应大于电源峰值电压；续流二极管 VD 可选用额定电流为 1A、耐压大于电源电压 3 倍的管子。

② 如果输入信号由三极管提供，则其截止电阻应大于 10kΩ，导通电阻应小于 800Ω，否则 PLC 工作将不可靠。

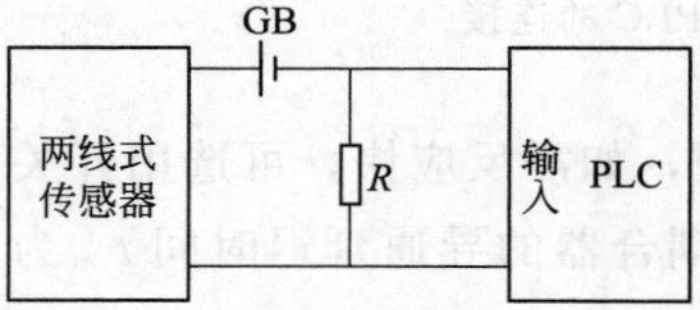

图 9-9　输入端接旁路电阻

③ 当接近开关、光电开关之类两线式传感器的漏电流较大时，有可能出现错误的输入信号，这可在 PLC 输入端并联旁路电阻，以减小输入电阻，如图 9-9 所示，*R* 为旁路电阻。*R* 可按下式计算：

$$R \leqslant \frac{U_L U_e / I_e}{I(U_e/I_e) - U_L}$$

式中　R——旁路电阻，Ω；

U_L——PLC 输入电压低电平的上限值，V；

I——传感器漏电流，A；

U_e，I_e——PLC 额定输入电压（V）和额定电流（A）。

(5) 采用适当的延时躲开干扰信号

在传动装置里，振动不可避免，行程开关和按钮（尤其是常闭型），常常因振动而发生误信号。根据振动发讯时间短的特性，可通过定时器经延时 0.02s 躲过干扰信号。

(6) 安装方面的抗干扰措施

① PLC 不能与高压电器安装在同一个开关柜内。在柜内 PLC 应远离动力线，两者间距应大于 20cm。

② 在装有 PLC 的柜内，尽量不设 PLC 控制的电感组件。如有接触器、继电器线圈，则必须采用消火花电路。

③ 传送模拟信号的屏蔽线的屏蔽层应一端接地。为了泄放高频干扰，数字信号线的屏蔽层应并联电位均衡线，其电阻应小于屏蔽层电阻的 1/10，并将屏蔽层两端接地。如果无法设置电位均衡线，或只考虑抑制低频干扰，也可以一端接地。

④ 有些 PLC 有噪声滤波中性端子，在电气干扰较严重时可将此中性端子与 PLC 机壳连在一起并接地。从安全角度来讲 PLC 机外壳也应接地。若外壳浮空，有的 PLC 外壳会出现近百伏的感应电压。

⑤ 由于 PLC 类型不同，其系统接地电阻的阻值要求也不一样，一般来讲接地电阻要小于 10Ω，有的要求小于 4Ω，而有的则要求小于 100Ω 即可。接地线的长度最好限制在 20m 以内，接地线截面积应大于 $2mm^2$，对某些有特殊要求的系统甚至要达 $10mm^2$ 以上，这要视具体情况而定。

⑥ PLC 的基本单元与扩展单元之间的电缆传送的信号电压低、频率高，很容易受到干扰，因此不能将它与别的线路敷设在同一管道内。

⑦ 信号线与电源线应分开，尽量避免平行敷设。若无法分开，也应有至少 1m 的间距。最好成 90°交叉通过。

⑧ 电源线（照明、PLC、微机）、一般控制线（继电器、接触器回路、检测、反馈回路）和屏蔽控制线（铂电阻、通信、脉冲计

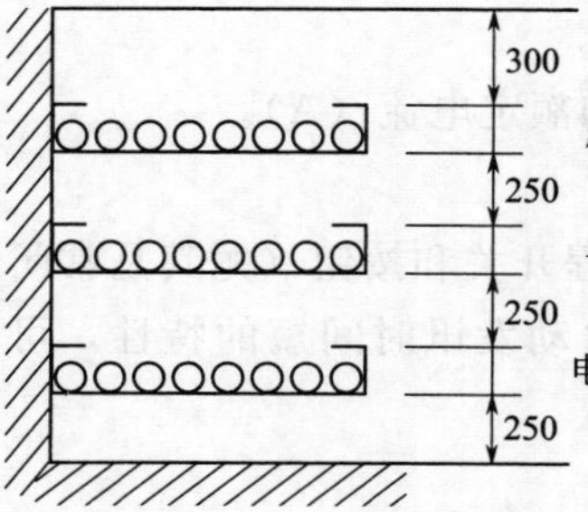

图 9-10　不同线路分层敷设

数回路）应分层敷设，隔层设屏蔽导体，如图 9-10 所示。

⑨ 在满足额定电流、布线阻抗和布线长度的条件下，应尽量选用小截面导线，以保持足够的阻抗。

⑩ 为防止静电干扰的影响，必要时可在 PLC 控制室的楼面上加装防静电地板或地毯。

9.3.3 PLC 输出方式比较

根据 PLC 输出端所带的负载是直流型还是交流型，是大电流还是小电流，以及 PLC 输出点动作的频率等，从而确定输出端采用继电器输出，还是晶体管输出，或晶闸管输出。不同的情况选用不同的输出方式，对 PLC 系统的稳定运行是很重要的。

(1) 继电器输出方式

优点是不同公共点之间可带不同的交、直流负载，且电压也可不同。带负载能力为 2A/点。继电器输出方式不适用高频率动作的负载，这是由继电器的寿命决定的。继电器寿命随带负载电流的增加而减小，一般在几十万次至几百万次之间，有的公司产品可达 1000 万次以上，响应时间为 10ms。继电器输出电路简单，抗干扰能力强。

(2) 晶体管（三极管）输出方式

优点是适于高频率动作，响应时间短，一般为 0.2ms 左右。但它只能带直流 5～30V 的负载，最大输出负载电流为 0.5A/点，每 4 点不得大于 0.8A。

(3) 晶闸管输出方式

带负载能力为 0.2A/点，只能带交流负载，适应高频率动作，响应时间为 1ms。

可见，当要求输出频率为 6 次/min 以下时，应首选继电器输出。当频率为 10 次/min 以下时，既可采用继电器输出方式，也可采用 PLC 输出驱动达林顿三极管（5～10A），再驱动负载，如图 9-11 所示。这样可大大减小 PLC 继电器的输出电流，延长 PLC 寿命。当采用三极管输出时，一般需要功率放大，且要做好防短路措施。

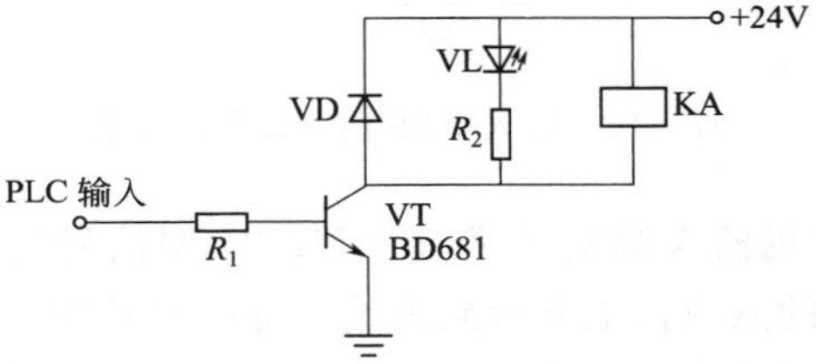

图 9-11　PLC 通过达林顿管再输出

9.3.4　计算机控制系统的防雷措施

如果计算机控制系统防雷措施不完善，当中心控制室、计算机与可编程控制器等之间的通信电缆，以及各类电气设备等遭受到感应雷击时，就会产生感应过电压，感应过电压通过电源线、信号线侵入程控电话总机和计算机，其值会超过上述设备的耐压等级，从而造成这些设备的不同程度的损坏。

为此可采取似不防范措施。

① 在中心控制室安装避雷针或避雷网，并设置独立的避雷针（网）接地极，把雷电引入大地，保护通信机天线和建筑物免受直击雷的破坏。

② 在引入不间断电源 UPS 的交流电源线上（如图 9-12 的 A、B 两点）安装电源避雷器。在 A 点采用 ZGB148A-20、220V；在 B 点采用 ZGB153A-60、380V 避雷器。它们能将侵入电源传输线的感应雷电，以纳秒级（小于 50ns）的速度迅速泄放到大地，把雷

电过电压限制在用电设备允许承受的电压以下。

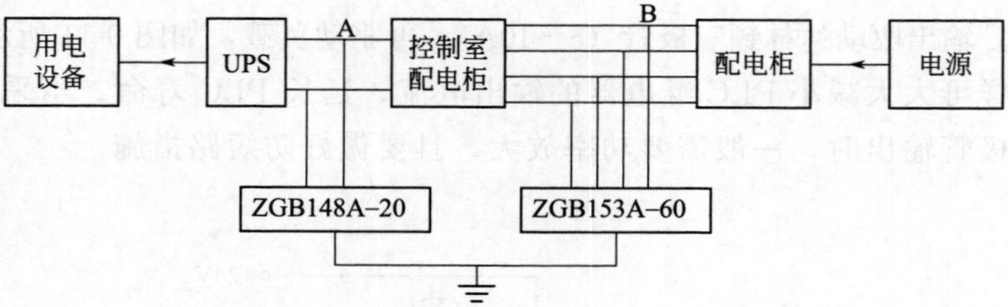

图 9-12　引入 UPS 前避雷器的安装

③ 在计算机输入端安装 ZGB235J2-24 型信号避雷器。它能将通信电缆受到的感应雷电泄放到大地，保护计算机等设备。

④ 在进入通信机的天线引入线上安装 ZGB003E-1 型天馈线避雷器，它能抑制从天线引入的雷电波。天馈线避雷器采用波道分流技术，能将雷电流和有用信号分开，当受到雷击时能迅速地将感应雷电流通过雷电支路泄放到大地。

⑤ 在可编程控制器站安装 ZGB148A-20、220V 电源避雷器和 ZGB235J2-24 型信号避雷器。

⑥ 上述各台避雷器的接地线应连接在独立的综合接地极上，接地电阻不大于 4Ω，最好能更小。通信电缆的屏蔽线、UPS 的外壳也接到独立的综合接地极上，以消除由雷电引起的电位差。

⑦ 在电源部分的低压配电柜及设备前安装电源浪涌保护器（SPD），通流容量在 20kA 以上；在信号线进线处对地安装信号 SPD 保护，标称放电电流不小于 3kA，并将电缆内的空线对应做保护接地。

⑧ 设置设备的等电位连接，防止雷电时发生设备放电现象。在机房内的防静电地板下设置环形汇流铜排，将防静电地板及所有设备接地都统一汇接到该铜排上，再通过接地汇接铜板连接到室外的接地装置上。引下线与接地体之间应连接可靠，搭接电阻值为零。

参 考 文 献

[1] 方大千. 电工计算手册. 济南：山东科学技术出版社，1992.

[2] 方大千，郑鹏. 电子及晶闸管电路速查速算手册. 北京：中国水利水电出版社，2004.

[3] 方大千. 电气设备维护与故障处理速查手册. 北京：人民邮电出版社，2007.

[4] 方大千，郑鹏，朱丽宁. 电子及电力电子器件实用技术问答. 北京：金盾出版社，2009.

[5] 方大千，方亚敏. 实用电工电子查算手册. 北京：化学工业出版社，2011.

[6] 方大千，郑鹏，方成. 实用电子控制电路详解. 北京：化学工业出版社，2011.

[7] 方大千，郑鹏，朱征涛. 晶闸管实用电路详解. 上海：上海科学技术出版社，2012.

[8] 方大千，诸葛建纲. 小水电实用控制电路详解. 北京：化学工业出版社，2012.

[9] 李定宣. 交流电源滤波器. 电工技术，1997（4）.

[10] 吴兴源，吴飞，卢玲蓉. 减少集成运放电路拾取噪声的方法. 电气时代，1996（12）.

[11] 王东，焦自平，石军. PLC 控制系统的可靠性和安全性设计方法. 低压电器，1999（5）.

续表

书号	书　　名	开本	装订	定价/元
13862	电力电缆选型与敷设（第二版）	大32	平装	29
09381	电焊机维修技术	16	平装	38
14184	手把手教你修电焊机	16	平装	39.8
13555	电机检修速查手册（第二版）	B5	平装	88
13183	电工口诀——详解版	16	平装	48
12880	电工口诀——插图版	大32	平装	18
12313	电厂实用技术读本系列——汽轮机运行及事故处理	16	平装	58
13552	电厂实用技术读本系列——电气运行及事故处理	16	平装	58
13781	电厂实用技术读本系列——化学运行及事故处理	16	平装	58
14428	电厂实用技术读本系列——热工仪表与及自动控制系统	16	平装	48
17357	电厂实用技术读本系列——锅炉运行及事故处理	16	平装	59
14807	农村电工速查速算手册	大32	平装	49
13723	电气二次回路识图	B5	平装	29
14725	电气设备倒闸操作与事故处理700问	大32	平装	48
15374	柴油发电机组实用技术技能	16	平装	78
15431	中小型变压器使用与维护手册	B5	精装	88
16590	常用电气控制电路300例（第二版）	16	平装	48
15985	电力拖动自动控制系统	16	平装	39
15777	高低压电器维修技术手册	大32	精装	98
18334	实用继电保护及二次回路速查速算手册	大32	精装	98
15836	实用输配电速查速算手册	大32	精装	58
16031	实用电动机速查速算手册	大32	精装	78
16346	实用高低压电器速查速算手册	大32	精装	68
16450	实用变压器速查速算手册	大32	精装	58

续表

书号	书　　名	开本	装订	定价/元
17943	实用变频器、软启动器及PLC实用技术手册	大32	精装	68
16883	实用电工材料速查手册	大32	精装	78
17228	实用水泵、风机和起重机速查速算手册	大32	精装	58
18545	图表轻松学电工丛书——电工基本技能	16	平装	49
18200	图表轻松学电工丛书——变压器使用与维修	16	平装	48
18052	图表轻松学电工丛书——电动机使用与维修	16	平装	48
18198	图表轻松学电工丛书——低压电器使用与维护	16	平装	48
18786	让单片机更好玩：零基础学用51单片机	16	平装	88
18943	电气安全技术及事故案例分析	大32	平装	58
18450	电动机控制电路识图一看就懂	16	平装	59
16151	实用电工技术问答详解（上册）	大32	平装	58
16802	实用电工技术问答详解（下册）	大32	平装	48
17469	学会电工技术就这么容易	大32	平装	29
17468	学会电工识图就这么容易	大32	平装	29
15314	维修电工操作技能手册	大32	平装	49
17706	维修电工技师手册	大32	平装	58
16804	低压电器与电气控制技术问答	大32	平装	39

以上图书由化学工业出版社　电气出版分社出版。如要以上图书的内容简介和详细目录，或者更多的专业图书信息，请登录 www.cip.com.cn.

地址：北京市东城区青年湖南街13号（100011）

购书咨询：010-64518888

如要出版新著，请与编辑联系。

编辑电话：010-64519265

投稿邮箱：gmr9825@163.com